未来10年
中国学科发展战略

国家科学思想库

工程科学

国家自然科学基金委员会
中国科学院

科学出版社
北京

图书在版编目(CIP)数据

未来10年中国学科发展战略·工程科学/国家自然科学基金委员会，中国科学院编．—北京：科学出版社，2011
（未来10年中国学科发展战略）
ISBN 978-7-03-032297-5

Ⅰ.①未… Ⅱ.①国…②中… Ⅲ.①工程技术–学科发展–发展战略–中国–2011~2020 Ⅳ.①TB-12

中国版本图书馆 CIP 数据核字（2011）第 183253 号

丛书策划：胡升华　侯俊琳
责任编辑：付　艳　杨　然/责任校对：何晨晖
责任印制：李　彤/封面设计：黄华斌　陈　敬
编辑部电话：010-64035853
E-mail：houjunlin@mail.sciencep.com

科学出版社 出版
北京东黄城根北街 16 号
邮政编码：100717
http://www.sciencep.com

北京凌奇印刷有限责任公司 印刷
科学出版社发行　各地新华书店经销
*
2012 年 1 月第　一　版　开本：B5（720×1000）
2022 年 1 月第九次印刷　印张：33
字数：646 000
定价：148.00 元
（如有印装质量问题，我社负责调换）

联合领导小组

组　长　孙家广　李静海　朱道本

成　员　（以姓氏笔画为序）

　　　　　王红阳　白春礼　李衍达

　　　　　李德毅　杨　卫　沈文庆

　　　　　武维华　林其谁　林国强

　　　　　周孝信　秦大河　郭重庆

　　　　　曹效业　程国栋　解思深

联合工作组

组　长　韩　宇　刘峰松　孟宪平

成　员　（以姓氏笔画为序）

　　　　　王　澍　申倚敏　冯　霞

　　　　　朱蔚彤　吴善超　张家元

　　　　　陈　钟　林宏侠　郑永和

　　　　　赵世荣　龚　旭　黄文艳

　　　　　傅　敏　谢光锋

战略研究组

组　长	欧进萍	院　士	大连理工大学
副组长	陈祖煜	院　士	中国水利水电科学研究院
成　员	谢和平	院　士	四川大学
	罗平亚	院　士	西南石油大学
	殷瑞钰	院　士	钢铁研究总院
	黄伯云	院　士	中南大学
	李洪钟	院　士	中国科学院过程工程研究所
	钟　掘	院　士	中南大学
	温诗铸	院　士	清华大学
	胡海岩	院　士	北京理工大学
	任露泉	院　士	吉林大学
	吴硕贤	院　士	华南理工大学
	李　杰	教　授	同济大学
	曲久辉	院　士	中国科学院生态环境研究中心
	吴中如	院　士	河海大学
	吴有生	院　士	中国船舶重工集团公司第702研究所
	雷志栋	院　士	清华大学

秘书组

组　长	雒建斌	研究员	清华大学
副组长	茹继平	研究员	国家自然科学基金委员会工程与材料科学部
	钱莹洁	副处长	中国科学院院士工作局
成　员	薛向欣	教　授	东北大学
	缪协兴	教　授	中国矿业大学
	谢建新	教　授	北京科技大学
	陈　勉	教　授	中国石油大学（北京）

邵新宇	教　授	华中科技大学
段吉安	教　授	中南大学
李建桥	教　授	吉林大学
刘加平	教　授	西安建筑科技大学
葛耀君	教　授	同济大学
陈云敏	教　授	浙江大学
王　炜	教　授	东南大学
钟登华	院　士	天津大学
周创兵	教　授	武汉大学
李华军	教　授	中国海洋大学
王光谦	院　士	清华大学
朱旺喜	研究员	国家自然科学基金委员会工程与材料科学部
王国彪	研究员	国家自然科学基金委员会工程与材料科学部
李万红	研究员	国家自然科学基金委员会工程与材料科学部

总序

路甬祥　陈宜瑜

进入21世纪以来，人类面临着日益严峻的能源短缺、气候变化、粮食安全及重大流行性疾病等全球性挑战，知识作为人类不竭的智力资源日益成为世界各国发展的关键要素，科学技术在当前世界性金融危机冲击下的地位和作用更为凸显。正如胡锦涛总书记在纪念中国科学技术协会成立50周年大会上所指出的："科技发展从来没有像今天这样深刻地影响着社会生产生活的方方面面，从来没有像今天这样深刻地影响着人们的思想观念和生活方式，从来没有像今天这样深刻地影响着国家和民族的前途命运。"基础研究是原始创新的源泉，没有基础和前沿领域的原始创新，科技创新就没有根基。因此，近年来世界许多国家纷纷调整发展战略，加强基础研究，推进科技进步与创新，以尽快摆脱危机，并抢占未来发展的制高点。从这个意义上说，研究学科发展战略，关系到我国作为一个发展中大国如何维护好国家的发展权益、赢得发展的主动权，关系到如何更好地持续推动科技进步与创新、实现重点突破与跨越，这是摆在我们面前的十分重要而紧迫的课题。

学科作为知识体系结构分类和分化的重要标志，既在知识创造中发挥着基础性作用，也在知识传承中发挥着主体性作用，发展科学技术必须保持学科的均衡协调可持续发展，加强学科建设是一项提升自主创新能力、建设创新型国家的带有根本性的基础工程。正是基于这样的认识，也基于中国科学院学部和国家自然科学基金委员会在夯实学科基础、促进科技发展方面的共同责任，我们于2009年4月联合启动了2011~2020年中国学科发展战略研究，选择数、理、化、天、地、生等19个学科领域，分别成立了由院士担任组长的战略研究组，在双方成立的联合领导小组指导下开展相关研究工作。同时成立了以中国科学院学部及相关研究支撑机构为主的总报告起草组。

两年多来，包括196位院士在内的600多位专家（含部分海外专家），始终坚持继承与发展并重、机制与方向并重、宏观与微观并重、问题与成绩并重、国际与国内并重等原则，开展了深入全面的战略研究工作。在战略研究中，我们既强调战略的前瞻性，又尊重学科的历史延续性；既提出优先发展方向，又明确保障其得以实现的制度安排；既分析各学科自身的发展态势，又审视各学科在整个学科体系和科技与经济社会发展中的地位作用；既充分肯定各学科已取得的成绩，又不回避发展中面临的困难和问题；既立足国内的现状与条件，又注重基础研究的国际化趋势。经过两年多的战略研究工作，我们不断明晰学科发展趋势，深入认识学科发展规律，进一步明确"十二五"乃至更长一段时期推动我国学科发展的战略方向和政策举措，取得了一系列丰硕的成果。

战略研究总报告梳理了学科发展的历史脉络，探讨了学科发展的一般规律，研究分析了学科发展总体态势，并从历史和现实的角度剖析了战略性新兴产业与学科发展的关系，为可能发生的新科技革命提前做好学科准备，并对我国未来 10 年乃至更长时期学科发展和基础研究的持续、协调、健康发展提出了有针对性的政策建议。19 个学科的专题报告均突出了 7 个方面的内容：一是明确学科在国家经济社会和科技发展中的战略地位；二是分析学科的发展规律和研究特点；三是总结近年来学科的研究现状和研究动态；四是提出学科发展布局的指导思想、发展目标和发展策略；五是提出未来 5~10 年学科的优先发展领域以及与其他学科交叉的重点方向；六是提出未来 5~10 年学科在国际合作方面的优先发展领域；七是从人才队伍建设、条件设施建设、创新环境建设、国际合作平台建设等方面，系统提出学科发展的体制机制保障和政策措施。

为保证此次战略研究的最终成果能够体现我国科学发展的水平，能够为未来 10 年各学科的发展指明方向，能够经得起实践检验、同行检验和历史检验，中国科学院学部和国家自然科学基金委员会多次征询高层次战略科学家的意见和建议。基金委各科学部专家咨询委员会数次对相关学科战略研究的阶段成果和研究报告进行咨询审议；2009 年 11 月和 2010 年 6 月的中国科学院各学部常委会分别组织院士咨询审议了各战略研究组提交的阶段成果和研究报告初稿；其后，中国科学院院士工作局又组织部分院士对研究报告终稿提出审读意见。可以说，这次战略研究集中了我国各学科领域科学家的集体智慧，凝聚了数百位中国科学院院士、中国工程院院士以及海外科学家的战略共识，凝结了参与此项工作的全体同志的心血和汗水。

今年是"十二五"的开局之年，也是《国家中长期科学和技术发展规划纲要（2006—2020 年）》实施的第二个五年，更是未来 10 年我国科技发展的关键时期。我们希望本系列战略研究报告的出版，对广大科技工作者触摸和了解学科前沿、认知和把握学科规律、传承和发展学科文化、促进和激发学科创新有所助益，对促进我国学科的均衡、协调、可持续发展发挥积极的作用。

在本系列战略研究报告即将付梓之际，我们谨向参与研究、咨询、审读和支撑服务的全体同志表示衷心的感谢，同时也感谢科学出版社在编辑出版工作中所付出的辛劳。我们衷心希望有关科学团体和机构继续大力合作，组织广大院士专家持续开展学科发展战略研究，为促进科技事业健康发展、实现科技创新能力整体跨越做出新的更大的贡献。

前言

国家自然科学基金委员会与中国科学院于 2009 年 4 月共同组织的"2011~2020 年中国学科发展战略研究",共分 19 个学科,其中工程与材料学部具体负责组织材料科学、能源科学和工程科学三个学科的发展战略研究。

本书基于 2011~2020 年我国部分工程学科发展战略研究报告编写而成。工程学科是研究人造物质和系统(包括其伴生的有害物质)的制造、工作原理、行为调控原理以及与自然界相互作用规律的科学与技术,涵盖范围非常广泛。本书仅包括冶金与矿业工程、机械工程、建筑环境与土木工程、水利科学与海洋工程四个工程学科战略规划的总体研究报告和分学科研究报告。第一章"工程科学总论"对此四个工程学科领域的特点、发展规律与趋势以及学科前沿、我国未来需求和发展战略进行了研究和阐述,提出了我国未来 10 年优先发展的领域和拟开展研究的重大交叉领域,并对相关资助政策提出了建议。第二章至第五章分别对上述四个工程学科领域的战略地位、发展趋势以及发展战略与保障措施进行了专门研究和阐述,提出了各个学科领域未来 10 年优先资助的领域或方向。

工程学科的主要特点与发展规律是科学与技术的高度融合,复杂性与规律性并存,综合性与跨学科性显著,安全性和可控性是核心;人类需求一直牵动着工程学科的发展,同时工程学科的发展水平也是社会生产力的决定性要素,挑战功能、性能、尺度、环境等"极限"是工程学科发展的重要动力,多学科交叉推动了工程学科的创新与发展。目前,本书涉及的上述四个工程学科领域正向深部资源开发和冶金绿色化、极端制造与生物制造、土木工程与人居环境可持续发展以及水资源、海洋资源和水利工程可持续开发等方向发展。

第一章"工程科学总论"从涉及的工程学科发展战略、重要性和交叉性考虑,提出了我国未来 10 年优先发展的领域,包括:①资源高效安全开采基础理论与关键技术;②冶金与材料制备过程中的界面科学问题;③复杂机电系统的功能原理与集成科学;④高性能零件/构件精密制造;⑤城乡建筑节能设计原理与技术体系;⑥饮用水复合污染机制、毒性效应与控制原理;⑦变化环境下我国水资源高效利用及对河流过程与河口演变的影响机理;⑧大型水电站建设与安全运行的关键技术与基础科学问题。第一章中还提出了我国未来 10 年拟开展研究的重大交叉领域，包括：①资源高效利用与环境的相互作用规律；②生物制造与仿生制造；③工程结构系统全寿命性能设计与控制；④环境变迁中的城市科学；⑤深海工程和新型船舶的基础理论与前沿技术。第二章至第五章分别提出了工程科学领域未来 10 年优先资助的领域或方向。

本书在研究和编写过程中，广泛地征求专家意见，认真地分析讨论，高度地概括归纳，先后征求了 100 多名院士的意见，有 200 余名中青年学者参与了研究和讨论，提出了许多宝贵意见，为报告的完成付出了心血和汗水。

本书可供我国相关工程学科科研管理部门制订研究计划和资助计划参考，同时也可供从事相关工程学科研究的科研人员、教师、学生和工程技术人员参阅。

在研究和编写本书过程中，我们虽然广泛地征求了广大学者、专家的意见，但是，由于工程学科涵盖内容多、涉及面广，肯定有许多宝贵的意见没有吸收进来，也一定存在不足或缺陷，敬请批评指正！

欧进萍

工程科学学科发展战略研究组组长

2010 年 11 月 10 日

摘要

面向学科前沿和国家科学技术发展战略需求,国家自然科学基金委员会与中国科学院于2009年4月共同组织"2011～2020年我国学科发展战略研究",其中工程科学包括冶金与矿业工程、机械工程、建筑环境与土木工程、水利科学与海洋工程等四个领域。本书对上述四个工程学科领域的特点、发展规律与趋势以及学科前沿、我国未来需求和发展战略进行研究和阐述,提出我国未来10年优先发展的领域和拟开展研究的重大交叉领域,并就相关资助政策提出建议。

一、工程学科的特点和发展规律

工程学科是研究人造物质和系统(包括其伴生的有害物质)的制造、工作原理、行为调控原理以及与自然界相互作用规律的科学与技术。

工程学科具有科学与技术高度融合、复杂性与规律性并存、综合性与跨学科性显著、安全性和可控性为其核心等显著特点。人类需求一直牵动着工程学科的发展,同时工程学科的发展水平也是社会生产力的决定性要素;追求功能、性能、尺度、环境等"极限"是工程学科发展的重要动力,多学科交叉与融合推动了工程学科的创新与发展。目前,本书涉及的上述四个工程学科领域正向深部资源开发和冶金绿色化、极端制造与生物制造、土木工程与人居环境可持续发展以及水资源、海洋资源和水利工程可持续开发等方向发展。

二、工程学科的科学前沿、国家需求与发展战略目标

资源、能源、环境等方面的问题是当前人类社会面临的最严峻的挑战。与此同时,世界各国经济社会的发展与国防安全也越来越依赖于科学技术的水平。未来10年,我国工程学科将面向学科前沿,围绕资源、能源、环境(人类与自然和谐)、国民经济与社会发展及国防安全等国家重大战略需求部署我国工程学科科学研究的发展战略。研究重点将集中在:资源能源高效开发与利用的工程

技术原理与核心装备、先进制造技术与复杂装备系统、社会可持续发展的工程科学与技术等三个方面。

1. 学科前沿

（1）资源能源高效开发与利用的工程技术原理与核心装备

当前，世界各国解决资源能源短缺问题的途径主要有"寻找新资源能源"和"合理地调控和节约资源能源"。随着陆地浅部和海上浅水资源的枯竭，开发地球深部资源，开发太阳能、风能、核能、氢能等新能源就成为世界各国资源能源战略和竞争的焦点，结合我国的实际情况，有关前沿学科方向主要包括：

1) 深部陆地与海洋资源高效开发与利用的科学与技术；
2) 新能源开发的核心装备与关键制造技术；
3) 气候变化下我国典型流域水文水资源分布变化的分析理论；
4) 城市建筑节能科学与技术。

（2）先进制造技术与复杂装备系统

纳米技术、生物技术和信息技术的发展，为制造技术与装备的研究开辟了崭新的领域，注入了新的活力。美国国家科学技术协会在 *Manufacturing the Future* 报告中，将"氢能制造、纳米制造、智能制造与集成制造"列为美国制造业未来的三大优先发展领域。欧盟在 *The Future of Manufacturing in Europe* 2015-2020 中将"新材料和新器件制造（纳米结构材料、智能材料、多功能材料、集成纳米器件）、制造新原理和新工艺、产品和工艺设计技术、建模与仿真技术、新能源/材料与燃料电池"列为未来 10 年机械与制造科学发展的前沿研究方向。未来 10~20 年，机械科学与技术研究的焦点将集中在能源、资源和环境等领域，制造技术的热点将围绕生物制造、信息制造和微/纳制造等展开，具体将体现在以下几方面：

1) 复杂机电系统及其集成科学；
2) 高性能零件/构件的精密制造科学与技术；
3) 纳米制造科学与技术；
4) 生物制造与仿生制造科学与技术；
5) 冶金与材料制备过程及复杂工程系统的界面科学；
6) 数字化与智能化技术。

（3）社会可持续发展的工程科学与技术

自 20 世纪 80 年代国际社会提出可持续发展的概念以来，社会的可持续发展已经从社会领域的政策研究发展到工程领域的科学与技术研究，并在美国、欧洲和日本等发达国家和地区得到高度重视。研究通过长寿命材料、可循环利用的材料、全寿命设计理论等实现工程结构和工程系统的可持续化是当前世界各国工程学科研究的热点；而环境污染控制和生态恢复、水资源高效利用和安全保护、低能耗低污染工业过程也是发达国家近20年来大力投入、重点研究的方向。围绕"社会可持续发展的工程科学与技术"相关前沿研究方向包括：

1) 工程系统对环境的作用科学（水利水电工程对河流系统演变的影响机理与调控，资源开采和冶金对环境的作用，岩土工程对环境的作用）；

2) 城市水质安全保障与风险控制的科学与技术；

3) 工程结构可持续化的科学与技术；

4) 可持续化的城市科学。

2. 国家需求与发展战略目标

(1) 深部资源和新能源开发是我国可持续资源战略与海洋安全战略的重要保障

支撑现代人类社会物质基础的是资源和能源。矿产资源和油气资源是人类社会生存、发展和国民经济建设中不可替代的、不可缺少的物质基础，是工业的命脉，并被誉为"工业之母"。随着我国浅部陆地资源和浅水海洋资源的枯竭，深部陆地资源和深水海洋资源的开发成为我国可持续资源战略与海洋安全战略的重要保障，是我国解决资源、能源问题的重要途径之一；核能、太阳能、风能等新能源是解决我国能源问题的另一战略，而新能源的开发和利用迫切需要我国在新能源开发和利用的制造技术和核心装备上取得突破。因此，深部资源和新能源开发利用是我国可持续资源战略与海洋安全战略需求的重要保障，其中深部陆地和深水海洋资源开发是解决我国能源短缺与海洋安全战略的有效途径，新能源装备制造是新能源开发利用、实现我国可持续能源发展战略的重要手段。

(2) 先进制造技术和高端制造装备是国家核心竞争力的科技支柱

先进制造技术和高端制造装备是一个国家工业体系最基础、最核心的问题，是一个国家核心竞争力的科技支柱。虽然"中国制造"已经遍布世界，但我国自主研发先进制造技术和高端制造装备的能力还相当薄弱，这种状况极大地限制了我国现代工业体系的建设，并使我国在国际竞争中处于劣势。2009年国家把高端制造产业列为当年要大力培育的六大战略性新兴产业之一；大力振兴装备制造业是党的十六大、十七大提出的保障我国走新型工业化道路、实现国民经济可持续发展的战略举措，并将节能环保、新一代信息技术、生物、高端装备制造、新能源、新材料、新能源汽车等七大产业，作为我国现阶段重点培育和发展的主攻产业。近年来，我国部署了极大规模集成电路制造技术及成套工艺、高档数控机床与基础制造技术、大型飞机、载人航天与探月工程、高速铁路、高速列车、大型舰船、高速轧机、微电子/光电子制造装备、微/纳机械学与微/纳制造、大型火/水/核电机组和大型盾构掘进机等一系列以复杂机电系统为载体，旨在推动我国先进制造技术与高端制造装备发展、构建我国先进工业和国防体系的战略举措。先进制造技术和高端制造装备是国家核心竞争力的科技支柱。其中，基础装备与制造技术是实施国家重大工程的重要支柱，不断突破的极小尺度、极高精度制造是我国信息产业持续发展的基础，极高性能精密制造是实现我国先进国防装备战略的重要支撑，复杂机电系统的集成科学将为重大工程系统的安全可靠运行提供理论基础，机械制造科学与生命科学的交叉融合将提供崭新的改善人类健康的新途径和新技术。

（3）工程学科是实现社会可持续发展的重要科技支撑

我国人口众多，是资源能源消耗大国，同时也是环境污染和生态破坏十分严重的国家。在保持经济增长的同时，注重社会的可持续发展是我国今后相当长一段时期的重要战略。目前制约我国社会可持续发展的因素众多，如在各种能耗中，建筑能耗占总能耗的40%左右，我国城乡房屋建筑面积已经超过450亿平方米，绝大部分的运行能耗很高，城市化程度提高带来建筑规模的加大，建筑用能的年均递增率将大大超过国家能源生产增长率，而城市化进程和城市的快速扩张带来的城市生态化问题，也成为制约我国未来社会可持续发展的重要"瓶颈"；此外，目前我国基础设施的建设规模已经比全世界其他国家的总和还多，这些重大工程基础设施在为我国国民经济发展提供重要支撑的同时，也在大量地消耗资源；工业生产过程和人类活动带来的环境污染和生态破坏是我国社会和经济发展中面临的另一个严峻的问题。工程学科为社会可持续发展提供解决方案，是实现社会可持续发展的重要科技支撑。其中高效建筑节能理论和技术、可持续土木工程与城市是实现社会可持续发展的有效措施，绿色制造与再制造技术是实现环境与社会可持续发展的重要途径，环境污染控制与生态系统修复是实现人类与自然和谐生存的直接手段，水资源高效利用和安全保护是国民经济和社会可持续发展的有力保障。

三、工程学科的优先发展领域

工程学科涵盖的范围广，涉及国家战略需求的领域多。围绕21世纪人类共同面临的资源、能源、环境问题，面向国际工程科学的前沿，根据我国构建现代工业和国防工业体系的战略需求和工程学科未来10年的发展战略目标，确定以下工程学科的8个优先发展领域。

1. 资源高效安全开采基础理论与关键技术

针对我国深部资源开采中涉及的复杂的地质构造及其多尺度建模，高地应力、高渗透压、高地温环境下多场多相耦合非连续体非线性力学行为与非线性渗流行为、灾变演化机理及防治与控制技术、资源开采与生态环境互馈等科学问题，以发展深部资源高效安全开采理论和关键技术为目标，重点研究：

1) 多场多相耦合作用下深部裂隙岩体工程力学特性；
2) 深部固体资源开发的充填开采方法与技术；
3) 深部流体资源开发中的方法与技术；
4) 深部资源开发中安全保障与作业环境改善的理论与方法。

2. 冶金与材料制备过程中的界面科学问题

冶金与材料制备过程中广泛存在气-固、气-液、液-固、液-液、固-固、吸附、偏析、氧化、分凝、催化、粗糙度、组织结构等复杂界面/表面，材料的表面与界面对材料整体性能具有决定性的影响。针对冶金与材料制备过程中界面/表面结构的表征方法，相界面上质量、能量、动量的传递规律，界面/表面性质、行为及其微观机理，相变过程中相间界面相互作用，相变与形变过程中界面交互作用等科学问题，以揭示提取冶金与材料制备过程中的表面/界面/相间相互作用机理与规律、构建表面/界面/相间相互作用行为宏/微观模型、发展其行为调控理论为目标，重点研究：

1) 复杂界面宏观物理化学性质的微观机理；
2) 新相形成过程及相间界面作用规律与调控原理；
3) 形变与相变过程界面交互作用及调控理论。

3. 复杂机电系统的功能原理与集成科学

针对现代复杂机电系统多物理过程耦合机制与机构系统集成设计，能量流对物质流的作用原理与功能界面设计，能量流的传递、聚集与发散规律及控制，信息流对能量流/物质流作用过程的精确协同调控与系统稳定运行等科学问题，以建立多过程耦合与能量流/物质流/信息流融合协同的复杂机电系统集成设计理论为目标，重点研究：

1) 复杂真实机构的集成设计理论与方法；
2) 机械驱动与传动中的能量传递、转换与精密复合运动的创成；
3) 复杂机电系统物质流、能量流与信息流融合协同设计；
4) 复杂机电系统多学科设计优化与集成设计理论；
5) 极端服役条件下复杂机电系统的结构损伤与系统可靠性；
6) 复杂机电系统动力学理论、故障动态演化及智能诊断。

4. 高性能零件/构件精密制造

围绕高精度、高效率、高洁净、高能量密度等加工技术需求，针对极端能量条件下大型复杂高性能构件成形成性一体化制造、高能束与材料的相互作用多维性机理、制造过程中物质流/能量流/信息流传递耦合规律的数字化表达等科学问题,以在极高效高洁净制造、极高能量密度和极小时空制造、极高精度和极高效率零件制造等一批具有支撑和引领作用的极端制造技术上取得突破为目标,重点研究:

1) 高性能精确成形成性制造;
2) 高能束与特种能场加工;
3) 精密与超精密加工;
4) 数字化设计、加工、测量一体化。

5. 城乡建筑节能设计原理与技术体系

针对我国工程建设面临的建筑节能这一严峻挑战问题,围绕建筑热湿环境热力学,多过程、多源、多汇、热湿交换复杂系统行为、机理、评价与控制,地域性绿色建筑体系,乡村建筑的生态化更新与发展等科学问题,以建立我国城乡建筑节能设计理论与技术体系为目标,重点研究:

1) 建筑热、湿环境热力学分析新方法;
2) 高品质建筑声、光、热环境设计理论和方法;
3) 我国典型气候带建筑室内热湿环境营造机理;
4) 乡村建筑节能和人居环境改善技术基础理论和评价体系;
5) 工业建筑污染物控制通风理论及应用方法。

6. 饮用水复合污染机制、毒性效应与控制原理

针对水质的复杂性和多变性,围绕水源水质复合污染的机制与控制原理,饮用水毒性效应与净化工艺原理,饮用水安全输配中的稳定性机理、输配模式与调控原理,饮用水毒性评级方法与监测预警机制,饮用水安全多学科调控机制等科学问题,以建立基于毒性效应评价和工艺调控、从水源到龙头的饮用水安全保障的科学和技术体系为目标,重点研究:

1) 水中共存物质的相互作用机制及水质净化的新工艺原理;
2) 水中低剂量有毒有害物质的风险控制及安全去除方法;
3) 饮用水质安全的全过程协同保障原理与新技术。

7. 变化环境下我国水资源高效利用及对河流过程与河口演变的影响机理

从全球气候变化对水资源分布的影响、农业活动对水的利用与污染、人类活动对水生态与水环境的影响三个方面入手,围绕气候变化下流域水循环的时空演变机理及水资源的调控原理、农业复杂灌排系统水循环规律及污染调控原

理、流域污染物输移转化规律、水污染与水环境生态修复、河流再自然化的生态工程原理、流域水电开发对生态与环境的影响机理及其控制等科学问题,以揭示变化环境下我国水资源高效利用及对河流过程与河口演变的影响机理、发展我国河流海岸生态恢复和控制技术为目标,重点研究:

1) 变化环境下的流域水文响应与水资源利用和管理适应性对策;
2) 农业水循环机理与污染控制;
3) 人类活动对水生态和水环境的作用与控制。

8. 大型水电站建设与安全运行的关键技术与基础科学问题

针对大型水利工程建设与安全运行及其对河流系统和河口海岸的影响等问题,围绕超大型水利水电工程的安全、复杂工程岩体稳定与变形控制、水电能源多维广义耦合复杂系统动力行为与稳定性控制原理、水利工程对河道演变作用的机理与规律、海岸孕灾机理、海岸长期演变水沙动力学机制、入海泥沙通量变化与河口演变规律等科学问题,以发展大型水电站复杂电力系统建设与安全运行关键技术与理论为目标,重点研究:

1) 超大型水利水电工程的基础科学和关键技术;
2) 复杂环境下岩土工程灾变的基础理论与关键技术;
3) 复杂水电能高效转换动力学机理及其安全调控的理论与方法;
4) 重大水利工程对河流系统演变的影响;
5) 河口海岸演变规律与工程影响。

四、工程学科的重大交叉研究领域

工程学科与其他学科以及工程学科不同分学科之间的交叉融合将推动工程学科的创新研究,形成学科新兴前沿研究方向,同时为交叉学科领域提供解决问题的新途径和新方案。未来10年,工程学科拟开展以下5个重大交叉领域的研究。

1. 资源高效利用与环境的相互作用规律

针对资源开采与冶金工业过程对环境污染和生态破坏的问题,围绕我国西部矿山开发对脆弱生态的干扰机理与生态复垦和生态系统重建原理、矿区生态保护与复垦的监测、评价、预警等信息化、冶金行业清洁生产和高效节能减排的新技术原理及循环经济、冶金工业难处理污染物处理、回收和再利用的技术原理等科学问题,开展冶金与矿业工程学科和环境学科的交叉研究。主要包括:

1) 西部生态脆弱矿区生态保护与恢复的理论与方法;

2) 矿区生态保护与复垦的信息化保障的理论与方法；
3) 冶金行业清洁生产和循环经济理论与方法；
4) 冶金工业难处理污染物治理技术。

2. 生物制造与仿生制造

面向生物制造和仿生制造这一新兴学科前沿研究方向，针对该方向的生物系统的功能形成机理、制造再现技术和精确调控方法等共性科学问题，围绕生物系统的功能形成机理、数字表征及其制造再现的形态学、材料学、机械学、生物学和信息学基础，生物制造系统的调控机制与受控生物成形和生物加工原理，生物系统的材料、结构及微观生物过程的机电、理化特性一体化仿生和耦合仿生原理等具体科学问题，开展机械工程与生命科学及生物学的交叉研究。主要包括：

1) 生物组织、器官及其替代医学装置的设计与制造；
2) 机械零件的生物成形与生物去除加工原理；
3) 生物医学器件与装备制造；
4) 仿生功能结构制造；
5) 仿生感知、致动、控制原理与仿生器件的设计与制造。

3. 工程结构系统全寿命性能设计与控制

面向人类对可靠、智能、高性能、长寿命工程结构系统的期望与需求，针对基于全寿命周期的工程结构系统性能设计、监测、评定与控制等工程学科共性的基础科学问题，围绕工程结构系统全寿命基础数据积累与共享、材料性能演化规律与失效机理、工程结构系统的性能退化规律与整体失效模式、工程结构系统整体可靠性优化、工程结构系统健康监测与诊断理论（包括物联网监测、损伤识别、灾变机理与模型的反演方法、状态与安全评估等）与性能控制（包括自适应、外调控、维修加固优化等）等具体科学问题，开展工程学科与数理学科、信息学科等其他多学科的交叉研究。主要包括：

1) 工程结构系统的全寿命环境与荷载作用；
2) 环境与荷载耦合作用下工程结构系统全寿命性能演变规律与机理；
3) 工程结构系统全寿命可靠性优化设计方法；
4) 工程结构系统全寿命风险分析与控制方法；
5) 工程结构系统的性能监测与控制原理和方法。

4. 环境变迁中的城市科学

针对人类的社会生产活动，尤其是城市发展对自然面貌的改变、对环境的变迁及环境恶化等突出的问题，围绕环境变迁与灾害风险，环境变迁与可持续发展的地域人居环境设计，环境变迁与历史建筑及文化遗产保护，重大工程与环境变迁的相互作用，环境变迁中的城市交通需求形成机理与供需平衡等科学问题，开展环境科学与城市科学的交叉研究。主要包括：

1) 工程结构与工程系统的环境作用模型；
2) 大规模工程系统中长尺度灾害危险性分析方法；
3) 环境变迁中的地域人居环境设计理论；
4) 历史建筑的损毁机理、防护技术与保护策略；
5) 城市交通需求形成机理与演化规律；
6) 城市交通系统的供需平衡机理与网络交通流调控理论。

5. 深海工程和新型船舶的基础理论与前沿技术

为满足我国海洋空间利用和海洋国防战略需求，针对深海海洋工程结构、深海装备、船舶与海洋工程制造的基础理论和前沿技术，具体围绕船舶与海洋浮体非线性动力荷载与非线性动力效应及机理，深海环境感知与导航定位技术，深海风、浪、流等非定常、非平稳、非线性海洋动力环境和甲板上浪、波浪爬升、砰击、晃荡等非线性非连续全过程的相似理论与模型试验技术，超大型船、超大型浮体水弹性模型实验技术，船舶系泊系统和拖航试验技术与现场试验技术，大型海上装备安装技术，深海海洋工程结构全寿命性能与控制原理，新能源船舶动力机理与优化设计，水声感知与通信技术等科学问题和前沿技术，开展水利科学与海洋工程学科和机械工程学科、信息学科等的交叉研究。主要包括：

1) 深海浮式结构系统环境载荷与动力响应；
2) 深海空间站与新型潜水器；
3) 深海装备的模型试验、现场测试及海上安装技术；
4) 深海海洋工程结构安全与风险分析；
5) 船舶航行性能与多学科优化设计；
6) 先进轮机系统的性能优化理论与方法；
7) 水下探测与通信技术。

五、资助政策与建议

建议如下的资助政策：
1) 实施"顶层设计"，打破条块分割，统筹科学规划。
2) 面向国家需求，凝练战略重点，进行重点持续资助。

3）加快制定和实施科技政策，建立有利于基础研究的良好科技环境。
4）加大科技投入，实施人才战略。
5）加强国际合作，实现我国科技水平的跨越式发展。
6）设立联合基金资助，推动科学基础研究与重大工程核心关键技术的结合。

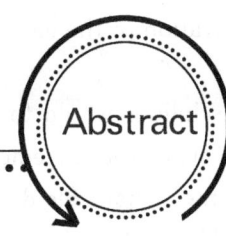

Abstract

In the 21st century, the competition around the world is more and more focused on the science and technology. To promote the rapid development of science and technology in our country, the National Natural Science Foundation of China and Chinese Academy of Science organized "Research on the Development Strategy of China's Disciplines 2011-2020" in April, 2009. The Engineering Science mainly includes Metallurgy and Mining Engineering, Mechanical Engineering, Architecture Environment and Civil Engineering, and Water Science, Hydraulic and Ocean Engineering. In this report, for the above four engineering disciplines, the characteristics, and development patterns and trends were summarized; and then the discipline frontiers, the national needs and the development strategies were analyzed and recognized. The priority research fields and the major multi-discipline crossing research fields for the coming decade in China were proposed. Finally, the relevant funding policies of the national foundation agencies were suggested for the scientific research programs and projects accordingly.

Characteristics and Development Patterns of Engineering Disciplines

Engineering disciplines is a branch of science and technology of studying the man-made matters and systems (including hazardous concomitants), their manufacturing processes, working principle, control principle of behavior and interaction rules with the nature.

Engineering disciplines exhibit remarkable characters of the high integration of science and technology, the co-existence of complexity and rules, and the co-existence of comprehensiveness and cross-discipline. The safety and controllability are its very significant features. Human needs are the motivation of the engineering disciplines development. The driving force of the engineering disciplines development is to pursue the "limitations" in functions, performances, scales and environment. Crossing of inter-disciplines pushes the innovation of the engineering disciplines.

The future development in the above four engineering disciplines would focus on the deep mineral resource exploitation and green metallurgy, the extreme manufacturing, bio-manufacturing and bionic manufacturing, the sustainable development of civil engineering and habitat, and the sustainable exploitation of water resource, ocean resource and hydraulic engineering.

Engineering Scientific Frontiers, National Needs and Strategic Objectives

Currently, the human society is facing the most serious challenges related to resources, energy and environments. Meanwhile, the economic and social development and national security of each country around the world become more and more dependent on the level of the science and technology. In coming decade, considering the disciplines frontiers and focusing on the national strategic needs of resources, energy, environment, and the development of national economy and society, and the national security, three frontier directions are figured out, including:

1) The technology principles and key equipments for highly efficient exploitation and utilization of resources and energy;

2) Advanced manufacturing technologies and complex mechanical systems;

3) Engineering science and technology for social sustainable development.

Priority Research Fields in Engineering Disciplines

Based on the analysis and study in this report, the following eight priority research fields are proposed to be developed during 2011-2020 in the four engineering disciplines.

Fundamental Theories and Key Technologies for the Efficient and Safe Mining of Resource

Aiming at the problems of multi-physical field and multi-phase coupling nonlinear mechanics, disaster, ecological environment and its control in the field of deep resource mining, the research priorities are:

1) Mechanical properties of deep fracture of rock engineering in multi-physical field and multiphase coupled conditions;

2) Cut and fill mining methods and technologies in the exploitation of deep

solid resources;

3) Methods and technologies of the deep fluid resources exploitation;

4) Theories and methods of improved safety control and working environment for the exploitation of deep resources.

Interfacial Science in Metallurgy and Material Manufacturing

Aiming at the interfacial problems widely encountered in the metallurgy and material manufacturing, including the micro-mechanisms, behavior and control principles of the interactions among various complex interfaces, the research priorities are:

1) Micro mechanisms of the macroscopically complex interfacial physical and chemical properties;

2) Formation process of new phases, the interfacial action between phases and the control principles;

3) Interfacial action and control theory during deformation and phase transition.

Functional Principle and Integrated Science of Complex Electromechanical Systems

Aiming at the problems of modern complex electromechanical systems, such as multiphysics coupling mechanism, transimission, precisely coordinated regulation and integration, the research priorities are:

1) The integrated design theory and method of complex practical mechanism systems;

2) Energy transfer and transform in mechanical drive and transmission, generating mechanism of exact complex movements;

3) Collaborative design of material flow, energy flow and information flow in complex electromechanical systems;

4) The multi-disciplinary optimization and integrated design theory of complex electromechanical systems;

5) Structural damages and reliability of complex electromechanical systems under extreme operating conditions;

6) Dynamics theory, dynamic evolution of malfunctions and intelligent diagnosis of complex electromechanical systems.

Precise Manufacture of High Performance Part/Component

Aiming at the development of extreme manufacturing techniques, such as the manufacturing with extra high potency and purity, the manufacturing with extra high energy density and small time-space, the manufacturing with extra high precision and efficiency, the research priorities are:

1) High performance precise shaping;
2) High energy beam and special energy field machining;
3) Precision and ultra-precision machining;
4) Integration of digital design, Machining and measurement.

Design Methods and Technology for Energy Saving in Urban and Rural Buildings

Aiming at the problems, such as the behavior, mechanism, evaluation and control of complex system with multi processes, multi sources, multi sinks, heat and moisture exchange, regional green buildings, and eco-improvement of vernacular architecture, the research priorities are:

1) New methods of thermodynamic analyses for indoor thermal and humidity environment;
2) The design theories and methods of indoor sound, lighting and thermal environment for high quality architecture designing;
3) The build mechanisms of indoor thermal and humidity environment in typical climate zone;
4) The basic theories and evaluation approach of the technologies for rural building energy efficient and habitat improvement;
5) The ventilation theories and practical methods of indoor pollutants control for industrial buildings.

Combined Pollution Mechanisms, Toxicity Effects and Control Principles of Drinking Water

In terms of the complexity and variability of water quality, some scientific questions are raised, such as the mechanisms and control principles for the combined pollution of water sources; toxicity effects and purification technologies of drinking water, stability mechanisms, distribution modes and control principles during the safe distribution of drinking water, etc. Our objective is to develop a scientific and technical system to ensure drinking water safety from source to tap, based on the evaluation of toxicity effects and process control. The research priorities are:

1) Interaction mechanisms of coexistent substances in water, and the new technologies for water purification;
2) Risk control and safe removal of low-concentration toxic and hazardous substances;
3) Synergistic protection principles and new technologies for entire process

ensuring the safety of drinking water quality.

Efficient Utilization of Water Resources under Changing Environments and Its Effects on River and Estuary Processes

Considering the impacts of global climate change on water-resource distribution, water use by and pollution because of agricultural activities, and impacts of human activities on aquatic ecology and other environmental factors related to water, the research focuses on the following scientific issues: spatial and temporal changes of water cycles and the control and regulation of water resources under climate change; water cycle and pollutant control in complex agricultural irrigation and drainage systems; pollutant transport and transformation in watersheds; water pollution and water-environment restoration; ecological engineering for river rehabilitation; and impacts and control of hydro-power development on ecology and the environment. The goal of the research is to determine the mechanism of efficient water resources utilization under changing environments, determine the effects of those changing conditions on river and estuary processes, and develop techniques for ecological restoration and regulation in rivers and estuaries in China. The research priorities are:

1) Watershed hydrological responses, water-resource utilization and adaptive management strategies under changing environmental conditions;

2) Agricultural water-cycle mechanisms and pollution control;

3) Effects and control of human activities on water ecology and environment.

Key Scientific and Technical Issues for the Construction and Operation of Large Water Conservancy and Hydropower Projects

To address issues such as the construction and safe operation of large water conservancy and hydropower projects as well as their impacts on river channels, estuaries and coasts, the research focuses on the following scientific issues: safety of super-scale water conservancy and hydropower projects; the stability and deformation control of rock masses; the dynamic behavior and stability control of multi-dimensional complex coupled hydropower systems; the effects of hydraulic engineering projects on river channel geomorphology; the causative mechanisms of coast hazards; flow and sediment dynamics in long-term coast evolution; and variation in sediment flux entering sea and coast evolution. The aim of the research is to develop key techniques and theories for the construction and safe operation of complex power systems with large hydropower plants. The research priorities are:

1) Fundamental scientific issues and key techniques in super-scale water conservancy and hydropower projects;

2) Fundamental theories and key techniques of geotechnical engineering disasters under complex conditions;

3) Dynamics of efficient water-energy to electricity conversion, and the theory and method of safe control for complex hydropower conversion;

4) Effects of large water-conservancy projects on river system evolution;

5) Estuary and coastal evolutions and the impacts of water conservancy projects on those evolutions.

Major Multi-discipline Crossing Research Fields in Engineering Disciplines

The following major five multi-disciplinary crossing research fields in engineering disciplines are proposed during 2011–2020.

The Interaction Rules of Efficient Resource Utilization and Environment

Regarding the problems, such as ecology protection, reclamation and ecosystem reconstruction in mining areas, and green metallurgy industry, research priorities in this area include:

1) Theories and methods of ecology protection and recover in western fragile ecological mining areas;

2) Informationization technology and management system of ecology protection and reclamation in mining areas;

3) Theories and methods of cleaner production and circular economy in metallurgy industry;

4) Treatment techniques of metallurgy industrial unmanageable pollution.

Biological and Bionic Manufacture

Bio-manufacturing and bionic manufacturing is a cutting-edge area which appeals to the interdisciplinary study of manufacturing science and bioengineering. Research priorities in this area include:

1) Design and manufacturing of artificial tissues, organs and prosthetic devices;

2) Bio-forming and the bio-machining for mechanical parts;

3) Manufacturing of biomedical devices and equipments;

4) Manufacturing of bionic materials and functional structures;

5) Bionic sensing, actuation, and control.

Life-cycle Performance-based Design and Control of Engineering Systems

To develop reliable, intelligent, high performance, and long-life engineering system, aiming at the problems, such as life-cycle deterioration, failure, design, monitoring, evaluation and control of materials and structural systems, research priorities in this area include:

1) Life-cycle environment action and loads of engineering structural system;

2) Life-cycle performance evolution rule and mechanism of engineering structural system under coupled environment and load;

3) Life-cycle-based reliability optimization design method of engineering structural system;

4) Life-cycle-based risk analysis and control methods of engineering structural system;

5) Health monitoring and control theory of engineering structural systems.

Urban Vicissitude Coupling with Environment Change

Considering the change of natural landscape and environment caused by urban development, research priorities in this area include:

1) Environment action model for engineering structure and system;

2) Medium and long term disaster risk analysis method for large engineering system;

3) Design theory for regional habitation environment with environment change;

4) Damage mechanism, prevention technique and protection strategy for historic architecture;

5) The demand formation mechanism and evolution rule for urban transportation;

6) Supply and demand equilibrium mechanism for urban traffic system and regulation theory for network traffic flow.

Fundamental Theories and Key Technologies of Deep-Water Ocean Engineering and Advanced Ships

To meet the demand of the national strategy in marine utilization and defense, aiming at the problems, such as the loads and response with multi-phase medium coupling nonlinearity, unsteady, non-stationary and non-continuous properties, scale-model test theory and field measuring technology of deepwater offshore structures and equipment, research priorities in this area include:

1) Environment loading and dynamic response of deepwater floating structures;

2) New deepwater space station and submarine vehicle;

3) Advanced technology of model testing, field measurement and offshore installation of deepwater offshore structures;

4) Structural safety and risk analysis of deepwater offshore structures;

5) Navigation performance and multidisciplinary optimization design of ship;

6) Performance-based optimization theory of advanced turbine system;

7) Underwater detection and communication technology.

Financial Support Policies and Suggestions

Following financial support policies are suggested for the national foundation agencies:

(1) "Top design" will be achieved. Fragmented management planning should be abolished and overall scientific planning should be executed.

(2) National needs should be met through a concise strategic focus and sustainable funding.

(3) Expedite the process of establishment and implementation of science and technology policies; build up excellent science and technology environments for basic research.

(4) Increase investments in science and technology, and implement a talent strategy.

(5) Strengthen international cooperation, and achieve the leap-forward development of science and technology for our country.

(6) Establish sponsorships from joint funds. Promote the integration of basic scientific research and core technologies in major engineering projects.

目录

总序（路甬祥　陈宜瑜） / i
前言 / v
摘要 / vii
Abstract / xvii

第一章　工程科学总论 /001

第一节　工程学科的特点与发展规律 /001
一、工程学科的特点 /001
二、工程学科的发展规律 /003

第二节　工程学科的科学前沿、国家需求与发展战略目标 /006
一、工程学科的科学前沿 /006
二、我国工程学科面临的国家重大需求与发展战略目标 /007

第三节　工程学科的优先发展领域 /016
一、资源高效安全开采基础理论与关键技术 /016
二、冶金与材料制备过程中的界面科学问题 /018
三、复杂机电系统的功能原理与集成科学 /019
四、高性能零件/构件精密制造 /020
五、城乡建筑节能设计原理与技术体系 /022
六、饮用水复合污染机制、毒性效应与控制原理 /023
七、变化环境下我国水资源高效利用及对河流过程与河口演变的影响机制 /024
八、大型水电站建设与安全运行的关键技术与基础科学问题 /026

第四节　工程学科的重大交叉研究领域 /027
一、资源高效利用与环境的相互作用规律 /027
二、生物制造与仿生制造 /029
三、工程结构系统全寿命性能设计与控制 /030
四、环境变迁中的城市科学 /032
五、深海工程和新型船舶的基础理论与前沿技术 /033

第五节　资助政策与建议 /034

第二章　冶金与矿业工程学科　/037

第一节　总论　/037
　一、冶金与矿业工程学科的战略地位　/037
　二、冶金与矿业工程学科的总体发展趋势　/047
　三、冶金与矿业工程学科未来5~10年发展战略　/072
　四、未来5~10年冶金与矿业工程学科发展的保障措施　/079

第二节　冶金与矿业工程学科主要领域、基础科学问题及优先资助方向　/080
　一、难动用储量的资源开采理论和方法　/080
　二、矿山灾害防治及工业安全生产中的基础科学问题　/086
　三、资源开采中的环境保护理论与方法研究　/092
　四、资源开发中的重大基础理论问题　/097
　五、低品位、多金属共生矿冶金理论与新技术　/103
　六、低排放冶金新工艺与二次资源综合利用　/108
　七、金属凝固过程与组织控制　/114
　八、材料智能化制备与成形加工的基础科学问题　/120

参考文献　/123

第三章　机械工程学科　/124

第一节　总论　/124
　一、机械工程学科的战略地位　/124
　二、机械工程学科的总体发展趋势　/131
　三、机械工程学科未来5~10年发展战略　/142
　四、未来5~10年机械工程学科发展的保障措施　/145

第二节　机械工程学科主要领域、基础科学问题及优先资助方向　/146
　一、机构学与机械振动学　/146
　二、机械的驱动与传动科学　/159
　三、复杂机电系统的集成科学　/174
　四、零件与结构的失效与安全服役科学　/186
　五、机械表面界面科学与摩擦学　/198
　六、生物制造与仿生制造科学　/211
　七、高性能精确成形制造科学　/222
　八、高能束与特种能场制造科学　/238
　九、高精度数字化制造科学　/255
　十、机械的制造与运行参数测量科学　/270

十一、微/纳制造科学与技术　　/279
参考文献　　/292

第四章　建筑环境与土木工程学科　　/302

第一节　总论　　/302
　　一、建筑环境与土木工程学科的战略地位　　/302
　　二、建筑环境与土木工程学科的总体发展趋势　　/303
　　三、建筑环境与土木工程学科未来5～10年发展战略　　/306
　　四、未来5～10年建筑环境与土木工程学科发展的保障措施　　/311

第二节　建筑环境与土木工程学科的主要领域、基础科学问题及优先资助方向　　/312
　　一、建筑学与城乡人居环境　　/312
　　二、环境工程　　/324
　　三、交通工程　　/337
　　四、结构工程　　/347
　　五、岩土工程　　/362
　　六、防灾工程　　/370

参考文献　　/383

第五章　水利科学与海洋工程学科　　/386

第一节　总论　　/386
　　一、水利科学与海洋工程学科的战略地位　　/386
　　二、水利科学与海洋工程学科的总体发展趋势　　/394
　　三、水利科学与海洋工程学科未来5～10年发展战略　　/404
　　四、未来5～10年水利科学与海洋工程学科发展的保障措施　　/409

第二节　水利科学与海洋工程学科主要领域、基础科学问题及优先资助方向　　/411
　　一、变化环境下流域水循环演变机制与水资源调控　　/411
　　二、重大水电工程对河流系统演变的影响机制与调控　　/418
　　三、重大水利水电工程建设的基础科学和关键技术　　/429
　　四、复杂环境下岩土工程灾变的基础理论与关键技术　　/441
　　五、高强度开发条件下海岸演变机制与生态保护　　/453
　　六、深海资源开发工程的科学问题及关键技术　　/460
　　七、复杂水电能源系统高效安全运行的基础理论和关键技术　　/471
　　八、海上新能源工程　　/477

参考文献　　/483

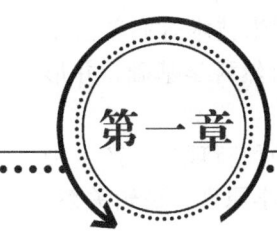

第一章

工程科学总论

第一节 工程学科的特点与发展规律

工程学科是研究人造物质和系统（包括其伴生的有害物质）的制造、工作原理、行为调控原理以及与自然界相互作用规律的科学与技术。它是联系自然界与人类社会的桥梁。

工程学科涵盖范围非常广泛。本书是冶金与矿业工程、机械工程、建筑环境与土木工程、水利科学与海洋工程四个领域战略规划的总体研究报告，包括冶金与材料制备工程、石油与矿业工程、机械学、制造科学与工程、建筑学、土木工程、环境科学与工程、水利科学与海洋工程等多个学科。

一、工程学科的特点

工程学科是拥有几千年历史的古老学科，但只有在近代自然科学基础上发展起来的具有科学与技术意义的工程科学，才是工程学科的真正开端。

1. 工程学科以自然科学为基石，科学和技术的融合是其基本特征

工程学科描述多种自然科学机制集成为人造物质与系统的原理，并利用自然科学知识揭示和描述人造物质与系统的行为规律。

传统工程系统的工作原理和与自然界的关系主要涉及"相互作用"和"能量转换"。在长达100余年的时间中，牛顿力学成为人造物质与系统的制造过程及其行为描述的基础，力和能量曾经是传统工程学科最基本的变量。

随着科学技术的进步，工程系统从以力和能量为控制变量，向力、声、光、电、磁、热等多物理场耦合，气、液、固多相介质耦合，物质流、能量流及信息流并存，感知与控制等多功能单元广泛应用的方向发展，工程系统的功能和

结构越来越复杂。信息技术、生物技术、材料科学技术、纳米技术等高新技术也已广泛融于工程学科中,工程学科越来越根植于宽广的自然科学基础,并形成相互促进或牵动发展的趋势。

在人造物质与系统制造、运行或服役过程中,会衍生种种新现象、产生种种新机制、表现种种新规律,由此形成了工程学科独特的科学原理、逻辑关系、研究方法和理论体系。

这些特点表明复杂的工程系统具有自身的规律性,也决定了根植于自然科学基础上的工程学科同时具有显著的技术特性,是科学和技术的高度融合。

2. 工程学科以实现和保障"系统功能"为目标,挑战"极限"成为其发展的重要动力

工程学科在人类社会物质文明的发展中产生,又直接创造人类社会文明需要的物质产品,是改变社会状态、生活品质甚至于改变人类行为的直接因素。随着人类生存品质的提高和社会进步的需求不断变化,工程学科和所支撑的工程实践不断地创造着新的物质产品、始终不断地创新与提升"系统功能",这是与自然科学不断揭示自然规律截然不同的学科特点。后者的任务是"探索、揭示、发现",前者的使命是"发明、创造、集成",由此也决定了工程学科一系列的属性和发展规律。

工程学科在设计、制造、实现、保障系统功能的同时,不断挑战系统功能、性能、尺度和环境的"极限",各种复杂性、非线性、迟滞性、不精确性、不确定性、尺度效应等特性和因素广泛存在于工程系统及其运行过程中,安全性和可控性成为实现和保障系统功能的基本属性,也成为不断赋予工程学科新的内涵的核心科学问题。

3. 学科交叉与融合是工程学科创新的源泉

复杂工程系统集多参量、多介质、多尺度、能量与物质转换的多样性、信息的多通道流动以及感知、控制、驱动、执行等多功能特性于一体,推动着工程学科向多学科交叉融合集成的方向发展,相关学科的发展及其不断地与工程学科的交叉融合,为工程系统新的制造原理和技术、新的工作原理和行为规律的研究提供了新的手段。

高能束这一源自物理学的研究成果,为机械加工提供了全新的技术原理,通过特殊能束、能场的作用,产生物质新的微结构,从而将物质的分子、原子、电子行为精确转化为微电子、光电子功能产品,通过能量流方向控制构件成形成性中的微结构生长方向,获得动力装备热端零件承载高温高负荷的极强能力;利用高能束流使材料发生固态相变、熔化、溶解、蒸发、气化、沉积、凝固等,

可实现高质量、高效率、非接触、高精度和跨尺度制造。量子通信的实现以精确量子调控为前提，相应量子器件的制造无疑将现代制造推进到一个以量子力学为物理基础的新境界，将为制造科学带来革命性突破。机械制造学科与信息学科的交叉，推动了设计制造一体化的发展，"复杂机电系统设计制造的集成科学"将模块化设计变革为"物质流、能量流、信息流全系统协同设计"；机械制造向生命和生物科学领域的渗透，催生了生物制造这一工程学科新方向。声、光、电、磁等感知、驱动和信息新技术耦合集成于工程系统，推动工程系统从单一牛顿力学主导发展为集牛顿力学、物理学、监测、控制理论于一体的智能工程系统理论；集控制技术、信息（互联网）技术、土木工程于一体的结构实验技术和现场足尺结构监测技术为揭示大型土木工程结构在特大地震或极端风作用下的灾害行为和破坏机制提供了新的技术手段。基于生物技术和生态调控的修复方法是多介质环境复合污染控制的新方向。

二、工程学科的发展规律

由于科学技术的不断发展和人类对丰富物质文明、挑战自然的无限追求，工程系统的功能与结构越来越复杂、服役环境越来越极端，工程系统的集成原理与行为规律也愈加复杂多变；另外，人类对不可再生资源的消耗和对环境生态的破坏使得可持续发展成为21世纪全球共同面临的重要课题，工程学科在为人类提供可持续发展的解决方案的同时也将极大地丰富其科学内涵。

1. "极端性"与"跨尺度"正成为工程学科的重要研究命题

工程系统服役于自然环境，不可避免地遭受地震、强风、波浪、流、冰、极高或极低温度等极端自然灾害作用，在极端环境和自然灾害作用下，工程系统的设计建造/制造、灾害行为、破坏机制、安全控制成为当前工程学科的核心科学问题；资源和能源是支撑人类社会的最重要的物质基础之一，随着浅部资源开采的枯竭，深部陆地和深水海洋资源的开发成为解决人类资源和能源的有效途径，高地温、高地压、高水压等极端环境挑战深部资源高效开采、提取和输运的核心装备和关键技术。

工程学科的研究正向极小尺度和极大尺度两个极端方向发展，极度尺度下人造物质和工程系统的设计建造/制造、行为规律与调控原理也成为当今工程学科新的研究命题。一方面，纳米技术渗透于工程技术和工程系统中，不仅推动工程学科从纳米尺度揭示人造物质和工程系统的行为及其机制，同时催生了极小尺度的纳米制造技术，包括纳米尺度下的测量、驱动、操作和控制等。纳米技术将使产品制造原理、制造技术和制造模式发生重大变革，并成为创造新物质及其新的制造原理的重要手段。例如，纳米制造技术使极端精度制造技术成为现实，机械加工精度将实现"微米→纳米→皮米"的量级跨越，使成形成性质量极大地提高，高精度/高品质的成形/成性制造工艺及其科学原理成为机械制造学科的重要发展方向。另一方面，人类当今重要的技术实践活动对巨型复杂工程系统提出了迫切需求，大型装备的极端制造技术原理，3000米跨海大桥、5000米水深海洋资源开采设施和300米高坝的设计建造技术原理以及在地震、风、波浪、流、冰等极端环境和自然灾害作用下的行为规律与控制原理，都成为当代工程学科的重要课题。

极度尺度效应的内涵是物质和系统在不同尺度上表现出不同的行为规律，即跨尺度效应，量子力学和牛顿力学分别用于描述物质的微观和宏观行为规律及其机制。近年来，纳米材料和纳米技术的发展使物质和系统在纳米尺度上的行为规律得到较多的关注，并使人们认识到跨尺度行为及不同尺度行为传递机制的重要性。跨尺度效应广泛存在于工程学科的各个领域，例如，全球气候变化对水资源的影响具有时空跨尺度效应（气候的天体尺度和几十年时间尺度、流域的公里尺度和年时间尺度、水力学的毫米尺度和毫秒级的时域脉动效应）；流域降水短期受大气变化的影响，长期受气温变化的影响；机械系统的"宏/微/纳"跨尺度的制造与集成原理，冶金与材料制备过程的形变与相变过程界面交互作用及其调控，复杂环境体系中污染物及其不同介质间的非均相作用过程及界面转移转化规律，极大尺度土木工程的超柔性、小阻尼、大非线性、多相介质耦合及其能量的相互转移规律等。物质与系统跨尺度行为、跨尺度界面能量传递与交换机制、不同相集成界面的相互作用及其调控等科学问题都成为当今工程学科研究的热点。

2. 复杂系统推动工程学科复杂性科学的研究

工程系统的结构、功能、行为及其机制愈发复杂，系统的非线性行为与机制，系统内部物质、能量、信息的传递与交互，力电光磁热等不同参量相互耦合及其转化的规律与机制，系统与其周围介质的相互耦合作用，系统的时滞规律，系统奇异状态及其机制与反演的不唯一性，系统环境作用与行为规律的不确定性愈加明显和复杂，从而给工程学科提出了大量的复杂性科学问题。

工程系统材料非线性、大形变的几何非线性、集成单元的接触非线性、各种非线性的耦合效应等丰富的非线性行为与机制给工程学科带来了挑战。20世纪微分几何的发展使系统非线性动力学取得突破，系统的混沌、分岔、分形等非线性行为与机制获得了数学上的解释和描述，并在简单系统的工程实践中初步实现了对非线性行为的控制或利用,然而,复杂工程系统的复杂非线性行为与机制仍然无法很好地被解释和把握。深部资源开发和土木水利及海洋基础设施系统中涉及的岩土、结构、流体及水合物区的非线性行为与机制及海底失稳奇异状态,冶金材料制备过程中的物理化学过程的非线性行为与机制,机电系统中力、电、磁、光、热及其相互转化中的非线性行为与机制等是当前工程学科需要面对和解决的重要课题。

随着巨型复杂工程系统的发展,系统内部不同物理场之间的耦合效应、系统与其周围介质的相互耦合作用越来越强烈,并成为主导系统行为规律的重要因素。机电系统中广泛存在力-电-磁耦合场,深部陆地资源开发存在热-力耦合场,深水海洋资源开采和土木水利海洋基础设施工程中广泛存在气-液-固耦合场,海底油气与水合物存在耦合共生现象,环境污染中存在多介质交叉复合污染的特性等。系统内不同物理/化学/生物耦合场、系统与外部介质耦合界面的能量正反向传递规律与机制,以及耦合场作用下系统及其子系统的线性和非线性行为规律及其控制原理也都是工程学科极其重要的科学问题。

3. 安全性和可控性是工程学科的核心科学问题,可持续性是工程学科的未来发展方向

工程学科不断挑战系统功能、性能、尺度和环境的极限,系统的复杂性、功能的多样性、性能的极端性、环境的不确定性以及科学的有限性,系统的建模、环境的作用和行为的规律等都可能隐含着各种未被准确表达和揭示的灾难状态出现,因而系统的可设计性、安全性和可控性成为工程学科最基础的科学问题。在把握系统行为规律基础上,综合功能性、安全性、经济性、可持续性等的工程设计与控制理论是技术科学与社会科学的综合,具有不断丰富的内涵和研究内容,相关的设计和控制理论已经由确定性的安全设计、线性控制发展到考虑随机性的可靠度设计和非线性控制,并进一步向多目标约束下的性能设计和控制以及考虑工程系统全寿命期内的安全性与资源消耗最小化的性能设计与控制方向发展。

社会可持续发展的要求正对工程学科产生深远的影响。深部资源的绿色开采原理与方法、高效低污染的材料绿色冶金制备工艺与技术等绿色工业、可持续的土木水利工程及其理论体系、可持续发展的城市规划与建筑设计理论、建筑与城市生态化设计理论和技术、多介质环境复合污染控制与生态系统保护、有毒有害污染物的生态与健康风险及其控制、水资源高效利用对河流和河口海岸演变的作用等都是当今工程学科的重要命题,将对21世纪全球主题"人类与自然和谐"的实现发挥重要的作用。

第二节 工程学科的科学前沿、国家需求与发展战略目标

一、工程学科的科学前沿

未来10年，我国工程学科将围绕资源、能源、环境（人类与自然和谐）、国民经济与社会发展及国防安全为主题开展相关研究，结合我国重大需求及国内外相关研究前沿，把研究重点集中在资源/能源高效开发与利用的工程技术原理与核心装备、先进制造技术与复杂装备系统、社会可持续发展的工程科学与技术三个方面。

1. 资源/能源高效开发与利用的工程技术原理与核心装备

当前，世界各国解决资源能源短缺问题的途径主要有：寻找新资源能源；在能源资源有限的情况下，合理地调控资源和节约资源能源。随着陆地浅部和海上浅水能源的枯竭，开发地球深部资源，开发太阳能、风能、核能、氢能等新能源就成为世界各国能源战略和竞争的焦点；但鉴于我国资源能源尤为短缺且分布不均衡，加之我国是人口大国，发展合理调控资源能源和节约能源的技术，具有十分重要的意义。相关前沿学科方向主要包括：①深部陆地与海洋资源高效开发与利用的科学与技术；②新能源开发的核心装备与关键制造技术；③气候变化下我国典型流域水文水资源分布变化的分析理论；④城市建筑节能科学与技术。

2. 先进制造技术与复杂装备系统

美国国家科学技术协会在题为 Manufacturing the Future 的报告中，将"氢能制造、纳米制造、智能制造与集成制造"列为美国制造业未来的三大优先发展领域。欧盟在 The Future of Manufacturing in Europe 2015-2020 中将"新材料和新器件制造（纳米结构材料、智能材料、多功能材料、集成纳米器件）、制造新原理和新工艺、产品和工艺设计技术、建模与仿真技术、新能源/材料与燃料电池"列为未来10年机械与制造科学发展的前沿研究方向。从未来的发展趋势来看，机械与制造科学与其他学科的交叉融合将进一步向纵深发展，能源、材料、纳米、生物和信息将成为未来20年制造科学发展的主题。未来10~20年里，机械科学与技术研究的焦点将集中在能源、资源和环境等领域，制造技术的热点将围绕生物制造、信息制造和微/纳制造等展开。具体将体现在

以下几方面：①复杂机电系统及其集成科学；②高性能零件/构件的精密制造科学与技术；③纳米制造科学与技术；④生物制造与仿生制造科学与技术；⑤冶金与材料制备过程及复杂工程系统的界面科学；⑥数字化与智能化技术。

3. 社会可持续发展的工程科学与技术

自从20世纪80年代国际社会提出可持续发展的概念以来，社会的可持续发展已经从社会领域的政策研究发展到工程领域的科学与技术研究。美国、欧洲和日本等发达国家和地区十分重视社会可持续发展的工程科学与技术研究，成立相应的国际学术组织，举办可持续的工程结构与工程结构的可持续化国际学术会议，创办相关学术期刊等，研究通过长寿命材料、可循环利用的材料、全寿命设计理论等实现工程结构和工程系统的可持续化。通过工程科学技术手段实现资源能源的保护和有效利用，需在如下前沿方向开展研究：①工程系统对环境的作用科学（水利水电工程对河流系统演变的影响机制与调控，资源开采和冶金对环境的作用，岩土工程对环境的作用）；②城市水质安全保障与风险控制的科学与技术；③工程结构可持续化的科学与技术；④可持续化的城市科学。

二、我国工程学科面临的国家重大需求与发展战略目标

"资源、能源、环境、人类与自然和谐"是21世纪全球面临的最严峻问题。我国处于经济快速发展时期，加之人口众多，对我国而言上述问题尤为突出，迫切需要工程学科提供解决上述问题的方案。

我国改革开放30多年来，经济取得了令世人瞩目的巨大成就，工程科学技术因其能够直接转化为生产力而对我国国民经济的发展做出了突出的贡献。但当前我国在关键技术、核心装备和高端产品等方面还处于相对落后的地位，生产活动的资源能源消耗大、环境污染严重。上述问题成为制约我国从经济大国迈向经济强国的瓶颈，迫切需要工程学科的跨越式发展，为我国经济和社会高速、高质、高效发展提供坚实的科技支撑。

1. 深部资源和新能源开发是我国可持续资源战略与海洋安全战略的重要保障

（1）深部陆地和深水海洋资源开发是解决我国能源短缺的有效途径

支撑现代人类社会物质基础的是资源和能源。矿产资源和油气资源是人类社会生存、发展和国民经济建设中不可替代的、不可缺少的物质基础，是工业的命脉，被誉为"工业之母"。随着我国浅部陆地资源和浅水海洋资源的枯竭，深部陆地资源和深水海洋资源的开发成为我国解决资源、能源问题的重要途径

之一。我国大陆深部富含矿产资源；国际海底区域富存着多金属结核、富钴结壳、多金属硫化物等金属矿产资源，其中镍、钴、铜、锰等重要金属的资源储量分别高出陆上相应储量的几十到几千倍；分布在深海大陆坡的天然气水合物所含的有机碳是地球上所有煤、天然气及石油储量所含有机碳总数的两倍；全球范围内，海上油气资源有44%分布在海平面300米以下的水域，我国南海具有丰富的油气资源和天然气水合物资源，石油地质储量约为230亿～300亿吨，占我国油气总资源量的1/3，其中70%蕴藏于深海区域。海洋矿产资源是人类21世纪的重要接替资源，海洋矿产资源的开发是21世纪乃至今后若干世纪国际竞争最激烈的领域，其战略地位不言而喻。2009年6月10日，中国科学院公布了《中国至2050年海洋科技发展路线图》。作为22个战略性科技问题之一，中国海洋能力拓展计划确定三阶段目标：2020年前，逐步拓展到全部领海和经济专属区；2030年前后，逐步拓展到西太平洋和印度洋；2050年前后，拓展到全球公海。

然而，由于高地压、高地温、高水压等极端条件，风、浪/内波、流、冰、地震等极端自然灾害条件，以及气-液-固多相介质耦合作用、非线性动力效应、非线性渗流及失稳奇异状态等因素给深部资源开发带来了极大的困难，目前深部资源开发技术主要由少数发达国家垄断。保护我国资源安全、打破发达国家垄断开采的局面，迫切需要工程学科在深部裂隙岩体工程的力学行为，开采中的提升运输技术与装备、固体废弃物的处理技术、深海海洋船舶及浮体结构分析设计与建造技术、大型装备的深海海上安装技术、海底输运与通信技术，开采中的安全科学和环境问题等方面取得突破，为我国资源能源战略的实施提供坚实的科技支撑。

(2) 新能源装备制造是新能源开发利用、实现我国可持续能源发展战略的重要保障

由于化石资源是不可再生能源，新能源的开发与利用被美国、日本、欧洲等诸多世界发达国家和地区列为21世纪的发展战略。我国在新能源开发和利用的竞争格局中受制于我国制造技术和核心装备相对落后的局面而处于劣势，迫切需要在核能、太阳能及风能装备设计理论与制造技术上取得突破。核主泵是核电站的"心脏"，其造价约占核电站装备总造价的1/3。未来10年，我国将成为核电站在建规模最大的国家。但我国至今尚不能自主设计制造大型核电站的关键装备，特别是在核主泵设计与制造等关键基础理论和技术方面与国际水平有较大差距，要实现核主泵的"中国制造"，推动核电装备的性能升级，必须强化核能装备的技术科学研究。风能是一种可再生的清洁能源，尽管我国已经成为世界风电装机第二大国，但关键技术主要依赖欧洲进口。由于风能装备的服役环境极端复杂，加之中国的风环境与欧洲不同，导致传动装置故障频发和并

网供电的风险大、效率低、运行成本高等，迫切需要在极端风场作业环境下高可靠、长寿命、高能量转换效率风力发电机的机构学、驱动与传动、摩擦学、结构强度等机械学科基础问题上取得突破，从而为风能利用提供科技支撑。太阳能是另一种清洁的可再生能源，但目前太阳能电池能量转换效率的理论极限（70%）与现有工业化生产的太阳能电池转换效率（17%）之间存在着巨大差距，要实现太阳能的高效利用和太阳能电池的大批量、低成本制造，推进"超晶格电池、热载流子电池、新型叠层电池和热光伏电池"等新一代太阳能电池的技术进步，需要针对新型太阳能电池材料、太阳能电池陷光吸收、减反、增透和表面自清洁等功能微结构设计制造等方面开展基础研究，形成工业化大批量制造新技术，为太阳能资源的利用和开发带来实质性突破。

2. 先进制造技术和高端制造装备是国家核心竞争力的科技支柱

先进制造技术和高端制造装备是国家工业体系最基础、最核心的问题。改革开放之后，我国制造业得到了迅速的发展，"中国制造"已经成为代表中国的一种符号。但我国制造业主要集中在劳动密集型产业，以低端技术、低附加值产品为主导，自主的先进制造技术和高端制造装备的能力还相当薄弱，这种状况极大地限制了我国现代工业体系的建设，并使我国在国际竞争中处于劣势。我国政府十分重视制造业的发展，国务院总理温家宝2010年3月5日在十一届全国人大三次会议上的政府工作报告中，明确指出要建设以低碳排放为特征的产业体系，由此而带来的一系列产业结构调整将进入以大力推动经济进入创新驱动和内生增长为特征的发展轨道。因此，国家把高端制造产业列为今年要大力培育的六大战略性新兴产业之一。大力振兴装备制造业是党的十六大、十七大提出的保障我国走新型工业化道路、实现国民经济可持续发展的战略举措。

（1）基础装备与制造技术是实施国家重大工程的重要支柱

《国家中长期科学和技术发展规划纲要（2006—2020年）》中列入的16个国家重大专项中的"极大规模集成电路制造技术及成套工艺"、"高档数控机床与基础制造技术"、"大型飞机"、"载人航天与探月工程"可以认为是一系列的以复杂机电系统为载体的研究项目。在列入的有关信息、能源、制造、交通等领域的62个优先主题中有32个涉及制造装备的研发，其中在各类运载装备的发动机、高精度数控机床、信息产业的高精度制造装备、激光武器和对地观测装备、核动力装备等领域的关键核心装备及其制造技术的开发是保障中长期发展目标实现的关键，这些核心装备与制造技术也是国际科技竞争的热点和国家核心竞争力的支柱。党的十七届五中全会提出的"十二五"规划，将节能环保、新一代信息技术、生物、高端装备制造、新能源、新材料、新能源汽车等七大产业作为我国现阶段重点培育和发展的主攻产业，为支撑高端装备制造和新能源等产业，均迫切需要我国工程学科开展前瞻性基础研究。

1）突破高性能数控机床的关键科学/技术问题是实现核心装备制造的基础。在涉及支撑国家重大工程实施的核心装备与制造技术中，高性能数控机床与基础制造技术是核心中的核心。《中国技术前瞻报告——能源、资源环境和先进制造》发布的调研结果表明，高档数控机床及基础制造装备关键技术在未来15年先进制造领域对我国产业发展最重要的核心技术中排在首位。西方发达国家一直对我国高速发展的铁路、船运、航空等交通行业急需的高效、高精度机床采取限制出口策略，这使得获得具有自主知识产权的高性能数控机床关键技术成为我国的一项战略需求。各类高端专用装备的工作原理、设计理论、核心部件的制造技术是提升我国装备制造能力的关键基础问题，数字化制造技术是实现高精度高性能制造的有效途径。

2）突破量大面广的基础件制造共性科学/技术问题是核心装备创新的基础。机械基础零部件的制造是一个量大面广的领域，也是实现装备创新的基础与核心，因此，在《国家中长期科学和技术发展规划纲要（2006—2020年）》中，不但把基础件作为优先主题之一，而且特别强调"重点研究开发重大装备所需的关键基础件的设计、制造和批量生产的关键技术，开发大型及特殊零部件成形及加工技术、通用部件设计制造技术和高精度检测仪器"。由于基础部件制造及其相关领域涉及面大、种类繁多，成为制约实施核心装备创新的主要障碍，目前主要依赖进口。因此，开展并突破量大面广的基础件制造的共性科学与技术问题将是实现核心装备创新的重要基础。

（2）不断突破的极小尺度、极高精度制造是信息产业持续发展的基础

下一代集成电路对制造技术和制造理论提出新挑战。集成电路（IC）制造业是国家经济发展、国防建设、信息现代化的基础性、战略性产业，其生产规模与研发水平已成为衡量一个国家综合国力和科技实力的重要标志之一。中国已成为世界上IC产品和制造装备的主要市场之一，但是到目前为止，我国IC产业的成套装备和制造技术仍然基本上依靠进口，而西方国家在IC制造尖端设备和技术对中国出口方面设置了种种限制。要实现与国际发展同步的战略目标，机械与制造学科将直接面对实现32纳米及以下的IC制造（包括前道和封装）关键工艺的制造装备所带来的挑战。为此，机械与制造学科需在加工对象的特征尺度、加工精度、加工速度等方面取得理论的创新和关键技术的突破。

支撑光电新能源和下一代通信技术的光电子制造依赖于微/纳机械学与微/纳制造的发展。微/纳系统及器件因其微型化、成本低、批量化的鲜明特点，成为全世界增长最快的产业之一。其中，仅柔性电子、光电子产品在未来20年内社会形成数千亿美元的市场。在光电子制造方面，需要在通信光电子、LED照明、光伏电池制造、尺度量变导致的器件材料和结构及电路特性的质变规律以

及光功能结构的新制造原理和制造方法等方面取得突破。

器件尺寸从微米尺度延伸到纳米尺度所凸显的纳米效应,以及机械、电磁、热、流体等多物理场的耦合作用对材料性能、构件的力学行为和微/纳器件宏观性能将产生很大影响。对微/纳系统多尺度多能量域耦合的多学科建模分析与设计方法,微/纳结构制造中多能量场对材料的作用、成形机制与调控,微/纳结构与系统中多场耦合参量对性能的影响机制、测试和表征等方面提出了挑战。因此,以研究特征尺寸在微米、纳米范围的功能结构设计与制造中的共性科学问题为主要目标的微/纳机械学与微/纳制造学科的发展成为上述领域发展的主要保障。

(3) 国防装备需要该学科提供极高性能精密制造

国防装备的性能日益朝着极端化的方向迅速发展。与此同时,也把对制造技术和能力的需求推向了极端。

尽管我国近年的国防装备制造能力迅速提高,但总体来说,能够满足高端国防装备制造需求的能力较发达国家还有差距。超精密制造科学和技术均是全球战略竞争的关键技术,但由于超精密加工过程的高速瞬态过程不易表达和材料原子级去除的物理机制还不明确,超精密加工的基础理论在国际上还没有形成理论系统。我国凭借已经积累的基础,以基础研究层面的突破为切入点开展创新性的超精密加工研究,尽快缩短与国际水平超精密加工装备制造和技术方面的差距,以实现跨越式发展,这应该是一个很好的机遇。

随着节能型汽车、大飞机、新一代战机、高推重比发动机、大型运载火箭和长寿命卫星的发展对所用材料和零件结构形式提出了新要求,要求使用高比强、高比模的轻质高强材料,要求结构形式向复杂曲面、薄壁、空心变截面、整体和带筋结构发展,这给轻质高强板材复杂件精确成形研究与发展提出了新的挑战。

(4) 复杂机电系统的集成科学为重大工程系统的安全可靠运行提供理论基础

空天运载工具、大型舰船、高速轧机、高速列车、微电子/光电子制造装备及大型火电、水电、核电机组和大型盾构掘进机等都是多场耦合高度复杂、功能异常丰富、运行控制能力十分强大的复杂机电系统。随着复杂机电系统的功能日趋丰富,载有的物理过程更趋极限,系统内各种物理过程的非线性、时变特征更为突出,过程之间的耦合、交融关系更为复杂,某些新的科学现象与规律将在更深层次上被激发出来。复杂机电装备为了高速、高精度、高效服务于各种极大或极小系统工程,需要吸收现代力学、电磁学、光学、材料学、信息工程、生物技术、纳米技术等高新技术,不断完善机电装备的多目标功能,挑战人类智力极限,创造复杂机电系统的理想极限功能。为实现上述目标,一方面需要通过"材料-结构-性能"一体化设计与制造来保证关键构件和功能单元的可靠性；另一方面需要研究感知系统、驱动系统、机构与结构、控制系统的设计、制造和配置方法，使得装备在发生局部功能单元失效的情况下能通过功能重组来维持装备的整体性能。极端服役条件下装备的性能衰退规律、抗失效机制和抗失效设计方法等目前已成为制造科学领域的新方向——工程免疫学。该领域的研究集机械科学、材料科学、力学、控制科学等于一体，对复杂机电装备的设计理论和制造技术赋予了新的科学内涵，是制造科学领域中具有共性意义的科学问题。解决好复杂机电系统的集成科学问题将为极大地推动高速列车、大型火电和核电机组、大型高效低污染发电设备、大飞机制造等重大工程迈出实质性步伐。

（5）人类对生命与健康的追求赋予机械与制造学科新的使命

生物制造是利用先进的制造技术，结合生命科学原理，设计和制造生物组织或功能器官，并使其能够在延长人体生命、保障人体健康方面发挥实质性作用。器官移植手术的日益成熟与器官供体短缺之间日趋凸显的矛盾极大地推动了以生物组织和器官功能替代装置制造为核心任务的生物制造学科的发展。

美国在《2020年制造技术的挑战》中已经将生物制造列为11个主要方向之一，其研究目标是将生命、材料及生物科学原理融入制造技术，实现生物体或类生物体的制造，为医学和康复工程技术的发展提供新的科学技术手段。《国家中长期科学和技术发展规划纲要（2006—2020年）》已经将生物技术列为我国五大科技发展战略之一，并提出以下科学研究任务："在体外构建出人体器官，用于替代与修复性治疗。重点研究人体结构组织体外构建与规模化生产技术，人体多细胞复杂结构组织构建与缺损修复技术和生物制造技术。"此外我国政府还提出了2015年人人享有康复服务的目标。由此可见，发展面向医学和康复工程需求的生物制造技术已成为我国科学研究的迫切任务，同时也赋予机械与制造学科新的科学内涵和历史使命。

在器官功能替代装置方面，随着生物医学和制造技术的不断发展和交叉融合，生命体替代组织的研究不断深入，除了脑及部分内分泌器官以外，人体的大部分组织器官几乎都有了人工的功能替代装置。但是，目前很多人工组织或者器官仍面临生物相容性和安全性等许多直接影响生物制造技术发展的关键难题。而对于活体生物组织的制造则更加具有前沿性和挑战性。细胞三维受控组装技术、干细胞的三维受控组装、基于脂肪干细胞的能量代谢系统研究和复杂结构体的组装概念的提出和技术的突破，特别是细胞三维受控组装技术的突破被认为是有可能解决传统组织工程的局限性而实现复杂人体器官的人工制造的技术发展方向。

利用人工装置替代生物系统不仅需要解决替代装置的设计与制造问题，还需要解决与生物体的集成问题,这一需求刺激了生机电系统技术的发展,如心脏起搏器就是生机电一体化装置的典型例子。利用生机电一体化技术可以实现外部装置与人体的功能集成,为医学和康复工程技术带来全新的技术手段。生机接口是生物体与机电装置物理集成、通信和交互控制的接口,是生机电系统设计与制造的核心技术之一。高性能生机接口的开发是生机电一体化技术发展所面临的主要技术挑战之一。

3. 工程学科是实现社会可持续发展的重要科技支撑

我国人口众多,是资源、能源消耗大国,同时也是环境污染和生态破坏十分严重的国家,工程学科向社会可持续发展提供解决方案和技术支撑对我国尤为重要和迫切。可持续的城市和工程结构设计理论、环境污染控制、生态系统恢复与保护、水资源安全、绿色制造技术等都是工程学科满足国家可持续发展需求的重要课题。

(1) 高效建筑节能理论和技术是实现社会可持续发展的有效措施

在各种能耗中,建筑能耗占总能耗的40%左右。我国城乡房屋建筑面积已经超过450亿平方米,绝大部分的运行能耗很高,每年城乡新建房屋的大部分为高能耗建筑。我国建筑用能主要以煤为主,太阳能、地热、风能等清洁可再生能源在建筑中利用率很低,北方地区建筑采暖用能过程中排放的污染物已经成为冬季城市环境恶化的主要原因。随着居住环境质量的改善,城市化程度提高带来建筑规模的加大,建筑用能的年均递增率将大大超过国家能源生产增长率。因此,发展节能、节地、节水和节材的绿色建筑具有重要的战略意义。而我国建筑节能的基础理论、相关技术和政策与发达国家相比还有较大差距,从建筑节能的理论基础出发,研究建筑节能的设计原理和技术体系,形成适合我国各地气候、文化和经济发展水平的建筑节能理论和技术体系,为人类与自然和谐主题的实现提供有效的技术途径。

(2) 可持续土木工程与城市直接有助于实现人类社会的可持续发展

土木工程与城市是人类赖以生存和开展生产活动的场所,也是人类消耗资源的最主要方式。探索现代建筑活动中新的能源与资源消费模式,对于在保持和提高人居环境质量前提下进行节约资源和保护环境具有重要的意义。节能建筑、生态建筑、绿色建筑、可持续建筑等相继出现,它们均以最小的资源、能源消耗创造健康适宜的建筑与城市环境,并对外部环境的干扰效应达到最小。

为适应我国经济增长和社会发展的需求,刺激我国经济在全球金融危机下的快速复苏,我国基础设施的建设规模已经比全世界其他国家的总和还多,许多举世瞩目的重大基础设施建设成功,如青藏铁路、三峡水利工程、世界上最大的跨海大桥、跨度最大的斜拉桥、大型奥运场馆等。这些重大土木工程基础设施在为我国国民经济发展提供重要基础的同时，也在大量地消耗资源。可以预计，未来20~30年我国仍将处于大规模基础设施建设时期，如何吸收前期建设的经验，借鉴材料等领域相关学科的研究成果，发展长寿命、可循环利用、自修复和自集能等的可持续土木工程结构，在满足国民经济发展需求的同时节约资源，实现社会的可持续发展的战略目标，是当前土木工程学科面临的重要课题。研究长寿命结构材料和可循环利用的土木工程材料，发展高性能工程结构和工程系统，建立综合全寿命期内的安全性、舒适性、耐久性、可持续性和经济性平衡的全寿命设计理论与控制原理，为发展可持续社会提供重要的途径与理论基础。

我国人口众多，城市化进程和城市扩展速度快，研究解决我国城市和建筑的生态化问题，发展可持续城市科学理论已成为当务之急。

(3) 绿色制造与再制造技术是实现环境与社会可持续发展的重要措施

作为一种综合考虑环境和资源效益的现代化制造模式和理念，绿色制造已经在众多领域得到普遍重视。我国也设立"绿色制造关键技术与装备"项目以满足我国制造业减少资源消耗、降低环境污染和突破国际绿色贸易壁垒的迫切需求。

具有显著绿色制造特征的再制造，则是指将废旧机械产品及其关键零件运用先进制造工艺进行修复或升级改造，使其质量和性能恢复到新品甚至超过新品的制造过程。无论是毛坯来源还是再制造过程，对能源和资源的需求以及废物废气的排放都是极少的。目前已开发了纳米电刷镀、自动化高速电弧喷涂、高能束修复等先进的再制造工艺。通过在损伤的零件表面制备薄层耐磨、耐蚀、耐高温、抗疲劳的涂层，不仅恢复了零件尺寸，提升了零件性能，而且延长了产品寿命，提高了资源利用率，减少了能源消耗，实现了制造过程的节能降耗。

(4) 环境污染控制与生态系统修复是实现人类与自然和谐生存的直接途径

环境污染和生态破坏的治理是全世界面临的严峻问题。粗放式的工业发展模式导致我国环境污染具有问题的特殊性和解决问题的迫切性，即大量污染现象在短时期内集中涌现，原有污染物与新出现的污染物并存，污染风险控制能力差，污染事件随时可能爆发。

复合污染是在各种环境污染中最为严重的污染形式之一。在我国，已经发现在官厅水库、海河、松花江等水体中有几十种甚至百余种污染物共存；太湖梅梁湾水源地由于数十种有机物复合存在，使水源地形成致癌风险区；京津地区的污灌土壤中含有重金属、多环芳烃等多种污染物，并具有潜在的致癌风险。由于复合污染及其控制在国内外均属于前沿研究课题，相关成果较少。针对我国环境污染的严重性和解决问题的迫切性，开展大气和水资源复合污染及其控制的研究，减轻环境污染对人类生存和健康的威胁，具有十分重要的战略意义。

受损生态系统的修复是另一种解决生态平衡破坏的有效手段。近10余年来，美国、日本和欧洲等许多发达国家和地区在恢复生态学的理论和技术方面取得了显著进展，研究对象包括陆地生态系统（如森林、草原、湿地）和大气-陆地-海洋复合生态系统，运用生物技术、生态调控等手段对生态系统进行恢复和重建。我国地域广，不同地区的生态条件、生态破坏的原因及机制各不相同，在我国开展受损生态系统的恢复更迫切。

（5）水资源高效利用和安全保护是国民经济和社会可持续发展的有力保障

水资源的有效利用和安全保护是国民经济发展的有力保障。随着社会经济的发展，包括防洪安全、供水安全、生态安全、水污染防治在内的水资源安全问题日益成为关系我国可持续发展和国家安全的基础性与战略性问题。《国家中长期科学和技术发展规划纲要（2006—2020年）》把发展能源、水资源以及环境保护技术放在优先位置。

水生态安全是生态安全的重要组成部分，世界上许多国家都将水安全问题列入国家安全战略并给予高度重视。21世纪中国水资源形势尤为严峻，已经成为我国社会经济可持续发展的重要制约因素。水资源是一种可持续利用的资源，无节制地开发水资源，超出了水资源的承载能力，将影响到水资源的可持续利用，甚至威胁到人类社会的健康发展。将水利水电工程相关的生态与环境问题全面纳入我国现代水利行业科技创新体系，为解决当前水利事业发展的"生态瓶颈"问题而努力，这也将成为完善我国现代水利行业科技创新体系的重要支撑。

我国河流众多，其中流域面积100平方千米以上的河流达5万多条，流域面积1000平方千米以上的有1500多条。这些河流具有两个突出特点：一是水资源时空分布极不均匀；二是挟带大量泥沙，特别是北方河流，由于水土流失严重，大量的泥沙被挟带到河流中，形成多沙河流，其中尤以黄河闻名于世界。泥沙在河道和水库的累积淤积，给水利水电工程建设、河道防洪、沿岸工农业发展和人民生活带来了严重的影响，泥沙问题的研究具有十分重要的意义。

水力学在水资源开发利用和水灾害防治中具有重要作用。近十几年来，一大批大型水利工程陆续兴建，这些工程与水电工程一样，均包含着大量的水力学难题。不仅如此，水力学还与城市防洪、河道整治、航运工程、调水工程、取水工程等存在密不可分的关系。2008年的汶川地震进一步警示我们，除原有的水力学研究对象外，还必须加强灾害防治，特别是山地灾害防治中的水力学研究。在兴水利、除水害的过程中，水力学占有重要的地位。目前，水问题的研究已经从河流走向流域，水利信息化是一种必然趋势。但是，没有水信息学的理论与方法支撑，水利信息化将只是简单的硬件建设，缺乏驱动这些硬件并使其发挥最好功能的灵魂。水信息学在解决各种水问题中正在发挥越来越大的作用。

水利水电工程的高效运行和安全是国家能源战略和公共安全的重要方面。

水电资源属于可再生资源，积极开发和利用水电资源对于改善国家能源结构、促进经济和环境的可持续发展具有重要意义。根据2000~2003年国家发展和改革委员会组织的普查结果：我国大陆水资源理论蕴藏量为6.944亿千瓦，年发电量60 829亿千瓦时；技术可开发量为5.416亿千瓦，年发电量24 740亿千瓦时。2009年，我国水电总装机容量已达1.8亿千瓦，开发程度达33.6%。到2020年，中国的水电装机容量将发展到3亿千瓦，相当于每年减少3.26亿吨标准煤消耗，可减少二氧化碳排放8.2亿吨，将承担我国政府承诺的非化石能源占15%的目标中超过60%的份额。《中国水电工程顾问集团水电中长期发展规划》中提出的目标是：2006~2020年常规水电装机新增2.14亿千瓦，达到3.28亿千瓦；2006~2020年抽水蓄能电站装机容量新增4420万千瓦，达到5002.1万千瓦。同时，国家正在开展西藏自治区东部水电外送方案研究，以及金沙江、澜沧江、怒江"三江"上游和雅鲁藏布江水能资源的勘查和开发利用规划，做好水电开发的战略接替准备工作。

我国重大水利水电建设工程在规模、难度等多方面都将超过现有的世界水平。这些重大工程均处于我国高山峡谷和高地震区，地质条件十分复杂，施工环境差，面临诸多重大关键科技难题，迫切需要在大坝寿命、大坝与自然环境的协调、溃坝的风险分析、地震动力破坏、超高速水流的破坏、深埋大型地下洞室群的稳定与开挖、新的水工材料以及施工水流控制、新的施工技术与过程控制等方面取得突破。

第三节 工程学科的优先发展领域

工程学科涵盖的范围广，涉及国家战略需求的领域多。围绕21世纪人类共同面临的资源、能源、环境问题，面向国际工程科学的前沿，根据我国构建现代工业和国防工业体系的战略需求和工程学科未来10年的发展战略目标，确定以下工程学科的8个优先发展领域。

一、资源高效安全开采基础理论与关键技术

我国95%的能源和80%以上的工业原料来自于矿产资源，预计未来20~30年将是我国历史上最集中需求矿产品的时期。随着浅部资源的逐渐减少和枯竭，开采深度越来越大，导致地压、地温、水压相应增加，开采难度加大，作业环境恶化、通风降温和生产成本急剧增加，且井巷失稳、瓦斯突出、冲击地压、

岩爆、突水等灾害事件的频率和强度明显增加，为深部资源开采提出了严峻挑战。为满足社会与经济发展日益增长的需求，必须寻求深部资源开采基础理论的突破，建立环境容量限制约束下安全高效开采的基础理论，发展相应的关键技术。

深部资源开采涉及复杂的地质构造及其多尺度建模，高地应力、高渗透压、高地温环境下多场多相耦合非连续体非线性力学行为与非线性渗流行为、灾变演化机制及防治与控制技术、资源开采与生态环境互馈等科学问题。

重点研究方向包括以下几点。

(1) 多场多相耦合作用下深部裂隙岩体工程力学特性

针对开挖扰动下的工程岩体赋存条件，系统研究岩体断层、节理或裂隙的宏细观几何形态、分布、结构面特征，建立裂隙岩体力学性质与细观结构之间的定量关系，确定裂隙分布尺度律，提出裂隙岩体力学行为控制变量，建立裂隙岩体的跨尺度力学表征模型；研究深部工程岩体在拉压、拉剪复合状态的强度特性和工程扰动中的应力状态，建立高应力与强卸荷耦合作用下裂隙岩体大变形本构模型及强度模型；揭示温度、压力和渗流等多场耦合作用下的裂隙岩体的强流变机制。

(2) 深部固体资源开发中的充填开采方法与技术

针对深部固体资源开采中的提升运输困难、固体废弃物多、采出率低等现状，研究固体矿物井下分选方法与技术；研究固体废弃物直接充填、回收资源方法与技术；发展各种深部复杂环境下提高固体矿物采出率的方法与技术。

(3) 深部流体资源开发中的方法与技术

研究固-液-气多相介质属性、固体骨架及微结构模型，分析全应力应变过程中煤岩体多组裂隙结构对渗透特性的影响，揭示峰后应力状态下煤岩渗透性变化机制，建立多孔介质系统基质/孔隙-裂缝耦合、裂缝/溶洞耦合、热力/化学驱与常规水驱的动力学耦合等模型，研究低渗油气藏、煤层气藏的非线性渗流理论体系；针对水区水合物与油气藏共生关系，研究油气与水合物共生模式和水合物区动力学特征，根据水合物层与下伏油气层的特性，探讨水合物与海底滑坡之间的关系、水合物区油气开发工程地质风险、水合物分解对水下结构物的稳定性影响，建立以水合物区油气开发风险评价与控制机制为目的的水合物资源开采理论。

(4) 深部资源开发中安全保障与作业环境改善的理论与方法

研究工程扰动作用下岩体应力场与能量场的时空演化规律，提出基于能量突变的岩体失稳模型与判别准则和能量分析体系；探讨岩体结构面变形和断层错动过程中超低摩擦效应形成机制与动力响应特征，揭示工程扰动条件下裂隙岩体的能量积聚与释放机制、工程灾害的能量触发条件；探索支护体系与复合型工程灾害的互馈作用和影响规律，建立考虑动力灾害激增机制与支护体系互馈效应的复合型工程灾害多参数分析模型；研究稳定深部矿井作业空间、改善通风条件、降低矿温等方法和技术。

二、冶金与材料制备过程中的界面科学问题

提取冶金与材料制备是在一定有效调控条件下，实现金属与伴生组分的分离提取及材料制备，其过程基本可分为矿物的有效分离、溶浸与分解、伴生元素的分离、金属与化合物的析出、金属合金化与功能化等，上述过程涉及各种条件下气-固、气-液、液-固、液-液、固-固等复杂界面/表面交互作用，如物质的反应、传递、吸附与解吸，以及界面的形貌与结构变化等；在材料制备加工中也存在着各种表面与界面问题，如吸附、偏析、氧化、分凝、催化、粗糙度、组织结构等。物质的表面与其内部本体相比，无论在结构上还是在化学组成上都有明显的差别。

对含不同组分的复合材料，各组分间存在界面，某一组分也可富集在材料的表面与界面上。即使是单组分材料，因内部存在的缺陷（如位错等）或者不同晶态的形成晶界，也可在内部产生界面。因此材料的表面与界面对材料整体性能具有决定性的影响。

提取冶金与材料制备过程界面组分多、结构复杂，界面/表面结构的表征方法与界面/表面性质的研究方法往往难于实现，发展界面/表面结构的表征方法，探索可靠的界面/表面性质的研究方法，对于提取冶金与材料制备过程中的表面和界面问题的深入研究具有重要理论意义与现实意义。

重要研究方向包括以下几个。

（1）复杂界面宏观物理化学性质的微观机制

研究提取冶金及材料制备过程相界面上质量、能量、动量的传递规律；揭示复杂界面分子与体相分子性质间的相互关系；研究界面催化过程中界面组元行为、组元相互作用及其结构演变；确定界面交互作用与界面分子结构/化学键及分子活性间的关系。

（2）新相形成过程及相间界面作用规律与调控原理

建立界面交互作用过程的微观物理模型；研究复杂相界面作用过程微观剖析与过程调控的基本原理；研究相界面交互作用过程中系统非平衡过程的反馈信息及非线性界面作用模型。

（3）形变与相变过程界面交互作用及调控理论

研究温度场、应力场以及其他物理场对形变与相变过程材料微观组织和相结构的耦合作用规律；揭示形变-相变-组织的交互作用机制并建立本构关系；

分析界面行为及其形变对相变过程的影响；揭示粉体成形、固化和加工过程中界面反应与演化规律；研究多相体系的宏观和细观流变塑变行为与本构关系；分析形变与相变过程中的多相转化与分离规律；研究缺陷形成、遗传与变异规律及其控制原理。

三、复杂机电系统的功能原理与集成科学

各类机电装备是我国工业的重要组成部分，为各类机床、资源能源开发、原材料生产、加工制造、交通运输、冶金化工等基础工业与国防工业提供技术装备支撑。当代重大装备不断追求功能强大、高效率、高精度，随之而来的是系统的高度集成化、服役环境极端化、技术精密化，从而催生一系列信息融通、工况极端、精确稳定的功能系统——复杂机电系统。空天运载工具，大型舰船，高速轧机，高速列车，微电子/光电子制造装备，大型火电、水电、核电机组和全断面隧道掘进机等都是耦合高度复杂、功能异常丰富、运行控制能力十分强大的复杂机电系统。

我国《国家中长期科学和技术发展规划纲要（2006—2020年）》制订了今后20年内将要启动的一系列重大工程，装备制造业调整和振兴规划明确指出：全面提高重大装备技术水平，满足国家重大工程建设和重点产业调整振兴需要，百万千瓦级核电设备、新能源发电设备、高速动车组、高档数控机床与基础制造装备等一批重大装备实现自主化。我国在实现工业化的同时形成高水平重大装备的自主研发能力，是国家战略发展赋予机械学科的历史重任，也是机械学科自身发展的良好机遇。

现代复杂机电系统是机、电、液、光等多物理过程融合于载体的复杂物理系统，它通过多种单元技术集成，在完成高度复杂的多物理过程中，实现能量、物质与信息流的传递、转换和演变，形成特定的产品功能。复杂机电系统的集成设计，需要运用系统科学研究其多场耦合、多尺度效应协同、融合与演变过程的规律，特别是从系统的角度研究"融合集成效应"，从而实现按设定的功能原理将各种物理过程与其载体从能量流、物质流与信息流的层面进行全局协同组织，构建能够满足预定功能指标和性能价格比的人造系统。

该领域的核心科学问题是：复杂机电系统功能生成中的多过程耦合与能量流-物质流-信息流融合协同，主要包括：①复杂机电系统的多物理过程耦合机制；②能量流对物质流的作用原理与功能界面设计；③能量流的传递、聚集与发散规律及控制；④信息流对能量流-物质流作用过程的精确协同调控与系统稳定运行。

重点研究方向包括以下几个。

(1) 复杂真实机构的集成设计理论与方法

研究机构系统集成创新的设计理论与方法；发展机构拓扑创新（发明新机构）和拓扑类型优选的系统理论与方法；建立机构结构与功能（运动学、动力学）之间的映射关系；研究面向功能和性能要求的机构系统建模、性能评价、机构参数一体化设计理论与方法；提出柔顺机构的分析与设计理论。

(2) 机械驱动与传动中的能量传递、转换与精密复合运动的创成

研究多能域机电系统能量转换、传递与存储新原理；发展能量转换、存储、传递中各子系统的拓扑关联设计理论，以及能量转换、合成、分解、传递及存储的多工况匹配设计与控制理论。

(3) 复杂机电系统物质流、能量流与信息流融合协同设计

研究复杂机电系统功能生成中的界面效应、行为规律与调控方法原理；研究能量流对物质流的作用原理及功能界面设计方法；研究能量流传递、聚集、发散规律及其传递畸变行为的精确调控原理；发展物质流、能量流、信息流的融合设计理论与协同优化方法。

(4) 复杂机电系统多学科设计优化与集成设计理论

研究复杂机电系统多领域设计知识的获取、演化与集成方法；研究复杂机电系统多学科统一建模与多场关联分析方法；研究复杂机电系统多性能多参数仿真分析与协同优化方法。

(5) 极端服役条件下复杂机电系统的结构损伤与系统可靠性

研究系统及其零部件、元器件失效相关性及多失效模式竞争原则；研究极端环境下庞大系统可靠性分配方法与原则；提出复杂机电系统可靠性精确建模理论与方法。

(6) 复杂机电系统动力学理论、故障动态演化及智能诊断

研究复杂机电系统多场、多态、多过程耦合动力学理论；发展极端服役条件下复杂机电系统动力学建模与仿真方法；提出复杂机电系统与其外部结构及环境的动力性能匹配与设计方法；研究典型高速复杂机电系统的动力学综合设计方法；揭示复杂机电系统故障动态演化机制；研究复杂机电系统早期故障动态定量诊断理论；发展复杂机电系统智能诊断与预示功能系统。

四、高性能零件/构件精密制造

能源、运载、国防等领域所需关键零件的极端制造技术与重大装备代表着我国制造业的核心竞争力，是支撑制造业发展、保证重大工程实施和国防安全的重要基础。随着我国国民经济快速发展以及"大型飞机"、"载人航天与探月工程"与"高档数控机床与基础制造装备"等国家科技重大专项与重大工程实

施，关键零件制造迫切需要解决零件整体成形、材料难加工、型面复杂、精度苛刻等技术难题，对现有的制造技术提出了严峻挑战。譬如未来战机所需的高性能航空发动机整体叶盘，其结构复杂、叶片薄、弯扭大、易变形，多用难加工的高温合金整体精密锻造经后精加工而成，如何在成形制造过程中使构件性能最大化接近材料设计性能，实现加工过程的残余应力消除以及变形、疲劳及应力腐蚀和颤振抑制等，都是具有挑战性的技术难题。又譬如光学元件在核聚变靶丸、光刻机、空间望远镜等国家重大工程所需的关键零部件中广泛应用，其精度性能指标（如核聚变靶丸所需的大口径光学元器件要求面形精度优于$\lambda/10\sim\lambda/20$、下一代波长为 13 纳米的极紫外光刻系统要求物镜精度为 $0.25\sim1$ 纳米 RMS）决定着光学系统以及仪器装备的性能，需研究突破衍射极限的高能束加工原理，解决超高精度、高性能光学曲面零件制造与测量等问题。

为支撑我国制造业中长期发展需求，使能源、运载、国防等领域的制造能力跃升为世界先进水平，迫切需要使一批具有支撑和引领作用的极端制造技术获得突破性发展。包括：①极高效高洁净制造。如极端能量条件下大型复杂构件的成形成性一体化制造技术、轻质高强板材复杂件精确成形、高效高性能精确体积成形等。②极高能量密度和极小时空制造。如精细结构的超高能束（激光束、电子束、离子束、等离子体束，功率密度$>10^3$ 瓦/平方厘米）加工技术和超短超强激光脉冲（飞秒和阿秒激光）加工技术等。③极高精度和极高效率零件制造。如纳米级加工精度和近零损伤的平面、曲面制造和微小零件、极薄零件的超高速加工技术等。数字化制造技术将数字模型、测量技术、控制技术、计算模拟等方法应用于制造过程的定量描述与分析，通过定量调控制造过程的物质流/能量流/信息流实现高精高效制造，是突破上述极端制造技术的有力手段。

围绕高精度、高效率、高洁净、高能量密度等加工技术需求，研究"极端能量条件下大型复杂高性能构件成形成性一体化制造、高能束与材料的相互作用多维性机制、制造过程中物质流/能量流/信息流传递耦合规律的数字化表达"等科学问题。

重点研究方向包括以下几个。

(1) 高性能精确成形成性制造

研究大型复杂高性能构件成形制造过程中宏观尺寸、性能变化与微观组织演化关联关系与成形成性调控规律，提出先进成形制造的多场多尺度全过程建模仿真与优化方法，发展轻量化、高性能、高效率、低能耗、环境友好等先进成形制造技术。

(2) 高能束与特种能场加工

研究非平衡、非线性及亚原子层面高能束与材料相互作用机制，探索突破高能束近场效应新途径，提出高能束极端制造新原理新方法新技术。

(3) 精密与超精密加工

研究纳米精度表面、亚表面演变机制、创成方法及控性制造原理，提出高效精密切削磨削加工新原理以及难加工材料、复杂整体结构的精密加工新工艺。

(4) 数字化设计、加工、测量一体化

研究复杂曲面零件加工的工艺规划、性能仿真、原位测量、质量评价以及高性能面型再设计理论与方法，实现高性能复杂曲面零件数字化高效精密加工。

五、城乡建筑节能设计原理与技术体系

我国工程建设面临的严峻挑战之一是建筑节能问题：全国建筑能耗已超过商用总能耗的1/4；建筑采暖、空调和通风等调节室内热环境用能是建筑能耗的主要部分，能耗的多寡与建筑用能技术和运行效率直接相关；建筑物主体能耗是因室内外温差引起的低密度、小流量动态过程，其大小取决于地域气候条件和建筑物的热工性能；单位建筑面积的能耗很小，但总量很大；降低建筑能耗受到建筑物建造成本、建筑形式以及大众审美观等条件的约束，使得降低建筑能耗是一复杂系统的技术优化问题。

该领域关键科学问题包括：建筑热、湿环境热力学，多过程、多源、多汇、热湿交换复杂系统的分析理论，地域性绿色建筑体系，乡村建筑的生态化更新与发展。

重点研究方向包括以下几个。

(1) 建筑热、湿环境热力学分析新方法

研究室内评价热湿状态点品位的热力学参数，实现对各类不同性质的自然界源汇的科学评价；从实现室内状态与各个可能作为源汇的自然能源间的热湿传递过程入手，全面分析围护结构和机械系统联合组成的热湿传递网络；从功转换为传热传质能力和驱动力的过程入手，建立可解决建筑环境营造过程中多过程、多源汇、热湿交换的复杂系统分析方法；实现对建筑围护结构和主动式系统方式的统一评价和优化。核心点是建立基于建筑热湿环境特点的建筑环境分析新方法，为充分利用各种可能的自然能源，实现在满足环境营造参数情况下消耗最少的常规能源提供理论支撑。

(2) 高品质建筑声、光、热环境设计理论和方法

研究各类民用建筑室内声学、噪声控制学和声景观学等人居声环境的理论、技术和方法，以创造适宜的声学空间与环境；研究天然采光与建筑空间组织的耦合关系，研究绿色照明设备与技术，建立高质量室内光环境的设计理论和技术体系，并节约建筑照明能耗；研究不同人群在不同建筑室内空间的热舒适环

境需求规律，建立各类建筑室内热环境设计标准；研究高品质建筑室内声、光、热环境的相互制约条件和作用规律，建立优化室内物理环境设计的理论和方法。

（3）我国典型气候带建筑室内热湿环境营造机制

我国南北及沿海内陆之间，气候条件和太阳能自然能源分布的差异巨大。因地制宜，巧妙运用传统技术、被动式技术和高新技术策略，可以创造出适应各自地区的生态建筑模式。青藏高原、云贵高原气候条件特殊，气温的年变化、日变化差值大而年平均、日平均值相同于温带，辐射资源极其丰富，通过建筑设计手段，可以实现采暖与空调运行零能耗。研究典型气候带气象参数、辐射参数与建筑空间形态的相关关系，结合当地建筑传统，从基本建筑模式、构造形式、空间形态等方面，研究适合于城乡经济水平的新型城镇节能建筑体系，并建立相应设计标准和规范，从而带动地区节能建筑行业的整体进步。

（4）乡村建筑节能和人居环境改善技术基础理论和评价体系

我国乡村建筑面积超过 300 万平方千米，建筑环境质量普遍较差。我国大部分地区乡村建筑仍然以传统乡土民居为主，历经世代演变传承，其间隐含着适应自然、利用自然的思想和经验，但存在着质量差和防灾能力低下等缺陷。研究不同地区新的乡村建筑模式，包括继承传统建筑适应自然与气候的经验，摒弃不适应现代生活方式的空间组织方法，提高完善传统建筑的构造体系，融入现代自然能源利用技术。研究乡村住区规划的设计原理，通过较大规模的综合工程示范研究，以带动乡村住区和建筑环境走向生态、绿色和可持续发展的方向。

（5）工业建筑污染物控制通风理论及应用方法

研究工业建筑的高效通风技术，以控制工业生产产生的有害物对人体和室内环境的危害。工业生产过程多数在室内完成，工业总产值快速提高，工业建筑内部有害物质释放总量逐年增加。研究提高工业通风的基础理论，探寻工业建筑室内耦合气流组织基本规律，通过紊动射流流态分析，将通风气流的单纯宏观控制组织形式向改善流动结构的微观控制发展，形成系统的工业建筑环境设计理论，进而完成工业通风系统的新技术创新，为从根本上改善工业建筑室内环境质量提供科学支持。主要内容包括工业建筑室内通风过程中流体耦合作用流动规律、通风气流流动结构特征机制及流动稳定性、工业建筑室内有害物控制特性、通风系统设计方法及参数控制等。

六、饮用水复合污染机制、毒性效应与控制原理

饮用水安全是人类健康的最基本保证，但由于水质的复杂性和多变性，从任何一个单独学科的角度都无法回答其复合污染的过程机制、毒性效应和控制原理等重要科学问题。因此，深入开展饮用水质的多介质复合污染研究，可以

进一步揭示饮用水源水中污染物的生物球化学循环过程、水质净化过程的物质形态学转化规律、水质变化的分子毒性机制及水质安全的协同控制原理，建立基于毒性效应评价和工艺调控、从水源到水龙头的饮用水安全保障的科学和技术体系。

该领域关键科学问题包括：水源水质复合污染的机制与控制原理；饮用水毒性效应与净化工艺原理；饮用水安全输配中的稳定性机制、输配模式与调控原理；饮用水毒性评级方法与监测预警机制；饮用水安全多学科调控机制。

重点研究方向包括以下几个。

(1) 水中共存物质的相互作用机制及水质净化的新工艺原理

研究无机悬浮物与溶解性物质的相互作用机制和去除原理，重点阐明水中广泛存在的无机悬浮物与溶解性无机物、有机物之间的多介质多界面行为，发展通过基于界面过程的污染物高效去除新原理和新工艺；研究天然有机物与其他共存物质的相互作用机制和去除原理，重点探明以腐殖质为代表的天然有机物与其他有机物、无机物之间的物理、化学及生物学作用规律，建立基于溶液化学原理的污染物净化新方法；研究氮、磷等与其他共存物的相互作用机制和去除原理，重点认识营养化原水中各种物质之间的相互作用，开发基于生物/物化方法协同作用的水质净化新工艺。

(2) 水中低剂量有毒有害物质的风险控制及安全去除方法

研究低剂量有毒有害物质的识别与风险评价方法，重点阐明其赋存形态、界面行为和转化规律，评价其在饮用水中的残留强度、暴露过程和健康效应；研究低剂量有毒、有害物的高效去除方法，发展强化常规和深度处理技术，进一步在高效混凝、高级氧化、新型吸附及其组合技术与工艺等方面取得新突破；研究特殊有毒、有害污染物的控制方法，重点针对 EDCs、PPCPs 等特殊有毒、有害物质，探索其在水源水及水处理过程中的转化规律，建立各工艺环节协同的控制与净化方法。

(3) 饮用水质安全的全过程协同保障原理与新技术

研究基于水源—处理—输配全过程协同的水质安全保障原理，发展预处理、常规处理、深度处理、消毒处理等新技术与新工艺，建立原水一次污染物和水处理过程中二次污染物的高效控制技术原理，构建水质逐级风险控制的理论和技术体系。

七、变化环境下我国水资源高效利用及对河流过程与河口演变的影响机制

近百年全球气候正经历着剧烈的变化，由此导致大气水汽含量、降水和环

流分布的变化，改变了大范围的水循环，大部分地区暴雨的发生频率和强度有所增加，一些地区的土壤含水量和径流量发生改变。这些变化直接影响到我国的水循环过程与水资源格局，给一些水资源原本脆弱的地区带来新的压力，使我国的水资源安全面临更大挑战。

气候是生态和水文过程的驱动力，人类活动影响生态和水文过程的时空变异性。气候变化影响陆面水文过程及水资源时空格局，导致极端气候事件的增多，引起洪旱灾害的频率与强度增加；强烈的人类活动影响流域自然条件，破坏水文资料的一致性，导致水文现象的分析结果发生异化，影响洪旱灾害预测和水资源开发利用。此外，现代水利工程的建设将会大范围和长时间对环境的演变和流域水生态系统的演替方向和过程产生深远的影响，与更长远的人类社会经济可持续发展密切相关。

农业是国民经济的基础，水利是农业的命脉。农业用水量占全国总用水量的70%左右，在西北部分地区甚至高达到90%，全国节水的重点在农业，农业节水的关键是降低农田水分蒸发蒸腾消耗量。为了应对日趋严重的缺水形势，高效利用水资源，建立节水型社会，特别是发展节水农业是一种必然选择。面源污染物已成为世界范围内地表水与地下水污染的主要来源，而农业是主要的面源污染来源。土壤肥料主要通过土壤水分起作用，研究灌溉过程中水肥耦合规律对提高土壤肥料利用率和减少农业面源污染具有十分重要的意义。因此，变化环境下的流域水文响应与水资源高效利用，以及对流域水生态与水环境系统的影响机制是迫切需要优先开展的课题。

重点研究方向包括以下几点。

（1）变化环境下的流域水文响应与水资源利用和管理适应性对策

研究流域水循环的时空演变机制及其模拟方法，发展变化环境下极端洪旱灾害的预测方法和防治技术以及变化环境下水资源适应对策与调控方法，研究复杂水资源系统综合利用与优化调度理论和方法，研究变化环境下工程水文设计理论与方法。

（2）农业水循环机制与污染控制

研究复杂灌排系统水循环规律与农业面源污染调控方法，研究作物耗用水规律与节水高效灌溉技术，揭示农田系统中水分、养分、盐分循环机制与区域水盐演化规律，研究极端天气对灌溉排水的影响及对策，发展中尺度农业水土环境要素的监测方法和技术。

（3）人类活动对水生态和水环境的作用与控制

研究流域污染物输移转化规律与水环境特性，发展水污染与水环境生态修复方法与技术，研究河流再自然化的生态工程原理与方法，提出流域生态系统健康评价方法，研究流域水电开发对生态与环境的影响及其控制与治理方法。

八、大型水电站建设与安全运行的关键技术与基础科学问题

我国已成为世界水利水电工程建设的中心，许多世界水平的巨型水利水电工程出现在我国，这些工程建设规模巨大、地震烈度高、地质条件复杂，建设难度和高效安全运行要求已全面超过目前世界最高水平，对超大型水利水电枢纽工程的设计、施工与运行管理都提出了严峻的挑战。近年来，我国的重大水利水电工程在实际建设过程中也出现了一些新的问题，如300米级高拱坝的温控抗裂、高坝高质量施工实时控制、200米以上高坝长期运行的安全评价等，对超大型水利水电工程领域的科学研究提出了很多新的要求，需要加强前瞻性的基础研究。

水电能源及其互联电力系统高效、安全运行的复杂性科学问题一直被国内外学者视为水电能源科学与复杂性科学交叉发展的前沿问题之一。面临的极富挑战性的问题是：如何针对新时空背景下现代水电能源及其互联电力系统所构成的复杂系统，对其动力学特性进行系统研究，从而使水电能源系统在复杂环境中最优运行。

规模空前的高坝大库强烈地改变了天然河流的自然特性和变化规律，对河流的演变规律带来深远的影响：大坝堵塞了河流水生物种的游路；大坝上有库区水流流速减缓，造成泥沙淤积，影响库尾城市的防洪安全和航运障碍，并且降低了水体自净能力，造成水质恶化；大坝下游河道持续冲刷，致使航道水深不够，出现岸堤的坍塌；在河口区由于泥沙通量减少造成岸线侵蚀及生态变化；高坝本身过流带来的复杂水力学问题。

重点研究方向包括以下几个。

(1) 超大型水利水电工程的基础科学和关键技术

研究300米级高坝（拱坝、面板堆石坝）枢纽设计与施工、超大型地下厂房设计与施工、跨流域长距离调水工程设计与施工的科学问题与关键技术，发展新型水工建筑材料（碾压混凝土、堆石混凝土、CSG等）的制备与应用关键技术，研究重大水利工程安全的基础科学问题，发展溃坝风险评估与控制方法。

(2) 复杂环境下岩土工程灾变的基础理论与关键技术

研究岩土体地质特征与力学特性，研究岩土多场多相耦合机制与模拟方法，发展复杂工程岩体稳定与变形控制技术，研究环境岩土力学理论及工程应用技术，发展散粒料坝与软弱地基变形控制方法。

(3) 复杂水电能高效转换动力学机制及其安全调控的理论与方法

研究流域及跨流域巨型水库群联合补偿调度及基于安全和风险约束的水火

电系统动力学过程，揭示水电能源多维广义耦合复杂系统随机动力学演化机制；针对电力市场环境下水电能源及其互联电力系统安全、高效、经济运行问题，揭示水力机械非稳态、非定常流动规律及空化、空蚀与磨蚀机制，研究大型水电站水-机-电耦合系统动态响应与稳定性控制方法，发展复杂水电能源系统状态分析和故障诊断的先进理论与方法。

（4）重大水利工程对河流系统演变的影响

研究水沙过程变化与生态效应、山区河流演变与航道整治、流域泥沙过程机制与模拟、复杂水流数值模拟方法、特高坝工程水力学行为、水库淤积与坝下游河道演变规律及其关系。

（5）河口海岸演变规律与工程影响

研究入海泥沙通量变化及河口演变规律，研究沿海空间资源开发潜力及环境效应分析方法，揭示离岸深水港波浪-建筑物-地基相互作用机制，研究海岸孕灾机制及风险评价理论，分析海岸长期演变水沙动力学机制，研究近海工程结构全寿命性能与风险分析，提出海岸可持续发展模式。

第四节　工程学科的重大交叉研究领域

工程学科与其他学科以及工程学科不同分学科之间的交叉融合将推动工程学科的创新研究，形成学科新兴前沿研究方向，同时为交叉学科领域提供解决问题的新途径和新方案。未来10年，工程学科拟开展以下5个重大交叉领域的研究。

一、资源高效利用与环境的相互作用规律

资源开采与冶金作为人类向自然获取财富的重要手段之一，为人类的发展和社会进步做出了巨大的贡献，但同时也使人类付出了巨大的环境代价。当前我国正处于以资源能源高消耗为特征的工业化高速发展阶段，资源开采、加工利用工艺与技术相对传统，资源开采过程中资源消耗指数高、利用率低，大量工业废弃物未被充分资源化利用而排放，环境污染和破坏日益严重。可以认为，作为环境污染和破坏的源头之一，资源开采和冶金工业有责任和义务承担和完成对环境的源头治理。因此，资源开采、冶金与环境交叉学科的战略地位十分重要，这是历史经验和现实需求的共识。

重点研究方向包括以下几个。

(1) 西部生态脆弱矿区生态保护与恢复的理论与方法

针对西部矿山开发中造成的地表沉陷、农田损失、植被破坏、土地沙漠化、水和空气污染等一系列问题，研究解决脆弱生态条件下减少扰动的工程治理、快速植被恢复等共性及一些差异性技术理论与方法（主要包括黄土沟壑矿区水土协调控制、风沙脆弱矿区表土构造与水循环机制、高寒矿区矿产开发生态保护与恢复、生态脆弱矿区水资源保护、矿区土地荒漠化防治）；研究生态复垦和生态系统重建技术，发展将破坏土地所在区域模拟为以人为主体的自然-经济-社会的复合系统；研究对破坏土地进行系统设计、综合整治和多层次开发利用的理论和方法。

(2) 矿区生态保护与复垦的信息化保障的理论与方法

针对矿区生态环境损害种类多、时空变化复杂、交叉影响、生态保护与恢复的难度大、要求各异、任务艰巨等问题，结合典型矿区，面向应用需求，综合运用现代地球空间信息技术（如多光谱/高光谱遥感、激光雷达、GPS、三维激光扫描、红外成像、数字摄影测量、无人机遥感遥测等）及常规的监测手段、地理信息系统及空间信息统计学等方法或平台，研究复杂矿区生态保护与恢复的信息支持等问题，提出矿区沉陷变形、滑坡崩塌、GPS/InSAR/数字近景摄影/三维激光扫描等监测关键技术，提出一套能实时、自动、精准地提取矿区植被退化、土壤侵蚀、土地覆被变化、水资源变化及污染和尾砂、废矿堆积等生态环境灾害信息的技术方法，建立矿区生态环境灾害预报预警、生态保护与恢复决策支持系统，构建多学科交叉融合，星、空、地相结合的复杂矿区生态环境监测、分析评价、预测预警、可视化表达及生态保护与恢复方案选优的技术体系、相关标准及平台。

(3) 冶金行业清洁生产和循环经济理论与方法

根据"生态经济（循环经济）"的"3R"（reduce，reuse，recycle）原则，研究建立冶金工业生态经济循环系统及关键技术的方法，改造落后的燃烧方式，发展清洁能源，从根本上节能减排，实现洁净能源的利用与转换；研究短流程、封闭循环的高效清洁生产技术；发展冶金工业节能减排新理论和技术；研究冶金工业过程节能优化设计的理论与技术，剩余能量、能源高价值利用理论和新技术；发展清洁能源在冶金工业应用的技术与理论。

(4) 冶金工业难处理污染物治理技术

研究废旧金属的回收利用新方法和技术；研究高温除尘降噪技术中的科学问题和抑制技术；发展焦炉、烧结、高炉、转炉等烟气净化、脱硫脱硝、二噁英防治的理论与技术；研究酸洗废液、轧钢、焦化及冶金综合废水处理、回用理论与技术；研制冶金行业水处理药剂；研究高炉、转炉、电炉等灰尘、炉渣处理与高附加值利用技术。

二、生物制造与仿生制造

生物制造是指将生物技术融入制造过程，制造出可再现生物组织材料、结构特性及功能的人工装置，或将生物系统作为制造的执行载体，通过对生物制造过程的微观行为进行主动利用和调控，制造出生物系统在自律状态下不能产生的产品。仿生制造的原理是通过研究和模仿生物体的功能形成机制，设计和制造与生物模本具有类似特性的材料、结构、器件和装备，对生物运动执行系统、感知系统、控制系统、致动系统以及特殊功能结构等进行功能复制。

以人工生物组织、器官及其功能替代物为对象的生物体和类生物体制造是生物制造的主要方向之一，它经历了"结构性生物组织—多功能复杂器官"、"机械式替代装置—半机械半生物性替代装置"的发展历程，如今正在向全生物性活体组织制造方向发展。仿生制造的早期实践主要是生物系统的宏观仿形和结构仿生，随着生物和制造技术的进步，如今的仿生制造走过了"宏观仿形—跨尺度仿生和材料、结构一体化仿生"的历程，并逐渐向"生物系统材料、结构及其机电和理化特性集成仿生"发展，"脑和神经系统仿生"也已成为科学家关注的前沿方向，其应用也从工具和机械装备制造拓展到生物医学领域，制造方法越来越多地应用生物技术。

生物制造和仿生制造是20世纪迅速发展的新兴制造技术，它将制造技术与生物技术相结合，实现生物组织、类生物体或仿生功能结构、器件和装备制造。究其科学技术本质，其共性问题是"生物系统的功能形成机制、制造再现技术和精确调控方法"，核心科学内涵包括：生物系统的功能形成机制、数字表征及其制造再现的形态学、材料学、机械学、生物学和信息学基础；生物制造系统的调控机制与受控生物成形和生物加工原理；生物系统的材料、结构及微观生物过程的机电、理化特性一体化仿生和耦合仿生原理。

重点研究方向包括以下几个。

（1）生物组织、器官及其替代医学装置的设计与制造

以半生物、半机械式结构性组织和复杂器官制造为目标，重点研究组织和器官功能形成的形态结构学、材料学和生物信息学基础，生物学过程的机电、力学和理化特性及其与载体组织的交互作用机制，生物组织和器官的材料、结构、功能一体化制造及其与自然生物系统的集成，跨尺度三维受控组装原理和技术。

（2）机械零件的生物成形与生物去除加工原理

重点研究生物制造系统的自律特性与外场调控机制，以受控生物系统为执行主体的成形和去除加工原理、工艺和系统，机械零件的生物制造技术、工程

化实现及相关的基础科学问题。

(3) 生物医学器件与装备制造

重点研究具有部分类生物特性，可与生物体交互或集成的生物医学器件和装置设计原理和制造工艺，如植入式细胞检测和调控装置、生物芯片、生机电一体化医疗器械和装置。

(4) 仿生功能结构制造

以生物体的特殊功能结构仿生为目标，研究生物系统的功能相似特性、数字表征及数字特征的制造再现方法，生物体特殊功能结构的跨尺度仿生、多元耦合仿生以及材料、结构、功能一体化仿生设计与制造原理。

(5) 仿生感知、致动、控制原理与仿生器件的设计与制造

重点研究生物系统的微观机电和理化特性及其与载体组织的动态交互作用机制，生物致动、感知、控制系统的能量和信号转换机制及其仿生设计方法，面向医学和装备制造工程的高性能仿生材料和器件的设计制造原理。

三、工程结构系统全寿命性能设计与控制

随着知识的积累、技术的进步以及社会可持续发展的要求，人类期望工程结构系统具有可靠性（适用性、安全性、耐久性）、智能性（自感知、自适应、可调控）等更多的功能、更高的性能和更长的寿命。因此，基于全寿命周期的工程结构系统性能设计、监测、评定与控制越来越成为工程学科共性的基础科学问题，并逐渐成为国内外工程学科最活跃的研究领域之一。

工程结构系统全寿命基础数据积累与共享、材料性能演化规律与失效机制、工程结构系统的性能退化规律与整体失效模式、工程结构系统整体可靠性优化、工程结构系统健康监测与诊断理论（包括物联网监测、损伤识别、灾变机制与模型的反演方法、状态与安全评估等）与性能控制（包括自适应、外调控、维修加固优化等）是工程结构系统全寿命性能设计与控制领域国内外共同面对的核心科学问题。

重点研究方向包括以下几个。

(1) 工程结构系统的全寿命环境与荷载作用

研究工程结构系统全寿命服役环境作用及其耦合作用的建模方法与模型；研究工程结构系统全寿命动力荷载和疲劳荷载等建模方法与模型；研究环境作用、动力荷载与长期疲劳荷载耦合建模方法与模型；提出工程结构系统全寿命设计理论的环境作用与荷载设计标准的确定原则。

(2) 环境与荷载耦合作用下工程结构系统全寿命性能演变规律与机制

研究环境与荷载耦合作用下工程结构系统材料、结构构件、整体结构性能

演变的数值模拟方法和试验标准，发展时间相似与耦合竞争试验理论；研究环境与荷载耦合作用下工程结构系统材料性能劣化机制与演变规律，建立工程结构系统材料劣化演变模型；研究环境与荷载耦合作用下工程结构系统器件/部件和整体结构系统性能的演变机制和规律；建立材料—构件—结构不同尺度的性能演化规律的关系与模型。

（3）工程结构系统全寿命可靠性优化设计方法

研究工程结构系统服役环境与荷载耦合效应、不同失效机制相互作用、失效模式竞争机制，发展工程结构系统整体可靠性设计理论与方法；研究工程结构系统非线性动力学特性及随机性的动态概率设计理论与方法，工程结构系统失效与可靠机制的动态设计理论与方法；研究基于可靠性的工程结构系统安全系数设计方法、可靠性评估方法，以及可靠性最优分配理论、方法与原则；研究工程结构系统性能多指标综合目标体系，建立面向工程结构系统的多元化性能目标体系的理论和方法。

（4）工程结构系统全寿命风险分析与控制方法

发展基于工程结构系统非线性全过程的整体可靠性分析理论和基于工程结构系统全寿命过程的结构整体可靠性分析理论；研究工程结构系统全寿命风险分析与控制理论，揭示工程结构灾害风险发生的机制、统计特征及规律；研究工程结构风险事故接受准则、风险决策控制方法与技术；研究工程结构全寿命性能指标与准则，发展基于整体可靠性的工程结构性能优化与性能设计理论。

（5）工程结构系统的性能监测与控制原理和方法

研究智能感知材料及其感知原理；发展结构先进传感技术、新型传感原理及传感网络，以及自适应拓扑形态的性能监测系统；研究新型无损监测技术；研究基于海量监测数据的大型复杂结构局部损伤与整体损伤识别和分散模型修正方法；研究基于整体和局部信息、基于振动与波动理论集成的结构损伤识别方法；发展海量监测数据挖掘与分析方法，研究基于监测技术的工程结构全寿命环境作用与荷载及其耦合作用的建模方法与模型，研究基于线性效应监测的工程结构环境作用与荷载非线性效应的建模方法与模型，研究工程结构全寿命性能演化规律的分析方法与结构模型，发展基于监测技术的结构整体失效模式搜索方法、全寿命整体安全评定和时变可靠性分析理论和方法；研究工程结构的高性能维修材料与自修复材料，发展自修复工程结构；研究基于监测的工程结构维修预警水平，提出工程结构的维修决策与维修设计准则，发展基于监测的维修结构性能及可靠性评定方法；构建工程结构系统全寿命性能监测、诊断、预报与维修控制的理论与方法。

四、环境变迁中的城市科学

环境变迁是当今社会发展中必须面对的基本问题。人类的社会生产活动，在不断创造物质与精神财富的同时，也在改变着自然的面貌、加速环境的变迁。例如，各类工程建设不断改变城乡环境，不断向大气排放温室气体，从而促使环境发生变迁；而环境的变迁又使各类自然灾害的发生频率与强度显著增加，城市发展受到挑战。因此，深入研究环境变迁与灾害风险的关系，研究环境变迁中的城市科学与工程科学，是一个值得探索并应逐步加强研究力度的新兴研究领域。

该领域关键科学问题包括：环境变迁与灾害风险；环境变迁与可持续发展的地域人居环境设计理论；环境变迁与历史建筑及文化遗产保护；重大工程与环境变迁的相互作用；环境变迁中的城市交通需求形成机制与供需平衡理论。

重点研究方向包括以下几个。

(1) 工程结构与工程系统的环境作用模型

研究中、长尺度环境作用的变化规律，以及多环境耦合变化的规律；研究工程结构与工程系统的中、长尺度环境作用预测方法、建模方法与模型。

(2) 大规模工程系统中、长尺度灾害危险性分析方法

研究工程灾害的中、长尺度危险性及其分析方法；建立重大工程的灾害危险性与设防标准；发展大规模工程系统的灾害风险及其分析方法。

(3) 环境变迁中的地域人居环境设计理论

研究城市与建筑环境质量下降的规律；寻求控制城市噪声、城市热岛效应的原理和方法；揭示建筑能耗的长时变迁演化规律；发展城乡建筑防风灾、涝灾规划设计和建筑设计理论。

(4) 历史建筑的损毁机制、防护技术与保护策略

研究历史建筑的损毁机制，发展历史建筑的防护技术；揭示建筑文化遗产消亡加速的机制，提出建筑文化遗产的保护策略。

(5) 城市交通需求形成机制与演化规律

研究城镇化水平与交通发展水平的耦合机制，城市物质空间规划对城市交通规划的需求机制，城市交通需求的形成机制、演化规律与评价方法；建立城市形态-人口分布-土地利用-交通出行模式的匹配模型，研究城市土地开发强度及其功能划分与分布诱发交通拥堵的演化规律，建立交通对城市形态演变、土地利用布局及强度等的引导反馈模型；发展基于低碳城市的物质空间规划与现代交通系统的耦合规划设计理论和方法，研究城市物质空间与交通系统的耦合模型。

（6）城市交通系统的供需平衡机制与网络交通流调控理论

研究基于个体出行行为特征的交通需求分析模型；揭示交通需求与交通供给的作用机制与互动关系（交通需求分布与道路网络结构的耦合模型、交通需求分布与公共交通网络结构的耦合模型、交通需求分布与大型公共交通枢纽布局的耦合模型、多模式公交网络客流空间分布与网络布局的耦合模型）；研究交通资源配置与交通方式结构的优化模型，研究城市交通系统中的供需非均衡关系分析方法（交通供需均衡和非均衡的统一性模型、交通供需非均衡程度的测定方法、基于非均衡的交通需求预测新方法）。

五、深海工程和新型船舶的基础理论与前沿技术

海洋蕴藏着非常丰富的油气、矿产和生物等资源，是人类生存与发展的战略空间，海洋还涉及国家的国防战略。因此，深海装备、船舶与海洋工程制造的基础理论和前沿技术是保证我国海洋空间利用和海洋国防战略实施的重要基础。

海洋空间利用和海洋国防战略的需求为海洋工程结构和新型船舶装备的发展提供了契机。目前浅水海洋开发技术相对成熟，但深海海洋开发和利用技术只掌握在少数发达国家中，我国目前只具备海平面以下 300 米深的海洋石油开发能力，而我国南海平均水深约为 1200 米，最大水深达到约 5500 米。深海海洋资源探测技术、深海工程结构的设计与建造技术是制约我国深海海洋资源开发利用的瓶颈。

传统的船舶设计是一个从概念设计、方案设计、技术设计到施工设计的逐步深入的串行设计方法，割裂了组成系统的各个学科之间的相互影响，在设计各阶段对各学科的考虑非常不均衡。在确定方案时常根据设计的需要以追求单个性能指标最优为主，而其他的性能指标作为约束条件，这种方式不能有效综合集成各学科进行协同优化，因此无法获得各种性能综合最优设计。多学科设计优化是一种并行设计方法，能够充分考虑各学科相互耦合的协同作用，将各个学科本身的分析和优化与整个系统的分析和优化结合起来，是船舶设计理论的重要发展。近年来，船舶航行性能综合优化科学与技术、新概念船舶与海洋浮体、船舶与海洋浮体的非线性动力学问题、绿色船舶的轮机系统是该领域研究的热点。

重点研究方向包括以下几个。

（1）深海浮式结构系统环境载荷与动力响应

研究极端海洋环境和船舶与海洋浮体非线性动力载荷建模方法，以及大型 LNG 船的晃荡载荷建模方法；研究船舶与海洋浮体非线性动力响应的机制与数值模拟方法，发展超大型集装船的非线性水弹性力学分析方法和理论；研究高速水下航行体复杂流动机制与数值模拟方法。

(2) 深海空间站与新型潜水器

研究深海空间站多学科优化设计方法，发展深海潜水器集成技术、设计、制造、布放回收与作业技术，研究移动式水下观测网分析设计方法与控制技术，发展深海潜水器环境感知与导航定位技术。

(3) 深海装备的模型试验、现场测试及海上安装技术

研究深海风、浪、流等非定常、非平稳、非线性海洋动力环境的相似理论和试验模拟技术；发展深海装备的运动性能和非线性动力响应的模型试验技术；研究甲板上浪、波浪爬升、砰击、晃荡等非线性非连续全过程相似理论和模型试验技术，发展超大型船、超大型浮体水弹性模型实验方法；研究船舶系泊系统和拖航试验技术与现场测试技术，发展大型海上装备安装技术。

(4) 深海海洋工程结构安全与风险分析

研究海洋工程结构局部强非线性绕流特性和非线性动力响应分析方法，发展船舶与海洋工程结构振动控制与降噪技术及抗冲击设计技术；研究基于可靠性和风险评估技术的结构分析方法；研究深海工程结构物海底基础强度与可靠性；研究船舶与海洋工程结构整体极限承载力分析方法，发展海洋工程结构全寿命性能分析与设计理论。

(5) 船舶航行性能与多学科优化设计

研究船舶多学科协同优化设计方法，开发基于3D的船型概念设计与优化技术；研究船舶协同设计的虚拟仿真方法与软件，研究船舶数字化制造技术。

(6) 先进轮机系统的性能优化理论与方法

研究新能源轮机系统的结构设计方法和绿色船舶的设计理论；研究轮机系统节能减排理论与方法和船舶污水污油处理技术；研究新能源船舶动力机制，发展不依赖空气的水下特种动力系统设计理论与方法。

(7) 水下探测与通信技术

研究海洋水声环境信息获取理论和方法，发展先进水声换能技术与阵列空时处理技术；研究新型声呐探测技术和网络化综合水下声信息系统、高速水声通信及组网技术、高分辨水声成像技术；研究海洋环境信息获取技术、海洋环境噪声测量和海底地貌测量技术、海底底质分类技术。

第五节 资助政策与建议

1. 实施"顶层设计"，打破条块分割，统筹科学规划

纵观美、英、日以及欧洲一些国家前沿领域的发展，都有系统的国家级发

展计划，制定了5~10年的国家级发展目标，资助一批战略科学家从事"顶层设计"工作，快速推进了前沿领域的发展。面对我国国情，应结合国家需求，制订跨部门、注重协同发展的规划，强调战略规划的重要性、严肃性，克服短期行为和利益分割。特别要避免一些重要的战略规划和举措由于部门分割和利益平衡而被肢解和打折扣，最终难以形成合力。

2. 面向国家需求，凝练战略重点，进行重点持续资助

在科学技术与经济、社会以及自然界的协调发展中，瞄准世界工程科学技术的潮流和趋势，开展科学研究和技术攻关，突破一批制约我国工程技术发展的瓶颈问题。注意"点"（重点）、"线"（主要发展方向）、"面"的协调。通过科学分析，凝练能够突破的重点发展领域，选择具有重要意义的科学问题和共性的关键技术，全面规划，以重大研究计划或重点项目群的形式，进行持续重点资助，提高我国工程学科的原始创新能力，逐步缩小与国际水平的差距。

3. 加快制定和实施科技政策，建立有利于基础研究的良好科技环境

我国国家自然科学基金鼓励把握学术前沿，开展自由探索研究，具有合理和先进的科技政策。但当前我国整体科技环境较差，社会普遍浮躁，对科技成果的评价过于注重对生产力的直接作用。这就需要社会各界共同努力，切忌把科研进步和成果联系过紧，为科技人员营造一个宽松的工作环境和评价机制。重大的创新往往是多年积累的结果，不可能在短期内实现，不能一概要求短期内出成果，允许探索的同时也要宽容失败。

4. 加大科技投入，实施人才战略

新型、跨度较大的交叉研究特别需要有能力的人才、持续的努力以及好的研究设备和条件。这一切依赖国家相关部门的长期支持，稳定投入。应着力培养具有创新精神和多学科交叉基础的战略人才和研究人才，以适应未来以高新技术为基础的竞争新环境。

在基金中加大对博士研究生的生活补贴。就世界范围来看，博士研究生是科研计划和项目的直接执行者。国际上其他国家支付给博士生的生活津贴占总经费的比例较大，但由于我国长期以来的体制问题，博士生的生活津贴过低，这不利于我国科技水平的提高和科技人才的成长。

5. 加强国际合作，实现我国科技水平的跨越式发展

积极开展实质性国际合作，对工程科学领域前沿研究方向，与国际相关机构开展项目群的联合资助，在重要前沿领域取得突破。

鼓励国内研究者与国际知名科研机构的知名学者联合申请基金项目，开展实质性合作，在取得高水平科研成果的同时，提高我国科研人员的科学研究水平。

加大力度推动国际竞争力，资助工程科学领域重大或重点项目承担者在国内外组织高水平、系列化的国际学术会议，资助研究者组团和博士生出国参加相关大型系列国际学术会议，资助研究者组团出国讲学和组织暑期国际学校，推动我国学者进入高水平国际学术舞台并发挥重要作用，通过广泛开展实质性的合作与交流，参与国际学术组织并引领世界相关研究潮流。

6. 设立联合基金资助，推动科学基础研究与重大工程核心关键技术的结合

工程学科的显著特点是与技术和工程实践密切相关，根据我国重大工程实施战略中的技术难点和核心关键技术，开展与大型企业的联合资助，或与大型企业联合成立研究基地。在核心关键技术中凝练科学基础问题，在关键技术突破的同时，推动相关学科基础理论的发展。

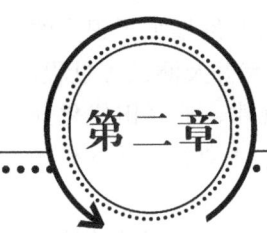

第二章

冶金与矿业工程学科

第一节 总 论

一、冶金与矿业工程学科的战略地位

冶金与矿业工程学科含石油与矿业工程、冶金与材料制备工程两大分支。

（一）石油与矿业工程

石油与矿业工程学科是研究如何从地球浅层获取自然资源的科学与技术。石油与矿业工程领域主要覆盖了"石油与天然气工程"、"矿业工程"两个一级学科，并与"土木工程"一级学科下的二级学科"岩土工程"、"防灾减灾工程与防护工程"、"结构工程"下的三级学科"地下工程"交叉；与"地质资源与地质工程"一级学科下的二级学科"矿产普查与勘探"、"地球探测与信息技术"、"地质工程"的研究内容相关。"石油与天然气工程"包含"油气井工程"、"油气田开发工程"、"油气储运工程"三个二级学科；"矿业工程"包含"采矿工程"、"矿物加工工程"、"安全技术及工程"三个二级学科。随着国民经济的发展，安全的重要性越来越强，安全科学与工程已经升级为独立的一级学科。

"石油与天然气工程"学科是研究石油与天然气勘探、评估、开采、油气分离、输送理论和技术的工程领域。石油与天然气工程是一个运用科学的理论、方法、技术与装备高效地钻探地下油气资源，最大限度并经济有效地将地层中的油气开采到地面，安全地将油气分离、计量与输运的工程技术领域。石油与天然气作为人类社会能源的重要组成部分，由于其不可替代性和自身的不可再生性，在世界经济的发展、人类社会生活与文明中占有极其重要的地位。由于石油与天然气存在着储层埋藏深，物性有低渗、超低渗，油品有稠油、超稠油，以及高压高温、地层非均质、井眼形成难等特点，给钻探与开发增加了很大的困难。"油气井工程"学科主要包括油气井的钻井、测井、完井及测试等过程；"油气田开发工程"主要包括油气井开发地质、流体渗流规律、油气田优化开发、采油采气工程采油化学及提高采收率；"油气储运工程"主要包括油气矿场收集处理、长距离输送、储存及联网输配。

"矿业工程"学科是开发和利用资源的工程技术科学，即将矿产资源从地壳中经济合理而又安全地开采出来并进行有效加工、利用的科学技术。由于大自然矿藏及矿业生产地质条件的多样性、复杂性，矿业工程学科的发展经历了漫长艰难的道路，至今已是学科综合度和交叉关联度很高的一门工程技术科学。涵盖了煤炭资源、油气资源、金属矿资源、非金属矿资源、地热资源、海洋矿产资源、其他星球资源的开采，包含了金属、非金属与煤炭资源的掘采、洗选加工，涉及了资源开采的环境、安全和矿产资源的储存和运输等众多科学与工程领域。"矿业工程"下设的"采矿工程"、"矿物加工工程"、"安全技术及工程"等三个二级学科之间存在相互依赖、共同发展的内在联系。

石油与矿业工程学科在构建自身体系和完善、充实学科内涵的同时，不仅离不开数学、物理、化学、地质、力学、生物等基础学科的支持，而且与机械、电气、材料、环境、土木、控制、监测等技术学科密不可分，甚至与哲学、经济学、管理学、法学等门类的学科协调发展，形成了石油与矿业工程学科的完整体系。

矿产资源是人类社会生存、发展和国民经济建设中不可替代、不可缺少物质基础，矿业是工业的命脉并被誉为"工业之母"，是国民经济的基础产业。据统计，目前我国95%以上的能源、80%以上的工业原料、70%以上的农业生产资料来源于矿产资源。截至2007年底，全国共发现矿产171种，已探明资源储量的159种，已查明的矿产资源总量和20多种矿产的查明储量居世界前列，其中，煤炭查明资源储量居世界第3位，铁矿储量居第4位，铜矿储量居第3位，铝土矿储量居第5位，铅锌、钨、锡、锑、稀土、菱镁矿、石膏、石墨、重晶石等储量居第1位。原油和天然气产量分别居世界第5位和第11位，原煤、铁矿石、钨、锡、锑、稀土、菱镁矿、石膏、石墨、重晶石、滑石、萤石开采量连续多年居世界第一。矿业经济快速发展，矿业增加值达到1.36万亿元，约占工业增加值的12.7%，占GDP的5.5%。其中石油、天然气主要分布在东北、华北、西北，煤主要分布在华北和西北，铁主要分布在东北、华北和西南，铜矿主要分布在西南、西北、华东，铅锌矿遍布全国，锡、钼、锑稀土矿主要分布在华南、华北，金银矿分布在全国，磷矿以华南为主。

石油、天然气和煤层气是世界上最主要的能源和优质化工原料，是社会经济发展中最主要的生产力要素之一，石油和天然气的比例占世界能源消费的

62.09%，1963年中国实现了石油自给，1992年开始进口。2008年中国原油产量达1.89亿吨，位居世界第5位；天然气产量则达760亿立方米，中国已成为世界天然气生产大国。2008年中国石油净进口量达20 067万吨，石油进口依存度已接近52%。石油对中国经济有着重大作用和影响，石油和天然气勘探正向深层、沙漠、海洋和极地进军，油气藏的类型也向中小型为主的隐蔽油气藏发展，大力发展二次、三次采油理论与技术，更大幅度提高油气采收率是直接影响国家经济的科学技术难题。

煤炭提供世界一次能源的27%，世界发电量的45%，煤炭衍生物生产25 000多种消费品，在世界经济中占有重要地位。现阶段我国能源结构中煤炭占一次能源的67%。2008年煤炭产量已经达到27.2亿吨，已连续多年为世界第一。专家预计到2050年，我国能源结构中煤炭仍占一次能源的50%，煤炭在我国能源结构中占主导地位的局面不会有重大改变。

2008年我国粗钢产量为5.02亿吨，较2002年的2.22亿吨增加1倍多。中国钢铁产量连续12年保持世界第一。中国钢铁产量比排名2~8位的日本、美国、俄罗斯、印度、韩国、德国、乌克兰7个国家的总和还多。但我国金属矿产资源贫矿多，富矿少；小矿多，大型、特大型矿少；金属矿产品的产量增长与国民经济发展的速度不相适应。我国最大的露天铁矿山生产规模为1200万吨/年左右，地下矿山为400万吨/年左右，只相当于国外类似矿山生产规模的1/5~1/4。为了解决国内金属矿产资源供应不足的矛盾，某些矿产品只能依靠国外进口填补缺口，如我国必须每年从澳大利亚、巴西、印度等国进口铁矿石近亿吨，才能满足国内钢铁生产的需要。如果金属矿开采技术得不到迅速发展，将会严重制约国民经济的健康发展。

约占地球表面积71%的海洋蕴藏着极其丰富的矿产资源。国际海底区域赋存着多金属结核、富钴结壳、多金属硫化物等金属矿产资源，其镍、钴、铜、锰等重要金属的资源储量分别高出陆上相应储量的几十到几千倍；分布在深海大陆坡的天然气水合物所含有的有机碳是地球上所有煤、天然气及石油储量所含有机碳总数的两倍。海洋矿产资源是人类21世纪的重要接替资源，海洋矿产资源的开发是21世纪乃至今后若干世纪国际竞争最激烈的领域。其中，对国际海底区域资源的开发和占有，不仅是增加我国资源储备的重要途径，也是维护我国海洋权益的重要内容。海洋矿产资源开采科学为未来海洋矿产资源的商业开采提供技术储备，对增进人类对深海大洋的认识和了解、推动深海战略高技术的发展有着重要和直接的意义。

地热资源（含地热水资源与高温岩体地热资源），尤其是高温岩体地热资源是新型的永恒的洁净能源，通过地热开采学科的发展，促使今天以化石能源为主的消费结构转变为以水力资源、地热资源、太阳能与风能等绿色可再生能源为主的能源结构,是人类的能源消费目标。

新中国成立60多年来,矿产勘查和开发基本保证了国民经济与社会发展对矿产资源的需求。然而,我国经济持续高速增长,国家正处在一个对矿物原料产品需求迅速增长的时期。"2050年中国科技发展路线图解析"提出了"以科技创新为支撑的八大经济社会基础和战略体系"的整体构想,并分阶段规划了八大体系建设的特征和目标。第一就是构建我国可持续能源与资源体系,大幅提高能源与资源利用效率,大力发展战略性资源的大陆架和地球深部勘察与开发,大力发展新能源、可再生能源与新型替代资源。至2020年前,我国东中部地下2000米以内资源探明率达到50%,矿产资源总回收率达到50%,矿产资源综合利用率达到45%,能耗下降20%,"三废"排放量降低30%,历史遗留废弃矿山生态环境恢复率达45%和污染环境修复率达30%以上,新建矿山土地复垦率达100%,重要矿产资源替代和循环利用率达到20%~40%。

我国矿产资源总量大,但人均少、禀赋差,大宗、支柱性矿产不足,经济社会发展的阶段性特征和资源国情,决定了矿产资源大量快速消耗态势短期内难以逆转,资源供需矛盾日益突出。据预测,到2020年我国煤炭消费量将超过35亿吨,2008~2020年累计需求超过430亿吨;石油5亿吨,累计需求超过60亿吨;铁矿石13亿吨,累计需求超过160亿吨;精炼铜730万~760万吨,累计需求将近1亿吨;铝1300万~1400万吨,累计需求超过1.6亿吨。如不加强勘查和转变经济发展方式,届时在我国45种主要矿产中,有19种矿产将出现不同程度的短缺,其中11种为国民经济支柱性矿产,石油的对外依存度将上升到60%,铁矿石的对外依存度在40%左右,铜和钾的对外依存度仍将保持在70%左右。

改革开放30余年来,我国经济飞速发展,石油、煤炭等能源及矿石、化工原料等主要矿产品开发、利用在经济发展、人民生活水平的提高、社会稳定、增强国防实力、提高国家的整体实力和国际声望等方面起到了关键性基础保障作用。要实现矿山资源的高效、经济、安全开采,发展石油与矿业工程学科是前提和科学技术储备。深部资源、复杂赋存矿体、特殊赋存条件矿体的安全、高效、经济、环保、健康开采是我国采矿业未来几年、几十年内回避不了也不可能回避的问题,而且随着时间的推移,开采深度增加、难采矿体的安全开采等问题会越来越突出。同时,深部资源开采、复杂赋存矿体开采、特殊赋存条件矿体开采、特殊开采条件以及采用新工艺、新支护措施等所面临的包括岩爆、煤爆、含瓦斯煤岩突出、突水、地面突然塌陷、瓦斯爆炸等安全、环境问题必然会在发生强度、烈度、频次、影响范围等方面有增加或扩大的趋势,直接影响着矿产资源开采过程或采后人民生命、财产的安全,也影响着经济成本和社会效益,直接关系到民生问题和科学发展的大事。况且,由于科学技术发展水平的限制，二次三次采油问题、石油天然气的安全储运、采矿新理论、采矿安全及职业健康、资源开采与环境互馈、开采过程中的非线性力学问题等一系列基础科学问题一直还处在探讨中，这些也是制约油田与矿山安全、矿产资源开采产量、矿山效益与石油战略安全的瓶颈问题。因此深入研究矿山开采过程中遇到的新问题，不仅对促进煤矿开采、金属矿开采、非金属矿开采、石油天然气与煤层气开采、地热资源开采、海洋资源开采、地下空间资源利用、钻井工程、矿井建设工程、矿山岩体力学、岩体渗流力学、采矿系统工程、矿山安全与环境工程、环境科学等资源开采相关学科发展具有重要意义，而且对于发展国民经济、保持社会稳定、具体落实科学发展观也具有重要战略意义。

（二）冶金与材料制备工程

冶金与材料制备工程是一门综合利用数学、物理、化学等学科的思想和方法，并在此基础上优选出工程上可行的技术，合理、连续、高效地将矿产资源或二次资源加工后，分离成金属或化合物，合成或加工成具有一定性能的金属和非金属材料，以满足经济发展、社会进步和国家安全日益增长的基本需求的一门综合性基础工程科学学科。

6000多年的矿业与冶金发展史铸就了当今人类的辉煌，而且在相当长的历史时期内矿业与冶金仍然是须臾不可或缺的、决定当代和人类未来发展的重要支柱产业。以钢铁工业的发展壮大为例，高炉炼铁、转炉炼钢、模铸及轧钢技术工艺流程的工业化使人类大规模地利用钢铁材料成为现实，而且在可预见的未来不可能再有其他任何一种材料能够取代钢铁而成为当今世界上用量最大、覆盖面最广的结构材料，数据显示全球钢产量占所有金属产量的90%以上。2008年的权威统计数据表明，我国粗钢产量达到5.02亿吨，钢材达到5.8亿吨，而全球的数据是粗钢产量不到13.1亿吨，可见我国的粗钢产量已占接近全球的40%，出口潜力占全球的32.2%，我国2008年当年每亿元GDP用钢量逾2000吨，可见我国已是世界上最大的钢铁生产国和消费国。与钢铁工业的实际相对应，我国的11种有色金属总产量为2527万吨，其中铝1318万吨（铝材1427万吨）、镁63万吨、钛4.4万吨（钛材2.7万吨）、铜378万吨（铜材749万吨）、铅321万吨、锌391万吨、锡13万吨、锑18万吨、镍13万吨、钼18万吨、钨8.4万吨。这些数据充分表明，我国已是真正的第一冶金大国。这些成就的取得提高了我国在世界上的战略地位，使我国在世界的这些领域有了话语权。除了30多年改革开放国内外大环境改善的推动、矿冶界全体人士的戮力工作外，也与国内相关学科发展和技术进步的贡献分不开。在获得世人尊重的同时，毋庸讳言，我国还算不上是一个冶金强国。但是社会进步、经济发展、国家安全对冶金与材料的高端产品的巨大需求,世界发达国家对我国重要的原材料的战略依赖,均要求我们必须站在全球战略的背景下,认真厘清思路,举全国之力,谋求该学科的发展战略,以从学科和技术层面上为冶金和材料制备行业的技术进步来支撑和保持世界上的冶金大国地位,进而为向世界冶金强国迈进积极做好基础性工作。另外,冶金和材料制备行业是资源能源消耗和依赖型传统行业,在为人类的发展和社会的进步创造了巨大的物质财富的同时,又排放了大量的废弃物,制造了污染环境。资源、能源与环境付出了巨大代价,在相当的程度上限制了冶金与材料制备行业的良性、健康发展。因此,在考虑国家建设对冶金和材料高端产品的重大需求、世界对我国重要原材料的依赖,同时又必须面对资源、能源短缺和环境污染的压力条件下定位冶金与材料制备学科的发展战略地位,对我们制订学科发展规划是有益的,而且是必需的。

近几十年来,钢铁工业的科学技术进步得到了前所未有的发展,推动了钢铁工业在产品、工艺和设备上的更新换代,使世界钢铁工业朝着高效、低耗、清洁和优质方向发展。例如,高炉喷吹煤粉、高炉长寿、熔融还原、精料技术、铁水"三脱"、炉外精炼、顶底复吹、超高功率电弧炉和高效连铸等一大批新技术的开发和应用,信息网络、仿真模拟、人工智能等高新技术在钢铁制造过程中应用水平不断提高,使我国的钢铁工业装备、工艺技术水平和产品质量取得了显著的进步,已达到或接近国际先进水平。

但应看到,我们还不是世界钢铁强国。主要表现在几个方面:①资源短缺,对国外铁矿石的依存度已超过50%;②工业结构不合理,导致低附加值钢材产能明显过剩,一些高附加值高性能产品还不能满足国家经济建设发展的要求;③产业集中度低,导致整个行业能耗高,污染严重;④由于我国的钢产量遥居世界第一,加上我国钢铁生产以烧结-高炉-转炉的长流程占绝对主导地位,电炉钢比例不足10%。上述问题已严重影响我国钢铁工业的可持续发展。

从长远看,我国还处于工业化进程中,完成工业化仍需要相当长的时间,发展中国家的地位还没有改变,在国家全面建设小康社会的过程中,钢铁工业仍将是我国国民经济的基础和支柱产业之一。钢铁冶金在国民经济的产业链中处于重要的枢纽地位,其上游是矿物、煤炭加工业,其下游是机械制造、汽车制造、水泥制造与建筑等行业。钢铁行业的稳定和活跃将对整个国家的产业链的完整和经济繁荣具有重要的作用。据统计,我国现有钢铁从业职工达到300多万人,若考虑这些大型钢铁企业的相关附属产业及从业职工的家庭及社会关系,我国与钢铁行业有关的人口会超过千万。如此庞大的人口说明该产业对于稳定社会的意义。目前,我国也受到西方经济危机的影响,从这个意义上讲,钢铁行业对于我国早日恢复经济繁荣意义重大。

随着建筑、能源、交通、汽车、机械、石油、化学、轻工、航天、航空、海洋开发、核能及电子等尖端技术领域的技术进步和发展，对钢铁材料的性能提出了更高的要求，钢铁工业将以规模扩张型向品种、质量和效益型的发展模式转变。

众所周知，2008年我国的11种有色金属产量均位居世界第一。有色金属及其衍生化合物是各类先进结构材料和功能材料的基体、主要成分或添加物，对国民经济发展具有全方位的重要影响，其产业关联度高达91%。有色金属还是重要的战略物资。导弹与空间飞行器以及其他各种国防军工装备的发展，需要大量优质的有色金属材料、绝热材料、复合材料、精密陶瓷及金属陶瓷等材料，如导弹结构要求有耐高温、耐烧蚀、高比强度、高比刚度材料，等等。可以说没有优质有色金属就没有如导弹、火箭等航空航天及各种军事工业的发展。

以轻金属铝、镁为典型代表，足以见证有色金属冶金与材料在国民经济发展中的重要战略地位。

铝的重量轻，导电、加工性、抗氧化性能好，而且能与多种金属形成性能更好的材料，被广泛地用于电力、运输、制造、建材等行业。高性能铝合金又是节能材料，铝合金用在汽车、火车和船舶等交通运输工具上，可减重2/3以上，并大大降低能耗。

镁的比重只有1.74克/立方厘米，仅相当于铝的2/3。同时，镁合金还具有比强度高、导热导电性好、阻尼减振、电磁屏蔽、易加工和回收等优点。在交通领域，汽车每减重10%，节油率就提高5.5%。飞机、高速列车、城市轻轨等也都因减重而降耗。在3G通信等民用领域，用镁合金制造手机、笔记本电脑和数码相机等数字产品的外壳，具有强度高、表面光泽好和电磁屏蔽等优点。在国防领域，镁合金可使武器装备轻量化，从而提高远程打击精确性、飞行器机动性并降低航天器的发射成本。

20世纪是人类大量消耗资源、快速积累财富、高速发展经济的世纪。在短短的100年间，全球GDP增长了18倍，人类所创造的财富超过了以往历史时期的总和。21世纪中国需要在有色金属资源、冶金、材料的整体上有突破性进展，否则未来20~30年内，国内的发展将是不可持续的。而中国既不可能像美国那样消费地球上的资源，也不可能因为矿产资源问题改变自身经济发展的速度和既定的发展目标。

20世纪是人类社会激烈变革的时期，高速的工业化、城市化、人口增长以及突飞猛进的科技发展极大地消耗着包括有色金属在内的各种资源。21世纪人类消耗的自然资源总量超过了以往人类历史累计消耗的总和，而其中的大部分发生于最近的25年。进入20世纪90年代以来，我国明显进入工业化经济高速增长期，许多有色金属资源的消费增速接近或超过国民经济的发展速度，资源的供需矛盾日益尖锐，现有资源储量的保证程度急剧下降。这一现实严重地威胁着我国冶金与材料制备行业的可持续发展。在考虑国家对各类高端冶金产品及各类特殊材料的需求之外，认真研究国内特有优势资源——多金属共伴生铁矿的高效开发和利用，不仅可以降低我国钢铁冶金界发展对国外铁矿石资源的依赖度外，还可以获得多种比铁更有价值的战略资源。我国资源的特殊性和重要性决定了冶金与材料制备学科的战略地位。我国这类资源的总体储量大、品位低、嵌布细密、有价矿物分散、结构复杂、难选冶，资源利用率很低。与普通冶金资源相比二次资源量大，同时环境负荷大。相应的工艺选择理论与方法、基础研究积累匮乏，存在的问题十分严重。这类复合伴生资源包括包头白云鄂博的稀土铁矿、攀西地区的钒钛磁铁矿、辽东地区的硼镁铁矿、广西大厂的高铁铝土矿、金川地区的铜镍铁矿、鄂西北地区的高磷铁矿、湖南柿竹园的钨钼矿等。在已经开发利用的139种矿种中就有87种矿来自多金属共伴生矿床。

以多金属共伴生复合铁矿为例，以铁为主要元素之一的复合矿约占我国矿产资源的1/5，对国外资源依赖度高的钢铁行业尤为重要。我国攀枝花西昌地区五大矿区的钒钛磁铁矿（铁、钒、钛等共伴生）总储量高达100亿吨，其中含铁31亿吨；二氧化钛8.73亿吨，占全国的90.5%；五氧化二钒1579万吨，占全国的63%。另外，还有大量的铬、钴、镍、铜等。此外，承德地区也保有约80亿吨的钒钛磁铁矿，与攀枝花地区的钒钛磁铁矿相比，其中的钒高、钛低，这也将是未来铁矿石资源及钒钛资源的重要补充。攀西地区的钒钛磁铁矿其中共伴生组分的价值是铁的13倍，矿石的总价值相当于富铁矿价值的5倍多。但遗憾的是，目前只能回收大部分铁和钒，钛的回收率不到14%，其他的十几种有价元素均不能回收。同时，大量的约含24%二氧化钛的高炉渣被排放在金沙江两岸，不仅造成了钛资源的浪费，还带来了严重的环境污染和自然灾害隐患。

我国同时也是世界上稀土资源最丰富的国家，包头白云鄂博稀土铁矿（铁、稀土、铌等共生）工业储量达16亿吨，其中含铁5亿吨、稀土7130万吨，占世界总储量的53.5%，排名世界第一。铌的远景储量660万吨，钍的总储量2万吨，占全国的77.3%，排名世界第二。另外，还含有大量的轻稀土等。我国已成为世界稀土生产大国（占世界稀土总生产量的90%以上）、稀土出口大国（占国外稀土需求量的90%左右）、稀土消费大国（占世界稀土总消费量的50%以上），在世界上的战略地位举足轻重，尤其在稀土冶炼与分离、提纯等领域，我国的工业生产技术处于世界先进水平。

目前，我国规模开采利用的稀土资源包括白云鄂博混合型稀土矿、南方离子吸附型稀土矿和四川氟碳铈矿，由于它们的矿物组成和矿物结构不同，采用的冶炼分离工艺也各不相同，但均不同程度地存在高消耗、高污染、高排放、资源综合利用率低等问题。冶炼分离1吨稀土氧化物要消耗10吨以上的酸（包括盐酸、硫酸）、10吨以上的碱（包括液碱、碳铵）、1.3~1.7吨草酸；每年产生含氟、氨、氮、氯化钠的废水约 2000 万吨以上，含氟、钍废渣逾几万吨，以及许多含氟、二氧化硫的废气。这些排放物质均未得到有效的回收和利用。因此，从源头上解决包头稀土矿萃取分离过程中因碳酸氢铵转型、萃取分离有机相皂化造成的氨、氮废水排放等环境污染问题迫在眉睫。

出于经济建设以及科技发展的考虑，中国核电能源发展政策已经从"适度"到"积极"再转变为了现在的"大力发展"。国家能源局近期将对我国 2007 年发布的《核电中长期发展规划（2005—2020 年）》进行较大幅度的调整，原规划 2020 年建成的装机容量 4000 万千瓦将大幅提高到 9400 万千瓦。在建装机容量也将由原来的 1800 万千瓦提高到 5400 万～5800 万千瓦。届时，我国的核电总装机容量将达到 15 000 万千瓦以上，占全国发电总量的比例将达到 5% 以上。目前全世界核电在总发电量中所占比例约为 16%～17%，而我国相去甚远。

核燃料是核电发展不可或缺的能源资源，也是军用核材料的重要原料和重要的战略资源。用于武器装备的天然铀原料很难从国际市场交易获得，若要完成上述计划，必须立足于国内的资源和生产。天然核燃料提取和分离是核燃料循环技术体系的基本组成部分，也是我国整个军用核技术体系的一个重要环节。天然核燃料的提取和分离作为我国核军工和核电的"粮食工业"，其资源储备和加工技术水平是维护我国核大国地位、保障国家核战略实力的基础。

核电的快速发展对核燃料的供应提出了更高的要求，以目前我国的天然铀产能水平，已经无法满足国家的核能战略需求。资源储备远远不足，矿石品位不断降低，开采提取与分离的难度越来越大。针对已探明的和潜在的天然核燃料资源的基本特点，为保证核燃料的安全稳定供应，我国在继续致力于健全、完善目前已有天然铀资源保障体系的基础上，正在积极地利用海外资源，适度超前发展核燃料产业。

另外，我国天然核燃料提取与分离技术领域基础研究工作薄弱。加大研究力度、加快研究进程，尽快突破放射性矿物开采、铀化学化工、钍化学化工、放射性安全、核化工新材料等关键核心技术的理论和技术瓶颈，是利用国内外铀资源的唯一途径，也是保障我国的国家能源安全、维护我国的核大国地位、实现国家长治久安的必然要求。

与核资源的冶金分离利用相同，煤炭作为冶金能源和资源也同等重要。我国煤炭探明储量 1145 亿吨，居世界第三位，占世界探明储量的 13.5%，储采比为 45 年，从绝对量看，我国煤炭资源与石油、天然气、水能和核能等一次能源资源相比，探明的资源储量折算为标准煤，煤炭占 85% 以上。目前，煤炭在我国一次能源的生产和消费中占 75% 以上。预计 2010 年全国煤炭需求量将达到 30 亿吨左右，到 2050 年，煤炭所占比重也不会低于 50%。无论从绝对还是相对量分析，我国煤炭资源丰富，而石油、天然气资源贫乏。因此，煤炭是我国的主要能源。可见，在相当长的时期内，煤炭在中国一次能源结构中将占据不可替代的重要地位。

我国冶金工业面临环境污染控制的巨大压力，以钢铁工业长流程为例，每生产1吨钢要排放约3.0吨的固体废弃物，同时还排放以下污染物（先进国家数据）：二氧化碳2.0吨/吨钢；二氧化氮1.0千克/吨钢；二氧化硫0.6～0.8千克/吨钢；粉尘0.5～0.7千克/吨钢。另外，还排放大量废水和需要新水3.0～0.8吨/吨钢等。据《中国环境统计年报·2007》报道，2007年全国工业废气排放量为388 169亿立方米，其中黑色金属冶炼位于工业烟尘排放第三，工业粉尘排放第二，分别占9.7%和16.0%；二氧化硫、氮氧化物排放分别位居第四、第三，分别占8.2%和6.5%；全国工业废水排放量为246.6亿吨；重金属污染物排放量也位于各行业之首，有色金属矿采选占51.7%（第一），有色金属冶炼13.1%（第二），黑色金属冶炼7.0%（第四）；全国工业固体废物产生量为175 632万吨，排放量为1197万吨。工业固体废物排放量超过100万吨的行业依次为煤炭开采与洗选业、黑色金属矿采选业、有色金属矿采选业，这三个行业工业固体废物排放量占统计工业行业固体废物排放量的65.9%。

冶金工业是我国国民经济的支柱产业，也是资源、能源密集型行业和污染物排放大户。近年来，我国钢铁工业通过结构调整和技术进步，在节能降耗、减少污染物排放方面取得了显著成效，但由于我国钢产量持续高速增长，资源消耗和污染物排放总量仍呈增长趋势，冶金工业的继续发展面临国际资源竞争、碳减排等带来的压力及国内环境保护的严峻挑战。传统的经济发展模式是高投入、高消耗、高污染，这种粗放型的发展模式，不仅导致了许多自然资源的紧张与短缺，有的甚至枯竭，而且也削弱了整个社会经济发展的可持续性。冶金环境工程科学在现代冶金工业中的战略地位极其重要，从这个意义上讲，冶金环境工程科学的技术进步事关冶金工业的可持续发展和全国乃至世界的人类环境。冶金工业应把清洁生产、资源综合利用、生态设计与环境保护融为一体，通过废物减量化、资源化和无害化处理，实现可持续发展，并像日本川崎制铁（JFE）、日本钢管（NKK）集团那样将解决冶金行业环境污染的经验、技术推广至全社会、全世界。

与环境问题相对应，冶金节能减排学科是冶金与材料制备工程学科的重要组成部分，是在我国冶金工业提倡节能减排的进程中逐步形成的。冶金节能减排学科着眼于整个冶金工业，包括冶金企业、生产车间、工序、单体设备及其设备部件，研究各个层面的冶金过程能量转换与利用理论和技术、冶金过程减排理论和技术以及各层次之间的相互关系。经过50多年的不断建设，冶金节能减排已成为一门体系完备、结构合理、特色鲜明的学科，在冶金与材料制备领域发挥了重要作用。

随着冶金节能减排学科的不断发展，一大批冶金节能减排理论、方法和技术开始应用到冶金工业，效果显著。以钢铁工业为例，因冶金节能减排关键、共性技术的推广应用，使得我国吨钢综合能耗从 1990 年的 1646 千克标准煤/吨钢下降到 2008 年的 629 千克标准煤/吨钢；吨钢二氧化硫排放量从 2000 年的 5.56 千克/吨钢降低到 2008 年的 1.45 千克/吨钢；COD（化学需氧量）排放量从 97.86 千克/吨钢降低到 0.09 千克/吨钢；粉尘排放量从 5.07 千克/吨钢降低到 0.67 千克/吨钢；烟尘排放量从 82.14 千克/吨钢降低到 0.29 千克/吨钢。

但因关键、共性技术开发应用滞后和相关支撑理论研究不充分，我国冶金工业的能耗和环境负荷仍比国外先进水平高 15％左右。因此，节能减排不仅事关冶金工业的能源消耗和环境负荷，而且极大地影响冶金工业的生产成本。只有充分认识到冶金节能减排在国民经济发展中的战略地位，才能使冶金节能减排学科在冶金工业的可持续发展中发挥更大的作用。节能减排将是一项长期和艰巨的任务。

冶金与材料制备学科在国民经济发展过程中具重要的战略地位，是国家可持续发展物质基础的重要组成部分，是国家和平崛起的保证措施之一，是国防军工的重要方面军，学科发展任重道远。

二、冶金与矿业工程学科的总体发展趋势

（一）石油与矿业工程发展规律和研究特点

1. 油气田开发工程

我国是世界上开发油气资源最早的少数几个国家之一。早在 1600 年，四川自贡井气田已利用天然气煮盐。陕西的延长油矿、甘肃的玉门油矿、新疆的克拉玛依油矿都有上百年的开采历史。1959 年大庆油田发现之后，陆续发现了辽河油田、胜利油田、华北油田、中原油田、塔里木油田、长庆油田，并进行了大规模开采，形成了先进的石油开采技术。经过近 40 余年的勘探开发，已在中西部地区形成陕甘宁、川渝、青海和新疆四大气区和东部以伴生气为主的气区，远景储量 38 万亿立方米，折算可采储量 13 万亿立方米。我国煤层气（主要成分甲烷）资源量 30 万亿～35 万亿立方米，是与煤固体资源伴生与共生的一种非常规气源。19 世纪 80 年代，因美国圣胡安和黑勇士两个盆地煤层气开发的成功，我国也进行了大规模试采，但由于中国煤层渗透率较低，尚无法形成商业开采规模。

油气开发主要是围绕提高油气采收率的技术而发展的，主要包括试井技术

（含射孔技术、地层测试技术）、压裂技术（压裂液技术、支撑剂技术、脉冲压裂、重复压裂技术）、气体混相驱替技术（二氧化碳驱替、烃类气体驱替、氮气驱替技术）、复合驱替技术、微生物采油、热力采油（蒸气驱替、火烧油层等）、物理法采油技术（超声波技术、振动法、电动力学方法）、特殊工艺井技术（水平井、多分支井）。针对不同类型的油气储层，特别是低渗透油层和后期开采油层，这些采油方法都取得了一定的效果，但石油的回采率不足40%，仍是迄今无法攻克的难题。

油气田开发工程学科已经形成的研究方向主要有油藏工程学、油气藏渗流力学、采油的物理方法、采油的生物与化学方法、特殊工艺井方法等。

油气田开发工程发展趋势：油气田开发工程将围绕提高油气采收率而进行，如储层地质研究、油藏工程基础、渗流理论、化学驱替理论与工程、超声波法、电动力学方法、爆炸技术方法、微生物采油方法、特殊工艺井方法等。

2. 油气井工程

油气开采主要围绕着钻井技术与开采两个领域展开，人类的钻井活动已有3000多年的历史，经历了人工掘井、人工冲击钻、机械冲击钻和旋转钻井4个阶段，四川自贡市是中国古代钻井科技的发祥地之一，1895年就钻成世界最深的桑海井，井深达1001.42米。1303年以前，在陕北已钻成了油井。中国钻井传到西方，启迪西方创造了以蒸汽机为动力的绳索冲击钻井方法，并导致旋转钻井方法于1901年诞生。此前世界上的所有深井基本上都是采用中国人创造的方法打成的。在旋转钻井领域，以美国为代表的西方发达国家一直处于领先地位，1970年出现了PDC钻头，20世纪80年代相继出现了随钻测量仪器、可控井下马达、水平钻井技术，90年代出现大位移井和复杂结构井钻井技术、连续管技术，使油气钻井技术日新月异，高温高压井、深井、超深井、特殊工艺井及自动化钻井为适应市场而迅速发展。

油气井工程学科已经形成的研究方向主要有钻井破岩、钻井轨迹与控制、钻井机具失效与防治、钻井液与固井、地下信息钻井探测、钻井安全评价与工程风险分析、钻井稳定性等。

油气井工程发展趋势：高温高压井、深井、超深井、特殊工艺井（定向井、水平井、大位移井、复杂结构井等）、自动化钻井。其核心是钻井成本的大幅度降低。

3. 油气储运工程

目前我国对外国石油资源的依赖程度为50%以上。对外国石油供应依赖程度越高，我国原油市场受国际市场影响程度也将越深。在特定的时期，受世界政治、经济、军事形势的影响及少数大国的操控，完全可能出现我国石油远不能满足国内需求的严重局面。因此利用已开采矿山和重新以矿山开采形成的物理空间、已开采完的油气田岩层进行油气储存是近期的研究方向。特别是盐岩作为石油、天然气等能源储存的理想介质在欧美等发达国家已得到了广泛地应用，我国在该方向的研究已经取得初步成果。

油气储运工程学科已经形成的研究方向主要有油气地下储库油气藏流固耦合模型及数值模拟方法、深部地下能源储存工程的特殊性、能源地下储存库的稳定性评价体系等。

油气储运工程发展趋势：石油、天然气资源的地下储存，储存空间的结构形式，长期稳定性以及储库的建造工艺等。

4. 煤炭资源开采

早在6000年以前，中国就开发利用煤炭，17世纪之前，中国煤炭开采技术与管理的许多方面都处于国际领先地位。20世纪50~70年代中期推广发展了长壁采煤方法、新的放矿方法并改善了矿工安全生产条件；70年代以来进入长壁采煤方法和深孔崩落法等多种采矿工艺的现代化阶段，各种矿山生产设备不断完善和大型化，形成了各种采矿方法、矿井开拓、矿山压力、岩石破碎、矿山安全与采矿系统工程科学技术等，计算机及机电控制系统在矿井开采中的大量使用，形成了高产、高效的现代化采矿技术与采矿理论。

煤炭的开采方法主要有露天开采与地下开采。地下开采方法中有壁式开采方法与柱式开采方法两大类。柱式采煤法以短工作面为标志，在中国使用较少，而美国占到45%。壁式体系采煤法以长工作面，甚至超长工作面为主要标志，采用炮采、普通机械化采煤和综合机械化采煤三种方式，我国的综采工作面长度已达到一般为150米，最长的300多米，工作面单产达到300万~500万吨/年，液压支架工作阻力达到500吨以上，可靠地控制了顶板事故。在壁式体系采煤法的基础上，我国又发展形成了放顶煤采煤法，1984年开始研制，90年代中期迅速发展，现已成为中国开采5米以上厚煤层的主要方法，工作面年产达到600万吨的较高水平。

水体、建筑物和铁路等特殊条件下的开采，形成了控制地面沉陷的"三下"开采方法，我国现在正开展减沉、注浆充填与地表复垦方面的大规模研究与工程实施。针对采场顶板控制与巷道变形控制，形成了成熟的矿山压力与控制理论，如长壁采场的顶板岩体结构形式的"砌体梁"与"传递岩梁"理论和采场压力与顶板变形破坏的监测方法与理论，形成了各种采煤方法下的支护方式与支护参数选择的理论。煤炭露天开采方面，已经形成了露天边坡的稳定性理论，选择合理的边坡安息角与加固技术，边坡稳定监测都已趋于成熟。在建井与巷道围岩控制方面，形成了特殊凿井、大断面巷道施工与支护、岩石爆破理论与技术、巷道布置、应力分布与变形控制的理论与支护技术，研制了适应不同条件的巷道金属支架架型、软岩支护形式、锚喷支护技术与支护质量监测等，有效地保障了我国煤炭开拓开采的需要。

煤炭开采学科已经形成的研究方向主要有地下开采方法、矿山压力及其围岩控制、"三下"开采与地面沉陷控制、深部开采、露天开采与边坡稳定、矿井通风与安全、自动化开采、煤层瓦斯抽采、特殊凿井、大断面巷道施工与支护、岩石爆破理论、深部建井与巷道支护等。

煤炭地下开采与建井工程学科的发展趋势：实现矿产资源的安全高效综合机械化开采，发展先进的岩体破碎和稳定理论及大吨位强力支护技术，保障矿业安全生产和矿工的健康并研究解决其他企业生产和作业的安全问题，发展矿产资源煤矿绿色开采、高效无污染分选、深加工、综合利用及环境保护，高应力、复杂地质条件下围岩稳定性预测预报及控制，巷道快速掘进，全断面综合机械化掘进等。

5. 金属矿产资源开采

金属矿开采方法分为三大类，即地下开采、露天开采与原位溶浸开采。地下开采采用房柱式开采体系，破岩方式以凿岩爆破方法为主，形成了大范围崩落矿体后，集中放矿、运输提升到地面，并对矿房进行充填，已形成了较完备的房柱式开采技术。露天开采技术与煤炭露天开采十分近似，现代大型机械化装载、运输和爆破作业的连续化生产，使金属矿露天开采真正实现了大规模集约化高效生产，露天边坡角优化，边坡稳定性监测与加固都已十分成熟。

原位溶浸采矿方法是根据某些化学溶剂及微生物对相应金属矿溶解的特性，有选择地溶解浸出矿体中的有用组分的一种采矿方法，通过钻孔及压裂工艺，将溶浸液注入原位矿体，溶解后再将溶解液抽取到地面，在铀矿、部分铜矿开采中已有很好的应用，并已形成一定的理论与技术。这种技术也与地下开采联合使用，形成了就地溶浸技术，以实现无废开采的环保效果。

金属矿产资源开采学科已经形成的研究方向主要有地下开采方法、露天开采与边坡稳定、溶浸采矿、深部开采、岩石破碎、放矿技术、充填技术、自动化开采、矿井通风与安全、井巷工程等。

金属矿产资源开采发展趋势：地下开采方面是无废开采、连续开采与大规模开采技术的推行；溶浸采矿是金属矿开采的发展方向，主要有原位钻孔和破碎溶浸。

6. 非金属矿开采

非金属矿的种类繁多，规模相对较小，主要采用的是地下或露天开采，如巷道开挖、支护、供水供电与通风等，开采方法与运输系统均有极好的发展。对盐类矿床的水溶开采，国内外形成了单井油垫建槽水溶开采与双井定向对接井等双井连通水溶开采方法的工艺与技术。

非金属矿开采学科已经形成的研究方向主要有地下开采方法、露天开采方法、钻孔水力开采方法、水溶开采方法、凿岩爆破方法、饰材与晶体矿物的保护性开采等。

非金属矿开采发展趋势：我国是全世界非金属矿产品品种最齐全、资源量最大的国家之一，探明有88种矿产，4700余个矿产地，发展趋势是稀有矿种的开采、地面控制的无废开采、综合加工利用等。

7. 安全工程及技术

与矿体地下开采同步发展形成了矿山通风与安全科学，并逐步形成了以流体力学为指导的矿井通风网络理论和通风系统、通风技术与监控技术，有效地满足了地下采矿安全生产的需要。矿井瓦斯防治方面，已形成一套矿井瓦斯涌出量预测方法、合理通风方式、瓦斯监测预警和抽放防灾技术，有效地控制了煤矿瓦斯灾害。矿井火灾防治方面形成了矿井火灾防治技术，如灌浆、阻化剂、均压技术等。矿尘防治方面形成了喷雾降尘与矿层注水防尘技术，矿井火灾的预测、防隔水矿柱与突水监测和矿井强排成套技术都得到了极好的发展，最大限度地减少了矿山灾害。

安全工程及技术学科已经形成的研究方向主要有矿井通风与空调、矿井瓦斯灾害防治、矿井火灾、矿尘防治、矿井水害防治、矿井岩爆与顶板垮落控制、采矿诱发灾害。

安全工程及技术发展趋势：煤矿瓦斯、水害、火灾的防治；大面积顶板与矿山巷道垮塌事故的防治；由于资源开采而诱发的地震、地面沉陷；地下开采导致的地下水系的破坏；海洋天然气水合物开采可能诱发的全球环境问题。

8. 矿山岩体力学

与固体矿床地下开采与露天开采相对应的基础科学、矿山岩石力学也在迅速发展，岩石力学在连续体力学基础上孕育、形成独立的学科，以后经刚性试验机、围压三轴、真三轴、高温高压三轴试验机和流变试验机的研制，揭示出岩石完全不同于其他材料的力学特性，并形成了岩石的本构理论与强度准则，通过大量岩体工程的原位监测与原位岩体特性试验，建立了岩体力学的理论和岩体结构力学，并形成了岩体力学的计算分析方法，如有限元、节理单元、块体力学、离散元及非均质、多相介质多场耦合作用理论与计算方法，结合资源开采的采场上覆岩体结构力学、软岩与锚杆支护理论、现代系统科学、非线性科学理论与矿山岩石力学,形成了分形岩石力学、岩石损伤断裂力学、智能岩石力学、岩石渗流力学等,有效地指导了地下及露天开采工程。

矿山岩体力学学科已经形成的研究方向主要有岩石基本特性、本构理论与强度准则、岩石流变、岩石动力学、矿山岩体结构力学、围岩变形与地面沉陷控制、非线性渗流力学、多相介质多场耦合作用、双重介质渗流、物理化学渗流、反应溶解渗流力学、计算岩石力学、原位监测技术、矿山灾变与监测。

矿山岩体力学发展趋势:进行岩石非均质、流变、本构关系、损伤、断裂等研究。岩石力学理论主要是围绕非线性方向发展,如岩石损伤断裂力学、块体力学、突变与失稳理论、多场耦合作用的渗流力学、溶浸渗流力学等,考虑岩石工程的复杂性态的固体变形、渗流、传热、化学反应及传质等多相介质多场的耦合作用方面的研究,以及围绕资源开采工程而展开的现场原位测试技术现代化。

9. 采矿系统工程

系统工程的概念由美国的贝尔实验室于 1940 年提出,1952 年美国麻省理工学院开办了系统工程学课程,1957 年出版《系统工程学》著作,1955 年系统工程的思想在采矿工程领域开始使用。中国的采矿系统工程最早于 20 世纪 50 年代末期提出,它是采矿工程学与系统工程学结合形成的新的学科分支,是根据采矿工程的内在规律与基本原理,以系统论、现代数学方法和计算机协调研究和解决采矿工程综合优化问题的采矿工程的科学分支。采矿系统工程已形成了矿山设计与规划、矿山生产工艺系统和管理系统的学科分支,具体划分为矿山地质系统,含地测数据处理、矿山品位估计、储量计算与矿产资源评价;矿山规划与设计系统,含产量与产品、开采设计、投资效果分析;矿山生产工艺系统,含开采工艺及设备选择、工艺综合协调与单项作业优化;矿山管理系统,含管理信息系统、生产过程监控、生产安全与项目施工管理,在矿山设计与生产中发挥着重要作用。

采矿系统工程学科已经形成的研究方向主要有矿山设计与规划系统、矿山生产工艺系统、矿山管理系统等。

采矿系统工程发展趋势:跨学科与多方法的综合应用,朝向多项目的大系统方向的发展,优化技术向实用发展及其软件走向商品化。

10. 海洋资源开采

现代海洋采矿科学则开始于 20 世纪 50 年代末。西方国家出于减少对铜、钴、镍等金属进口的依赖性的目的,而开展了大规模的深海多金属结核采矿研究。尔后由于世界金属市场持续低价,深海采矿的商业开采时机比预想的明显推迟，导致了国际深海采矿技术研究的一度低迷。近年来世界对金属资源的需求持续增长和海洋油气开采技术不断进步，使得海洋矿产资源的开发再度成为人们关注的热点。2008 年由联合国国际海底管理局召集的全球大洋多金属结核采矿、选冶和技术经济分析专家根据金属价格趋势和生产成本所做的评价认为，当前海底多金属结核开发已达到商业开采条件。澳大利亚的两家公司在多个西南太平洋国家专属经济区内开展了大量针对海底多金属硫化物的勘探，曾宣布计划于 2010 年进行商业开采。2009 年 2 月，日本政府颁布了《海洋能源矿物资源开发计划》，提出"将自 2009 年 4 月起，耗费 10 年调查日本周边海底石油、天然气以及其他稀少金属等矿物资源分布，将全面加以开发，以达成稀有金属自给自足的目标"。国际海底方面，继联合国国际海底管理局《"区域"内多金属结核探矿和勘探规章》于 2000 年通过，由此而引发世界先进工业国家和新兴工业国家在国际海底的第一轮"蓝色圈地运动"。之后，2009 年，国际社会关于多金属硫化物和富钴结壳勘探规章的绝大多数条款和核心问题均已协商一致，新资源勘探规章（即多金属硫化物和富钴结壳规章）已呼之欲出，第二轮"蓝色圈地运动"又悄然兴起，世界深海矿产资源研究即将进入新一轮发展期。

20 世纪 60 年代末，美国在深海钻探中发现了海底天然气水合物实物。70 年代和 80 年代，大洋钻探计划（ODP）在全球多处海底发现了天然气水合物。过去 20 年一些国家相继投入了大量的资金进行天然气水合物的资源特征、生产开发、对环境的影响、安全性和海底稳定性等方面的研究。目前，天然气水合物研究的热点有从资源调查逐渐向开发利用转移的发展趋势，提出了一些开采方法和技术原型，其中如减压法的试验等已获得初步成功。根据近年研究进展，专家们预计 2030～2050 年前后有望实现海底天然气水合物的商业开采。

海洋资源开采学科已经形成的研究方向主要有深海矿产资源开采、天然气水合物开采、深海矿产资源开发系统模型及技术经济分析。

海洋资源开采发展趋势：不断吸收和借鉴深海油气开采、海洋工程的最新进展，完善和创新深海采矿方法和系统；应用虚拟现实技术等现代设计方法，开展深海采矿方法与系统的设计和研究；针对水深相对较浅、矿石价值较高的多金属硫化物资源开采可能成为近期研究重点；深海矿产资源与天然气水合物资源的开发的环境效应研究将进一步得到重视。

11. 地热资源开发

地热资源包括天然热水资源与高温岩体地热资源，天然热水资源的开发利用最早可以追溯到几千年以前的温泉洗浴，但真正的科学勘探与开发，发电和其他直接利用，仅有一两百年的历史，此领域技术发达的国家有日本、冰岛、菲律宾、美国等。20 世纪 70 年代，中国利用天然地热水资源建成了西藏羊八井与广东丰顺地热电站。高温岩体地热资源开发是1970年美国Los Alamos国家实验室提出的，1984年在美国建成了第一座高温岩体地热资源发电站，在日本和美国都已有较大的装机容量。高温岩体地热资源被认为是资源量巨大的绿色的能源，其理论与技术包括：深部高温岩体钻井理论、技术与装备体系，采用水力压裂连通生产井与注水井的人工储留层建造理论、技术与装备体系，以及以监测理论与麻省理工学院为代表的经济模型。

地热资源开采学科已经形成了的研究方向主要有天然热水资源开采、高温岩体地热资源开采。

地热资源开采发展趋势：天然热水资源系统的回灌、开采与环保；高温岩体地热开采中的钻井技术、人工储留层的建造技术与地热的传输技术，开发的出力与寿命的研究。

（二）冶金与材料制备工程学科发展规律和研究特点

矿产资源尤其是金属矿产资源是国际上争夺的重点，全球资源分布不均，加剧了局部地区资源短缺，资源安全已成为世界各国经济发展的关键因素之一。为此，发达国家为了保障自己的经济发展与国家安全，除了扩大境外资源的来源外，最重要的是要采用高效的分离与提取技术、先进的材料制备技术，提高自有资源的保障程度和资源利用率。随着经济的高速发展，金属资源需求越来越大，传统易处理资源日益减少，不能满足这种需求；而难处理资源占的比例大，其地位越来越重要。因此，国内外竞相开展有效利用金属难处理矿产资源的研究。

金属提取冶金与材料制备是在一定条件下，实现金属与伴生组分的分离提取及材料制备，并实施有效调控。其基本过程可分为矿物的有效分离、矿物的溶浸与分解、伴生元素的分离、金属与化合物的析出、金属合金化与功能化等，这些基本过程涉及各种不同条件下液-液、固-液、固-气等复杂界面交互作用，只有深入地了解了金属提取与材料制备过程的界面交互作用，才能有效地解决冶金及材料制备过程的基础理论问题。

冶金与材料制备的基本内容包括：冶金与材料制备热力学；冶金与材料制备动力学；冶金电化学；冶金与材料计算化学；冶金反应工程学及工艺理论。由于在金属难处理矿产资源高效利用过程中，金属提取冶金与材料制备体系复杂、调控困难，理论研究的发展规律和研究特点各异。

冶金与材料热力学的研究对象可涉及冶金与材料体系中的矿物单相或多相体系、冶金与材料制备过程中分离/提纯/转化过程相关体系的热力学性质，由此判断过程的可能性与限度，从而为冶金及材料新工艺的开发奠定理论基础。

冶金与材料制备动力学的研究对象可涉及金属提取与材料制备过程的速率与机制，提出矿物的分离/提纯/转化过程的动力学特征及过程强化手段。

冶金电化学的研究对象可涉及电冶金有关热力学和电极过程动力学，为强化电冶金效率和降低能源消耗提供新的思路。

冶金与材料计算化学以结构化学和量子化学基本原理与计算方法为基础，从分子水平、介观尺寸对冶金及材料制备体系结构与性能进行研究，为建立冶金及材料新的理论体系，实现金属提取过程的矿物溶浸、分解特效化，元素分离高效化，金属与化合物析出可控化，金属合金化与功能化。

随着科学技术的发展及现代检测手段的不断提高，冶金及材料物理化学的研究的发展趋势是：以物理化学、表面与胶体化学、理论计算化学、固体物理基本原理为理论基础，将现代测试技术与计算机模拟技术相结合，从微观、介观、宏观等不同层次，由静态观察发展到动态观察，由唯象研究发展到本质研究，研究非均相反应体系中的冶金及材料制备化学反应规律与反应工程学，为资源的高效利用及过程的有效调控提供理论及技术支撑。

应明确冶金及材料制备工程的定位，即利用各种资源制备社会发展所需的各种材料。在制备过程中必然会碰到各种各样的问题，但从本质上看都是热力学和动力学方面的问题。该学科就是在研究这些问题的过程中得到发展的，与其他学科之间的联系越来越紧密，相辅相成，长期积累，厚积薄发，才能有所突破。

冶金反应工程学是在借鉴了化学反应工程学的思想方法，经过一段时间的研究，归纳出冶金反应工程学自身的特殊性：

冶金反应绝大多数属于非催化型的多相反应；冶金原料为天然原料，成分复杂，副反应多；冶金过程中不仅依靠化学反应，也依靠流体流动、传热、传质、相变等多种物理过程；冶金过程往往利用气泡、液滴、颗粒构成弥散系统，以增加反应效率，从而也增大了研究难度；冶金过程在高温进行，对生产系统测量困难大，过程信息少；反应介质为高温熔体（熔渣、熔盐、熔锍、金属液）。对于高度弥散系统，冶金反应工程学的分析方法具有自身的特点，主要有：研究测量界面反应，特别是气泡、液滴、颗粒界面处的反应动力学，建立动力学方程；描述乳化和弥散现象，包括测定弥散相的微粒尺寸分布和停留时间分布函数；通过平面界面或弥散微粒界面上的物质衡算，把微观的反应动力学和提取相的数量相联系，同理，也可以通过界面上的热衡算，分析弥散相状态和传热过程的关系，从而得到部分均匀系统的总物质量传递和总热传递；研究和描述总的宏观体积内的混合，以决定整体不均匀系统中的反应工程及工艺参数。

冶金与材料制备学科领域的发展规律和研究特点大致有如下几方面：

1）冶金与材料制备学科的基本属性应该是应用基础研究的范畴，应该是以产生新方法、制备新的原型材料、提出新的工艺流程和原型技术为主要内容的。

2）纵观该学科的发展历程不难发现，该学科的发展如同其他工程学科一样，基本遵循着生产实践和社会需求引领着理论并在解决实际问题的过程中不断的深入和发展。20世纪50年代末至60年代初，转炉炼钢技术迅速普及，极大地推动了钢铁工业的技术进步。但人们对钢中低量合金元素的热力学行为及其对钢性能的影响却认知有限，从某种意义上说，人们对各元素在钢中的作用还缺乏总体的了解。麻省理工学院的埃里奥特教授经过大量的实验归纳和理论分析提出了稀溶液中合金组元的百分之一活度标准态，不仅解决了相关的实际问题而且拓展了溶液理论。与之相对应，在该校的德国学者瓦格纳为解决稀溶液中组元活度系数的计算问题，创造性地提出了著名的瓦格纳（Wagner）展开式，使稀溶液中组元活度的计算问题基本得到解决。

3）该学科的理论的产生和成熟又推动了业绩技术的进步。20世纪80年代初期，我国学者萧泽强教授在研究喷射冶金过程的气泡对钢液的搅拌作用时首次提出了"全浮力模型"，即气泡的浮力在钢的喷吹精炼搅拌中的决定性作用，揭示了气泡和钢液流动行为的规律，提出了喷吹的气体流量与钢液循环流量的定量关系，首次实现了实际钢包内钢液速度的测试，从而引领了国际学术界在此领域的研究方向，对钢的高效精炼和技术开发具有重要的指导意义。

东北大学在开展新一代钢铁材料的理论研究和产品开发过程中，提出了晶粒适度细化、复合强化和组织性能柔性化的学术思想，系统研究了低碳钢的组织演变规律，发现了能够获得理想组织的工艺窗口，对超级钢的开发与应用起到了指导作用。通过与宝钢等企业合作，优化了轧制及冷却工艺，在化学成分基本不变的情况下，使普碳钢的屈服强度由200兆帕级提高到400~500兆帕级，实现了以低成本方式生产高性能钢材的预期目标，推进了我国钢材品种的升级换代。

4）该学科发展的另一显著特点就是融合其他学科之精华，通过学科交叉来提升该学科的整体水平，拓展学科的内涵。同样是德国学者瓦格纳在长期研究固态化学的基础上发明了氧化钙稳定的二氧化锆基氧负离子导电的固体电解质，并组成了固体电解质氧浓差原电池，成功地用于测量固体氧化物的标准生成自由能，进而又将其成功地用于钢液中溶解氧（氧活度）的测定。这一学科交叉的成果不仅对准确地控制钢中的氧含量、强化冶炼过程、提高钢的质量有重要作用，而且为冶金过程的高温在线测量提供了成熟的技术。目前，该技术作为冶金过程的研究测试手段被广泛地应用。

现在冶金与材料制备学科已成为国家重要基础产业的依托和支撑力量，受到国家和社会的高度重视。

1. 矿物工程

矿物工程是根据物理、化学、生物学、冶金及材料科学与工程等原理和方法，对矿产资源、非传统矿产资源、二次资源及非矿产资源进行加工，获得其中有用物质的科学技术。矿物工程的研究目的，是通过对各种资源的分离、富集、提取、提纯、改性、超细、复合等加工，生产出适合不同用途的有用物质，诸如合格矿产品、矿物材料、精料、特殊燃料、可循环利用的工业与日常生活用原材料等等，特别注重资源开发、加工利用与环境的协调发展。

矿物工程学科已经形成的研究方向主要有矿物加工、矿物材料加工、复杂低品位矿物"化学选矿"、二次资源加工。

矿物工程学科发展趋势：矿物加工方向，主要研究粉碎工程、重力场分选、电磁力场分选、复合物理力场矿物加工、浮选剂、硫化矿浮选电化学、非硫化矿浮选溶液化学、浮选界面力、浮选设备、矿物加工自动化；矿物材料加工方向，主要研究矿物材料的超微细加工、矿物材料表面改性、矿物材料化学改性、矿物材料的掺杂和复合技术、矿物材料的外场加工；复杂低品位矿物"化学选矿"方向，主要研究矿物生物浸出、复合金银矿石的选矿技术、多金属共生矿直接还原与矿物原料造块、复杂贫细矿物资源的选-冶联合综合利用；二次资源加工方向，主要研究作为冶金能源用的废塑料分选、城市生活垃圾分选及污水处理回收有价金属、报废汽车及报废电子电器的处理及金属回收、污染土壤治理与回收金属。

2. 冶金物理化学

冶金物理化学是冶金学科的基础，它是物理化学的理论和方法，主要研究冶金及材料制备过程中的物理现象和化学变化。冶金物理化学起步于1925年，冶金作为"技艺"发展很快，诸多冶金过程的现象和理论问题亟待解决。物理化学作为化学学科的一个分支，其理论发展已经比较成熟。1925年法拉第学会在英国召开了第一届炼钢物理化学会议，实际上是研究讨论物理化学在冶金中的应用。此后，冶金物理化学的鼻祖相继发表了具有开拓性的学术论文。1932～1934年德国申克出版了《钢铁冶金物理化学导论》，冶金物理化学才成为一门独立的学科。

冶金物理化学的研究方向主要包括冶金热力学、冶金反应动力学、冶金电化学和固体电化学、冶金熔体和液态理论、材料物理化学、计算冶金与材料物理化学。

冶金物理化学发展趋势：冶金热力学、冶金动力学、冶金电化学和固体电化学、材料制备物理化学、纳米材料物理化学、计算物理化学、资源与环境的物理化学、外场等条件下的冶金物理化学、生物冶金物理化学、冶金测试技术和仪器、冶金非线性理论等。

3. 冶金反应工程

冶金反应工程是20世纪60年代以后逐步发展起来的，在冶金反应器内的流体流动、质量传递和热量传递以及冶金宏观动力学（简称"三传一反"）的研究基础上，借助于数学和物理模拟方法，以研究和解析冶金反应器和系统的操作过程规律为核心，以实现冶金反应器和系统的优化操作、优化设计和比例放大为目的的新兴工程学科。冶金反应工程学是以实际冶金反应过程为对象，就必须研究伴随各类传递过程的冶金化学反应的规律，即冶金宏观动力学；以解决工程问题为目的，就必须研究实现不同类型冶金反应的各类冶金反应器和系统的操作过程特征和规律，并把二者有机结合起来形成了独特学科体系。

冶金反应工程的研究方向主要包括冶金宏观动力学、冶金反应器内的传递现象、冶金反应器的数学模型和操作过程解析研究、冶金反应器的设计与比例放大、冶金反应器的动态特性解析、冶金过程系统的解析和优化研究。

冶金反应工程的发展趋势：冶金反应宏观动力学、冶金多项流动、传热传质过程、冶金体系传输动力学参数的测定和计算、冶金过程的优化和控制、冶金反应器的设计和放大理论、反应装置和操作解析。

4. 钢铁冶金工程

钢铁冶金是根据物理化学、热力学、动力学、冶金传输和反应工程以及金属学原理等，研究从矿石中提取金属，经精炼，再用各种加工方法制成具有一定性能的钢铁材料的过程。21世纪，钢铁材料仍将是人类社会最主要的和不可替代的结构材料，也是产量最大、覆盖面最广的"功能"材料。进入铁器时代以来，钢铁一直是人类社会所需的最重要材料。2000年全世界钢产量约8.43亿吨（其中电炉钢已超过总产量的1/3），其他金属材料如铝，年产量最高不超过2500万吨。近几十年来，钢铁工业的科学技术得到了前所未有的发展，推动了钢铁工业在产品、工艺和设备上的更新换代。虽然我国已经是世界上的钢铁大国，但尚未达到钢铁世界强国的水平。中国人均钢消费量270千克左右，与发达国家人均钢消费量400～500千克相比尚有较大差距；在生产成本、原燃料消耗、环境保护等方面与世界先进水平之间也存在较大差距，而且有的优质钢铁材料仍依赖进口。因此，该学科在国民经济发展过程中仍具极其重要的战略地位。

钢铁冶金的研究方向主要包括炼铁分支，主要研究粉矿团结-粉化机制，铁矿石还原机制，铁水预脱硫、磷、硅的物理化学，直接还原与熔融还原、提取和分离复合矿中的有价元素，减少和治理炼铁"三废"，炼铁过程中的数值仿真；炼钢分支，主要研究铁水预处理过程中的"三脱"，氧气转炉炼钢供氧、脱碳、少渣冶炼，成分及温度预测，连铸钢水初始凝固，铸坯表面裂纹，铸坯宏观偏析等宏观和微观缺陷的形成机制与控制等；电冶金分支，主要研究超高功率电弧炉中泡沫渣生成与控制的物化机制，特殊钢的成分、组织、结构、性能之间的关系，以及真空条件下的熔炼技术、感应钢包炉、中间包感应加热、电渣熔铸、转注、浇注、电渣焊、电渣热封顶、有衬电渣炉熔炼、感应电渣熔炼等，还包括等离子电弧炉、等离子电弧重熔炉和等离子感应炉等还原氧化物、氯化物和硫化物提取金属、电子束熔炼及超净技术；铁合金分支，主要研究铁合金资源及二次资源的利用与再利用、纯净铁合金及特殊铁合金产品、铁合金精炼工艺和优化、环境改造及新工艺开发。

钢铁冶金的发展趋势：炼铁方面，主要研究高炉生产的降耗、大型化和效率的提高、直接还原和熔融还原；炼钢方面，主要研究铁水预处理的"三脱"、氧气顶底复吹转炉、炉外精炼、全连铸连轧、电炉短流程；电冶金方面，主要研究炉外精炼的吹氩搅拌、喂线、氩氧精炼、电弧加热、真空处理；铁合金方面，主要研究用电热法和铝热法、电硅热法等生产低碳铬铁、锰铁、钒铁、钛铁、铌铁以及金属铬、锰等一批铁合金品种。

5. 有色金属冶金工程

有色金属冶金是根据化学、物理化学、电化学、生物学、材料科学与工程学原理，从有色金属矿产资源和二次资源提取有色金属及其合金的科学技术。按照密度和矿源分布情况分成轻金属、重金属、稀有金属和贵金属；按照提取方法分成火法冶金、湿法冶金、电化学冶金及微生物冶金。

有色金属冶金工程的研究方向包括：火法冶金方面，主要研究火法提取冶金、金属精炼与凝固成型、二次金属冶金、材料火法冶金；湿法冶金方面，主要研究湿法提取冶金、湿法精细冶金及冶金环保；电化学冶金方面，主要研究冶金电化学基础理论、水溶液电解、融熔盐电解、新型电化学冶金过程、环境友好电化学冶金、氧化物电解、固体电解质电解；微生物冶金方面，主要研究生物吸附、生物累积和生物浸出。

有色金属冶金的发展趋势：轻金属冶金方面，主要研究传统铝冶金工艺改造与发展、探索新法炼铝、一水硬铝石资源应用研究、镁冶金工艺技术的改进；重金属冶金方面，主要研究富氧闪速炼铜方法的发展、结合微生物技术发展湿法炼铜法、湿法炼锌技术的发展、铅冶金工艺技术的发展、镍钴冶金技术的发展；稀有金属冶金方面，主要研究盐湖锂资源利用、钛冶金技术的发展、稀土冶金技术的发展、稀散元素冶金技术的发展；贵金属冶金方面，主要研究无污染的两段焙烧技术，固砷固硫焙烧原矿技术，难选、难浸金矿的环境保护。

6. 粉末冶金

粉末冶金是制取金属粉末或用金属粉末（或金属粉末与非金属粉末的混合物）作为原料，经过成型和烧结，制造金属材料、复合材料以及各种类型制品的工艺技术。1923 年 Walker 根据实验，首次提出了粉末相对体积与压制压力的对数呈线性关系的经验公式。几十年来，许多科学家对压形问题进行了一系列的研究，并提出了许多压制的理论公式和经验公式。随着这些压形理论和烧结理论的日渐成熟，新技术、新工艺和新材料大量涌现，逐步形成了系统的粉末冶金基本理论和独立的粉末冶金和颗粒材料工业体系，并使粉末冶金由传统冶金技术发展成为一门制取粉末和制品的技术科学，介于冶金、材料和机械制造学科之间，是一门新兴的交叉学科。粉末冶金已成为当代国际上现代工业和高技术发展的前沿领域。

粉末冶金的研究方向包括：粉体工程方面，主要包括粉末的制备、改性、分散、分级、混合和输运原理及方法，以及粉末特性及其表征和控制；粉末成形方面，主要研究粉末体、粉末增塑体或多孔预成形坯在成形过程中的流动、变形规律；烧结和致密化方面，主要研究粉末体、多孔预成形坯在外场（温度场、电场、磁场、力场等）作用下物质的迁移机制与致密化规律；粉末冶金材料设计及微观组织和性能评价方面，主要研究粉末冶金材料组成、微观组织和性能的关系；粉末冶金过程及产品质量监控技术方面，主要研究粉末、粉末冶金制品在制备过程中的形状、尺寸、状态、密度分布，以及工艺条件的在线检测技术、诊断和反馈控制技术。

粉末冶金的发展趋势：粉末制造技术方面，主要研究超微粉末和纳米粉末制造与处理技术、快速凝固雾化制粉技术、机械合金化制粉技术、自蔓延高温合成制粉技术；成形技术方面，主要研究粉末注射成形、温压成形、热等静压成形、准热等静压成形、粉末热锻成形、喷射成形、高能成形；烧结技术方面，主要研究超固相线烧结、瞬时液相烧结、微波烧结、场活化烧结、自蔓延反应烧结；生产过程控制及流水线生产技术方面，主要研究模具设计与快速制造、过程模拟、原位传感器、生产过程诊断与控制技术以及相关模型、数据库及专家系统的建立。

7. 冶金新工艺新方法

随着新兴学科不断发展和涌现，冶金学科与新兴学科的交叉成为新的生长点，于是出现了诸多新概念、新理论和新方法。冶金与电磁学交叉出现电磁冶金；冶金与等离子体物理交叉产生等离子冶金；冶金与激光物理交叉产生激光冶金；冶金与微波交叉产生了微波冶金；冶金与超声物理交叉产生了超声冶金；等等。

新工艺新方法的研究方向包括：电磁冶金方面，主要研究电磁力悬浮熔炼与无模铸造、电磁搅拌、磁流体流动控制、电磁雾化作用、电磁加热熔炼、电磁检测、金属凝固组织控制、特殊形态电磁场发生装置及其参数优化；等离子冶金方面，主要是把等离子技术应用于炼铁、炼钢、冶金废尘处理、铁合金及粉末处理等工艺过程；激光冶金方面，主要研究高能激光束作用下材料的非平衡相变、材料合成与改性、能量与质量传输、激光热冶金与光化学冶金、快速凝固、先进材料合成制备、表面改性、特种加工和快速成形等；微波冶金方面，主要研究矿物资源的微波干燥、破碎、改性、富集、提取、提纯、复合，金属提取与分离、材料合成与制备、大功率微波设备研制；超声冶金方面，主要研究超声冶炼、超声精炼、超声催化合成、超声电化学合成和超声浸出、萃取、过滤等，超声铸造、超声塑性加工、超声机械加工、超声焊接及超声复合等。

新工艺新方法的发展趋势：电磁冶金方面，不断扩大电磁场在冶金过程的应用范围和提高现有的应用领域技术，电磁场特殊效应的开发、特殊形态组合磁场及其发生装置的开发应用，磁场的强度大幅度提高会导致全新现象和规律的发现、新的电磁冶金技术的发展；等离子冶金方面，主要研究等离子冶炼、等离子粉体制备、等离子处理废弃物；激光冶金方面，主要研究激光表面冶金与先进材料激光表面改性新技术、激光冶金/快速凝固技术；微波冶金方面，主要研究微波冶金的基础理论体系构建、矿物资源有效利用中的微波技术、金属提取和分离过程中的微波技术、材料合成与制备中的微波和大功率微波设备研制；超声冶金方面，主要研究超声物理冶金及处理技术、超声化学冶金技术。

8. 冶金过程工程

过程工程是处理物料流或能量流的工业。冶金过程工程是处理铁或其他技术物质的过程工程，是追求多种约束条件下的系统优化。冶金过程工程的研究涉及的科学问题包括：分子、原子尺度上的微观反应级的基础科学问题；工序、装备尺度上的单元工序级的技术科学问题；工艺流程尺度上的工厂级工程科学问题；资源、环境、产业尺度上的社会级可持续发展问题。20世纪，在冶金微观反应层次和单元工序级的冶金工程研究上已做了大量的工作，而今后的重点应该是考虑资源、环境可持续发展问题来研究生产流程尺度上的工程科学问题。

冶金过程工程的研究方向包括：输入端，主要研究原料、辅助料、能源、水资源、人力资源、资金等；输出端，主要研究产品、副产品、各类排放物、现金回收等；制造过程中，主要研究生产效率、能源利用率、材料收得率、劳动生产率、设备作业率、流动资金利用率等技术经济指标。冶金过程工程是从全局整体上着眼研究流程问题，研究流程整体性质、功能、结构和效率方面的工程科学理论，以期准确描述冶金工艺流程的整体性和物理本质，解决制造流程整体尺度、层次和流程中工序、装置之间关系衔接匹配、优化的问题。

冶金过程工程的发展趋势：作为工程科学性质的学科分支，具有解析集成性、多尺度性等特征，理论体系尚不够成熟，正在深入发展；冶金流程的连续化、紧凑化的开发和设计；冶金流程系统的合理化组合和高度协调优化；资源的全球战略和最有利顺序选择；冶金产品的高附加值化、资源深加工。

9. 材料制备与加工工程

材料制备与加工工程主要包括三个部分：凝固过程与控制、塑性成形与加工、焊接冶金。其中，凝固过程与控制是根据热力学、物理冶金学、流体力学、传热传质原理，采用科学实验和计算机模拟技术等方法，研究金属材料制备、铸造成形、熔焊，以及新型金属、半导体与其他无机非金属材料液相法制备过程中的液-固相变原理与过程控制技术，实现材料组织性能控制与优化的技术科学领域；塑性成形与加工是利用材料的塑性，根据物理、力学、冶金学和材料科学等原理，对金属材料、非金属材料及复合材料进行成型加工，从而获得所需要的尺寸、形状与性能的技术科学；焊接冶金科学和工程是研究焊接过程中的冶金及界面反应、热源特性、焊接结构及可靠性评价等的基础理论，探讨各类能源的加热、传热、传质过程，研究开发各类焊接新方法、新设备及新工艺，使金属、无机非金属、同类及异种材料在热、力、化学能等能量的作用下，实现可靠连接。

材料制备与加工工程的研究方向包括：凝固过程与控制方面，主要研究液体的成分与状态控制、液-固相变过程的形核动力学、界面行为与生长动力学、凝固过程的传热传质与流体流动、远平衡凝固的相变原理与控制方法、多物理场在凝固控制中的应用、凝固与固态相变的交叉作用；塑性成形与加工方面，主要研究轧制成形、锻压成形、特种成形、半固态加工、近终成形、快速成形及精密成形、材料成形计算机辅助工程与模拟仿真、材料的智能制备与成形加工技术、成形设备与模具；焊接冶金科学与工程方面，主要研究焊接过程智能控制、材料焊接冶金、焊接结构与可靠性、微连接、新材料及异种材料焊接冶金、特殊环境下的连接。

材料制备与加工工程的发展趋势：凝固过程与控制方面，主要研究近终形产品（铸件、型材等）的凝固技术、利用凝固技术制备具有复杂组织和相变过程的新材料、通过新的物理和化学方法对合金液进行预处理以达到控制凝固组织的目的、多种物理场耦合下的凝固组织与过程控制、新的加热和制冷方法对凝固过程的热平衡条件进行有效控制、远平衡条件下亚稳相的凝固、化合物晶体材料凝固界面过程、凝固过程晶体结构缺陷的形成与演变、多尺度和多学科的凝固过程建模与仿真及其控制、通过对熔化过程基本原理的研究发展新的材料制备-加工-合成及组织控制技术；塑性成形与加工方面，主要研究超细晶钢在轧制过程中的组织转变及工艺控制机制、精密成形技术、成形设备的高精度以及智能控制、摩擦与润滑机制和理论模型的构建、表面形貌及改性和塑性成形检测与智能控制；焊接冶金科学与工程方面，主要研究焊接过程的高效和智能、材料焊接学的理论基础、各种焊接结构、力学性能、变形和缺陷、微连接中的裂纹间断的物理过程、蠕变过程、电子设备的可靠性理论、断裂的分子动力学模拟、异种材料的相互作用（润湿、扩散、反应和熔接）、界面反应、反应相形成条件、成长规律、界面应力分布与控制、中间层合金设计，以及低压、微重力、冷热循环等环境下的电子束流及电弧形态与物理特性、热源特性，还有热传输过程、材料冶金过程、润湿铺展及毛细现象等。

10. 冶金耐火材料

耐火材料学是在材料科学与工程，特别是无机材料科学与工程基础上研究耐火材料生产与使用技术及相关理论的学科。该学科以耐火材料原料、各种粉体及结合剂以及耐火材料制品为研究对象，以烧结、熔融或合成与提纯等技术制得的各种原料为基础，通过对显微结构、组成及外形尺寸的设计，采用压制成形、烧结或浇注等方法制得在高温下能抵抗介质侵蚀并且不产生有害作用的材料，以满足国民经济及国防的需要。

耐火材料学科的研究方向包括：材料组成与结构设计方面，主要研究耐火材料显微结构及其对常温和高温性能的影响、耐火材料部件的外形设计及其对材料热震稳定性及熔融金属流场的影响；耐火材料制备及使用技术方面，主要研究烧结与反应烧结动力学及其对纤维结构的影响，颗粒尺寸分布、形状与堆积等特性以及施工性能影响，颗粒表面与界面结构与特性，表面活性剂、促凝、缓凝剂等添加剂的作用机制，耐火材料与熔融金属以及与熔渣之间的反应及对金属质量的影响，金属熔体对耐火材料的润湿性以及精炼渣等特殊渣系与耐火材料的反应及有关的相平衡。

耐火材料学科的发展趋势：针对优质金属材料冶炼要求进行的耐火材料-金属-渣-气相之间关系从热力学和动力学方面的研究、减少资源与能源消耗、环境友好型耐火材料、使用中的耐火材料热应力分布及热震稳定性的研究、高技术陶瓷耐火材料。

11. 冶金环境工程

冶金环境工程是环境工程中的一个分支，是一门以工程手段预防和治理污染、保护环境的学科和技术；是一门不断交叉、深化和拓宽内容的综合性学科，它几乎涉及所有冶金过程。环境工程的研究对象主要是环境，尤其是直接和间接影响人类和自然安全、人类健康和生活质量的环境。环境工程也研究一定量的影响环境的其他因素。

冶金环境工程的研究方向主要包括：多相流理论和技术、污染物化学和物理治理的理论和技术、生物处理法的理论和技术、清洁冶金新工艺新设备中的科学问题、高校资源和能源新技术与新理论、高耗水行业的水耗最小化理论和技术、其他领域现代化新理论和新技术与冶金行业生态环保结合的理论和技术、工业生态理论和原则在冶金环境工程中的应用、冶金安全新技术、计算机和信息技术在冶金环境工程中应用的新理论和新技术。

冶金环境工程的发展趋势：水处理系统自动投药装置的研制、钢铁厂排水处理和废水回收利用、焦化废水处理新技术、烟气治理和烟气脱硫等。

12. 冶金节能

冶金节能系指冶金工业及其组成部分在满足生产和工艺要求的条件下，尽可能地降低单位产品所消耗的各种能源量。即通过合理利用、科学管理和技术进步等途径，减少从能源生产、转换和使用，直到回收、再利用等各个环节的能源损失和浪费，以最小的单位产品能耗获得最大经济效益的理论、技术和方法。冶金节能的对象从小到大可以分成5个层面：设备部件、单体设备、生产车间（工序）、冶金企业、冶金工业。

冶金节能的研究方向主要包括：更高级别的系统节能途径及方法、冶金节能的理论体系、冶金节能既要节约能源也要节约非能源、回收利用生产过程中产生的余热、余能资源、改变能源结构、提高天然气、可再生能源和氢能等清洁能源的使用比例、推广煤的高效转换、洁净燃烧和清洁生产技术。

冶金节能的发展趋势：工业化国家的发展经验表明，冶金工业领域的节能技术呈系统化和集成化发展趋势。具体特点：一是提高生产流程的集约化程度（设备大型化和连续化），提高能源的使用效率；二是重视炉窑长寿技术的开发和余热的回收利用、改进炉子结构和操作等，提高炉窑效率；三是以信息技术为核心，开发生产过程自控控制技术，将其调整到最佳状态；四是注重余热、余能的回收利用，以及废弃物的再能源化和再资源化研究。

（三）人才队伍

冶金与矿业工程学科按照石油与矿业工程、冶金与材料制备工程两大分支来统计人才队伍，石油与矿业工程学科领域拥有中国科学院院士和中国工程院院士 40 名，长江学者特聘教授 27 名，国家杰出青年科学基金获得者 23 人；冶金与材料制备工程学科领域拥有中国科学院院士和中国工程院院士 38 名，长江学者特聘教授 28 名，国家杰出青年科学基金获得者 24 人。由此看出，冶金与矿业工程学科领域已经形成了以院士为学科核心，以长江学者特聘教授和国家杰出青年科学基金获得者为学科带头人，以一大批教授、博士为学科骨干的研究队伍。

近年来，冶金与矿业工程学科的主要申请单位包括地质、煤炭、石油、天然气、建材、冶金、化工、采矿、材料、信息、生命等系统高校、研究机构。领域分布比较广泛，特别是涉及交叉学科与新技术申请项目明显增多，形成了一支科学研究与人才培养相结合、科研与教学相统一的比较完整、稳定的人才建设和培养队伍。冶金与矿业工程学科拥有一批博士后科研流动站设站单位，博士、硕士授权单位和国家、省（市）重点学科，为冶金与矿业工程学科的发展提供了人才基础。

其中，石油与天然气工程博士后流动站设站单位包括：中国石油大学、中国地质大学、西南石油大学、中国石油勘探开发研究院。石油与天然气工程一级学科博士点授权单位包括：中国石油大学、西南石油大学、大庆石油学院、石油勘探开发科学研究院。油气井工程国家重点学科单位包括：中国石油大学、西南石油大学。油气田开发工程国家重点学科单位包括：中国石油大学、西南石油大学、大庆石油学院。油气储运工程国家重点学科单位包括：中国石油大学、后勤工程学院。矿业工程博士后流动站设站单位包括：中国矿业大学、中南大学、北京科技大学、东北大学、重庆大学、辽宁工程技术大学、山东科技大学、昆明理工大学、太原理工大学、南京工业大学、河南理工大学、西安科技大学。矿业工程一级学科博士点的单位包括：中国矿业大学、中南大学、北京科技大学、东北大学、重庆大学、辽宁工程技术大学、山东科技大学、武汉理工大学、西安科技大学、河南理工大学、煤炭科学研究总院。另外，采矿工程博士授予单位包括：安徽理工大学。安全技术及工程博士点单位包括：中国科学技术大学、中国地质大学、北京交通大学、北京理工大学、南京工业大学、安徽理工大学等。采矿工程国家重点学科单位包括：中国矿业大学、北京科技大学、东北大学、中南大学。安全技术及工程国家重点学科单位包括：中国矿业大学、西安科技大学。

根据教育部学位与研究生教育发展中心的数据，冶金工程作为一级学科，包括三个二级学科：钢铁冶金、有色金属冶金和冶金物理化学。其中，拥有冶金工程一级重点学科的院校有东北大学和北京科技大学；拥有钢铁冶金二级重点学科的院校有东北大学、北京科技大学、上海大学和重庆大学（培育）；拥有有色金属冶金二级重点学科的院校包括东北大学、北京科技大学、中南大学和昆明理工大学；拥有冶金物理化学二级重点学科的院校包括东北大学、北京科技大学。钢铁冶金工程专业博士后流动站设站单位包括北京科技大学、东北大学、钢铁研究总院、上海大学，博士点授权单位包括北京科技大学、东北大学、钢铁研究总院、昆明理工大学、辽宁科技大学、上海大学、武汉科技大学、中南大学、重庆大学。有色冶金工程博士后流动站设站单位包括东北大学、中南大学，博士点授权单位包括北京科技大学、北京有色金属研究总院、东北大学、钢铁研究总院、昆明理工大学、中南大学、重庆大学。冶金物理化学博士后流动站设站单位包括北京科技大学、东北大学、钢铁研究总院，博士点授权单位包括北京科技大学、东北大学、钢铁研究总院、昆明理工大学、中国科学院研究生院、中南大学、重庆大学。粉末冶金工程专业博士后流动站设站单位包括中南大学、北京科技大学。冶金机械工程专业博士后流动站设站单位包括东北重型机械学院。

目前已经形成了博士后合作研究，博士、硕士、本科等不同层次、多角度进行人才培养与队伍建设的比较稳定、有一定基础的老、中、青相结合的研究队伍。近年来，冶金与矿业工程学科的申请者年龄主要分布在30～50岁，2010年的申请统计为：30～34岁申请者占23.75%，35～39岁申请者占16.73%，40～44岁申请者占19.64%，45～49岁申请者占20.57%。总计30～49岁申请者占80.69%，形成以中、青年学者占主体的研究队伍。

(四) 资助现状

近年来冶金与矿业工程学科的主要申请单位包括冶金、材料、地质、矿业、煤炭、石油、天然气、化工、建材等系统高校和研究单位，2008年、2009年、2010年分别达到193家、235家和257家。2010年排名前10的热点申请领域包括：石油天然气开采（共114项，占8.15%），矿山岩体力学与岩层控制（109项，占6.30%），金属成形与加工（92项，占5.31%），矿物加工工程（87项，占5.03%），煤炭地下开采（84项，占4.85%），岩爆与瓦斯灾害（80项，占4.62%），钢铁冶金（80项，占4.62%），粉末冶金与粉体工程（70项，占4.04%），安全科学与工程、熔化、凝固过程与控制（62项，占3.58%），与2009年的排名前10的热点领域一样，只是排名先后顺序有变化。2008年的总申请项目数1214项，2009年1581项，2010年1900项，保持了持续的300多项的年增长值。统计显示，高学历、高职称的年轻学者逐年增加，造就了一批学历、职称、年龄结构合理的专门研究队伍。2010年申请项目中，高级职称占总申请人数的74%，中级占24%，初级1%，博士后1%；博士学位占84%，硕士学位占14%，学士占2%。2009年的申请中，高级职称占75%，中级占

22%，初级占3%；博士学位占84%，硕士占13%，学士占3%。资助率方面，2008年的面上、青年和总体项目分别为16%、25.2%和18.3%；2009年的面上、青年和总体项目分别为14.8%、21.5%和17.5%；2010年的面上、青年和总体项目分别为19.1%、22.9%和20.6%。2010年面上项目自由申请资助强度达到37.46万元；青年基金资助强度达到20.27万元；地区基金资助强度达到27.9万元。在资助率与资助强度增高的同时，研究成果不断增加，水平不断提高，推动了石油与矿业工程学科和相关学科协调发展。

石油与矿业工程学科领域拥有973项目16项，涉及高效天然气藏形成分布与凝析、低效气藏经济开发的基础研究、火灾动力学演化与防治基础、中国煤层气成藏机制及经济开采基础研究、灾害环境下重大工程安全性的基础研究、多种能源矿产共存成藏（矿）机制与富集分布规律、大规模煤炭直接液化的基础研究、大规模高效气流床煤气化技术的基础研究、预防煤矿瓦斯动力灾害的基础研究、化学驱和微生物驱提高石油采收率的基础研究、深部煤炭资源赋存规律、开采地质条件与精细探测基础研究、中国西部典型叠合盆地油气成藏机制与分布规律、煤矿突水机制与防治基础理论研究、中低丰度天然气藏大面积成藏机制与有效开发的基础研究、非均质油气藏地球物理探测的基础研究、石油资源高效利用的绿色可持续化、碳酸盐岩缝洞型油藏开发基础研究等。

无论面上项目自由申请、青年基金还是地区基金，在资助项目数量和资助强度上逐年增加。国家自然科学基金委员会石油与矿业工程学科曾经资助重大项目1项、重点项目21项。涉及石油与矿业工程学科的煤矿瓦斯灾害预防及煤层气开采中的应用基础研究、煤矿上覆岩层移动破坏研究、厚煤层全高开采方法基础研究、复杂条件下钻井技术基础研究、隧道与地下空间工程结构物的稳定性与可靠性、与环境协调的煤炭资源开采关键科学问题研究、深部岩岩层地下石油储备中的基础性研究、深部岩体力学基础研究与应用、深部岩体高应力场和地质构造精细探测的理论基础与方法、深部岩体力学特性及其工程响应、深部采动覆岩移动规律及巷道稳定性控制研究、深部多相多场耦合作用及其灾害发生机制与防治、深部采场围岩破坏、瓦斯渗流及相关的非线性动力学基础研究、高温岩体地热开采与利用的基础研究、深厚表土层人工冻结法凿井基础研究、煤矿瓦斯传感技术和预警信息系统基础理论与关键技术研究、煤矿瓦斯传感技术和无线与综合预警信息系统基础与关键技术研究、煤与瓦斯突出机制及探测预防基础研究、煤矿瓦斯灾害演化及防治基础研究、化学修饰光纤瓦斯传感器及化学热力学预警基础研究、低渗透油层提高驱油效率的机制研究、水资源保护性煤炭开采基础理论与应用研究、煤炭与煤层气双能源开采基础理论与方法研究、煤炭自燃机制及预防技术基础、含钙镁矿物浮选基础理论研究、长壁综采矸石填充与岩层运动控制研究等。在发展石油与矿业工程学科的理论体系、实验手段和方法、数值方法及建立现场预测预报及预警系统方面做出重要贡献。

在冶金与材料制备领域，国家自然科学基金委员会近5年来先后支持重点项目24项、国家杰出青年科学基金14项、海外杰出青年科学基金2项、创新群体2个、重大项目2项。另外，在冶金与材料制备领域先后获得近10项973项目的支持，先后两次获得国家科学技术进步奖一等奖，引起国家对该学科的高度重视。在承担国家重大任务的同时，锻炼了队伍、培养了人才、拓展了研究领域、支撑了行业的技术进步，建立了稳固的研发基地。目前，该学科相关的国家重点实验室20多个，国家工程实验室4个，国家工程研究和技术中心10个，省部级重点实验室、工程技术研究中心数十个。这些科技资源已经成为学科知识创新和行业技术进步的源头。

（五）重要成果及其在推动学科发展和人才队伍建设方面的成绩、存在问题

近年来，石油与天然气工程学科研究方面取得重大进展，发展了先进的地震技术、钻井技术、综合勘探技术，以及投资科学决策技术；在开发方面推出了四维地震、过套管测井、精细建模、地质导向钻井、大位移水平井、多底井钻井和先进的三次采油等战略性技术，使油气勘探成本和开发成本平均下降了40%。20世纪80年代末90年代初，世界各国是在综合地质研究还不全面的情况下进行大规模钻井的，而目前越来越多地采用地球物理学和计算模拟技术，可较精确地模拟油藏及描述油藏的构造。在油气井工程学科领域，近海高水垂比大位移开发工程、欠平衡和气体钻井技术、地质导向钻井系统、深部盐膏层蠕变规律的研究与应用、超深井钻理论与技术基础、新型射流理论和技术研究与应用、石油勘探开发过程中油层保护与改造的系列技术取得重要进展。在油气田开发工程学科领域，聚合物驱后化学驱提高采收率技术，包括化学驱、泡沫复合驱及三元复合驱等多种提高采收率理论和技术，水驱油藏剩余油富集区预测技术，低渗透油田、复杂碳酸盐岩油田高效配套及复杂岩性裂缝性特殊油藏开发等复杂油藏开发技术，高压凝析气田、深层气藏等复杂气藏开发技术，海洋复杂油气藏开发技术，复杂结构井开发理论和技术，节能型高效采油工程技术，非常规油气资源开发技术得到深入研究并应用到油气田开发工程。在油气储运工程学科领域，百万吨级海上油田浮式生产储运系统的研发与应用、浅海海底管线电缆检测与维修装置、压力管道安全检测与评价技术、原油管道泄漏检测与定位技术等方面得到长足进展。在石油管工程学科领域，复杂地质条件下油气井套管损坏预防理论和技术、钻具失效机制与分析技术等复杂条件下油井管与管柱技术、输送管与高性能管线钢应用关键技术、石油管的腐蚀机制

与防护技术、油气输送管道完整性研究等方面已经取得重大成果。

在采矿诱发地表沉陷预测预报基本理论研究方面，波兰的李特威尼申教授、中国的刘宝琛院士、刘天泉院士等学者系统研究了采矿引起的地表沉陷和覆岩破坏规律，并提出了相应的理论和方法；后来的学者利用大变形理论、蠕变理论、悬板理论及数值方法如有限元、边界元、离散元等探讨了地表沉陷机制，并在矿山实施了条带开采、离层注浆、采空区充填等措施减缓地面沉陷。在采场矿压规律研究中，以拱梁板模型为基础，20世纪50年代国外提出了"铰接岩梁"及"假塑性梁"理论，钱鸣高院士提出了"砌体梁"理论，以后又提出了在Winkler弹性基础上Richhoff板的力学模型。近年来钱鸣高院士和缪协兴教授等又提出了"关键层"理论，对关键层的定义、特征、关键层上的载荷、变形与破碎、判别方法作了描述，在此基础上，提出了"绿色"开采的观点。

近年来，煤体自燃有害物质释放模式、废弃矿井地下水污染、大型矿床地下开采工程与环境互馈作用、采矿工程与复杂岩体互馈机制、露天开采的环境工程地质效应、煤矸石废弃物回填采矿区、地面沉降条件下各向异性介质越流系统水流模型、地裂缝扩展机制和扩展速率等相关领域取得了长足进展。通过多年对各种灾害发生机制的研究，相继提出了低渗透煤层瓦斯抽采理论与应用、瓦斯流动与煤体流变机制，提出了瓦斯灾害发生假说，建立了瓦斯灾害发生的基础理论，在采矿及其相关学科的发展中起到重要作用。同时先后建立了"冲击地压失稳理论"、"冲击地压、瓦斯突出统一失稳理论"等反映岩石工程失稳破坏的基础理论。在此基础上，又建立了"煤（岩）瓦斯固流耦合理论"和"岩石力学系统运动稳定性理论"、"分形岩石力学"、"智能岩石力学"。在瓦斯流动和煤体变形相互作用原理方面，提出了"瓦斯流动与煤体流变假说"，并且提出了利用测试煤体失稳破坏时释放的电磁波、红外信息预测预报冲击地压、瓦斯突出等灾害。

在安全科学与技术基础学科领域，"十五"国家科技攻关项目"重大工业事故与大城市火灾防范及应急技术"通过验收并推广应用，取得了"城市公共安全规划与应急预案编制及其关键技术"和"矿山重大瓦斯煤尘爆炸预防与监控技术"等多项重大科研成果。"煤矿瓦斯治理技术集成与示范"和"预防煤矿瓦斯动力灾害的基础研究"项目分别列入国家科技攻关计划和国家973计划；安全生产科技项目已经列入国家"十一五"科技支撑计划项目。在重大工业事故预防预警与应急救援、重大危险源监控、安全管理等方面取得了一系列创新型科研成果，并通过这些成果的示范应用，提高了企业的安全生产水平，产生了较好的经济效益。

石油与矿业工程学科从最初的经验估算、提出假说、定性分析、线性分析逐渐过渡到现在的理论与实验相结合、数值实验定量化、外界复杂耦合作用与响应的非线性等科学性综合分析方法。从经验向科学、从粗放向精细、从假说向理论、从定性向定量方向发展。

国家自然科学基金的资助推动了石油与矿业工程学科的建设和发展，不仅在学科总体布局、发展战略方面起到关键作用，而且在学科发展趋势、目标定位、资源配置等方面发挥了引导作用。国家自然科学基金注重学科前沿与国家需求相结合，为开拓新的研究方向提供了研究基础。在基金项目执行过程中，锻炼、培养了队伍，形成以老、中、青相结合，以中、青年带头人为主的稳定的研究群体，为稳定、壮大研究队伍和人才培养提供了研究课题和经费。基金项目的研究，提出了石油与矿业工程学科新理论、新思路。基金资助项目与实验室建设、网络建设、图书资料积累、软件的使用和开发等方面相互促进。同时完成基金项目和教学任务及科研条件建设协调进行、相互促进，形成良性循环。在合作过程中，各学科充分发挥各自的优势，互惠互利，共同发展，形成交叉学科的学科群，为相关学科共同协调发展提供了支撑。同时对于石油与矿业工程学科的基础理论研究，瞄准国际发展前沿，在国家急需和战略发展需要的领域取得一批高水平的科研成果。在学术交流方面，通过国内外的专家互访、学术会议、期刊和网络等传媒进行国际和国内学术交流，使我国的专家与国际上知名的科学家和研究机构之间进行了广泛的交流和合作。

与国外先进水平相比，我国石油与矿业工程学科在很多领域（如技术装备方面）仍存在着较大的差距，这不仅与该领域的研究水平有关，同时还受到整个国家工业及综合技术水平的制约。一些重大的事故，如油气田的井喷失控、火灾与瓦斯爆炸、石油平台遇险、岩爆（冲击地压）、煤与瓦斯突出等还缺乏更加深入的基础理论研究；矿产回采率低（仅30%~40%），矿物资源和化石能源损失量大，劳动生产率仅为世界先进水平的1/10左右。在无害/低害开采、矿山生态恢复、矿山环境和可持续发展方面不能有效指导现场防治工作。在深海油气资源钻探与开发领域，在连续管技术、膨胀管技术及套管钻井技术、多分支水平井等复杂结构井、随钻测量、随钻地震、旋转导向钻井系统、自动垂直钻井系统、智能管、智能完井、数字化油田和油气钻采工程信息化、智能化、自动化等高技术几乎被美国等西方发达国家所垄断，而我国则长期处于落后境地。另外在实验设备、人才培养体系、科研管理体系、绩效考核等方面有待进一步加强。石油与矿业工程学科在国际化程度、学术影响、创新平台条件及科研水平等方面，与国际先进水平相比仍存在一定差距，在国际上有重大影响的原创性科技成果较少。

冶金学科的重要进展表现在冶金基础理论与材料、计算机、电磁、环境等学科知识的交叉、融合和应用上。例如，计算机模拟仿真技术与冶金物理化学的结合，实现了对复杂冶金体系和快速冶金过程的计算、模拟与仿真，扩展了冶金物理化学学科的范围，提高了冶金物理化学学科解决实际问题的能力；在钢包冶金中应用空气动力学中可压缩流体和气相输送等理论和技术，强化了炉外精炼技术；在钢铁冶金和有色冶金过程中广泛采用了声学、图像识别、专家系统、神经元网络技术，实现了冶金过程自动化和智能控制；在连铸过程中引入和应用电磁、金属塑性加工等知识，获得了高性能的金属材料。中国钢铁冶金工业取得的令人瞩目的成就，从采矿、选矿、原燃料准备，到高炉强化冶炼、非高炉炼铁、复合矿冶炼与综合利用以及相关理论的研究推动了炼铁科技进步，同时也促进了炼铁学科的发展；铁水预处理、钢水炉外精炼等基础理论研究的深入和技术的应用，对于钢中有害元素的去除和纯净化，发挥了重要作用；连铸连轧、薄板坯连铸、液心压下、电磁冶金等新技术的开发和应用，对于提高产品质量和性能，提高钢铁生产的效率，发挥了重要作用。20世纪先后出现的密闭鼓风炉、闪速熔炼、熔池熔炼等技术解决了复杂矿的冶炼问题，强化了冶金过程。一些无污染湿法冶金技术，如加压湿法冶金、生物湿法冶金、矿浆电解等，得到较快的发展和推广。超临界流体技术、萃取等先进的分离技术、液膜分离技术在湿法冶金上的应用取得了突破性进展。电磁冶金、超声波冶金、微波冶金、高能束（激光、电子束、离子束）冶金等特殊冶金技术迅速发展，并逐步在工业生产中获得实际应用。有色金属冶金的基础研究与新技术的开发应用方面取得了重要成就。例如，以一水硬铝石为资源的铝冶金基础理论研究与技术开发；高强、高韧、耐高温镁合金的冶金与制备加工技术研究开发；生物冶金原理与方法的研究，及其在硫化铜矿浸出上的应用技术开发等。材料制备与加工工程中的凝固过程与控制也在多方面取得了突破，比如利用凝固技术制备具有复杂组织和相变过程的新材料；利用多种物理场耦合，进行凝固组织与过程控制；采用新的加热和制冷方法对凝固过程的热平衡条件进行更有效的控制；直接获得近终形产品的凝固技术；多尺度、多学科的凝固过程建模与防止及其控制等。焊接冶金也与自动控制、计算机、电子学、声学、光学、摩擦学等学科交叉，形成了相关技术的基础理论，并开发了激光焊接、电子束焊接、微连接、机器人焊接等技术。现代材料科学、冶金学、计算机与信息技术、物理检测与控制、表面科学与工程、过程模拟仿真、晶体塑性理论以及介观损伤力学等的不断发展，塑性成形加工与其有机结合，促进了该学科的进步，是材料塑性成形与加工的基础理论研究，新技术、新工艺开发，及其在先进工业制造中的应用得到迅速的发展，学科分支也出现了一些崭新的变化，诸如轧制成形中的连铸连轧、连续铸轧，锻压成形中的先进模具设计制造、精密成形、连续挤压与连续铸挤，特种成形中的超塑成形、复合成形、微成形、半固态加工、近终成形，塑性成形模拟及 CAD/CAE/CAM 技术，控制成形理论与方法，塑性成形检测与智能控制等均取得了长足发展。冶金过程工程来源于20世纪70年代的系统过程工程,虽然在冶金中属于新兴的综合性边缘学科,理论体系还有待完善,但其概念和方法已经受到普遍重视,并获得了实际应用。例如,在冶金短流程开发,紧凑型小工厂设计,连铸连轧、薄板坯近形连铸,近终形加工技术,矿物直接合成材料,采、选、冶综合系统等新技术研究和开发中都大量地应用了系统工程的思想和方法。

三、冶金与矿业工程学科未来5~10年发展战略

(一) 矿产资源开采学科领域的发展布局及优先领域

经过几十年大规模的开采,我国的浅部、易开采矿产的资源量大幅减少;矿产资源开采、开发过程中突发的安全问题依然严峻;开采导致的地表沉陷、塌陷、地裂缝、山体滑坡、崩塌和泥石流等环境灾害问题日益突出;煤岩体多相、多场、多尺度、多过程非线性耦合作用机制并不清楚。矿产资源开采学科面临着新的机遇与挑战,未来5~10年矿产资源开采学科领域的发展布局是:以科技进步为先导,坚持矿产开发与生态环境保护同步,加强矿产资源的保护和合理开发利用,促进矿山经济效益、社会效益、资源效益、环境效益的同步协调发展。开展深部、复杂或特殊赋存等难采储量矿体开采或特殊开采条件、新开采方法、新支护措施等所面临的基础理论、应用基础理论问题研究;矿产资源开采所面临的井喷失控、火灾与爆炸、平台遇险、岩爆、瓦斯突出、煤尘爆炸等重大安全事故与健康生产的基础理论研究;矿产资源无害、低害开采及矿山地表环境、水环境、大气灾害治理的基础理论研究;矿产资源开采时矿山岩体在不同应力水平、流体压力、含水率、温度等外界环境的作用下,变形、破坏等现象的孕育、潜伏、发生、爆发、持续、衰减、终止等非线性力学过程研究。

将矿产资源开采学科理论的最新成果应用到生产实际。努力培养一批科学素养高、有志研究矿产资源开采学科的学术队伍;形成具有中国发展特色和优势、有国际影响的矿产资源开采学科理论体系,为国际矿产资源开采学科的发展做出贡献,对我国经济发展和提高人民生活质量,实现社会可持续发展有着极其重要的作用。

1. 主要学科领域一:难动用储量的资源开采理论与方法

难动用储量的资源开采涉及石油与天然气、煤炭、金属矿、非金属矿和海洋矿产资源等行业领域。难动用储量是指在现有的技术经济条件下难以投入开发的探明储量,是一个相对概念。

按经济的标准划分，一般将12%的投资收益率作为划分储量难动用与否的标准，投资收益率达不到12%的，就被定义为难动用储量。而如果按技术标准进行衡量，难动用储量就是指自然条件差和开发难度较大的储量。由于技术原因被定义的难动用储量一般又分为四种类型：一是地质赋存条件恶劣的资源；二是自然品位低下的资源；三是开采后期的资源；四是高风险开采的资源。主要科学问题包括：

1) 难动用储量地质物理力学环境预测、检测、监测理论和方法；
2) 新思维钻井的基础理论；
3) 超低渗透油藏的渗流基础理论；
4) 煤层气与煤共采理论与方法；
5) 固体物直接充填回收"三下"压煤理论与方法；
6) 超薄煤层无人开采理论与方法；
7) 深部金属矿山的高效开采技术与装备；
8) 非金属矿山连续或半连续高效采矿技术与工艺；
9) 海洋资源的开采方法与装备。

2. 主要学科领域二：矿山灾害防治及工业安全生产中的基础科学问题

矿山灾害是指瓦斯、火灾、水灾、井喷和尾矿库，工业（含石化）安全生产中的灾害是指火灾、爆炸、毒物泄漏。我国是世界上灾害最严重的国家之一，近10年来，每年平均灾害损失达2000亿元，相当于国民生产总值的1.5%，这一比例是发达国家的10倍以上。

进一步加强矿山及工业生产过程中安全生产关键科学问题及技术基础的研究，尤其是煤矿瓦斯动力灾害综合防治基础理论、矿山通风与火灾综合防治基础理论、煤矿水灾防治基础理论、煤矿事故应急救援决策的基础理论、矿山尾矿灾害形成机制及预防基础理论、工业生产中重大灾害防治基础理论，为控制重大瓦斯灾害、火灾、水灾、粉尘、工业生产过程中潜在的火灾、爆炸、毒物泄漏等事故的发生提供理论和技术基础保障。主要科学问题包括：

1) 煤矿瓦斯动力灾害综合防治基础理论；
2) 矿山通风与火灾综合防治基础理论与方法；
3) 煤矿水灾防治基础理论与方法；
4) 煤矿事故应急救援决策的基础理论与方法；
5) 矿山尾矿灾害形成机制及预防基础理论与方法；
6) 工业生产中重大灾害防治基础理论与方法；
7) 石油开采中诱发的火灾、爆炸及毒物泄漏。

3. 主要学科领域三：资源开采中的环境保护理论与方法

资源开采中的环境保护主要研究资源开采对区域生态环境的影响规律，依据影响规律，提出保护环境或减轻环境损伤的采矿措施，对受损伤的生态系统则采取采后修复措施，因地制宜地修复到期望的状态，保障矿产资源与环境的协调开发。

矿山环境保护按照传统的学科划分，属于采矿分支学科；采矿环境工程领域，按照学科新的发展，则属于绿色开采和科学采矿的范畴。作为采矿学科的分支学科，其主要目标是利用采矿学和环境学的基础理论，保障采矿工程与资源环境的保护相互协调。主要科学问题包括：

1) 资源开采对生态环境的影响机制；
2) 减轻矿山环境损伤的理论与方法；
3) 矿山受损生态环境修复的机制与技术；
4) 矿山生态环境监测、评估、预警、监管的理论与方法。

4. 主要学科领域四：资源开发中的重大基础理论问题

资源开发面对岩体的复杂介质属性，从岩体结构上讲，因为大量跨尺度的缺陷如断层、节理、裂隙和孔隙的存在，以及采动岩体的破裂演化过程，致使岩体既不是连续介质，但由于岩体仍属于结晶材料，岩体也不是离散介质，致使岩体的介质属性既具有断续结构特征，又具有破断介质属性。

当今岩体力学由于局限于连续介质力学体系框架内，在解析岩体断层、节理、破碎断裂等非连续、非线性力学行为上遇到了前所未有的难题，如果不在岩体力学研究方法和核心科学问题研究上取得突破，就不可能定量和准确地描述岩体力学行为。同时，资源的特性复杂多变，与岩体、工具、设备等系统耦合，如果不在流体和固体力学研究方法上取得突破，就难以定量和准确地描述生产过程。

以岩体力学中本构理论与强度准则、流变学、动力学、岩体结构、围岩变形与地面沉陷控制、多场耦合作用、灾变监测与预测、地应力测量等经典内容为基本框架，主要研究岩体跨尺度结构特征与介质属性的非线性描述方法，资源开发中的非线性力学机制与过程，资源安全高效开发中岩体的非线性力学行为、理论和方法，以及能源输运系统-环境条件相互作用机制、介质属性与输运系统中的非线性力学行为。主要科学问题包括：

1) 岩体跨尺度结构特征与介质属性的非线性描述；
2) 多相介质多场环境下耦合机制的非线性模型研究；
3) 采动影响下岩体非线性力学行为与工程响应特征研究；

4）工程扰动下岩体大变形、强流变非线性本构模型研究；
5）工程扰动诱致能量场的时空演化规律与多因素耦合致灾机制；
6）工程体-地质体相互作用的非线性力学模型及互馈机制。

（二）冶金与材料制备工程领域的发展布局及优先领域

冶金与材料制备工程学科的中期发展目标是，针对我国冶金与材料制备工程所面临的挑战，结合我国现有学科、技术、人才与资源特色与优势，加强基础研究，鼓励原始创新，实现跨越式发展。力争在熔融还原、氢冶金和硫化矿、复杂共生矿、低品位矿的生态化分离提取，以及特色资源及其化合物的精细化加工的理论基础、新一代大型铝电解槽的基础理论研究、特殊外场作用下提取冶金的基础理论、冶金工业循环与生态学研究、材料的智能制备与加工技术研发等方面取得一批具有国际先进水平的成果，为解决我国冶金行业重大共性技术和某些关键技术难题提供科学依据和技术原型。研究开发出以生态化现代冶金，高效、优质、低消耗、低成本的材料制备工程技术为特色的高新技术，提升我国冶金与材料制备工业的现代化水平。

冶金与材料制备工程科学既是传统学科，也是仍在不断发展中的学科。随着经济和科技的迅速发展，世界许多国家特别是一些发达国家，调整了冶金与材料制备工程学科的研究方向，主要体现在：依靠学科交叉，汲取新的科学成果，拓宽专业面，突出冶金环保和可持续发展，发展无污染冶金；合理利用资源，力求降低能耗，重视二次资源的有效利用；以冶金短流程为出发点开发冶金新工艺、新流程，特别注意强化一步成材工艺研究，使冶金和材料制备节能、节耗、经济、灵活，更能迅速满足经济和科学技术发展的需要。

目前主要的前沿领域包括：①结合纳米冶金的发展，开展微观物理化学基础理论研究，诸如非平衡态冶金物理化学、量子化学、计算物理、不可逆过程热力学等的应用研究，探索其在冶金与新材料制备过程中的应用；②研究多外场、特殊条件、极端条件和超临界条件下冶金与材料制备的基础理论，发展冶金与材料制备过程中的新概念、新理论、新方法，为开发海底矿产和探索宇航冶金，制备高性能新材料奠定理论基础；③结合我国多金属共生矿、二次金属资源与非金属资源的特点，深入开展基础研究，建立高效多元多相冶金反应-分离提取一体化的新理论，以期降低污染，降低能耗，提高金属的回收率，探索资源合理、高效以及与环境协调利用的新工艺、新技术；④发展冶金短流程与近终形、精密成形、微细成形、快速成形等新理论、新技术，研究采-选-冶-材料合成一体化新理论、新工艺，缩短工艺流程，实现高性能、低成本的一步成材；⑤发展绿色矿物加工、绿色冶金和绿色材料制备与加工的新方法、新工艺；⑥加强快速冷凝、纳米粉体、粉末改性等先进粉末制备新技术、新工艺的应用基础研究，以及高速、高能条件下粉末成形、三维成形、快速成形与致密化新技术及新工艺的基础研究；⑦研究发展冶金新工艺、新流程急需的新型耐火材料，特别要注意废气耐火材料回收与再利用的应用基础研究；⑧研究冶金与材料制备工程的智能控制理论与系统工程，实现全过程优化、自动化、智能决策与管理；⑨根据循环经济发展趋势，开展资源循环与生态冶金工程的科学问题研究。

基于国内外发展动向和国内现状，我国冶金与材料制备工程学科在未来5～10年的发展布局包括：

1）矿物工程与物质分离科学；
2）冶金与材料制备的物理化学；
3）冶金反应工程学；
4）钢铁冶金；
5）有色金属冶金；
6）冶金新原理与新方法；
7）粉末冶金；
8）冶金过程工程；
9）材料制备与加工工程；
10）冶金耐火材料；
11）冶金节能减排；
12）冶金环境工程。

其中，亟待解决的共性基础问题是：冶金与材料制备过程中的界面科学问题。

此外，还包括与其他学科交叉的重点领域：

1）材料制备加工信息学；
2）生物冶金基础；
3）冶金与环境的交互作用规律。

在此基础上，冶金与材料制备工程学科优先资助领域包括：

1）低品位多金属共伴生矿的冶金理论与新技术；
2）低排放冶金新工艺与二次资源综合利用；
3）金属凝固与均质化；
4）材料智能化制备与成型加工基础。

（三）开展国际合作与交流的需求分析和优先领域

在国外，石油与矿业工程学科方面重要的学术研究机构主要分布在美国、俄罗斯、德国、英国、法国、挪威、加拿大、意大利、日本等国家。例如，国际钻井承包商协会（IADC）、国际石油工程师协会（SPE）、大洋钻探计划（ODP）、大陆钻探计划、高温高压钻井协会等，还有世界石油大会（WPC）、海洋技术大会（OTC）等。采矿学科方面包括美国的国家联邦能源研究院（FEI）、弗吉尼亚理工大学、宾夕法尼亚大学、明尼苏达大学等；俄罗斯的国家矿业科学中心、地质力学和矿山测量科学中心、俄罗斯煤炭工业安全科学中心、库兹巴斯采矿工艺科学中心、露天采矿工艺科学中心；德国的埃森采矿研究院（Bergbau-Forschung GmbH）、威斯特伐伦矿山协会（Westfalishe Bergwerkschaftskasse）矿业研究所和实验室矿井公司等；克劳斯塔尔工程技术大学、弗赖堡大学、柏林工业大学、亚琛大学、鲁尔大学；澳大利亚的联邦科学和工业研究组织（CSERO），维多利亚州的电力委员会；澳大利亚的悉尼大学、新南威尔士州立大学、墨尔本大学、昆士兰大学、纽卡斯尔大学、伍伦贡大学等；加拿大的加拿大矿业和能源技术中心（CANMET）和 CANMET 的采矿研究所：①加拿大易爆气体实验室（CEAL）；②加拿大采矿技术实验室（CMTL）；③埃利奥特湖实验室（ELL）；④萨德伯里回填实验室（SBL）；⑤Val-d'Or 矿山实验室（VDML）；⑥开普布雷煤炭研究实验室（CBCRL）。

优先资助领域包括：油气田的井喷失控、火灾与瓦斯爆炸、石油平台遇险、岩爆（冲击地压）、煤与瓦斯突出等基础理论研究；提高矿产回采率、无害低害开采、矿山生态恢复、矿山环境和可持续发展、深海油气资源钻探与开发、复杂深井超深井钻井效率、复杂结构井开发理论与钻采技术、特殊工艺钻井及井下作业技术与装备、工程信息化、智能化及自动化等。

在国外，冶金与材料制备工程学科方面重要的学术研究机构主要分布在美国、俄罗斯、德国、英国、日本、挪威、加拿大等国家。分学科列举如下。

矿物工程学科包括：美国的弗吉尼亚理工大学采矿与矿物工程系、哥伦比亚大学地球与环境工程系、科罗拉多矿业学院矿业工程系、密歇根理工大学矿业与材料加工工程系、新墨西哥工学院矿物与环境工程系、宾夕法尼亚州立大学材料科学与工程系、犹他大学冶金工程系，加拿大的多伦多大学矿物工程系、麦吉尔大学矿业金属与材料工程系、劳伦斯大学工程学院、达尔豪西大学矿冶工程系、艾伯塔大学化工与材料工程系，英国的诺丁汉大学化学环境与矿业工程学院、埃克塞特大学坎伯恩矿业学院、帝国理工学院地球科学与工程系等。

冶金物理化学学科包括：俄罗斯的莫斯科钢与合金学院、圣彼得堡工学院金属物理化学，以及欧美国家所有与冶金有关的研究机构都设有冶金物理化学方面的研究机构。

钢铁冶金和有色冶金工程学科包括：挪威的埃肯公司研究院、挪威工学院冶金系，南非明太克公司和萨曼克公司，德国的亚琛工业大学、马普研究所，日本的东京大学、京都大学、东北大学，美国的麻省理工学院材料科学与工程系、哥伦比亚大学地球与环境工程系、亚利桑那大学矿业学院冶金工程系、密歇根理工大学矿业与材料加工工程系、新墨西哥工学院矿物与环境工程系、宾夕法尼亚州立大学材料科学与工程系、犹他大学冶金工程系、科罗拉多矿业学院冶金工程系，加拿大的不列颠哥伦比亚大学冶金工程系、皇后大学冶金工程系、蒙特利尔学院冶金工程系、麦吉尔大学采矿与冶金工程系，英国的诺丁汉大学化学环境与矿业工程学院、埃克塞特大学坎伯恩矿业学院、帝国理工学院地球科学与工程系等。

冶金新工艺方面的国外研究机构包括：美国的麻省理工学院、斯坦福大学、约翰哈普金斯大学、洛斯阿拉莫斯国家实验室、桑地亚国家实验室、宾夕法尼亚州立大学、密歇根大学、联合技术研究中心，德国的亚琛工业大学、弗郎霍夫激光技术研究所、斯图加特大学、汉诺威大学，英国的伯明翰大学，日本的大阪大学等。

耐火材料方面的国外研究机构包括：英国的谢菲尔德大学工程材料系，美国的密苏里罗拉大学陶瓷工程系、Albany 研究中心，加拿大的不列颠哥伦比亚大学陶瓷与耐火材料检测实验室，日本的名古屋工业大学材料工程系、岗山陶瓷研究所，德国的耐火材料与陶瓷研究所、弗赖堡工业与矿业大学玻璃陶瓷与耐火材料研究所，以及巴西、乌克兰、伊朗、阿根廷、西班牙等国家的较好的从事耐火材料研究的单位。

优先资助领域包括：结合纳米冶金的发展，开展微观物理化学基础理论研究诸如非平衡态冶金物理化学、量子化学、不可逆过程热力学等的应用研究，探索其在冶金与新材料制备过程中的应用；研究多外场、特殊条件、极端条件和超临界条件下冶金和材料制备的基础理论，发展冶金与材料制备过程中的新概念、新理论、新方法，为开发海底矿产和探索宇航冶金，制备高性能新材料奠定理论基础；结合我国多金属共生矿、二次金属资源与非金属资源的特点，深入开展基础研究，建立高效多元多相冶金反应-分离提取一体化的新理论，以期降低污染，降低能耗，提高金属的回收率，探索资源合理、高效以及与环境协调利用的新工艺、新技术；发展冶金短流程与近终成形、精密成形、微细成形、快速成形等新理论、新技术，研究采-选-冶-材料合成一体化新理论、新工艺，缩短工艺流程，实现高性能、低成本的一步成材；发展绿色矿物加工、绿色冶金和绿色材料制备与加工的新方法、新工艺；加强快速凝固、纳米粉体、粉末改性等先进粉末制备新技术、新工艺的应用基础研究，以及高速、高能条件下粉末成形、三维成形、快速成形与致密化新技术与新工艺的基础研究；研究、发展冶金新工艺、新流程急需的新型耐火材料，特别要注意废弃耐火材料回收与再利用的应用基础研究；研究冶金与材料制备工程的智能控制理论与系统工程，实现全过程优化、自动化、智能决策和管理；根据循环经济发展趋势，开展资源循环与生态冶金工程的科学问题研究。

四、未来5～10年冶金与矿业工程学科发展的保障措施

1) 以科学发展观思想为指导，采取跨越式发展战略，广泛吸收基础科学与相关学科的知识与技术，促进学科交叉，强调以实现工程与技术变革与重大进步为目标，坚持创新，大力培养人才，推进国际交流与合作，稳步支持学科基地建设，设定相关的重点支持方向与重点支持项目。

2) 总结国家自然科学基金设立以来矿产资源开采方面重点问题的研究成果，使得新的资助项目的研究内容总是保持国内外领先地位，避免重复研究，使得资助的项目具有更明显的创新性。

3) 培养一批热爱冶金与矿业工程学科、基础知识扎实、科学素养较高的研究队伍；筹建重点研究基地，打造国家级的研究团队；以矿产资源开采过程中的各种现象为依托，抽象、研究发生本质，凝练出石油与矿业工程的科学问题，针对相应的科学问题进行深入研究，特别加强矿产资源开采过程中非线性力学基本科学问题的研究。

4) 进一步加强国内外的学术交流、合作，特别是与石油与矿业工程与相关学科的相互借鉴、相互渗透、相互支持。支持石油与矿业工程的边缘学科，与环境科学、数理科学等交叉、具有创新性的研究项目。加强国内同一学科研究人员的科研合作和学术交流，增强研究的开放性，鼓励国外留学人员积极参加重点、重大自然科学基金项目。

5) 对于重点研究方向与重点或特殊科学问题，建议在申请与结题时间、经费额度、研究者合作方式等方面采取更加灵活、特殊的资助政策。发挥国家杰出青年科学基金获得者的学术带头人的作用，稳定研究队伍。

6) 根据国内现有基础，整合优势资源，进一步加大科教投资力度，在相关高等学校和科研院所建立若干各具特色的"石油与天然气工程学科创新平台"，有效提高该学科在科学研究和人才培养方面的创新能力，为满足国家能源、资源发展的重大需求提供人才和科技支撑。

7) 强化自然科学基金的基础性地位，鼓励学者在学术探索上在行业前沿提炼问题，在政策上保障知识和技术创新；以重大基金项目为依托，加强研究基地、创新平台和重点学科建设。

8) 加强和推进多学科的合作和学术交流，设立专项的学科交叉重点、重大项目。

第二节 冶金与矿业工程学科主要领域、基础科学问题及优先资助方向

一、难动用储量的资源开采理论和方法

(一) 研究范围及内容

难动用储量是指在现有的技术经济条件下难以投入开发的探明储量。难动用储量是一个相对的概念。按经济的标准划分,一般将12%的投资收益率作为划分储量难动用与否的标准,投资收益率达不到12%的,就被定义为难动用储量。而如果按技术标准进行衡量,难动用储量就是指自然条件和开发难度较大的储量。由于技术原因被定义的难动用储量,一般又分为四种类型:一是地质赋存条件恶劣的资源;二是自然品位低下的资源;三是开采后期的资源;四是高风险开采的资源。

难动用储量的资源开采涉及石油天然气、煤炭、金属矿、非金属矿和海洋矿产资源等行业领域。

从目前石油工业的发展趋势来看,全球油气储量和产量逐年递增。截至2004年年底,世界剩余石油和天然气的探明储量分别为1750亿吨和171万亿立方米。全球80%以上的新发现油气储量属于难动用储量,50%以上的储量大于1亿桶油当量的重大油气储量发现位于水深200米以上的海域,也属于难动用储量。随着国内对油气需求量的快速增加,油气勘探对象日益复杂,老油田大多数已经进入高含水后期,新投入开发的储量品位逐年变差,投资和成本压力越来越大,迫切需要深化研究难动用储量开发的基础理论。未来难动用储量油气勘探开发将主要关注低渗透地层、稠油油藏、前陆盆地、深层、碳酸盐岩火山岩、高温高压高含硫油藏、高含水后期油藏以及深水等领域。

世界煤炭储量估计为1.083万亿吨,按目前的煤炭消费水平计算,可供开采200年左右。世界煤炭可采储量的60%集中在美国(25%)、苏联(23%)和中国(12%)。但与世界其他国家相比较,中国大陆是由众多小型地块汇聚形成,主要煤田经受了多期次、多方向、强度较大的改造,构造的复杂程度远远超过北美、澳大利亚、印度、俄罗斯等国家和地区轻微变形的煤田,导致我国

地质构造复杂或极其复杂的煤矿占 36% 左右，煤炭难动用储量比重很大。目前，我国东部老矿区面临煤炭资源枯竭，残煤、地质赋存复杂，水体下、深部等条件煤层开采问题，而这些问题在西部特厚煤层也相当严重。对未来 20 年测算，如果把难动用储量进行科学开采，将资源回收率从目前的 30%～35% 提高到 50%，则可节约煤炭储量 400 亿吨左右。这急需对煤炭储量基础理论进行系统和深入研究。未来的难动用储量煤炭开采将主要关注构造复杂、残留煤柱、大倾角、深部高应力、水体（湖、海）下、水体（奥灰水）上、建筑物下、特厚煤层及厚度变化大、煤与瓦斯共采等领域。

世界工业利用的非金属矿产资源约 250 种，年开采总量 250 亿吨以上，人均消耗 5 吨，是世界上消耗最多的矿物原料。我国非金属矿资源有较多的难动用储量。以石膏为例，2005 年查明的 644 亿吨储量中，70% 以上属于难动用储量。非金属矿储量难动用的原因主要有：部分非金属矿床位于江湖附近，断层透水易造成淹井事故；多数非金属矿产为廉价矿物，利润微薄，地下开采以房柱法为主，多数矿山矿石回收率只有 10%～30%，形成大量矿柱难于回收，且无力处理采空区，致使坍塌事故频发，居各类矿山坍塌事故之首；盐类矿床的赋存条件较差和盐类矿物水溶开采的技术难度大等。非金属矿难动用储量开发研究将主要关注大水矿山、采空区危害矿山、饰面石材与晶体矿物的保护性开采、盐类矿物的水溶开采等领域。

我国金属矿产资源丰富，1949 年后资源探明储量和产量逐年递增，很多金属资源特别是钨、锡、钼、锑、稀土等小宗矿产资源储量位居世界前列。我国金属资源种类丰富，但是人均拥有量不足，其中有色金属只有世界人均的 52%，且多为贫矿，规模小，共伴生多，开发、利用难度大。随着国民经济的高速发展，矿业开发业得到高速发展，中国矿业增加值已占 GDP 的 5.5%，对金属矿产品的需求不断增加，目前已经成为世界上最大生产国和消费国。随着浅部易采资源逐渐枯竭，新增储量不能满足经济快速发展的需求，我国金属矿产资源对外依存度不断增加，2008 年，铁、铜、铅对外依存度分别为 50%、70% 和 49%。为缓解金属矿产资源供需矛盾，迫切需要加大难动用资源的开发力度，因此需深化研究难动用金属资源储量开发的基础理论。未来难动用储量金属资源勘探开发将主要关注深部资源、低品位资源、地质赋存条件恶劣资源、"三下"资源、残矿资源、尾矿库/排土场等二次资源领域。

海底金属矿产资源异常丰富，目前已发现的有多金属结核、富钴结壳、多金属硫化物，其镍、钴、铜、锰等资源储量分别高出陆上相应储量的几十到几千倍；分布在深海大陆坡区域的天然气水合物所含有的有机碳是地球上所有煤、天然气及石油储量所含有机碳总数的两倍。海洋矿产资源必将成为人类 21 世纪的重要接替资源。同时，由于特殊的赋存环境和赋存状态，海洋矿产资源开发难度大、风险高，在目前的技术水平下属于难动用储量。海洋矿产资源商业开采的实现有待开采理论与方法上的进展和突破。

（二）研究现状、发展规律与趋势

进入20世纪90年代，石油和天然气已渡过了高峰发现期，随着探明程度和发现难度的增加，新发现的油区数量正逐年下降，且新发现的石油天然气储量大多属难动用资源。

20世纪80年代以来，层序地层学、油气计算机模拟技术、图形可视化技术、计算机网络技术得到快速发展，地球物理发展应用了24位数模转换遥测技术、并行机及交互处理技术、叠前三维深度偏移技术、多波多分量技术、成像测井技术，以及分支井、小曲率半径水平井、连续油管钻井技术和自动化钻井技术等。这些技术的广泛应用，大大降低了勘探开发成本，并使这一时间的油气田发现高峰迭起。油气钻井技术从20世纪末至今已经历了经验钻井、科学化钻井、自动化智能钻井三个发展阶段。伴随着油气勘探开发的深入，钻井前沿技术不断突破，储备技术研究投资不断加大。根据美国对世界几个不同国家和地区的144家主要石油公司以及参与油气钻井完井的作业公司或执行部门的调查显示，2006年世界上主要石油公司的井型呈现多样化，但仍然以直井为主，水平井占到总井数的26%，其中32%的井出现了异常复杂情况。海上水深超过1500英尺（457米）的井占海上总井数的21%，表明钻井面对的难度越来越大。在技术上，2006年世界主要石油公司采用了多种钻井完井新技术，如旋转导向钻井、连续管钻井、下压力/温度测量钻井、连续管完井、智能钻井等，提高了勘探开发效益。其中旋转导向钻井最多，占到调查总井数的29%，其次是下压力/温度测量钻井，占到调查总井数的18%。目前中国油气年钻井数为世界第三，油气储量为世界第十。与国外相比，我国在石油天然气开发基础理论和应用技术等方面存在一定差距。

《中国可持续能源发展战略》认为，今后煤炭在我国一次性能源生产和消费中将占60%左右；到2050年，煤炭占比例不会低于50%。在未来几十年内煤炭仍将是我国的主要能源和重要的战略物资，具有不可替代性。煤炭工业在国民经济中的基础地位将是长期和稳固的。随着科学技术发展，新能源和可再生能源会有一定增长，但在相当长的时间内还是不可能取代化石能源。经济的发展对能源的需求量将越来越大，因此，煤炭难动用储量开采已经成为我国国民经济发展必须关注的重大问题。我国作为世界第一产煤大国，在煤矿开采理论方面处于世界前列，如放顶煤开采理论与工艺已在坚硬顶板、坚硬煤层、高瓦斯且有突出危险、易燃、大倾角等难采厚煤层中得到应用，6米厚煤层的大采高开采技术也处于世界领先水平；矿山压力与围岩控制理论得以深化，从"砌体梁"和"传递岩梁"发展为关键层理论；深部开采灾害防治理论、"三下"开采与地表沉陷控制理论、绿色开采理论、自动化开采理论等的相关研究，为建立煤炭难动用储量开采基础理论奠定了基础。

我国是世界非金属矿资源最丰富的国家之一。已探明88种、4700多个矿产地，探明储量居世界第一位的有石灰石、石膏、菱镁矿、芒硝、重晶石、石墨、硅灰石、膨润土等。我国非金属矿工业于20世纪50年代形成产业，对社会经济发展的贡献快速增长，在国民经济和人民生活中占有重要地位。由于非金属矿产的利用目的、应用领域的多样性和复杂性，以及矿床地质的某些特殊性，其在非金属矿产开采理论和技术方法上有其相应的特殊性。对于磷矿床，由于近10年来价格上涨到原来的10倍左右，原来开采后留下的矿柱，已成宝贵的资源，企业主动采取胶结充填矿房、开采矿柱并充填空区的方法回收资源，延长矿山服务年限并取得更大的经济效益；对于石膏等廉价非金属矿物，由于利润微薄，无力处理采空区，随着采空区范围的扩大，地压活动加剧，21世纪以来，几乎年年发生较大或以上的坍塌事故，甚至发生特别重大事故，坍塌事故死亡人数居各类矿山坍塌事故之首。对于一些非金属矿产，需要采用一些特殊的采矿方法。例如，饰面石材（花岗岩、大理岩、板岩）的锯切开采，晶体矿物（冰洲石、水晶、云母、石棉等）的保护性开采，盐类矿床的水溶法开采，自然硫矿床的钻孔热熔法开采，矿岩顶板坚固的矿床（磷矿、泥炭、软铝土矿以及部分沉积矿矿床）的钻孔水力法采矿等。

随着金属资源开发向地球深部进展，地应力不断增加，开采环境不断恶化，采矿方法从崩落法、空场法逐渐向以充填法为主体的采矿方法过渡，采矿装备技术水平不断进步，从最初的人力为主逐渐向机械化、大型化、自动化甚至智能化方向发展。我国金属矿产资源赋存条件复杂，规模小，采矿工艺技术水平处于国际先进水平。但在深部资源开发、复杂资源开采安全监控及特殊采矿装备技术、特殊采矿工艺、深井充填技术等方面，在基础理论与应用方面与国外相比差距较大。

国际上大规模的海洋固体矿产资源开采技术研究始于20世纪50年代末对多金属结核开采技术的研究，出现过多种技术原型和样机。70年代末至80年代初，以美国为首的几个财团先后在太平洋成功进行了数次水深达5500米、以管道提升式系统为原型的采矿试验，验证了深海多金属结核开采的可行性。进入90年代，国际海底区域活动开始在有关国际法律制度下进行，出于自身的需求和应承担的义务，各先驱投资者成为深海采矿技术研发的主要力量。日本1997年采用自己研发的拖曳式集矿机和扬矿泵在北太平洋进行了2000米水深的海试。印度通过与德国Siegen大学合作开发了一种全软管输送式的采矿系统，于

2000年和2006年分别进行了410米和500米水深的海滩试验,正着手准备近几年内在印度洋开展6000米水深海试。韩国已完成其深海多金属结核采矿中试系统设计和部分系统研制,正在着手2009年的部分系统1000米水深海滩试验。20世纪后期,深海矿产资源开发研究从面向多金属结核单一资源扩展到面向富钴结壳、热液硫化物等多种资源。到目前为止,有关富钴结壳和多金属硫化物的开采技术研究基本上是在多金属结核采矿系统研究基础上进行拓展,主要集中在针对富钴结壳和多金属硫化物赋存状态的采集技术和行走技术方面。

国际上研究天然气水合物资源量及勘探开发技术的国家主要有美国、英国、德国、加拿大、俄罗斯、日本、印度、韩国等。过去20年,这些国家相继投入了大量的资金进行天然气水合物的资源特征、生产开发、对环境的影响、安全性和海底稳定性等方面的研究。国际上目前天然气水合物调查研究的热点有从资源调查逐渐向开发、利用转移的发展趋势,不少发达国家都大力重视天然气水合物的开发、利用研究,提出了一些开采方法和技术原型,其中如减压法的试验已获得初步成功。根据近年研究进展,专家们预计2030~2050年期间有望实现海底天然气水合物的商业开采。

我国的深海矿产资源开发研究始于20世纪90年代初。"十五"以来,我国深海采矿技术研究以1000米海试为目标,完成了"1000米海试采矿系统总体设计"和集矿、扬矿、水声、测检等水下部分的详细设计,研制了两级高比转速深潜模型泵,采用虚拟样机技术对1000米海试系统动力学特性进行了较为系统的分析,还开展了钴结壳开采的采集方法实验研究和行走方式仿真研究。我国自1995年开始开展海洋天然气水合物的调查工作,2007年5月,在南海北部成功钻获天然气水合物实物样品,成为继美国、日本、印度之后第四个采到海洋天然气水合物实物样品的国家。国土资源部、科技部、国家自然科学基金委员会和中国科学院等都设立了一些项目对海洋天然气水合物的资源调查、技术研发和基础研究进行支持。

海洋矿产资源开发是保障国家长远战略利益的重要事业,但目前尚未进入商业开采阶段。因此,当前以及未来一段时期内,海洋矿产资源开发的研究都将由政府代表国家意志来投入和组织。

(三)研究前沿与重要科学问题

1. 特殊地质条件下的难动用储量资源开发的基础理论

特殊地质条件下的难动用储量资源开发的基础理论包括:碳酸盐岩油藏缝洞系统渗流机制研究、天然气水合物的开采理论与工程、复杂构造煤层开采理论与方法、深部高应力诱发重大开采灾害防治基础理论、盐类矿物的水溶开采关键技术研究、饰面石材与晶体矿物的保护性开采研究、非金属矿连续或半连续式高效采矿工艺的研究、千米深井复杂难采资源安全高效开采的理论、深海矿产资源开采方法与系统基础研究、难采资源开采理论与技术研究、深海采矿车行走理论与方法。

2. 非常规的难动用储量资源开发的基础理论

非常规的难动用储量资源开发的基础理论包括：动静结合的三维油藏模型精细预测技术研究、低渗透油藏的渗流基础理论、井间剩余油预测理论、提高原油采收率的化学方法的作用机制、热力方法提高重质油采收率研究、提高采收率的物理法方法的作用机制及优化设计、特殊工艺井提高采收率研究、残留煤的复采理论与方法、特殊煤层开采基础理论、边残金属资源安全高效开采理论研究、难选冶资源微生物溶浸采矿研究、深水多相流与测量研究、化石能源储运系统中的复杂流动过程及其规律研究、高凝原油与高黏度超稠油流动减阻与安全输送。

3. 高风险难动用储量资源开发的安全基础理论

高风险难动用储量资源开发的安全基础理论包括：水体（湖、海）下煤层开采理论与防灾监测基础、奥灰水威胁煤层安全开采理论、煤与瓦斯共采理论、短壁开采基础理论、与环境保护相协调的绿色开采理论、非金属大水矿山安全开采基本理论研究、房柱法采空区坍塌事故发生机制与防治、矿柱安全开采理论、崩落法在厚与极厚非金属矿床应用的研究、深部开采的岩爆机制和微震诱发机制基础研究、深部开采岩爆灾害前兆规律微震预测预报基础研究、深部开采岩爆灾害控制基础研究、充填体力学特性与作用机制、全尾凝结特性与新型胶结材料研究、全尾浓密脱水理论、膏体制备与输送基础研究、深部充填水力学与管道磨损研究、金属矿无废开采理论与技术研究、金属矿山数字化与智能化技术研究、采集理论与方法、扬矿理论与方法、水面支持系统设计与控制理论与方法。

（四）2011～2020年优先资助方向

1. 油气资源开采方面

1）新思维钻井的基础理论；
2）超低渗透油藏的渗流基础理论；
3）深水多相混输管道及高凝高黏原油管道流动保障理论。

2. 煤炭地下开采方面

1）地质赋存条件决定的难动用储量煤炭开采理论；
2）与环境保护相协调的绿色开采理论；
3）无人工作面与自动化开采理论；
4）煤与瓦斯防灾机制新探索。

3. 海洋矿产资源开采方面

1）海洋矿产资源采矿条件与环境研究；
2）海洋采矿系统基础研究；
3）深海矿产资源开采技术及装备研究；
4）海洋矿产资源开采对海底的扰动和对海洋环境影响的评价研究；
5）海洋天然气水合物开发利用的基础研究与相关技术；
6）海洋天然气水合物开采的环境效应及监测、控制理论与安全开采技术研究。

4. 非金属矿开采方面

1）非金属大水矿山安全开采基本理论与技术研究；
2）非金属矿难动用储量的高效安全开采理论研究。

5. 金属矿开采方面

1）难动用金属资源深部开采的理论与方法；
2）深部全尾膏体充填基础理论研究；
3）难动用金属资源微生物溶浸采矿关键技术研究。

二、矿山灾害防治及工业安全生产中的基础科学问题

（一）研究范围及内容

矿山灾害是指瓦斯、火灾、水灾和尾矿库灾害，工业（含石油工业）安全生产中的灾害是指火灾、爆炸、毒物泄漏。

我国是世界上灾害最严重的国家之一，近十年来，每年平均灾害损失达2000亿元，相当于国民生产总值的1.5%，是发达国家的10倍以上。在众多的灾害中，伴随矿业开采的瓦斯、火灾、冲击地压和水灾等事故，不仅造成人民生命财产的巨大损失和环境灾害，而且还制约着工业生产的发展。中国的矿业

事故是所有工伤事故中最为严重的，其造成的死亡人数仅次于公路交通，在各种人为显性事故灾害中居第二位，在工矿企业灾害事故中居第一位。矿业灾害中尤以煤矿灾害最为突出，是我国亟待解决的重大问题。

未来几十年，随着我国人口增长、社会发展和工业化进程的加快，对资源的需求不断增大，使得矿山开采强度加大、采深增加；另外，瓦斯、火灾、水灾、尾矿、工业生产过程中潜在的毒物泄漏事故等不断增加。

党和政府历来对工业企业的安全生产十分重视，相继出台了《中华人民共和国劳动法》、《安全生产法》、《煤矿安全规程》等，安全管理水平得到了不断的加强。由于矿山及工业企业生产条件日益复杂、生产规模扩大等原因，导致灾害发生的复杂性和突发性进一步提高。因此，进一步加强矿山及工业生产过程中安全生产关键科学问题及技术基础的研究，尤其是煤矿瓦斯动力灾害演化及综合防治基础理论、矿山通风与火灾综合防治基础理论、煤矿水灾防治基础理论、煤矿事故应急救援决策的基础理论、矿山尾矿灾害形成机制及预防基础理论、工业生产中重大灾害发生机制及防治基础理论，为减少重大瓦斯灾害、火灾、水灾、粉尘、工业生产过程中潜在的火灾、爆炸、毒物泄漏等事故的发生提供理论和技术基础保障，对于指导煤矿安全生产，有效地减少和防治矿山及工业生产中重大灾害事故的发生以及降低重大事故所造成的危害，建立矿山及工业安全生产长效机制具有十分重要的意义。

（二）研究现状、发展规律与趋势

近几十年来，国内外研究人员分别从不同角度对矿山及工业生产中的重大灾害进行了研究。20世纪60年代，苏联学者霍多特（1965）在对煤样进行了大量的实验室试验的基础上，用弹性力学的方法分析了突出过程，给出了突出的能量方程；巴普洛夫通过大量突出现场观测，提出了关于突出机制的应力分布不均匀假说。20世纪50～70年代，我国学者周世宁、俞启香等（1979）对上千次突出进行了统计，提出了煤（岩）和瓦斯突出规律。郑哲敏（1983）通过量纲分析和能量对比的方法对突出过程进行了分析，指出煤层中的瓦斯能比煤体的弹性潜能要大1～3个数量级，发生突出的能量主要来自煤体中的瓦斯能。俞善炳（1988）对理想的一维突出模型进行了分析，给出了突出波阵面后气、固两相流的质量守恒方程和动量守恒方程。周世宁、何学秋（1990）则从煤体蠕变特性出发研究突出过程，提出了煤与瓦斯突出流变假说。林柏泉等（1999、2003）研究了瓦斯爆炸过程中火焰传播规律及其加速机制、湍流的诱导及对瓦斯爆炸火焰传播的作用等。特别是"十一五"时期，在科技部、国家自然科学基金委员会和国家安全生产监督管理总局等单位的大力支持下，安全生产科技工作主要聚焦于创新安全生产理论、开展事故隐患治理关键技术研究、开展重要安全科技攻关、做好科技示范和推广应用、构建安全生产技术标准体系、开展应急救援技术与装备研发等工作。国家安全生产监督管理总局在《"十一五"安全生产科技发展规划》中列出了八大安全生产基础理论研究重点领域，60个优先发展的安全生产科技研究方向，100项重点推广技术。安全科技工作为安全生产形势的好转发挥了重要的作用，但是，安全科技距离安全生产形势发展的需求还有很大差距，安全科技对安全生产的前导和基础支撑作用还没有得到有效的发挥，需要进一步解决的主要问题包括以下几点。

1. 煤矿瓦斯动力演化及灾害综合防治基础理论

瓦斯灾害是煤矿安全的重中之重，由于采深加大和开采强度提高，瓦斯灾害越来越严重，瓦斯治理也面临新问题。随着矿井开采深度增加，传统的煤与瓦斯突出矿区突出危险性更加严重；另外，高瓦斯高地应力低透气性煤层的瓦斯抽采困难，煤与瓦斯突出的机制及其影响因素的动态耦合性与演化过程不明，瓦斯灾害的实时准确监测预警准确率和有效性有待提高。因此，深入研究煤矿瓦斯动力灾害综合防治基础理论，发展瓦斯综合治理技术，对有效地防治瓦斯灾害，保障突出危险煤层的安全高效开采具有重要的现实意义。尤其是含瓦斯煤岩力学特性及瓦斯吸附与解吸动力学机制、矿井瓦斯抽采理论及技术基础、煤与瓦斯突出机制及防治技术基础、瓦斯爆炸机制及预防控制技术基础等问题值得进一步研究。

2. 矿山通风与火灾综合防治基础理论

煤自燃是我国煤矿面临的主要自然灾害之一。随着采深加大，地质环境更为复杂，井下作业环境温度越来越高，加上通风路线长、阻力大，使得煤矿开采中面临的煤自燃威胁更大。通过建立煤自燃机制综合研究平台，采用现代高新技术对矿山通风与火灾综合防治基础理论进行深入研究，建立煤自燃机制的理论体系，能够为煤自燃防治提供理论支撑，改善当前煤矿防灭火现状，对矿井的煤自燃防治工作具有十分重要的理论和现实意义，尤其值得关注的是煤自燃特性的基础研究、火区环境检测及封闭与启封条件判别技术，以及煤层自然发火初期的预测、预警技术。

3. 煤矿水灾防治基础理论

我国煤矿受水害威胁严重，灾害损失大。近年来，水害防治技术得到了较大发展，已成功研究出可以探测采场周围一定范围内的含水、导水构造的防爆直流电法仪等物探技术与装备。但矿井水害致灾机制研究还十分薄弱，矿井水害超前探测、预警等方面还需要进一步研究，提高准确性。尤其是对老采空区积水的分布范围、远距离的超前探测等理论及技术难题需要攻关研究。

4. 煤矿事故应急救援决策的基础理论

在煤矿事故应急救援决策的基础理论研究方面，国内外开展的研究相对较少，开展过的研究主要包括：区域反风系统的研究；煤矿火灾时期风流模拟控制技术及远程控制系统研究等。但是这些研究成果在煤矿中还没有广泛地得到应用。对火灾与瓦斯爆炸相互转化的规律尚未掌握，缺乏相关的控制理论及技术手段。原发性灾害诱发次生灾害成为国有重点煤矿发生特别重大灾害的主要原因。因此，在中央和有关部委"以人为本"的理念下，进一步开展这方面的研究也势在必行。

5. 矿山尾矿灾害形成机制及预防基础理论

尾矿（库）坝工程失效、造成严重灾害的事例屡见不鲜。据美国杜克大学研究结果显示，全世界各种重大灾害中，尾矿库灾害仅次于地震、霍乱和洪水等灾害居于第 18 位。因此各国都非常重视尾矿库工程及尾矿的处置问题，并投入了大量人力物力进行科学研究与技术创新。随着矿山无废化开采和绿色开采等先进理念的提出，一些矿山进行了尾矿与采矿废石混合处置的试验研究。为了实施尾矿的高浓度堆置或干堆技术，最近国外学者对尾矿的流变特性进行了一些探讨。从研究现状和发展趋势上看，未来应该加强以下几方面的研究：高应力下饱和尾矿的力学性质研究、动力学特性研究，尾矿的流变特性研究，尾矿浆的流动特性与尾矿的沉积特性研究，尾矿与其他材料（矸石、土工合成材料）组成的混合体的力学特性研究，等等。

6. 工业生产中重大灾害防治基础理论

工业领域近年来开展了大量的安全科技研究工作，在管理体系、技术工艺、装备水平、安全监测和风险分析等方面做了大量工作，解决了生产中的一系列安全问题，实现了安全科技进步，促进了企业安全水平的提高。"八五"、"九五"期间开展了"重大危险源的评价与宏观控制技术研究"，建立了我国重大危险源的确定标准及评价方法。"十五"期间，对定量风险评价和安全规划方法开展了较为系统的研究，建立了个人风险和社会风险的评价及规划方法并开发了计算程序，成果在宁波、深圳等地进行了实际应用。

在重大工业火灾、爆炸事故演化、毒物泄漏及防治基础研究方面，美国、日本等发达国家和我国的有关科研机构都开展了相关研究，建立了工业火灾、爆炸、毒气泄漏的相关理论、技术、方法和模型。但我国在这方面的研究还相对较少,对灾害的控制能力不强,特别是随着新的大型地下空间工程出现,针对地下空间工程开展的这方面基础研究仍然较少,更容易产生泄漏毒物的聚集及爆炸等事故,需要开展受限空间工业火灾及与外界较封闭情形时有毒物质扩散传播、爆炸及其冲击波效应、压力分布规律和冲击波传播特性等基础研究。

(三)研究前沿与重要科学问题

1. 煤矿瓦斯动力灾害演化及综合防治基础理论

揭示含瓦斯煤岩力学特性及瓦斯吸附与解吸动力学机制,建立高瓦斯、低透气性突出煤层区域防治技术的基础理论与方法,开展高瓦斯煤层群开采瓦斯储运及控制基础理论研究,提出煤岩动力灾害综合自动监测预警方法,提高监测系统对以瓦斯为主的灾害的预警能力。

2. 矿山通风与火灾综合防治基础理论与方法

开展煤自燃特性、通风系统防灾、减灾特性基础理论研究,提出火区环境检测及封闭与启封条件判别准则,建立煤层自燃阻化及防/灭火基础理论,提出隐蔽火源位置探测方法。

3. 煤矿水灾防治基础理论与方法

研究煤层隔水底板的防水效应基础理论,揭示大埋深快速机械化采矿条件下的突水机制;研究矿井隐伏导水构造长距离精细探查与空间定位基础理论与方法;研究探测老采空区的空间展布、位置、深度、富水性等关键信息的高精度探测技术基础理论与方法。

4. 煤矿事故应急救援决策的基础理论与方法

开展矿井灾变时期通风系统可靠性保障基础理论与方法研究,建立灾区信息检测与救灾决策基础理论,发展矿井重大灾害突发事件预警控制及预防处理技术。

5. 矿山尾矿灾害形成机制及预防基础理论与方法

研究矿浆固液两相非牛顿体的力学特性及固液分离规律,以及尾矿坝地下渗流场的影响因素及其变化规律,揭示不同环境条件下尾矿坝失稳灾变机制,提出灾情预测方法。

6. 工业生产中重大灾害防治基础理论与方法

针对典型工业生产特点，研究火灾、爆炸和危险品泄漏等的发生机制和动力学演化过程，揭示工业装置的损伤积累和灾变行为演化规律、失效模式，探讨重大工业工程使用过程中的荷载与响应特性、灾变行为与健康诊断，提出在线损伤识别、模型修正、健康诊断监测方法，开展工业领域重要装置、关键部位风险评估技术研究，为事故预防和控制提供理论基础。

(四) 2011～2020 年优先资助方向

1. 煤矿瓦斯动力灾害演化及综合防治基础理论

该理论包括：
1) 含瓦斯煤岩力学特性及瓦斯吸附与解吸动力学机制；
2) 高瓦斯低透气性突出煤层区域防治理论与技术基础；
3) 高瓦斯煤层群开采瓦斯运移及控制关键理论与技术基础；
4) 煤岩动力灾害综合自动监测预警理论、技术与系统。

2. 矿山通风与火灾综合防治基础理论

该理论包括：
1) 内因火灾发生机制及防治技术基础；
2) 外因火灾发生机制及控制技术基础；
3) 矿井灾变时期灾变气体的复杂耦合流动规律。

3. 煤矿水灾防治基础理论

该理论包括：
1) 复杂地质条件下老窑水、矿井水的流动规律及三维空间分布特征；
2) 奥灰隐伏陷落柱水灾发生机制；
3) 矿井顶板水害预测与防治专家系统等。

4. 煤矿事故应急救援决策的基础理论与方法

该理论包括：
1) 矿井灾变时期通风系统可靠性保障基础理论与方法；
2) 矿井重大灾害突发事件预警控制及预防处理计划集成技术基础理论与方法；

3) 灾区信息检测与救灾决策基础理论；
4) 矿用生命探测与人员定位基础理论与方法；
5) 矿井救灾通信基础理论与方法。

5. 矿山尾矿灾害形成机制及预防基础理论

该理论包括：
1) 矿浆流动特性及尾矿沉积规律；
2) 尾矿坝地下渗流场的影响因素及变化规律；
3) 不同环境条件下尾矿库的失稳破坏与灾变机制；
4) 尾矿库溃坝破坏灾情预测与预防；
5) 提高细粒尾矿堆坝稳定性的新工艺与新方法；
6) 尾矿库安全监测与预报预警；
7) 细粒尾矿坝稳定性评价体系的基础理论研究。

6. 工业生产中重大灾害防治基础理论与方法

该理论包括：
1) 重大危险源辨识指标体系、监测与监控网络化；
2) 工业火灾、爆炸和毒物泄漏等的发生机制和动力学演化过程；
3) 化学工业园区动态定量风险评价与安全保障；
4) 可燃性气体（粉尘）爆炸自动抑爆方法；
5) 工业领域重要装置、关键部位风险评估技术。

三、资源开采中的环境保护理论与方法研究

（一）研究范围及内容

资源开采中的环境保护主要研究资源开采对区域生态环境的影响规律，依据影响规律，提出保护环境或减轻环境损伤的采矿措施，对受损伤的生态系统则采取采后修复措施，因地制宜地修复到期望的状态（采矿前或法律许可的状态），保障矿产资源与环境的协调开发。

矿山环境保护按照传统的学科划分，属于采矿分支学科——采矿环境工程领域，按照学科新的发展，则属于绿色开采和科学采矿的范畴。作为采矿学科的分支学科，其主要目标是利用采矿学和环境学的基础理论，保障采矿工程与资源环境的保护相互协调。其学科方向与研究内容可分为四大类。

1. 资源开采对生态环境的影响机制

资源开采对生态环境的影响机制是开展矿山生态环境保护与修复的基础。不同类型的矿产资源开采造成的生态环境损伤规律差异较大，因此既要研究开采造成的地貌特征的变化，还要研究开采引起的其他环境要素的变化规律，如区域地下水位变化、生物多样性变化、主要污染物及其分布特征等。研究过程中需要重视时空尺度，即不同的研究对象需要采用不同的时空尺度，不同的时空尺度需要关注不同的生态环境要素，同时还需要注重不同时空尺度环境影响规律的转换。重点研究资源开采对生态环境的影响规律和机制，尤其需要研究采矿对土地利用、生物多样性、动植物生长环境、区域水环境的影响规律，以及开采沉陷规律和污染物的产生、迁移转化规律等。

2. 减轻矿山环境损伤的理论与方法

研究减轻矿山环境损伤的理论与方法是源头控制的需要，也是科学采矿的重要组成部分。零排放、无废开采、无损开采等是科学采矿的理想目标，由于资源与环境的依存性和资源赋存的共生性，实现"零排放、无废开采、无损开采"是较为困难的，或即使能实现也是不经济的，因此减轻矿山环境损伤才是现实合理的目标。无论是何种矿产资源开采，减轻环境损伤的途径包括：一是在既有开采技术框架下通过合理规划实现；二是创新开采技术，实现减轻环境损伤的目标；三是改变传统观念，视伴生共生矿产为资源。开展矿区环境容量与合理的开发强度研究、各种配采方案及其环境效应研究、资源与环境相协调的开采新技术、新方法研究等。

3. 矿山受损生态环境修复的理论与技术

重点研究土地复垦、水资源保护与治理、大气污染防治、生物多样性保护与恢复、酸性矸石山污染控制与修复和污染场地修复等理论与技术。

4. 矿山生态环境监测、评估、预警与监管

重点研究方向：矿山生态环境监测、评估、预警的理论与方法，如重点研究基于3S（RS，GIS，GPS）等的先进的环境信息快速提取技术、矿山生态环境保护的信息保障技术、矿山生态环境评价与预警技术等；矿山生态环境监管的理论与方法，如重点研究矿山生态环境修复质量检验与评定方法与装备、矿山生态补偿机制、矿山关闭政策、土地复垦与生态重建的宏观与项目管理方法，以及矿山生态安全的管理体制、相关法规和技术标准等。

(二)研究现状、发展规律与趋势

资源开采在为国民经济发展发挥重要作用的同时,不可避免地要对生态环境造成破坏。对土地的影响主要是土地沉陷引起的下沉盆地、裂缝、台阶和塌陷坑,以及露采迹地和固体废弃物堆积压占,并诱发地质灾害。据不完全统计,截至2007年,全国仅采煤造成的沉陷面积已达950万亩,并以每万吨煤沉陷3~4亩的速度增加。东部潜水位比较高的区域沉陷区已形成大面积的积水地和沼泽地,如山东兖州、滕州和安徽淮南、淮北等地区采煤沉陷地的85%以上为可耕地,直接威胁我国18亿亩耕地红线和粮食安全;西部多是水土流失严重和生态脆弱的风沙区,在矿产资源开发的影响下,因水土流失加剧、水资源枯竭、地下水疏干等问题,沙生植物枯死,植被覆盖率降低,土地风蚀和荒漠化程度加剧,生态环境进一步恶化;在西南部,矿产资源的开发诱使地质灾害频发,滑坡、泥石流等灾害严重威胁着当地居民的生产和生活安全。此外,全国煤矿的矸石山就有2800多座,占地超过6.5万公顷,其中1700多座在燃烧,产生了大量二氧化硫、一氧化碳等有害气体。这些毒害气体和矸石、金属矿山尾矿里面的有毒、有害成分共同污染着矿区的大气、水体和动植物,给工农业生产和人民生活带来严重危害。失稳尾矿坝垮塌甚至引起重大的伤亡事件,已受到国家的重视。

我国矿山环境保护研究起步较晚,直到20世纪80年代,才由自发探索、零散积累进入有组织的矿山环境恢复治理阶段。1989年1月1日生效实施的《土地复垦规定》标志着我国土地复垦走上了法制轨道。自此,采煤沉陷地复垦、露天排土场复垦、固体废弃物堆场绿化、矿区污染土壤治理等均取得了系列研究成果,国家也给予了相应支持。近10年来,矿山废弃地生态恢复的研究有了突飞猛进的发展。在金属矿土地复垦研究领域,提出了尾矿影响植物定居的主要限制因子及其改良措施;发展了废弃物酸化的预测方法,并提出相应的控制酸化措施;深入讨论了废弃物堆场植物自然定居的过程和机制;研究了重金属在植被重建中的迁移、积累规律。先后建立了广西平果铝土矿露天采场和赤泥堆场复垦示范场、山西中条山铜矿毛家湾尾矿库农业种植示范场和湖南郴州砷污染修复基地等。"尾矿库区复垦与污染防治技术研究"获国家科学技术进步奖二等奖;"有色金属矿山尾矿库复垦与生态恢复技术"获国家重点环境保护实用技术;"拜尔法赤泥基质改良技术"、"赤泥堆场边坡铺设生产基质的施工方法"等获得国家发明专利。"十一五"期间,科技部科技支撑重点课题"有色金属矿山废弃物堆场生态修复技术研究与示范"和"冶金矿山排土场生态修复与重建集成技术研究",已获得初步研究成果。在煤矿方面,已形成挖深垫浅、充填复垦、建筑复垦、露天矿采复一体化、煤矸石山绿化等技术,在安徽两淮地区、江苏贾汪区、山东济宁、河南平顶山、山西等已经大规模开展复垦,"煤矿区土地生态环境损害的综合治理技术"获国家科学技术进步奖二等奖,国家科技支撑计划重点项目"矿区复垦关键技术开发及示范应用"也已获得初步研究成果。但总体来说,土地复垦率较低,仅有12%左右,仍然有80%多土地未得到及时恢复利用;另据《全国矿产资源规划(2000—2010年)》实施评估结果表明,全国只有5个省(自治区、直辖市)矿山环境恢复治理率达到了25%,一些省(自治区、直辖市)的矿山环境恢复治理率甚至低于10%,西部地区的差距更大。而且多数研究处于实验阶段,大规模、产业化发展不成熟;大量的研究与实践集中在水分条件相对较好(年降雨量500毫米以上)的地区,对生态系统脆弱的干旱半干旱(年降雨量低于400毫米)地区的研究与实践较少;金属矿污染土壤治理技术大规模推广仍未实施。

与此相比,美国、澳大利亚、加拿大等资源大国矿山环境保护与修复的法律保障、理论研究与工程实践成效显著。如美国1977年就颁布实施了《露天采矿管理与土地复垦(环境修复)法》,且有专门的矿区生态环境治理管理机构和资金来源并建立了国家矿山生态环境修复研究中心(National Mined Land Reclamation Center),在矿山开采前已有生态保护与恢复规划,新建矿山的土地复垦率达到100%;此外,国外矿区生态保护与恢复的学术氛围十分浓厚,美国、捷克等国每年均有定期的矿山环境与修复的国际学术会议。国外发达国家在"边开采、边修复(复垦)"即采复一体化技术,破坏土地多用途利用包括休闲、生物材料等技术,表土的剥离和堆存工艺技术,利用共生微生物加速矿山废弃地植被的建立技术,酸性排土场酸性水防治系统化、工程化技术,堆场基础设施的稳定性及影响分析技术,乡土植物种子的采集、保存和在复垦土地的适用性技术,复垦区动物回迁的生物措施与监测技术,复垦区生物多样性、稳定性和评价体系,复垦规划与社区发展相协调研究等方面均有较成熟的技术和示范应用。相比而言,我国在法律法规建设、土地复垦与生态重建技术研究、多行业联动方面均存在很大差距。

随着我国资源开发向深部、大型基地建设和向西部发展,开发产生的固体废弃物产量加大,破坏和压占了大量土地,西部生态脆弱地区的生态环境保护与修复研究也已提上日程。2007年11月29日国家发展和改革委员会正式对外发布了中国第一部《煤炭产业政策》,明确提出,我国将建设神东、晋北、晋中、晋东、陕北、黄陇(华亭)、鲁西、两淮、河南、云贵、蒙东(东北)、宁东等13个大型煤炭基地,以提高煤炭的持续、稳定供给能力。由此可以看出煤矿区规模、开采时限及地域跨度越来越大,生态保护与复垦技术趋向于复杂。

根据《全国矿产资源规划（2008—2015 年）》，到 2010 年和 2015 年，新建和生产矿山的矿山地质环境得到全面治理，历史遗留的矿山地质环境恢复治理率分别达到 25% 和 35%，新建和在建矿山毁损土地全面得到复垦利用，历史遗留矿山废弃土地复垦率分别达到 25% 和 30% 以上。到 2020 年，绿色矿山格局基本建立，矿山地质环境保护和矿区土地复垦水平全面提高。

根据《全国土地利用总体规划纲要（2006—2020 年）》，"到 2010 年和 2020 年，全国通过土地整理复垦开发补充耕地不低于 114 万公顷（1710 万亩）和 367 万公顷（5500 万亩）"；"有计划、分步骤地复垦历史上形成的采矿废弃地，及时、全面复垦新增工矿废弃地"；"能源矿产资源开发地区，要坚持资源开发与环境保护相协调，禁止向严重污染环境的开发项目提供用地。加强对能源、矿山资源开发中土地复垦的监管，建立健全矿山生态环境恢复保证金制度，强化矿区生态环境保护监督"。

根据《关于组织土地复垦方案编报和审查有关问题的通知》（国土资发[2007] 81 号），在新建和改扩建矿山开采前要求编制土地复垦方案；2009 年 5 月 1 日实施的《矿山地质环境保护规定》（中华人民共和国国土资源部令第 44 号）第十二条："采矿权申请人申请办理采矿许可证时，应当编制矿山地质环境保护与治理恢复方案，报有批准权的国土资源行政主管部门批准。"

可见，对新建矿山的生态保护与复垦趋向于源头控制，并要求在矿山开采中实现"边采矿、边处置、边复垦"的一体化生产工艺；对关闭矿山遗留的矿山生态问题逐步治理，最终实现绿色矿山、环境友好、可持续性发展的目标。因此，矿山环境与修复的理论与技术研究是国家亟待解决的问题。

（三）研究前沿与重要科学问题

（1）资源开采对生态环境的影响机制

揭示矿产资源时空分布与环境损伤的演化过程，研究资源开采在不同尺度范围的环境效应。

（2）减轻矿山环境损伤的理论与方法

建立环境承载力与开采对环境损伤的核算模型，确定资源适度开发规模和开采方法。

（3）矿山受损生态环境修复的机制与技术

根据开采引起的环境损伤规律和矿山区域污染物的迁移转化规律，研究工程与生物修复措施的修复效果及生态风险。

(4）矿山生态环境监测、评估、预警、监管的理论与方法

研究多源数据集成和融合方法，建立预测与预警模型，为矿山生态环境提供基础数据和技术支撑。

（四）2011～2020年优先资助方向

(1) 资源开采对生态环境的影响
资源开采对生态环境的影响包括：
1）大型煤炭基地开发过程中区域水循环过程和生态演变规律；
2）特殊采矿方法或特定环境条件下的环境损伤规律研究；
3）矿山环境容量与适度资源开发规模研究；
4）资源开采区域不同开采阶段的生态环境损伤规律与修复技术；
5）矿山废石堆场污染的诊断、迁移转化规律与原位控制与修复机制研究；
6）矿产开发的环境累积效应评价理论与方法。
(2) 减轻矿山环境损伤的理论与方法
减轻矿山环境损伤的理论与方法包括：
1）矿山废弃物减排、处置与资源化的理论与方法；
2）矿物资源开采过程中多资源同步利用与环境保护的理论与方法。
(3) 矿山受损生态环境修复的理论与方法
矿山受损生态环境修复的理论与方法包括：
1）煤-粮复合区采煤塌陷地边采边复保土复垦原理与方法；
2）西部生态脆弱矿区生态保护与恢复的理论与方法；
3）闭矿期矿山资源与井下空间再利用的理论与方法；
4）基于环境保护的露田-矿井联采优化。
(4) 矿山生态环境监测、评估、预警与监管
矿山生态环境监测、评估、预警与监管包括：
1）矿区生态保护与复垦的信息化保障的理论与方法；
2）矿山废石堆生态安全的监测、预警的理论与方法。

四、资源开发中的重大基础理论问题

（一）研究范围及内容

资源开发面对岩体的复杂介质属性，从岩体结构上讲，因为大量跨尺度的缺陷如断层、节理、裂隙和孔隙的存在，以及采动岩体的破裂演化过程，致使

岩体不是连续介质，但由于岩体仍属于结晶材料，岩体也不是离散介质，致使岩体的介质属性既具有断续结构特征，又具有破断介质属性，说明从构造本质上讲岩体是一种非线性材料。此外，岩石的非线性本质还表现在岩体的变形演化、破坏发展以及其中裂隙和孔隙空间分布的复杂性和高度无序性等方面。岩体的非连续、非线性力学行为描述已成为国际岩石力学界公认的理论难题。当今岩体力学由于局限于连续介质力学体系框架内，在解析岩体断层、节理、破碎断裂等非连续、非线性力学行为上遇到了前所未有的难题，如果不在岩体力学研究方法和核心科学问题研究上取得突破，就不可能定量和准确地描述岩体力学行为。同时，资源的特性复杂多变，与岩体、工具、设备等系统耦合，如果不在流体和固体力学研究方法上取得突破，就难以定量和准确地描述生产过程。

基于能源与资源安全的国家重大需求，研究保持能源工业与资源开发持续稳定、安全、高效，实现能源与资源开发利用和环境的和谐发展、环境友好，建立以人为本原则下全面协调可持续的现代化能源工业与资源开发利用的理论体系框架，以岩体复杂介质属性和多场环境（应力场-温度场-渗流场）为切入点，针对煤炭开采、油气开发、金属和非金属矿开采、地热利用、能源储备运输、固体废物地质处置、CO_2资源化与地质封存等重大工程，对原岩体形成工程扰动过程中的重大基础理论问题展开研究。

（二）研究现状、发展规律与趋势

资源开发中普遍存在岩体破断、动力失稳、冲击地压、瓦斯突出、油气爆炸与突水等灾害孕育过程中的动力学现象。资源开采前，岩体处于平衡状态，采矿工程活动打破了这种平衡，致使岩体产生变形、移动与破坏，而一切工程灾害事故都发生在这种力学过程中，因此资源开发基础理论的本质是力学问题，这类力学问题又有其自身的特点：受力状况测不准、岩体处于卸荷力学状况、大都是无限体问题、资源开采面对复杂的地质环境。

鉴于资源开采工程力学问题的特殊性，致使资源开采主要灾害事故与技术难题涉及的一般力学问题既强调了一般流体/固体力学的固有研究理论与方法，又突出了资源开采工程的特殊性。

1. 岩体的非线性本构理论

如何从本质上描述岩体的大变形大转动问题对正确评价岩体工程的稳定性具有十分重要的意义。目前在宏观唯象学基础上发展起来的岩石弹塑性理论、流变学理论已经得到充分发展和完善，并且广泛应用于岩体工程中，但这些理论对岩体非线性本构特性的描述还很不完善。

最近几十年来发展起来的非线性几何场力学理论对经典的理性力学和非线性连续体力学在概念和方法上有了重要的进展，对研究结构大变形与失稳、接触力学、断裂力学以及生物力学等都将起到积极的推进作用。岩体工程中，大变形大转动问题随处可见，经典的描述方法是连续体力学框架内的小变形本构理论，毫无疑问，如果岩石在弹性区范围内，这种基于小变形的本构理论是完全可以胜任的，得出的结论也是符合工程实际的。一旦岩石进入破坏和变形失稳区后，岩石随即将产生应变软化。岩石力学实验表明，Drucker 公设对岩石材料并不适合。不仅如此，即使同一种岩石材料在不同的条件下其软化区的特性也不同。经典的唯象学本构理论在描述岩石软化区的物理力学特性时遇到了极大的困难，再加上本构模型中实验参数确定的随机性和不确定性，使岩石的本构模型更加难于用于工程实际。因此即使仍是在连续体力学的学科框架内，借助于现代非线性几何场力学理论发展也能充分反映岩石应变软化区特性的物性方程将是岩石力学的一个十分重要的研究方向。

2. 资源开采中的矿山压力

早期对矿山压力研究一般都采用材料力学的基本原理。德国的斯托克（Stoke）于 1916 年提出的悬臂梁假说就是一个典型的例子，该假说只注重上覆岩层所给予的压力大小，并不在乎上覆岩层的运动规律。进入 20 世纪 50 年代，随着长壁工作面开采技术和上覆岩层运动观测手段的提高，对采场上覆岩层运动结构形式有了新的认识，于是出现了铰接岩块假说和预成裂隙假说，由铰接岩块假说推断的一些结论仍沿用至今。我国学者钱鸣高院士和宋振骐院士在总结铰接岩块假说、预生裂隙假说和悬臂梁假说的基础上，结合上覆岩层移动规律的观测结果，于 70 年代末分别提出了岩体结构的砌体梁力学模型和传递岩梁模型，经过现场观测和生产实践的验证逐渐得到公认，对我国煤矿采场矿压理论研究和指导生产实践都起到了重要作用。钱鸣高院士于 90 年代又建立了关键层理论，以关键层作为中间纽带将采场矿压、岩层移动和地表沉陷有机结合起来，从而解决采场的周期来压和支架参数的确定、岩层移动的周期性变化规律以及地表沉陷与采场推进的关系。

3. 开采沉陷的力学问题与分析

人们最初对开采沉陷的认识是通过对开采影响的调查，从几何的角度来认识开采沉陷的。1947 年苏联学者阿维尔申利用塑性理论对开采沉陷进行了细致的理论研究分析，并结合经验方法建立了地表下沉盆地剖面方程，提出了地表水平移动与地表倾斜成正比的著名观点。1953 年波兰学者萨武斯托维奇利用弹性基础梁理论得出了波动性下沉剖面方程。20 世纪 60 年代，英国学者 Berry 和

Sales 将岩体视为均质弹性体，分为平面各向同性、横观各向同性、空间问题三类和采区边界条件不闭合、部分闭合、全闭合三种状态，提出计算岩体下沉方法。Salamon 提出了更为一般的线弹性分析原理，即面元原理。1954 年波兰学者 Litwiniszyn 提出了开采沉陷的随机介质理论，将岩层移动过程作为一个随机过程，推证下沉服从柯尔莫哥罗夫方程。60 年代由我国学者刘宝琛、廖国华在随机介质理论基础上发展了开采沉陷预计方法——概率积分法，该方法仍是目前开采沉陷预计的最常用方法之一。

4. 巷道支护的力学问题

最初人们根据地面承载体的直观概念，认为支护理论也无非是载荷决定支护体强度。最早的巷道地压是根据弹性力学中二向等压下无限大平板圆孔周边的弹性应力解来确定的，人们一方面在弹性力学中寻求复杂边界（如矩形巷道、拱形巷道、半圆形巷道等）应力解析解的同时，另一方面又发展了圆形巷道的弹塑性解析解，以及考虑围岩流变效应的黏弹性、黏弹塑性等本构关系的围岩应力解析解，并逐渐发展成为一种以固体力学为基础、考虑岩层固有条件的围岩应力分析方法。随后人们针对巷道围岩破坏区的形状与范围提出了各种不同的假说，并由此发展成一系列在现场实践中简便的巷道地压计算方法，影响较大的有普氏公式（1907）、太沙基公式（1942）、卡氏公式（1951）等。Rabcewicz（1964）根据大量隧道施工工程经验总结出的新奥法（new Austrian tunneling method），强调围岩变形与应力监测的重要性，根据监测结果动态地修改支护设计，将围岩力学特性和围岩-支护相互作用关系的重要性提高到了一个新的水平，在巷道支护实践中尤其是软岩巷道支护中取得了很大的成功。我国从 20 世纪 60 年代起大力发展 U 型钢可缩性支架、80 年代以来广泛推广使用锚喷支护，同样是与围岩力学特性的认识密切相关的。人们对巷道围岩力学特性的认识使巷道支护逐渐由单纯凭借经验向立足于科学实践逐渐过渡。但目前巷道支护设计离真正的定量化研究与设计尚有一定的距离，很多情况下尤其是复杂地质条件下支护设计还只能凭经验进行工程类比。

总之，岩体尤其是采动岩体是一种极端复杂的地质材料，实践表明，岩体的结构在宏、细、微观三个层次上都表现出明显的非线性，导致了其力学性质及工程特性的非线性。因此如何从本质上描述岩体的非线性，并在此基础上进一步研究岩体力学的基本问题，就构成了非线性岩体力学的科学主题。油气等流体资源也是一种极其复杂的流体材料，流体资源结构在宏观和微观上都表现出了明显的非线性，而工程系统力学过程的非线性使问题更加复杂。

(三)研究前沿与重要科学问题

1. 岩体结构特征与介质属性的跨尺度描述

系统研究岩体断层、节理或裂隙的宏细观几何形态、分布、结构面特征，建立裂隙岩体力学性质与细观结构之间的定量关系；基于开挖揭露的岩体工程编录信息，由统计分析获得裂隙尺度、数量、张开度间的数量关系，确定裂隙分布尺度律；根据断层、节理、裂隙尺度律，将裂隙尺度律作为分析裂隙网络特征的依据，突出裂隙分布的统计规律，发展三维裂隙网络模拟与生成方法；根据裂隙网络的复杂性，并用逾渗模型研究裂隙网络的扩散，获得岩体的损伤力学张量，建立裂隙岩体的跨尺度力学表征模型。

2. 多相介质多场环境下耦合机制的非线性模型研究

系统研究渗透场和温度场对地质体力学特性的影响规律，开展油、水、气等强渗透压耦合效应下地质体的变形破损机制研究，探讨化学腐蚀下工程地质体破坏过程的演化机制与精细仿真方法，建立地质体耦合损伤演化模型；建立温度、压力和渗流场耦合的控制方程，探讨多场耦合效应对地质体和流体物性参数的影响规律，开展多场耦合效应及其对地质体灾变机制的影响，揭示储库介质渗透机制和迁移规律，提出多场耦合、化学腐蚀对地质工程的长期稳定性的评价方法。

3. 采动影响下裂隙岩体力学行为与工程响应特征研究

系统研究不同类型岩体在加卸载过程中力学性质变化与损伤演化之间的关系，重点研究岩体峰后的破裂结构特点和变形破坏规律，分析微结构、裂隙分布及拓扑特性对岩体破裂形态及其演化规律的影响，探索岩体变形破坏过程的结构演化、强度弱化、能量耗散与释放、失稳破坏等非线性力学特性，研究强约束条件下裂隙岩石的强度演化与变形损伤耦合的时间效应；研究岩体中断续节理的空间分布特征和关键参数的数学描述方法，探讨不同尺度岩体的变形机制和结构面效应特征。

4. 工程扰动下岩体大变形、强流变本构模型研究

针对"三高"环境和强烈开采扰动特点，借助微细观结构测试、物化成分分析等手段对软岩膨胀性机制进行研究，探讨软岩吸水膨胀与内部电子结构、能带结构以及黏土矿物吸附各种金属元素前后能量变化等因素的相关性，研究吸附能变化引起的软岩物理、化学及力学性质的改变，揭示软岩膨胀性大变形

机制。进一步发展软岩在拉压、拉剪复合应力状态下的物性方程，建立高应力与强卸荷耦合作用下软岩大变形本构模型；针对"三高"环境与强卸荷耦合作用下岩体流变的非线性特征，根据流变过程的三个典型阶段，建立新的岩体非线性损伤流变模型，探讨流变模型由实验室时间尺度外推到工程时间尺度的理论与方法。

5. 工程扰动诱致能量场的时空演化规律与多因素耦合致灾机制

针对工程扰动和系统演化诱发的工程灾害问题，结合岩爆、冲击地压、突水、瓦斯涌出、顶板失稳、滑坡、渗透灾变、地表沉陷等工程灾害的共性特征，研究开挖与工程扰动作用下岩体应力场与能量场的时空演化规律，提出基于能量突变的岩体动力失稳模型与判别准则和能量分析体系；探讨岩体结构面变形和断层错动过程中超低摩擦效应形成机制与动力响应特征，揭示工程扰动条件下裂隙岩体的能量积聚与释放机制、工程灾害的能量触发条件；揭示工程灾害的多尺度触发机制和孕灾过程，建立岩体空间结构运动与应力场耦合过程中的应力与能量突变的非线性动力学模型。

6. 工程体-地质体相互作用的非线性力学模型及互馈机制

从工程体和地质体的接触面性质以及共同作用机制出发，运用系统科学原理和接触力学理论建立地质体和工程体相互作用的力学模型，建立地质工程系统整体稳定性分析的非线性力学分析模型；探索支护体系与复合型工程灾害的互馈作用和影响规律，建立考虑动力灾害激增机制与支护体系互馈效应的复合型工程灾害多参数分析模型，提出围岩体稳定性的调控理论与方法；提出地质工程系统相互作用的在线监测、自诊断以及整体稳定性的多因素实时监控理论与方法。

（四）2011～2020 年优先资助方向

1. 煤炭资源开采

1) 高地应力、高渗透压、高地温环境下深部采动破碎围岩的稳定性与灾变力学机制研究，包括：①深部破碎围岩体的变形破坏规律及强度模型；②深部采动应力场时空分布规律及多因素耦合致灾机制。

2) 残采煤田采区二次采动围岩结构稳定与覆岩运动结构分析模型，包括：①残采煤层二次采动应力场分布规律及覆岩运动模型；②"三下"压煤采动应力时空分布规律与覆岩运动的非线性力学分析模型。

3) 瓦斯突出、爆炸和突水等灾害演化过程中的动力学研究，包括：①煤与瓦斯动力灾害孕灾过程的动力学模型；②煤矿突水机制的多因素耦合致灾动力学模型。

2. 油气开发

1）低渗油气藏开发理论及多相流非线性流-固耦合模型研究，包括：①低渗透油气藏的非线性渗流理论及开发方式研究；②天然气水合物开发基础理论研究；③油气深部开采中非线性流-固耦合模型研究。

2）深海油气收集与输运中流-固耦合渗流模型及耦合作用机制，包括：①深海油气田集输及海底管道的流固耦合非线性描述；②深水油气管道工程内流、外流及结构相互作用的动力学模型研究。

3. 金属矿开采

1）非线性充填理论与建模中的关键科学问题研究，包括：①充填体力学特性及其作用机制基础研究；②深部充填水力输送理论与管道磨损机制研究；③超细全尾充填料浆制备与脱水重大基础研究。

2）散体介质流动的重大基础研究，包括：①散体结构特征与介质属性的非线性描述；②散体介质流动过程细观动力学与波动理论研究；③散体介质流动多场耦合问题研究。

3）浸出体系中多级非线性渗流关键基础研究，包括：①浸出体系孔裂隙网络结构精细表征；②浸出体系中多级渗流特性及其细观力学研究；③溶浸采矿中矿岩裂隙扩展机制研究。

4. 能源地下储备、废物处置与地下空间利用

1）岩体污染质迁移规律基础性研究，包括：①岩体节理分布特征与渗流规律的研究；②多场耦合对节理岩体污染质迁移规律的影响；③固相、液相和气相共同作用下多孔介质中流体传输规律的研究。

2）大型地下工程稳定性评估基础性研究，包括：①复杂应力和高渗透压条件下地下工程的灾害形成及控制方法；②地下空间工程岩体超长时间稳定性分析研究；③深部地下工程稳定性和支护结构长期可靠性研究；④高原寒区隧道冻害机制及防寒保温技术研究。

五、低品位、多金属共生矿冶金理论与新技术

（一）研究范围及内容

矿产资源是十分重要的非可再生自然资源，是人类社会赖以生存和发展的

不可或缺的物质基础,它既是人类生活资料的重要来源,又是极其重要的社会生产资料。我国地域辽阔,地质条件复杂,是世界上矿产资源总量丰富、矿种比较齐全的少数几个资源大国之一。但是考虑矿石品位、矿石类型、矿石的选冶性能以及人口等综合因素,我国就成为矿产资源严重匮乏的国家,因此如何开发适应我国矿产资源特点、高效清洁利用的矿冶技术是今后一个时期矿冶学科的重点任务之一。该领域的研究内容主要涉及矿物加工、提取与分离过程中,复杂多项体系下,组元之间的相互作用规律、物质转变规律、多项分离规律及其热力学与动力学。所涉及的方法包括火法冶金和湿法冶金,以及多物理场耦合情况下的物质作用规律。

(二)研究现状、发展规律与趋势

1. 贫矿多,富矿、易选矿少,某些重要矿产资源短缺

我国支柱性、战略性的矿产大多存在着贫矿多、富矿和易选矿少的问题。以铁矿石为例,我国铁矿储量位居世界第三,但与主要铁矿资源出口国家巴西、澳大利亚相比,我国铁矿石资源的平均品位为30%~35%,比世界铁矿平均品位低10%。截至2006年,我国品位超过50%的富铁矿资源储量只有11亿吨,占全部铁矿资源储量的比例不足2%,其余98%的铁矿资源均为贫矿。近年来我国钢铁工业迅速发展,粗钢年产量已超过5亿吨,国内铁矿石产量远远不能满足需求,超过半数的铁矿石需求需通过进口解决,这导致我国过度依赖国外铁矿资源,在国际市场铁矿石的价格博弈中处于十分被动的地位。与此同时,我国攀西地区丰富的钒钛磁铁矿、包头白云鄂博地区的稀土铁矿、三峡及鄂西北地区的高磷铁矿等,由于品位低、选冶难,一直未能被很好利用。

再如我国其他矿石资源,含铜在1%以上的铜矿只占36%,而大于2%的仅占6%左右,我国铜矿平均品位仅0.87%,而智利、赞比亚的分别为1.5%和2%。锰矿平均品位仅22%,不到世界锰商品矿石工业标准48%的一半,且多属难选的碳酸锰。磷矿全国平均品位仅17%,富矿储量仅占6.6%,且胶磷矿多,选矿难度大。硫矿以硫铁矿为主,一级品富矿储量仅占4.3%,而国外大多以自然硫和回收油气副产硫为主。此外,银、钼等重要金属矿产也是贫多富少。金刚石、铂、铬、钾盐等大宗矿产的探明储量明显不足,属我国的短缺矿种,远不能满足我国当前及今后经济发展的需要。

2. 伴生矿、复合金属矿多,分离提取困难,综合利用率低

我国由于地质成矿条件复杂,很多矿床都是由多种矿物共生或伴生组成的综合性矿床,尤以多金属矿床最为突出。据统计,我国有80多种矿产是共

（伴）生矿，以有色金属最为普遍。例如，我国的银有 2/3 是铅锌矿的伴生矿，1/3 是铜的伴生矿，独立银矿极少。铅锌矿中的共（伴）生组分高达 50 多种。全国伴生金的 76% 和伴生银的 32.5% 均来自铜矿等矿产资源。我国最为著名的伴生矿包括攀枝花钒钛磁铁矿、白云鄂博稀土铁矿以及金川多种金属镍矿等。攀枝花钒钛磁铁矿是由 40 多种化学元素、20 多种矿物组成的伴生矿，其远景储量超过 100 亿吨，其中钒、钛储量分别占全国的 63% 和 90.5%，分列世界第三位和第一位。我国 91% 的钒分散在其他矿床之中，以钒为主的矿床仅占 9%。白云鄂博铁矿共含有 71 种化学元素、114 种矿物，其伴生的稀土金属储量占我国总储量的 90%，占世界总储量的 80%。"镍都"金昌矿区含有镍、铜、钴、铌、金等 10 多种贵重金属，同时也是我国铂族金属最丰富的蕴藏地。江西漂塘钨锡矿也含伴生矿物 60 多种。虽然共（伴）生矿的潜在价值较大，甚至超过主要组分的价值，但其开发利用的技术难度也大，选冶复杂，成本高。

由于受矿产品位和采选冶炼水平等因素的限制，目前我国采矿方式大多为单一开采，大量的伴生、共生矿被废弃，开采损失率达 40% 左右；有色金属矿山年损失各种金属量超过 20 万吨，不仅浪费了大量宝贵资源，而且造成了许多环境问题。

核燃料是核电发展不可或缺的能源资源，也是军用核材料的重要原料和重要的战略资源，其资源储备和加工技术水平是维护我国核大国地位、保障国家核战略实力的基础。近年来随着我国核电事业的发展，对核燃料的需求大大增加，但是我国目前查明的铀矿资源有以下特点：资源分布广、矿床规模小、资源类型多、矿石品位低、共生及伴生矿产种类多。资源的低品质及复杂性决定了其有效开发利用及研究的高难度。

3. 低品位、多金属矿冶金技术的进步

目前钒钛磁铁矿利用技术已取得很大进步，攀钢、承钢已逐步实现了铁、钒和钛的大规模化利用，但资源浪费和生态环境问题仍然突出。例如，国内外现有提钒工艺大多以转炉吹钒的钒渣（10%～25% V_2O_5）为原料，采用 850℃ 高温钠化氧化焙烧/铵盐沉钒的传统工艺，反应传质效果差，即使采用多次高温焙烧，钒的单程回收率也只有 80%。此外，钒钛磁铁矿中铬资源蕴藏丰富，但不能回收利用，使提钒尾渣成为高毒性废弃物，造成二次污染。铬是全球性的稀缺战略物资。中国是贫铬之国，每年消费量的 80% 以上依靠进口。攀枝花地区的红格钒钛磁铁矿是我国最大的铬矿资源，储量 36 亿吨，含有 Cr_2O_3 高达 900 万吨，是全国其他地区已探明储量的近两倍。国内部分钢铁企业目前已经开始开采利用红格矿，但都只是利用了其中的铁和钛，都没有回收钒及铬，是对资源的极大浪费。钒在攀西地区所有的磁铁矿中都普遍存在，但至今为止除了红格矿以外，尚未见到铬在攀西裂谷中有可开采价值的报告。放弃回收红格中的铬将造成无可挽回的重大损失。合理、综合利用红格矿这一宝贵资源，将在一定程度上解决我国铬矿严重短缺的问题。

白云鄂博多金属共生矿含有丰富的铁、稀土和铌资源，经过近年来的技术攻关，稀土选矿技术得到了很大进展，白云鄂博已能生产180多种规格的稀土产品，其生产能力已跃居世界首位，但仍然有很多共同的科学问题需要解决。

我国是稀土资源大国，20世纪80年代以来，围绕白云鄂博混合型稀土矿、四川氟碳铈矿和南方离子型稀土矿三大稀土资源的持续开发利用，形成了相对成熟的主流工艺，主要的研究重点是遵循循环经济理念，通过工艺技术创新，实现清洁生产和伴生资源的利用。"十五"以来，北京有色金属研究总院、长春应用化学研究所针对现有四川氟碳铈矿利用中的氟和钍资源浪费和污染问题，各自开发了清洁生产工艺；包头稀土研究院、北京有色设计院和长春应用化学研究所针对包头混合型稀土矿硫酸化高温焙烧的"三废"污染问题，共同开发了包头稀土矿低温硫酸焙烧-伯胺萃钍工艺；北京有色金属研究总院针对稀土萃取分离过程中有机皂化带来的氨氮废水排放问题，提出了非皂化萃取分离工艺。上述技术的研究与应用，在一定程度上缓解了稀土资源利用过程中的资源和环境问题。世界范围内，随着中国三大稀土资源的持续消耗，各国加大了资金投入，寻找新的稀土资源和与之相适应的新的冶金技术。

（三）研究前沿与重要科学问题

针对我国这些大宗战略矿产资源的特点及应用现状，一方面需要对传统工艺过程中的冶金物理化学问题作深入、细致、系统的研究，丰富和补充现有矿物加工和冶金理论以及不同体系下的数据与规律；另一方面要寻找解决目前资源问题的新工艺和新方法，提倡源头创新。例如，要深入研究外场存在时，物质相互作用的特殊现象和反应机制、热力学与动力学调控机制。同时，也要关注选冶新技术的发展，如近年来生物选矿技术的提出及相关理论的不断完善为解决资源利用问题提出了新思路。目前来看，该领域的研究前沿主要有：电能供应方式下的冶金新工艺，如微波冶金、电解还原、电沉积等；多元多相体系下多价态组元间的相互作用规律；反应器内化学反应、物质、能量传输及物理场下的耦合模拟；生物冶金科学与技术。

（四）2011～2020年优先资助方向

1. 钒钛磁铁矿中金属元素高效分离与提取的基础研究

该基础研究包括：

1）钒钛磁铁矿中钒、钛、铁、铬选择性还原与富集的热力学与动力学调控；
2）渣中富含钒、钛相可控生长动力学及分离机制基础研究；
3）多元含钒、钛体系炉渣高温相图研究；
4）高温下多元含钒钛体系熔渣结构研究；
5）钒、钛各级氧化物在不同炉渣体系下的活度测定及模型建立；
6）高炉渣整体利用的物理化学与新技术。

2. 多金属共生稀土资源综合利用基础研究

该基础研究包括：

1）稀土、磷、钍、氟、铌、钼、锶、钡等共伴生资源高效提取分离基础理论研究；
2）稀土及其共生资源分离新技术、新工艺研究；矿物分解、浸取、分离过程中各金属矿物的反应热力学特性和动力学规律研究；
3）稀土深度提纯技术基础；连续离子交换提纯技术；氧化还原提纯技术；萃取色层、萃淋树脂提纯技术；高温高真空蒸馏提纯技术；悬浮熔炼-电迁移提纯技术；
4）冶金过程反应机制及控制技术及装备；
5）风化壳淋积型稀土矿高效浸取基础研究。

3. 天然核燃料提取与分离基础研究

该基础研究包括：

1）放射性矿物开采的矿床矿物学、岩石力学基础研究；
2）铀溶浸与分离的动力学及热力学基础研究；
3）钍提取、分离、纯化过程基础研究；
4）过程的辐射防护与相关材料的制备。

4. 高磷铁矿为代表的低品位复杂铁矿选冶物理化学问题的研究

该研究包括：

1）高磷铁矿采选过程中的矿物学及界面问题基础研究；
2）高磷铁矿高炉内还原热力学及动力学；
3）磷在渣金界面的传输行为及脱磷热力学与动力学；
4）高磷炉渣的改性机制研究；
5）高磷钢水中磷和合金元素及其他有害元素的相互作用系数测定及活度模型的建立；
6）磷在渣中存在形态、结构与浸出、生物吸收规律基础研究；
7）高磷铁矿石微生物脱磷技术研究。

六、低排放冶金新工艺与二次资源综合利用

（一）研究范围及内容

1. 非焦（低焦）炼铁及复合铁矿资源的高效利用

针对我国铁矿资源短缺问题而开展的难利用铁矿综合利用冶金技术和钒钛磁铁矿的综合利用冶金技术，将使我国可利用铁矿资源大大增加，这对解决目前铁矿资源对外依赖度高这一瓶颈问题具有重大的意义。主要研究范围和内容包括：熔融还原、直接还原等新一代炼铁技术的关键技术的研究开发；超高富氧（氧气）高炉高效、低焦比炼铁；高磷矿、钒钛磁铁矿等难利用铁矿综合利用冶金技术。

2. 先进轻金属冶金技术

随着航空、航天工业以及海洋技术的发展，对铝、镁、钛等轻金属的需求越来越大。但如何高效率、低污染、可持续地生产这些轻金属材料仍需要展开大量的研究，主要研究范围和内容包括：短流程、低能耗从铝土矿中提取氧化铝的新工艺与新技术的基础理论研究；铝冶金铝电解槽的大型化、节能高效化和长寿化设计；金属热还原真空炼镁冶金过程中的传质、传热、冶金反应过程学原理，金属热还原反应机制；利用金属共沉积的熔融盐镁合金的高效生产技术；皮江法等硅热还原的低污染化以及能源利用的高效化；金属钛冶金的新流程；以我国锂矿和含锂盐湖卤水资源为特点的提锂新工艺和资源综合利用的基础理论研究。

3. 稀有金属冶金技术

开发高效的提取稀土金属以及和钽、铌等稀有金属以及制备高性能电子信息、能源功能材料技术的理论与实践意义重大。主要研究范围和内容包括：针对稀有、稀土金属冶金过程的元素分离、纯化、多金属伴生资源的综合利用和稀土分离提纯过程中无氨、氮排放新技术应用的基础研究；熔盐电解直接提取稀有金属新技术；大型节能、环保稀土电解新技术及设备开发过程中应用基础研究；熔盐电解直接提取稀有金属新技术；以钛、钽、铌等稀有金属氧化物为原料，在熔盐中直接电解提取稀有金属是一种绿色短流程的冶金工艺。

4. 材料的短流程制备加工新工艺

材料的制备和成形加工是能源、资源消耗的大户，其产品的制备加工过程、

使用与回收再利用对环境有重大的影响。主要研究范围和内容包括：实现近终形、短流程的连续化生产，提高生产效率的工艺理论；发展先进的制备与成形加工一体化的短流程制备与成形加工技术，实现组织与性能的精确控制；发展材料设计、制备与成形加工一体化技术，实现先进材料与零部件的高效、近终形、短流程成形。

5. 冶金二次资源、能源高效利用及环保新技术

我国冶金工业的可持续发展，必须开发新的资源高效循环利用、能源高效利用和难回收余能的回收技术、新的环境和生态治理技术以及冶金过程废弃物和污染物最小化技术等。主要研究范围和内容包括：冶金过程工艺节能新技术；二次资源循环利用；冶金过程污染物和温室气体减排；工业生态系统和链接技术开发；余热余能回收利用新技术；冶金渣综合利用新技术；冶金煤气（废气）的资源化利用，特别是焦炉煤气制氢、高炉煤气加氢制备二甲醚等资源化技术的基础和应用基础研究。

6. 冶金生产流程高效及过程优化

为了提高冶金企业的市场竞争力，需要高度重视各种冶金生产设备的高效化生产技术，以提高生产效率、降低能耗和各种原材料消耗。主要研究范围和内容包括冶金流程物质流、能量流优化；劣质铁矿资源的高效使用技术及高炉、造块工艺优化配矿技术，最大限度地拓宽铁矿石的可用范围。

（二）研究现状、发展规律与趋势

在国家自然科学基金委员会等部门的大力支持下，在低排放冶金新工艺与资源综合利用的基础研究、应用研究方面取得了显著科研成果。

1. 冶金节能减排新工艺、新设备

工艺、设备是冶金节能减排的基础，研究构建高效率、低能耗、低污染的新技术、新工艺及新设备一直是冶金节能减排的重要方向之一。近年来，钢铁冶金领域在大型焦炉技术、煤调湿-配型煤快速炼焦技术、小球烧结新工艺、热风烧结新工艺、大型高炉技术、高风温双预热热风炉技术、熔融还原炼铁技术、洁净钢冶炼技术、薄板坯连铸连轧技术、棒线材连轧技术等关键共性技术等方面取得了重大理论突破和丰硕的应用成果。有色冶金领域则重点对高效节能的采矿新工艺、新技术和新设备，如既节能又环保的原地浸矿新工艺、新技术，高效节能的选矿新工艺、新技术、新药剂和新设备，粉末冶金

技术，微波冶金技术，生物冶金等节能湿法冶金技术，以及富氧强化熔炼技术，电解精炼新技术，稀有、稀散金属的提取与提纯技术，连铸连轧等有色金属冶炼与加工联合生产工艺技术，一次成型加工技术等进行了基础研究和应用研究。

2. 能源高效转换

能源的高效转换是冶金节能的又一重要方向。新一代焦炉技术、掺烧煤气燃煤锅炉发电技术、燃气-蒸汽联合循环发电技术、能源多联产技术等能源高效转换技术的相关研究已取得重大成果，并获得了工业应用。

3. 余热高效回收利用

冶金工业的余热资源非常丰富，高效回收利用各种余热资源，尤其是中低温余热资源，是目前冶金节能的主要突破口。目前，冶金余热回收利用的方法主要有：利用余热锅炉产生蒸汽或提供热水；用冷却器的排气代替助燃空气，或用于预热助燃空气；将排气直接用于预热物料；将余热通过透平及其他装置转换成电能等。

除冶金渣显热回收利用方法还处于实验室研究外，冶金高温余热，如红焦显热、转炉煤气显热的回收利用技术获得广泛应用。基于有机朗肯循环回收余热发电，可大幅度提高能源利用率，是理想的冶金中低温余热资源高效回收利用方式。目前，该项技术已取得阶段性研究成果，一旦工业应用成功，将开启冶金节能减排的新篇章。

4. 废弃物再资源化

冶金固废的再资源化的途径主要有：提取有价金属或非金属；制备建材材料或陶瓷产品。目前该类技术的研究已经取得了大量研究成果，如尾矿回收稀土技术，尾矿回收镍、铜和钴技术，氧化锌尾矿提锌技术，锌渣提锌、提铟技术等已获得工业应用；铜渣提铁、提铜技术已获得重大进展；冶金尾矿或渣制备水泥、玻璃瓦、烧结砖等建筑材料或CBC陶瓷复合材料技术已经成熟并获得工业应用。

冶金废气资源化利用是近年来的热点减排技术。冶金废气经净化后制备液体燃料技术，如富含的一氧化碳冶金废气或煤气制备二甲醚技术的相关研究已经取得阶段性成果。

5. 全流程、全系统节能

系统节能方法融合了系统工程学、冶金流程工程学、控制科学、信息学等学科,通过学科交叉,为冶金工业提供新方向、新方法和新技术。目前,系统节能的主要成果体现在:能源供需静态优化技术;能源介质供需动态优化技术;物质流及其流程网络、能量流及其流程网络优化技术。通过优化冶金系统中物质流及其流程网络、能量流及其流程网络,使冶金系统的物质流与能量流协同运行,进而降低系统能耗。

简而言之,近年来面向国家需求、学科发展,以及潜在的工业应用基础研究;面向环境友好、资源节约与资源循环利用新技术、冶炼提取与材料制备一体化、选冶联合技术研究;面向超纯、特殊物性、特殊物相及晶型材料的加工技术基础研究,并拓展到工艺、装备、技术与理论;基础科学问题的研究不断深化,如尺度从宏观向介观、微观、纳观扩展,参数由常规向超常或极端发展;多学科交叉、多体系耦合的综合研究,已经成为该领域的主要趋势。

(三) 研究前沿与重要科学问题

从20世纪70~80年代的两次石油危机开始,我国冶金工业节能减排经历了"单体设备节能"、"工序节能"、"全流程、全系统节能"等几个重要阶段。单体设备的节能主要针对各类冶金炉窑的传热、流动、燃烧机制进行研究,分析结构和操作、热工过程、生产指标三者之间的相互关系,进而改善热工过程,提高热效率,降低能源消耗。单体设备节能研究为冶金工业节能奠定了基础,同时也带动了传热学、流体力学、燃烧学和工程热力学等热工基础学科的发展。20世纪80年代初,随着陆钟武院士提出"载能体"和系统节能方法,冶金节能的重点逐步地从"微观节能"转向"宏观节能,"系统节能方法开始受到重视。冶金节能学科逐步地与系统工程学、管理学和运筹学交叉,基于数学优化方法的各类能源模型成为研究的热点,并在各重点冶金企业得到应用。90年代以来,随着工业生态学的兴起,物质流、能量流分析和优化方法开始成为冶金节能的新方法。同时,冶金节能新工艺、新设备,冶金废气资源化,余热余能高效回收利用,能源供需的动态优化和能源中心的研究受到学术界的关注。

减排是冶金工业的一项长期性工作,经历了减量化、再利用和资源化三个阶段。早期的冶金减排重在污染物减量化。通过研究污染物的形成和扩散规律,应用除尘、脱硫等废气处理技术,以及污水处理技术、固体废物处理技术对污染物进行无害化、减量化处理。随着循环经济的兴起和冶金技术的不断更新,回收再利用成为冶金减排的又一突破口。污泥、赤泥、瓦斯灰、氧化铁皮、废钢等冶金固废经回收处理后均可在各生产工序中得到再利用,降低了自然资源消耗的同时,减轻了冶金工业的环境负荷。矿产资源的枯竭和矿产资源品位的下降，使得尾矿、低品位难选矿及冶金渣中提取有价金属等冶金固废资源化技术成为研究热点，尾矿再选技术，氧化锌尾矿、锌渣提锌技术，冶金中间产物提取铟技术，铜渣提铜、提铁技术，尾矿回收稀土技术等已获得工业应用，并取得了良好的效果。同时，利用尾矿或冶金渣制备建筑材料技术已得到广泛利用，极大地缓减了冶金固废堆存带来的土地占用和环境污染压力。此外，冶金工业煤气和废气中往往富含二氧化碳、一氧化碳或氢气，利用煤气和废气提取二氧化碳、一氧化碳或氢气制备液体燃料（如甲醇、二甲醚）已成为近年冶金减排领域研究的一大热点。

（四）2011~2020年优先资助方向

针对我国冶金工业面临的矿产资源短缺和节能减排压力，有必要弄清低排放冶金新工艺节能减排基础理论及关键共性技术，合理利用现有矿产资源和拓宽国内劣质矿的使用范围，在未来的10年内冶金节能减排学科应优先在以下领域开展研究工作。

1. 非焦（低焦）炼铁及复合铁矿资源的高效利用

针对我国铁矿资源短缺问题而开展的高磷等难利用铁矿综合利用冶金技术以及钒钛磁铁矿的综合利用冶金技术，所得成果使部分劣质矿、钒钛共生铁矿和高磷矿石资源得到有效利用。主要研究范围和内容包括：熔融还原、直接还原等新一代炼铁技术的关键技术的研究开发；超高富氧（氧气）高炉高效、低焦比炼铁；高磷矿、钒钛磁铁矿等难利用铁矿综合利用冶金技术。

2. 先进轻金属和稀有金属冶金技术

我国铝、镁金属的产量居世界第一，但在如何高效率、低污染、可持续地生产这些轻金属材料方面仍有大量的研究需要展开，主要包括：短流程、低能耗从铝土矿中提取氧化铝的新工艺与新技术的基础理论研究；铝冶金铝电解槽的大型化、节能高效化和长寿化设计，金属热还原真空炼镁冶金过程中的传质、传热、冶金反应过程学原理，金属热还原反应机制，新一代镁冶金技术等。

3. 稀有金属冶金技术

针对稀有、稀土金属冶金过程的元素分离、纯化、多金属伴生资源的综合利用等方面的问题，主要研究：非稀土杂质在复杂萃取分离过程中的分布规律；非皂化萃取过程中，不同有机萃取体系中稀土的萃取分离规律；稀土沉淀结晶过程中，稀土和非稀土杂质分离规律，结晶形态和粒度控制规律；稀土萃取分离-沉淀结晶-煅烧过程中材料、水、电、汽和碳平衡规律及循环利用基础研究；高盐度废水资源化利用技术应用基础研究。

以钛、钽、铌等金属氧化物为原料，在熔盐中直接电解提取稀有金属绿色短流程的冶金工艺。重点研究稀有金属氧化物电极在不同熔盐体系中的物理化学行为及电化学机制；熔盐电解工艺技术；熔盐及其不同添加剂的影响；熔盐电解直接制备稀有金属合金技术等熔盐电解直接提取稀有金属新技术。

大型节能、环保稀土电解新技术及设备开发中的应用基础研究主要包括：下埋阴极电解槽槽型结构对电解过程中极效率、槽电压等规律；该电解槽新型槽内衬、阴极和阳极材料耐腐蚀和耐热冲击规律；该电解槽运行中电场、磁场、流场和热场分布规律模拟；该电解槽运行过程中杂质离子在产品中分布富集规律。

4. 材料的短流程制备加工新工艺

重点是打破传统的材料制备与成形加工模式，缩短生产工艺流程，简化工艺环节，以实现近终形、短流程的连续化生产，提高生产效率；发展先进的制备与成形加工一体化的短流程制备与成形加工技术，实现先进材料与零部件的高效、近终形、短流程成形。

5. 冶金二次资源、能源高效利用及环保新技术

开发新的资源、能源高效和循环利用和难回收余能的回收技术，新的环境和生态治理技术以及冶金过程废弃物和污染物最小化技术等。主要研究范围和内容包括：冶金过程工艺节能新技术；二次资源循环利用；冶金过程污染物和温室气体减排；工业生态（工业循环经济）系统和链接技术开发；余热余能回收利用新技术；冶金渣综合利用新技术；冶金煤气（废气）的资源化利用，特别是焦炉煤气制氢、高炉煤气加氢制备二甲醚等资源化技术的基础和应用基础研究。

6. 冶金生产流程高效及过程优化

为了提高冶金企业的市场竞争力，需要高度重视各种冶金生产设备的高效化生产技术，以提高生产效率，降低能耗和各种原材料消耗。主要研究范围和内容包括冶金流程物质流、能量流优化；劣质铁矿资源的高效使用技术及高炉、造块工艺优化配矿技术。

七、金属凝固过程与组织控制

（一）研究范围和内容

研究范围为冶金及材料加工中金属凝固过程的基本理论和规律，以及金属凝固组织控制技术。

研究内容包括：冶金与材料加工中连铸、模铸和铸件凝固过程的基本理论和规律，与凝固相关的金属流动、传热、传质过程，以及控制凝固组织的基本原理和技术。重点研究连铸和大型铸锭生产中金属凝固基本规律及凝固组织细化和均质化技术。

（二）研究现状、发展规律与趋势

20世纪90年代以来，世界冶金与制造业格局发生了重大变化，其中最令人瞩目的是中国的崛起。以钢铁工业为例，1990年我国钢产量为6535万吨，1996年超过1亿吨成为世界第一产钢大国。近几年来我国的钢铁工业更是连续高速发展，从2002年开始钢产量年增长速度均在20%以上，2008年超过5亿吨。城市建设、汽车、轮船、装备制造业，特别是核电装备制造业的快速发展刺激了我国冶金和材料制造业技术水平和生产能力的迅速提升，数百吨特大型铸锻件的生产是我国冶金与制造业又一个新的历史性跨越。

中国是当前世界第一冶金大国，这是市场转移的结果，并非科技竞争的产物。经过约一个世纪的发展，冶金生产技术已经基本成熟。今后关于冶金的热点是它与环境的关系问题。一是怎样把冶金企业从大污染源改造成绿色循环经济中的有益环节；二是如何进一步提高冶金产品的品质和性能，用最低的资源和能源消耗最大限度地满足社会需求。有人说，今后世界上进一步发展冶金技术的重任历史地落在中国人身上，这是世界经济格局发展变化的必然。我们是在冶金生产技术已经基本成熟的基础上向更深的层次发展冶金工业，我们是在资源、环境理念的要求下用可持续发展的新思路发展冶金工业。如果我们停留在传统思维和知识的基础上，就不可能完成这一重任。

金属在制备过程中一般都要经历凝固过程。早在青铜器时代，人类就通过凝固制备具有特定形状的金属制品。后来，人类懂得通过控制成分和热处理改善材料的性能。随着人类社会的进步，人们认识到，金属材料的性能不仅仅是由化学成分和热处理决定的，凝固对材料的组织和性能也有十分重要的影响，人们开始通过控制凝固过程来改善材料的性能。20世纪20年代，铸铁的孕育技术使铸铁的抗拉强度由10～15兆帕提高到20～30兆帕。而仅仅过了20年左右，铸铁的球化处理技术又使其抗拉强度提高到40～60兆帕。也就是说，通过凝固过程和凝固组织的控制，在短短20年左右的时间里，铸铁的强度翻了两番。人类在铸铁领域取得的成就其意义远远超出了铸铁本身，它激励人们在各种金属材料生产领域探索凝固组织的控制技术，从而使铸造这一古老的工业领域得到了迅猛的发展。控制铸件的凝固组织至今仍然是全世界铸造工作者孜孜以求的目标。

连铸技术的诞生无疑带来了一场材料制备技术的革命。从模铸到连铸，人们最初看到的是生产效率的提高和成本的降低，人们期盼着冶金工业早一天实现全连铸。然而，经历数十年的生产实践，人们开始认识到，连铸技术改变了金属模铸时的凝固特征，在提高生产效率和降低生产成本的同时，也给我们带来了新的命题：如何解决柱状晶发达、宏观偏析严重和热裂等问题。对于一些高合金钢，人们不得不继续使用传统的模铸方法生产铸锭。近10年，随着薄板坯连铸和薄带连铸等近终形连铸技术的诞生和推广，人们进一步认识到凝固不仅影响了连铸在一些钢种上的应用，也制约了新型近终形连铸技术的发展。人们期盼着全等轴晶，甚至细等轴晶连铸技术的诞生，而这些技术的诞生依赖于金属凝固组织细化技术基础研究的突破。

近年来特大型装备制造业，特别是新能源装备制造业的快速发展对材料制备提出了新的要求，如何消除特大型铸件和铸锭组织粗大、宏观偏析和铸造缺陷，成为冶金及材料工作者新的课题。

在新材料制备中凝固也扮演重要的角色。通过控制散热方向获得具有单向凝固组织的材料，从而使材料的性能具有方向性。通过抑制晶体形核获得单晶材料，这一技术被用于制造高温下工作的部件和电子材料。通过控制凝固过程把两种不同性质的金属材料或金属与非金属材料复合在一起，制备铸造复合材料。通过合理的成分设计和凝固过程控制获得非晶材料、微晶材料、原位自生复合材料、拥有过饱和组织或亚稳相的材料等。凝固已经成为制备新材料的重要手段。

值得关注的是，近10余年，冶金工业朝着超纯净化、超均质化和超细晶化方向发展。纵观冶金全过程，精炼技术和装备水平的提高，使金属制品的洁净度得到了极大的提高。微合金化和控温轧制等技术的应用使金属制品的组织得到了极大的细化。但是，虽然电磁搅拌、轻压下、氧化物冶金等技术不断出现和应用，金属凝固组织细化和均质化问题一直没有找到令人满意的解决方法。

（三）研究前沿及重要科学问题

在新材料领域，关于凝固的研究十分宽广。而在冶金和材料加工领域，近年来则比较多地集中在以下几个方面。

一是近终形制造。人们为了提高生产中的工艺出品率、成材率，降低成本，努力使铸锭、铸坯和铸件在形状和尺寸上接近最终产品，以减少锻造、轧制和机械加工工序。在冶金行业，由模铸、连铸、板坯连铸、薄板坯连铸到薄带连铸，连铸技术的诞生和不断改进使铸坯形状和尺寸越来越接近最终产品。在机械制造行业，机械化造型的普及、树脂砂等新型造型材料的使用、离心铸造、压力铸造和精密铸造技术的日趋完善和数值模拟技术的应用，也使近终形铸造成为可能。而金属雾化沉积、微铸造、激光成型等新技术的诞生为近终形制造开辟了新的途径。

在近终形制造的实践中，人的认识也在深化。随着产品尺寸的变化，一方面金属的凝固过程发生变化，另一方面对凝固组织的要求也在提高，从而引发了一些新的科学及技术问题。在钢铁冶金中这种现象尤为突出。在由模铸、连铸、板坯连铸、薄板坯连铸到薄带连铸变化中，金属的冷却强度提高，凝固速度加快，流动受到了抑制，夹杂物、穿晶组织、宏观偏析、热裂等问题凸显出来。而由于后续加工压下比减小，对凝固组织和化学成分的均匀性提出了更高的要求。在这样的背景下，金属的流动、传热、凝固过程及组织形成规律的研究显得十分重要，铸坯凝固组织细化和均质化技术的开发变得尤为迫切，并成为制约一些近终形连铸技术发展和应用的限制环节。针对特定工艺和产品条件的金属凝固过程的数值模拟和实验研究，以及凝固组织细化及均质化技术的开发成为冶金和材料加工领域重要的课题。

二是特大型铸锭（件）生产。随着大型装备制造业的发展，特别是新能源装备制造业的发展，几十吨甚至数百吨的特大型铸件和铸锭的需求量越来越大，而且对质量的要求日益提高。由于冷却速率极其缓慢，特大型铸件和铸锭组织粗大、宏观偏析和疏松等问题十分突出。研究特大型铸锭（件）凝固过程，合理控制其凝固组织，成为现代装备制造业的重要课题。目前对于特大型铸锭（件）凝固过程的研究主要是采用数值模拟的方法，也有一些学者通过让金属在保温条件下凝固，模拟特大型铸锭的凝固条件，研究其凝固组织。这些研究对特大型铸锭的生产有重要的参考价值，但是目前的研究还不够成熟。需要深入研究缓慢冷却条件下金属的凝固过程及组织形成规律，特别是宏观偏析及疏松形成的机制和条件。

三是细化和均质化凝固理论和新技术。不论是机械制造业中的铸件，还是冶金中的铸坯和铸锭，不论是近终形连铸，还是特大型铸锭（件），凝固组织细化和均质化都具有十分重要的意义，受到装备制造业和冶金界的关注。细化和均质化金属凝固组织不仅可以提高材料的力学性能，减小宏观偏析，而且可以极大地改善材料的工艺性能，减少生产中热裂、偏析和热变形等凝固缺陷。在连铸生产中，无论从工艺角度考虑，还是从内在质量考虑，细化和均质化金属凝固组织对于发展近终形连铸，拓宽近终形连铸的应用钢种及领域都具有深远的意义。虽然低过热度浇注、电磁搅拌和动态轻压下等技术的开发和应用，提高了铸坯的凝固质量，特别是中心的偏析得到改善，但是特大型方坯连铸、特厚板坯（300~400毫米）连铸的凝固质量还未得到根本的改善。其主要原因是随着铸坯尺寸的增加，铸坯表面的水冷对铸坯中心的冷却作用越来越弱。而对于特大型铸锭（件），通过细化和均质化金属凝固组织，可以减少锻造量，其经济效益也是十分可观的。关于金属凝固组织细化技术，在铸造领域过去较多采用孕育处理和变质处理，而在冶金领域则有低温浇注、电磁搅拌、轻压下和氧化物冶金等技术。近年来，随着物理科学的进步和环境理念的提升，物理场对金属凝固组织细化作用的研究成为热点，我国在这一领域有群体优势，并有望开发出工业技术。这里涉及的重要基础科学问题包括物理场下金属熔体热力学性质、物理场对金属熔体流动、生核及晶体生长和溶质分配影响的规律和机制。此外，对于模铸、大方坯和厚板坯，研究直接从铸坯或钢锭内部进行冷却控制凝固进程和组织的新方法也很有必要。

四是微观凝固过程的认知。传统的凝固理论是基于唯象的热力学和动力学基础提出的。在传统理论中，物质是连续介质，原子分子不可分辨。而凝固过程是一个典型的微观动力学过程，晶胚的出现和湮没、晶核的长大、晶界的移动和变形等现象都是原子可分辨的空间尺度的动力学过程。随着当前包括物理、化学、材料、地学等领域的研究在全空间尺度的展开，微观动力学研究中的一个热点就是对微观凝固过程的观察和再现，并借此修正传统凝固理论，以适应当前对材料各种成分、组织、性能的精确控制要求。

五是钢中夹杂物控制技术。控制夹杂物不仅是冶金界的重要课题，也是装备制造业的重要课题。如果把金属液浇注前形成的夹杂物称为一次夹杂物，把浇注及凝固过程中形成的夹杂物称为二次夹杂物，我们可以说，随着精炼技术的进步，一次夹杂物的研究与控制已经有长足的进步，而二次夹杂物的研究还有待深化。在浇注和凝固过程中，随着金属液温度的降低，气体等有害杂质溶解度降低，它们析出后形成二次夹杂物。即使很纯净的金属液，由于凝固过程中的选分结晶，也会在凝固前沿富集有害杂质和气体元素，形成二次夹杂物。国内外学者期望有效控制二次夹杂物，使它们成为金属液在固液界面前沿形核的核心，从而促进柱状晶向等轴晶的转变，或者使这些夹杂物在金属液中起弥散强化作用，并开展了大量的研究工作，但是工业上应用的技术成果还不多。这里重要科学问题包括夹杂物形成的热力学及动力学、夹杂物与金属熔体的相互作用，以及夹杂物作为异质核心的条件和夹杂物弥散强化的机制和条件。

(四) 2011～2020年优先资助方向

在未来5～10年里，金属凝固方面的研究重点有以下几个方面。

1. 关于研究方法和手段的研究

金属凝固是金属液与外界热量交换的结果，而金属液的流动对这一热量交换过程有十分重要的影响。同时，金属凝固过程中由于选分结晶，造成溶质重新分配，流动对溶质再分配又有十分重要的影响。因此，为了揭示冶金和材料加工中金属凝固过程及组织形成规律，研究金属液的流动、传热、传质是十分重要的。研究者比较多地采用了数值模拟方法来解决这些难题。流场、温度场、溶质场和应力场的数值模拟已经比较完善，而多场耦合也日趋成熟。人们对金属凝固过程基础理论研究的深化，对凝固过程各种现象认识的深化，以及数值模拟技术的进步、商业软件的开发，推动了这方面研究的深化，而高性能计算机，特别是并行计算机、多核计算机的诞生和发展，为数值模拟技术的进步提供了硬件的保证。

与数值模拟技术快速发展不尽协调的是相关实验技术进展相对缓慢，已经成为金属，特别是钢铁等高熔点金属材料凝固过程研究的限制性环节。首先，虽然对于普通铸件而言，温度场的测定并不困难，但是对于连铸、大钢锭和大型铸件而言，温度场、流场的测定技术近年来没有大的突破。为了研究连铸条件下金属的凝固过程和组织，一些单位建设了连铸实验机，但是总体上使用效果并不理想。金属的凝固过程是在高温下进行的，钢的凝固是在1500℃左右进行的，加上金属的不透明性，给金属凝固过程的实验研究带来了巨大的困难。近年来一些学者一般采用液淬、定向凝固等方法研究金属凝固过程和组织，而我国学者则在此基础上研制了枝晶生长热物理模拟装置，用以模拟不同条件下大型铸锭和铸坯凝固过程中枝晶生长过程和组织变化规律，取得了较为理想的结果。然而，高熔点金属凝固过程的实验研究仍然是一个具有相当难度的课题。

2008年美国国家基金会发表了专题报告，阐述了数值模拟在科学研究中的发展与应用概况。事实上，由于金属凝固过程是一个耗散的非稳态过程，加上所涉及的高温热物性参数、边界条件的不确定性和不稳定性，单纯用数值模拟方法很难准确揭示其中的内在规律，迫切需要用实验研究结果进行补充和印证。在这样的背景下，热物理实验模拟就显得尤为重要。所谓热物理实验模拟是指采用物理手段模拟金属凝固的外部条件，在可控可测的情况下进行金属凝固过程的研究。因此，数值模拟和热物理实验模拟是凝固过程研究互相支撑、互为补充、相互印证的两个方面。数值模拟方法在今后5年里仍将是金属凝固研究的重要手段，而热物理实验模拟方法研究将是未来金属凝固过程研究方法中的新热点，两者相互补充和印证应受到格外重视。

2. 金属凝固过程的研究

20世纪关于金属凝固过程的基础研究取得了长足的进步，但是这些研究成果在不同工业条件下的应用还远远不够。在冶金行业，由模铸、连铸、板坯连铸、薄板坯连铸到薄带连铸，在装备制造业，从毫克级雾化粉末到数百吨特大型铸件，金属的凝固速率、条件有着巨大的差异。如果考虑钢种等材质因素，研究体系更加庞大。结合国民经济建设需要，研究一些特定条件下特定金属材料的凝固过程对于合理控制凝固组织是十分必要的。这里包含金属的形核与枝晶生长过程的研究。所谓特定条件是针对以下工业产品的工艺条件：①特大铸锭；②厚板坯；③薄板坯；④薄带；⑤大型空心锭；⑥厚壁管；⑦特种铸件；等等。金属材料应包括：①钢铁、铝、铜、镁等量大面广的合金材料，特别是新能源用钢及合金钢；②高温合金等尖端材料；③核电装备等极端条件下使用的金属材料；等等。由于形核对金属凝固组织的影响更为突出，而这方面的研究又相对薄弱，因此形核的研究应更加受到关注。在这一领域的研究中，钢的液态结构的测定、液淬和枝晶生长过程的热物理模拟将扮演重要角色。

3. 金属凝固组织细化和均质化基础研究和新技术开发

绝大多数金属材料都希望获得细化和均质化组织，这不仅是为了提高其性能，也是工艺的要求。随着对材料品质要求的提高，随着新的近终形生产技术的开发推广，随着对特大型铸件需求量的增加和质量要求的提高，这方面的要求会更加迫切。伴随着人们资源与环境理念的提升，未来凝固细晶技术将具有以下特征：一是无污染。这里不仅是对环境的污染，也包含对材料本身的污染，以保证材料的可回收利用性。二是低消耗。这里包括材料消耗，也包括能量消耗。由于细化晶粒最有效的手段是促进形核，所以以破碎枝晶为手段的技术将不再是关注热点，而促进生核的技术将备受重视。这里的主要研究方向有：

1) 无缺陷连铸坯的控制模型和工艺理论研究；
2) 结晶器钢液流动和凝固控制的基础研究；
3) 铸坯或钢锭温度梯度和凝固组织控制新方法；
4) 物理外场对凝固过程的作用；
5) 特种熔炼铸锭凝固控制技术；
6) 超快冷技术在凝固过程的应用；
7) 铸坯内冷新方法；
8) 非平衡凝固理论及在连铸或模铸中的应用；

9) 薄带连铸关键技术的基础研究。

4. 凝固过程中夹杂物的控制和利用

由于洁净度的提高,钢中夹杂物的形成、类型、分布及作用都会有新的变化,而这种变化又与钢的凝固过程及组织密切相关、相互作用。因此,未来5年关于钢的夹杂物的研究应与钢的凝固过程紧密结合,重点是继续探讨利用夹杂物促进钢的形核的基础理论与技术。

5. 快速凝固下金属的凝固行为及组织

利用快速凝固和尺寸效应获得微/纳尺度组织、过饱和组织及亚稳相是制备高性能材料的经济和有效手段。比如,利用微/纳液滴的尺寸效应和表面效应获得低熔点金属材料,以用于无铅焊料的制备;利用双辊薄带和金属雾化的快速冷却作用制备过饱和硅钢;以及利用深过冷技术及旋淬快冷技术制备具有非晶和微晶组织的功能材料等。

八、材料智能化制备与成形加工的基础科学问题

(一) 研究范围及内容

由于计算机技术、控制技术、数值模拟与过程仿真技术、数据库技术的进步与发展,智能化技术已在人类的生产活动与其他活动中得到应用,并且越来越受到国际上的广泛重视。将智能化技术应用于材料研究开发和生产,发展材料智能化制备与成形加工技术 (intelligent processing of materials, IPM),具有重要的理论学术价值和广阔的实际应用前景。

1) 发展材料智能化制备与成形加工技术,可促进材料生产工艺与设备的进步和发展,加快新材料研制和应用的进程。

2) 可大大提高材料制备与成形加工的可靠性和稳定性,缩短产品开发周期,提高成品率、生产率和产品性能,节约能耗,降低生产成本,延长产品使用寿命,有效减少原材料的消耗及废弃物的排放,减轻环境负担。

3) 有利于材料科学与计算科学、数值模拟技术、人工智能技术、信息与控制等多学科交叉,促进材料制备与成形加工理论的进步,促进材料科学技术自身的发展,同时也反过来促进相关交叉学科的发展。

材料智能化制备与成形加工涉及的基础理论与关键技术问题很多而且复杂,有待深入研究和解决,主要研究内容应该包括以下几个方面:

1) 材料智能化制备与成形加工相关基础理论的建立;

2）材料微观组织演化的模拟与仿真；
3）材料制备与成形加工在线检测、决策规划以及控制技术；
4）材料设计智能专家系统（数据、知识和公式库、推理机）的建立；
5）材料智能化制备与成形加工的集成技术；
6）材料智能化制备与成形加工的关键装备。

（二）研究现状、发展规律与趋势

材料智能化制备与成形加工技术是一类先进的材料加工技术，它应用人工智能技术、数值模拟仿真技术和信息处理技术，以一体化设计与智能化过程控制方法取代传统材料制备与加工过程中的"试错法"设计与工艺控制方法，实现材料组织性能的精确设计与制备加工过程的精确控制，获得最佳的材料组织性能与成形加工质量。

20世纪80年代中期以来，以美国为代表的先进国家提出了材料智能化制备加工的基本概念。首先确定广义的性能目标（包括使用性能、生产成本、环境效益等），以此为基础进行组织设计，然后通过制备与成形加工过程控制，在获得理想组织的同时，降低生产成本，控制环境污染。要求在材料生产过程中，自始至终在线监测工艺过程中材料微观组织和性能的变化，将监测信息反馈到计算机，由计算机根据其中的智能专家系统做出控制决策，以生产出质量最佳的产品。因此，智能化的材料制备与成形加工技术具有以下两个重要特点：

一是应用人工智能、数值模拟仿真、先进数据库等技术，按照使用要求设计材料的成分、组织和性能，在性能设计的同时，设计出切实可行的制备加工工艺，从而实现性能设计与制备加工工艺设计的"一体化"。

二是在材料设计、制备、成形与加工处理的全过程中，对材料的组织性能和形状尺寸实行精确控制。建立精确的定量过程模型，使用先进的传感器技术，通过对材料加工工艺参数、材料组织和性能进行在线闭环控制，实现精确制造。

因此，材料的智能化制备与成形加工技术发展的理想目标，是实现材料生产循环的在线设计和闭环控制，即实现在线设计材料的成分、组织、性能及最优的工艺参数，并自动以最优的工艺参数完成材料的制备与成形加工过程，最终达到对产品组织性能的在线精确控制。

美国国防部于1985年首次提出IPM计划，开始了第一个IPM项目的研究。自20世纪90年代中期以来，材料智能化制备与成形加工技术方面的研究受到世界上较为广泛的重视。从1997年以来，国际上每隔两年就要召开一次材料智能化成形加工与制造国际会议（IPMM），目前已经召开了七届。

美国国防部已经根据成形加工过程模型、专家系统、微观组织/性能原位传感器等的不同研究程度相继提出了几个 IPM 项目,其中包括大直径砷化镓单晶智能化制备、快速凝固钛粉和钛铝合金粉热等静压智能化成形、碳纤维增强碳素复合材料智能化制备以及钛基复合材料感应耦合等离子体沉积智能化制备等。美国海军科研局投资 140 万美元用 15 个月在美国特拉华大学建立了"先进材料智能化成形加工中心"。

美国钢铁研究院和美国国家能源部联合投资 2300 万美元支持美国国家标准和技术研究院开展一项为期 5 年的"材料智能化成形加工"项目研究。美国 ITN 能源公司投入大量资金开展"薄膜材料智能化成形加工"研究。美国维吉尼亚大学专门成立了材料智能化成形加工实验室(IPML),目前正在开展材料智能化铸造研究;美国特拉华大学也成立了先进材料智能化成形加工中心(AMIPC),开展聚合物基复合材料智能化成形加工研究。

除美国外,日本、英国、德国、中国、加拿大、波兰、韩国、印度以及中国台湾等国家和地区也在积极开展材料智能化制备与成形加工技术的相关研究。

(三)研究前沿与重要科学问题

新材料和新材料技术是当今高新技术革命的重要标志,世界上几乎所有的高新技术的发展与进步,都以新材料和新材料技术的突破和发展为前提。新材料的研制和发展几乎无一例外地得益于材料制备与成形加工技术的进步,而任何一种新材料要获得实际应用,必须采用合理的制备与成形加工工艺,使其具有所要求的形状尺寸,达到所要求的性能。

20 世纪后期以来,由于计算机数值模拟、过程仿真技术的迅速发展,对材料制备与成形加工技术的研究和发展起到了重要的促进作用;而人工智能、神经网络技术和材料数据库技术的不断完善,对提高数值模拟与过程仿真技术的广泛适用性、结果可靠性,实现组织性能的精确预报具有重要影响。另外,各种先进的在线检测、监控技术的发展,是加强对材料制备与成形加工过程质量的控制,提高成品率、提高生产效率、降低成本的重要保证。

综合利用计算机技术、人工智能技术、数据库技术和先进控制技术,开发将材料组织性能设计、零部件设计、材料制备与成形加工过程的实时在线监测和反馈控制融为一体的材料智能化制备与成形加工技术,是 20 世纪后期国际上开始出现的研究课题,受到日本、美国等发达国家的高度重视。这一方向被认为是 21 世纪前期材料制备与成形加工新技术中最富潜力的前沿研究方向。

目前正在开展或具有潜在应用前景的材料智能化制备与成形加工技术的研究领域包括铸造、塑性加工、表面处理、半固态成形、热处理、粉体制备、粉末注射成形、烧结、热等静压、喷射沉积、激光快速成形、气相沉积、等离子体沉积、材料连接、晶体生长、电镀、涂层、喷涂、分子束外延、掺杂等。

所涉及的关键科学问题如下:
1) 材料制备与成形加工过程的非定常和非线性问题;
2) 材料制备与成形加工工艺中的科学问题;
3) 基于人工智能的过程模型建立以及精确仿真;
4) 材料智能化制备与成形加工过程的多因素作用、多尺度控制综合理论。

(四) 2011~2020 年优先资助方向

重点解决以下领域的智能化基础科学问题:
1) 无模拉拔成形;
2) 粉末注射成形;
3) 金属定向凝固;
4) 金属表面处理;
5) 金属辊弯成形。

◇ 参 考 文 献 ◇

国家自然科学基金委员会工程与材料科学部.2006.学科发展战略研究报告(2006~2010年):矿产资源与工程.北京:科学出版社

国土资源部.2008.国土资源部关于发布实施《全国矿产资源规划(2008—2015年)》的通知,国土资发〔2008〕309号

国务院学位委员会办公室、教育部研究生工作办公室.1999.授予博士硕士学位和培养研究生的学科专业简介.北京:高等教育出版社

中国科学技术协会.2008.中国科协学科发展研究系列报告2007~2008:石油与天然气工程学科发展报告.北京:中国科学技术出版社

中国科学技术协会.2008.中国科协学科发展研究系列报告2007~2008:能源科学与技术学科发展报告.北京:中国科学技术出版社

中国科学技术协会.2008.中国科协学科发展研究系列报告2007~2008:安全科学与工程学科发展报告.北京:中国科学技术出版社

中国科学技术协会.2009.中国科协学科发展研究系列报告2008~2009:环境科学技术学科发展报告.北京:中国科学技术出版社

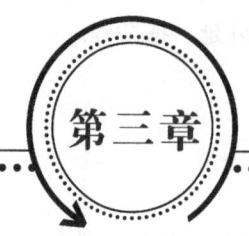

第三章 机械工程学科

第一节 总 论

一、机械工程学科的战略地位

钱学森指出:"技术科学是人类知识的一个新部门。"作为一门技术科学,机械工程学科以自然科学为基础,研究人造的机械系统与制造过程的结构组成、能量传递与转换、构件与产品的几何与物理演变、系统与过程的调控、功能形成与运行可靠性等,并以此为基础构造机械与制造工程中共性和核心技术的基本原理和方法。机械工程学科是联结自然科学与工程行为的桥梁。

胡锦涛在2006年两院院士大会上指出:要高度重视技术科学的发展和工程实践能力的培养,提高把科技成果转化为工程应用的能力。这充分表明了机械工程学科在国家经济发展与学科发展布局中的重要战略地位。《国家中长期科学和技术发展规划纲要(2006—2020年)》强调大力振兴装备制造业,使得机械工程学科的地位又一次得到彰显。当前,持续发展是全球竞争焦点,以低碳技术为特征的新型工业化对机械工程学科提出了新的挑战。

在我国经济发展的现阶段,机械工程学科的战略地位在下面几个方面表现得更为突出。

(一)机械工程学科为满足国家目标的物质需求基础提供技术科学支持

我国正在大力推进的新型工业化进程以及让全球恐慌的世界经济危机,都充分证明了创造物质产品的制造能力是人类社会稳定发展的基石,彰显了我国调整产业结构、建设和谐社会战略目标的紧迫性和战略意义。作为社会物质财富生产的共同基础——机械工程学科必然承担起支撑这一世纪变革的历史重任,并面对从科学纵深探索中创造新技术原理的高难度挑战。

人类从未像今天这样深刻理解和努力追求：一个更清洁、更健康、更安全的和谐社会。面对严重的能源、资源、环境、气候、食品、疾病、贫穷等生存与持续发展问题，需要寻求有效的综合解决方案。一项自然科学的发现并不直接等同于一项创造新物质的工程技术，而仅仅依赖于工程研究也几乎不可能产生超越现状的重大工程技术的突破，进而解决人类生存面临的"瓶颈"。因此，机械工程学科必须突破传统思维束缚，通过机械与制造科学的新探索和技术方法的新构思、新实践，发现与创造可以面对世纪挑战的制造原理、过程和装备，建立起新的学科理论，形成融多学科为一体的机械系统，实现创造"和谐"的高端产品目标。这就是当代社会与经济大变革中机械工程学科独有的作用和战略地位。

1. 为可再生能源的社会应用提供产业装备解决方案

现代工业文明建立在对能源与资源大量消耗的基础上，造就当今辉煌成就的同时，也驱使人类进入"化石能源资源"日益枯竭、无以为继的危险境地。能源资源的严重短缺、生存空间与资源的国际竞争无不提醒着我们，新能源资源开发是解决人类最紧迫生存危机的首要任务，而机械工程学科必须创造新装备予以保障和支撑。

当前，应对全球能源资源紧缺的压力，实现从"化石能源经济"向"可再生能源经济"的转变，发展核能、太阳能、风能、氢能等新能源装备及其制造技术成为保障人类能源安全的重要需求。与此同时，矿产资源的深部开采和深海资源开发，也对服役于超常环境的装备提出了新的挑战。

(1) 核能装备制造

核电是重要的清洁能源之一，多数发达国家已将核能作为主要的电力来源。法国的核电装机容量6300万千瓦，占电力总量的78%；美国是9800万千瓦，占电力总量的20%。国家《核电中长期发展规划（2005—2020年）》提出，到2020年我国核电装机容量将增加到4000万千瓦，需要投入4000亿元新建32座百万千瓦级核电站。为实现大型核电站关键装备的自主制造，推动核电装备的性能升级，需要针对核主泵等关键核电装备大力开展制造科学的基础研究，发展以新一代"高安全、高效率、长寿命、低成本"大型核主泵为核心的大功率核电新技术与新装备。

(2) 太阳能装备制造

太阳能是可望彻底摆脱化石能源制约的清洁、高效和永不衰竭的新能源形式。发达国家的高研发投入促进太阳能装备技术迅速发展，展示了巨大的前景，光伏市场正在以年均30%的速度增长。物理学研究表明，太阳能电池能量转换效率的理论极限在70%以上，但是，工业化生产的太阳能电池转换效率却仅约为17%，其主要原因之一是缺少先进的制造技术，如太阳能电池的表面减反射结构挑战微/纳制造技术。要实现太阳能的高效利用和太阳能电池的大批量、低成本制造，推进"超晶格电池、热载流子电池、新型叠层电池和热光伏电池"等新一代太阳能电池的技术进步，需要针对新型太阳能电池材料、太阳能电池陷光吸收、减反、增透和表面自清洁等功能微结构设计制造等方面开展基础研究，形成工业化大批量制造新技术，并解决太阳能电池材料制造过程的高能耗与环境问题，为最终摆脱化石能源束缚取得实质性突破奠定基础。

(3) 风能装备制造

风力发电直接利用风能而不对环境带来任何负面影响，在世界各国得到迅速发展。但自然风场气流的复杂多变，对风能装备的传动、承载和换能等机械科学与技术提出了新的挑战。目前，在役的风力发电装备存在运行效率低、故障率高、可靠性差和寿命短等问题。特别是我国风能装备尚处于仿制阶段，风能的实际利用率与欧洲等发达国家还存在很大差距。为高效利用风能，迫切需要加强风力发电机复杂气动-结构-机电-控制耦合系统建模与分析、多变载荷条件下风力发电机特种传动系统、非平稳工况换能结构设计理论、关键零部件腐蚀/冲蚀行为和失效机制及控制等机械学科的基础研究，实现风能的稳定、高效转化和高可靠、长寿命运行。

(4) 氢能装备制造

美国已将燃料电池金属极板制造列为制造业的三大优先资助领域之一。由于氢能燃料电池制造正处在由实验室向工业应用转化的前期阶段，缺少工程化的关键制造技术，如具有纳米结构特征的电池极板低成本大批量制造方法和工艺、电堆的高效高精度装配技术等，需要构造新原理，在低成本、大批量生产的制造技术方面实现突破，突破氢能的大规模应用"瓶颈"。

(5) 深海资源开发装备制造

陆地资源的日益枯竭促使人类不得不向深海寻求新的矿产资源，深海资源因此成为各国争夺资源的新热点。我国在太平洋海底拥有7.7万平方千米的多金属结核矿区，深海矿产资源开发研究已被列入国家中长期规划。深海资源开发装备的作业环境为2000～6000米深的海底，水压力高达20～60兆帕，海洋环境的风、浪、流耦合特性多变，海底介质的低剪切强度特性与地形奇异多变，需要解决在极端环境下的能源、物料与信息连续输送、准确行走和高效作业等技术挑战，迫切需要开展具有极端服役功能的复杂机电系统集成科学等研究，为极端环境作业装备提供基础理论支持。

综上可见，为解决21世纪人类的能源资源问题，机械工程学科需要发展新理论、构造装备新原理。

2. 为实现我国产业向低碳经济目标迈进创造新装备

我国新型工业化发展战略需要机械与制造科学为产业经济提供高效、节能、环境友好的先进装备与制造技术，运用新知识和新技术，提升传统产业，核心内容是要实现技术节能、装备节能和系统节能。

例如，燃气轮机效率提升的过程，就是其叶片制造技术进步的过程，由20世纪60年代的单一铸造叶片发展到单晶叶片，工作温度由原来的1200℃提高到当前的1800℃，实现了当前高达92%的效率。又例如，机器轴承制造精度增加，摩擦系数可由0.1减小到0.01，从而大幅降低机器的非作功能耗；内燃机摩擦损失减小10%，其经济效应可提高3%～5%；将电解铝和后续铝加工直接连接，减小一次加热工艺，系统可节能20%。

支持国家新型工业化和低碳经济，需要机械与制造科学在深层次研究复杂机电装备的机构创新、驱动与传动新原理和系统集成科学等基础科学问题，创造和发展新装备及其制造技术，建立强大的装备制造体系，保障石油、化工、冶金、材料、交通等基础产业向节能、节资、高效、环境友好型产业变革和发展。

3. 为和谐社会创造人性化、智能化和时空高效化的产品

不断追求社会和谐、提高生活品质是人类文明进步和发展的根本目标，其物质基础是多种多样的人性化、智能化和时空高效化的新产品。20世纪开始的信息化技术和产品，缩短了人类活动的时空差距，极大程度地提高了人类的生活品质。为适应人类智能化生活的更高要求，21世纪的信息技术正在探索后摩尔时代的新突破，装备制造在尺度、精度和速度上将迎来更大的技术挑战和发展机遇。

(1) 微电子装备制造

微电子产业已成为我国第一大产业，预计2015年我国IC制造业产值将达8500亿元，装备市场将达到1360亿元。据预测，在2010～2019年间IC技术发展路线图为"DRAM线宽：45纳米→32纳米→22纳米→16纳米"。IC线宽的量变将导致制造原理、工艺和装备的质变。微电子装备不断创造制造尺度、精度和效率的新极端。当前机械工程学科需要对这个与传统制造有本质变化的新方向开展若干基本问题的研究，如对近原子尺度的表面材料去除与精度形成机制、纳米精度表面制造的界面与尺度效应、信息输运与尺度变化中的快速能量通道形成机制与性能调控、制造系统的高速精确测量与纳米运动精度生成等关键问题提出新的机制解释，构造面对新极端的技术。

柔性电子是建立在非结晶硅、低温多晶硅、柔性基板、有机和无机半导体

材料等基础上的新型电子技术，可实现在任意形貌、柔性衬底上的大规模集成。据预测，全球柔性电子产能2015年将达到350亿美元，2025年可达到3000亿美元。目前待解决的关键技术包括有机和无机电路与有机基板的连接技术、精微致动技术和跨尺度互联技术，需要机械工程学科提出全新的制造原理和制造工艺。

(2) 光电子装备制造

21世纪光电子信息技术的发展将遵从光电子的"摩尔定律"，即光纤通信的传输带宽平均每9～12个月增加一倍。据预测，未来10年内光通信网络的商用传输速率将达到40太比特/秒。支持和引领下一代光通信技术发展，将经济社会的信息化水平提高到新的高度，需要突破集成光路制造、光电集成设计制造和具有纳米精度的光电子制造装备等关键技术，这无疑依赖于机械工程学科在光电子功能结构控形控性制造及高性能光学耦合界面制造等微/纳制造方面提供基础理论支持。

4. 为国家安全、国防装备性能的极端化提供制造科学支撑

具有极端服役能力和强大功能的复杂机电装备是现代国防、空天运载与国家核心竞争力发展的支撑，其核心装备与制造技术包括极高性能大型材料构件一体化制造、超大型复杂零件高精度数字化制造和极高服役功能复杂机电装备的集成设计制造等。以大型金属构件流变成形制造能力为例，第二次世界大战以后随着制空权竞争的激烈化，美国、苏联（俄罗斯）和法国等迅速发展超大型金属构件锻造能力，迅速建造巨型水压机。例如，美国已拥有三台4.5万吨水压机，俄罗斯已建造两台7.5万吨液压机，法国也已建造了一台6.5万吨水压机。三国以此为基础迅速发展空中作战能力和洲际运载能力。

当前，我国的军、民重大工程用大规格高性能构件和高精度、高性能基础传动件距需求都有很大差距；高端精密数控制造技术与机床的水平局限了我国整体制造能力。总体来说，我国的极大尺度制造技术与装备和发达国家差距约20～30年，远不能满足国家武器装备、空天运载和大型基础产业装备的需求，无法保障我国国防与经济安全以及在国际竞争中取得制高点。

以16个重大专项为代表的国家系列重大工程是提升国家核心竞争力、实现国家发展目标的集中体现，系列重大工程的实现将重建我国的产业结构和国家的持续发展能力。几乎所有重大工程的实施都需要由装备与制造技术保证，其中一些关键装备由于以往缺乏基础研究而成为困扰领域发展的症结，如各类运载装备的发动机、高精度数控机床、激光武器和对地观测装备、核动力装备等。这些核心装备与技术是国际科技竞争的热点，也是国家核心竞争力的支柱之一。

可见，无论是应对国家安全的国防装备性能极端化，还是提升国家的经济

实力,都迫切需要机械工程学科在装备集成设计制造、高性能构件成形制造和高精度数字化制造等方面进行深层次基础研究,构架坚实的知识与技术支撑。

(1) 极端服役装备的设计制造

我国的巨型、重型等极端服役装备设计能力薄弱,核心技术有较多空白。例如,在大型空压机、大型能源装备、大型盾构机和大型高端数控机床等方面缺乏设计能力和核心技术,需要机械工程学科针对极端服役装备的功能生成、多过程耦合、能量流传递与转换、功能界面行为、系统建模、非线性动力学、安全运行和精确测量等方面进行基础研究,为重大装备创新提供理论基础。

(2) 高性能构件成形制造

航空、航天和国防装备制造等需求的牵引,特别是大飞机制造、载人航天与探月工程等重大专项的推动,使高性能构件设计制造成为十分重要的前沿技术。近20年来,发达国家通过一系列研究计划的实施,掌握了当代重大装备的高性能构件设计、制造与使用的科学原理与关键技术,奠定了他们的经济与军事竞争力。作为后起的国家,我们不仅需要自主创新突破国外现阶段的技术垄断,还必须前瞻性地开展功能更强的发动机设计制造研究,以便在未来的竞争中取得主动或优势。美国国防部在"综合高性能涡轮发动机技术"计划中,提出2015~2020年研制出推重比为15~20的涡扇发动机的目标,材料和制造技术对高性能发动机的贡献率为50%~70%。现代战机或民用飞机机身采用高性能铝合金、钛合金与复合材料的大型整体构件,是飞机减重和提高飞行、作战能力的主要技术路线。其中先进的结构设计理念、性能增强型成形成性制造、提高损伤容限的构件缺陷控制等都是机械工程学科面临的挑战性难题。

(3) 高精度数字化制造

超精密数字化加工是现代科学技术的重要基础,推进着制造科学向新前沿发展,是极大规模集成电路制造技术及成套工艺、高分辨率对地观测系统、惯性约束激光核聚变、载人航天与探月工程等多项国家重大专项或者工程实施的重要技术基础。我国的核聚变工程,需要在5~10年的时间内完成7000余件大口径、20 000余件小口径光学平面、曲面零件的高精度制造与检测;对于大口径的光学元器件,要求其面形精度达到$\lambda/10$~$\lambda/20$(λ=632.8纳米),表面粗糙度Ra<5纳米,月产60~80片。然而,就目前我国的光学元器件制造水平,举全国之力也很难在15~20年内完成这一浩大的光学制造工程。各种特殊光学元器件的超精密、高效数字化加工的关键技术与装备,已成为制约我国核聚变工程成功实施的"瓶颈"。同时,高精度数字化加工在国防装备发展和高技术竞争中发挥着关键作用,也是一个国家制造业实力的综合体现。高精度数字化制造技术的发展依赖制造过程的数字化描述、工艺参数对产品性能的影响规律、制造过程中物质流、信息流和能量流的传递规律与定量调控等方面的基础研究。

综上所述，国家未来10～20年发展的战略需求要求机械工程学科的基础研究能够提供工程与技术解决方案的理论基础，并在以下共性科学问题上取得突破：

1）跨尺度制造的科学原理；
2）极端服役装备的功能创成；
3）制造过程的数字化表达和数据流调控；
4）产品制造中生命科学与制造科学的融合通道。

在此基础上，发掘新的制造资源、创造新的制造原理、发明新的制造技术、构架新的制造模式，为提升经济建设各领域的装备水平和运行能力、保障能源和资源的安全和高效利用、占领国防和航空航天工业的制高点、实施重大战略工程、提高人民的生活质量等提供根本支撑。

（二）机械工程学科的突破将催生社会重大经济变革

机械与制造科学创造了18、19世纪的诸多奇迹，如引发第一次工业革命的蒸汽机的发明、第二次工业革命中透平发电机组的大规模工业应用等。

时至今日，社会需求的产品已远非传统制造所能获取，需要新的制造原理的出现。在科学技术高度发展的今天，人类的智慧往往是在高度丰富的知识交汇和碰撞中冒出火花，重大工程技术的变革毋庸置疑是源自于基础科学和工程科学的新发现。当今制造科学与现代物理、化学的深度融合正在不断创造着新的制造原理和技术。

例如，可能突破衍射极限的高能束制造新原理。紫外曝光技术的衍射极限限制已成为制约集成电路制造水平提升的"瓶颈"。高能束制造的最新进展给突破衍射极限带来了希望：特殊纳米结构使入射紫外光与纳米织构相互作用，产生电子的集体振荡，形成的光斑能够突破衍射极限，利用该光源进行的光刻线宽小于入射光的半个波长（小至几个纳米），可以实现大面积纳米结构和器件的低成本制造。利用超快激光多光子吸收和强阈值效应，也可以突破衍射极限，得到纳米级加工精度，并能实现三维加工。用超快脉冲序列设计来控制被加工材料电子吸收激光光子的过程将进一步提高加工精度。激光近场加工能获得远小于衍射极限的纳米结构等。这些制造原理上的新发现、新认识给后摩尔时代带来了新的发展空间。基于分子振动、电子激发和电子电离等多能带/能级耦合的协调共振激发效应都有可能成为人们创造出制造新原理的源头。其中机械工程学科的任务在于：每一原理都需要在与之匹配的载体上实现，如能束参数的精确控制载体、能束的复杂传输载体和被加工对象的纳米精度运动载体等。这类载体不同于传统机械系统，需要能在微观尺度上精确驾驭载能粒子行为的特殊功能微/纳结构及其精确控形控性制造技术。

21世纪,生命、信息、纳米和认知科学的交叉领域正在成为科学探索的热点,在此基础上崛起的生物制造有可能实现人造系统与生命系统的融合,使机械工程学科产生根本性的变化,催生人类文明的重大变革。生物制造将制造技术延伸到生命科学领域,特别是生物制造与纳米制造的结合可望对医学工程的发展提供全新的科学原理与技术手段,它孕育着重大新兴产业。据报道,在未来10年生物医学工程产业中,人体器官和功能组织的人工替代产品将占50%。机械工程学科在其中的重要方向将成为科技支撑,如生物功能替代装置的功能再现原理与生物相容性、生物感知与致动系统的能量/信号转换和传递、生机电系统的生机接口等方面都需要多学科交叉基础研究。

机械与制造科学的发展必将促进基础科学与技术科学的深度融合,催生全新的制造原理和技术,引发新的重大工程技术变革,为实现人与自然的和谐、高品质的人类社会提供物质支持。

(三)机械工程学科拓宽自然科学的研究领域和视野,并为之提供有效的研究途径

机械工程学科的发展对自然科学研究具有重要支持和促进作用,为物理、化学和生物等自然科学拓宽了研究领域和视野,乃至催生新的学科,并为自然科学实验研究提供精密仪器的高精度制造技术保障。例如,微电子制造装备支撑着微电子技术按照摩尔定律发展,使得制造尺度不断突破新极限,由此产生的各种新效应促使物理、化学等学科开展相关的机制研究;计算机硬盘/磁头的纳米间隙飞行促使物理学研究其稀薄气体效应和飞行动力学;大型光学镜面的纳米精度抛光促使物理、化学等学科研究其抛光过程中能场对物质的作用机制,并研究其高能量聚集行为与镜面几何形貌间的相关机制;原子力显微镜等微观研究实验设备依赖机械工程学科的超精密制造与测量技术;特种能束与能场对物质的作用机制研究需要机械工程学科提供能量传递、转换以及能场精确控制技术;纳米科学研究依赖精密运动控制技术和纳米精度运动平台等。

机械工程学科的发展必将为纳米、生物、医学、信息、材料和新能源等学科领域的发展不断提出新的基础科学问题,提供实验装备与条件,注入新活力,从而大力促进各相关学科的发展。

二、机械工程学科的总体发展趋势

21世纪的全球变化与人类社会的进步驱动机械工程学科呈现出以下发展趋势和特点。

(一)机械工程学科发展趋势

在产品的服役功能与工作品质不断发展的挑战下,需要发现更深层次的和谐制造原理和更知识化的智能制造技术。机械工程学科由此形成了如下几个重要趋势。

1. 运用新的制造资源和基础理论发掘新的制造原理与方法——发展新概念产品

IC、MEMS(微机电系统)、NEMS(纳机电系统)等高端、新兴产业领域的不断涌现和发展,对传统制造能力的极限提出挑战。传统制造原理难以满足这类产品的极端尺度与性能需求,从微电子芯片制造技术的突破开始,引发了一系列新的制造原理与技术。

物理学、化学等基础学科在与机械、电子等工程学科交叉融合中产生了一批新兴制造技术,其中一个典型例子是高能束制造。高能束制造技术的发展主要得益于物理学的成就,它利用高能束流使材料熔化、蒸发、汽化、沉积、凝固和固态相变等,通过材料的去除、添加或形变,实现合成、加工或成形。高能束制造的材料适应性强(超硬、超薄等),可实现高质量、高效率、非接触、高精度和跨尺度制造,特别是在三维复杂结构的高精密制造方面有独特的优势。又如,在芯片的P-N结制造中,由于引入了离子注入的原理,才能达到传统方法无法企及的目标。

高能束制造有望继续突破加工极限,特别是未来5~10年内,超强超短聚焦激光的光强预计达到10^{26}~10^{28}瓦/平方厘米,而脉冲宽度可以缩短至数阿秒(10^{-18}秒)。激光的波长可能会推进到极紫外甚至X射线波段,同步辐射将会进入制造领域。而这些对制造科学带来的研究任务将集中在揭示高能束的物理特性和对制造界面特性、制造体成形成性过程的影响规律,针对不同的材料、结构与尺度要求提出高能束制造的工艺方法,研究和发现高能束制造的极限制造能力,并为高能束制造装备的研发提供科学和技术原理。但是,为了揭示该领域能场与材料间的作用原理、探求其加工极限,传统加工赖以发展的许多经典的理论不再适用,量子力学效应将会凸现,激光与物质相互作用的机制、物质光学和热力学特性的瞬时局部变化特性等都成为需要解决的科学问题。

与此同时,研究新的制造原理的过程规律和承载装备集成原理,实现制造原理的工程技术化与产业化,满足国家基础产业和新兴产业的发展需求,是机械与制造科学研究的一个重要发展趋势。

总之，今后的发展充分体现在如何利用新的能源和材料，通过探索它们之间的相互作用，研究其相互作用的物理和化学本质，突破基于力学的制造规律，不断挖掘新的制造方法，突破传统的制造方法，探索基于各种能场、能束的零件、结构的成形成性制造新原理、新方法，创造出新功能的零件、器件和装备。

2. 从多尺度演变及其界面效应传递的角度探索零件几何结构与物理性能的高精度调控原理与方法——发展高效、高品质制造技术

无论如何提高宏、微制造构件服役性能，其共同的必然途径是经历宏、微协同与形、性协同制造，其中的关键科学问题是揭示实现协同的演变机制与规律。因此，研究制造中的尺度效应和界面效应，推进零件由形、性协同制造实现服役能力的跨越，是机械与制造科学发展的重要趋势。

一个典型的例子就是"极大规模集成电路制造"等领域具有极端精度要求的表面与结构制造。极大规模集成电路制造所需光刻物镜的精度要求为 PV $\lambda/300 \sim \lambda/400$，而目前的制造精度只能达到 PV $\lambda/50 \sim \lambda/60$ 水平。随着集成电路制造向 32 纳米及其以下线宽的推进，由尺寸效应引起的铜导线的电阻率以指数函数上升，超低 k 介电质材料的引入成为必然趋势。由于其与铜力学性能的巨大差异，导致在图形转移和平坦化等工艺中的界面问题成为关键"瓶颈"之一。在平坦化方面，如何在微区粗糙度、中等区域波纹度和大尺寸晶圆的全局平整度这三个跨尺度（纳米—微米—毫米）域中实现高精度控制，如何避免互连线损伤和界面剥离，如何在降低平坦化压力的情况下实现高效、大面积、均匀的材料去除等问题成为急需克服的屏障。同时，作为图形高保真转移的关键方法之一，即在纳米压印光刻方面，随线宽的缩小，界面的物理化学性能对阻蚀胶流变将产生很强的约束作用，其流变特性将显示出明显的尺度效应。为实现图形的高保真转移，界面的分子作用机制、纳米间隙流变规律和静电场诱导的分子自组装过程的界面行为等都是急需研究的问题。

再例如，在三维纳米结构和纳米器件的制造原理、可产业化的纳米尺度制造工艺、"宏/微/纳"跨尺度结构的制造与集成原理等方面均未完全突破。这种近乎极限的挑战要求研究制造过程多尺度的结构、性能演变，追溯其原因，特别是在每个尺度上的主导过程和在界面上产生的效应及其传递，阐述产生宏观结构、性能的本质原因，深入到物质结构上寻找实现传统制造精细化的根本方法。强调制造过程中产品几何结构与物理性能形成的多尺度的演变过程，特别是在多尺度演变过程中间，在不同尺度上的主效应和各尺度界面上不同效应的转化与传递，突破现有技术极限，以实现对零件几何结构与物理性能的高精度调控，满足产品的服役功能以及产品工作品质的极端化需求。

3. 以系统科学的视野研究复杂制造过程和装备的集成科学——拓展装备设计理论

极端的需求将零件制造过程推高到极高品质以及装备服役功能的极大丰富与强化，使得制造过程和载体均呈现复杂化和多维多元化特点，相应的机械装备也成为集成的复杂系统。这样的复杂系统必然成为包含多过程的载体，包含多种能量与物质的交互、做功演变与耗散演变、工作主流与随机扰动、快变和慢变过程等，导致这种载体的质量分布复杂，技术模块间、物理模块间以及信息模块间的界面丰富、多样，为服役的高品质精度造成种种扰动因素。这一系列问题使得我们无法再单纯依靠经验和灵感来解决，而必须从系统科学的角度研究日益复杂化的制造过程和装备，因此机械与制造的系统科学将成为研究热点。

为实现各种不同工况的高精度传动现代复杂装备，需要发展各种传动原理和方法，如高精度航空遥感对传动机构精度的高要求；激光惯性约束核聚变工程中对高能量激光脉冲压缩器性能的苛刻要求；新型激光武器对多自由度精密传动装置传动精度和传动带宽等的严格要求等都需要新的传动技术及相关的科学原理支持。

复杂机电系统中的诸多界面，既是功能形成的必须，又是奇异、扰动和故障产生的重要因素，是现代高端装备设计制造要予以特别关注的问题。由于物理单元之间存在机械连接，有必要认识复杂机电装备中广泛存在的固/固界面、固/液界面、固/气界面接触、黏着、摩擦、材料转移和损伤等自然现象，基体材料、表面构造、介质和外场的作用机制，以及界面特性对装备宏观使役行为的影响规律，为界面设计提供科学依据。然而，由于复杂装备在尺度和服役条件等方面不断突破原有极限，使装备的运动界面特性变得十分复杂。例如，在巨型重载成形装备和操作装备中，单个铰链的承载高达1000~2000千牛，且运动副处于重复起停的非连续运动状态，易造成接触区润滑膜破裂和弹塑性变形以及力流畸变、偏载等非线性力学行为，影响装备的作业性能和可靠性。因此，如何解决装备的运动界面设计，减少结构弹性变形在运动界面和操作界面的积聚效应，降低摩擦和磨损，已成为重型制造装备设计中无法回避的问题。再例如对于微观磨损问题（微牛到纳牛量级载荷、微观尺度形貌的摩擦表面），现有的认识仅限于现象的观察，对其机制的研究和分析还不够深入。从更广的意义上说，复杂机电装备中的界面不仅仅是运动界面，其功能形成的因果传递中，有许多界面在起作用。各物理单元之间的功能集成、能量转换和传递、物质流-能量流-信息流的耦合和协调等都是通过特殊的界面来实现的。与运动界面一样，这些非物理形态的功能界面特性对装备的整体功能和作业性能有直接的影响。

而对于复杂装备的设计与集成，除了必须解决高性能功能器件、功能单元和功能界面设计等单元技术及其相关的基础科学问题以外，在设计方法和多学科集成优化方法等方面也需要系统的科学理论支撑。集成设计方法学需要解决的重要问题是从复杂装备的功能要求出发，研究装备功能与结构的映射关系，从能量流、物质流和信息流的层面将不同功能单元进行协同组织和集成，构建能够满足预定功能要求的复杂装备。多学科集成优化的目标是充分利用各学科间相互作用所产生的协同效应，获得复杂机电装备的最优设计与集成方案。需要解决的问题包括复杂机电装备多领域设计知识的获取、演化与集成，多学科统一建模与多物理场关联分析，多性能多参数仿真分析与协同优化等。

运用系统科学研究复杂化的制造过程与装备，其核心就在于寻找和发现集成、融合与演变过程的规律。特别是从系统的角度去研究"融合集成效应"，研究融合的新机制，获得新认识；从融合集成过程中的预期效果与实际差异中研究和发现系统集成的复杂规律；从系统动力行为的奇异性中研究系统集成中的功能保障与突变机制。系统集成需要解决多场耦合、多尺度效应协同和多技术界面多因素融合等问题。与此同时，这一趋势也将引导机械工程学科各领域的基础研究更加向真实性、系统性、界面和多尺度等内涵方向发展。

4. 以信息流全局监控为基本线索实现制造与服役过程精确调控——实现智能化制造

极端制造过程和复杂装备是一个复杂的、相关参数处于可行域边界上运行的敏感系统。对多种外场条件、多形式能量的传递、多层次信息运行和多界面耦合等进行精确控制，是复杂系统精确稳定运行的保证。当复杂系统的不确定性成为导致制造与服役过程随机扰动的重要因素时，信息的获取与监控信息流的网络设计成为机械工程学科的重要研究前沿。

现代复杂装备已发展成为由信息流驱动且实现高精度、高稳定和高可靠的复杂机电系统。为实现其精确调控，必须研究：调控微变量与系统主运动的机电耦合与变异机制；小尺度特征参数扰动与系统宏观动力失稳行为；多种控制模式运行中的多重交互作用、扰动与协同控制机制；基于能量流、物质流与信息流的全局协同的系统稳定性分析与调控。

信息流全局监控是复杂系统精确调控的需求，需要探寻可靠的信息获取手段，研究复杂系统的故障演化机制，得到反映设备故障状态信号与设备系统参数之间的关系；研究微弱损伤、多故障耦合、多干扰源和强噪声等动态信号处理与损伤特征提取的理论与技术，实现早期故障动态定量诊断；进行人工智能研究，形成知识丰富、推理正确、判断准确、预示合理、结论可靠的设备智能诊断与预示功能的实用技术，实现合理、可靠的服役设备安全评估。

5. 制造过程和产品将更多体现和谐世界的目标与追求——实现人造系统与自然世界的和谐相容，提升人类生活品质

人类对于和谐世界的终极追求，是赋予当代机械工程学科发展的大命题和大使命。针对这一使命，需要我们探求如何将能量、物质、信息融合成为更加和谐、简约的制造过程并制造出更加人性化的产品。

为了追求和谐社会与生活，必须首先解决全人类所面临的能源、资源、环境和安全问题。发展资源节约、环境友好和安全可靠的和谐制造技术也就成为制造业面临的挑战和必须解决的问题。除了前面已经提到的氢能、太阳能、风能等新能源的利用和资源的循环利用将成为实现和谐制造的重要发展方向之外，产品回收、再制造及安全服役等带给机械工程学科的诸多全新的科学问题也将成为重要的方向。当然，也包括以减少制造过程中的能源消耗、提高材料利用率为目标的传统制造工艺的突破与变革。

其次，生物制造和仿生制造技术正在使生物技术和制造技术的内涵发生深刻的变化，从而将成为21世纪科学研究的前沿之一。而它的应用领域也将是机械与制造科学服务和谐社会目标的重要组成部分。生物制造与仿生制造最直接的应用领域是医学和康复工程，其中由生物制造、仿生制造技术设计和制造的人工生物组织或功能替代装置是最典型的例子。它不仅需要解决替代装置的设计与制造问题，还需要解决与生物体的集成问题。

总之，作为制造技术的时代要求和特征，和谐制造对机械科学和制造技术赋予了新的内涵。

（二）机械工程学科的研究特点

1. 与自然科学和其他工程科学深度交叉融合，开辟学科新方向

建立在牛顿力学基础上的机械与制造科学在经历了数百年的辉煌以后，其内涵正在发生深刻变化。在工业需求牵引和学科自身发展的驱使下，机械工程学科不断吸收物理、化学、材料科学、生命科学的新发现和新发明，开辟新方向，不断提出制造新原理，同时也促进装备功能趋于极端化。例如，高能束这一源自物理学的研究成果，为机械制造提供了全新的技术原理和手段；物理学领域新兴的同步辐射技术为制造新原理和新工艺的研究提供了技术手段；在微/纳制造领域，基于物理和化学方法的制造工艺也已成为主流技术；仿生制造的新原理、新技术在国防、航空航天和能源等工业领域展示了美好前景。

机械工程学科与自然科学高度交叉，探索新的制造原理和装备功能；也与

多类工程科学高度交叉,追求高的功能品质。它与相关自然科学、工程科学的交叉融合向纵深发展已成为当今机械与制造科学研究的重要特点。

2. 技术突破与科学发现高度依存、互动,实现制造尺度、精度与品质的跨越

现代工业过程的高效、集成与精良调控需求,促使工程科学问题的求解和工业过程的调控必须以精确掌控其多过程耦合的行为规律为基础,也使得工程科学与自然科学的分界趋于模糊。

当代机械工程学科面临制造尺度和精度极端化的任务,必须精确掌握制造过程和装备运行中的自然科学规律,建立其真实的物理模型、制造工艺模型和过程监控模型,从科学意义上实现更有深度的数字化设计制造,才能实现制造尺度精度与服役品质的跨越。

例如,航空发动机整体叶盘的结构复杂,叶片薄,弯扭大,易变形,材料多为钛合金等难加工材料,必须掌握加工过程中的残余应力消除、变形和颤振等行为规律,精确建立其加工过程和精度的数字化模型,才能实现其高精度制造。再如,正在迅速发展的微/纳制造,其中三维微/纳结构和微/纳器件的制造原理、可产业化的微/纳制造工艺、"宏/微/纳"跨尺度结构的制造与集成等,只有更加依赖物理、化学的机制认识和规律探索,才有可能获得机械工程学科期望的工艺控制模型和精度、性能形成规律,突破实验室的缺乏重复性的"艺术",真正形成可支持产业发展的工业化制造技术。

追求自然科学规律的探索,获得精确的过程与工艺模型,实现高精度、高性能的数字化制造,是当前机械工程学科的一个鲜明特色。

3. 探索机械与制造系统的集成科学成为该学科的新兴方向

服役于工业的各类重大装备不断追求强大功能、高效率、高精度,促使装备系统将多种单元技术高度集成,成为将机、电、液、光等多物理过程融合于载体的复杂机电系统,在完成复杂的多物理过程中,实现能量、物质与信息流的传递、转换和演变,形成强大功能。空天运载装备、冶金装备、高速列车、大型火、水、核电机组和盾构掘进机等都是耦合高度复杂、功能异常丰富、运行控制能力强大的复杂机电系统。

然而,传统的机械设计主要基于模块化思想,通常将系统按照功能结构分为不同模块或子系统,简化了模块与子系统间的耦合关联,无法顾及系统中真实的复杂界面行为特性。机械设计方法则更多注重设计方法本身,对机电系统载有工艺过程的物理行为的变化关注少。在此设计理论基础之上构建的机电装备在运行过程中出现了各种各样的奇异或故障现象,如高速回转机械几乎都出

现了复杂的振动障碍问题，发散性振动、微幅颤振和频谱非常复杂的随机振动等多种复杂振动形态，依存于系统的某种工况或耦合状态；重型承载复杂装备由于力能传递畸变导致奇异内力作用下的异常损伤。

服役中的大型工业装备出现的种种奇异行为促使科技工作者重新审视机电装备的物理本质，思考机械设计理论与方法的新思路。在这种趋势下，"复杂机电系统"等概念、"耦合设计"等思想也被提出，其基本思想是从系统科学的视角分析认识制造与装备的种种规律。"复杂机电系统"的研究思路推进了对机电装备服役过程不确定、随机和奇异现象的认识，为形成新的设计理论、制造系统和运行监控系统打开了思路。

当今的机械工程学科正在形成"复杂机电系统设计制造的集成科学"，将"机械设计"提升到系统集成科学的层面，扩大与深化了设计的科学内容，如界面科学、非线性科学和信息传递科学等；由传统的注重"设计方法"变革为设计"机械"载有的物理过程如何经集成演化产生机械功能；将模块化设计变革为"物质流、能量流、信息流全系统协同设计"。从集成科学的高度设计机电装备的新思想必将大力促进功能更为强大、性能更加优越的各类机电装备的发展。

4. 和谐制造成为当代机械工程学科的终极追求与驱动力

当前能源资源短缺、传统工业排放污染破坏生态，促使机械工程学科寻求节能、节资、人与自然和谐的制造模式，同时追求服役于各类工业生产的机电装备运行安全、环境友好。

资源循环利用的理念已经贯穿产品设计、制造和使用的全生命周期，绿色设计、绿色制造、材料回收和再制造已成为机械与制造科学的重要研究内容。在设计阶段就考虑产品零部件及材料回收的可能性、回收处理方法和回收处理结构工艺性等。在产品回收工艺、装备等方面开展了系统的理论研究和技术研发。

"和谐制造"的追求也推动了传统制造工艺的技术革新。例如，大型构件的自由锻造，作为一种传统的坯料加工工艺，由于高温锻造过程中的材料损耗和锻造误差等的影响，从构件到形成目标产品的过程中平均材料利用率约为75%～80%。为减少制造过程中的能源消耗、提高材料利用率，发达国家在锻造过程中的力测量、高温条件下的大尺度几何测量等方面率先开展研究，提高了对工艺过程的可控性、制造精度和成形成性质量，使大型锻件的锻造效率大幅度提高，材料利用率提高到90%以上，使得锻造工艺向"精密化"方向发展。

可靠与安全运行是复杂机电系统的重要属性，是其高效服务于工业生产的基本条件。复杂机电装备大多在复杂载荷历程下服役，存在多种失效机制。由于服役过程中零部件在随机载荷反复作用下损伤不断积累或演化，失效率也随时间变化，而且多种失效机制往往相关并存，传统的独立失效机制的假设不再适用。近年来，国内外学者为了揭示零件、结构和装备寿命的本质规律进行了深入研究，探索了机械结构性能衰退与失效演化的物理机制，提出了一些能反映零件失效相关性的可靠性预测模型，以形成寿命预测的理论基础；同时致力于发展先进的失效评价理论，以形成满足工业要求的安全评定技术和相关标准。

复杂机电系统的状态监控与维护，是确保装备长期安全、可靠运行的重要手段。先进的状态监测和故障诊断技术可以实现故障的早期识别，避免恶性事故的发生，实现设备的预知维修，保障重大装备安全运行。复杂机电系统的监测诊断已向系统机内监测发展。当前重大装备监测与诊断的核心问题仍然是如何全面地掌握服役过程中装备的运行信息，寻找更加有效和直观的振动信息提取方法和表达方式，通过理论分析和实际运行状态监测诊断经验相结合，提高诊断的准确性。近年来，结合典型重大装备，从平稳信号分析方法到非平稳非线性诊断方法，从常见多发故障诊断到早期、复合故障的定量诊断与寿命预测、装备的远程智能诊断系统等方面进行了大量研究，大力支持了各类服役装备的安全运行。

追求和谐制造和装备安全运行作为当今机械工程学科的重要研究特点和时代特征之一，对机械科学和制造技术赋予了新的内涵，必将在新时期得到深入研究和更大发展。

（三）人才队伍、资助现状、重要成果与存在问题分析

1986~2009年，机械工程学科资助各类项目共计4771项，资助经费总额约为11.454亿元，具体情况如表3-1所示。资助的项目数和资助经费的年度情况如图3-1所示。其中，资助面上项目3202项，资助经费总计6.56亿元。2006年学科的年度资助经费首次超过1亿元。与1986年度（资助100项、经费361万元）相比，2009年（资助594项、经费2.15亿元）年资助项数增长了5.94倍、年度经费增长了59.66倍。

表3-1 机械工程学科项目分类汇总（1986~2009）

项目类型	项目数/项	批准经费/万元
面上项目	3 202	65 552
青年科学基金	929	16 400
地区科学基金	73	1 431.2
国家杰出青年科学基金	50	6 880
重点项目（含学部重点项目群的6个）	85	12 791
重大项目	5	1 800
创新群体	4	2 710
海外及港澳学者合作研究基金	15	600

续表

项目类型	项目数/项	批准经费/万元
重大国际合作项目	4	392
仪器专项	8	770
重大研究计划	42	3 396
其他项目	354	1 818
总计	4 771	114 540.2

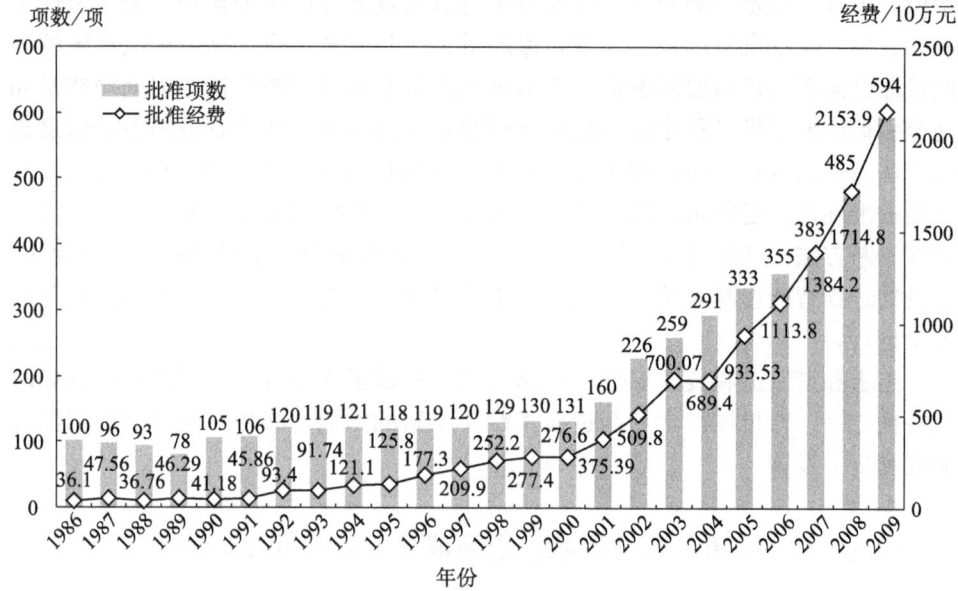

图 3-1 机械工程学科资助的项目数和资助经费的年度情况（1986～2009）

培养和造就具有创新能力的人才和群体人才，是推动学科发展的保障。到目前为止，学科共资助了创新研究群体科学基金 4 项，分别是中国科学院兰州化学物理研究所刘维民负责的"空间润滑材料与技术研究"（2004）、西南交通大学周仲荣负责的"高速列车运行安全的关键科学技术问题研究"（2005）、清华大学雒建斌负责的"微/纳制造中的表面/界面行为与控制技术"（2007）以及上海交通大学林忠钦负责的"复杂装备的数字化设计"（2008）。由于取得了突出的成果，中国科学院兰州化学物理研究所刘维民负责的群体、西南交通大学周仲荣负责的群体结题后又分别得到了为期 3 年的延续资助。创新群体的资助经费总计 2710 万元。

国家杰出青年科学基金获得者是人才队伍的重要组成，对相关学科领域以及研究单位的科研水平提升和发展具有重要作用。截止 2009 年，学科共资助国家杰出青年科学基金 50 位，资助经费总计 6880 万元。其中，2005～2009 年，共资助国家杰出青年科学基金 22 位，机械学领域 8 位，制造科学领域 14 位。学科重视国家杰出青年科学基金项目的均衡性，基本确保了每个研究领域都有国家杰出青年科学基金项目获得者，进一步扩大了国家杰出青年科学基金项目获得者的影响。

青年科学基金作为人才类项目，也得到了进一步的关注。1986～2009年共资助项目929项，经费总计1.64亿元。与1987年（资助2项、经费8万元）相比，2009年（资助194项、经费3870万元）年资助项数增长了97倍，年度经费增长了483.8倍。该项基金的资助率和经费都有了大幅度的提高。

1986～2009年，机械工程学科共资助重大项目5项，资助经费总计1800万元。此外，共资助重点项目85项（含学部重点项目群6项），资助经费总计1.279亿元。其中，2005～2009年共资助重点项目42项，机械学领域16项，制造科学领域26项。

2009年获得重大研究计划"纳米制造的基础研究"资助的有6个重点支持项目（经费1580万元）、36个培育项目（经费1816万元）以及1项计划实施管理费项目（经费200万元），批准项目总经费为3596万元。

通过面上项目、重大项目、重点项目和重大研究计划等源头创新型战略类项目的资助，机械工程学科在基础共性研究领域取得了较好的成果，使机构学与机器人机械学、传动机械学、机械动力学、机械结构强度学、机械摩擦学与表面技术、机械设计学、零件成形制造、零件加工制造、制造系统与自动化和机械测试理论与技术等相对较为传统的二级学科代码方向有更加明确的新内容、新概念，推动着基础研究向广度、深度方向进一步发展。同时，结合国家重大社会和安全方面的需求，在资源、能源、国防和运载等重大制造装备的设计制造以及关键零件/构件的高性能/高精度加工等方面也取得了较好的成果，推动着国民经济建设和国防安全建设的进一步发展。

经过学科"十五"、"十一五"的精心布置，通过在微/纳机械系统领域资助的重点项目群，以及重大项目"先进电子制造中的重要科学技术问题研究"，拓展了传统的制造科学领域，有力地推动了我国微/纳制造技术的自主创新和相关产业的发展，为微/纳制造奠定了坚实的基础。通过与物理、化学和信息等学科的综合交叉，以机械工程学科为主，设立了"纳米制造的基础研究"重大研究计划。该计划于2009年正式启动，预计通过5～8年的连续资助，有望在亚纳米级材料去除原理、纳米结构成形理论、纳米精度理论与测试方法和纳米制造装备新原理等方面取得突破，建立纳米制造工艺与装备的理论体系与技术基础，为我国实现"纳米为计量单位的制造"提供理论指导与技术支撑。

在生物制造与仿生制造以及高能束与特种能场制造等前沿方面，学科也进行了精心部署，通过重点项目、面上项目群的资助，形成了一定的研究特色，在某些方面也取得了具有国际领先水平的成果。这将为学科"十二五"规划奠定坚实的基础。

在推动学科发展和人才队伍建设的同时，基金项目也促进了各个国家重点实验室、省（部）重点实验室以及各国家级、省部级工程技术研究中心的基础研究工作的持续发展，为一批实验室成长为国家重点实验室奠定了基础，更为其成长为优秀国家重点实验室提供了有力支持，为科研环境的营造做出了贡献。

三、机械工程学科未来5~10年发展战略

构建服务于各种功能要求的机械系统，为各行业提供功能强大的各类装备，面向国家重大需求，密切结合学科未来的发展趋势和科学前沿，需要对该学科未来5~10年的基本框架、优先发展领域和综合交叉领域进行规划。所构筑的基本体系以及各领域之间的关系见图3-2。

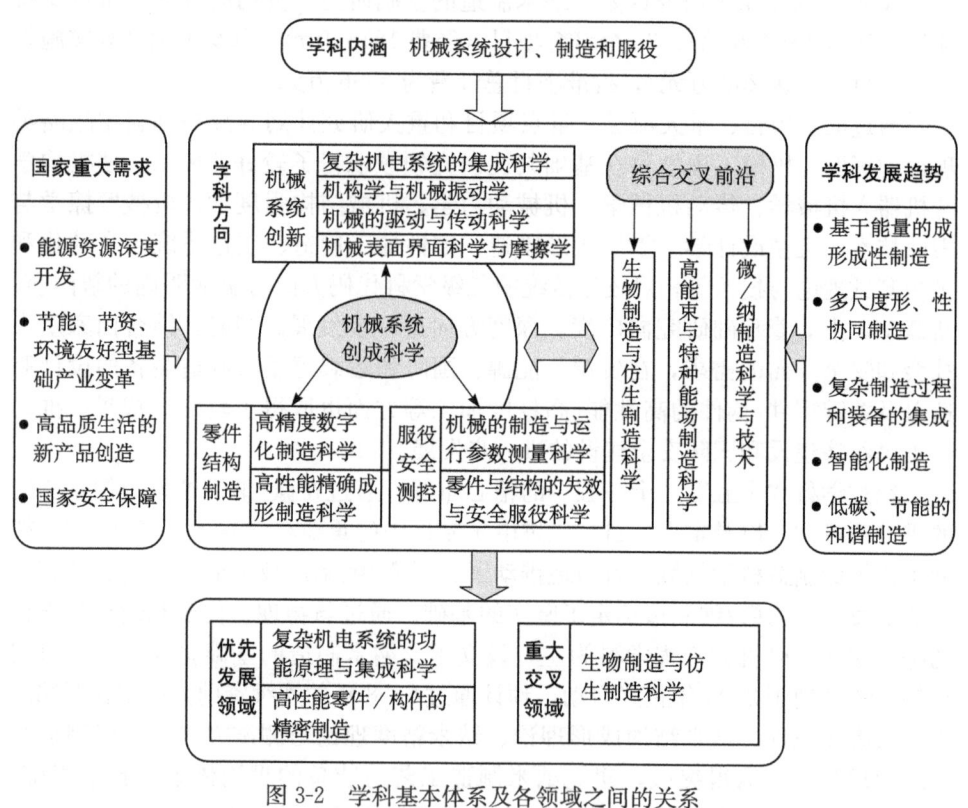

图3-2 学科基本体系及各领域之间的关系

（一）发展布局的指导思想

机械工程学科发展布局的指导思想有以下几点。

1. 立足学科基本任务，涵盖基本内容，以科学新概念提炼新方向，注重学科基础均衡发展，建设与发展该学科基本体系

机械工程学科的基本任务是为各行业提供功能强大的各类装备，也就是通过设计与制造，构建服务于各种功能要求的机械系统。机械系统需要承载各种运动、传递能量、完成各类功能，需要机构学与机械振动学、机械的驱动与传动和复杂机电系统的集成科学等领域的支持。机械系统的安全可靠运行要求足够的结构强度和准确的界面行为，需要机械的表面界面科学与摩擦学、零件与结构的失效与安全服役等领域的支持。机械系统的零部件要求高精度、高性能，才能保障系统的工作品质，需要高性能精确成形制造、高精度与数字化制造和机械的制造与运行参数测量等领域的支持。

2. 注重学科的新发展和科学技术的时代特色，设立和支持前沿新方向

近年来，学科深层次交叉融合的大发展催生了一系列独具特色、性能卓越的制造新原理、新工艺。它们被赋予了新的时代特色，成为新的研究前沿，可望成为生物、信息和纳米技术等高科技领域强有力的支撑，如高能束制造、生物制造等。这就需要设立新的学科领域与方向，支持其迅速发展。

3. 将学科的传统内涵和创新方向结合，构架学科的知识创新体系

当代机械科学与技术发展十分迅速，传统学科方向不断形成新的研究前沿和热点。传统方向是学科发展的基础，本次规划注重其前沿发展，注入创新思想和内容。例如，将传统的"摩擦学"方向提升为"机械表面界面科学与摩擦学"，新增"特种工况下的机械表面/界面效应"、"纳米制造中的表面/界面科学"等新内容；以"复杂机电系统的集成科学"取代传统的"现代设计理论与方法"，由传统的"设计方法"变革为机械系统的"物质流、能量流、信息流协同设计"，将机械设计学与设计方法学统一于复杂机电系统设计理论。

4. 瞄准未来10~20年国际经济发展对制造的核心挑战，选择优先支持领域，培育与发展对未来做出最大贡献的学科知识与能力

未来10~20年国际经济发展对制造的核心挑战主要表现在三个方面：支撑工业发展、具有极端功能的各类复杂机电装备；高精度、高性能、高效的多尺度制造原理与技术；面向人类健康的生物制造。为此，选择复杂机电系统的功能原理与集成科学、高性能零件/构件的精密制造为优先支持领域，同时，鉴于

生物制造的多学科交叉特性，选择生物制造与仿生制造科学作为优先支持的交叉领域。

（二）部署学科优先领域的建议

1. 11 个优先资助领域

21 世纪是机械工程学科大变革的时代，战略研究需要强烈感受到这种变革的大趋势，布置舞台，抢占先机，引导学科新平台的兴起，努力创成学科的异军突起，因此，建议设立如下优先资助领域：

1) 机构学与机械振动学；
2) 机械的驱动与传动科学；
3) 复杂机电系统的集成科学；
4) 零件与结构的失效与安全服役科学；
5) 机械表面界面科学与摩擦学；
6) 生物制造与仿生制造科学；
7) 高性能精确成形制造科学；
8) 高能束与特种能场制造科学；
9) 高精度数字化制造科学；
10) 机械的制造与运行参数测量科学；
11) 微/纳制造科学与技术。

2. 两个优先发展领域

建议以下两个领域为优先发展领域：
1) 复杂机电系统的功能原理与集成科学；
2) 高性能零件/构件的精密制造。

3. 一个重大交叉领域

建议一个重大交叉领域为生物制造与仿生制造科学。

基于上述构架，未来 5~10 年在复杂机电系统的集成科学、高性能精确成形制造、高精度数字化制造、高能束与特种能场制造和生物制造与仿生制造等领域争取安排重大项目；在机构学与机械振动学、机械的驱动与传动、零件与结构的失效与安全服役、机械的表面界面科学与摩擦学、微/纳制造科学与技术和机械的制造与运行参数测量等领域争取安排重点项目。

四、未来 5～10 年机械工程学科发展的保障措施

（一）瞄准国际前沿，孕育重点突破

注重科学自身的发展规律，正确把握基础性研究的内涵，特别注意基础性研究的长期性、探索性、创新性、超前性等特点，集中瞄准国际前沿，整合创新资源，孕育重点突破。未来 10 年争取在重大交叉领域安排重大研究计划，在若干优先资助领域安排重大项目和重点项目。

（二）面向国家重大需求，加强产学研结合

当前，综合国力的竞争已经前移到基础研究，而且愈加激烈，我国作为快速发展中的国家，更要强调基础研究服务于国家重大需求，通过基础研究解决未来发展中的关键和瓶颈问题。因此，要结合科研院所在科学的发现、技术的原始创新上的优势，通过政策引导和体制变革，在强化企业技术创新主体的同时，加强产学研结合，使得企业逐步由被动创新转为主动创新，充分发挥基础性研究对经济振兴、社会发展的作用。

（三）实施人才战略，加快基础研究队伍的建设与培养

稳定、优化和培养现有人才队伍，不断增强科技人员勇于创新和开展协同研究的能力；鼓励青年研究人员投身基础研究行列，增加青年基金的资助率，增加年轻学者国际交流项目的资助率；吸引海外及港澳优秀人才为国（内地）服务，充分利用国际前沿科技资源，着力提升我国科技人员基础研究的创新能力。

（四）鼓励国际合作，逐步形成以我国为主的国际研究计划

充分发挥我国基础性研究优势或利用我国特有资源和条件开展国际合作。在共同研究的基础上，提高我国基础性研究水平，增强研究实力，以期在国际大型科研合作计划中占有一席之地，并逐步形成以我国为主的国际研究计划。

在国际合作交流费的使用方面，摆脱目前比较单一的开会或短期互访的形式，鼓励开展实质性国际交流以及提高国际影响力的活动。

（五）调控资助比例和额度，完善资助格局

加强项目的均衡布局，提高申请优先资助领域的各类项目的资助率和资助强度，实行滚动资助；在同等条件下，优先资助西部及边远欠发达地区；鼓励原始创新，促进新原理新方法的快速涌现，为创新前沿研究而非共识项目制定一套保护性的专家评审措施与办法；促进实质性的学科交叉、融合与渗透。

（六）加大项目管理力度，落实绩效挂钩

采用"NSFC 与项目依托单位"双重监管结合的机制，充分发挥依托单位的管理作用，加强基金项目管理，督促项目负责人认真完成好基金项目，避免出现"拿项目难，交差容易"倾向。强调文章、成果的水平和质量而不是数量；进一步加强科学基金工作中的科学道德建设。

第二节　机械工程学科主要领域、基础科学问题及优先资助方向

一、机构学与机械振动学

（一）研究范围及内容

该领域包括机构学和机械振动学两部分。机构学是根据功能和性能要求发明和设计新机构，是创造新机器的源泉和基础。机械振动学是认识机械产品动力行为的基础，动态设计是提高产品性能的有效途径。机构学和机械振动学均属于机械学科的共性基础研究领域。

机构是传递运动和力的可动装置，机构学是研究机构的组成原理，分析已有机构的功能和性能，设计满足特定功能和性能的新机构的一门科学，主要内容包括结构学、运动学和动力学，具有系统的理论体系。传统机构学将机构的概念局限于仅含刚性构件和理想运动副的机械系统，而现代机构学拓展了传统机构学的内涵，主要体现在：①采用多自由度串、并、混联和变拓扑等多种结

构形式；②将理想刚性运动副拓展到含间隙或具有柔性的运动副；③将刚性构件拓展到了柔性构件；④实现驱动器/传感器与运动构件一体化集成设计。由于机构是机械装备的特征骨架，机构创新决定了产品的创新性，所以机构设计理论研究是现代机械装备设计的重要基础和发明创造的源泉，是提高国家制造业水平和国际竞争力的关键。

机械振动学是研究结构和机械系统在载荷作用下微幅往复运动规律的一门科学。随着机械系统与结构向极端、高速、高加速、重载和轻量化等方向发展，由此带来的机械振动问题更为突出。机械振动严重影响机械系统的工作精度、运行可靠性和服役寿命。主要的研究内容包括系统的动力学建模、机械系统各种复杂振动-冲击-噪声的分析与控制、机械系统的动态设计理论等。机械振动学是先进制造领域的重要理论基础。

1. 机构学

机构学主要研究机构结构学、机构运动学与动力学，包括分析和综合两个方面。随着现代科学技术的发展，极端服役装备中的真实机构、微/纳机构、仿生机构、柔顺机构和变胞机构等已成为机构学领域最为活跃的研究内容。

机构结构学包括机构自由度分析、拓扑结构分析与综合等，目的是建立机构系统组成的理论体系，为产品的机构创新和发明提供实用的理论和方法，同时也为揭示结构学、运动学与动力学三者之间的内在联系奠定理论基础。机构结构学的基本问题包括机构拓扑与功能的数学表述、拓扑与功能之间的映射关系及其运算、基于拓扑与功能映射关系的解空间求解与优化设计理论和方法等。

机构尺度与结构的耦合设计是现代机构学的重要研究内容。机构的尺度综合主要研究机构的性能评价、机构选型、目标建模、模型求解和结果优选等，特点是与工程应用、作业任务、工作载荷和服役环境等实际因素密切关联。考虑机构尺度与结构的耦合设计应引起机构学界的高度重视。

机构动力学研究多刚体、多柔体和动平衡等问题，旨在揭示机构构型和尺度以及结构参数与运动、驱动、承载和刚度等之间的映射规律，主要研究内容涉及机构运动规律、机构的动态分析与评价和动态设计等。现代机械在高密度能量传递中向重载、多自由度、高速度、高加速度、高精度、高刚度和高可靠性等方向发展，对机构设计研究提出了严峻挑战。主要研究范围包括：分析机构的非线性动力学特征，研究机构振动主动控制，探讨真实构件弹性、运动副界面摩擦和尺寸随机误差等多种因素对机构动力学性能的影响。

微/纳机构包括微/纳操作机构和微/纳尺度机构，主要表现形式为柔顺机构。柔顺机构是以柔性关节代替传统运动铰链，采用柔顺元件的弹性变形而非刚性元件的运动来传递或转换运动、力或能量的一种新型机构,在微/纳制造、生物芯片技术、微电子制造、精密和超精密加工、精密操作以及 MEMS 中具有广泛的应用。微/纳机构是机构学研究的前沿领域,主要研究范围包括基于设计域的拓扑优化理论、微机构的驱动与传感技术以及尺度效应等。

仿生机构作为机构学的一个重要分支,是生物学、机构学、力学和材料学等诸多学科的交叉研究领域。仿生机构主要涉及结构仿生和功能仿生两个方面。结构仿生是通过研究生物肌体的构造,设计类似生物体或其中一部分的特种机构,通过相似机构实现相近的功能;功能仿生的目的是使人造的机构具有或能够部分实现动物的某些功能。仿生机构的研究范围包括结构仿生和功能仿生的机制,考虑生物结构的刚度和阻尼的匹配时欠驱动机构仿生设计原理,高密度能量冗余驱动仿生原理以及高承载自重比的行走机构仿生方法等。

变胞机构是一类变自由度、变拓扑、可适用于多工况的机构。这类机构适用于非结构化环境、变工况和多任务场合。其研究内容包括变胞机构多组构态的耦合关系、多功能切换的灵活度和可控性以及变胞机构性能评价和优化设计方法等。

2. 机械振动学

机械振动学是以力学、声学和数学等学科为理论基础,结合控制论、信息科学、环境科学和材料科学等相关学科而形成的工程技术学科。振动是工程实际中普遍存在的一种现象,机械振动的存在严重影响着机械产品的工作精度、运行可靠性和服役寿命。掌握机械振动的产生机制,对于设计制造安全可靠和性能优良的机械系统与结构,抑制和防止振动带来的危害是十分必要的。机械振动学是机械科学的重要组成部分,其主要研究范围包括机械振动的非线性分析、振动系统的载荷与参数识别、振动控制与利用、机械结构与系统的动态设计以及基于振动的机械设备故障诊断等。

机械结构与系统的非线性振动是工程实际中的复杂问题。由于在几何关系、本构关系、约束条件、拓扑、激励因素、耦合方式、时空尺度和演化机制等方面存在着非线性因素,因此研究非线性振动方能较准确地描述机械系统的动态特性。非线性振动系统除了有由外部激励直接激发的主共振和亚/超谐共振模态外,还存在内共振和参数共振引起间接激发模态,产生饱和、跳跃、锁相、周期与混沌调制等复杂现象。另外,有些实际振动问题需要描述为时变参数系统和时滞系统,其特点是它们的线性方程的特征方程是超越方程,有无穷多特征根,是机械振动的热点问题。

机械振动与噪声控制是振动工程领域内的一个重要分支。现代振动控制一般分为被动、主动和半主动控制等类型。被动控制是采用隔振、吸振和阻尼耗能技术等来减小机械结构吸收的能量,达到减振目的。主动控制是根据所检测到的振动信号,采用控制策略驱动作动器对控制目标施加一定的外部能量,达到抑制或消除振动的目的。半主动控制是可控的被动控制。机械噪声控制分为无源噪声控制和有源噪声控制两类。无源噪声控制是通过消声、隔声、吸声、振动隔离和阻尼减振等措施,达到降低噪声的目的。有源噪声控制是在指定区域内人为地产生一个次级声信号,控制初级声信号,实现降噪的技术方法。

机械设备故障诊断是以机械设备运行过程中产生的振动噪声信息分析与判别机械设备是否发生故障,并准确给出故障类型和发生的位置。现代机械振动故障诊断研究内容包括振动故障机制、振动信号测试以及振动信号分析与诊断等。振动故障识别与诊断决策过程中采用的方法主要有基于模型的故障诊断、模式识别故障诊断和人工智能故障诊断等。

研究机械振动学的理论与方法、解释机械结构系统中的各种复杂运动现象、实现复杂装备振动与噪声的有效控制以及振动的有效利用是提升机械装备性能的重要手段。

(二) 研究现状与发展趋势

1. 机构学

机构学是机械领域的传统基础学科。17~18世纪,随着蒸汽机、纺织机等的相继发明,机构成为当时国际上热门的研究问题。19世纪初,机构学从一般力学分离出来,开始成为一门独立学科。经过半个世纪的发展逐渐形成以德国学者为代表的德国学派。20世纪上半叶,苏联学者对机构学的发展做出了重大贡献,形成苏联学派。20世纪下半叶,以美国学者为代表,推动机构学与计算机技术相结合,形成美国学派。随着科学技术的发展,机构经历了从平面向空间、从单自由度向多自由度、从串联向并联、从刚性向柔性、从静态设计向动态设计的发展过程。机构学的发展和数学与力学的发展密不可分,从早期的初等代数、几何学,到后来的微积分、微分几何、拓扑学和李群等。现代数学工具的使用大大推进了机构学发展的步伐。尤其自20世纪70年代以来,图论、螺旋理论、拓扑学、李群李代数和集合论等数学工具在机构研究中广泛应用,涌现出一大批新型机构。图3-3所示为机构学在时间、数学、力学、方法与研究进展等方面的发展历程。

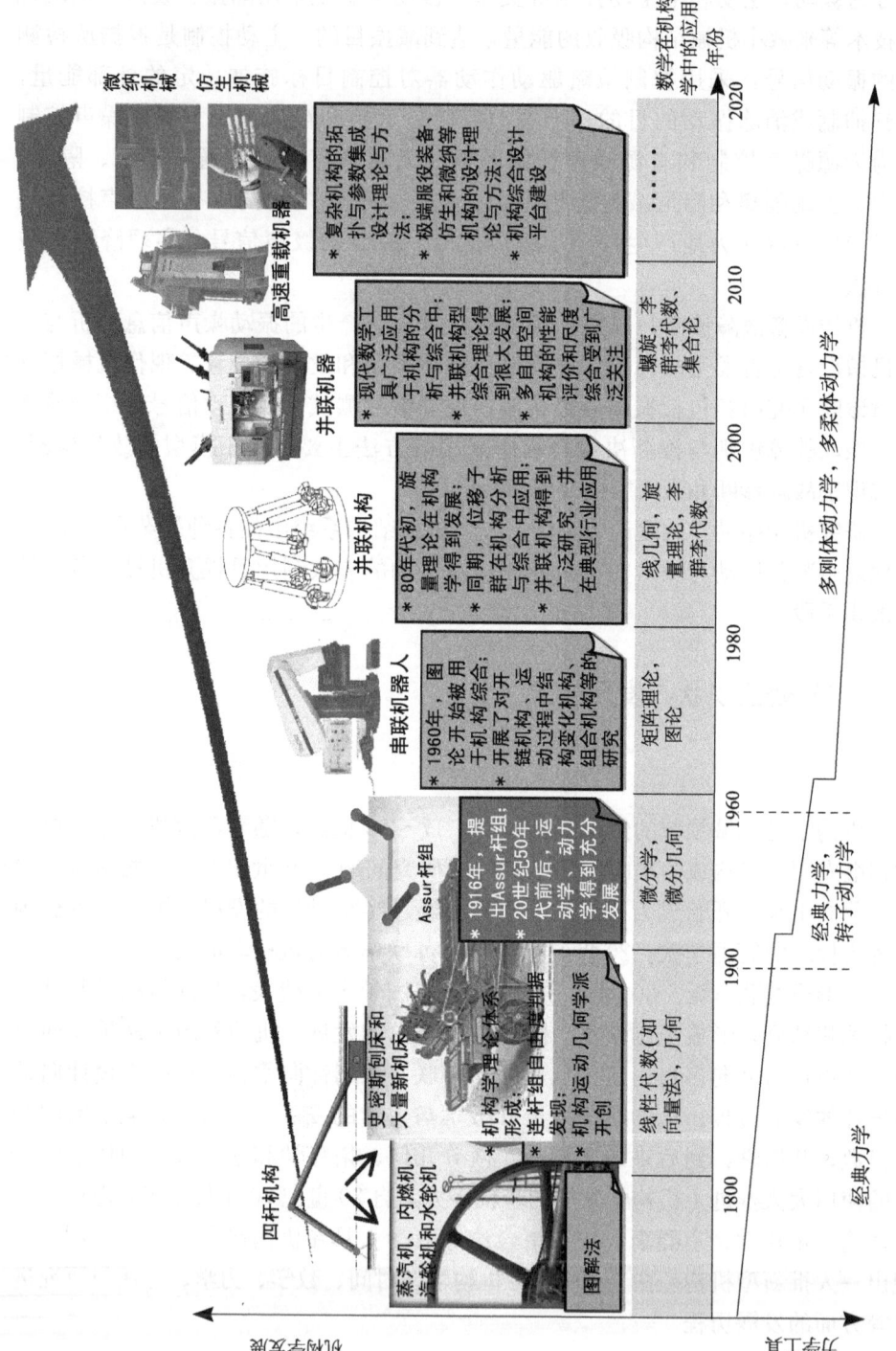

图3-3 机构学发展历程

(1) 机构结构学

目前，国内外机构构型研究主要集中在并联机构构型创新方面。并联机构的结构属于空间多环、多自由机构，其构型综合是一个具有挑战性的问题。用于机构拓扑综合的理论主要有以下几种：基于螺旋理论的末端瞬时运动约束法、基于李代数的有限位移群法（位移流形法）、基于单开链和方位特征的拓扑综合方法和集合论方法等。其中，螺旋理论方法是一种基于运动螺旋、约束螺旋、反螺旋和螺旋系统线性相关等概念研究并联机构的构型综合方法。关于机构原始创新设计问题，法国 Merlet 教授指出："并联机构的优化设计可分为两个主题：拓扑综合与尺度综合，虽然还不清楚拓扑综合能否与尺度综合分离，但其性能与这两类综合密切相关，这是一个很大的课题，只有通过机构学家、数学家和产业界的密切合作才能完成。"

机构的构型综合方面存在的问题突出体现在缺乏结构学、运动学和动力学的统一建模方法，缺乏可视化、智能化和工程化的机构设计软件系统。该领域的发展趋势是系统研究机构的拓扑结构、运动学和动力学性能的映射规律，建立机构构型的优选理论与方法。

(2) 机构的性能评价

机构性能分析与设计首先需要解决的是机构的性能评价问题。机构的构型与参数设计问题通常是通过在一定的约束条件下优化性能指标来完成的，这些指标应具有明确的物理意义，并具有可计算性。目前，国内外关于机器人机构性能评价指标的研究主要集中在工作空间、奇异位形、解耦性、各向同性、速度、承载能力、刚度和精度等几方面。虽然国内外已有许多有关机构的性能评价指标的研究，但是由于工程实际中问题的复杂性和多样性，目前，相关研究还主要是对个例的研究，缺乏系统全面的理论方法，尤其是对多自由度并联机器人等复杂机构的性能评价指标研究还很不成熟。机构性能评价的主要发展趋势是借助数学和力学等工具，研究具有明确的物理意义、可用数学方程描述、具有可计算性、可全面描述机构综合性能的评价指标。

(3) 机构的尺度综合

尺度综合是在选定构型前提下，为实现特定的任务或完成预期的功能确定机构运动学参数的过程。机构的构型种类繁多、尺度域性能量纲多样和尺度域无穷，造成机构尺度综合问题十分复杂，因此，其挑战是如何揭示多种性能与机构尺寸型之间的映射规律。

近年来，国内外学者对串联、并联及混联机构的尺度综合问题进行了较深入的研究，图 3-4 所示为机构的性能指标、机构类型和特征的发展历程。但是，机构设计中的若干基础理论问题，如拓扑设计模型与参数设计模型的有机衔接、数学模型的完备性及性能评价指标的合理性等尚未得到妥善解决。主要存在的问题包括：拓扑设计与参数设计在数学层面上严重脱节；缺少兼顾机构综合性能的决策理论。如何解决上述问题，揭示多种性能与机构尺寸型之间的映射规律，建立一种面向工程应用的具有普遍适用性的机构尺度综合方法是未来的研究目标。

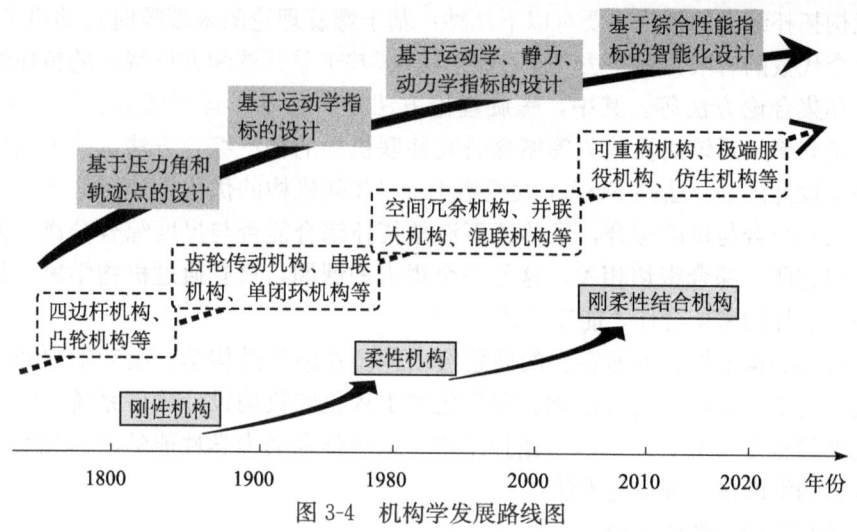

图 3-4　机构学发展路线图

（4）机构动力学

机构动力学是机构学的重要研究内容之一，其研究内容可分为两个层次：一是研究机构动力学的一般规律；二是针对特定的真实机构，综合考虑机构的材料、工作环境、工作载荷、服役时间、操作或受控特性等多种因素，研究机构的动态特性。现代机械向多自由度、高速度、高加速度、高精度和重载方向发展，机构动力学问题已经成为直接影响机械产品性能的关键问题。机构及机器人动力学领域研究内容主要包括弹性机构动力学、柔顺机构动力学、多刚体系统动力学和多柔体系统动力学等。

机构动力学的发展趋势是，从避免构件柔性变形的发生向充分利用构件柔性变形、综合提高机构性能的方向发展。技术的发展对机构的精度、耐久性、运行速度和可靠性等提出了更高的要求，这就需要综合考虑机构的设计、材料选择、工作环境、工作载荷、服役时间和操作特性等影响因素。真实机构可以发生弹、塑性变形，构件的材料具有变异特性、热特性和时效特性等；运动副具有间隙、摩擦、磨损和迟滞等特性，这些特性会对高速、高精度机构产生不可忽视的影响。传统的基于多刚体和理想约束的机构动力学研究不能描述上述特性。因此，如何引入多学科知识，建立真实机构动力学理论与方法是机构学研究的重要发展趋势之一。航天器中大型空间机构和柔顺机构的可靠性问题也是人们关注的热点。

（5）仿生机构

仿生机构学是将生物运动机制与机构学的分析与综合理论相结合形成的一

门交叉学科。其研究对象是分析生物体的结构、运动转化形式及过程，再利用机械技术对这些过程进行模拟，以改善现有机构并创造出崭新的现代机构。目前，仿生机构学的主要研究内容是模仿生物的运动，出现了多足机器人、蛇形机器人、机器鱼、扑翼飞行器和仿人机器人等。2000年以来，最具代表性的仿生机构为美国波士顿动力公司研发的"大狗"（Big Dog）。其四条腿完全模仿动物的四肢设计，内部安装有减震装置。日本本田公司研制的ASIMO是目前最先进的类人形机器人。ASIMO具有髋关节、膝关节和足关节，共有26个自由度，分散在身体的不同部位。其中，脖子有2个自由度，每条手臂、腿有6个自由度。

仿生机构具有灵活性高、自由度冗余、结构复杂等特点，目前的仿生机构承载能耗与总能耗的功率低，难以应用于实际。因此，在机构仿生中存在的挑战是高承载自重比机构的结构仿生设计和仿生冗余驱动。另外，仿生机构的动态稳定的可靠性理论研究薄弱，适应环境的刚度与阻尼匹配和构态变化的功能仿生机构研究缺乏。

(6) 微/纳与柔顺机构

微/纳与柔顺机构在生物医学、微电子制造、精密和超精密加工、精密定位与操作等领域中具有广泛的应用，是现代机构学研究的前沿热点。微/纳柔顺机构设计是拓扑优化问题，在寻找柔顺机构的最佳拓扑时需给定设计域和指定输入输出位置，得出机构具有优化的输入输出关系。目前，对多输入多输出柔顺机构拓扑优化设计的研究还不多。

由于柔顺机构是依赖柔顺元件的弹性变形而非刚性元件的运动来传递或转换运动、力或能量的一种新型机构，所以考虑疲劳可靠和非线性的拓扑优化问题尤为重要。如何从柔顺机构的本质出发，建立更准确的模型用于分析与设计是柔顺机构研究取得突破性进展的一个关键。随着微/纳技术应用领域的不断扩大，从微/纳技术最初与机械学的结合，到与光学、生命科学、核科学等领域结合，产生了越来越多的新机构、新系统。这使得在设计时，不仅要考虑器件的机械力学特性，还必须要设计器件的电学特性、热学特性和光学特性等。微/纳和柔顺机构的多场耦合模型的建立与仿真工具都面临着新挑战。

(7) 变胞机构

变胞机构具有自由度、拓扑可变等特点，是一类适用于多种工况的多功能机构。这类机构能够根据环境和工况的变化和任务需求，进行自我重组和重构，使其适应于不同任务和场合。经过10余年的研究和发展，变胞机构已成为国内外机构学研究的热点之一。其研究涉及机构的重组重构、奇异性、灵活性、可控性和柔顺性等关键科学问题，在航空航天、农业和轻工等领域具有重要的应用前景。

变胞机构在航天工程中有广泛的应用前景。宇航空间可展机构种类繁多，可展式桁架机构是最具发展前景和应用潜力的结构形式，该类机构由连杆、展开铰、连接铰、锁定器和驱动机构组成，在折展过程中表现出机构变胞特征。

针对设计新型可伸展空间机械臂、可展天线和太阳能帆板等航天装备问题，如何应用现代变胞机构设计理论，描述宇航空间可展机构的拓扑，建立具有可展特征的机构结构组成理论，解决宇航空间可展机构在构态转换过程中的变化和重组问题，是该领域的重要研究内容。

2. 机械振动学

(1) 机械振动理论及分析方法

机械振动学的研究历史悠久，如图 3-5 所示。非线性振动的研究始于 19 世纪后期。非线性振动的研究使人们对振动的机制有新的认识，发现了混沌振动。分岔、混沌的研究成为非线性振动理论新的研究热点，并在工程中得到了广泛应用。21 世纪以来，非线性振动的理论及其工程应用是非线性科学研究的前沿和热点。近年来，我国学者将 Lyapunov-Schmidt 方法与奇异性理论结合，提出了可以揭示非线性振动系统拓扑周期分岔解与系统结构参数之间关系的 C-L 方法，为结构优化设计、参数识别和分岔控制提供了新途径，形成了研究非线性系统周期解高余维分岔的方法体系。

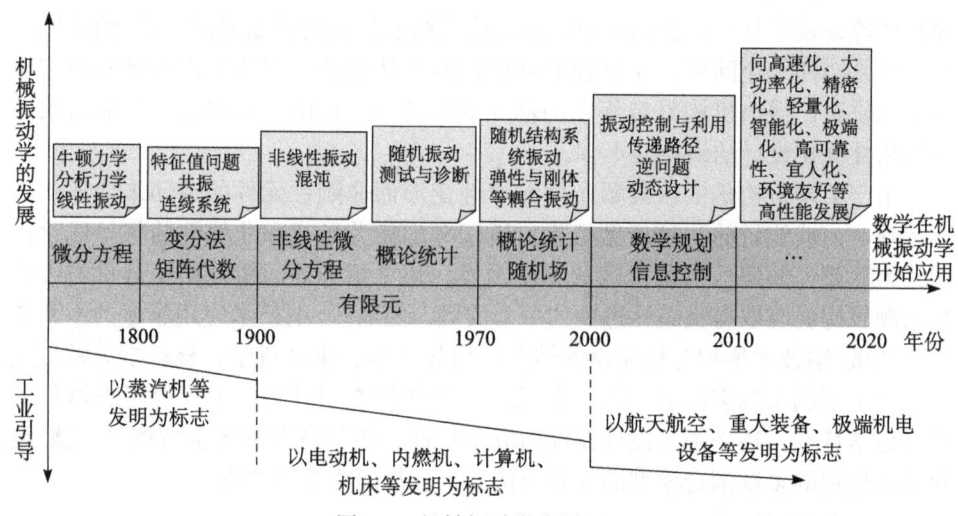

图 3-5 机械振动学发展历程

随机振动理论是机械振动与概率论相结合的产物。机械和结构的不确定性主要来源于环境载荷和机械结构参数的不确定性，使得系统的响应过程不确定。在理论方面，研究者提出并发展了随机激励下耗散的哈密顿系统理论；在工程应用方面，主要成果集中于大规模结构的随机振动响应计算研究。研究者从不确定性激励过程的能量随频率的分布出发，结合时域快速积分和大型结构空间离散技术，提出了虚拟激励算法，将虚拟激励法与精细积分法相结合，可以求解非平稳随机振动问题。这一方法在我国已被广泛地应用于大坝、桥梁、空间大跨度结构、高层建筑、海洋平台和车辆工程等多个领域中,并被编入了美国CRC出版社2005年出版的《振动与冲击手册》。

(2) 振动系统建模及辨识

振动结构动态载荷识别属于机械振动的反问题。动载荷识别技术开始于20世纪70年代,早期的动载荷识别技术源于军事用途。动载荷频域识别是将系统的动力学方程转化到频域中,运用已知条件识别未知动载荷,最后将频域中的动载荷进行傅里叶反变换,转化为时域动载荷。动载荷时域识别是利用阶跃力假设的积分方法来处理载荷识别问题,该技术发展尚不完善,对结构的边界条件和初值条件比较敏感,稳定性和鲁棒性有待提高。目前的动载荷识别方法的研究对象仍停留在以线性系统为主的阶段,与工程实际要求相差较远。在对非线性系统、线性时变系统、耦合结构机械系统等动载荷识别研究中,出现了模态滤波、小波、分形和神经网络等理论。

(3) 机械振动控制与利用

在机械振动控制中,被动控制方法由于不需要外界能源,装置结构简单,许多场合下减振效果与可靠性较好,获得广泛应用。振动主动控制技术的研究始于20世纪50年代末期,80年代后已经进入蓬勃发展阶段,不仅取得了丰富的理论研究成果,而且成功应用于航天、土木以及车辆结构的振动控制等领域。在机械工程领域,振动主动控制研究主要包括整机的振动主动控制、转子的振动主动控制以及其他方面的振动主动控制。高速旋转机械如高速高精度机床、涡轮发电机组和离心机组等,常处于超临界转速下运转。如何抑制振动、防止失稳、确保转子运行安全可靠已成关键问题。目前,常用的主动控制技术有主动磁悬浮技术、挤压油膜技术、电流变技术、主动静压轴承技术、间接控制技术等。上述技术一般都是应用于小型转子系统,对于大型转子的振动主动控制,由于要求控制力很大,因而较难实现,但这也是转子振动控制应该解决的问题之一。除了整机和转子的振动控制外,随着机器人和各种操作手向高速、精密、重载和轻量化方向发展,柔性机械臂的振动控制日益受到重视,正成为机械学研究领域的热点。随着超精密加工、超精密测量技术以及航天技术的发展,微幅、超微幅振动的影响变得十分突出,尤其是亚微米以下的超精密加工更需要超静环境作保障。因此,研究微幅、超微幅的振动对主动控制具有十分重要的意义。

由于振动与波的利用技术与工业生产及人类生活十分密切,振动的利用技术正处在迅速发展中。我国学者首先在国际上提出了振动利用工程的新概念,构建了振动利用工程学科的理论框架,提出了若干新的振动利用工艺原理,如概率等厚筛分新原理、研究物料在振动平面上及振动锥体内的运动机制、物料筛分过程理论、振动压实过程中的振动摩擦的机制等问题,发明了激振器偏转式新机构、惯性共振式双质体近共振新机构、内外锥组成双激振器用于破碎的新机构、不对称弹性力的双质体非线性近共振新机构、振动同步传动的自同步新机构和激振器偏转式自同步非共振新机构等，建立了间隙滞回系统新模型、惯性力项为非线性的动力学模型、不对称软式分段线性动力学模型、硬软式复合分段线性动力学模型、分段慢变的非线性的动力学模型、双参数慢变的非线性动力学模型、带间隙的滞回非线性动力学模型，发展了振动同步理论，包括振动传动、激振器偏转式自同步振动机同步性判据和同步运转状态的稳定性判据、倍频同步的同步理论，研究了振动同步传动的理论、振动与控制复合同步等新理论。

(4) 机械结构与系统的动态设计

机械动态设计是依据机械产品的动态特性与预定的设计目标，进行机械产品的设计、预测、修改与重分析，确定符合产品的静态、动态特性的结构形状、尺寸等物理与几何参量，直到满足产品结构系统的动态特性的设计要求。

根据机械产品的结构变化与动态特性变化之间的关系，在得到能够反映实际机械结构系统动态特性的数学模型以后，就可以对机械结构系统进行动态修改与优化设计。结构动态修改也有正、逆两类问题，即已知结构变化求动态特性变化称为动态修改的正问题；已知动态性能变化求结构系统变化量是动态修改的逆问题。目前常用的方法是用人机交互的方法，根据设计者的要求，通过振动建模和动态特性分析，进行结构系统修改，从而改变结构系统的动态特性，然后再进行计算分析，在优化过程中需要反复多次分析，直到所设计的机械动态特性满足要求为止，这是一个再设计和再分析的修改过程。这种设计过程，是广义概念上的优化设计，很大程度上依赖于设计者的经验和专业知识来完成。进一步的发展方向仍然是减少人机交互的程度，采用数学规划法或准则法，以固有特性或动态响应作为目标函数，由计算机自动完成结构系统分析的优化过程。这种动态优化设计，还有大量的理论工作和实际问题有待解决，目前对于简单的零件或少自由度系统有实现的可能。可见，机械动态设计涉及机械振动理论、计算机技术和现代设计方法等诸多学科范畴，至今还没有形成完整的动态设计理论、方法与体系，许多问题尚需进一步深入研究。

(5) 基于振动的机械设备故障诊断

由于大型旋转机械的故障信息常在振动状况方面体现出来，根据振动信号进行监测与诊断目前仍是设备维护管理的主要手段。目前，国内设备振动故障诊断技术主要研究故障诊断的传感器匹配技术、信号分析与处理技术、人工智能专家系统、诊断系统、专门化与便携式诊断仪器和设备等。故障诊断技术的发展趋势是与激光测试技术、现代信号处理方法、非线性理论和方法、多元传感技术和现代智能方法等的融合。设备状态的智能监测和故障诊断是该领域的发展目标。

机械振动学是一门传统学科，如图3-6所示，它的发展与产业革命、学科的基本问题和方法论等密切相关，渗透到了机械学科的各个分支。面向工程中不断出现的各种实际问题，为了提升我国复杂机械装备的性能和运行可靠性，复杂机械系统在多场耦合环境下的动力学特性和复杂机械系统的动态优化设计，仍是机械振动学研究的前沿课题。

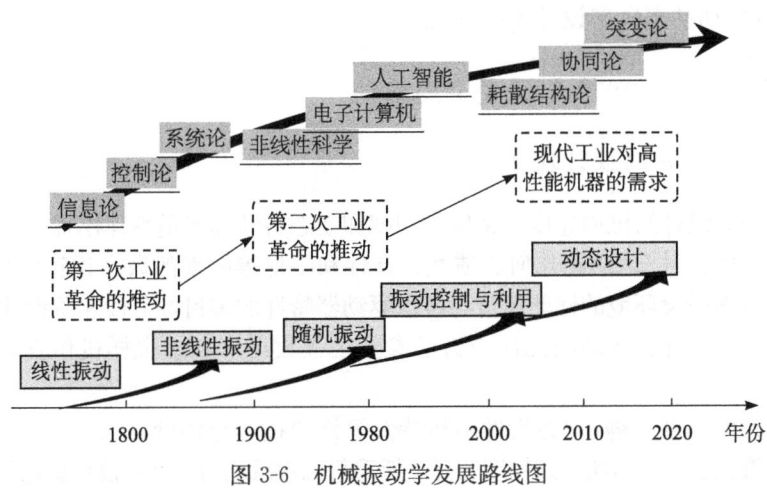

图 3-6 机械振动学发展路线图

（三）研究前沿与重要科学问题

未来 5~10 年通过对机构学和机械振动学的研究，需实现两个重大转变：①在基础研究方面，密切围绕国际学术前沿，以自主创新为主线，实现从结构与机构拓扑、性能等的孤立研究到综合动态设计研究的转变，为设计出具有自主知识产权、功能和性能优良的机械产品奠定重要的理论基础；②以提高机械产品的综合性能为目标，在机构学方面实现从理想机构的研究到真实机构的研究转变，在机械振动学方面实现从简单零部件振动的研究到复杂结构系统振动的研究转变，重点围绕机器与机构的高速化、大功率化、精密化、轻量化和智能化等发展趋势，探索和解决其中的科学问题，支撑国家重大装备研制的需求。

1. 重要科学问题之一：复杂与真实机构性能、拓扑与尺度映射规律

基于功能与性能要求，揭示机构拓扑结构、运动学和动力学模型间的内在联系规律，探寻综合反映拓扑与尺度特征的性能评价指标，构建复杂与真实机构拓扑、运动学与动力学集成建模与优化设计的理论体系与方法。

2. 重要科学问题之二：机械振动的产生与传播机制和控制

研究复杂机械振动产生与传播的机制，激励与动力学参数的识别及故障诊断方法，驱动模式对机械振动的影响和振动控制理论，分析机械的输入力、承载能力、惯量、刚度与阻尼等的关联关系，实现对机械振动的有效控制与利用。

3. 重要科学问题之三：机械产品的动态特性与动力学参数匹配规律

研究机构和机械系统的动态特性与动力学参数的关联关系，分析振动系统

的非线性特性，探讨载荷、工况、运行环境和机械系统动力学参数匹配方法，建立机械振动动态概率设计系统理论。

（四）2011～2020 年优先资助方向

1. 真实机构的设计理论

1) 面向设计的机构速度、精度、刚度和动态特性等普适性建模理论与方法；
2) 考虑构件/运动副几何、惯性、弹性和阻尼等因素的数字化建模与仿真；
3) 考虑服役环境的性能评价与考虑驱动器特性的多目标分段递阶设计方法；
4) 材料特性、运动副几何与力学参数工程数据库和虚拟样机仿真软件系统集成；
5) 几何精度、静/动态特性和热特性等检测技术与评价方法；
6) 重大装备中高速、高精度和低能耗重载机构系统的可靠性设计理论与方法。

2. 复杂机构性能、拓扑与尺度映射规律

1) 机构拓扑创新和拓扑类型优选的系统理论与方法；
2) 机构与功能之间映射关系；
3) 面向功能和性能要求的机构系统性能评价；
4) 尺度与结构参数一体化设计方法；
5) 机构系统集成创新可视化综合设计平台；
6) 面向国家重大需求的极端服役装备的机构设计方法。

3. 微/纳柔顺机构设计理论

1) 微/纳柔顺机构的拓扑优化理论；
2) 微/纳机构跨尺度效应；
3) 微/纳机构的精度创成原理；
4) 微/纳操作系统驱动器/传感器与运动构件的一体化设计方法；
5) 微/纳操作机构的工作空间、驱动与承载和惯性与刚度等动态关联关系；
6) 微/纳操作系统振动的抑制原理；
7) 微/纳操作系统的高速、高精度力/位混合控制。

4. 性能与结构仿生机构设计原理

1) 高承载自重比机构的结构仿生设计；
2) 仿生冗余驱动原理；
3) 仿生机构的动态稳定的判定；
4) 适应环境的刚度与阻尼匹配欠驱动仿生原理；
5) 变结构、变构态、变自由度等变胞仿生机构设计。

5. 振动、噪声产生与传播机制

1) 复杂机械振动产生与传播机制；
2) 振动、噪声传递路径贡献度与传递度；
3) 激励与动力学参数的识别；
4) 振动、噪声中的故障信息挖掘。

6. 振动与噪声控制及利用

1) 非线性振动系统特性分析及控制；
2) 振动抑制机制和多源振动与噪声的主动控制；
3) 振动与波在机械测量与制造的应用基础；
4) 驱动模式对机械振动和控制的影响。

7. 机械产品的动态特性与结构参数匹配规律

1) 机械系统的动态特性与结构参数的关联关系；
2) 载荷、工况、运行环境和机械系统动力学参数匹配方法；
3) 机构的输入力、承载能力、惯量、刚度与阻尼等的关联关系；
4) 机械振动动态综合设计理论体系。

二、机械的驱动与传动科学

作为有代表性的机械基础件类型之一，机械的驱动与传动主要用于原动机与机械负载之间的性能匹配，以满足机器的效率、精度、可靠性等设计要求。该领域主要以实现负载、传动与驱动的最佳能量和运动匹配为目的，研究固体、液体、气体物质及电、磁、温度、光等物理场的相互作用和变性机制，以及机械负载与驱动、传动之间的运动、能量等特性的变换和调控方法，这将为高性能载运工具、先进制造、低碳新能源等高新技术领域装备所需新型驱动与传动部件的设计制造提供关键理论支撑。

（一）内涵与研究范围

1. 内涵

为保证负载单元运动的精度、动态特性、效率等性能要求，需采用驱动与传动单元实现能量的转换、传递、分配以及运动形态的调控功能，驱动主要是实现相同或不同形式能量的转换，而传动主要是根据负载的需求实现运动、能量的传递和分配，两者虽在工作原理有所区别，但在功能上有密切的联系，共同影响着负载单元的性能。驱动与传动的方式既包括传统的机械、流体和电气传动方式,也包括磁力、静电悬浮、功能材料与智能结构等新型的传动方式。机械驱动与传动部件是推动机器向高速、高效、节能、高精度、高可靠性、智能化、轻量化和多样化方向发展中不可或缺的关键基础单元。

该领域的基础研究在于揭示和探索机械驱动与传动精度、效率、承载、磨损、失效等性能的成因和变化规律,实现驱动传动性能的预测和控制,为各类机械驱动与传动部件及系统的设计制造、使用维护等技术的突破提供科学依据。

2. 研究范围

由于驱动方式、传动介质和传动原理的多样性,使得机械的驱动与传动科学领域的研究范围非常广泛,从机械装备的绿色化、精密化与智能化的发展趋势来看,可将其归纳为以关注能量转换和传递效率为主的多介质多形式高效驱动与传动、以关注传动精度为主的精密驱动与传动和以关注高动态特性为主的基于功能材料的新型驱动三种类型,各类型间的传动功率、传动精度关系曲线如图 3-7 所示。图中三条曲线分别代表典型机械传动、流体传动、功能材料驱动的传动功率和传动精度变化曲线,表明了各自的主要适用范围。

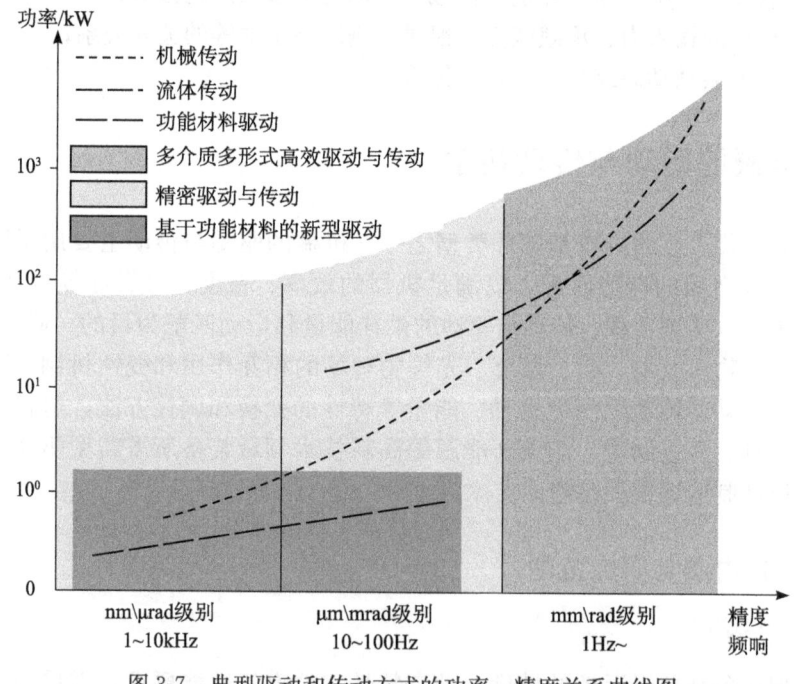

图 3-7 典型驱动和传动方式的功率、精度关系曲线图

(1) 多介质多形式高效驱动与传动

多介质是指机、电、液、气、磁、声、光等介质,多形式是指机械、机电、机液、电液(气)、光电、功能材料等两种或多种能量转换与传递形式集成化,

高效是指低摩擦损耗、高效率、工况和环境变化适应性强的空间运动和功率传递方式，其构成如图 3-8 所示。

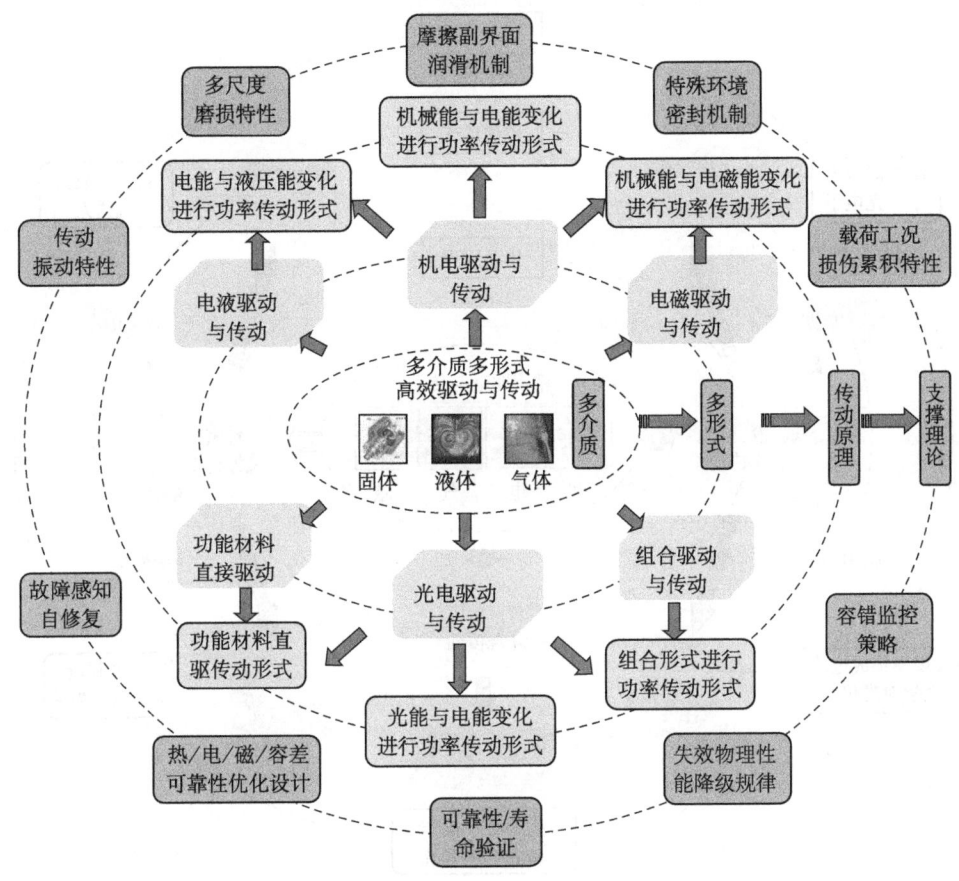

图 3-8 多介质多形式高效驱动与传动研究内容

高效能量转换与传递特性作用机制是该类型传动研究的核心，研究范围主要包括：基于机、电、液、气、磁、光等介质的机械、机电、电液、光电、直驱等多种形式集成的能量转化和功率传递理论；载荷作用下摩擦界面、最佳油膜、高效传动设计理论；特殊条件下的传动摩擦副界面相互作用机制、振动特性和优化控制方法；基于载荷工况累积的摩擦副磨损规律、自适应密封件特性分析理论；传动系统的弹性复位元件弹塑变形理论、制造工艺及失效机制；电控、泵控直驱和"近零传动"新原理；基于失效和损伤累积的驱动与传动性能劣化演变机制；具有故障感知、自补偿和容错重构功能的功率传递系统多学科优化和可靠性设计理论。

（2）精密驱动与传动

精密驱动与传动是指采用精密机械、气浮、液浮、磁浮、静电等直接或间接的驱动与传动方式，结合传感及控制单元，能够实现精确的运动变换和负载功率匹配，应用范围如图 3-9 所示。

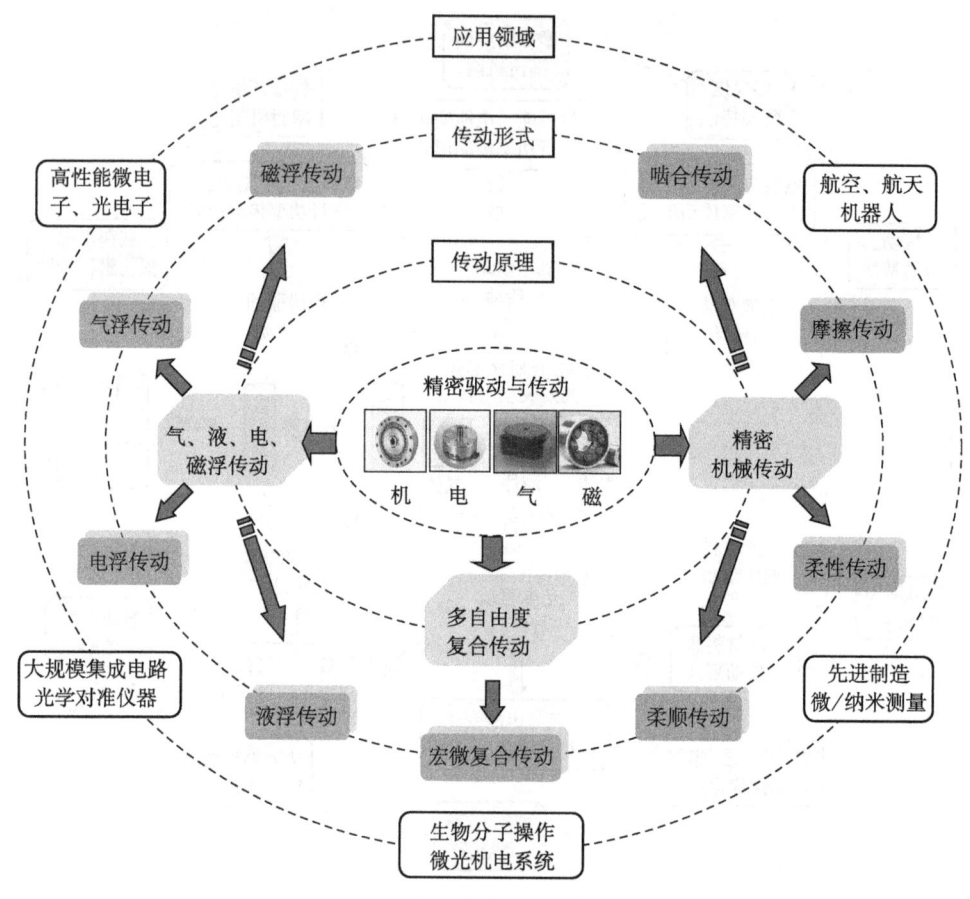

图 3-9　精密驱动与传动研究内容

精密驱动与传动的研究范围主要包括：能实现多自由度直线或回转运动的精密驱动与传动新原理新机构，包括啮合、摩擦、柔性/柔顺、宏微复合、气浮、液浮、磁浮、电浮等原理；轻量化无摩擦无间隙无润滑驱动与传动原理；精密驱动与传动部件和系统的运动、力与能量变换特性及调控理论；传动精度与快速响应特性的创成设计理论和方法；面向尺度和性能约束的精密驱动与传动的动力学分析与集成优化；多自由度精密驱动与传动及其控制的一体化设计理论；精密驱动与传动的制造精度体系设计理论；精密制造工艺和质量保证方法；特殊环境下精密驱动与传动的服役性能演变机制。

(3) 基于功能材料的新型驱动

功能材料是指压电陶瓷、电流变液、磁流变液、形状记忆合金、磁致伸缩材料及离子金属聚合物等,通过电能、机械能、电磁能、热能等能量转换形式实现高频响、大行程的驱动。新型驱动是指电磁驱动、功能流体驱动、光驱动、生物化学驱动、无线能量驱动、自感知智能驱动、功率电传一体化驱动等新原理新结构形式,易于直接实现驱动与执行机构的集成化、小型化和微型化,其主要研究内容和应用如图3-10所示。

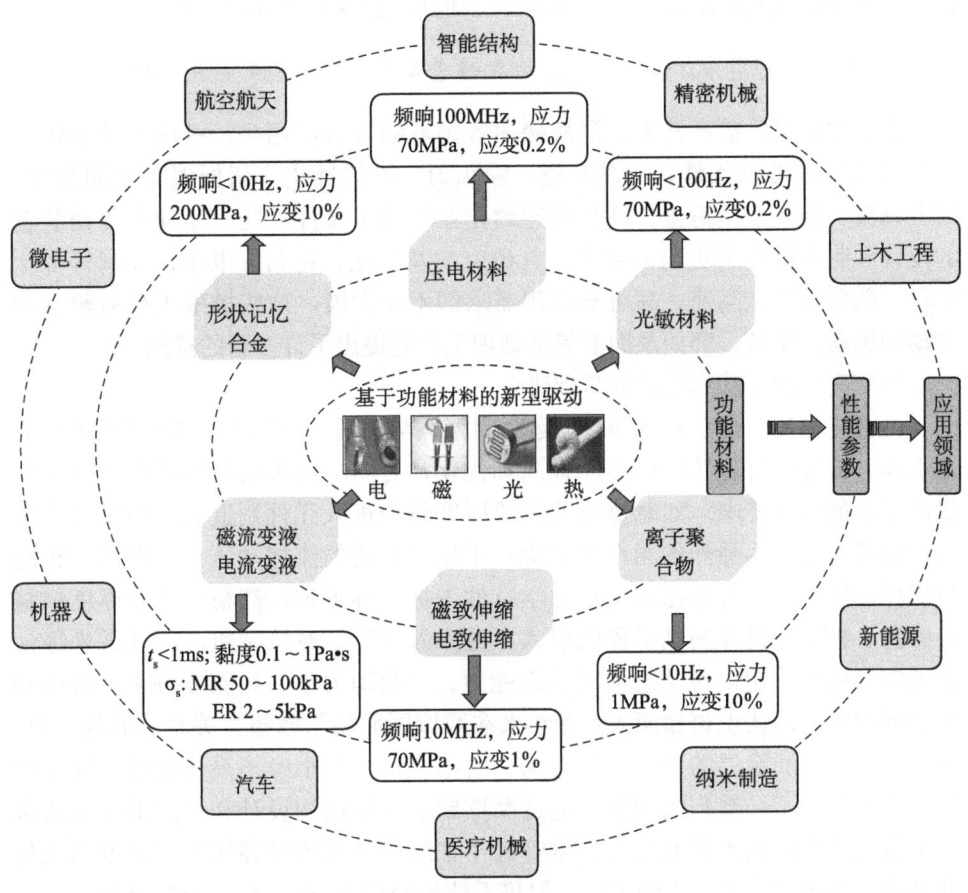

图3-10 基于功能材料的新型驱动研究内容

主要研究范围包括:基于功能材料的新型驱动系统中能量转换的内在机制、多场耦合特性及其变化规律;各种尺度及适应不同环境的高性能新型驱动系统原理,及其在复合和多相等不同新型结构形式下功能材料的多场、多相耦合作用规律,以及建模、分析、优化和控制的理论和方法;具有状态感知、多场能量调节、智能控制和自修复能力的驱动原理,以及适应新型驱动原理的创新设计、制造工艺与智能控制方法等。

(二)研究现状与发展趋势

机械的驱动与传动科学主要是研究负载的运动和动力传递,是机械科学研究的重要领域之一。随着科学技术的迅猛发展和交叉融合,对机械驱动与传动特性及规律的研究不断深化,下面简要论述其研究现状和发展趋势。

1. 高效高可靠机械驱动与传动共性基础理论和特性生成机制

在航空航天、矿产开采、深海探测等领域的装备应用中,机械驱动和传动部件面临特殊工况条件,如高真空、强辐射、冷热冲击、超低温等空间条件,或者高温、地下、高粉尘、高负荷连续作业等恶劣条件,这对驱动和传动装置的设计和制造提出了更高的要求,其研究涉及机械、材料、电子、控制等多个学科。随着高压、高速、高可靠应用需求的不断发展,这些极限工况对驱动和传动的振动、摩擦、磨损及润滑等基础理论研究提出了许多新的挑战。

(1) 高性能驱动和传动的基础研究

高性能驱动和传动基础部件的运动副摩擦与润滑特性研究近20年来进展非常迅速。随着载荷和转速的不断提高和优化,对驱动和传动部件的摩擦副润滑提出了新的特性要求。如摩擦副油膜的厚度将会进入元件制造表面粗糙度的量级,润滑特性产生强烈的粗糙度效应;正比于转速的流体动压力、惯性力将超过流体静压力,使得摩擦副的动力学特性占据主导地位;高精度油膜厚度位移传感器、扫描电镜等测试手段的引入,更深入探明了摩擦副粗糙尺度微米级油膜的润滑机制,使得对动态油膜承载能力、油膜动力学、敏感度分析、流体动压等润滑特性的认识更加深入。近年来在摩擦副形貌与摩擦力关系、能量耗散、热楔效应、耐磨涂层的摩擦界面行为、磨损规律、超小摩擦系数材料、气穴噪声等方面取得了一系列的成果,通过摩擦副表面微结构设计和微细加工来改善润滑特性的方法成为研究热点。尽管近年来对传动系统摩擦接触区温度场变化和摩擦损伤规律有了一定的了解,但仍不能解释应力-应变状态与摩擦特性、系统损伤模式的对应关系,尚无法准确揭示摩擦副在机械强度、热强度等多场耦合作用下的摩擦机制。

(2) 大功率高速驱动与传动系统振动力学与控制特性

机械驱动与传动的发展趋势是高速和高精度,由此引起的机械振动问题将更加突出。目前机械传动系统非线性振动的研究主要考虑啮合刚度、齿侧间隙、齿面摩擦、制造和装配误差、齿面磨损、转子陀螺效应等非线性因素,开展振动和非线性模型研究,非线性振动模型多采用集中质量模型,基于数值方法求解,还很少采用解析法。针对大功率高转速机械传动系统的多自由度和变工况下强非线性振动研究较少。此外，驱动和传动系统的尺度越来越大，功率和能量密度越来越高，同时要求更加精确的位置、速度或力控制精度。这类大惯量负载驱动和传动系统本身是一个受介质黏度、弹性模量、负载、容腔容积影响的变阻尼、变刚度的强非线性系统，通常受到强非线性、死区、大时滞等特性的挑战，研究重点主要集中在针对负载的循环工作周期特征，研究执行机构的位置和速度复合闭环控制算法，以解决系统死区、滞环振荡等引起的滞后和精度问题。液压系统的泵源管路系统非常容易发生谐振，是影响系统安全与可靠性的重要因素，国内外虽然在该领域开展了大量的基础研究工作，并很好地应用于飞行器液压能源管路系统的振动设计中，但在流固耦合、减振、弯管、软管振动机制等基础科学问题研究方面依然存在大量难点。

（3）高效、绿色驱动与传动

随着机械装备对驱动和传动系统的节能和环保特性要求的不断提高，驱动与传动部件和系统需要朝着短传动链方向发展，高性能直接驱动方式已得到了较多的研究。直接驱动本质就是取消从原动机到工作负载部件之间的机械传动环节，由原动机直接驱动工作部件动作，实现所谓"近零传动"，对此国内外开展了大量的研究工作。直接驱动对基础部件的输出力、位移、调速范围和高效率等指标提出了挑战，如近期国外已开始研制几种宽转速范围内总效率超过90%的液压泵，为液压直驱和无级调速技术提供了更大的发展空间。

此外，混合动力驱动原理和方法也得到了重视，其应用已从汽车向其他装备扩展。混合动力驱动本身是一个典型多动力源过约束输入与多目标控制系统，加剧了控制的复杂程度，如内燃机-电混合动力驱动系统增加了电动/发电机、电池等组成的辅助动力源；结合电池、电容、蓄能器或飞轮等能量存储部件的混合动力驱动装置，其内部能量传递变得十分复杂，优化管理能量的流动及合理分配各动力元件的功率对装备的动力性、经济性有着重要的影响。对动力源与负载的全局功率优化以及各动力驱动元件间局部优化的协同控制问题是功率流控制与管理问题研究的难点。

2. 精密驱动与传动的设计制造及控制基础研究

在微电子、光电子、生物医学、航空航天、先进制造、微/纳米等工程技术领域，需要采用多种结构形式的精密传动装置，以实现对工作负载的直线和回转定位控制。衡量这类精密传动装置的主要指标包括运动自由度数、行程范围、传动精度、承载能力和响应带宽等。随着对精密传动装置精度指标要求的提高，传统的精密齿轮、连杆、丝杠螺母等机械传动方式由于存在间隙、摩擦、磨损等问题，在静动态性能、体积重量、可靠性等方面已难以满足对精密、快速、复合定位应用的要求，迫切需要探索发展精密驱动与传动的新原理和新方法。

相关研究现状与趋势如下：

(1) 精密传动新方式的基础研究

追求高的传动精度和动态性能是新型精密传动方式探索的主要目标之一。以精密齿轮传动为例，尽管高精密级谐波减速器的传动误差已能小于 250 微弧度（1′）左右，但仍不能满足光学精密机械装备中对传动精度要优于 20 微弧度的要求。因此，新的传动原理，诸如摩擦传动、柔性传动、柔顺传动及宏微复合传动等精密传动方式受到广泛的重视并得到深入的研究。

摩擦传动是利用主动轮与从动轮之间的摩擦来传递运动的力，直线定位精度可达数十纳米量级，近期研究的焦点集中在如何从过去的减少摩擦到主动利用摩擦，以实现对传动力和位移的精确控制。柔性传动是通过主、从动轮之间有精确预紧的钢丝绳实现精密传动，目前柔性传动的精度已优于 100 微弧度，研究重点集中在钢丝绳预紧力、摩擦力与传递力矩间的关系，以及实现两轴以上复合传动时的运动学、动力学耦合特性及解耦方法等方面。柔顺传动机构研究的核心问题是如何实现机构变形所需柔度和支撑负载所需刚度的统一，但目前的研究结果尚未完全解释精密传动的固有模态、动态响应、频率特性、耦合特性的成因机制，还不能满足高性能复合精密传动特性分析与设计的需要。

(2) 精密驱动与传动的机构控制集成分析理论与方法

控制单元作为精密复合驱动与传动的核心，起着对传动、驱动部件的精度控制和能量分配的作用，当前研究的重点集中在力扰动抑制、驱动传动单元的摩擦与间隙等非线性因素补偿、宏微复合运动的解耦控制等方面。精密复合驱动与传动装置都由驱动、传动、控制三部分组成，为达到装置整体性能的最优，必须要研究各部分之间的机、电磁等物理场间的信息、能量作用与转换规律，掌握各部分性能对整体性能的作用机制，明确各自的设计约束和设计目标，这样才能实现真正意义上的机构控制一体化最优设计。目前，开展机构控制一体化的研究还只局限于对简单的驱动或传动部件建模和一体化设计，还未能形成完整的设计理论框架和设计流程，主要原因在于从理论上尚不能完全解释驱动传动过程的力运动特性成因、能量传递以及耦合机制、质量动量相互作用及其不确定性等因素对传动行为的影响等问题。国内外在这方面的研究尚处于起步阶段，迫切需要加强深层次的基础研究。

3. 基于功能材料的新型驱动与作动原理与方法

随着变体飞行器、仿生机械、微型医疗机械、特种机器人和微流体等领域的发展，出现了基于功能材料的新型驱动与传动形式，它们具有易于直接与被驱动的对象集成，以及小型化、微型化、智能化等特点，在这些新兴领域中呈现了良好的应用前景。基于功能材料（压电陶瓷、电致伸缩材料、磁致伸缩材、形状记忆合金（SMA）等）的新型驱动是一个集机械、力学、电学、磁学、光学、控制等多学科交叉、相互融合的研究方向。其研究现状与发展趋势简述如下：

(1) 基于功能材料的驱动机制

基于功能材料的驱动是利用功能材料中多物理场的耦合特性，通过不同形式能量间的转化与传递，实现驱动与传动功能。近年来，国内外对各种功能材料的驱动机制展开了深入的研究，并取得了一定的研究成果。例如，在新型压电功能材料的研究方面，通过对弛豫式压电单晶材料驱动机制的研究，使压电材料的应变提高了将近一个数量级。在形状记忆合金材料研究方面，通过对其驱动机制的研究，可以改善位移与温度的迟滞特性，使其频响特性得到了进一步提高。另外，现有的 SMA 本构模型在实际工程应用中都还存在一些缺陷，如何克服这些缺陷，从而精确地模拟出 SMA 的材料行为也是一个需要研究的重要课题。在离子聚合物金属复合材料（IPMC）方面，IPMC 产生宏观变形的微细观机制一直是关注的焦点。近年来，国内外一些研究学者从实验现象出发，提出了许多解释其变形现象的理论，为后续的研究奠定了一定的基础。目前的研究主要偏重于材料制作、实验分析、性能检测和定性描述等材料科学领域，而在 IPMC 的驱动机制及理论建模等方面还有待进一步研究。

(2) 基于功能材料的复合驱动系统原理

为了满足工程中不同用途对驱动形式提出的要求，在研究新型功能材料性能的同时，驱动器的结构、驱动形式等也不断得到改进，使得驱动器的性能逐步提高。在压电复合驱动器方面，国内外在压电纤维复合材料驱动器、压电叠堆驱动器、复合式压电驱动器等方面取得了显著进展。如压电纤维复合材料很好地解决了传统压电陶瓷驱动器所能承受的极限应变小、材料本身脆性大、易碎的缺点；压电叠堆、压电混杂驱动器等部分解决了传统压电陶瓷驱动器驱动力和驱动位移小等一系列的问题；采用功能梯度结构设计的压电驱动器可使弯曲型疲劳寿命提高 10 倍以上。将两种或多种功能材料以多层微米级的薄膜复合，可获得优化的综合性能或多功能特性，是新型驱动器的发展方向之一，如将铁弹性的形状记忆合金与铁磁或铁电驱动材料复合，可解决 SMA 响应速度慢和压电材料应变小的问题，实现这种复合驱动器的关键是要解决界面结构及动力学相互协调性问题。

尽管国内外在功能材料驱动的结构形式与原理研究上取得了一些进展，但距实际应用还有较大差距。如压电驱动器为了匹配负载输出特性（连续更大位移驱动要求），就必须采用机械、流体等方式的转换放大，因此空间尺度的转化新方法新原理、高频高压条件下的液固耦合特性是研究的新方向。总之，工程应用对功能材料驱动器提出了高可靠性、高性能、易于集成等要求，单一功能材料驱动器已经难以满足，因此开展多相、复合、多物理场驱动形式将成为这类新型驱动研究的主要内容。

(3) 基于功能材料的驱动的多物理场耦合建模、分析、优化与控制

基于功能材料的驱动至少存在两个物理场的耦合。多物理场耦合的建模和分析方法是基于功能材料的新型驱动与传动系统设计的基础，而耦合特性的控制是提高驱动性能的关键所在。例如，多层压电驱动器虽然驱动力大，但驱动位移较小，且具有迟滞、非线性位移的缺点，如何对压电材料迟滞特性进行建模和控制，以提高其驱动精度是研究热点之一。利用超磁致伸缩材料的磁致伸缩正效应或逆效应可以制作检测磁场、应变、位移、扭矩、压力和电流等的各种传感器，但材料本身固有的非线性磁滞、蠕变和漂移等缺点，使超磁致伸缩材料在相应输入下的变形量不够确定，如何建模并设计补偿控制方法，以进一步提高驱动精度就成为目前研究的主要内容之一。由于磁流变阻尼器的动力学系统呈现复杂的非线性动力学特征，目前所建立的磁流变动力学模型还不完善，因此研究更加完备的数学模型及其非线性特征具有很重要的理论意义和应用价值。形状记忆合金具有超弹性特性，其内部应力、应变和温度之间具有复杂的非线性关系，在单向应力状态的建模方面已取得较大进展，但是对于三向应力状态下的建模仍是未解决的难题。

基于功能材料的新型驱动的总体发展趋势是朝着集成化、多功能化以及智能化的方向发展。集成化主要是指将功能材料和机械放大机构、液压放大系统等相集成，或者是将功能材料与被驱动的对象相集成。多功能化是指用一种功能材料实现多种功能，如压电材料既可用于驱动，同时也可用于传感。智能化是在驱动器上进一步集成信号处理系统或者控制系统，实现具有一定智能化特点的驱动器。

（三）研究前沿与重要科学问题

机械的驱动与传动部件的高性能、低成本、小型轻量化、高速、重载、精密、高效、低噪声和长寿命将是重要的发展方向。为提高我国机械驱动与传动的自主创新能力，必须在基础研究方面有所突破。在传动系统动力学特性及减振降噪方面，需建立传动系统动力学因子的准确计算和评价模型，研究摩擦、薄壁效应、载荷波动及传动误差等对振动特性的影响，在新型传动方式方面，需探索传动装置的新原理和新结构，研究开发承载能力大、效率高、体积小、重量轻的新型驱动和传动单元，在驱动和传动部件的运动副新材料和表面处理方面，通过高强度新材料、创新的机械和物理化学表面处理方法等基础研究，将会显著提高传动部件的承载能力和使用寿命，从而减小传动系统的体积和重量。该领域研究前沿与科学问题如图3-11所示。

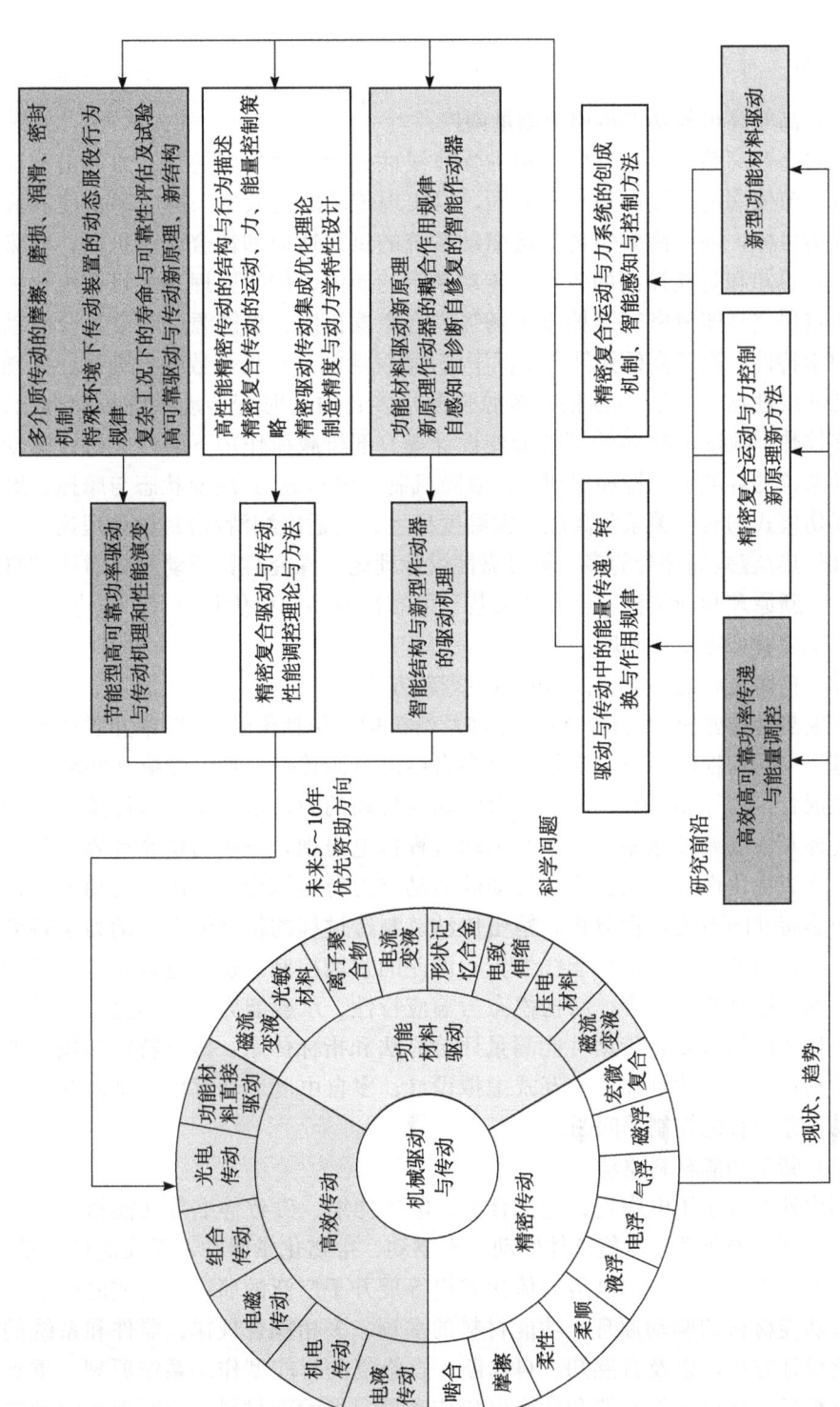

图3-11 机械的驱动与传动科学发展路线图

1. 研究前沿

(1) 高效高可靠功率传递与能量调控

针对高速高精度大功率传动中的强非线性振动、摩擦副的热、力冲击和应力耦合、流体润滑、接触等科学问题，以实现传动的高效率、高功率密度和高可靠性为目标，揭示高效短传动链驱动系统的负载适应和耦合作用机制，探索集成信息感知和智能控制的驱动与传动系统的换能、传能原理及多目标优化方法。重点研究高能量密度摩擦副多场强耦合摩擦机制、多能源过约束复合驱动的动力学特性、直驱高效元件全工况下宏/微观性能与结构参数映射规律、传动装置的非线性振动与噪声预估、多源强激励多自由度时变传动系统振动理论、基于多体热弹流动力接触的部件形变设计等。剖析载荷作用下高性能机械驱动与传动系统的环境适应性和累积损伤故障机制，揭示应力-应变状态与摩擦、磨损、损伤模式的对应关系和高压、大温度梯度、自适应润滑/密封设计理论，形成电/磁/热/容差等综合的多学科可靠性设计理论，探究容错驱动和故障感知自修复设计新原理和新结构，重点解决基于可靠性的多学科优化设计、先进制造、可靠性试验验证等重要问题。

(2) 精密复合运动与力控制的新原理新方法

探索复合精密驱动与传动的新原理及新机构，包括柔性/柔顺串并联精密传动，基于空间和性能约束的宏微结合多自由度有源传动，用于摩擦和间隙补偿的智能混合传动等新原理。研究复合驱动与传动的力、运动和能量传递行为的数学描述及性能调控策略，驱动与传动过程机电磁耦合分析与仿真计算，负载匹配与集成优化设计，精密复合传动的运动与力特性综合和分配，运动误差传递和力学特性的不确定性分析，精密传动链制造过程的精度体系与动力学特性设计，多自由度运动解耦与非线性传动误差的智能控制。建立包含驱动与传动工作空间、运动与力耦合、结构模态与响应特性、承载能力、传动速度与精度等参数构成的精密复合传动性能测量评价方法和指标体系，研究特定环境下的精密传动行为及演化规律、交互式虚拟设计、多自由度运动解耦控制以及非线性传动误差的智能控制等问题。

(3) 新型功能材料驱动

国内外对基于压电陶瓷、记忆合金、电致伸缩、磁致伸缩等功能材料的驱动器、新型电磁驱动、功能流体驱动、光驱动、生物化学驱动、无线能量驱动、自感知智能作动器、功率电传一体化舵机等展开了广泛的研究，研究的前沿包括新型功能材料的驱动原理、功能材料的多场、多相耦合规律、器件和系统的一体化设计方法，以及自感知、自诊断、自修复的智能型作动系统原理。重点研究高精度、高可靠作动器和功率电传作动器，揭示新材料、新原理在驱动器方面的作用机制。研究新型电磁驱动、光驱动、智能材料、功能流体控制、生物化学驱动、离子聚合物驱动在智能结构与作动器中的应用方法。研究智能结构的感知与控制,主动控制智能结构,智能结构与作动器的集成设计理论与方法,自诊断与自修复方法等。基于功能材料的多场、多相耦合规律,通过多种介质在材料层面的复合或者结构层面的耦合,提高驱动器的性能也已经成为研究的前沿。

2. 重要科学问题

(1) 机械驱动与传动的能量传递、转换与作用规律

为满足高速、高压、大功率、高可靠、长寿命、特殊环境下高性能机械驱动与传动的技术要求,需要科学揭示驱动和传动在载荷工况和复杂环境下的作用、传递、转换、故障累积和实时调控机制。需重点突破的科学问题有:① 如何揭示固体、液体和气体的介质特性,如何描述不同传动形式内部的运动学和力学本质,如何剖析复杂环境下高压高速高效传动的摩擦特性、油膜承载特性、润滑特性和自适应密封机制。重点研究摩擦副承载能力、能量耗散、热楔效应、耐磨涂层的磨损规律、动态润滑油膜变化和性能退化机制等问题。② 如何描述振动、冲击和应力多场耦合机制,如何建立多源过约束复合驱动的动力学特性模型,如何揭示多体热弹流动力接触的形变设计理论。重点研究传动装置的非线性振动与噪声预估、多源强激励多自由度时变传动系统振动理论、高效短传动链驱动系统的负载适应和耦合作用机制。③ 如何形成基于环境作用、载荷作用和功率传递机制的高可靠、低能耗、高精度多学科优化驱动和传动设计理论。着重探讨高真空、强辐射、大温变、强振动等特殊环境下载荷作用原理和损伤累积效应,包括能量吸收、累积、劣化机制和规律,进而深入研究高性能材料、新型结构补偿的基于可靠性的多学科优化设计理论和可靠性、寿命试验验证理论。④ 如何通过引入故障感知和驱动/传动性能退化映射关系,设计具有容错驱动、自适应补偿/自修复、非线性耦合能量传递补偿的新型驱动和传动系统。重点剖析电-机-液复合驱动和传动物理性能退化特点,基于智能传感和集成信息感知及容错驱动结构设计,探究具有多场能量调节、智能控制和自修复复合传动新结构和新原理。

通过以上研究建立多介质多形式高效驱动与传动系统及部件的理论体系,能够阐释其能量的传递、转换和相互作用规律,把握载荷工况等因素对驱动和传动系统的力、运动、能量等影响的物理本质,掌握高效能量传递、精确能量调节、高速实时能量控制的机制,获得特殊环境和载荷工况下失效的物理、化学特征和累积损伤性能退化规律,探索基于新型材料、新结构、新工艺和自适应补偿的可靠性设计方法,解决特殊环境下的适应性设计和验证等关键科学问

题,为高效、高可靠的机械驱动系统的能量传递与传动系统的调节控制技术开发提供基础理论支持。

(2) 精密复合运动与力系统的创成机制、智能感知与控制方法

揭示电磁、智能(功能)材料、功能流体、生物化学、离子聚合物等作为驱动和传动方式的内在力、运动和能量特性形成和演变机制,探索多场、多相耦合作用规律,为研究各种尺度并适应不同环境的复合精密定位装置、人工肌肉、柔性执行机构和高效、高可靠功率作动器奠定理论基础。研究的重点和热点将会集中在:① 如何建立能够描述精密复合运动功能、结构与传动行为的数学模型;② 如何从理论上完整解释传动精度与动力学性能的成因;③ 如何建立多自由度精密驱动与传动的多场耦合模型,并实现性能调控;④ 创建面向系统特性最优的驱动、传动、控制集成优化理论,如何突破面向功能材料滞后与机构运动耦合、非线性补偿等问题的智能感知与控制技术。

通过以上研究,逐步建立精密运动与力系统特性分析的理论体系,科学解释其内在力、运动和能量转换行为,以及外部精度和动力学特性成因;掌握运动与力性能的调控原理,建立精度与动力学性能的设计准则;掌握驱动、传动、控制的设计约束和设计目标,建立面向系统特性最优的驱动、传动、控制集成优化理论,为精密复合驱动传动装置、智能结构与致动器的创成设计、制造、智能控制、服役性能监测等理论与技术的研究提供基础理论依据。

(四) 2011~2020年优先资助方向

以国家重大装备需求和学科发展为牵引,针对机械驱动与传动领域的发展趋势和前沿热点研究方向,建议将高性能高效能量传递部件与单元、复合驱动与传动精密调控理论与方法、智能结构与新型作动器的驱动机制等作为未来10年优先资助方向。

1. 节能型高可靠功率驱动与传动机制和性能演变

致力于揭示多介质多形式节能高效功率传动本质属性和机制,从介质特性、驱动和传动作用机制,到复杂环境下大尺度载荷工况下性能退化规律,为面向节能、基于可靠性的传动系统多学科优化设计新原理、新方法、新技术奠定理论基础。主要研究内容包括:

1) 多介质传动的摩擦、磨损、润滑、密封作用机制:①多介质、复杂载荷作用下摩擦界面动态磨损机制;②高压高速大温度梯度工况下润滑物质相互作用和自适应密封;③机、电、液、磁等多物理过程的作用机制和能量转换;④单一或多场耦合驱动与传动性能退化演变、高功效低耗散多能量流汇集及分配

原理等。

2) 传动系统多自由度和变工况强非线性振动及其传递：①传动装置的非线性振动与多场耦合机制、多源强激励多自由度时变传动系统振动理论、高效短传动链驱动系统的负载适应和耦合作用机制；②过约束复合驱动的动力学特性模型和多体热弹流动力接触的形变设计理论。

3) 复杂环境载荷工况下驱动与传动系统的可靠性设计、制造与实验方法：①复杂环境下材料强度与应力作用原理、载荷工况下损伤累积和物理性能退化规律；②应力-应变状态与摩擦磨损损伤模式的对应关系；③基于材料、结构和控制补偿的可靠性设计新理论和试验验证方法。

4) 高可靠驱动与传动系统新原理、新结构：①直接驱动的新原理新结构、混合动力传动的复合模式、节能型多介质多形式驱动与传动方式以及特殊环境下高可靠容错驱动与传动等；②具有状态感知、多场能量调节、智能控制和自修复能力的驱动与传动理论；③基于应力循环失效的可靠性多学科优化设计理论和试验验证方法。

2. 精密复合驱动与传动的性能调控理论与方法

典型机器装备的工作特点是大行程、高精度、高速度，而且受工作环境与特殊工况条件的约束，传统的驱动与传动方式在体积、重量、行程、静动态精度、可靠性等方面难以满足要求。因此需探索包含机构、传感、控制、驱动等要素的多自由度复合精密驱动与传动的新原理或新机构，通过精度设计、载荷匹配、动力学与控制集成建模及优化、制造装配精度与动力学特性设计、机构和嵌入式传感驱动并行优化等基础科学问题的研究，构建面向整体性能优化的新型复合精密传动单元的设计、制造、控制的理论和方法体系。揭示复合驱动与传动过程的物理本质和特性成因规律，建立性能精密调控的理论分析与设计知识体系，是有效开展精密驱动与传动部件设计、制造、测控等技术问题研究的前提，建议开展如下研究：

1) 精密复合驱动与传动的结构与行为描述，重点分析精密驱动与传动装置的应用类型、结构特点、功能性能、适用环境等要求，研究提出能刻画其驱动与传动结构特点，反映传动过程力、运动、能量等物理因素的转换，体现设计制造因素作用，能够完整描述传动精度与动力学性能成因的理论分析与模型化方法。

2) 精密复合驱动与传动的运动、力、能量的控制策略，研究不同工况条件对驱动与传动行为及特性的要求，研究提出能调控精密传动性能的理论和方法。

3) 驱动、传动和控制集成优化，即以实现系统工作要求为目标，从系统角度研究复合驱动与传动机构的载荷、材料、精度、动力学等因素与控制的集成优化问题，为驱动与传动装置的创新设计、制造精度体系建立，以及动力学特性设计提供科学依据。

3. 智能结构与新型作动器的驱动机制

功能材料的主要特征是可以直接将电能转化成机械能输出，实现所需要的位移或力。由于其方便的可控性和很高的输出精度与动态特性，备受青睐，国内外对基于功能材料的驱动器进行了大量的探索和研究。但基于功能材料的智能结构驱动器由于受到目前功能材料本身的性能限制，很难满足智能结构、微/纳驱动等领域进一步发展的需要。通过揭示功能材料作为驱动方式的内在机制，探索多场、多相耦合作用规律，发现新的作用原理，为提高现有功能材料驱动器的性能以及设计新型功能材料驱动器提供理论和实验依据。建议开展如下研究：

1）基于各种功能材料的驱动原理的研究，包括压电陶瓷、记忆合金、电致伸缩、磁致伸缩、离子聚合物、光电材料、生物化学材料等。

2）利用的功能材料的多场、多相耦合作用规律，实现新的驱动原理，如通过磁电功能材料实现磁电驱动原理。

3）通过功能材料的掺杂、多种功能材料的复合，提高功能材料的性能，实现新的驱动形式，如通过压电材料和磁致伸缩材料的复合实现磁电耦合的驱动形式。

4）功能材料与机械放大机构复合的新原理新方法，克服部分功能材料位移小的缺点。

5）自感知、自诊断、自修复的智能型作动器原理。

三、复杂机电系统的集成科学

（一）研究范围及内容

现代机电装备在不断追求功能强大、高效率、高精度和高品质的进程中，随之而来的是系统的高度集成化，服役环境、工作条件的极端化与技术的精密化，从而催生一系列结构复杂、信息融通、高效节能、工况极端、精确稳定的功能系统——复杂机电系统（complex electromechanical systems）。

复杂机电系统通过将多种单元技术集成起来，在完成高度复杂的多物理过程中，实现能量、物质与信息流的传递、转换和演变，形成特定的产品功能。空大运载工具、大型舰船、高速连轧连铸机、新能源汽车、高速列车、微电子/光电子制造装备、大型火、水、核电机组和全断面隧道掘进机等都是高度复杂、功能异常丰富、运行控制能力十分强大的复杂机电系统。现代复杂机电系统是机、电、液、光等多物理过程融合于同一载体的复杂系统，其共有特性至少表现在以下几个方面：

1）集成了多种高新技术的多功能复杂机电系统，具有物理结构复杂、技术深度高与宽度广、多学科知识密集交叉与融合的核心特征；

2）系统由多个相同和不同层次的子系统组成，各子系统之间通过耦合构成结构复杂的有机整体；

3）系统具有动态性和开放性，通过耦合和协同进行能量流、物质流与信息流的传递、转换及演变，实现多个复杂的物理过程并形成系统的基本功能；

4）由于复杂机电系统在结构、功能、耦合关系和物理过程等方面所具有的复杂性，表现出一般复杂系统的典型特征。

复杂机电系统是现代科技发展的必然产物，是解决人类生存面临的能源、资源、环境等重大瓶颈问题的必要物质基础。复杂机电系统及其载有的生产制造过程所涵盖的科学技术问题跨越了多个相对独立的基础科学和应用科学领域，在本质上需要在系统科学的统领下，在多学科实质性交叉研究基础上，掌握复杂机电系统多过程耦合、功能生成与异化、服役性能动态演变的内在机制，形成复杂机电系统创新研究、设计与开发的系统知识体系——复杂机电系统的集成科学。

集成是一种创造性的融合过程，只有当各个物理和功能要素经过主动的优化、选择搭配，相互之间以最合理的结构形式结合在一起，形成一个由适宜要素组成的、匹配的整体系统时，这样的过程才称之为集成。因此，本章中复杂机电系统的集成科学是指运用系统科学的方法研究复杂机电系统的功能生成与多物理过程耦合机制，寻找和发现复杂机电系统集成、融合与演变过程的规律；从系统的角度研究机电装备的"融合集成效应"，从融合集成过程中的预期效果与实际差异中研究和发现系统集成的复杂规律，从系统动态行为的奇异性中研究系统集成中的功能保障与突变机制；基于复杂机电系统集成融合的新知识、新原理和新方法，逐步构建复杂机电系统的集成科学理论体系。

由各种重大工程装备抽象而来的复杂机电系统本身是一个动态开放的大系统，任何单个学科或单元技术的重大突破，都有可能拓展复杂机电系统的研究领域；同时，科学技术的日新月异促使高品质复杂机电装备追求的极限目标越来越多，如高速化、精密化、智能化、绿色化、集成化等。由复杂结构与多物理过程、多极限目标驱动映射而来的多元化研究内容，使得复杂机电系统集成科学的研究层次极为丰富，研究视角多种多样。当前，复杂机电系统集成科学研究应聚焦于基础性系统科学问题及其关键共性技术。其中，系统科学问题包括：结构-功能-性能创成原理，多物理过程与物质流-能量流-信息流融合协同原理，全过程全周期服役性能优化及精确调控机制，复杂系统集成理论与方法等；关键共性技术主要有：多领域建模与多学科优化理论与方法，复杂系统动力学分析方法与动态性能匹配技术，系统可靠性设计理论与方法，复杂系统服役性能监测、故障诊断与预示技术等。

复杂机电系统集成科学的研究范围可以概括为如下 6 个层次，图 3-12 显示了它们之间的内在关系及其所蕴含的科学技术问题：

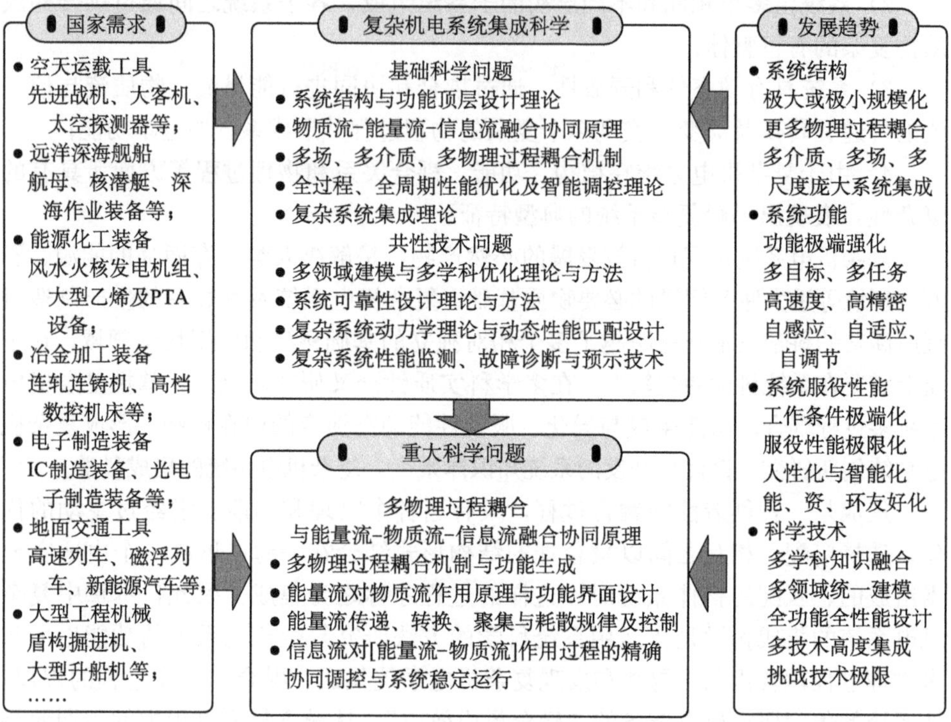

```
┌─ 国家需求 ─┐      ┌──── 复杂机电系统集成科学 ────┐      ┌─ 发展趋势 ─┐
│ ●空天运载工具 │      │         基础科学问题            │      │ ●系统结构       │
│  先进战机、大客机、│ →    │ ●系统结构与功能顶层设计理论      │   ←  │  极大或极小规模化 │
│  太空探测器等；│      │ ●物质流-能量流-信息流融合协同原理 │      │  更多物理过程耦合 │
│ ●远洋深海舰船 │      │ ●多场、多介质、多物理过程耦合机制 │      │  多介质、多场、多 │
│  航母、核潜艇、深│      │ ●全过程、全周期性能优化及智能调控理论│      │  尺度庞大系统集成 │
│  海作业装备等；│      │ ●复杂系统集成理论               │      │ ●系统功能       │
│ ●能源化工装备 │      │         共性技术问题            │      │  功能极端强化   │
│  风水火核发电机组、│      │ ●多领域建模与多学科优化理论与方法 │      │  多目标、多任务 │
│  大型乙烯及PTA │      │ ●系统可靠性设计理论与方法        │      │  高速度、高精密 │
│  设备；    │      │ ●复杂系统动力学理论与动态性能匹配设计│      │  自感应、自适应、│
│ ●冶金加工装备 │      │ ●复杂系统性能监测、故障诊断与预示技术│      │  自调节       │
│  连轧连铸机、高档 │      └────────────────────────────────┘      │ ●系统服役性能   │
│  数控机床等； │                     ↓                             │  工作条件极端化 │
│ ●电子制造装备 │      ┌──────── 重大科学问题 ────────┐      │  服役性能极限化 │
│  IC制造装备、光电│      │         多物理过程耦合           │      │  人性化与智能化 │
│  子制造装备等；│  →   │  与能量流-物质流-信息流融合协同原理 │   ←  │  能、资、环友好化│
│ ●地面交通工具 │      │ ●多物理过程耦合机制与功能生成     │      │ ●科学技术       │
│  高速列车、磁浮列│      │ ●能量流对物质流作用原理与功能界面设计│      │  多学科知识融合 │
│  车、新能源汽车等；│      │ ●能量流传递、转换、聚集与耗散规律及控制│      │  多领域统一建模 │
│ ●大型工程机械 │      │ ●信息流对[能量流-物质流]作用过程的精确│      │  全功能全性能设计│
│  盾构掘进机、│      │  协同调控与系统稳定运行          │      │  多技术高度集成 │
│  大型升船机等；│      └────────────────────────────────┘      │  挑战技术极限   │
│ ……          │                                                    │                │
└──────────┘                                                     └──────────┘
```

图 3-12　复杂机电系统集成科学的研究范围及主要研究内容

1) 复杂机电装备的系统科学方法。探索以机械为主要载体的多学科知识交叉、融合与集成的系统性方法；构建复杂机电装备集成创新的"自顶而下"的理论与方法体系。

2) 复杂机电系统功能生成、多过程耦合、动态性能演变的内在机制与规律。揭示复杂机电系统多介质、多尺度、多能场、多界面与多过程耦合机制，发现蕴涵于多物理过程之中的系统功能生成原理；揭示复杂机电系统动力畸变、性能突变与故障动态演化的内在规律等。

3) 复杂机电系统的多领域建模理论与分析方法。探索复杂系统多领域统一建模理论与方法；研究复杂机电系统多学科综合分析理论与方法，寻找适用于复杂系统高维、强非线性、多过程与多界面耦合动力系统的建模与分析方法等。

4) 复杂机电装备的系统设计理论与方法。研究能量流-物质流-信息流协同设计理论；研究复杂机电装备顶层设计理论与方法，构建复杂系统的集成设计理论；探索复杂机电装备的"结构-功能-性能"一体化设计、"设计-制造-运行"全过程协同设计的新理论与新方法。

5）复杂机电装备的关键质量设计理论与共性技术。研究复杂机电系统动力学分析理论与方法，以及复杂机电系统动态性能匹配设计方法；研究复杂机电系统的可靠性理论与设计方法；研究复杂机电系统智能化（智能感知、智能诊断、智能调控、智能制造）理论与技术；研究复杂机电系统故障诊断与智能预示理论与技术；研究信息流与智能化传递于复杂机电系统全过程的安全运行保障理论与方法等。

6）典型复杂机电装备的系统集成理论与方法。结合《国家中长期科学和技术发展规划纲要（2006—2020年)》和国家重大工程项目，对当前国家急需的典型复杂机电装备，如超高速与高精度机电装备、载有超强物理场与能量流机电装备、具有多相流与多物理过程机电装备、具有小尺度与高能量密度机电装备、具有极端服役工况与特殊控制要求的复杂机电装备等，有针对性地开展典型复杂机电装备的集成科学理论研究与关键技术攻关。

高度集成的复杂机电系统是人类科技进步和机械学自身发展的必然，是国民经济社会发展和国防建设的需要，我国工业现代化与国防工业的自主发展，都需要大量高技术水平、高功能的复杂机电装备。《国家中长期科学和技术发展规划纲要（2006—2020年)》制订了今后20年内启动的一系列重大工程，《装备制造业调整和振兴规划》明确指出：全面提高重大装备技术水平，满足国家重大工程建设和重点产业调整振兴需要，百万千瓦级核电设备、新能源发电设备、高速动车组、高档数控机床与基础制造装备等一批重大装备实现自主化。可见，加强复杂机电系统研究是落实我国中长期科技规划的需要，我国在实现工业化的同时形成高水平重大装备的自主研发能力，是建设创新型国家的战略决策赋予机械学科的历史重任，也是机械学科自身发展的良好机遇。

（二）研究现状与发展趋势

1. 国外研究现状

人们对复杂机电系统的研究首先源于对"机械-电子"技术相结合的研究。

20世纪60年代之前，人们自觉或不自觉地利用电子技术来完善机械产品的性能。特别是第二次世界大战促进了机械产品与电子技术的结合，出现了许多性能相当优良的军事用途的机电产品，这些机电结合的军事技术在战后转为民用。1971年，机械电子（mechatronics）一词最早出现在日本杂志《机械设计》的副刊上，日本政府颁布了《特定电子工业和特定机械工业振兴临时措施法》，要求企业界"应特别注意促进为机械配备电子计算机和其他电子设备，从而实现控制的自动化和机械产品的其他功能"。20世纪70～80年代，日本机电技术着重用于发展家用电器，美国则在大型电站设备、航空航天和制造设备方面独占鳌头。

20世纪90年代，信息技术和新材料技术等高新技术的迅速发展及其向装备制造业的渗透，将机械与电、气、液、光、生物和信息等技术融合在一体，显著改变了传统机械产品的结构和功能，出现了越来越多高度集成的复杂机电装备，科学家与工程师开始重视复杂机电系统的研究，美国机械工程师学会（ASME）、美国电气和电子工程师协会（IEEE）、英国机械工程师学会（IMechE）、国际电气工程师学会（IEE）等相继创办专门的学术研究期刊；1999年，*Science* 杂志还专门出版了 *Complex Systems* 专辑。

ASME 早在1996年召开专题国际会议，重点讨论复杂机电系统的设计理论与方法、系统设计自动化、计算机辅助工程等相关主题。美国橡树岭国家实验室的高能电子及电气机械研究所的科研方向就主要集中于复杂机电系统的研究与开发，运用信息和计算机技术和微电子技术，进行新型机械电子产品（包括能源转换装置、电器机械、超高速驱动技术和飞轮储能系统等）的研究与开发；另一个制冷、制热及能量集成实验室则重点研究与开发以分布式能源装备为主的高端技术。麻省理工学院的 d'Arbeloff 实验室的主要任务也是从事跨学科领域的研究，其主题只有一个：促进信息科学与技术和传统机械学科的交叉与融合，从而创造、产生出新的技术和各种不同的智能机器系统。同样，德国 Duisburg 大学为此设立了专门的研究所，从事诸如现代数控机床、机器人以及自动驾驶车辆等复杂机电系统的研究。英国剑桥大学早在1990年起就定期组织和召开以"机械电子学——智能机器设计"为题的国际会议，并由 IEEE 和 IMechE 联合定期举办通信论坛。英国 Sussex 大学 SPRU 研究中心主要开展复杂产品和系统（complex product and system，CoPS）创新模式的研究。瑞士、荷兰、芬兰等国家也几乎于同期通过设立各种资助项目，专门支持对于复杂机电系统的基础研究及应用研究。

2008年，美国未来学研究会和 ASME 发布了"机械工程未来二十年发展预测"，日本机械工程学会（JSME）制定了"日本机械学会技术路线图"，ASME 和 JSME 都对复杂机电系统的技术发展予以高度重视。

2. 国内研究现状

1949年以来，我国重大机电装备技术发展经历了四个阶段。第一阶段是新中国成立初期环境下借鉴苏联的自主制造，以苏联援建的156项工程为载体，使我国初步形成了装备制造业的现代生产体系。第二阶段是20世纪50年代末经济封锁下的自力更生，我国依靠自身力量开发出了"两弹一星"等国民经济和国防建设急需的重大装备。第三阶段是改革开放环境下的引进开发。第四阶段是经济全球化环境下的自主创新。

20世纪70年代末，我国一批重大建设项目相继规划投产，由于当时我国装备制造水平比较低，所需的成套机电设备几乎全部进口。这一阶段我国充分利用开放的国际大环境，系统地安排一批重大装备的技术引进、消化吸引与再创新，用大约10年时间掌握了300兆瓦和600兆瓦火电机组、板坯连铸机等重大装备的关键技术，实现了国产化。但是由于单纯依靠技术引进而忽视了消化吸引，我国重大装备技术发展陷入"引进—落后—再引进—再落后"的怪圈。1983年，国务院下发了110号文件《关于抓紧研制重大技术装备的决定》，拉开了我国重大技术装备科技攻关和振兴装备制造业的序幕。从"六五"到"十一五"的20多年间，我国一直把重大装备的研发作为支持的重点，通过国家科技计划推动以企业为主体的产学研结合；通过建立国家重点实验室集聚国内外优秀的研发人员，共同解决装备设计生产中存在的一系列问题；通过一些重大关键设备的攻关来解决国家重大关键技术的需求。

21世纪以来，我国重大技术装备自主研发取得了可喜的成果，重大机电装备新产品大量涌现："嫦娥"探月工程装备，"神舟"载人航天飞船，歼-10战斗机，三峡右岸70万千瓦水电机组，超超临界100万千瓦机组，9F级燃气轮机联合循环机组，大型冷、热连轧机，等等。但是，由于我国长期以来对重大技术装备基础研究的投入不足，导致我国装备制造业大而不强，特别是高端技术装备的总体设计、成套能力薄弱，关键核心技术对外依存度较高，在国际市场上缺乏竞争力。目前，我国重大机电装备存在的主要问题有：

1) 重大技术装备主要依赖进口。近年来我国进口的各种基础设备价值大致占进口总值的50%，设备投资的2/3依赖进口，其中，95%以上的光纤制造设备，90%的大型发电设备，85%的集成电路芯片制造设备，80%的石油化工设备，70%的轿车工业设备、数控机床、纺织机械和胶印设备等来自于进口，中国民航现有大型飞机全部从外国进口。

2) 关键技术自给率低，对外技术依存度居高不下。我国重大技术装备的核心技术仍主要依赖国外，对外技术依存度达50%以上。许多重点领域特别是国防领域的对外技术依赖，会对国家安全构成严峻挑战。

3) 自主创新能力薄弱。我国装备制造业始终没有摆脱技术引进模仿的模式，技术空心化问题严重。

4) 缺乏总体设计、系统集成和系统服务的总承包能力。我国至今没有一家企业能够像美国GE和IBM、德国西门子、日本三菱重工、法国阿尔斯通那样提供成套系统服务。

为了提升我国重大装备技术水平，缩短与发达国家差距，近几年国内学者越来越重视复杂机电系统的研究。针对大型轧制装备、大型旋转机械、大型工程机械、电子装备结构、混合动力系统、数控机床、MEMS 系统和机器人等，国家相关部门设立了一些重大科学技术研究计划，开展了复杂机电系统相关基础理论和方法研究，在复杂机电系统全局建模、多学科并行设计、耦合动力学等方面取得了可喜进展。2006 年，我国《国家中长期科学和技术发展规划纲要（2006—2020 年）》明确提出了 16 个国家科技重大专项，其中"极大规模集成电路制造技术及成套工艺"、"高档数控机床与基础制造技术"、"大型飞机"、"载人航天与探月工程"等可以认为是一系列以复杂机电系统为载体的基础研究项目。

3. 发展趋势

复杂机电装备为了高速、高精度、高效服务于现代工业，正在并将永不停息地吸收现代力学、电磁学、光学、材料学、信息工程、生物技术、纳米技术等高新技术，不断完善机电装备的多目标功能，创造复杂机电系统的理想极限功能。

总体来说，复杂机电系统的发展趋势主要表现为两个方面：
1) 复杂机电系统不断挑战技术极限。
2) 复杂机电系统不断提升多学科知识融合、高新技术集成的水平。

在基础制造装备方面：现代连轧机可使轧制材料在 1 千米长度范围内的纵向延伸偏差控制在 1 毫米以内；用 7.5 万吨压力制造出 A380 客机横截面直径达 5.5 米的承载框架；高档数控机床的重复定位精度可以达到 1 微米，主轴转速达到每分钟几十万转、移动速度每分钟超过百米、换刀时间降低到 1 秒以下，机床控制技术进入远程控制的网络化、智能化阶段。

在动力机械方面：先进核电机组的最大单机功率高达 1500 兆瓦，超超临界机组的效率比亚临界机组提高了近 12%，最高热效率已达 47%，等效可用系数超过了 95%，强迫停机率小于 0.5%。在过去半个多世纪中，美国、日本等发达国家在重型燃气轮机联合循环机组方面所取得了惊人的进步，单机功率提高了近 30 倍，压气机压比提高了近 4 倍，联合循环效率超过 60%，叶片寿命高达 2.4 万小时，可靠性接近 94%～96%，整机寿命将近 30 年。

在高速轨道交通装备方面：2003 年，日本 MLX 超导磁悬浮列车创造了 581 千米/小时的有轨交通最高速度世界纪录；法国 TGV 高速列车不断刷新轮轨列车最高试验速度记录，2007 年 4 月竟创下 574.8 千米/小时的惊人世界纪录，远大于早期科学家预言的轮轨黏着极限速度；2008 年 8 月 1 日，在京津城际铁路上 CRH3 高速列车创下 394.3 千米/小时的试验速度记录。

复杂机电装备在不断挑战技术极限的过程中，不断提升自身多学科知识融合、高新技术集成的水平。例如，掘进装备的服役条件极端复杂，装备必须适应 500~125 000 千牛·米范围内的突变载荷，必须采用多达 30 多组液压缸、50 台液压马达、24 台泵和 12 台电机组成的并联冗余驱动系统。掘进作业必须保证长达 20 千米的隧道轴线误差小于 20 毫米；地表隆起小于 10 毫米，下沉小于 30 毫米，这对装备的导向纠偏和密封舱压力平衡控制带来极大挑战。高速列车是高度集成机械、材料、信息、控制等现代技术的机电设备，是在极端服役条件下、以逼近极限地面速度安全舒适运行的复杂机电系统。高速列车系统的复杂性问题涉及尺度效应、时间效应和空间效应，系统严重的非线性导致的脱轨不确定性问题，高速列车与线路基础以及外部流场耦合机制和协同设计问题，在多场耦合作用下高速铁路系统的失效机制等。因此，高速列车技术发展必然促进机械、材料、信息、力学等多学科领域知识及其相应高新技术在高速铁路中的交叉融合与高度集成。

基于目前复杂机电系统的研究进展，可以预测未来机电系统的技术发展趋势：

1) 系统功能愈加丰富，速度、精度大幅提高，运行工况进一步极端化；

2) 系统智能化程度显著提高，先进机电设备能按照人的意图进行自动控制和信息自动检测采集及处理，具备自调节、自诊断、自动保护等功能，甚至实现操作全自动化和智能化；

3) 复杂机电装备的系统性更强，各子系统间协调性要求提高，多种技术的综合及多个部分的组合更具科学性；

4) 系统可靠性、故障预示与安全运行保障理论和方法得到发展，复杂机电系统可靠性更高、使用寿命增长；

5) 随着系统科学、非线性科学、复杂性科学等基础与新兴学科的发展，复杂机电系统集成设计与制造理论、方法和技术手段不断完善，对复杂机电系统的客观规律进一步加深，并为新系统的构建提供方法论的指导；

6) 各种基础学科发展与前沿新技术进步为复杂机电系统集成提供了新方法和新技术，不断创造出功能更强、结构更复杂、性能更优越的新一代机电装备。

(三) 研究前沿与重要科学问题

1. 研究前沿

复杂机电系统集成科学的首要目标是为创造功能极端强化的复杂机电装备提供系统集成设计的科学理论与方法，因此，该方向的研究前沿必然围绕复杂机电系统的共性问题展开。

(1) 复杂机电系统的物质流-能量流-信息流协同设计理论

任何一个机械系统的主要特征和功能都是从能量流、物质流的信息流中体现出来的,物质是能量流的载体,同时又在能量驱动下运动着的,二者又都是在信息流控制与协同下进行。基于复杂机电系统的物质流-能量流-信息流协同设计,可以从复杂机电系统所要实现目标功能的物理本征原理出发,从系统的层面上解决复杂机电系统的科学集成与创新设计的难题,这是我国大型复杂成套装备要从根本上实现自主创新设计,突破单体设备单元性能优良、集成装备系统功能失调(失谐)所必须解决的关键基础问题,也是实现现代复杂机电装备的高效、低耗与稳定协同的支撑基础。

(2) 复杂机电系统的多领域建模理论与方法

复杂机电系统通常涉及机械、控制、电子、液压、气动和软件等多学科领域,在本质上需要基于统一的多域性模型进行系统优化设计。复杂机电系统模型化研究的基本任务是希望寻找和建立一种普遍性方法:能方便地构建系统的全局数学模型,既可用于系统全局分析,也可用于子系统分析;能清晰地表达系统的跨能域耦合机制;能描述系统的全局特性;能够方便地实施量纲转化、求解与分析。

(3) 复杂机电系统动力学理论与方法

复杂机电系统的非线性动力演变已经成为大型机电装备功效和精度降低与服役性能恶化的主要原因;而且,人们已经发现相当一大类系统所发生的奇异变化与子系统性质无关,复杂机电系统的整体行为不完全取决于各独立子部件的行为;同时,复杂机电系统的整体行为在大时间尺度上也不能唯一地被确定。经过半个多世纪的发展,动力学分析理论与方法已有长足进步,但庞大规模复杂非线性系统的动力学分析理论与方法仍将是机械、力学、数学等多学科领域专家长期面临的科学挑战。

(4) 复杂机电系统的可靠性与安全运行

复杂机电系统大多在复杂载荷历程下服役,系统中各零部件的载荷一般都是相互联系的,零部件失效之间有明显的相关性,零件独立失效假设不能成立,传统的系统可靠性模型不适用。复杂机电系统的可靠性与其零件可靠性之间关系的复杂程度不仅仅与结构形式有关,还在很大程度上取决于广义载荷环境,或者说载荷的复杂性。指定寿命下的强度和寿命随机变量与载荷随机变量之间的"耦合"关系大大增加了可靠性问题的复杂程度,是系统可靠性建模分析必须解决的关键问题。

复杂机电装备结构与功能的复杂化、服役条件的极端化对系统安全运行状态监控及故障诊断提出了更高的要求。需要在复杂机电系统故障动态演化机制、微弱损伤、多故障耦合、多干扰源和强噪声等动态信号处理与损伤特征提取、早期故障智能诊断与预示等方面开展基础性研究。

(5) 复杂机电系统的集成设计理论与顶层设计方法

复杂机电系统是集成机械、电子、液压、控制等多个学科子系统于一体的复杂系统，多学科融合是其显著特征。单学科领域的建模与优化，人为分割了复杂机电系统不同学科、不同领域子系统间的耦合关系，无法满足复杂机电系统集成设计的要求。应当从系统层面研究复杂机电系统的机械单元、信息感知单元、控制单元、功放和作动器单元的划分、设置和设计，统筹考虑系统的功能集成、硬件集成、信息集成和前沿高技术集成和系统总体集成问题。

设计方法学是机电产品设计的核心基础，研制高质量产品最重要的一个环节是产品的设计工作，因为产品设计可赋予产品"先天性"质量特性。在今后相当长一段时间内，在充分利用和深化研究已有设计理论与方法的基础上，集成设计理论将是复杂机电系统研究的前沿与热点，而且更为强调自上而下的"顶层设计"理论与方法的研究。

2. 重要科学问题

就本质而言，复杂机电系统集成科学的内涵就是运用系统论的理论和方法，按设定的功能将各种物理过程与其载体从能量流、物质流与信息流的层面进行全局性（全过程）协同组织，从而构建能够满足预定功能指标和性能价格比的人造系统。

该方向的核心科学问题：复杂机电系统功能生成中的多过程耦合机制与能量流-物质流-信息流融合协同原理。

包括以下基本研究内容：

1) 复杂机电系统的多物理过程耦合机制与功能生成的通用表达、分析方法；

2) 能量流对物质流的作用原理与功能界面设计；

3) 能量流的传递、转换、聚集与发散规律及控制设计；

4) 信息流对能量流-物质流作用过程的精确协同调控与系统稳定运行。

（四）2011～2020年优先资助方向

基于复杂机电系统的研究现状及现阶段发展需求，围绕复杂机电系统的基础性研究仍显不足，明显滞后于国家对重大机电装备的发展应用需求，因此，在未来5～10年间应加强对复杂机电系统共性基础科学问题的研究。规划论证1～2个重大基础研究计划、4～6个重点研究项目，组织跨学科优势研究团队进行联合攻关，力争在复杂机电装备的系统研究方法、物质流-能量流-信息流协同设计、复杂机电系统多领域建模与多学科优化等共性科学问题上取得重要的理论突破，解决复杂机电系统运行安全性、可靠性、故障诊断与运营维护等关键基础技术问题（图 3-13），逐步形成复杂机电系统集成科学的综合理论体系与关键基础技术，使我国复杂机电系统的整体科研水平位于国际前列，某些领域处于国际领先地位。复杂机电系统客观上以装备形式存在，其行为功能在集成演变中产生，种种隐含的问题也由集成而来，有实效的研究应结合实际装备来开展，特别是结合《国家中长期科学和技术发展规划纲要（2006—2020 年）》和国家重大工程项目，有针对性地加强与深化相关应用基础研究，产生一批既有理论创新、又有显著社会经济效益的重大标志性研究成果。

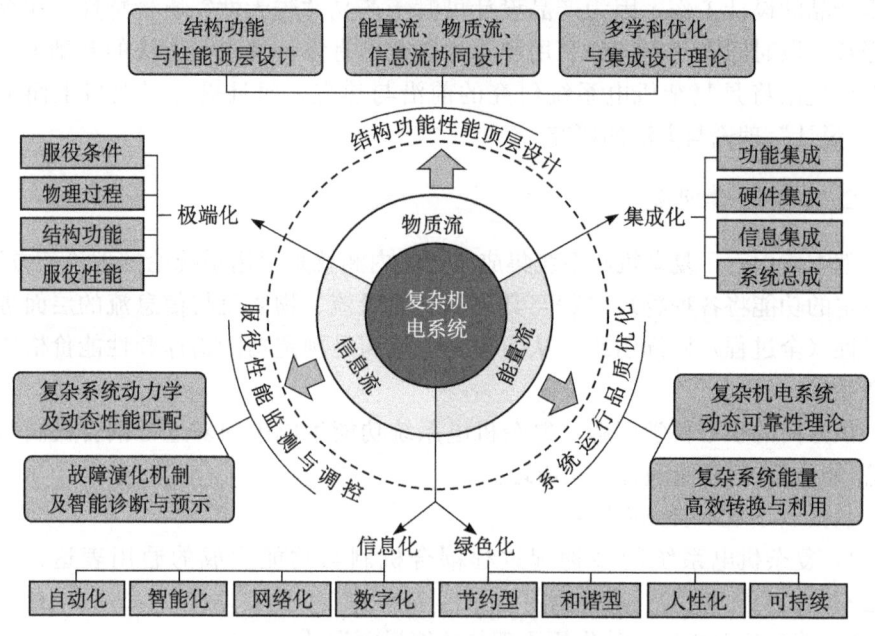

图 3-13　复杂机电系统集成科学的研究框架与重点研究方向

按照图 3-13 所示复杂机电系统的总体研究框架，建议在以下研究方向上开展重点研究。

1. 复杂机电系统物质流-能量流-信息流融合协同设计

由于大型成套装备的复杂性，其物质流、能量流与信息流很难高度协同，在运行过程中表现出状态奇异或故障，限制了机电装备功能的提升。因此，实现物质流、能量流和信息流的协同是复杂机电系统创新与功能强化的根本问题之一。建议重点研究如下问题：

1) 能量流对物质流的作用原理及功能界面设计；
2) 能量流传递、转换、聚集、耗散规律及其传递畸变行为的精确调控原理；

3) 物质流-能量流-信息流的融合设计理论与协同优化方法。

2. 复杂机电系统多学科设计优化与集成设计理论

复杂机电系统的多场、多态、多尺度耦合效应及其极端服役条件，已经突破了各种传统学科基础理论及技术的理想假设，基于传统单学科领域知识的串行设计方法已不能满足复杂机电系统的集成设计需求，需要探索复杂机电系统集成创新的基础理论，有效缩短复杂机电系统研发周期，提高系统集成设计质量。建议重点研究如下问题：

1) 复杂机电系统多领域设计知识的获取、演化与集成；
2) 复杂机电系统多学科统一建模与多场关联分析；
3) 复杂机电系统多性能多参数仿真分析与协同优化。

3. 复杂机电装备的系统可靠性设计理论

传统可靠性理论建立在系统中各零部件、元器件独立失效假设基础上，可应用于简单载荷环境下、简单失效模式的可靠性设计。因此，需要深入研究复杂机电系统中零部件、元器件之间的失效相关性问题，复杂载荷环境对系统可靠性影响问题，复杂失效模式下可靠性问题等，从系统科学的角度建立动态可靠性设计评价理论。建议重点研究如下问题：

1) 系统及其零部件、元器件失效相关性及多失效模式竞争规律；
2) 复杂机电系统可靠性精确建模理论与方法；
3) 极端环境下庞大系统可靠性设计、可靠性优化分配方法与原则；
4) 复杂系统可靠性仿真与可靠性试验理论、方法与技术。

4. 复杂机电系统动力学理论及动态性能匹配设计

对于大多数复杂机电系统，特别是空天运载工具、高速列车、超超临界发电机组等高速机电装备，动力学性能的优劣直接影响系统整体功能与性能指标，是决定系统能否安全、高效和和谐运行的关键因素。多场、多态、多尺度耦合及时滞控制作用下的复杂机电系统涌现出众多非典型的动力学现象，迫切需要从系统层面研究复杂机电系统动力冲击、非线性振动分析的新理论，获得复杂机电系统全局动态性能匹配设计方法。建议重点研究如下问题：

1) 复杂机电系统多场、多态、多过程耦合动力学理论；
2) 极端服役条件下复杂机电系统动力学建模与仿真；
3) 复杂机电系统与其外部结构及环境的动力性能匹配与设计；
4) 典型高速复杂机电系统的动力学综合设计。

5. 复杂机电系统故障动态演化机制及早期故障智能诊断与预示

故障机制反映故障的原因和效应,是通过理论或大量试验分析得到的反映设备故障状态信号与设备系统参数之间联系的表达式。深入研究复杂机电系统故障机制与故障自愈原理,能够形成推理正确、判断准确、预示合理、结论可靠的设备智能诊断与预示实用技术,从而确保复杂机电系统安全稳定运行。建议重点研究如下问题:

1) 复杂机电系统故障动态演化机制;
2) 复杂机电系统早期故障动态定量诊断理论与方法;
3) 复杂机电系统智能诊断与预示功能。

6. 复杂机电装备能量高效转换与利用的基础理论与技术

人类对能源的过度消耗导致了传统石化能源的逐步耗竭,使能源危机日趋迫近,而石化能源的过度使用也造成了对环境的破坏,导致大气污染、温室效应和全球变暖,给社会的可持续发展带来了沉重的负担。因此,未来的新型机电装备(特别是新能源装备)必须具备节能、高效、清洁环保的特点,探索复杂机电系统能量高效转换与利用理论及技术十分必要。建议重点研究如下问题:

1) 多能域机电系统能量转换、传递与存储新原理;
2) 能量转换、存储、传递中各子系统的拓扑关联设计理论;
3) 能量转换、合成、分解、传递及存储的多工况匹配设计与控制理论。

四、零件与结构的失效与安全服役科学

(一)研究范围及内容

零件与结构的失效与安全服役科学研究机械零件与结构的失效规律、发展相应的安全评价理论与安全保障技术。所谓失效,是指机械产品丧失规定功能的现象,而安全服役的研究即要防止失效发生,保障产品安全运行。尽管机械零件与结构的失效与安全服役的研究本身并不着眼于机械产品功能的创新与拓展,但几乎所有高技术机械产品的实现都必须以安全为前提,因此,零件与结构的安全服役也已成为现代机械工程重要的"使能技术"(enabling technology)。现代机械产品从投入使用到寿命终了大体要经历如下环节:在投用初期,需根据可能的失效模式确定检验和维修周期;在达到设计寿命时,一般应进行寿命预测和失效评价,以确定实际使用寿命和后期的安全检测周期,或根据产品的状况进行修复或再制造,然后再进行失效评价与寿命预测。对于重大机械产品，在延寿期间，常常需要安全检测与在线健康监测并举，以确保其安全运行。在保障机械产品安全服役的这些相关环节中，所形成的科学方法与经验积累，可以向设计制造阶段反馈，以最终实现改进产品设计制造的目的，如图3-14所示。

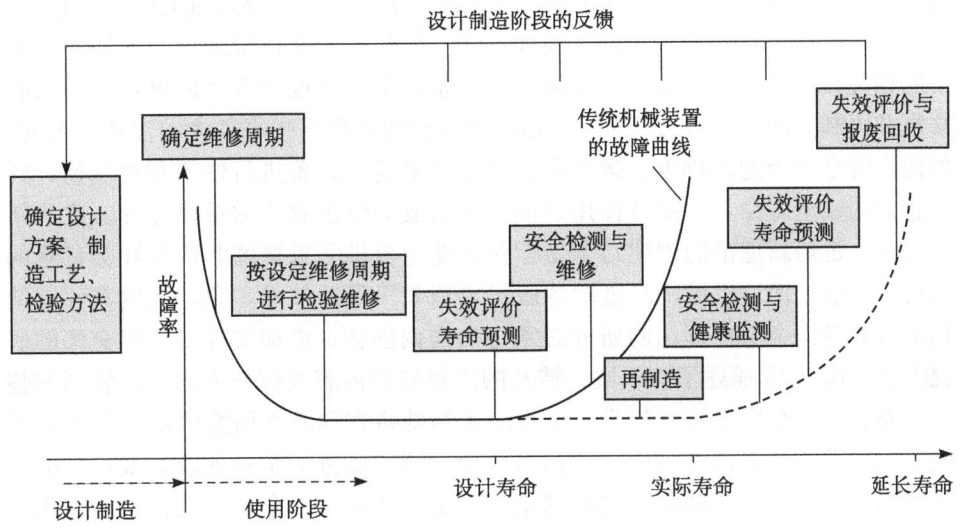

图 3-14 现代机械产品安全服役的相关环节

零件与结构的失效与安全服役的研究应包含如下相关内容：①失效评价与寿命预测：探索零件与结构的失效规律，揭示失效过程的信息，以及零件与结构破坏的临界值，并据此预测相关产品的寿命；②修复与再制造：可维修性与再制造性设计、先进修复与再制造工艺、修复与再制造部件的失效规律与寿命预测，以及质量检验方法等；③安全检测与在线健康监测：无损检测的新原理与新方法、材料与结构性能测试的新方法（如微创试验方法）、先进传感器技术（特别是高耐久性与可靠性的传感器，小尺寸、低功耗、便于在线实时监测的智能传感技术）、智能结构与系统，以及在线健康监测的新方法（结构损伤状态的特征提取方法、辨识策略及一体化的安全评价方法等）。

必须指出，从机械产品的全寿命周期观点看，研究零件与结构的失效与安全服役科学的意义不止于在产品的"后半生"，对机械产品进行失效评价、安全检测与监测，其相关信息的反馈，可望改进机械产品的设计与制造，促成新的强度设计理论与先进制造技术方法的实现，这也是该领域研究内容的必然引申。

人类进入21世纪以后，能源短缺、环境恶化问题日益严峻，促使制造工艺向更加极端参数发展，生产过程大型化、服役环境极端化，以及高参数运行、高能量储备的趋势使得机械产品的安全服役具有前所未有的重要性与挑战性。在今后10年，越来越多的重大工程将在我国建设，如超超临界电站、核电站、风电站、高速列车、大飞机、大炼油、大乙烯等，它们均在更加极端的环境和更高的操作参数下运行。但是其中关键部件靠进口、失效规律不清楚、寿命评价无规程的现状仍影响着重大工程的建设与安全运行。与此同时，我国许多重大机械产品面临着老化带来的风险，如在20世纪后期建设的石油化工装置、火电机组、飞机等均逐渐进入老化期，一旦发生事故，往往导致重大的财产损失、人员伤亡甚至经济运行的中断，为此，建立科学的安全评价理论，发展安全服役的相关技术显得尤为迫切。值得注意的是许多达到设计寿命的机械设备均有修复和再制造的巨大潜力，对它们作简单的报废处理将带来很大的浪费。因此，如何在安全评价的基础上，运用高技术手段对这些设备进行修复与再制造，延长它们的安全寿命，提高其使用性能，也已成为绿色制造的重要方面。这些新的挑战，也给新理论的创建乃至新学科的诞生提供了重要的时代与社会背景的支持。显然，面对机械产品极端的服役环境和极限的技术参数，机械零件与结构的失效与安全服役理论的研究必须更加强调创新、更加重视多学科交叉的研究方法。图3-15描述了该领域所涉及的主要研究内容及优先方向，该领域的整体思路是：在今后5~10年里，注重应用基础研究和基础研究的协调发展，围绕极端服役条件下机械零件与结构的寿命预测与监测的学科前沿，重点突破极端条件下结构损伤与断裂的基础理论、基于失效机制的全寿命设计理论，优先发展复杂服役环境下机械零件与结构的失效评价、极端环境下的结构健康（完整性）监测、再制造部件的质量控制与寿命预测、受损结构的自愈原理、基于失效机制的重大结构设计理论等研究方向。

（二）研究现状与发展趋势

1. 失效评价与寿命预测

在过去的100余年里，人们针对不同材料与结构的破坏规律曾经提出了不下百种强度模型或准则，它们构成了近代强度理论的基础，使得大型机器与机械装置的建造成为可能，为20世纪制造业突飞猛进的发展奠定了重要基础。但是，随着机械零件与结构服役条件的日益复杂，失效形式也日显多样，如变形、断裂、疲劳、蠕变、腐蚀、磨损及混合失效模式等，传统的强度理论已很难解释新的失效模式，为此，基于失效评价的寿命预测理论逐渐取代基于强度准则的设计理论已成为必然趋势。

对于较为单一的失效形式与寿命预测，目前已形成较为完整的理论和技术体系，先后提出了多个描述裂纹状态的断裂参数与失效评价方法。近年来的研究更多地考虑了复杂结构和制造工艺的影响，如大型焊接构件、制造缺陷和表面加工质量对寿命的影响等。诸多基础研究成果正在向技术层面转化，在欧洲

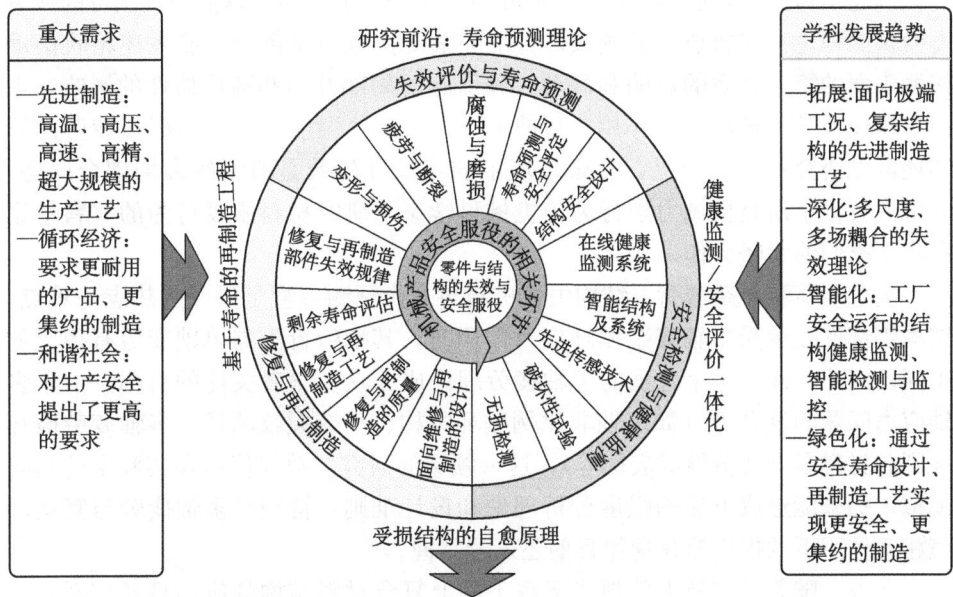

图 3-15 失效评价与寿命预测领域的学科内涵与优先发展方向

联盟 9 个国家多个研究机构长期研究工作基础上形成的欧洲工业结构完整性评定方法（SINTAP）采用了失效评定图（FAD）和裂纹推动力技术（CDF），近年进一步考虑了焊接、薄壁结构及拘束的影响，已逐渐发展成为欧盟统一的"合乎使用性"规程（FITNET-FFS），可以应用于各种承力结构的安全评定，如承压设备、管道、航天结构、旋转结构、海岸工程结构乃至医用植入结构等。经过多年的基础研究和技术攻关，我国也形成了若干结构完整性的标准或规程，基于损伤的统一失效评定理论在更多领域获得应用。但是与工业发达国家相比，我国相关规范的科学基础相对薄弱，同时也缺乏足够的相关数据库的支持。

复杂环境下的零部件失效评价仍然是一个难题。在复杂的服役环境下，往往多种失效机制并存。如在核电设备中，时有发现腐蚀开裂的情况，因此与时间相关的疲劳、腐蚀等失效评价与寿命预测问题受到了越来越多的关注与重视。国际上的核电发达国家在最近的 20 多年里，在定量预测特别是应力腐蚀裂纹扩展动力学方面取得了一定进展，也对含缺陷构件进行过寿命预测的尝试，但总体而言，目前的安全评价规程仍是建立在定性预测基础上的，诸多失效动力学的机制还不清楚，未能形成像 Manson-Coffin 公式那样为工程上一致认可的疲劳寿命预测理论。在轨道交通领域，传统的滚动接触力学理论不能表述轮轨滚动接触表面的第三介质的影响和制动过程引起的局部升温和高速惯性的影响，也无法描述力学和环境耦合作用。目前关于氢、空气湿度等对轮轨磨损疲劳的影响还鲜见研究报道。可见，复杂环境下的零部件失效是典型的多场耦合问题，其解决有赖于研究机械力学行为的机械科学家与研究材料服役行为的材料学家和化学家们的紧密合作。

复杂载荷和复杂载荷下结构失效机制与寿命预测一直是研究的热点与难点。结构零部件在承受多轴复杂循环应力作用时，其疲劳行为与单轴疲劳有很大的不同。因此，建立一个合适的多轴疲劳理论成为众多学者关注的目标。由于多轴应力问题的复杂性（如多轴非比例循环本构、疲劳裂纹路径、多轴疲劳破坏准则和材料多轴疲劳性能表征等），这一领域的研究多数仅停留在实验室仿真与模拟，仍未能形成可靠的强度分析理论和设计准则，特别是多轴疲劳与复杂环境相互作用下的损伤演化规律目前还未能掌握。

此外，随着航空航天等现代运载工具上复合材料结构的应用日益广泛，大型复杂结构的失效更加具有挑战性。大型零件与结构在制作加工以及服役过程中常常出现多个缺陷或裂纹并存的复杂情况，导致裂纹扩展寿命缩短。如在大型汽轮机转子、船用曲轴中的制造缺陷、老龄飞机中的多部位损伤（multiple site damage，MSD）均需要建立失效评价与寿命预测的方法，以确保结构的可靠性。微/纳器件的失效行为和机制目前还有待深入研究。掌握微/纳器件的失效行为是实现微/纳制造设计制作的基础，宏观块体下所测得的机械力学性能并不能直接应用于微/纳器件的设计，许多材料在微/纳米尺度下的失效机制与宏观状态相比已发生了本质上的改变，因此亟待建立微/纳构件的评价方法与寿命预测的理论。

无论是宏观大型构件的破坏还是微/纳元件的失效均有明显的多尺度特征，因此，要从本质上把握失效的规律，必须研究失效的多尺度性质。进入 21 世纪后，多尺度的强度与断裂问题逐渐成为研究的热点。科学家们从不同的角度进行了大量的研究，基于大规模原子和分子模拟的直接方法首先得到重视，进而发展了基于原子模拟与连续有限元耦合的方法，但是基于原子模拟的技术往往受限于原子作用力模型和机器的计算能力，因此，在连续介质框架下考虑尺寸效应便显得必要。于是，基于分形的方法、塑性应变梯度理论、双尺度应力强度模型、基于原子断裂力学的强度与寿命概率分布的尺度分析理论等纷纷被提出，均获得了不同程度的成功。必须指出的是，目前这些多尺度理论还不能描述环境中化学因素的作用，因此解决复杂环境下的失效问题，需要今后更多的努力，尤其是化学-力学协同作用的多尺度特性值得深入研究。

图 3-16 为对失效评价与寿命预测领域学科发展的简要回顾与预见。

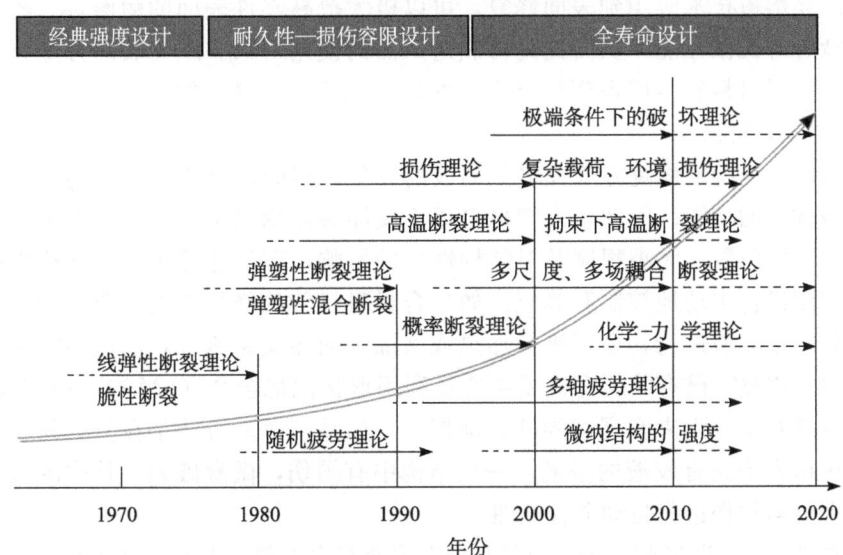

图 3-16　失效评价与寿命预测领域的学科发展路线图

不同时期失效评价理论与寿命预测技术的发展，促成了不同设计方法的诞生。20 世纪的传统强度理论、断裂力学理论、损伤理论等的发展，奠定了损伤容限设计方法及耐久性-损伤容限设计方法的基础。进入 21 世纪以后，全寿命设计的理念被提出，以期在机械产品设计阶段便能预知其性能、风险乃至寿命，实现全寿命周期内安全性与经济性的最优化。但是，目前零件与结构的寿命设计还主要是相对寿命的设计，离精确的寿命设计还相距较远。今后，随着各种寿命预测理论的发展与成熟，相信全寿命设计将在不同机械产品设计中得以实现。

2. 修复与再制造

采用熔焊方式的补焊是最常用的修复技术，但工程实践发现补焊部位往往也是新的失效起始点，因此必须合理预测补焊的安全服役寿命，同时发展更为先进的修复与再制造技术。近年来，越来越多的先进技术被用于机械零部件的修复与再制造，如表面涂层/薄膜（喷涂、磁控溅射和离子注入等）技术、表面改性技术（激光熔覆、等离子熔覆、激光冲击和喷丸处理等）以及整体处理技术（修复热处理和深冷处理等），均被实践证明可以有效地提高机械产品的抗疲劳、抗腐蚀、抗磨损、耐高温等诸多性能。特别是基于激光的修复与再制造技术近年来得到了长足的发展。高能激光冲击强化可用于提高许多关键零部件的服役寿命，如发动机的叶片、飞机舱壁桁架上弦与斜端杆接点以及容器的焊缝。

不同的失效模式，激光冲击处理的效果不同，寿命增益可以几倍乃至数十倍不等。激光熔覆技术应用到表面修复，可以极大提高零件表面的耐磨性、耐腐蚀和耐疲劳等机械性能，从而提高再制造产品的使用寿命。激光表面合金化能够在廉价金属材料的表层得到任意成分的合金及相应的微观组织，从而获得良好的综合机械性能。

目前，结构的修复方式大多是离线的修复。然而，自然界的生物都存在恢复自身健康的功能。因此，人们也希望不仅能够监测出结构中各类安全隐患的存在、发生位置、大小程度及对结构性能的影响，而且能够实现对结构中的不安全因素进行主动地控制和修复。如复合材料目前的修补方法主要是通过填充或注射树脂胶液进行，也可进行加热或增加表面涂层来修补，但还不能实现损伤的自动修复。已有的研究进展主要是利用形状记忆合金（SMA）、空芯光纤、空芯纤维及微胶囊来实现结构的自动修复，如基于微囊方法是在复合材料制造过程中植入填充有胶液的微囊，一旦结构中有损伤，微囊破裂，其中的胶液流出，即可对损伤进行自动愈合处理。

在"十一五"期间，国家自然科学基金委员会对修复与再制造工程的研究给予了高度重视，持续资助了一批与再制造相关的课题，相继取得了多项成果与突破。在理论基础方面，完善了涂层残余应力的计算方法，探索并初步建立了涂层各组元寿命预测模型。例如，引入均益系数，修正了残余应力经典公式Stoney方程，研究并初步提出了再制造零部件涂层中残余应力的计算方法。发展、创新了多项再制造关键技术，如"双通道、双温区"的超音速等离子喷涂新工艺，解决了涂层熔滴的过熔、夹生及烧损问题；利用高能机械化学法，解决了纳米颗粒在多离子溶液体系中的均匀分散与悬浮稳定的难题，实现了纳米电刷镀过程中非导电的纳米颗粒与导电的基质金属镍的高效共沉积；制备了纳米软金属、纳米氧化物及纳米稀土化合物等多种性能优异的纳米减摩自修复添加剂，初步实现了在机械产品运行过程中纳米自修复添加剂对磨损部位的原位动态自修复。

在过去10年，虽然修复与再制造工艺技术的研究发展迅速，但目前还较多地侧重于具体的技术与工艺研究，共性基础问题的研究相对匮乏。对于产品继续服役后安全性能的研究还相对较少，特别是针对再制造部件寿命的定量研究较少。实际上，再制造产品能否继续投入运行，必须有严格的质量控制，对于重大产品还应进行失效评价与寿命预测，以确保在延长寿命期内的服役安全。如图3-17所示为对机械产品修复与再制造工程的技术预期和相应理论发展的预见。要在今后10年实现航空、能源、冶金、先进武器等重大产品的再制造，必须进一步发展基于寿命的再制造工程，强化再制造部件强度与寿命预测基础理论的研究，进而研究复杂环境、复杂结构的影响以及结构损伤自愈的原理等。

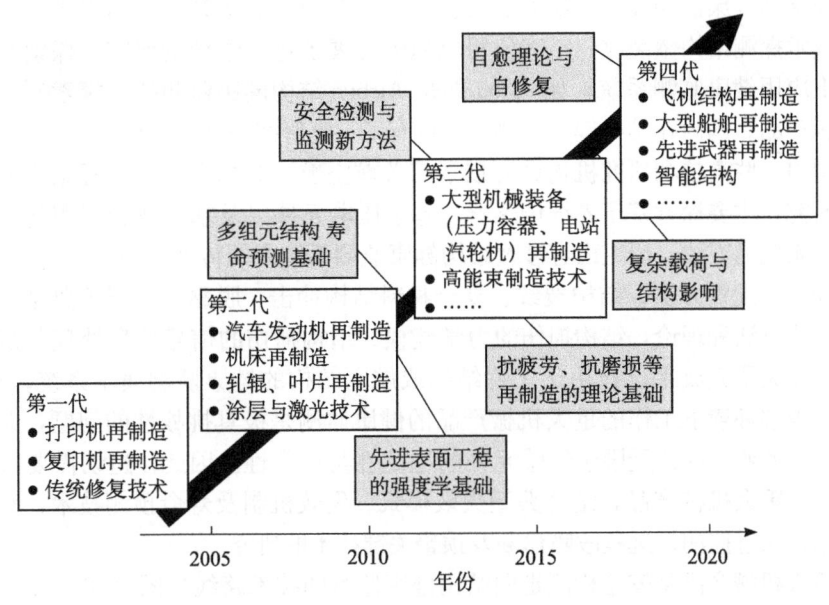

图 3-17　机械产品的修复与再制造技术路线图

3. 安全检测与健康监测

安全检测与健康监测是失效评价和寿命预测的基础，一般包括无损检测、应力与应变测试、振动检测和材料试验等。实际上，材料的每一种特性几乎都可以用作某种无损检测方法的基础，所有形式的能量几乎都能被用来确定材料的物理特性或者用于检测缺陷，因此，基于新原理新方法的无损检测技术也不断被提出。随着超声导波获得了成功应用，导波的理论研究成为近年来无损检测界的热点。利用磁致伸缩换能器的超声导波检测已可应用于非铁磁性材料和非金属的检测；太赫兹波在无损检测领域异军突起，成为无损检测行业的新技术之一，这得益于超快激光技术的发展，为太赫兹波脉冲的产生提供了稳定、可靠的激发光源，使太赫兹辐射的研究蓬勃发展。对于服役的零部件，当一般无损检测方法无法判断材料的损伤状态时，往往需要取样进行解剖和试验检查。由于实际构件形状与尺寸的限制，主要困难是如何处理采用非标准试样测得的数据，近年来采用各种小试样方法测量材料的断裂、蠕变等性质获得了较好的进展。虽然我国科技工作者在机械产品安全检测技术方面已取得了很好的成就，但从总体来看，无论在测试的理论和方法方面，还是在测试的手段与仪器方面，与世界先进水平相比仍有较大差距。

在结构健康监测方面，航空与土木工程领域已有大量实施的案例，随着飞机结构大量使用复合材料及采用先进焊接工艺，结构健康监测被视为是提高飞机安全性和降低维护费用的关键技术。目前，波音和空客两大飞机制造公司均高度重视结构健康监测技术的研究。波音公司在新型飞机 7E7 上探索采用结构健康监测技术探测结构微裂纹。空客公司也积极开展了这一领域的研究，探索在多个机型上应用健康监测系统，如 A380 即是 Airbus 结构健康监测技术探索研究的主要目标产品。国内在结构健康监测方面也有了一定研究基础。早在 20 世纪 90 年代初，国内一些高校和研究机构就开展了有关航空航天结构和土木工程结构的健康监测研究，主要探索基于光纤传感器、基于压电元件以及基于疲劳累积传感器的结构健康监测方法，研究内容涉及结构健康监测系统中的传感与驱动器件的实现、封装和优化配置方法；结构裂纹、复合材料结构冲击、脱黏和分层等典型结构损伤的监测方法和理论，结构损伤的力学建模、结构损伤的信号信息处理及辨识方法等。相关研究成果已被用于工程结构或航空结构的健康监测演示系统。高温、高压等极端环境下工作的重大机械产品的健康监测是极具挑战性的问题，尤其是长期在线的监测往往受限于传感元件的稳定性与可靠性。因此，迫切需要针对极端环境下重大机械产品，结合典型失效模式、失效机制及寿命预测技术，开展信号传感、状态监测、远程故障诊断及预警关键技术的研究。

重大机械产品从安全检测走向结构健康监测的技术路线如图 3-18 所示。以飞机为例，目前结构健康监测系统的应用主要还集中在飞机的地面结构强度和疲劳实验以及装机后的离线测试中，今后 5 年可望实现在役飞机的在线监测，用 10 年左右的时间实现飞机全面的健康监测。要实现这些目标，必须优先发展更为先进、可靠和稳定的传感技术，嵌入式健康监测网络、损伤状态的特征提取方法，安全监测-评价一体化技术，并逐步实现智能测控，以确保安全可靠运行。

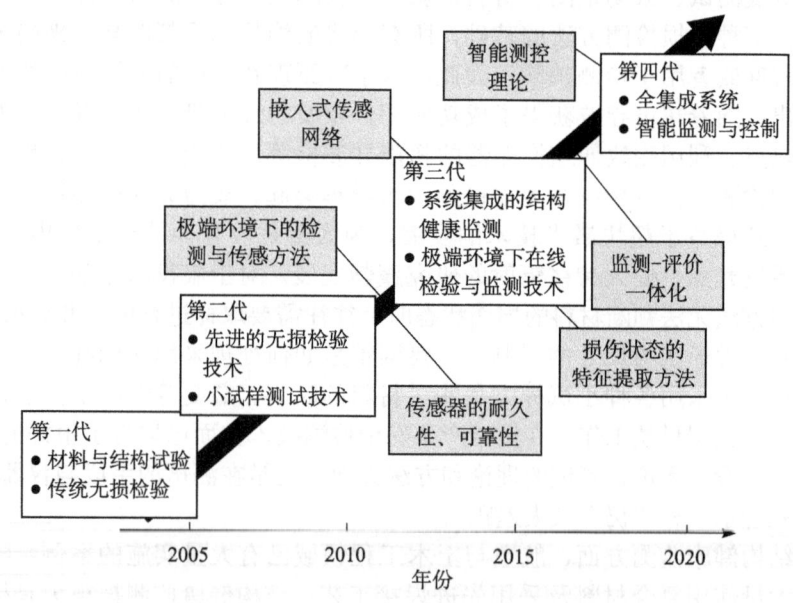

图 3-18　结构安全检测与健康监测与控制路线图

综上所述，机械零件与结构失效与安全服役领域面向经济建设和学科发展的需要，整体显现出蓬勃发展的趋势，研发活动日益活跃：

1) 失效评价与寿命预测理论面向极端工况、复杂结构、先进制造工艺不断拓展其外延；

2) 失效评价的科学基础向多尺度、多场耦合方向不断深化；

3) 基于智能的结构健康监测已逐渐成为保障重大机械产品安全服役的热点研究方向；

4) 绿色制造理念成为共识，先进再制造工艺在机械产品上不断拓展应用，再制造工程的安全科学基础日显重要。

（三）研究前沿与重要科学问题

保障机械零件与结构安全服役的关键是要掌握其失效的规律，预知失效的时间，其次是要发展保障结构安全服役的先进方法与技术。在过去一个世纪与诸多失效事故作斗争的历程中，已经系统地建立了断裂力学、疲劳、蠕变、损伤理论等，发展了相关的寿命预测方法。进入21世纪以后，随着生产工艺向更高、更快、更为极端的参数发展，传统的强度设计理论已很难满足先进机械产品设计、制造与安全运行的要求。为此，作为学科研究的前沿应注重发展新的寿命预测理论、结构健康监测-评价一体化的方法、基于寿命的再制造工程以及受损结构的自愈原理等，并致力解决极端条件下的损伤与断裂理论及基于失效机制的全寿命设计理论两个关键科学问题。

1. 研究前沿

（1）寿命预测理论

寿命预测理论是机械零件与结构安全服役的关键基础。在极端服役条件下，零件与结构的失效行为都表现出较强的非线性与时间相关性，为此必须掌握复杂环境与复杂载荷下损伤/缺陷演化的机制和规律，建立新的失效评价方法和相关的数据库，形成基于多尺度、多场耦合的新损伤理论和基于非传统试验技术的新断裂理论，以提高寿命预测的精度。在此基础上可望催生基于寿命（失效模式）的设计、基于可靠性的设计、基于风险的设计等，进而有力地促进机械设计学科的发展。

（2）结构健康监测-评价一体化方法

鉴于在设计制造阶段，很难准确预知服役的风险，即使最完美的设计，也很难避免服役条件变化所带来的风险，因此，寿命监测成为最后解决重大装备服役安全的关键。这需要研究发展先进的结构健康检测/监测手段，以提供损伤和缺陷演化信息和基础数据；研究结构信息采集、特征信息提取及传输等技术，重点开展结构健康检测/监测和失效评价一体化方法的研究，实现检测/监测与失效评价技术的无缝集成，准确预警设备的故障。

(3) 基于寿命的再制造工程

再制造工程得以实施的前提是再制造产品的可靠性，只有把握了再制造产品的失效规律，准确预知不同再制造工艺对寿命的影响，才能确保再制造产品的安全服役。为此，应重点研究复杂服役条件下再制造产品失效规律和寿命预测的基础、再制造产品的质量控制与安全检测的方法与技术以及不同失效模式再制造工艺及其带来的寿命增益。

(4) 受损结构的自愈原理

在结构或材料发生损伤时，利用损伤诱发的结构或材料自我修复能力，自动修复材料损伤部位，保障结构安全。结构损伤自修复需要研究新型自修复材料的自修复原理、方法，以及具有自诊断、自控制、自适应功能的智能结构等。

2. 重要科学问题

(1) 极端服役条件下的结构损伤与断裂

根据前述分析，可以认为在今后5~10年里在极端服役条件下结构损伤与断裂理论上取得的突破将带动整个学科领域的发展。在基于多尺度、多场耦合的损伤与断裂理论的基础上，可望形成更为精确的寿命预测方法、可靠的安全评价方法，为重大机械产品的修复与再制造、寿命监测与风险控制提供安全科学基础。为此，建立极端服役条件下的结构损伤与断裂理论是一项具有重要前瞻意义和现实意义的研究课题。

极端服役条件下材料的损伤或老化是随时间而渐变的过程，因此，预测零件与结构破坏涉及时间尺度和空间尺度（尺寸）外推的双重复杂性，一方面必须研究如何根据实验室短时间的试验预测材料长时间服役后的损伤状态，另一方面必须研究如何根据实验室小试样的试验结果预测大构件（或微小器件）的服役行为。尤其是复杂服役环境条件下，有多种损伤机制交互作用，除了机械力学的作用，服役环境的物理化学作用已经不能忽略，必须在分子原子的层面上来把握材料的破坏，建立化-力学的学科基础。在研究复杂应力状态对失效过程影响的基础上，在结构层面上研究失效的发展，建立材料-结构一体化的多尺度、多层次的寿命预测理论。

(2) 基于失效机制的全寿命设计理论

在机械产品的构思与设计阶段便能针对其全寿命过程中的风险与失效规律进行防范性设计，是机械产品安全服役科学研究的最高追求。全寿命设计是指针对机械产品与零部件的规划、设计、制造、运行、维修、再制造以及回收再利用的全过程，实现产品全寿命周期内总体性能的最优设计。

基于失效机制的全寿命设计，一方面探索零部件失效机制及其演化规律的建模；另一方面，须考虑全寿命过程中影响安全性与综合经济性的因素。为此，应研究零件与结构防失效的设计方法，发展大型零件与复杂结构的损伤与寿命的数值分析方法，建立面向检测、维修与再制造的结构设计方法，以及面向节材节能的全寿命周期优化设计方法等。

(四) 2011~2020 年优先资助方向

1. 复杂服役环境下机械零件与结构的失效评价理论

尽管失效评价理论不是一个新的命题，但是它一直是派生新学科的基础。特别是在服役环境日益复杂、工程尺度不断增大（或缩小）、制造工艺持续革新、对服役寿命与可靠性要求日益增高的情况下，研究复杂环境与复杂载荷下零件与结构的失效规律，建立新的损伤与断裂理论是十分必要的。建议重点研究如下问题：

1) 复杂环境与复杂载荷下损伤/缺陷演化的机制和规律；
2) 制造缺陷或不完整性对零件与结构安全服役寿命的影响；
3) 基于多尺度、多场耦合的新损伤理论；
4) 基于非传统试验技术的新断裂理论；
5) 损伤/寿命数据库及失效知识库的构建。

2. 极端环境下的结构健康（完整性）监测

尽管一般工况条件下结构健康监测已得到不同程度的实施，但是在极端环境下服役的重大装备具有更高的风险，目前还缺乏有效的手段监测损伤和缺陷的发展，缺乏损伤信号传感、信息采集、特征提取、分析等系列关键技术的支持。建议重点研究如下问题：

1) 极端环境下在线监测（检测）的新原理与新方法；
2) 极端环境条件下传感器的耐久性与可靠性；
3) 小尺寸、低功耗、便于在线实时监测的智能传感技术；
4) 复杂结构损伤状态的特征提取方法、辨识策略及一体化的安全评价方法。

3. 再制造部件的质量控制与寿命预测

再制造产品能否继续投入运行，必须有严格的质量控制，对于重大产品还应进行失效评价与寿命预测，以确保在延长寿命期内的服役安全。但是由于再制造部件失效形式与退化机制的多样性、服役条件的复杂性，使得这一问题具有高度的挑战性和紧迫性。建议重点研究如下问题：

1) 复杂服役条件下再制造产品失效规律和寿命预测基础；
2) 抗疲劳、抗磨损、抗高温、抗腐蚀再制造的科学基础；
3) 再制造产品质量控制与安全检测的新原理和新方法；

4. 受损结构的自愈原理

在结构发生损伤时，利用损伤诱发的材料或结构的自我修复能力，自动修复损伤部位，保障结构安全。结构损伤自修复需要研究新型自修复材料的自修复原理、方法，以及实现技术途径等。作为前瞻的研究，建议重点研究如下问题：

1) 重大结构件的损伤识别与自修复原理；
2) 埋入式新型自修复材料和元件；
3) 复杂环境下的表面损伤及其自愈原理；
4) 具有自诊断、自控制、自适应功能的智能结构。

5. 基于失效机制的重大零部件设计理论

传统的机械设计中一般未设定机械产品整体及主要零部件的设计寿命，使得许多机械产品显现使用性能差、使用寿命短、全寿命经济性指标差的问题。基于失效机制的全寿命设计，一方面探索零部件失效机制及其演化规律的建模；另一方面，考虑全寿命过程中影响安全性与综合经济性的因素。建议重点研究如下问题：

1) 复杂环境/复杂载荷下重大零部件防失效设计理论；
2) 复杂结构的损伤与寿命的数值分析方法；
3) 面向检测、维修与再制造的设计理论；
4) 面向安全与节能节材的全寿命优化设计理论。

五、机械表面界面科学与摩擦学

（一）研究范围及内容

机械表面界面指在机械产品设计、制造和生物机械领域中存在的工程表面与界面。发生在机械表面界面的物理和化学现象具有特殊性和复杂性，对机械产品的功能和性能都有重要影响。

机械表面界面科学主要研究表面效应、界面效应和表面界面工程技术。表面效应包括表面形貌效应、表层微结构与表面性质；界面效应指只有在界面处发生的物理作用和化学作用，表现为接触、润湿、吸附、扩散与键合、黏着、材料转移以及界面传热等现象；表面界面工程技术是指以调控和改善表面界面性能为目的的工程技术，主要分为"改性"和"改形"两大类，前者通过各种表面涂层、镀膜、表面强化等手段改变表面的材料、结构和物理性质，后者利用表面微/纳加工手段改变表面的微观几何形态，也称为表面织构技术。机械摩擦学主要研究相对运动表面之间的摩擦、磨损和润滑问题。研究摩擦的目的在于揭示发生相对滑动或滚动的固体间的运动阻力产生和能量耗散的规律和机理；磨损研究则旨在揭示物体在摩擦过程中发生表面损伤和材料流失的规律和机理；润滑是以减小摩擦、降低磨损为目的的技术手段，润滑理论通过物理和数学模型来描述润滑介质的物理化学性质与摩擦副特性和工况参数之间的关系，形成润滑设计的基础。图 3-19 概括地描述了机械表面界面科学与摩擦学的内涵和研究范围。

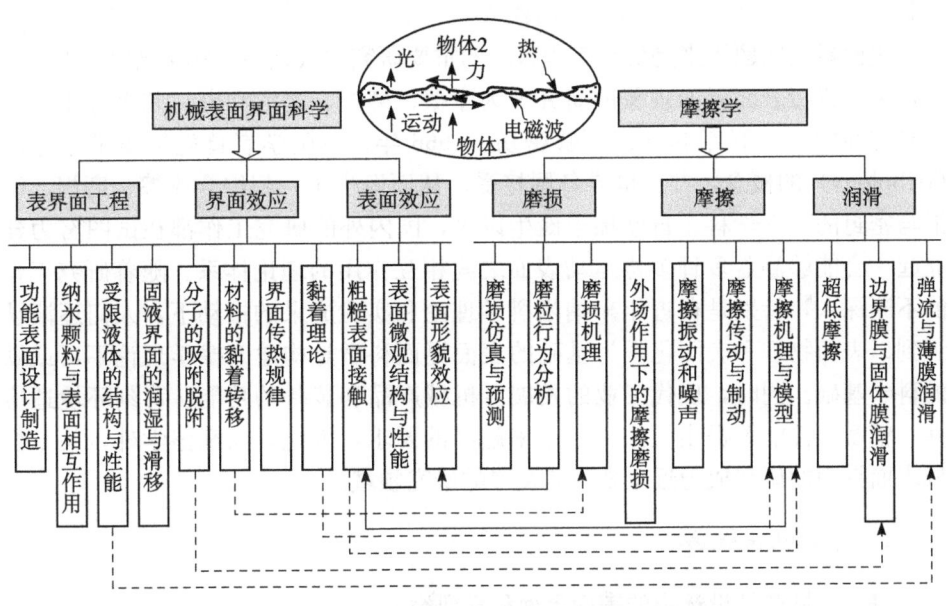

图 3-19　机械表面界面科学与摩擦学的内涵和研究范围

机械表面界面科学和摩擦学的研究内容可以归纳为以下三个方面：

1) 机械零部件、系统和装备中的表面界面行为与性能设计。其研究对象包括滚动轴承、滑动轴承、齿轮、精密导轨、机械密封、离合器、制动器等通用机械零部件在工作过程中的表面界面行为及其性能设计，发动机、压缩机、减速器等机械系统核心单元的工作效率、可靠性和寿命与其运动界面行为的关系，机械装备与外部环境介质接触界面问题，以及微/纳机械系统中的尺寸效应、表面效应和界面效应。

2) 机械制造和微/纳制造过程中的表面界面行为及控制。研究对象包括各种制造工艺流程中影响产品形状和尺寸精度、表面和内部质量、加工效率、能耗、成品率等方面的表面界面问题。

3) 生物与仿生机械系统中的表面界面特性与规律。主要研究生物活体组织之间以及人工植入体与活体组织间的界面相互作用规律，解决植入体与活体之间的界面相容性问题，模拟生物系统优异的表面界面材料和结构，改善机械系统的特性。

机械表面界面科学和摩擦学的研究成果可以用于改善机械系统的工作效率、延长使用寿命、提高机械系统和装备的可靠性，为解决人类社会发展面临的能源短缺、资源枯竭、环境污染和健康问题提供有效方案。

（二）研究现状、发展规律与趋势

表面界面问题历来是机械工程科学的重要研究领域之一。20 世纪 60 年代以前，关于机械表面界面现象的研究分为摩擦、磨损、润滑和密封几个分支，各分支之间的相互联系和交流不够密切。1966 年，英国学者首先提出了摩擦学（tribology）的概念，并被世界各国接受，从而诞生了一门综合摩擦、磨损、润滑与密封的独立学科。自摩擦学诞生以来，国内外的研究工作都在试图努力建立起一套能够涵盖多种多样运动表面之间相互作用的理论体系。随着研究工作的不断深入，特别是在近年来纳米科学理论和实验成果的推动下，人们逐渐认识到以表面物理和表面化学为基础的表面界面科学是构建摩擦学理论不可或缺的科学基础。同时，现代工业的发展对机械产品和装备的功能、苛刻环境适应性、精度与性能等提出了广泛和越来越高的要求，因此，除摩擦学外，关于机械表面界面的研究成为近年来快速发展的研究领域。

1. 研究现状概述

(1) 机械产品设计中的表面界面科学研究

接触理论是研究固/固界面问题的基础，其核心是建立载荷与真实接触面积、法向位移之间的关系。接触理论已从早期的宏观弹性接触理论发展到考虑表面力作用的理论、弹塑性接触理论及黏弹性接触理论。由于工程表面都具有各种尺度的粗糙度，将理想光滑表面的接触理论推广到粗糙表面间的接触具有非常重要的意义。自 20 世纪 60 年代以来，已经提出随机粗糙面间的弹性接触模型和弹塑性接触模型，但这些模型都有各种条件假设，应用范围不够普适。

自 20 世纪 90 年代以来，固/固界面和固/液界面黏着的研究受到了国内外学术界的重视。宏观物体只有当两接触表面非常平整光滑或很柔软的情况下黏着力才比较可观，但在微/纳米尺度，黏着力与其他力相比可能处于主导地位。微/纳机械系统中由于表面力作用显著增强，当微观黏着区域小到分子、原子尺度，宏观连续介质理论不再适用，尺寸效应、表面效应和量子隧道效应等使界面相互作用变得相当复杂，建立微/纳米尺度下的黏着理论是一个巨大挑战。与黏着控制密切相关的研究包括可控黏着的原理和界面条件、界面材料和微细结构的设计、宏观尺寸物体及微/纳尺度器件的黏着调控等。

通过在微米和纳米尺度下对表面进行几何构造和材料组织的特殊设计和加工，可以获得具有特种奇异功能或性能的表面，如具有自清洁功能的超疏水表面，可以有效增强阳光散射、抑制反射从而提高太阳能发电效率的结构表面，能够降低高速物体在空气或水中运动阻力的减阻表面，能够改变电磁波、声波传播特性的表面等。这方面的研究属于表面物理、材料物理和机械工程科学的交叉学科领域，近年来发展非常迅速。除了各种镀膜技术、复合涂层技术在不断进步外，有两方面的研究特别值得关注：一方面是将不同电磁特性的材料在微米、纳米尺度下形成特定构造的超介质，超介质具有自然界介质所不具备的奇异反常特性，由超介质所形成的复杂表面界面（超表面界面）具有独特的物理行为；另一方面是利用激光加工、聚焦离子束加工和其他微/纳加工方法在表面获得图案化的非光滑表面（表面织构），与传统的加工表面或随机性粗糙表面相比，具有一系列独特的表面物理和表面化学特性。

自20世纪70年代以来，表面工程技术取得了显著的发展，目前各种物理气相沉积、化学气相沉积、离子注入等表面镀膜和改性方法在机械工程领域的应用非常广泛，今后仍是机械表面界面科学研究的一个重要领域。

各类机械系统中，机械运动或电磁部件往往产生大量的热，热导致的温升会影响机械部件之间的配合及运行特性。传热主要有对流、辐射和热交换几种方式，都会涉及界面处能量的交换形式及效率问题。薄膜的热导率与其基体材料相比有很大的差别，一般认为主要由边界效应和结构差异造成。界面性质在纳米尺度结构的热传导中占有重要地位，热导率随结构尺寸变化很大，一部分是由于界面传热所占比重增加。界面传热与物体内部的传热特性有很大的不同，特别是当界面存在黏性发热、摩擦发热或其他化学反应的热交换过程时，热流的分配、温度在界面区内的分布、辐射等与界面间的真实接触状况、介质以及间隙的大小都有非常密切的关系，与摩擦和黏着问题一样，其机制尚不清楚。

（2）机械制造过程中的表面界面科学研究

制造过程中的表面界面问题是机械表面界面科学的一个重要方面，与机械产品和装备工作中的表面界面问题相比，有许多特殊现象和不同的微观机制。

在超大规模集成电路、光电子器件、微/纳电子机械系统以及计算机硬盘制造中，超光滑平整表面制造是其关键制造工序之一，其特点是在大尺寸平面范围内同时获得极高的全局平整度和极低的表面粗糙度，同时对表面划痕或凸起以及颗粒污染都有极其苛刻的要求。化学机械抛光是能够满足上述全局平整化要求的应用最广泛的工艺。化学机械抛光所用的抛光液含有纳米颗粒和氧化剂、螯合剂、缓蚀剂等多种成分，从微观层面来分析，抛光液和基材表面间的氧化反应速率与抛光液中纳米颗粒对表层材料去除速率之间的平衡对表面质量有决定性影响。此外，抛光液中的纳米颗粒对磨屑的吸附作用和去除机制以及颗粒在工件表面的化学吸附也是尚待解决的重要问题。

自20世纪90年代以来，纳米压印、纳米切削、软印刷等一批新的微/纳结构制造工艺和方法涌现出来，这些微/纳制造工艺的控制都与界面科学密切相关。在纳米压印中，由于光刻胶在数十纳米的间隙内流动，其流变特性受模板界面效应的强烈影响，光刻胶与模板之间的界面张力也显著影响光刻胶的填充性能。光刻胶固化后与模板表面之间的黏着力影响脱模过程；软印刷的成败取决于聚合物分子在橡胶模板上的吸附特性以及在一定压力下向基体的黏着转移，其中的界面黏着问题和分子迁移过程的表面界面问题等已成为其主要技术瓶颈；纳米切削是在原子力显微镜的基础上发展起来的一种纳米加工方法，研究发现可通过摩擦诱导在单晶硅等表面加工出纳米尺度的凸结构，表现出与一般纳米切削相异的特性。

键合是微电子器件、MEMS器件、微流控系统制造中常用的制造工艺。硅片与玻璃之间的键合采用阳极键合工艺，两结合面的平整度、粗糙度以及表面的氧化状态等对键合强度有重要影响，属于界面黏着的一类问题。硅片-硅片或硅片-氧化硅之间的键合可用硅直接键合工艺，它是把待键合的两个平整表面先进行亲水化处理，使两个表面均富含羟基，然后使两者贴合，再在适当温度下退火实现键合。两表面间的真实接触状态对键合强度有重要影响。

利用纳米颗粒材料的物理特性和尺寸效应制备功能独特的器件和性能优异的零部件是机械制造科学与材料科学的一个交叉领域，具有广阔的发展前景。目前，有以下几类微/纳颗粒组装和成型加工的方法：第一类方法是直接在图案化的表面上进行纳米颗粒的自组装。通过预先对基底表面进行图案化或亲水/疏水处理，然后将分散在气相或液相中的纳米颗粒组装在基底表面上。已有研究成功将表面活性剂分子团、碳纳米管团簇、纳米金属颗粒等组装起来，形成功能器件。纳米颗粒之间以及颗粒与基底表面之间的引力和斥力以及成键情况是自组装过程的决定性因素。第二类方法是将微颗粒分散在液态的基体材料中，形成一定的有序或无序结构，液体材料挥发或凝固后就形成微/纳颗粒构成的结构或复合材料。对于磁性颗粒，可以通过施加外磁场，使颗粒沿外加磁场方向形成有序的链状或柱状结构；对于介电颗粒，则可以通过施加外电场。颗粒之间的团聚以及颗粒磁化或极化后的磁（电）偶极子作用对微/纳结构形成具有重要影响。第三类方法是将颗粒材料与黏结剂等混合在一起形成浆液，然后在一定压力下模压成型，并在控制气氛的环境下高温烧结形成形状复杂的零部件。在模压成型阶段，颗粒与颗粒之间、颗粒与模壁之间都存在摩擦力，影响浆液的流动、填充压力以及零件的致密度分布。

（3）机械系统中的摩擦学研究：摩擦、磨损、润滑、密封

人类从 15 世纪开始就一直在努力探索摩擦的起源问题。20 世纪 50 年代英国学者 Bowden 和 Tabor 提出黏着摩擦理论——摩擦来自真实接触面积处黏着点或表面膜的剪切抗力；前苏联科学家克拉盖尔斯基提出摩擦二项式公式——摩擦力由表面间机械作用力和分子间作用力组成。近 20 年来人们更多从原子分子尺度开展纳米摩擦学研究，认为摩擦力主要与界面弹性系统在滑动过程中存在能量积累和突然释放的非稳态过程相关，非稳过程导致原子振动并最终耗散为热。这一类摩擦被称为界面摩擦、无磨损摩擦、原子尺度摩擦和声子型摩擦等。界面处分子、原子之间失稳与所在基底材料力学特性也有密切关系，从而微观的界面能量耗散导致宏观摩擦现象中的热、力、振动、噪声等现象。微观尺度下，已无法用连续介质力学来描述处于原子、分子状态的固体或液体的动力学特性，实践证明分子动力学模拟是一种描述微观现象的有效方法。最近的分子动力学模拟结果表明：在纳米尺度下，摩擦力与真实接触面积成正比的关系仍然成立，只是真实接触面积需要根据化学键的数目和分布来定义。

黏着和摩擦分别反映了接触界面发生法向和切向相对运动时的抗力。黏着力可不依赖摩擦单独存在，但大多数情况下摩擦力和黏着力同时出现。研究表明，考虑黏着过程中的非平衡态界面作用，两表面法向运动产生的单位面积黏着滞后与侧向运动产生的摩擦能量耗散之间具有一定的定量关系，相关研究也有利于理解摩擦过程中的能量耗散过程。在大多数实际的机械系统中，界面法向运动和切向运动之间往往存在耦合关系，而且是时间的函数。摩擦诱发的系统振动和噪声是机械振动学和摩擦学的交叉研究领域，以往的理论工作主要包括离散质量系统的自激振动稳定性分析、有限元弹性振动稳定性分析和瞬态动力学分析等，在试验方面主要进行了摩擦振动和噪声的试验、模态特性试验、振动和噪声信号的全息测量、润滑剂降低摩擦振动和噪声的试验等。但摩擦尖叫噪声发生机理仍未得到充分揭示。由于最终的摩擦现象是由摩擦副材料的跨尺度特性决定的，微观分子、原子尺度的接触和作用需要与宏观材料的力学特性结合，建立跨尺度物理模型，系统全面揭示宏观摩擦学现象与微观原子、分子尺度的表面界面作用的联系。这一跨尺度模型是微观摩擦机理最终解决宏观实际问题的重要桥梁。

磨损是指伴随界面的相对运动发生在零件工作表面物质的持续损失，是材

料失效的主要形式之一。对于材料磨损的研究，获取表面与磨粒之间的相互关系具有重要意义，目前利用三维表面数字化描述的新方法，能够获得精确的磨粒和磨损表面的三维形貌，然后用小波理论分离表面的粗糙度、波纹度和形状误差等参数，并用计算机图像技术来获取相应的表面特征参数，进而开展磨损机理的研究是一个新的发展趋势。但磨屑行为（产生部位、种类、数量、形态以及分布）的模拟仍相当困难，是研究的瓶颈。对磨屑颗粒的特征参数的识别和演变行为的研究，有利于揭示材料磨损的机制，这在磨粒磨损的研究中受到格外的关注。综合利用多学科的知识和计算机及信息技术，进行摩擦系统的建模、数值模拟和磨损损伤的预测与评价也是近年来磨损研究的发展趋势。另外，人们也通过表面三维形貌重构，借助弹塑性力学和破坏力学的理论基础和数值分析方法，并考虑摩擦过程中热、振动、材料相变等因素的影响，进行仿真，如将轮轨滚动接触理论与车辆系统动力学和有限元分析相结合，成功预测了不同工况下轮轨的波磨。

材料的磨损行为强烈地依赖于机械的运动模式和工况条件。近年来的研究表明，单一的切向运动模式下的微动磨损规律与径向、扭动和转动等其他相对运动模式及其两两复合的复杂模式下的微动磨损有显著不同。在冲击磨损条件下，机械零件要求硬度与韧性有良好的匹配，双金属复合强化或表面局部复合强化技术的应用可有效地提高此类零部件的使用寿命。高能制动（制动能量大于 1000 千焦/平方米）的重要特征在于表面层（含次表层）的形成与破坏，同时，制动过程中的能量耗散及温度场也与常规制动存在较大差异，开展高能制动条件下摩擦副表面层的形成机理和失效机制的研究是目前的重要方向。在空间、深海等极端环境中，材料摩擦学特性表现为异常材料转移、异常磨损以及异常的摩擦配副效果，研究这些现象产生的机理和规律具有非常重要的意义。

随着科学技术发展与工业进步，强电以及电、磁复合工作条件下的摩擦学问题越来越突出，摩擦接触系统和电接触系统相互影响、共同作用。电场、电流及电弧等因素介入摩擦系统，电场、磁场、应力场和温度场等共同耦合作用产生磨损；在电、磁复合作用下，增强润滑与减小接触电阻的要求之间存在着矛盾。目前针对电流、电场、磁场、电弧、特殊环境气氛和复杂动力作用等对材料的摩擦磨损特性的影响以及多场之间的耦合作用关系是研究的热点。

润滑是降低摩擦和磨损的主要技术途径。常用的润滑方式有流体润滑和固体润滑。流体润滑可以实现 10^{-3} 以下较低的摩擦系数，但不适合在真空、高温、空间等条件下使用。固体润滑在解决高精密、微尺寸、特殊工况条件下的润滑问题方面发挥了润滑油脂难以替代的作用，但与油脂润滑相比，常规固体润滑的摩擦系数（0.1）比油脂润滑要高出几十倍到上百倍。

流体润滑指利用流体压力让两相对运动表面脱离直接接触实现减摩抗磨。

根据润滑膜厚变化，流体润滑可分为边界润滑、薄膜润滑和弹性流体动力润滑。边界润滑膜与润滑油脂中添加剂的成分密切相关，发展原位观测技术和数学模型定量分析摩擦过程中边界膜的形成与演化是润滑研究的前沿课题。薄膜润滑具有润滑剂分子结构从边界膜到有序膜再到无规则排列变化的特征，其润滑失效机制、有序和无序膜在受限情况下的流变特性等基础问题还需深入研究。弹流润滑以黏性流体膜为特征，典型膜厚在 0.1 微米以上，自 20 世纪 40 年代建立弹性流体动压润滑理论以来，其理论体系趋于完备，并将向与表面界面相关的物理化学研究领域扩展。

固体润滑可分为薄膜/涂层润滑和块体自润滑。通过揭示固体润滑材料在摩擦或服役过程中发生的物理、化学、机械等演化规律及其失效机制，能够在理论上指导固体润滑的材料选择、结构组分设计、制备等。目前，固体润滑由初始的单一组分、单一结构、单一功能向多组分、纳米结构、多层结构、梯度结构、异质相（多相）、环境自适应等方向发展。

与电学中的"超导"相对应，机械系统中可能存在"超滑"或超低摩擦。在实验方面实现超低摩擦（摩擦系数低于 0.005）是近年来受到关注的热点研究方向。具有工程应用价值的超低摩擦研究主要集中于类金刚石（DLC）薄膜。美国 Argonne 国家实验室、法国里昂实验室等的研究结果发现，DLC 薄膜具有超润滑特性。在干燥惰性气体条件下 DLC 薄膜的摩擦系数在 $0.001\sim0.008$ 之间，在湿润的空气下薄膜的摩擦系数在 $0.06\sim0.20$ 之间。薄膜表面吸附的水分会对含氢类金刚石薄膜产生不利的影响。但对其超润滑机理的研究不够充分，还没有提出一个能被普遍接受的摩擦学机制。有机薄膜也可以达到超低摩擦，Chen 等报道在聚甲基丙烯酰-磷酸胆碱聚合物刷水溶液中，表面水合导致超润滑特性（摩擦系数低达 0.0004）。根据现有研究结果，普遍认同实现超滑通常需要超光滑的接触表面和弱表面相互作用。这些新的超低摩擦的研究成果目前还不够成熟，需要向实用化方向发展。

有机润滑薄膜目前仍然是解决 MEMS 的黏着和摩擦问题的首选途径，有机润滑薄膜的最大缺点是其耐磨性太差。此外，高温环境下的润滑也是难点之一，目前的研究热点在于气相润滑、异质异相金属间化合物、陶瓷基复合材料，以及固体润滑膜从室温到高温的结构和组分及摩擦磨损特性的演变机制。

密封件在各类机械设备中是一类看似简单、但是非常重要和复杂的基础零件。实验研究发现，良好的密封设计需要具备密封、润滑和泵送三重功能，这些功能与密封材料、结构的宏观设计以及接触面粗糙度等微观设计密切相关。先进的密封理论模型已能结合表面纹理和粗糙度分布的微观流体混合润滑理论和非对称密封压力分布特性解释密封、润滑和泵送的机制。此外，液体的表面张力、非牛顿流变特性以及高速旋转时的涡流效应对密封的影响也得到重视。但是，现有的密封理论模型还未达到能够比较精确预测密封性能的水平。另外，目前的理论分析模型多数针对稳态工况，对于非稳态工况下的密封特性和行为还无法描述。

(4) 生物医疗及仿生工程中的表面界面科学与摩擦学

生物摩擦学（bio-tribology）是1973年由Dowson等提出，研究内容主要包括生物器官摩擦学行为及摩擦学仿生等。它不仅涉及机械学、材料学、力学、物理学、化学等，而且涉及生物学、生物医学工程等，具有强烈的学科交叉性。

纵观国际生物摩擦学40多年的发展历程，主要的研究内容包括人工关节、牙齿、皮肤和摩擦学仿生等。早期的关节置换容易出现关节头嵌入关节腔导致髋臼软骨层破坏。近几年有三种材料出现在髋关节假体制造的前沿：高度交联的聚乙烯、金属对金属关节和陶瓷（如氧化铝）对陶瓷关节。近30年的临床经验显示，临床嵌入率与表面粗糙度密切相关，表面越光滑，嵌入率越低。另外，不同的表面改性技术如全方位离子注入等用于人工关节材料表面，其抗磨损性能得到不同程度的提高。同时，天然关节软骨、关节液的摩擦与润滑特性也是许多科技人员研究的对象。人工关节置换术经历40多年的发展和改进后其使用寿命已大大提高，但磨屑导致的无菌性松动仍然是人工关节假体中远期失效的主要原因。

仿生摩擦学主要研究仿生黏附与脱附、仿生减摩与增阻、仿生润滑、仿生耐磨以及仿生摩擦学结构表面和仿生摩擦学材料的加工制造技术和仿生摩擦学系统设计方法。例如，面向信息技术和生物工程技术的仿生减摩和仿生润滑，面向空间技术的仿生自润滑材料及技术系统，环境友好的仿生液体润滑剂和黏合剂，面向地面机械高效、绿色、节能应用的仿生综合技术，面向摩擦学仿生的表面涂层设计及加工技术、仿生复合材料设计及应用。

生物与仿生摩擦学是摩擦学领域内一个正在迅速发展的重要分支，充满着许多未知的规律和源头创新的机遇。

2. 发展趋势分析

基于上述国内外研究现状和存在问题的分析，结合我国中长期科技规划的目标，未来5~10年我国的机械表面界面科学和摩擦学的研究将呈现如下发展趋势：

(1) 机械系统节能延寿理论与技术的研究将进一步深化

摩擦能耗在一些机械系统的功耗中占有相当的比例，通过减摩可以取得可观的节能效果。研究大幅度降低摩擦系数的超低摩擦（超润滑）的新方法、新原理和新技术，无疑将促进节能技术的进步。同时，改善表面界面耐磨、耐腐、减阻和抗空蚀等性能的表面工程理论和技术研究也将推动机械系统工作寿命的延长。

(2) 绿色和环境友好问题的研究将得到重视

环境问题正在引起全世界的重视。研究绿色润滑剂和添加剂、水润滑及新型的微量或无油润滑方法，将减轻润滑过程对环境的污染；研究摩擦诱发的机械振动和噪声问题，有助于改善人类的工作和生活环境质量。

（3）生物与仿生研究将进一步发展

我国人口众多，生物医疗的市场需求增长迅速。研究解决人体软/硬组织、植入体的摩擦学问题和生物相容性问题，查明磨粒对人体的影响和作用，发展生物机械和仿生材料、结构和系统，具有广阔的发展空间。

（4）特殊工况下的机械表面界面科学研究将占据重要地位

随着我国一系列空间探测、核能、海洋开发等计划的实施，空间环境、强电磁场环境、强辐射环境、超高速、超高能量密度、高低温、微动、深海等特殊工况下机械表面界面效应将愈加突出，需要加强特殊工况下表面界面效应及其与系统耦合作用规律的研究。

（5）先进制造中的表面界面科学研究将快速发展

未来5~10年，我国的制造技术将向世界先进水平看齐，由制造大国转变为制造强国。纳米制造、高速高精加工、特种材料成型等先进制造中的尺寸效应、表面效应和界面效应等基础问题的研究将得到重视，并快速发展。

（6）涌现出新的机械表面界面的功能设计理论与制造方法

随着人类对表面界面科学认识的不断深入，结合先进的材料设计和加工的手段，未来将会涌现出具有特殊功能［如特殊的黏着与摩擦性能、超亲水（油）或超疏水（油）性能、电磁辐射防护功能、降噪功能以及可增强或产生特殊光电效应］表面的设计理论以及批量制造方法。

（三）研究前沿与重要科学问题

1945年诺贝尔物理奖获得者Pauli有句名言："上帝制造了固体，魔鬼制造了表面。"这句话形象地阐明了研究表面和界面行为比块体行为更困难、更复杂、更富有挑战性和魅力的哲理。1991年诺贝尔物理奖获得者、被誉为"当代牛顿"桂冠的de Gennes在其名著 *Soft Interfaces* 的第一章中，多次指出"界面是移动的、扩散的和活跃的"，同样强调和归纳了表面和界面行为的复杂性。1981年诺贝尔化学奖获得者Hoffmann在其名著 *Solids and Surfaces* 中特别强调了表面和界面科学是物理、化学以及工程科学等的交叉学科及其跨尺度特性。到目前为止，人类对表面界面现象的基本科学规律的认识和掌握还处于初级层次，与表面界面相关的科学和技术需要大力培育和发展。未来5~10年乃至更长时间内，该领域需要解决以下两个重要科学问题。

1. 机械表面界面效应及其跨尺度行为

当前，表面界面效应的国内外研究热点问题和主要挑战包括：①表面和界面是否存在真实结构？②分子间（表面）力在表界面行为中的作用如何？③多场耦合下表面和界面性质如何改变？④表面界面行为的跨尺度理论如何表征？如何进行跨尺度模拟？⑤表面和界面行为能否实现主动控制？等等。

分子间（表面）力的作用是表面和界面效应中必须考虑的因素。在微/纳尺度下，比较重要的分子间力有范德华力、克氏力、毛细力、亲/疏水力、静电力及水合力等，每一种力都有其作用条件和作用范围。虽然物理学中对分子间力的基本作用已建立起理论，并被不断精细的实验工作所验证，但是在复杂的工程条件下如何加以应用、推广和综合则是工程科学的基础问题。

液-固界面行为也非常复杂，比如，液-固界面的滑移机制，虽然对其已经开展了大量的实验、理论工作和跨尺度模拟，但仍然没有一个公认的物理机制和模型，影响滑移的因素包括表面亲/疏水性、表面粗糙度、纳米气层、双电层、近壁面流体黏度变化、液体分子形状及排列、剪切速率等，在未来相当长的时间里，仍是该领域的研究重点之一。

机械的表面界面效应涉及的研究尺度在 0.1 纳米至宏观范围，大致可分为电子—分子—连续体的三个模拟设计层次，跨越了纳米—微米—宏观尺度，属于典型的跨尺度问题的范畴。针对宏观尺度的研究往往基于连续介质理论，应用有限元方法或解析方法对机械结构的力学、热学、电磁学等特性进行分析优化，计算方法已相对成熟。在包含电子层次的研究方法上，以 Hartree-Fork 自洽场计算、密度泛函理论（DFT）为代表，可以精确地研究各种化学键力、静电力以及分子间作用力，从而为机械结构发生界面行为给出较为本质上的解释。但是这种包含电子行为计算的方法，由于其计算量巨大，多是用于研究相对较小的计算体系的基态行为。在处理原子-分子层次的体系时，分子动力学经验性近似了对电子行为的计算，在计算规模和速度上具有很大的优势，能给出表界面的原子运动和受力的细节以及动态演化过程。综上所述，综合考虑宏观和微观效应的跨尺度模拟手段亟待发展和提高，无论是在对传统意义上的机械表界面问题的机理探究上，还是在指导迅猛发展的微/纳机械设计及其表面效应的研究上，都将提供强有力的基础支撑。

2. 摩擦表面能量耗散机制与有效利用原理

摩擦磨损机制是典型的界面问题之一，跨越化学键（0.1～1 纳米）、原子分子相互作用（0.5～10 纳米）、晶格位错、裂纹扩展和材料损伤（纳米～微米）、弹塑性变形场（微米～厘米）乃至机械系统的宏观动力学（厘米～米），不但需要研究每个尺度下的物理机制，还需要研究不同尺度间的交互作用机制。该科学问题涉及以下一些基础问题：

1）摩擦的本源是什么？摩擦能是通过什么物理机制耗散的？摩擦力应如何

定量描述？

2) 磨屑生成的能量或力学条件是什么？如何描述磨粒和磨屑在摩擦界面的运动及其与表面间的相互作用？如何定量分析磨损产生和发展的动力学过程？磨损过程中磨损产物、表面层发生相变和化学反应的热力学机制是什么？

3) 润滑剂分子在纳米间隙的受限空间内和高压、高剪切条件下的分子结构、相态如何变化？润滑剂分子与表面间的物理和化学作用机制是什么？边界润滑膜的剪切强度与其分子结构的关系如何？分子膜的极限承载能力取决于什么？

4) 如何主动调控和有效利用摩擦能？能否利用仿生表面设计原理、具有自组织或自修复特性的界面设计原理、智能涂层以及外场主动控制的原理和方法调控表面界面性能？如何将摩擦能转变为其他有用的能量？

(四) 2011～2020年优先资助方向

随着我国经济的持续高速发展，特别是国家中长期科技发展计划已进入实施阶段，许多重大的工程建设项目、高技术项目和重大科学研究项目为机械的表面界面科学研究提出了众多新的挑战，也为该领域的发展提供了良好的机遇。未来5～10年内，我国在该领域的基础科学研究应更加紧密地结合国家重大需求，着力于解决长期以来制约我国机电产品国际竞争力的单元技术和基础技术问题以及共性科学问题，大力加强与生物、纳米、信息、航空航天技术的交叉融合，积极发展极端工况环境下的表面界面科学技术，使我国的机械表面界面科学和摩擦学研究的总体实力处于世界前列。为此，应重点规划和部署下列6个方向的研究。

1. 环境友好摩擦学

环境友好是机械工业适应国家和社会实现绿色可持续发展的要求，符合国家的重大需求。主要研究内容包括：

1) 摩擦系统宏观动力学模型与振动耦合特性研究；
2) 摩擦系统自激振动与摩擦尖叫噪声机理研究；
3) 环境友好纳米微粒润滑油脂添加剂研究；
4) 水基润滑及微量润滑的研究。

2. 超常（超低、超高、超稳）摩擦状态的原理、方法及关键技术

实现超低摩擦（或超滑）是人类的梦想之一，它对工业技术发展和节能减排具有重要意义。另外，随着现代机械机电一体化、超精密化和微型化的发展趋势，许多高新技术装置要求摩擦性能不随工况和环境条件的变化而波动；在摩擦自锁、驱动、制动、传动等应用场合，摩擦系数越高安全系数越高。主要

研究内容包括：

1) 超低摩擦产生所必备的固体表面界面物理、化学因素；
2) 超低摩擦过程中固体表面界面材料结构与性能的演化规律；
3) 超低摩擦能量损耗与模拟；
4) 表面几何特征与超低摩擦的相关性；
5) 摩擦界面的稳定性与鲁棒性；
6) 摩擦力和摩擦能有效利用的新原理、新方法。

3. 生物与仿生摩擦学

生物摩擦学是提高人类生命质量的关键前沿学科，其驱动力源于摩擦学同材料学、生物学、医学等学科交叉的创新需要以及科技造福人类的需求。随着人工器官的不断发展及其应用领域的迅速扩大，生物摩擦学已逐渐成为提高人工器官使用可靠性的关键技术支撑。具体的研究内容包括：

1) 人体天然硬/软组织及人体与外界环境之间的摩擦磨损行为、机制及防护研究；
2) 硬组织替换生物材料和内固定器械的生物摩擦学研究；
3) 心血管植入器械的生物摩擦学研究；
4) 生物摩擦学研究的新方法。

4. 特殊工况下的机械表面界面行为及控制

根据国家发展规划，航空航天、高速动车组、大飞机工程、先进汽车、轨道交通、绿色能源（风电、核电）、深海探测等高速交通工具和重大机械装备将快速发展，必然面临材料在诸如空间环境、强电磁场环境、强辐射环境、超高速、超高能量密度、高低温、微动、深海等特殊工况下的机械表面界面效应问题。主要研究内容有：

1) 空间环境条件下材料的表面物理、表面化学行为及其与摩擦磨损性能的关联性研究；
2) 高能量密度制动条件下表面层的形成与破坏机制及其与制动性能的关联性研究；
3) 载流条件、电磁环境下的表面界面行为；
4) 深海环境条件下机械的表面界面特性的研究；
5) 重载高速轨道交通轮轨异常磨损和黏着机制及控制方法的研究；
6) 重大工程关键紧配合部件复杂微动的界面间行为及防护措施研究。

5. 先进制造中的表面界面科学研究

在纳米制造、高速高精加工、特种材料成型等先进制造中涉及多层次、多方面的表面界面科学问题,包括纳米薄膜流变、纳米间隙控制、界面黏着行为以及材料转移等众多基础问题,对这些问题的研究会大大促进相关制造技术水平的发展。主要研究内容包括:

1) 超光滑平整表面制造中的表面界面问题;
2) 微/纳结构制造中的表面界面问题;
3) 微/纳结构键合与器件封装中的表面界面问题;
4) 微/纳颗粒组装和成型加工中的表面界面问题。

6. 机械表面界面的功能设计与制造

经过长期的自然进化,自然界很多生物表面获得了如超疏水、减黏、减阻、抗磨等功能表面,而这些功能的实现主要来自于其表面的特殊微/纳几何结构和材料。采用仿生原理,设计和制造新的机械功能表面,实现黏着与摩擦的自适应控制、超疏水、自清洁、电磁辐射防护、减震降噪以及产生奇异的光波、电磁波传播行为,从而赋予机械产品或装备高的附加价值,具有广阔的应用前景。主要研究内容包括:

1) 具有各向异性黏着与摩擦特性的功能表面设计制造原理及技术;
2) 超疏水表面与减阻表面的设计原理和制造技术;
3) 电磁辐射防护表面的设计与制造;
4) 吸声和降噪表面的设计与制造;
5) 光电功能表面与超介质表面的设计与制造。

六、生物制造与仿生制造科学

(一) 研究范围及内容

生物制造是指将生物技术融入制造过程,制造出可再现生物组织材料、结构特性及功能的人工装置;或将生物系统作为制造的执行载体,通过对生物制造过程的微观行为进行主动利用和调控,制造出生物系统在自律状态下不能产生的产品。仿生制造的原理是通过研究和模仿生物体的功能形成机制,设计和制造与生物模本具有类似特性的材料、结构、器件和装备,对生物运动执行系统、感知系统、控制系统、致动系统以及特殊功能结构等进行功能复制。

生物制造和仿生制造的研究范围包括:①生物体和类生物体制造,主要指人工生物组织、器官及其功能替代物制造;②以生物系统为执行载体的制造,其基本原理是以自然生物系统为制造工艺的执行主体,通过对生物制造系统的微观行为及其机电和理化作用过程进行主动利用和调控来实现产品制造,典型代表包括生物制药、微机械零件的生物成形和生物加工等；③仿生材料、结构和器件制造，其主要任务是研究和探明生物体的功能形成机制，生物系统的微观机电和理化特性与载体组织的交互作用机制，通过对生物体的材料、结构及其伴生的生物学过程特性进行一体化仿生，设计和制造高性能材料、结构和器件，再现生物系统的卓越功能和性能；④生物医学器件和装备制造，制造对象包括具有良好生物力学特性和生物相容性的植入式医疗器械、单分子传感器、分子马达、生物芯片、生机电一体化医疗装置等，其共同特点是可直接与生物体进行功能交互或集成，对生物系统的微观行为进行检测和调控，改变生物系统的功能。

生物制造和仿生制造在医学和装备制造工程中有十分重要的应用。采用生物制造技术制造的活性化人工组织和器官、分子尺度生物检测和调控装置、生命体和人工装置一体化医疗装备等可望为医学技术带来重要变革；基于仿生原理的能量转换器件、自修复功能材料和功能结构、高性能致动器、自律控制器等可为能源、运载、航天等重大领域的装备设计和制造提供新的科学原理。从技术发展趋势来看，这一切都可望在未来10~20年内成为现实。生物制造与仿生制造的特点主要体现在两个方面：一是使制造对象的材料结构、机械和理化特性、功能和性能等具有类生物特征；二是将生物技术融入制造过程，譬如将受控的生物行为集成到制造系统中。上述特点使得制造的原理、技术和目标得到延伸，也为制造科学研究提出了新的任务。要实现生物制造与仿生制造技术的突破，需要探明生物体功能的形成机制，自然生物系统制造过程的自律行为及其调控机制，并通过制造科学、生物技术和材料、化学、纳米科学等的交叉研究，发掘新的制造原理、创立新的制造工艺、架构新的制造系统。

生物制造是20世纪末发展起来的交叉学科，而仿生学原理在人类制造业文明的早期就被应用于工具制造。但随着生物科学和制造技术的进步，如今的仿生制造已从早期的宏观仿形发展到对生物系统的材料、结构和生物学特性的一体化仿生，应用也从工具和装备制造拓展到医学领域，这大大拉近了仿生制造与生物制造的距离，并使仿生制造逐渐回归其科学本质。未来的仿生制造和生物制造将融为一体，究其科学本质，其共性问题是"生物系统的功能形成机制、制造再现技术和精确调控方法"，研究范围和重点研究内容如图3-20所示。

（二）研究现状与发展趋势

1. 生物体和类生物体制造

生物体和类生物体制造是20世纪迅速崛起的新兴制造技术，刺激该技术发展的主要动力是现代医学工程的需求。随着组织和器官移植手术的广泛应用，供体短缺的矛盾也日趋严重。采用人工方法在体外完成生物组织、器官或替代

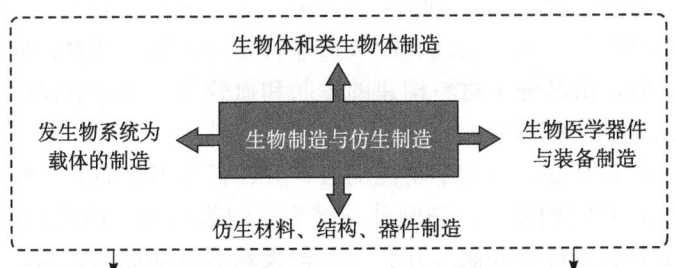

图 3-20 研究范围、科学问题与重点研究方向

医学装置的制造，成为科学研究的一项重要任务。

生物体和类生物体制造经历了"结构性生物组织→多功能复杂器官"、"机械式替代装置→半机械半生物性替代装置"的发展历程，如今正在向全生物性活体组织制造方向发展。早期的生物制造技术主要针对细胞组成、结构和功能相对简单的结构性生物组织，如人工骨和人工肌肉等，且产品多为全机械式，制造主要采用机械和化学工艺，其生物相容性通过生物摩擦学设计、表面局部活性化设计和处理等技术来予以保障。时至今日，结构性生物组织的体外再造技术已取得长足发展，机械和半机械式人工假体逐渐成为比较成熟的技术，并在临床医学领域得到成功应用。

自 20 世纪末开始，生物制造的对象逐渐向多功能复杂器官延伸。美国科学家研制了世界上首个植入式人工心脏，并创造了病人依靠人工心脏生存 620 天的世界纪录。近20年来，生物制造研究不断深入，迄今为止已有超过50个品种的人工器官产品用于临床。但现有的人造器官多为机械性装置，如心室辅助装置和全人工心脏，由高分子材料构建的皮肤和血管等，其功能仅限于再现天然器官的宏观机械特性和部分理化特性，生物相容性差，仅能作为一种过渡性替代医疗装置。而具有复杂生物学功能的心、肝、肾等器官的人工构建不同于结构性组织制造，其结构复杂，细胞种类繁多，细胞和组织的调控机理不明确，如何采用人工方法实现体外制造并获得类似天然器官功能的表达，与分子与细胞层次的操控和组装有密切联系，涉及更深层次的生命科学与制造科学问题，是生物制造研究的长期任务。近年来，离散-堆积成形原理的提出大大拉近了制造科学与生命科学的距离。离散-堆积原理的核心是宏观-介观-微观不同尺度上的受控组装，即宏观尺度上的生物材料微滴组装、介观尺度上的细胞组装和微观尺度上的分子组装。基于离散-堆积原理的三维受控组装是当今生物制造领域的前沿科学技术，如种类繁多的细胞精确三维排布，不同基因组在不同时间、不同位置表达的诱导等，它为生物性和半生物性复杂器官的人工制造打开了技术之门。据科学家预测，人类有望在2020年前后阐明全功能内脏器官的人工制造机制，在2030年前后掌握植入式细胞功能修复装置、植入式记忆芯片等的制造技术，实现人工装置和生命体在分子和细胞尺度下的功能交互和集成（图3-21）。

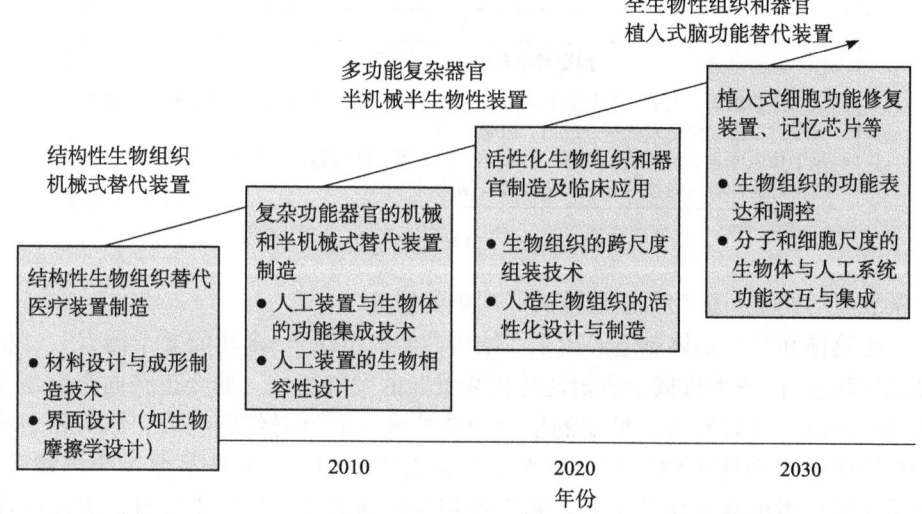

图3-21　生物组织、器官制造和替代物制造技术发展路线图

21世纪被称为生物技术的时代，生物制造已成为当今制造业科技竞争的焦点之一。美国在《2020年制造技术的挑战》中将生物制造列为11个主要发展方向之一。欧盟委员会在《制造业的未来：2015～2020》战略报告中也提出重点

发展生物材料、仿生材料和人工假体制造技术，并将生物技术列为支撑制造业未来发展的四大科学技术之一。自20世纪90年代起，我国各类科技计划对生物制造科学研究给予了重点支持，在人工骨及活性化界面、导电性聚合物人工肌肉、组织工程皮肤和气管等结构性生物组织制造方面取得了重要进展，部分研究成果已在医学修复中得到临床应用。此外，细胞直接三维受控组装技术和血管组织工程研究在国内亦已起步，为复杂器官如心脏、肝脏、肾脏等的制造积累了前期基础。但总的来看，尽管在人工骨关节等少数方向的基础研究及工程化技术方面实现了与国际先进水平的同步发展，我国的生物制造研究与国际水平仍有较大差距。

2. 以生物系统为载体的制造

制造是广泛存在于生物系统中的一种自然行为。生物体的自我复制、生长成形、生物连接成形、分子的聚合自组装、无机材料的生物腐蚀、有机材料的生物溶解和降解等都是以生物系统为工艺执行主体的制造形式。它有别于物理形式的制造工艺（铸、锻、焊、切削、磨削、高能束加工等）和化学形式的制造工艺（电铸、电镀、光刻、刻蚀、电化学加工等）。以生物系统为载体的制造不仅可以实现与物理、化学工艺相同的成形、去除加工和连接装配等基本功能，还具有复制成形、自组装、生长连接等类生物特性。生物制造得到的几何单体、亚结构形状、群体布局和微/纳尺度特征是传统的物理、化学加工方法难以实现的，且在成形效率、加工能耗等方面具有特有的优势。

自20世纪90年代起，国内外开始探索以受控生物系统为工艺执行载体的制造技术，旨在研究和发现生物系统制造过程的微观行为，通过对生物制造过程的主动利用和调控，发展新的制造原理。我国学者尝试用氧化亚铁硫杆菌加工纯铜零件，利用生物加工方法制作了纯铜微齿轮与微沟槽零件，并在此基础上进一步研究了生物加工纯铜的动力学与热力学机制。美国科学家从降低印刷线路板铜箔刻蚀的环境污染为目标，利用生物加工纯铜离子循环基本理论，通过生物加工方法循环利用刻蚀液，显著降低庞大电路板产业的环境污染。目前，生物约束成形、生物连接成形、生物复制成形、生物生长成形、生物去除加工等技术已有显著进展，但总体来看，目前该领域的研究还处在机理分析和工艺原理实验阶段，其工程化应用仍有许多的基本科学和技术问题需要解决，这也为未来的制造科学研究提出了新的任务。

3. 仿生材料、结构和器件制造

仿生制造是与人类的制造业文明相伴而生的科学技术，其核心思想是构造人工系统，对生物体的功能和性能进行复制。仿生制造的早期研究主要集中在生物系统的宏观仿形设计,如仿生工具、仿生机器人等,美国科学家研制的仿生机器人"Big Dog"将该技术推向了前所未有的水平。

随着人们对生物体功能形成机理及其形态学、材料学、机械学基础的认识不断深入,自20世纪80年代起仿生制造逐渐从早期的宏观仿形向材料、结构、性能一体化仿生及跨尺度和多元耦合仿生方向发展,并催生了一批重要的科学技术成果,如基于生物体损伤自愈合原理的仿生机敏材料、用活细菌建造的纳米电路和纳米机械、仿生表面功能结构、仿生肌肉、仿生检测装置等。仿生制造技术在能源、运载、航空航天及武器装备中有重要的应用。以运载和武器装备为例,采用仿生技术设计和制造表面功能结构可大幅度降低其在介质中的摩擦阻力,降低燃料消耗,并可解决导弹大攻角航行时的偏航力矩、潜射导弹出水空泡等技术难题。1982年,科学家通过对鲨鱼皮的减阻功能结构进行仿生,在15米/秒流速条件下获得了6%的最高实验减阻率,1993年这一记录被提高到12%。我国科学家对鱼鳞和荷叶表面结构进行分析,并通过对鱼鳞的一阶形貌、荷叶的二阶形貌进行综合仿生,在21米/秒水流速度下获得了28%的最高实验减阻率。此外,仿生表面结构还可应用于装备的隐身、降噪和自洁功能设计。值得一提的是,我国学者在国际上率先开展了地面机械脱土减阻仿生研究,提出了非光滑仿生、材料仿生、电渗仿生、柔性仿生及其综合仿生的脱附减阻仿生原理,开拓了仿生表面功能结构研究的新方向。

近年来,生命科学研究正在逐步揭示与生物系统相伴的机电和理化过程的微观特性,如生物系统的信息、能量传递和转换机理及其与载体组织的相互作用机制,细胞组织之间的功能交互特性等,为仿生研究提供了新的科学基础。对生物系统的材料、结构及生物学过程的微观机电和理化行为进行一体化仿生已成为仿生制造的发展方向。利用该原理可以制造高性能感知器、致动器等仿生器件,且制造的产品可更好地再现生物模本的特性和功能,并可方便地与自然生物系统集成。美国科学家依据该原理研制了一种微小人工视网膜,它可通过植入式电极附着在天然视网膜上,并仿造生物系统的视觉编码原理将感知信息转换成电信号刺激视网膜细胞,通过视神经传递给大脑来恢复患者的部分视觉功能。基于仿生学原理制造的人工耳蜗"号角CⅡ"已开始向患有深度听力丧失的成年人移植,它采用新的语言数据处理方式,通过电流刺激神经末梢将声音信息传入植入的耳蜗,可以再现耳朵受损部分的功能并可直接完成对听觉神经的刺激。上述研究给盲人和失聪患者带来了重见光明和重新走入有声世界的希望。众所周知,早期的人工肌肉多基于机械致动原理或智能材料,而目前最先进仿生人工肌肉采用碳纳米管制作,不但能复现肌肉的各种动作,而且具有与生物模本类似的自我修复功能,还可以在运动收缩过程中产生电力。它采用碳纳米管作为电极,当某个碳纳米管区域失效时,其周围的区域会变为绝缘而自行闭合,以防止故障波及其他区域。该人工肌肉在通电后能膨胀200%,在伸缩过程中碳纳米管会重新排列并产生电流,用作下次伸缩的启动能量或者存储起来。这种人造肌肉伸缩性已能和人的肌肉相媲美,且伸缩性由材料自身性能决定,体积小、重量轻。这种人造肌肉将可望被用来捕获风和海浪中的机械能,为新能源装备制造提供换能器,且在仿生机器人、假肢以及人工器官的致动装置制造中也有重要的潜在应用。上述研究工作大幅度拉近了仿生制造与生物制造的距离,使仿生制造逐渐回归其科学本质。

在仿生制造方面最具前沿性的研究工作是被称为"人工脑"的科学实验。该实验利用老鼠脑神经细胞创造了一个活的大脑,可以完成拟实环境下的飞机驾驶。科学家把老鼠脑神经细胞分离到培养皿里,并利用电极阵列纪录和刺激神经活动,通过向培养皿里输入高频脉冲电流来激励神经细胞活动并加强细胞之间的联系,促进它们做出正确判断。实验表明,经过几分钟的训练,人工大脑便可独立操作飞机,它依靠模拟器传回的反馈信号向飞机控制装置发出指令。但15分钟过后,神经细胞就不记得如何驾驶飞机了,下次实验前必须重新训练。该研究直接开发生物神经系统本身,为创造混合式计算机奠定了基础。世界各国的电子专家、生物学家、神经学专家都试图研制出可以和人脑媲美的人工脑或神经网络。这项研究在该领域中迈出了关键一步。

随着科学的发展和进步,仿生制造研究将促进制造科学与生物技术更深层次的融合。对生物体的跨尺度结构、微观生物学特性和宏观机械性能进行一体化仿已成为亟待解决的问题,对于生物智能和生物神经网络的仿生也逐渐成为未来的技术发展方向(图3-22)。

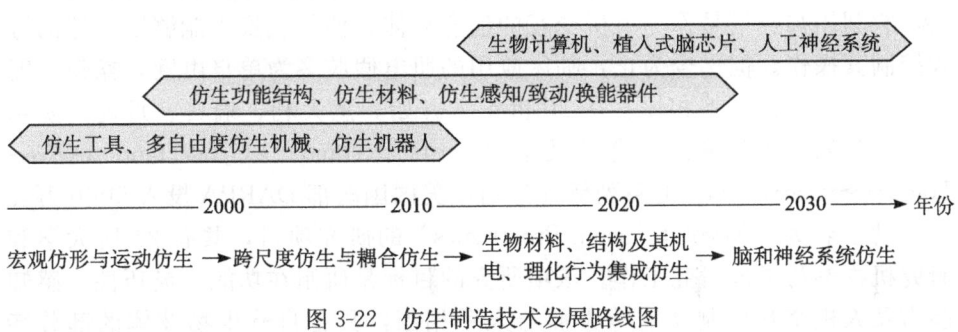

图3-22 仿生制造技术发展路线图

4. 生物医学器件和装备制造

生物医学器件和装备包含的内容十分广泛,包括植入式医疗装置、医学诊疗装备、外科手术机器人和手术器械、康复辅助装备等。在过去30年中生物医学器件和装备制造技术取得了长足的进步。以手术器械为例,自20世纪80年代起经历了"内窥镜→腹腔镜→手术机器人"的发展历程,至2000年Da Vinci

外科手术机器人系统问世，以及力觉临场感、虚拟现实增强和人造视野合成等技术的相继应用，将外科手术推向了前所未有的水平。

在生物医学器械和装备中，单分子传感器、分子马达、生物芯片、生机电一体化医疗装置等尤其引人注目。这类装置的特点是具有部分类生物体特征和良好的生物相容性，并可直接集成到生物体中，作为生物系统的一个功能单元，或对生物系统的微观行为进行检测和调控。如单分子传感器可用来检测DNA、蛋白质分子和抗原-抗体反应等，分子马达则可使生物分子结构、构型或构像以可控的方式变化。对于此类器件和装置的制造技术国际上已获重要研究进展，如美国科学家研制的纳米探针，可传导氦-镉激光，其尖部贴有可识别和结合BPT的单克隆抗体。激光激发抗体和BPT复合物产生荧光，通过探针光纤传送并由光探测器接收，可用于探测和监控活体细胞的蛋白质和其他所感兴趣的生物化学物质。康奈尔大学研制了一种可以进入人体细胞的纳米机电设备，它包括两个金属推进器和一个金属杆，由生物分子组件将人体生物燃料ATP转化为机械能量，使得金属推进器运转。该技术目前还处于初期研究阶段，但将来完全有望完成在人体细胞内发放药物等医疗任务。

生机电一体化医疗装置通过机电装置与生物体的集成，使生物系统的功能得到延伸，或对生物体的受损功能单元进行替代和修复，如现代医学工程中广泛应用的肌电假肢、心脏起搏器等。在生机电一体化系统中，机电装置和生物体并非以简单的机械方式进行集成和交互，其接口设计基于生物学原理，这是其有别于其他生物医学装置的主要特点。假肢是最具代表性的生机电一体化医学装置之一，20世纪40年代世界上首个肌电控制假肢在德国问世，它利用神经信号作为人机交互的信息载体，使得残疾人能够以自然的方式控制其操作。但迄今为止，临床应用的肌电假肢多为单自由度，操作功能远不能和其生物原型相比。从20世纪末开始，意大利、瑞典、丹麦、爱尔兰、以色列、冰岛等国联合开展了"Artificial Hand→CyberHand→FreeHand→SmartHand"的系列研究计划，美国国防部DARPA投入5000万美元启动了名为"Revolutionizing Prosthetics"的研究项目，共有21所大学和研究机构参与了该研究工作。该项研究的目标是研制在功能、灵巧性、感知能力及人机交互控制功能等方面与人手相当，具备自然生物肢体的部分特性，并可在短期内投入临床应用的假肢。假肢为生机电一体化技术发展提供了重要的研究载体，推动了生物信号测量、处理、生机接口等技术及相关基础科学研究的进步。科学家预测，肌肉功能电刺激系统、植入式人工视觉系统、人工听觉系统等更先进的生物机电一体化装置也可望在不远的将来投入医学应用。

生机接口是生机电一体化系统的重要单元，其主要功能是实现生物体与机电装置的交互与集成。常用的生机接口包括脑机接口、神经控制接口、肌电控制接口等。在脑机接口方面最早的研究工作可追溯到1924年,德国神经生理学家 Hans Berger 开展了脑电信号的测量和分析实验,这一工作使人们意识到,人类可以利用脑电信号,通过某种人造的"接口"对外部环境或装置进行控制。1973年,美国科学家 Vidal 在论文 Toward direct brain-computer communication 中首次提出脑机接口(brain computer interface,BCI)的概念。此后世界各国的研究机构相继开展了 BCI 控制的机器人、计算机、语音系统和机器动物、BCI 控制功能电刺激等科学实验。此外,科学家还在积极尝试与单个神经细胞及细胞网络直接交互的 BCI 技术和装置,这一工作开辟了神经电子学和神经芯片技术这一新的科学领域,并有望推动复杂问题的生物求解网络、生物计算机和神经操作控制等技术的发展和应用。经过近十年的发展,世界上最先进的 BCI 传输率已从2000年前后的25比特/分钟提高到目前的70~90比特/分钟,但与工程应用的需求相比仍有较大距离。科学对脑机接口有很多期待:或许在不远的将来,人类有能力研制出"通往大脑的 USB 接口",使得外部机电装置可以通过这样的接口方便地实现与人脑的功能集成。但要实现这一目标,需要进一步加强认知神经科学研究,探明生物体的信息编码机制,发展新的人机交互模式,突破生物体与机电装置的集成技术。生机电一体化技术发展趋势如图3-23所示。

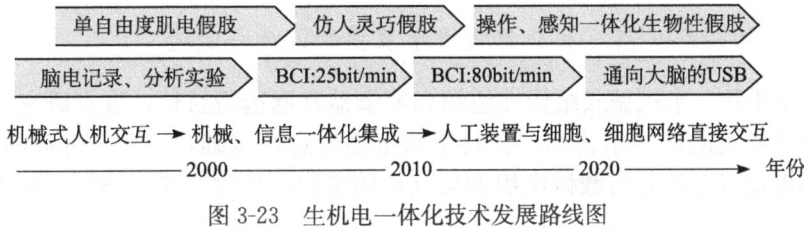

图3-23 生机电一体化技术发展路线图

(三)研究前沿与重要科学问题

生物体和类生物体制造经历了"结构性生物组织→多功能复杂器官"、"机械式替代装置→半机械半生物性替代装置"的发展历程,如今正在向全生物性活体组织制造方向发展。在未来的10~20年中,生物制造的前沿科学问题包括:具有全生物特性的结构性生物组织和生物材料制造方法,全功能内脏器官的人工制造机理,替代医学装置的机械、理化特性及其与生物系统宏/微观行为的相容性设计,分子和细胞尺度下人工装置和生命体的交互和集成技术,以及人机一体化设计制造原理。

仿生制造经历了宏观仿形和结构仿生的发展历程,目前已上升到对生物系统的材料、结构及生物过程的微观机电和理化特性进行一体化集成仿生的阶段，其目标从早期的单功能模仿发展为生物模本的综合功能特性再现，应用也从工具和机械装备制造拓展到生物医学领域，制造方法越来越多地应用生物技术。探明生物系统的机械、力学、电气和理化作用过程的微观特性及其与载体组织的交互作用机制，通过制造科学与生物技术的交叉研究，发展新的制造原理，实现生物系统微观组织结构、宏观功能特性及其相互作用的生物学过程的综合再现，已成为仿生制造研究的前沿方向。

如前所述，仿生制造的对象已从工业装备扩展到医学替代装置，这使得仿生制造逐渐回归其科学本质，且大幅度拉近了其与生物制造的距离。随着技术的进步和发展，仿生制造和生物制造的交叉将越来越密切，最终将融为一体。究其本质，其共性科学问题是：生物系统的功能形成机制、制造再现技术和精确调控方法。

仿生制造和生物制造的核心科学内涵包括生物系统的功能形成机制、数字表征及其制造再现的形态学、材料学、机械学、生物学和信息学基础；生物制造系统的调控机制与受控生物成形和生物加工原理；生物系统的材料、结构及微观生物过程的机电、理化特性一体化仿生和耦合仿生原理。

(四) 2011～2020 年优先资助方向

1. 生物组织、器官及其替代医学装置的设计与制造

以半生物、半机械式结构性组织和复杂器官制造为目标，重点研究组织和器官功能形成的形态结构学、材料学和生物信息学基础，生物学过程的机电、力学和理化特性及其与载体组织的交互作用机制，生物组织和器官的材料、结构、功能一体化制造及其与自然生物系统的集成，跨尺度三维受控组装原理和技术；开展植入式细胞调控装置和生物神经网络的前期探索。研究内容包括：

1) 生物体功能形成的结构学、材料学机制及其与伴生机电、理化过程的交互作用机制；
2) 生物材料和半生物材料的制造原理和方法；
3) 人工组织的生物相容性、适应性设计以及活性化界面制造；
4) 复杂器官的材料、结构及机电和理化特性一体化设计与多功能耦合设计；
5) 跨尺度三维受控组装技术及其装备设计原理；
6) 植入式细胞功能修复装置、记忆芯片制造的科学基础。

2. 机械零件的生物成形与生物去除加工原理

重点研究生物制造系统的自律特性与外场调控机制，以受控生物系统为执

行主体的成形和去除加工原理、工艺和系统，机械零件的生物制造技术、工程化实现及相关的基础科学问题。包括：

1）生物制造过程的微观自律行为及其与宏观外场的交互作用特性；
2）生物制造过程的调控机制与方法；
3）生物成形和生物去除加工原理；
4）微/纳尺度结构和特征的生物制造工艺；
5）机械-化学-生物制造工艺集成技术、混合制造系统及其工程化实现。

3. 生物医学器件与装备制造

重点研究具有部分类生物特性，可与生物体交互或集成的生物医学器件和装置设计原理和制造工艺，如植入式细胞检测和调控装置、生物芯片、生机电一体化医疗器械和装置。研究内容包括：

1）医疗器械及其作用界面的机械力学特性和生物学特性设计；
2）单分子传感器、分子马达、生物芯片等的制造原理与使用技术；
3）生物信息的编码特性与解码原理；
4）人机交互感知与人机交互控制；
5）生物系统与机电装置的功能匹配与耦合设计；
6）生机电一体化系统与生机接口的设计与制造；
7）微创手术机器人的力、触觉临场感及基于力、触觉反馈的人机交互技术。

4. 仿生功能结构制造

以生物体的特殊功能结构仿生为目标，研究生物系统的功能相似特性，数字表征及数字特征的制造再现方法，生物体特殊功能结构的跨尺度仿生，多元耦合仿生以及材料、结构、功能一体化仿生设计与制造原理。研究内容包括：

1）生物体结构的功能形成机制、特征规律及其数字表征；
2）生物体结构的多尺度耦合和生物耦合机制、跨尺度和多元耦合仿生原理；
3）性能约束的仿生结构设计；
4）仿生功能结构的材料、跨尺度结构一体化制造；
5）特殊功能表面结构（减阻、吸附、脱附、降噪、隐身等）的设计和制造；
6）特殊介质环境下（太空、月壤等）的机械装备仿生设计原理。

5. 仿生感知、致动、控制原理与仿生器件的设计与制造

重点研究生物系统的微观机电和理化特性及其与载体组织的动态交互作用机制，生物致动、感知、控制系统的能量和信号转换机理及其仿生设计方法，面向医学和装备制造工程的高性能仿生材料和器件的设计制造原理，包括：

1）生物系统的信息、能量传递和转换机理及其与载体组织的交互作用特性；

2）生物体的材料、结构及其与伴生机械和理化过程的一体化仿生原理；

3）生物组织的自修复机制及其仿生；

4）面向医学应用的仿生材料、仿生感知器（视觉、听觉、机械信号感知器）和致动器（人工肌肉、人工器官的致动装置）设计及其与生物体的集成；

5）面向新能源装备的高效仿生换能器设计原理；

6）仿生脑和仿生神经网络的基础科学问题研究。

七、高性能精确成形制造科学

（一）研究范围及内容

成形制造是在力场、温度场或多能场耦合作用下，改变材料的形状与尺寸，同时又控制甚至改善零件最终使用性能的技术总称。主要包括凝固成形、塑性成形、焊接成形和热处理等。成形制造是材料质量不变或增加的成形过程，更是零构件成形成性一体化，涉及多学科交叉融合、高度非线性的物理过程。通过创造合适的成形方式与成形条件，成形制造技术不仅能赋予零构件近净的甚至精确的复杂形状与尺寸，而且能赋予其高性能，从而发展成为高性能精确成形制造技术。高性能精确成形制造，能通过成形过程使得零构件宏观性能在坯料性能基础上得到提高（或者使原有微观组织也得到改善），这不仅可使零构件更好地发挥效能并延长寿命，而且还可减少材料用量以达到轻量化的目的。因此，高性能精确成形制造技术是少无废料产生、绿色、节约型的轻量化零构件制造技术，也是技术密集、知识密集和高增值的制造技术，在节能减排乃至发展低碳经济、建设创新型国家等方面将都发挥关键的不可替代作用。高性能精确成形制造技术是先进制造技术发展的重要方向，是支撑国民经济可持续发展与国防建设的主要技术之一，其能力、技术水平和技术经济指标已经成为衡量一个国家的制造技术与工业发展水平以及重大、核心关键技术装备自主创新能力的主要标志之一。航空航天装备制造是最具前沿引领性与产业带动性的国家战略性产业，是国家综合实力的重要体现；汽车制造涉及的技术密集、产业关联度高、规模效益明显。未来20年是我国航空航天、汽车等高端制造业发展的战略机遇期，需要先进成形制造技术的全面提升与支撑。我国正在实施的国家与国防中长期科技发展规划以及"大型飞机"、"载人航天与探月工程"及"高档数控机床与基础制造装备"等一系列科技重大专项与重大工程，对先进成形制造技术都有迫切而重大的需求，迫切要求先进成形制造零件朝着高性能、轻量化、高精度、低成本、高效、节能和环境友好的方向发展。上述客观作用、重大需求与学科发展前沿使得先进成形制造研究总体发展趋势汇聚在高性能精确成形制造这个焦点上。发展高性能精确成形制造技术依赖于高性能精确成形制造科学发展的强有力支撑，其主要代表性内容包括以下方面。

1. 高性能凝固精确成形

主要包括钢铁材料、轻合金（铝、镁、钛）等大型/复杂件凝固成形过程中组织演化机制，以及性能、尺寸精度与表面质量的控制技术，包括多能场作用下凝固成形、高性能致密金属零件激光成形、定向与单晶精确凝固成形、压力下凝固精确成形与高分子和复合材料等构件的先进成形等。

2. 轻质高强板材复杂件精确成形

主要包括轻质高强钢、铝合金、钛合金等板材刚性模具整体冲压成形、柔性增量成形（液压/伺服、多点、单点、旋压等）与基于管坯的内高压成形和多约束成形等过程所涉及的材料本构关系，起皱、开裂等缺陷形成机制，加载路径与应力应变场，成形极限与回弹预测，热成形多场耦合材料组织性能演变与工艺过程控制技术基础等。

3. 高效高性能精确体积成形

主要包括在力场与温度场耦合作用下体积坯料整体加载成形（精密模锻、等温精锻、多向模锻、挤压等）与局部加载成形（楔横轧、辊锻、辗环、摆辗等）形状变化、微观组织与宏观性能变化的关系，发展高效、精确、节能、环境友好的成形制造理论及技术。

4. 超常条件下焊接与高效焊接

主要包括高效焊接新方法、新材料及异种材料的连接机制，特种环境下焊接、大型复杂结构焊接、微细结构焊接，以及焊接过程传感与质量控制理论与方法等。

5. 特大型构件成形成性一体化制造

主要包括多因素、多场耦合下特大型高性能构件的铸、锻、焊成形与热处理，高效高性能成形成性一体化质量控制理论与技术，特大型构件局部加载等温整体成形、分段组合成形制造，预制坯成形与缺陷抑制及淬火智能控制等。

6. 低成本批量微成形

主要包括介观尺度下可控批量化微成形规律（成形零件的两个维度特征尺

寸为100~1000微米、尺寸精度为0.1~1微米、表面精度在纳米级)、介观尺度下微成形新工艺以及面向介观尺度特征的检测方法等成形制造技术基础。

7. 高性能精确成形过程的建模仿真与优化

主要包括凝固、塑性成形、焊接、热处理过程及特大型构件多场耦合、成形成性全过程、多尺度的建模、仿真与优化，发展数字化与智能化的高性能精确成形技术等。

该领域主要研究内容之间的关系如图3-24所示。

(二) 研究现状与发展趋势

目前，90%以上的各种零部件在其制造过程中都经历了凝固过程，全世界钢材的75%要进行塑性加工，65%的钢材要用焊接才得以成形。我国2008年的钢产量已超过了5亿吨，2009年汽车的产量已超过1300万辆，稳居世界第一，我国已成为成形制造业第一大国。成形制造技术是支撑国民经济发展与国防建设的主要技术之一，而高性能精确成形制造的能力、技术水平和技术经济指标已经成为衡量一个国家的制造技术与工业发展水平以及重大、核心关键技术装备自主创新能力的主要标志之一。高性能成形制造技术在零部件轻量化制造、节能减排，乃至发展低碳经济、建设创新型国家方面都发挥着关键的不可替代的作用，将为我国航空航天工业、汽车工业、重大装备制造工业、兵器工业、能源工业、造船工业、信息工业的发展做出新的更大的贡献。未来20年是我国高端制造业发展的战略机遇期，需要高性能精确成形制造技术与科学的全面提升与支撑。但我国存在的一个突出矛盾是高性能精确成形制造科学与技术是重要而又基础薄弱的领域，致使自主创新能力不强。而世界工业发达国家都非常注重这一领域的科学研究与技术开发，其研究现状与发展趋势如下。

1. 高性能凝固精确成形

我国对凝固精确成形与高性能控制基础研究还不够系统深入，致使我国铸造技术和铸造机械的发展水平与国外相比有很大的差距，特别是铸件尺寸精度和机械性能低，表面质量与内部质量稳定性差，制约了我国能源及战略方面的发展。

风力及水力等清洁能源的开发和利用已成为我国十分紧迫的任务，但目前我国对所需要的大型叶轮铸件凝固的成分偏析、组织构成及分布规律研究不够深刻细致，致使其使用性能和寿命难以得到保证。高温合金单晶叶片是高推重比航空发动机的关键部件之一，对研制大飞机和高推重比（>15）的新一代战

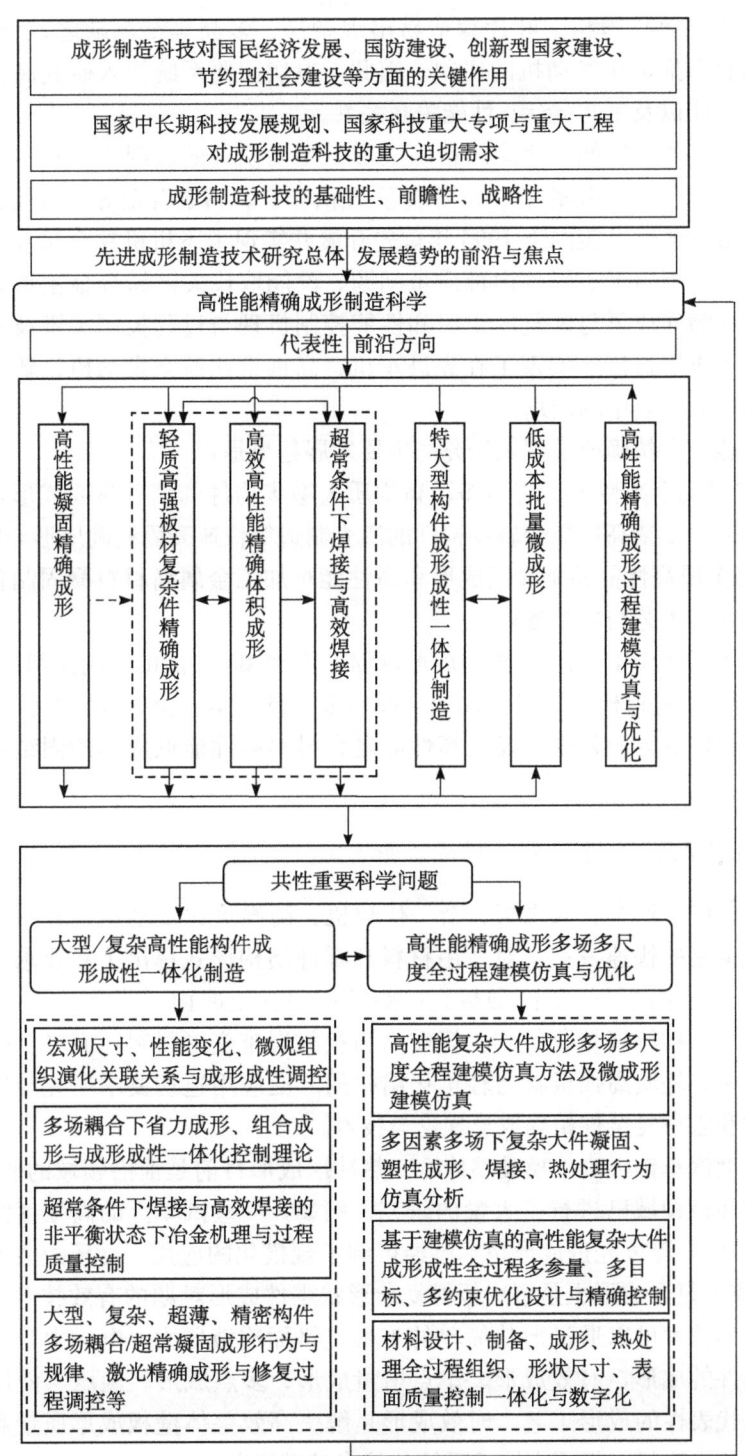

图 3-24 高性能凝固精确成形领域主要研究内容之间的关系

机至关重要。而我国相关叶片铸造易出现杂晶、多晶等结晶缺陷，合格率低，严重制约着高推重比发动机的研制。因此，迫切需要系统深入研究高性能凝固精确成形规律以及工艺-组织-性能关联关系。

基于激光的高性能快速凝固精确成形不受工模具的可制造性及零件空间可达性的制约，可直接由零件CAD模型实现钛合金、高温合金等高性能整体构件的精确成形和成性。美国于1995年首先开展并实现了飞机机翼全尺寸钛合金构件激光成形，但由于成形件内部质量问题，没能取代关键钛合金主承力结构锻件。我国在激光成形与修复的组织和性能控制机理与过程控制关键技术等研究方面取得了重要进展，实现了在先进军机、高推重比航空发动机、新型超音速飞行器和口腔修复中的应用。

高性能凝固精确成形领域研究的主要发展趋势是：

1）多能场下高性能、高洁净、高均质大型零构件的精确凝固成形，钛合金等大型整体、复杂高性能金属零构件的激光制造等快速凝固精确成形与修复；

2）轻金属高性能精确凝固成形和高性能难加工金属新材料凝固制备与精确成形一体化新工艺与新装备；

3）高温合金定向及单晶凝固成形过程工艺-组织-性能的精确控制；

4）高分子材料构件成形向高效、高性能、低成本、全回收、零排放、多尺度关联建模仿真方向发展，发展高性能复合材料高性能低成本的固结与成形制造技术。

2. 轻质高强板材复杂件精确成形

随着节能型汽车、大飞机、新一代战机、高推重比发动机、大型运载火箭和长寿命卫星的快速发展，对所用材料和零件结构形式提出了新要求，要求使用高比强、高比模的轻质高强板材，要求使用复杂曲面、薄壁、空心变截面、整体和带筋结构等轻量化结构。轻质高强板材属难变形材料，而轻量化结构属难成形结构。轻质高强板材与轻量化结构的广泛应用迫切要求研究与发展轻质高强板材和管材复杂件精确成形理论与技术。

高强度汽车钢板刚性模具整体冷、热冲压成形目前是前沿领域的研究热点，发达国家在该领域已进行了大量的研究，例如，一些汽车上的高强度钢板防撞件采用热冲压-淬火先进成形技术已经得到了规模化的应用。变压边力冲压、伺服/液压成形复合成形也是解决板材复杂形状零件成形难题的有效技术。柔性模具增量成形技术可以通过形状简单的工具包络面或液压力、电磁力来实现复杂三维曲面件的成形，时效成形、单点增量成形、多点成形、旋压与液压成形是其中具有代表性的成形工艺。时效成形是解决高效整体壁板成形质量和使用寿命的有效技术途径，但国内缺乏系统的技术基础研究。

基于管坯的复杂件精确成形技术已经成为精确成形制造薄壁复杂件的重要先进技术。基于管坯的内高压成形是实现封闭空心截面零件成形制造的主流技术，欧美发达国家系统研究了其成形缺陷与加载路径的关系、成形区间与成形极限等基础问题，并在汽车工业广泛应用。铝合金大口径薄壁小弯曲半径弯管与钛合金弯管是在大飞机、先进军机和发动机上有广泛应用价值的关键薄壁轻量化构件和"血管"件，多约束下数控弯曲则是实现其精确成形的主流先进技术。我国在复杂构件内高压成形理论和装备关键技术、大口径薄壁铝合金管小半径弯曲成形等方面取得了重要研究进展。

轻质高强板材精确成形领域研究的主要发展趋势是：

1）刚性模具整体冷、热冲压成形、柔性增量成形（液压成形、时效成形、多点、单点、旋压等增量成形）成为实现轻质高强板材复杂件精确成形的重要手段；

2）内高压成形正在向超高压成形、热态内压成形、超高强钢成形和异型管成形等方向发展，高性能轻合金管多约束精确成形方兴未艾；

3）轻质高强度板材、管材宏/微观耦合的本构理论、强化机制、破裂准则是板材精确成形成性的研究基础与重点。

3. 高效高性能精确体积成形

体积塑性成形实现有整体加载成形、局部加载成形、局部加载成形与整体加载成形相结合等三种技术路线。第一种技术路线一次性装备投资大，成形载荷与能耗大，但工艺简单，生产效率高，装备的控制相对容易；第二种技术路线的设备投资少，成形载荷与能耗小，但工艺复杂，设备的控制相对要求高；第三种技术路线可结合前两者的优点，使体积分配转移与精压成形有机结合。

整体加载成形一直是塑性成形的主要手段之一，其主要工艺方法有精密模锻、等温锻造、多向模锻、自由锻等。美国 Cameron 公司研究开发了采用 300MN 的多向模锻液压机成形的大口径多通道大型零件，一直垄断着国际高端市场。局部加载成形的主要工艺有楔横轧、挤压、辊锻、辗环、摆辗等。

我国在该领域也开展了大量研究，并取得了重要成果。如研究与发展的钛合金近 β 锻造新工艺，解决了要求钛合金锻造时强度-塑性-韧性等匹配的技术难题和重大需求。楔横轧成形研究与技术开发处于国际先进水平。但我国在以轴承环件精密冷轧成形技术、齿轮冷摆辗精密成形技术等为代表的高端基础件高性能高效精确成形制造研究与自主创新能力方面十分薄弱，与瑞典、日本、德国等国际先进水平有较大差距，以致重要主机的轴承，如 160 千米/小时以上的高速铁路轴承、中高档数控机床和加工中心轴承、风电机组轴承、高速精密冶金轧机轴承等主要依赖进口。

高效高性能近净体积成形领域研究的主要发展趋势是：
1) 高效、节约型高性能整体与局部加载精确成形新原理与先进技术基础；
2) 整体加载与局部加载成形的集成研究，实现高效高性能精确体积成形；
3) 基于多尺度宏/微观建模的体积成形精度与性能协同控制研究。

4. 超常条件下焊接与高效焊接

国民经济的迅速发展与国防建设不断要求研究与发展高效、精密、无污染焊接技术，并使焊接技术与自动控制、计算机、电子学、光学、摩擦学等交叉，形成了激光焊接、电子束焊接、机器人焊接、搅拌摩擦焊接、微连接等技术，其基础研究正引起国内外的关注。而新材料与异种材料的连接、大型复杂结构与特种环境下的焊接则向焊接基础研究提出了新的挑战。

卫星及火箭的姿态控制发动机要求高温下工作，为解决高性能和减重的矛盾，其尾喷管使用耐高温复合材料，头部为钛合金，这就要求研究复合材料和金属焊接问题。

近年来，随着深空探测及空间开发的进行，迫切需要进行空间焊接与维修研究。乌克兰研制了空间焊接设备，并进行了大量的实验研究，美、日、欧等也相继开展了相关研究。在海洋资源的开发和利用中，需要研究解决水下焊接问题。核电设备、桥梁、船舶、大型建筑结构的建造则需要研究大型复杂构件的高效焊接技术、焊缝成形控制、焊接应力及变形控制、缺陷检测及寿命评价、复杂构件的虚拟焊接与模拟仿真等。

我国对焊接基础研究方面非常重视，几乎涵盖了整个焊接领域。机器人焊接空间焊缝质量智能控制技术基础研究取得了突破性进展。但我国在复杂、厚大等大型结构件焊接变形、缺陷控制，以及高效焊接研究与自主创新方面与国际先进水平有很大的差距；新材料及异种材料连接的研究在我国则处于起步阶段，连接界面间的物理变化、化学反应、材料冶金过程等都亟待进行研究。

超常条件下焊接与高效焊接领域研究的主要发展趋势是：
1) 深入研究轻质高强材料优质高效焊接新方法基础问题，包括激光电弧复合焊接、超声-搅拌摩擦复合焊接、超声-钎焊及超声-扩散连接、溶焊-钎焊复合焊接等；
2) 系统研究大型复杂结构与特种环境下的焊接基础问题，包括空间环境下的焊接、水下焊接及核环境下的焊接修复等；
3) 深入研究焊接物理过程及焊接冶金问题，实现大型结构的焊接过程传感与焊接质量控制，包括电弧及溶池等信号的声光传感及信号处理等。

5. 特大型构件成形成性一体化制造

我国国防、电力、船舶、冶金、石化、重型机械等领域的快速发展需要特大型高性能轻合金框类件、壁板类件、核电转子、特大曲轴、特大型轧辊、大型环类件的高质量成形制造来支持，而特大型构件制造是集材料、铸造、锻造、焊接和热处理等为一体的综合技术。因此，迫切需要耦合材料及多种成形方式和多尺度效应的成形成性一体化制造基础研究的支撑。大型铸锻件高端成形研究与制造主要集中在日、韩、德、美等国，我国第一重型机械集团公司、第二重型机械集团公司和上海重型机械厂在大型铸锻件的制造能力与水平方面近年来也取得长足进步。但总体来说，我国在这一领域的研究与国家的重大需求和国际水平有很大差距。例如，我国已具备制造百万千瓦机组成套设备的能力，可为我国实现节能减排目标所急需的重大装备——超超临界汽轮发电机组提供支撑，但其中的高中压转子却全部依赖进口，发达国家历经20余年研究掌握了其中的关键技术，而我国迫切需要开展大型坯料组织、性能与质量控制关键科学问题研究。

特大型构件制造的主要途径之一是利用巨型压力机强力模锻成形。美、俄、法等发达国家拥有450兆~750兆牛级的巨型模锻液压机。我国已建和正在建造多台1.5万~1.8万吨的锻造液压机，正在设计制造4万吨的航空模锻液压机，于2006年投巨资启动了8万吨巨型液压机的研制。大型整体薄壁复杂铝型材在大飞机、鱼雷、导弹和高速列车等领域的广泛应用，急需开发大型铝型材快速等温挤压技术与装备，为此我国研发了100兆牛、并正在研发125兆牛等油压双动铝挤压装备，即将建成世界上最大的3.6万吨大口径钢管垂直挤压成套装备。如何从全过程研究与发展与之配套的创新成形成性一体化制造理论与成形质量控制及模具技术，已成为充分发挥这些重大装备能力需要解决的关键科学与技术问题。

如何创新成形技术，提高核心关键成形技术能力，以突破装备能力的限制是特大型构件成形成性一体化制造关注的焦点之一。其中，局部加载等温增量成形技术以及基于焊接或连接的组合成形技术是该领域有发展前途的高性能精确成形技术。例如，高性能轻合金大型整体构件是大运输机与新一代战机中广泛使用的用以减重、提高飞机性能的关键构件。美国通过工艺创新在4.5万吨压机上制造了投影面积达5.53平方米的大型整体钛框，而我国目前最大的压机是3.5万吨，更由于未深入研究并掌握核心关键成形技术，所能稳定制造的整体钛框面积不到1平方米。对于钛合金大型整体钛框，不得不分多段锻造成形，然后焊接成整体，再进行数控铣的工艺路线和制造技术，从而导致获得的构件可靠性低、重量重、制造周期长，而且昂贵的钛材利用率极低（10%以下）。通过局部加载成形与等温成形的基础研究与集成创新，有望提升核心关键省力成形技术能力，突破装备能力的限制，解决这一成形成性制造难题。难变形材料大型复杂环件和大型整体薄壁复杂壳体是航空、航天等工业领域迫切需要的关键构件,迫切需要研究径轴向环件精确轧制和复合旋压等局部加载增量成形规律与过程控制方法,以实现这些关键构件的高性能精确成形制造。

特大型构件成形成性一体化制造领域研究的主要发展趋势是:

1)研究铸、锻、热处理及外场条件的耦合对大型坯料组织性能的影响,通过集成创新发展特大件高性能坯料的成形成性技术;

2)特大型高性能构件的多场耦合多尺度效应下成形成性一体化质量控制基础研究与关键技术研发是重要的发展方向;

3)研究与发展节约型的局部加载省力成形和组合成形先进技术,解决特大型高性能构件的成形成性制造难题。

6. 低成本批量微成形

介观尺度下微成形是实现微细结构批量、低成本制造的有效途径,必将成为未来微细制造技术的研究重点。近10年来,美、日、欧、韩等针对新能源装置、微电子产品、医疗器械与微小武器系统中具有微细特征零件成形需求制订了各种研究计划,国际学术界和工业界也对介观尺度下成形制造研究给予了高度重视。先后研究了体积成形、微拉深、微冲裁、增量成形以及微弯曲等成形工艺,并成形出了多种微型件。日本成形出模数为0.1毫米、分度圆直径分别为1毫米和2毫米的微型双齿轮,德国首先实现了微型圆筒件的拉深成形。日本研究并冲出了有广泛的应用前景的微型孔;使用微冲裁和弯曲复合工艺,研究并开发出了微型引线框;采用增量成形获得了复杂的三维微小壳体零件。此外,飞利浦、西门子等研制出了系列微型零件并获得应用。

我国多个单位先后开展了相关研究工作,但总体上,对低成本可控批量微成形研究较少。

低成本批量微成形领域研究的主要发展趋势是:

1)材料在微观和细观尺度上的非连续、非均质效应已成为研究的重点;

2)微细结构的低成本批量微成形制造技术是重点发展方向。

7. 高性能精确成形制造过程的建模仿真与优化

模拟仿真与优化技术是提高零件成形质量、节约时间与成本、加快先进材料、先进成形制造研究与开发不可缺少的关键主流技术,发挥着越来越重要的作用,对于大型/复杂件的精确成形成性过程研究与开发更是如此。美、欧、日等均把成形制造模拟仿真与优化作为优先资助和发展的领域之一,并已将计算机模拟大量应用于飞机、导弹、汽车等产品的设计和成形制造等研发过程,从而有效帮助实现成形制造零构件的结构与形状设计及成形制造过程的优化控制，预测零件性能和使用寿命等。高性能精确成形制造要求模拟仿真的研究由建立在温度场、速度场、变形场基础上的旨在预测形状、尺寸、轮廓的宏观尺度模拟进入到以预测组织、结构、性能为目的的多尺度全过程模拟仿真与优化。

铸件充型凝固过程计算机模拟仿真研究发展已进入工业实用化阶段，目前国外铸造 CAE 商品化软件的功能正向低压铸造、压力铸造及熔模铸造等特种铸造方面发展，代表性软件包括 MAGMA、PROCAST、SIMULOR、SOLDIA 等。

金属塑性成形的计算机模拟仿真技术研究已在汽车制造方面得到广泛的应用，代表性研究成果包括 LS-DYNA、ABAQUS、AUTOFORM 与 PAM-STAMP 等大型通用商品化软件。

国际上有关焊接过程数值模拟与仿真的研究十分活跃，但由于焊接涉及高温、瞬态、非平衡、强耦合，使得精确数值模拟变得十分困难。

成形制造的智能化技术受到日、美等发达国家的高度重视，被认为是 21 世纪材料制备与成形加工新技术中最富潜力的前沿研究方向。

我国对凝固成形模拟仿真技术研究起步较晚，但发展较快，开发的商品化软件获得了广泛应用。对塑性成形模拟仿真也进行了大量研究，并开始推出有自主版权的软件。我国的热处理数值模拟总体处于国际领先水平，但相变量精确计算、界面换热参数精确测算则是国内外有待解决的关键。焊接模拟研究则刚刚起步。

高性能精确成形制造过程建模仿真领域研究的主要发展趋势是：

1) 全过程、多学科、多尺度、多功能及高精度、高效率是发展主要趋势，将实现多场和多尺度模拟的整体优化设计和成形全过程的数字化和敏捷化；

2) 更加关注与物理模拟及理论分析的有机结合，开展特大型/复杂构件成形成性全过程多场耦合多尺度建模仿真与优化；

3) 建立能反映各种因素的相互作用的热处理多场耦合模型及扩展求解域的模拟方法，包括非等速变温过程相变量精确计算及其与应力/应变场耦合的模型，三维多场耦合的综合换热模型；

4) 关注成形制造的智能化（控制）技术，通过对成形参数、材料组织和性能等在线闭环控制，实现精确制造，从而获得预期的材料组织性能与成形质量。

另外，粉末材料构件的高性能低成本先进成形与成形质量控制技术研究也受到关注，具体内容可见材料学科的规划。

图 3-25 是高性能精确成形制造领域研究发展状态图。

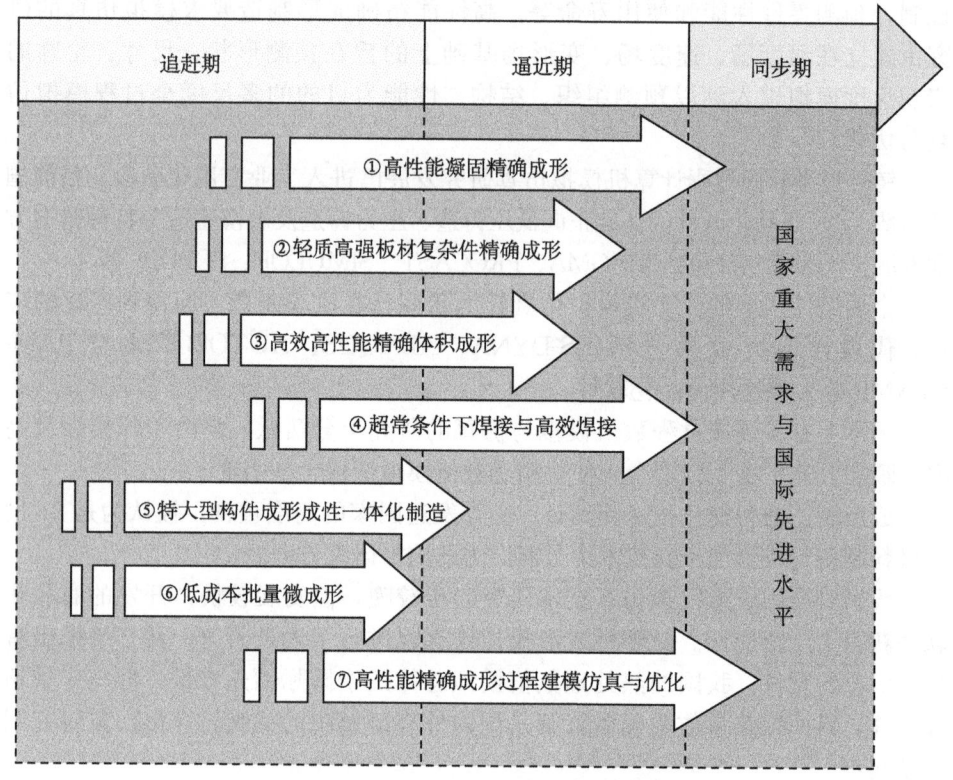

图 3-25 高性能精确成形制造领域研究发展状态图

（三）研究前沿与重要科学问题

1. 研究前沿

航空、航天、汽车等高技术领域与高端产业的发展，不断要求零构件的高性能、轻量化、高可靠性与功能高效化，由此导致零构件的形状复杂化、大型整体化、薄壁化、大小几何尺寸极端结合，所用材料难变形又十分昂贵；关键构件的应用又往往处于极端苛刻的环境。因此，只有不断发展高性能精确成形制造新原理新技术，并把这种技术发展到极限，发展成为核心关键技术，才能很好解决问题。这必然要求在技术与科学上的系统深入研究，同时还必须追求研究方法上的系统性与综合性。技术与装备上的系统性和集成性，由此形成先进成形制造科学的创新源头和学科的前沿。因此，发展高性能精确成形制造科学与技术不仅是国民经济发展与国防建设的重大需求，而且是先进制造科学的研究前沿，具有带动国家制造技术和工业技术水平整体提升的关键作用。高性能精确成形制造研究前沿包括以下方面：

1）高性能凝固精确成形。主要包括大型/复杂整体构件与超薄精密零件超常凝固多场耦合精确成形行为与工艺-组织（性能）-形状（尺寸）关联关系、激光成形与修复等。

2）轻质高强板材复杂件精确成形。主要包括轻质高强板复杂件整体模具成形、柔性（增量）精确成形、管材复杂件先进成形的机理、多场耦合成形规律与缺陷控制理论等。

3）高效高性能体积精确成形。主要包括不同加载条件下体积成形过程中多场耦合精确成形成性机制与协同控制等。

4）超常条件下焊接与高效焊接。主要包括大型复杂结构与特种环境下的高效焊接与新材料及异种材料的优质焊（连）接冶金机制等。

5）特大型构件成形成性一体化制造。主要包括不同成形方式、不同加载条件下特大型高性能坯料与构件多场耦合成形成性规律与一体化控制等。

6）低成本批量微成形。主要包括介观尺度下低成本批量微成形建模、工艺分析、设计与过程控制方法等。

7）高性能精确成形过程的建模仿真与优化。主要包括复杂成形成性多场多尺度全过程精确高效建模、仿真、优化与数字化高性能精确成形关键问题。

2. 重要科学问题

不断要求成形零构件的轻量化、高性能化、高可靠性化与功能高效化，使得成形零构件所采用的材料与结构必须是轻质高强材料和结构，但实际上却是难变形材料和复杂难成形结构，由此导致零构件在成形过程中要经历复杂的不均匀变形和组织演化历程，并易产生多种成形缺陷；而所经历的成形过程是关于材料、几何、边界三重高度非线性的，对所涉及的材料、几何与工艺等多种成形参数及其耦合作用极为敏感，因此，导致成形形状、尺寸与组织性能的控制以及相关联的成形过程的优化设计与稳健控制极其困难。如何从多场耦合、多尺度与全过程的角度深入研究并深刻认识大型复杂构件高性能精确成形成性一体化的机理与规律，把握形/性一体化调控的理论与方法，进而发展数字化高性能精确成形制造科学与技术，是高性能精确成形制造前沿领域需要解决的重要科学问题。

科学问题一：大型/复杂高性能构件成形成性一体化制造。

1）轻质高强材料大型复杂高性能构件成形制造过程中宏观尺寸、性能变化与微观组织演化关联关系与成形成性调控；

2）多场耦合多尺度效应下大型复杂高性能构件的局部加载（省力）成形、组合成形与成形成性一体化控制理论；

3）超常结构、超常环境下与新材料及异种材料的高效焊（连）接的非平衡

状态下冶金机制与过程质量控制;

4) 高性能轻合金超薄精密件凝固成形规律、大型构件多场耦合超常凝固成形行为、瞬态高功率密度能场对材料的作用机制、激光精确成形与修复过程调控。

科学问题二:高性能精确成形制造的多场多尺度全过程建模仿真与优化。

1) 大型复杂高性能构件成形成性全过程多场耦合多尺度建模与模拟仿真方法、介观尺度下微成形过程建模仿真方法;

2) 多场下大型复杂高性能金属零部件凝固与塑性成形成性规律、超常条件下焊接与高效焊接行为的多尺度全过程模拟仿真与分析;

3) 基于多场多尺度全过程模拟仿真的大型复杂高性能构件成形成性过程的多参量、多目标、多约束优化设计、稳健控制与及数字化精确成形;

4) 零件性能与材料制备成形工艺的一体化设计、数字化与智能化,包括材料设计、制备、成形与热处理全过程组织、形状、尺寸和质量的精确控制方法。

(四) 2011～2020 年优先资助方向

1. 高性能凝固精确成形

(1) 大型金属构件多场耦合超常凝固成形

大型/复杂薄壁件铸造成形中尺寸精度及表面质量精确控制原理;大型零件多场耦合作用下非均匀形核及相变界面形态形成规律与内部质量控制方法。

(2) 超薄、精密零件及高性能轻合金凝固成形

面向高温合金定向柱晶及单晶空心涡轮叶片等复杂件的精确定向凝固成形成性规律与过程控制;高性能轻合金件和超薄精密复杂件精确凝固成形过程机制与控制。

(3) 大型整体/复杂高性能金属零部件激光等快速凝固精确成形

瞬态高功率密度能场对材料的作用,钛合金等高性能大型整体,梯度材料等构件激光凝固精确成形与修复中的应力形成、分布规律与复合制造的力学性能匹配关系。

(4) 高分子材料与复合材料构件先进成形

振动、超声、强电磁等外场条件下形态结构演化与制品性能间的关联建模,形态结构控制的理论、方法与绿色成形装备;复合材料高性能低成本成形方法。

2. 轻质高强板材复杂件精确成形

(1) 板材成形过程中多场耦合与微观组织演变及调控规律

温度场-应力场耦合下材料性能变化规律和成形机制；加热和冷却过程中的宏/微观本构关系与材料强化规律；复杂件成形成性的新原理与新方法。

(2) 轻质高强板材冲压与柔性精确成形机制。

轻质高强板材刚性模具整体冷、热冲压与柔性增量精确成形机制，不同成形模式下影响因素、影响机制、变形规律与成形参数优化方法等；高精度长寿命大型模具优化设计基础。

(3) 超高压作用、多约束下管材塑性失稳行为和变形规律。

管材超高内压作用下变形、失稳起皱、开裂机制与摩擦行为；钛合金、铝合金等管材多约束复杂加载下成形规律、成形缺陷与回弹控制。

3. 高效高性能体积精确成形

1) 复杂体积成形过程中多场耦合下宏/微观力学与组织性能演化、成形成性协调控制；局部加载成形与整体加载成形集成的复合成形先进技术基础。

2) 针对优质、高效、精确、节约型冷、温、热整体成形新工艺与先进技术基础，包括精密模锻、等温精锻、多向模锻、挤压等。

3) 面向不同材料复杂件的优质、高效、精确、节约型局部加载连续成形新工艺与先进技术基础，包括楔横轧、斜轧、辗环、辊锻、摆辗等。

4. 超常条件下焊接与高效焊接

(1) 复合热源高效焊机制与新方法

激光-MIG电弧作用机制；超声辅助搅拌摩擦焊接的金属流变行为；超声-钎焊及扩散连接的界面反应；溶焊-钎焊复合连接机制；多热源焊接新方法及其机制。

(2) 新材料及异种材料的连接

面向新材料的高效焊接方法、焊接裂纹产生机制及防治、异种材料连接的界面反应、高强合金的接头性能控制、薄壁多维结构的焊接变形控制及提高疲劳性能的方法。

(3) 特种环境下的焊接

核环境、水下及空间焊接的遥控及自主关键技术，太空焊接地面模拟（包括激光及电子束焊接的传热传质、温度场及力场与材料的相互作用、微重力环境下电弧形态等）。

(4) 大型复杂结构的焊接及接头质量控制

大型复杂构件焊缝成形及变形控制、缺陷检测及寿命评价，复杂构件虚拟焊接与模拟仿真，高效焊过程中焊接质量实时检测与控制，自动化及柔性焊接过程控制基础理论。

5. 特大型构件/材料成形成性一体化制造

1) 铸造、锻造与热处理规范对特大型坯料与成形件组织性能的影响规律；预制坯成形与缺陷抑制技术；多场耦合下淬火智能控制关键基础问题；

2) 特大型高性能构件的整体加载成形、局部加载（省力）成形、分段成形组合制造等多场耦合多尺度效应下关键基础问题。

3) 面向大型高性能轻合金框类件、壁板类件，超超临界汽轮高中压转子坯料、曲轴、特大型轧辊和环类件的成形成性一体化制造质量控制基础。

6. 低成本批量微成形

(1) 微成形过程中的尺度效应和成形极限准则

材料与制造界面力学行为的尺度效应，介观尺度下的材料本构模型，微成形性能、失稳模式、成形极限评价标准和预测。

(2) 微成形新型工艺分析建模和工艺设计方法

工艺过程摩擦模型、微/纳尺度到宏观尺度变化过程中材料及其接触界面力学行为的统一描述、微成形工艺的介观尺度建模方法和工艺综合优化。

(3) 介观尺度制造过程检测与质量控制

介观尺度成形及新工艺在线测量原理和方法、成形缺陷控制方法、工艺与工艺顺序及其耦合作用对产品质量的影响规律及相融合的工艺过程控制方法。

7. 高性能精确成形制造过程的精确高效建模仿真与优化

(1) 多场多尺度模型与成形成性全过程模拟仿真

高温、瞬态、非平衡、多场耦合多尺度建模方法；多场、多尺度、多功能仿真计算方法。

(2) 大规模复杂成形成性过程的高精度、高效率求解方法及并行计算

具有较高计算效率和计算精度的新型单元理论和数值模拟方法；基于多CPU 的并行计算方法；基于 GPU 的快速计算方法。

(3) 复杂成形制造过程的优化设计

复杂成形过程确定与不确定优化模型的建立；多参量、多目标、多约束、非线性、确定与不确定优化问题的求解方法。

(4) 零件性能设计与材料制备成形工艺设计的一体化、数字化与智能化

复杂成形制造过程中微观组织与界面换热精确表征；材料设计、制备、成形与热处理全过程中预期的组织性能、形状尺寸和质量精确控制方法、数字化与智能化。

图 3-26 是高性能精确成形制造领域研究发展路线图。

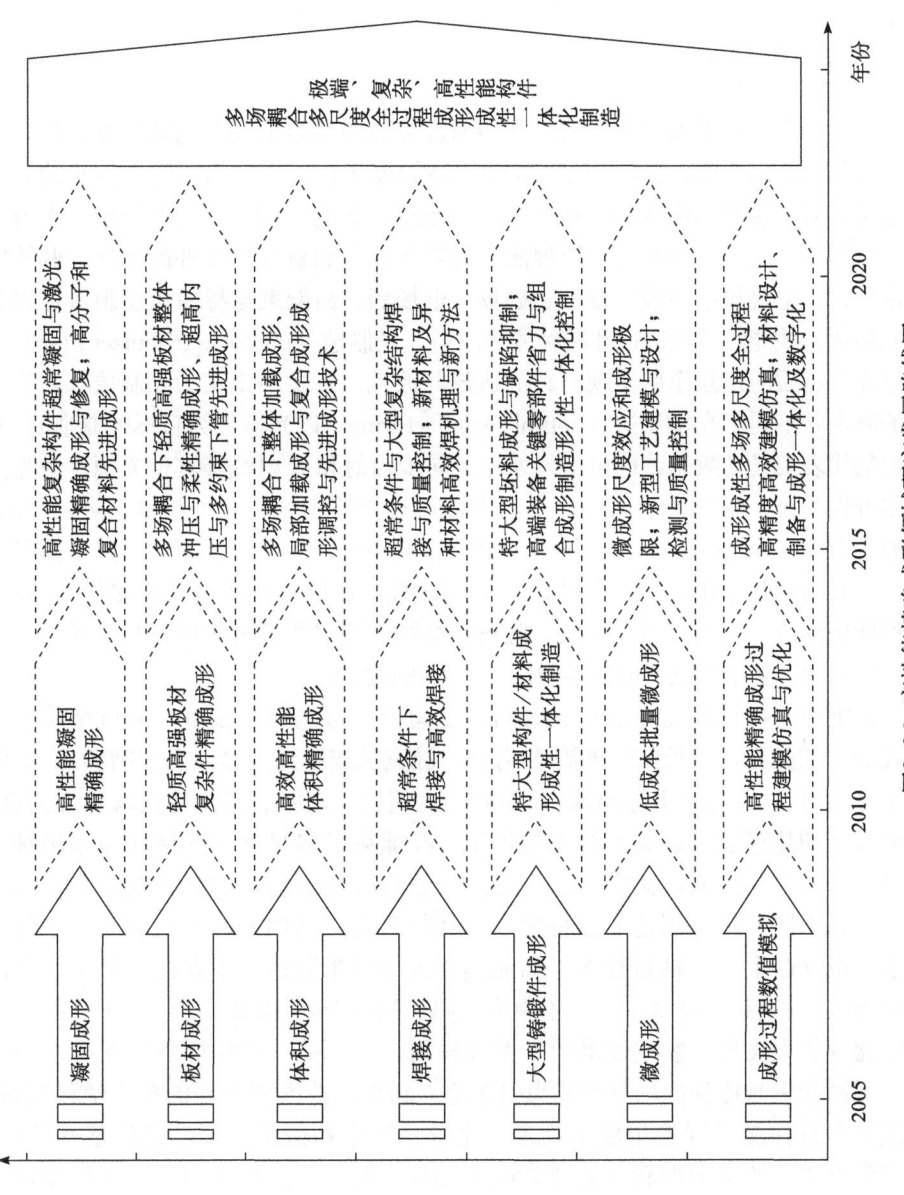

图3-26 高性能精确成形领域研究发展路线图

八、高能束与特种能场制造科学

(一) 研究范围与内容

高能束与特种能场制造是通过高能密度束流或特定能场与物质相互作用,改变材料的物态和性质,实现控形与控性。高能束指在自由空间可定向传输的高密度能量束流,主要指激光束、电子束、离子束、等离子体等,具有能量、束流密度、时间、空间可控的特点。特种能场指除高能束和机械能以外的其他一些特定能量形式,主要包括声波、微波、磁场、电场等。高能束与特种能场制造可以分为光制造、载能粒子束制造和特种能场制造。光制造(photonic manufacturing)指通过光与物质的相互作用实现材料的成形与改性。本文中定义的光制造(光为手段的制造)不同于光学制造(optical manufacturing,以光器件为目标的制造)。光制造的代表工具是激光,也包括紫外光、同步辐射和 X 射线等其他光源。激光具有多维性特征:在能量、时间、空间方面可选择范围宽,并可精确、协调控制。载能粒子束(energetic particle beam)制造指利用电子束、离子束、等离子体等粒子与物质的相互作用,实现材料的成形与改性。载能粒子束也具有多维性特征。特种能场制造指利用声波、微波、磁场、电场等特定能量来实现材料的成形与改性。电场制造包括电镀、电化学制造、电火花制造等。

高能束与特种能场在能量、时间、空间方面可选择范围宽,并可精确、协调控制(如激光,波长从红外到 X 射线,脉宽从连续到飞秒(乃至阿秒),瞬时功率密度可达 10^{22} 瓦/平方厘米),并能产生超快、超强、超短等极端物理条件,形成超高加热速度、远离平衡态的加工。高能束可多尺度、选择性和非接触改变材料的结构与性能,实现制造目标。其制造过程所利用的物理效应和作用机理有许多不同于传统制造的独特之处,其制造复杂结构的能力与品质优于传统制造,由此产生了一批新技术(如光刻、近场纳米制造、干涉诱导加工、深熔焊接等)、一批新产品(如大规模集成电路、MEMS/NEMS 等)、一批产品的高性能化(如大飞机、航空发动机、燃气轮机、汽车等)和相应的高新技术产业群。而高能束与特种能场制造成为引领这一新兴制造方向发展的独立学科领域。高能束与特种能场制造集成了物理、化学、制造和信息等多学科的基本原理。由于学科交叉的复杂性和制造要素的极端性,其制造过程的观测、分析和认识都还存在诸多亟待揭示的问题,特别是将这些具有特殊功能的制造原理应用于更多的产业领域时,必须更深刻地掌握其制造机理和规律。

图 3-27 描述了高能束与特种能场制造科学领域所涉及的主要内容及其各主要部分之间关系,对应内容将在以下各小节中逐一展开论述。该领域的整体研

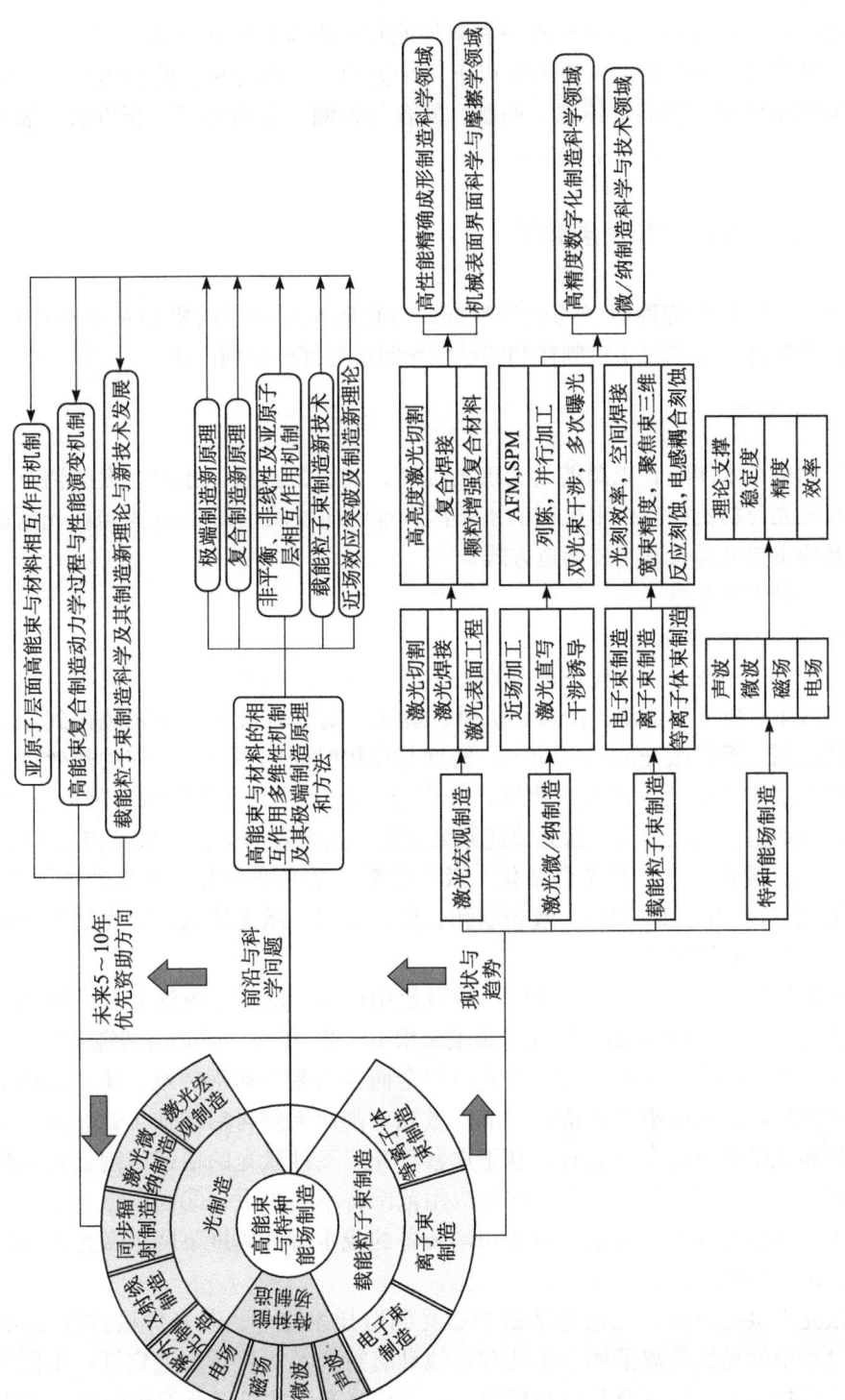

图3-27 高能束与特种能场制造科学领域各部分之间的关系

究思路是：能量吸收、传输机理→材料性能和结构演化机理→制造新方法→新功能、新产品、新产业。主要研究以下三个方面：①高能束、特种能场和材料的相互作用机理；②能量传输、调制、复合与检测；③新原理、新方法、装备集成及在新产品、新产业中的应用。

（二）研究现状和发展趋势

根据高能束和特种能场的能量特征、与物质相互作用的机制及制造特色，本节按光制造、载能粒子束制造和特种能场制造三部分分别论述。

1. 光制造

光制造技术伴随着光源能量密度的提高、波长的拓展、脉冲宽度的调节压缩以及对光与物质相互作用机制的不断深入理解而发展。图3-28为当前光制造所涉及的主要光源及其主要制造方式。

(1) 激光制造

1) 激光宏观制造。

目前，光制造研究和应用的热点是激光制造。激光制造已经形成数十种工艺，在汽车、电子、能源、冶金、机械、造船、航空航天等工业领域得到日益广泛的应用。根据激光能量（功率）密度与作用时间的不同，相应的热效应主要表现为加热、熔化、汽化、蒸发、升华等，由此产生一系列加工制造技术，包括激光切割、激光焊接、激光快速原型制造、激光表面工程（激光相变硬化、激光退火、激光重熔、激光合金化、激光熔覆、激光非晶化、激光冲击硬化、激光毛化、LCVD、LPVD）、激光制孔、激光标记、激光清洗、激光制备高性能材料、激光直接制造等。

激光切割是全球范围内工业应用领域使用最为广泛的主流激光制造技术之一，在过去30年中发展最为迅速。预期未来10~20年间，激光切割将呈如下发展趋势：①高亮度激光器如光纤激光器将全面介入激光切割领域，使制造精度进一步提高，甚至可望实现精密零部件激光切割而无须再后续加工；②随着激光器件和光学系统的不断完善，基于皮秒激光、飞秒激光的精密切割设备在精密仪器、电子制造、生物工程领域的应用范围将不断扩大；③随着激光器、加工系统的制造成本不断降低，激光切割装备的成本将大幅度下降，激光切割将在更大范围内解决传统的制造工艺难题。

激光焊接是目前研究最为活跃的激光制造技术之一。激光焊接过程复杂，焊接过程中的光致等离子体、小孔和熔池动态行为及焊接过程稳定性，不同材料激光焊接的工艺特点及其内在规律，焊接缺陷产生的机理及控制策略、方法

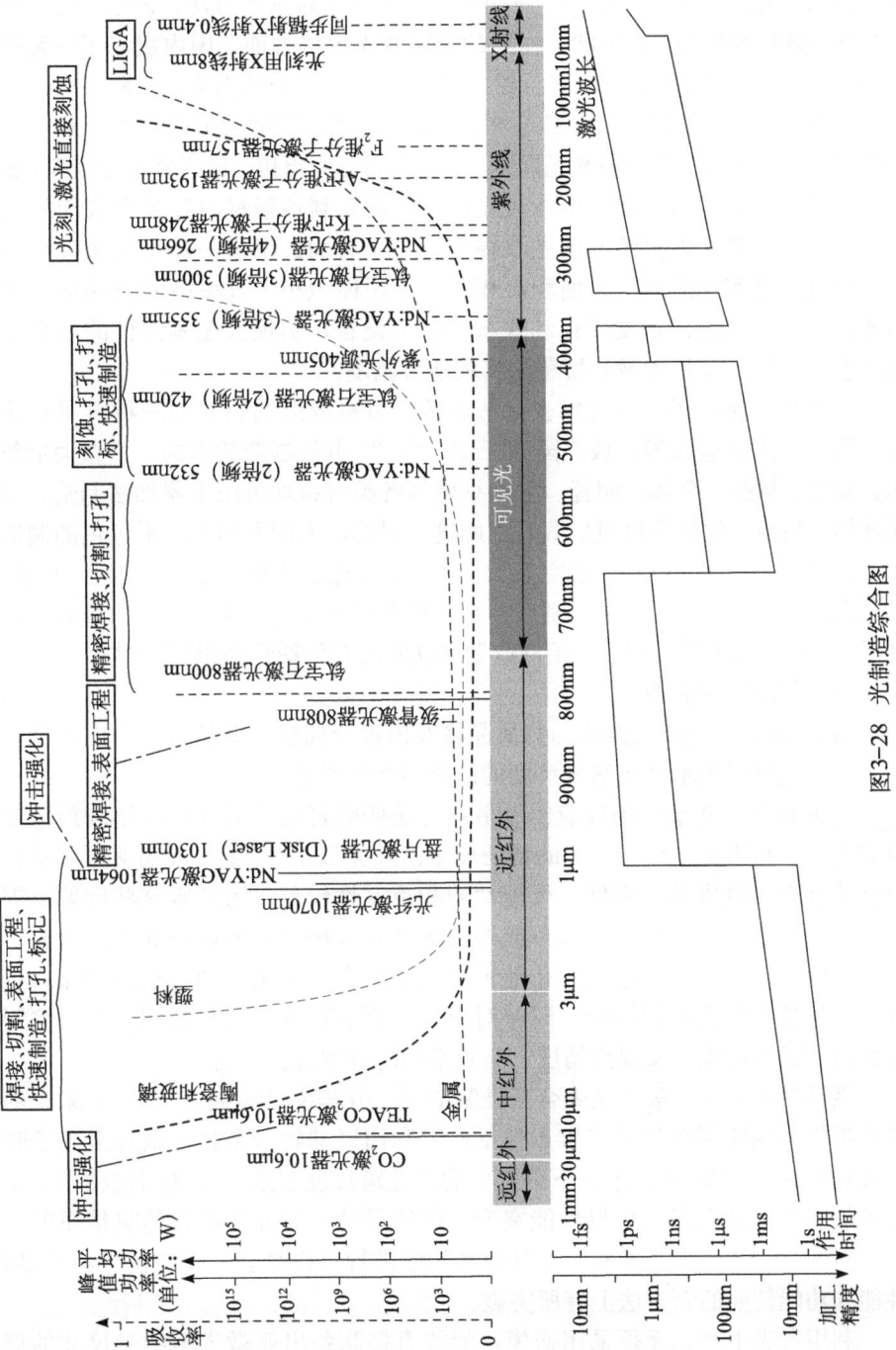

图3-28 光制造综合图

和技术，焊缝组织及接头强韧性调控原理、方法和技术等，是需要深入研究的重点。国内学者提出了一种基于"三明治"激光焊接新试验方法，清晰、完整地观测到激光深熔焊接的小孔形状。在异种金属激光焊接方面，国内提出了一种激光深熔钎焊方法，已实现铜/钢、铝/钛、铝/铜等异种合金的连接。预期未来10~20年，高亮度光纤激光器将取代CO_2激光器成为激光焊接的主流激光器，研究将集中在铝、镁、钛等轻合金的激光焊接、异种材料激光焊接、激光复合焊接等方面。

激光表面工程诸多技术中，激光熔覆、激光制备新材料和激光表面织构化是热点方向。激光熔覆的发展主要体现在三个方面：①进一步提高激光熔覆效率，使其能够实现高效、大面积沉积；②采用体积小、效率高的高功率二极管激光器和光纤激光器，发展移动式激光加工设备，实现大型零部件的现场加工与修复；③进一步扩大激光熔覆材料的适应范围。

激光快速原型制造与材料去除法制造、材料成形制造并列的材料累加法制造，形成三大制造原理，被美国NSF认为是20世纪制造技术的一个重大创新技术。高分子树脂、金属、陶瓷、生物细胞等各类材料均可用于累加法制造，可采用液体、粉体、丝材等材料形式，由此进行组合，人们发明了形形色色的制造技术与装备，在机械、电器、航空航天、车辆、船舶、生物医疗等各工业领域的产品开发、小批量制造、工模具制造乃至人体器官再造等方面发挥了重要作用，展现了光辉的应用前景。同时，给制造学科也带来了许多研究课题与挑战。

2）激光微/纳制造。

激光微/纳制造研究激光与物质晶格及内部金属键、共价键、自由电子等的相互作用，获得微米乃至纳米尺度的制造精度和产品。

近场效应和基于近场效应的制造新方法研究将是今后5~10年内最重要的方向之一。利用此方法所加工的特征尺寸已经突破10纳米。近场纳米制造目前面临的难点和挑战是效率低、可控性弱和重复性较差。为克服这些问题，需着重研究近场效应作用机理、内在或外在扰动对近场加工的影响和理论建模。未来，在近场控制下的制造应能在纳米尺度掌控光束能量传递、空间分布。近场加工应与其他高能束相结合，同时对分子、原子和电子进行控制，进而控制材料性质和成形过程，实现高精度、高效率的复合制造。

飞秒激光多光子吸收光聚合三维制造空间分辨率已突破20纳米，未来的多光子吸收非线性制造的研究重点包括：①利用极端物理条件，调控多光子吸收过程和机制，实现10纳米以下分辨率的高速跨尺度制造；②利用这种非平衡态的光加载特性研究产生材料性能突变、位错运动、晶界迁移和传热传质的新机制、新规律；③将多光子效应与其他光效应进行有机结合；④在诱导物质结构、性能和功能转变的新方法上有所突破。

利用激光干涉，无须采用掩模，就能直接制备出亚微米至纳米尺寸的周期性阵列图形。飞秒激光干涉诱导被应用于制造表面光栅，可以产生二维纳米周期结构,适合制备光子晶体和量子点(线)阵列等一些纳米尺度的周期微结构。未来激光干涉微/纳加工的研究重点将包括:①有效地获得更多可以应用的纳米纹理;②实现稳定激光干涉诱导三维纳米加工;③利用强激光作用于材料表面直接诱导产生周期性微/纳结构。这种周期性微/纳结构可以显著改变材料表面的光、热、电、磁、机械性能及生物兼容性,在太阳能利用、有机电致发光源、机械零件表面降阻减磨、生物植入体表面改性等领域具有广泛应用前景。

激光微/纳熔覆由微制造向纳制造发展,实现纳米尺度定点精确添加功能材料,为未来精密机械、电子、生物制造领域带来显著变革。其研究重点包括:①激光纳米熔覆制造;② 建立纳米尺度下激光与物质相互作用机制理论并进行性能表征;③研究纳米尺度下添加物质与基板之间的界面效应;④将激光微/纳熔覆技术与超快激光、紫外激光微/纳刻蚀技术相结合,实现复合制造。国内已经系统掌握了平面和三维基板表面激光微熔覆制备电子元器件的关键技术与机制,完成了导电电极、电阻、电容、电感及其他功能元器件的制备,最小线宽达到15微米。图 3-29 总结了光制造从 1960 年至 2030 年的主要发展历程、现状和展望。

(2) 其他光制造

光刻技术是大规模集成电路发展的支撑。其光源至关重要:从汞蒸汽发射波长 g 谱线、h 谱线、i 谱线等近紫外光源到准分子激光的深紫外光源、极紫外乃至 X 射线光源。但缩短波长已越来越困难,另一可行的途径是扩大激光刻蚀时光学系统的数值孔径或借助小于衍射极限的亚波长技术。

同步辐射光源具有宽波段、高准直、高偏振、高纯净、高亮度、窄脉冲以及高度稳定性、高通量、微束径、准相干等独特而优异的性能。LIGA 利用同步辐射 X 射线制造三维器件,可获得厚度达 1~2 毫米、深宽比高达 100 以上且侧壁陡直的微结构,所造出的微泵、微型电机、光纤连接器、光栅单色器、陀螺仪和加速度传感器等零件在汽车、航天、医疗器械等领域都有重要的应用。利用同步辐射 X 射线深度光刻技术,目前刻蚀线宽已达 15 纳米,可以制造微传感器、微光电部件、微齿轮、微电子开关、微医用器件等装置。

2. 载能粒子束制造

载能粒子束制造是汽车、舰船、航空航天产品制造技术群中不可缺少的分支,是保证高温、高压、高速、重载、强腐蚀和空间微重力等极端条件下工作可靠性,满足难切削材料、复杂型面、精细表面等领域需求的先进制造技术。

(1) 电子束制造

电子束制造可分为电子束连接、表面工程和快速制造三个方面,其典型应用包括电子束焊接、毛化、功能涂层制备、制孔及快速成型等。电子束制造的主要工艺、加工参数及其应用如图 3-30 所示。

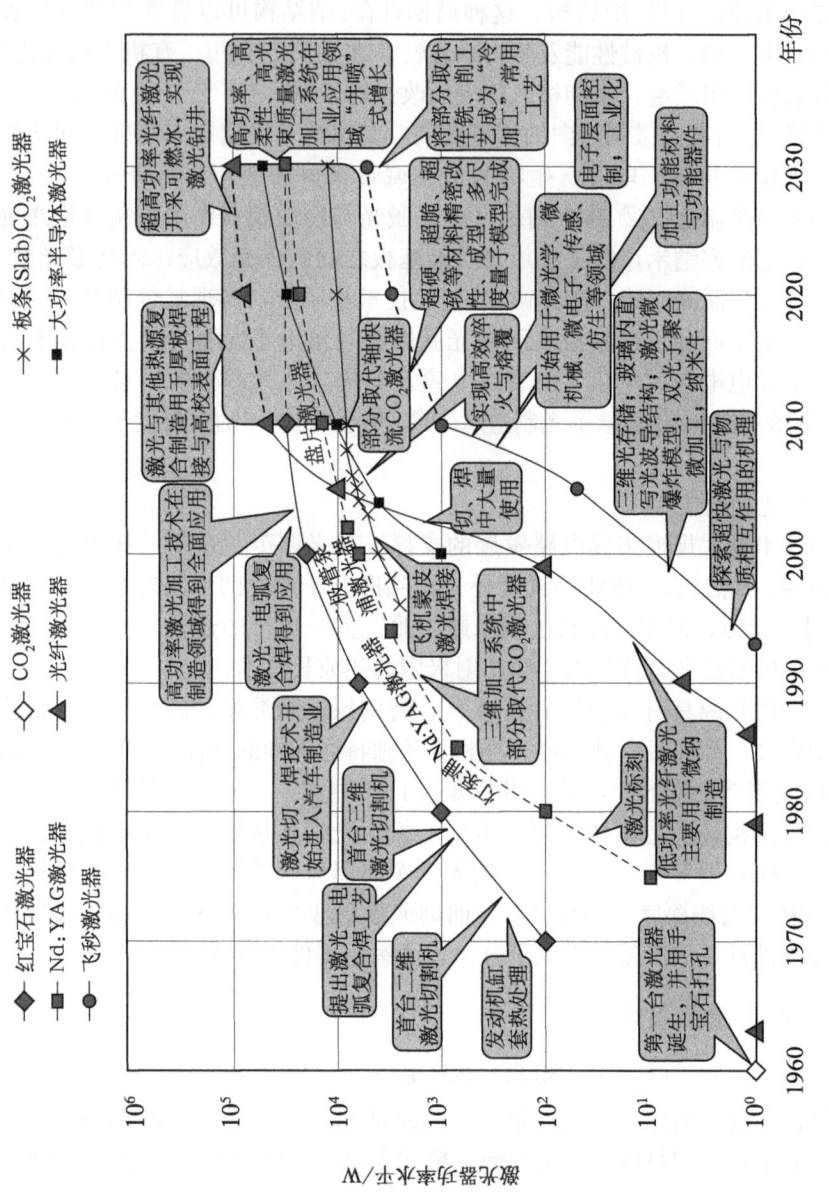

图3-29 光制造发展路线图

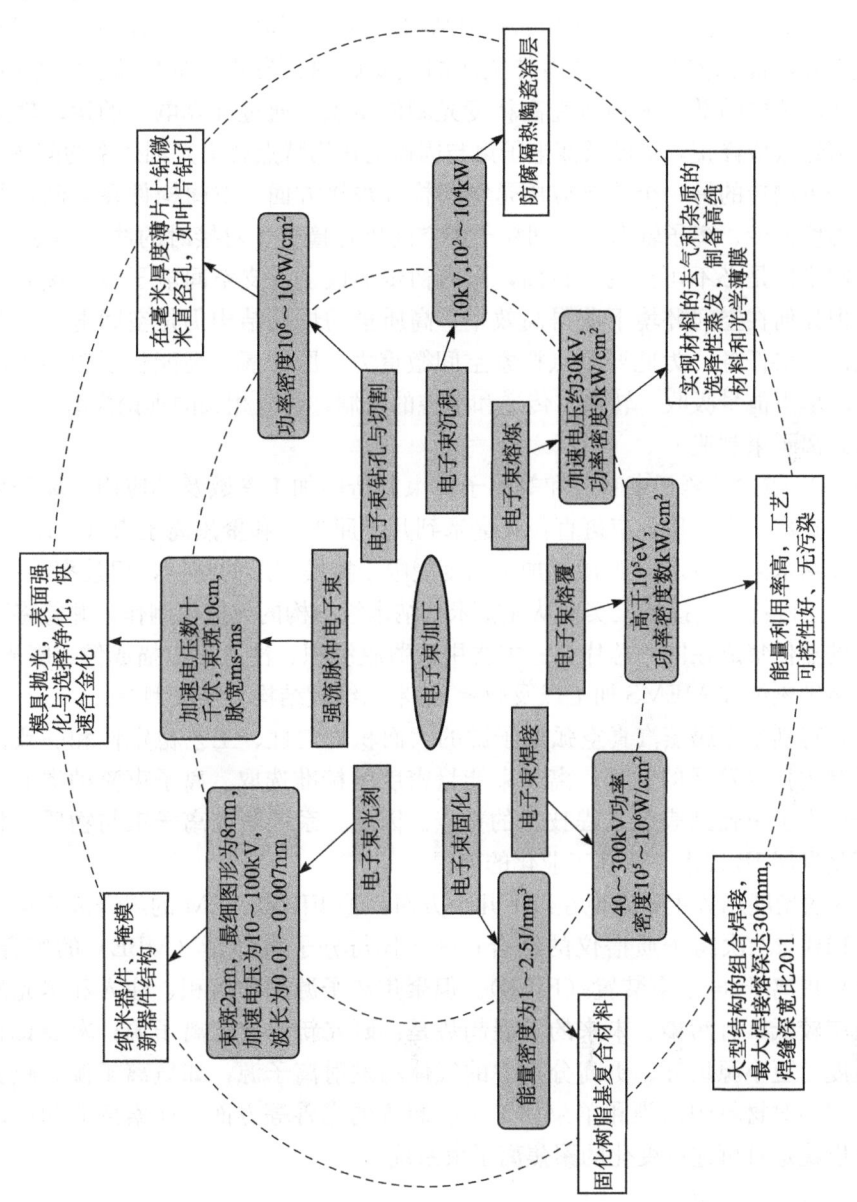

图3-30 电子束加工综合图

电子束光刻用于加工超细图形，被称为继光学光刻的新一代工艺。国内目前已开展了高分辨率电子束光刻的研究工作，加工出金属纳米点接触结构，并以此为基础构筑了全金属磁逻辑纳米电路。目前的电子束光刻灵活性高、分辨率高，已经能够制作小于10纳米的精细结构。但是，如何进一步提高电子束光刻的效率和产能仍然是当前国内外关注的主要课题。为此，在基础研究方面，电子束在固体中的散射成为研究高精度光刻的重点，通过计算电子的运动轨迹以实现邻近效应修正，借助低能电子束与固体的作用特点解决光刻效率的问题。

电子束制造的另一个重要应用是空间构件焊接方面。空间构件在空间运行中会受温度疲劳、离子辐射、空间粒子或空间碎片撞击、对接时的冲击等影响，所以空间维修是必不可少的。目前，国内初步形成了一支空间电子束焊接研究团队。但如何在空间环境下获得高效率、高质量的焊接结构仍是空间电子束焊接面临的主要任务，为此要重点探索空间微重力、原子氧、高能粒子辐照、高低温等环境下能量吸收、转换、传递和掌控的机制，建立相关的理论模型。

(2) 离子束制造

图3-31描述了离子束制造和等离子体束制造的加工参数及其应用。离子束制造分为宽离子束（IB，束斑直径几毫米到几十厘米）和聚焦离子束（FIB，束斑直径几纳米）制造。IB的微细加工精度受限于掩模图形的精度，但效率很高，FIB可以在材料上直接加工实现从亚微米到纳米级结构的无掩模制作，并能将不同类型的器件集成在同一芯片上。主要用于薄膜沉积、注入、扫描成像、曝光、切割、微细刻蚀和MEMS加工以及微米/纳米三维微结构直接成型等。

IB，特别是金属蒸汽真空弧离子源的大面积均匀性、工艺稳定性和一致性仍然是制约技术发展的关键；离子束能量密度的精准选取、离子束流种类的影响是开展离子束辅助表面工程技术的重点。因此，系统研究离子束与物质的相互作用是发展IB技术并使其工业化的前提。

FIB的发展趋势主要表现在以下几个方面：① FIB与SEM的组合成双束系统；②FIB与二次离子质谱仪的结合；③FIB与分子束外延（MBE）的组合；④单轴聚焦离子/电子束装置（FIEB）。但聚焦离子源用作沉积、注入和曝光的加工效率较低，有污染。未来的发展趋势是：研究新型液态离子源；发展具有更高亮度、更小源尺寸、更高分辨率的气体场发射离子源，如氦离子源；减少加工过程中对材料的污染和单束加工系统装置的完善等方面；探索束流和束斑直径可以稳定且可连续变化的聚焦离子束系统。

(3) 等离子体束制造

等离子体成型是近年发展起来的零件成型技术，包括熔射成型和板材热应变成型等。等离子体掩模刻蚀微细加工是等离子体应用的新方向，如何进一步提高刻蚀效率、刻蚀精度以及纳米尺度无损刻蚀和相关环保问题成为当前的重

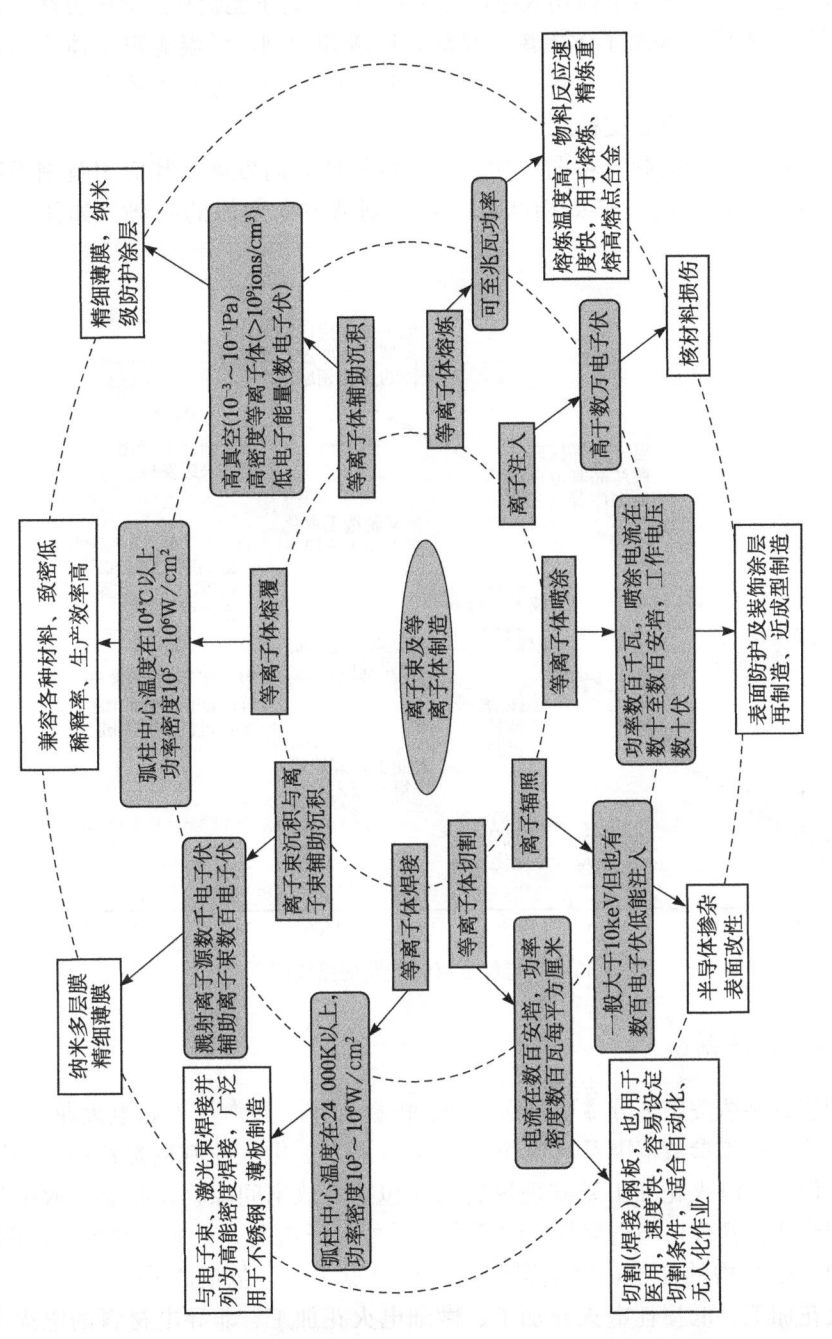

图3-31 离子束与等离子体制造综合图

要研究课题。低温等离子体掩模刻蚀微细加工是等离子体应用的新方向。目前基础研究方面重点解决离子损伤效应,主要考虑降低离子能量和退火的方法。高温等离子体主要用于等离子体冶炼、喷涂、连接和切割,低温等离子体主要应用于材料表面抛光、刻蚀、改性、能源合成和薄膜沉积。等离子体制造是整个表面工程技术发展的重要支柱之一。

总之,载能粒子束制造将向大功率、高可靠性方向发展,其应用范围不断扩大,并有向多种载能粒子束相结合的复合制造方向发展的趋势(如图3-32所示)。

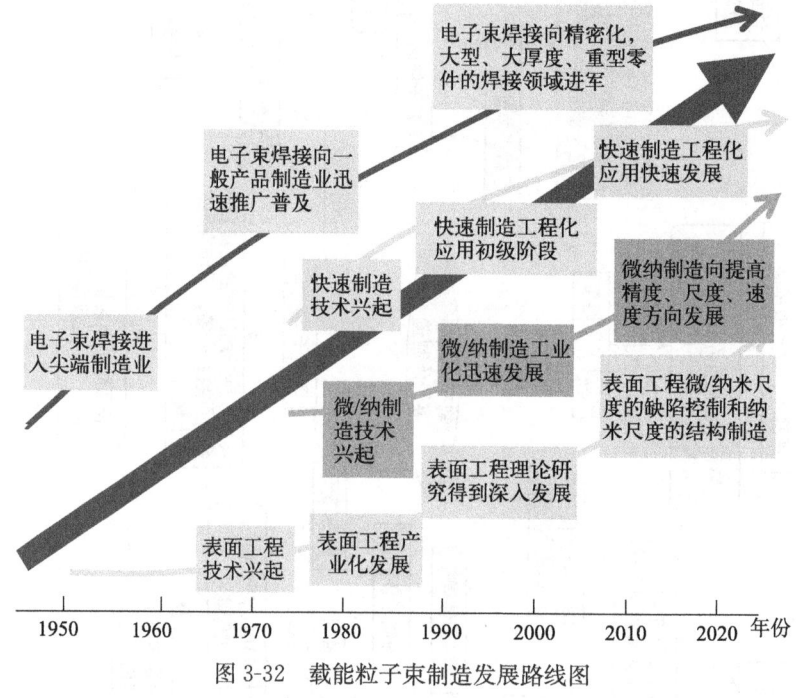

图 3-32　载能粒子束制造发展路线图

3. 特种能场制造

特种能场制造按工艺分主要包括微波、电磁加工、超声加工和电火花加工,其主要工艺、加工参数范围及其应用如图3-33所示。电火花制造是特种能场制造的典型例子。电火花加工基础理论研究应包括对放电间隙物理状态、放电过程中极间介质击穿理论与击穿规律的研究。另外,开拓电火花加工的加工范围、探索微细复杂结构的加工,也是当前的研究热点之一,包括高效电火花加工、镜面电火花加工、低损耗电火花加工、微细电火花加工、非导电材料的电火花加工等。采用电火花技术加工工程材料,可获得较高的表面精度和尺寸公差在微米范围内的加工效果。提高电火花成形加工过程的自动化是发展的必然趋势。

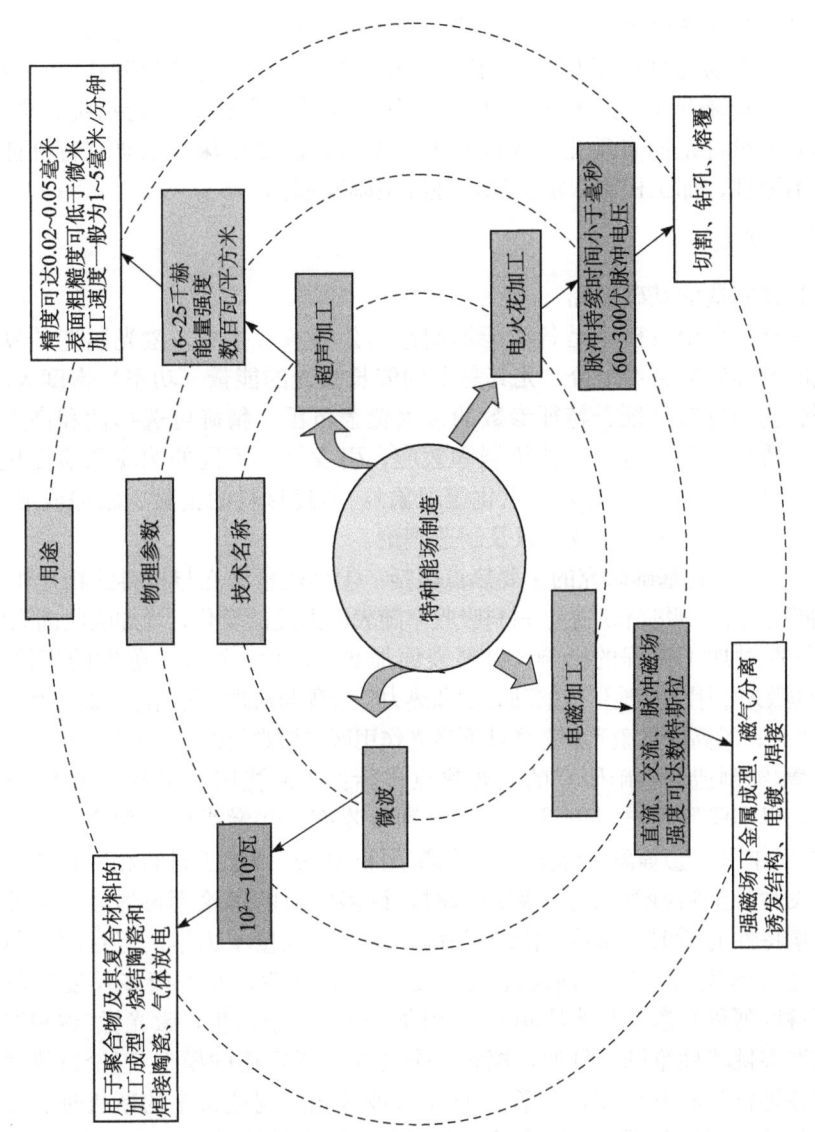

图3-33 特种能场制造综合图

目前，国内关于特殊材料和结构制造方面，电磁场、超声波、微波、介质场等特种能场制造已有相当的基础，并得到了一定程度的应用。然而，先进能场制造技术及设备方面研究远落后于国外。20世纪80年代以后，主要发达国家广泛重视能场制造各种高性能陶瓷、金属等材料及结构。90年代后期，微波、超声波、磁场等能场已进入产业化阶段。这主要得益于对特种能场的设计及控制理论、特种能场与材料相互作用的特种效应机制、特种能场制造新方法及装备等深入的理论基础研究。但特种能场制造目前尚无完整的理论系统。当前，特种能场制造设备正向自动化、柔性化方向发展，需要更深入地研究特种能场制造的基本原理、加工机制、加工稳定性等基础问题。

4. 基础研究

(1) 激光制造的基础研究

建立完整的理论或模型是各类能场制造的公共核心挑战。激光制造的发展与该领域的基础研究密不可分，尤其是不同波长激光的能量（功率）密度大小、时间特征、空间分布特征、特征参数的极大覆盖范围、精确可选择性和高度可控性，与物质相互作用时出现的机制和效应，引发材料不同的响应和演变机制（固态相变、熔化、溶解、蒸发、汽化等现象），通过材料的去除、添加或形变，形成多种制造方法、工艺、技术以及制造理论。

激光宏观制造的基础研究的主要热点包括：①高能量激光与材料的相互作用：材料对不同波长激光吸收和反射，材料吸收率随表面温度的变化，增加吸收的涂层，激光偏振特性对加工过程的影响，材料表面加热、熔化、汽化、蒸发的规律等；②高能密度激光作用下熔池形成的动力学和热力学过程与机理；③高能量激光作用下熔池凝固理论；④高能量激光制造条件下激光作用区的微观组织特征与性能。

激光微/纳制造的基础研究的主要热点包括：①激光吸收机理：光子-电子相互作用，以实验验证电子密度、反射率和吸收率；②激光诱导相变机理：电子-离子相互作用；③等离子体效应：等离子体-环境/被加工材料相互作用。当时间短到飞秒甚至阿秒和尺寸小到纳米时，许多经典的理论不再适用，物质光学和热力学特性的瞬时局部变化极为关键，需要引入量子力学。但目前仍然不存在一个完备的模型可以全面描述这一复杂的非线性、非平衡多尺度的超快（主要指飞秒/阿秒）激光与物质相互作用的过程。迄今为止，激光微/纳制造领域还存在许多挑战性难题，例如，探索一个更为广泛适用的模型/理论以描述超快激光与各种材料相互作用的过程；研究阿秒激光给制造带来的新机理、新现象；揭示飞秒至阿秒范围内，脉宽的变化对于加工质量的影响。

(2) 载能粒子束制造的基础研究

重点研究一种或多种载能粒子与材料接触界面的物理、化学或生物效应；包括载能粒子能量演化过程，作用时间的演化，局域温度和压力的演化及热效应，远离平衡的状态下微观结构的形成、演化机理及规律，以及研究表面溅射、表面缺陷的变化规律等。

载能粒子束的加工机理主要和载能粒子与物质相互作用有关，宏观上看包括能量沉积与质量沉积的时空分布。例如，电子束的射程在很多物质尤其是金属中远大于激光束，这是两者的最大区别，并且由于作用的时空特性，往往耦合产生强烈的应力场，尤其在脉冲束作用下应力场相当强烈，以至于形成应力冲击波，这构成表面改性的一般性原理。如果瞬间能量密度超过蒸发热甚至离化能，这些束流就可以实现物质的去除，从而形成切割加工手段，因此需要关注脉冲形式的高能量密度输入以及多种束流之间的耦合，以提高能量输入效率和能量密度，从而提高加工质量和效率，发展创新性加工手段。

等离子束和等离子体常常不可分割，其与物质作用模式还要考虑离子的物质输入和沉积，在低能状态下离子可以在基片表面沉积和扩散，这是扩散处理和成膜乃至快速成型的主要机制，要特别注意脉冲粒子的输入行为，其中可能发展出新机制和新方法。

载能粒子束制造的科学问题包括：如何描述一种或多种载能粒子与材料接触界面的物理、化学或生物效应？载能粒子能量演化过程是怎样的？如何考虑作用时间的演化？怎样计算局域温度和压力的演化及热效应？远离平衡的状态下微观结构的形成、演化机理及规律是什么？表面溅射、表面缺陷的产生及变化规律是什么？这些内容已成为载能束制造的共性基础理论问题。

（3）特种能场制造的基础研究

特种能场与材料发生强相互作用，通过能量的传递和转化，产生一系列物理和化学现象，实现材料的生长或改变材料的形状、组织结构和性能，达到制造的目的。特种能场制造能力取决于场强及其时空分布控制、场与材料相互作用机制，主要包括：①特种能场的设计方法及控制理论；②特种能场与材料相互作用机制；③特种能场制造新方法及理论基础研究。

（三）研究前沿与重要科学问题

1. 高能束与材料的相互作用多维性机制及其极端制造原理和方法

高能束在时间、能量密度、空间尺度方面的多维特性决定了其与物质相互作用的显著多维特性，即各种效应的非平衡/非线性响应。高能束特别是超短超强激光脉冲（飞秒和阿秒激光）能够为光辐射微区内提供全新的、极端物理条件，如光压 $10^9 \sim 10^{12}$ 巴（1 巴 $=10^5$ 帕）、磁场 10^9 高斯、加速度 10^{22} 米/秒^2、温度 10^8 开等。这种极端物理场将影响材料的结构、物理、化学等特性，足以进行高空间分辨率的微/纳改性、微/纳加工和制造过程。利用这种极端的单一或多重物理场条件微区或纳区光加载，能够获得常规条件下无法获得的新现象，产生出相应的制造新原理；这种新原理可能基于在极端物理场激发下展现出特殊光响应的尺度效应、量子效应和相对论效应；产生出微/纳制造中所期望的光、热、电、磁、力学性能以及纳米选区改性和制造。在理论方面，高能束与材料相互作用机制是高能束制造的基础，但尚不存在一个广泛适用的统一理论来描述高能束制造。具体而言，该领域未来5~10年的科学问题主要侧重于以下三个方面。

(1) 微/纳制造中高能束与材料相互作用机制

最为基础和重要的突破是对电子层面能量的吸收、传递、转化过程的科学揭示和该过程的控制调控，通过对原子、电子等的控制，提高、控制加工过程。包括能量吸收、转换与传递机制，材料物理/化学变化、质量迁移和性能演变机制与规律，作用时间和空间的演化过程，电子层面上的加工过程控制，超快激光纳米加工过程中的量子效应、相对论效应、尺度效应，以及电子束制造中由于前散射和背散射引起的电子束"邻近效应"等。

突破的重点将有：①理解高能束与物质相互作用中化学键的键合和键离机制及调控；②基于分子转动、分子振动、电子激发、电子电离等多能带/能级耦合的协调共振激发；③研究高能束控制电子状态、原子量子结构及电子与原子相互作用的原理和方法。

(2) 高能束复合制造动力学过程与性能演变机制

包括多能束复合制造的能量耦合与协同作用机制及其制造新方法；发展聚焦高能束与物质相互作用的掌控技术，减少制造过程中污染和缺陷的产生，实现从几纳米到百微米尺度的跨尺度和复杂结构制造；在大型复杂结构和大厚度板激光复合焊接、高反射和高导热材料激光复合改性等方面获得重大突破等。

发展可控、可重复、高效率、高精度的高能束近场技术从单原子到微米的跨尺度制造，揭示其内在规律；等离子激元光子技术可能会成为潜在有效的辅助技术；研究图案模板化的纳米结构调控大面积的近场光分布；对将激光宏观辐射与微观纳米探针并行耦合技术进行集中攻关。

(3) 载能粒子束制造科学及其制造新理论与新技术发现

研究在空间高能粒子辐照，高、低温变化，原子氧等环境下的电子束的特征及与不同材料作用的物理、化学效应，提高空间多功能制造的电子束的品质，在大厚度、薄壁件以及钛、铝、镁、不锈钢等多种材料的焊接、切割、表面涂敷、快速成形等制造技术上取得突破。

对于离子束沉积，应重点研究利用铯离子源轰击固体靶，产生负的金属离子，实现能量在5~500电子伏特可调，可沉积的任意金属离子。实现低温沉积、高结合力、表面光滑和特殊化合物的薄膜制造技术。

(四) 2011~2020年优先资助方向

图3-34总结了"十二五"期间高能束与特种能场制造科学领域的重点研究的方向。具体的发展规划如下。

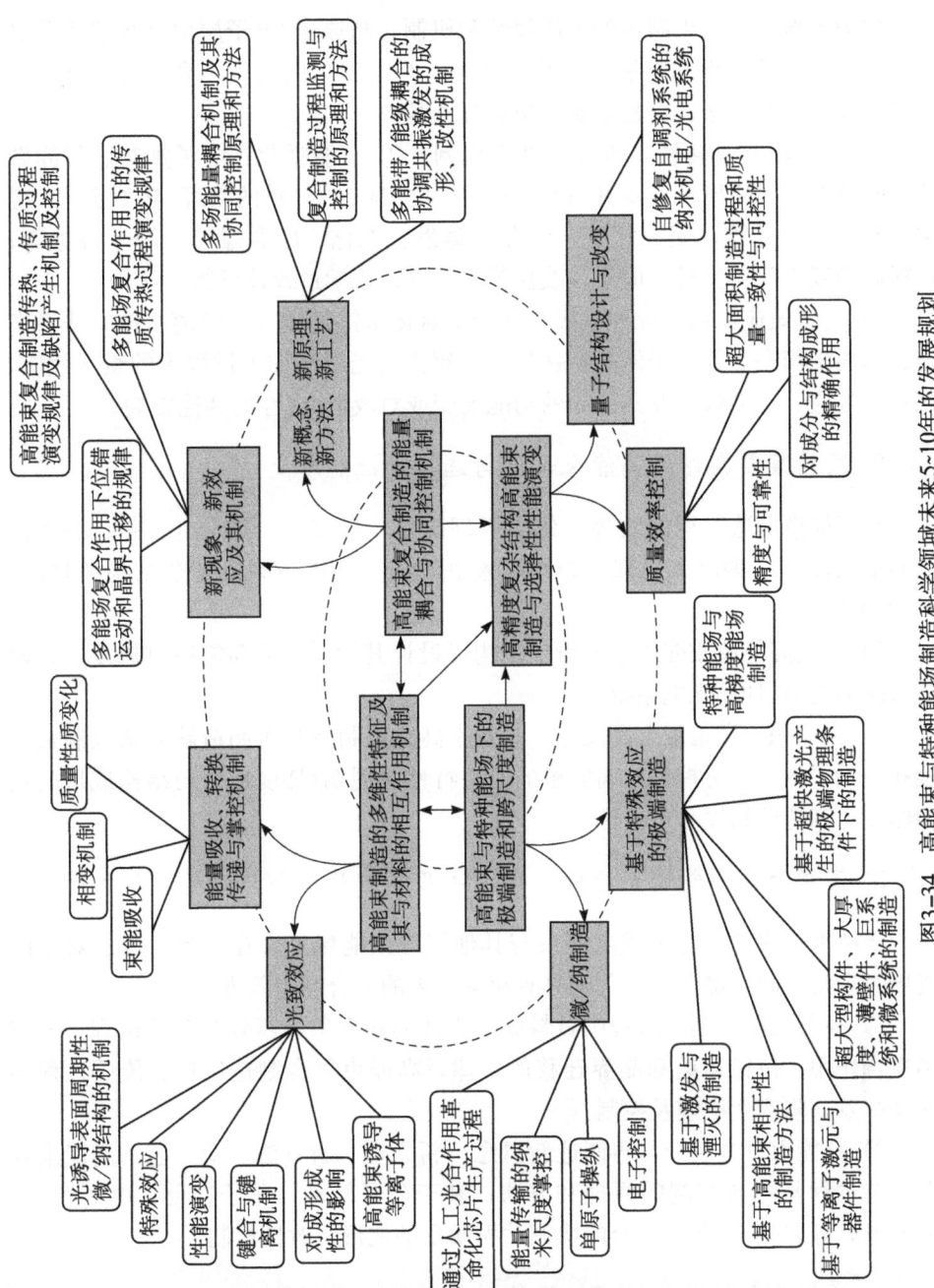

图3-34 高能束与特种能场制造科学领域未来5~10年的发展规划

1. 高能束制造的多维性特征及其与材料的相互作用机制

致力于揭示高能束制造的本质属性和机制，从原子/电子层面掌控能束及其在物质中传输及机理和对制造过程的影响，为高能束跨尺度、高精度、高效率制造新原理、新方法、新技术研究奠定理论基础：

1) 能量吸收、转换、传递与掌控机制：① 束能吸收：电子加热、带间跃迁、光致电离、碰撞电离及其对加工过程的影响。② 材料的物理/化学变化：变化机制及质量迁移，固态相变、熔化、蒸发、汽化、库仑爆炸、静电烧蚀等；材料高精度去除、生长、成形、改性等的物理、化学过程及机制。

2) 光致效应：超短脉冲、极紫外光子对化学键的键合与键离机制；非平衡态、远离平衡态下等离子体的特殊效应；超快激光纳米加工过程中的量子效应、相对论效应、尺度效应及其诱导的功能突变或对成形/成性的其他影响。

2. 高精度复杂结构高能束制造与选择性性能演变

从高能束制造过程的物理、化学机理出发，研究光、热、电、磁、力学性能的多尺度（从瞬时、局部到持续、宏观）演变，提高制造复杂结构的精度、质量和效率：

1) 通过高能束改变原子的量子结构以设计其性质，从而制造自修复、自调剂系统的纳米机电/光电系统。

2) 大面积、高精度、高质量、高效率高能束制造与再制造新方法及制造过程和质量一致性与可控性；高能束的时空特性对周期/梯度成分与结构成形的精确作用；制造的精度与可靠性。

3. 高能束复合制造新原理、新方法及其能量耦合与协同控制机制

将两种或多种高能束或高能束与其他能源或能场复合在一起，通过对不同能场时空特性的精确调控，获得具有超常效果的复合制造新方法：

1) 高能束复合制造过程中材料成形成性的新现象、新效应及其机理：多能场复合作用下位错运动和晶界迁移的规律；高能束复合制造传热、传质过程演变规律及缺陷产生机理及控制。

2) 高能束复合制造与再制造新概念、新原理、新方法、新工艺；高能束复合制造过程监测与控制的原理和方法；基于分子转动、分子振动、电子激发、电子电离等多能带/能级耦合的协调共振激发的成形、改性机制。

4. 高能束与特种能场下的极端制造和跨尺度制造

致力于取得 10 纳米以下高密度和高精度的高效并行高能束制造技术的突

破,并揭示其内在规律和机制:

1) 微/纳制造。通过控制电子以改变物理、化学、光学材料性质达到高效率、高精度控制,通过人工光合作用革命化芯片生产过程;高能束能量传输的纳米尺度掌控,以优化制造过程,为纳米生物制造提供支撑;基于单原子操纵的原子尺度制造。

2) 基于特殊效应的极端制造。基于高能束相干性的高精度、高密度、极限尺寸、高效并行制造方法;基于激发与湮灭的高精度、极限尺寸的制造;基于等离子激元与器件的光调制、光传输、光制造等;面向制造的超大功率或超高精度新能束与能场产生机制与方法;超大型构件、大厚度、薄壁件、巨系统和微系统的高能束与特种能场制造及其结构完整性评估理论等。

九、高精度数字化制造科学

(一) 研究范围与内容

数字化技术是指以计算机硬件、软件、信息存储、通信协议、周边设备和互联网络等为技术手段,以信息科学为理论基础,包括信息的数字表达、收集、处理、存贮、传递、传感、仿真、控制、物化、集成和联网等领域的科学技术集合。数字化技术作为一种通用信息工程技术,具有分辨率高、信噪比高、表述精度高、处理效率高、可编程处理、传递可靠迅捷、便于存储、提取和集成、联网等优势,为各个领域专业技术的改造、革新提供了崭新的手段。数字化制造作为先进制造技术与数字化技术相结合的产物,其本质是将计算模型、仿真工具和科学实验应用于制造装备、制造过程和制造系统的定量描述与分析,通过对制造全过程中的复杂物理现象和信息演变过程进行定量计算、模拟与控制,结合科学试验,揭示制造活动乃至产品全生命周期过程中的科学规律,提高制造装备的自律性和适应性,实现对制造过程和产品性能的预测和有效控制,增强制造系统的可维护性和制造信息的可重用性,促使制造活动由部分定量、经验的试凑模式向全面数字化的计算和推理模式转变,实现基于科学的高性能制造。

在数字化制造研究中,与制造装备、制造工艺、制造系统相关的几何量、物理量和物理过程以及人的经验与技能等均需要离散化表示为可由数字计算机处理的数据和模型。制造装备数字化控制,制造过程数字化仿真与优化,以及制造知识、信息的数字化表达、组织和存储是数字化制造的重要体现。数字化制造革新了传统制造的科学基础,产生了一系列的基础理论和关键技术问题,如复杂几何曲面与物理功能曲面的数字化建模与数字化设计,物理场耦合作用的模拟仿真计算,基于数字化模型的制造过程的定量分析,制造过程状态参数的原位测量、数据获取与异构数据集成分析,制造知识的数字化表达,制造执行系统中的信息流动机制、转换规律和传递机制等。目前,高精度、数字化制造尚是一个开放的研究领域,也是一个快速发展的研究领域,有待研究的内容十分庞大,需要解决的开放问题十分广泛。图 3-35 描述了高精度数字化制造科学领域当前在关键零部件和整机装备制造工艺过程仿真与优化、制造装备与制造过程控制以及制造系统运行规划方面的前瞻性、基础性优先发展方向及相互之间的关系,具体内容包括六个方面。

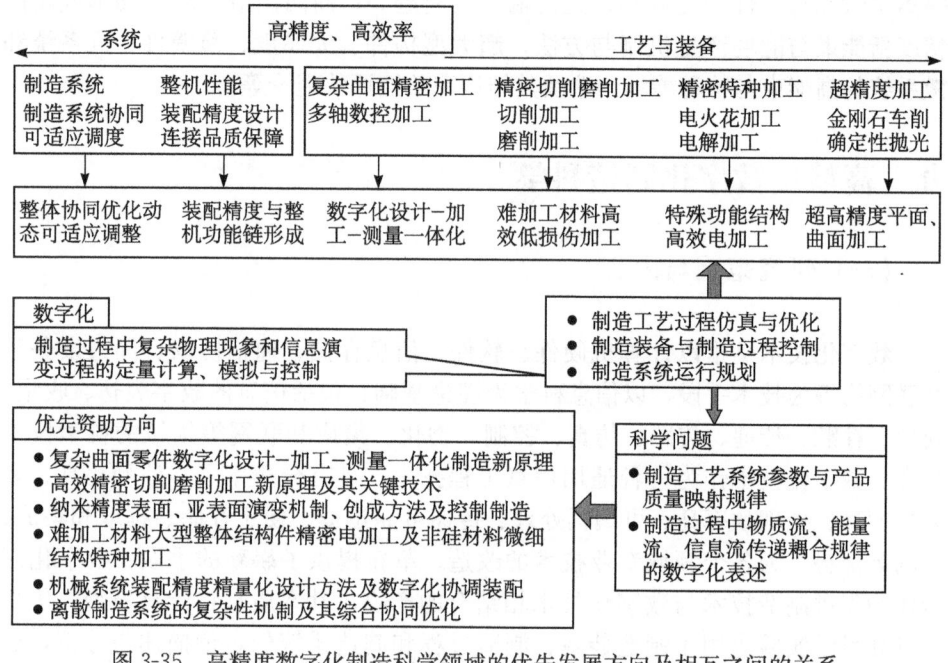

图 3-35 高精度数字化制造科学领域的优先发展方向及相互之间的关系

1. 数字化设计-加工-测量一体化

以实现高性能复杂曲面零件多轴高效精密加工为目标,将数字化设计-加工-测量一体化方法应用于制造过程,研究复杂曲面零件多轴数控加工工艺规划,几何-物理仿真与质量预测,超精密插补算法,多轴多通道独立轨迹跟踪控制及同步控制方法,零件几何形貌、物理性能的原位测量和多维异构海量数据处理,以及质量评价和多源约束复杂曲面的面形再设计方法等数控前沿及科学问题。

2. 高效精密切削磨削加工

以实现大型复杂结构薄壁件、新型结构材料和功能材料高性能零件的高效率、高精度、高表面完整性加工为目标，研究相应的切削磨削加工新原理与新方法、切削/磨削过程的数字化描述与动态仿真、切削/磨削工具的数字化设计与制造等内容，探索切削/磨削加工方法的极限能效和新应用方向，赋予传统而又基础的冷加工技术新的生命力。

3. 超高精度、高性能平面、曲面制造

以实现纳米级面形精度、超光滑表面和高使用性能的平面、曲面加工为目标，研究利用不同物理、化学原理的超精密加工新工艺，超精密加工过程中微观力、热、磁、光等的耦合作用机制，零件表面、亚表面纳米精度生成演变规律，制造误差的检测与表征及其与使用性能间的映射关系，超精密加工装备设计理论与方法等内容。

4. 特殊功能结构的特种加工

以提高特殊功能结构的加工效率和精度为目标，研究特种加工的物理/化学过程及复合能量场作用机制、零件动态成形规律及数字化表述、工具精确设计及新型微细工具结构的设计制造、加工定域性控制、加工产物的输运物理过程及快速输运方法等内容。

5. 复杂机械系统装配性能保障

以保障复杂工况下机械系统整机装配性能为目标，研究面向性能的宏观与微观两个层面的装配精度精量化设计理论与方法；研究机械系统装配精度的形成与衰退规律；研究复杂机械系统整机装配"尺寸→精度→性能"之间的映射关系及整机性能链的形成规律；研究考虑装配过程物理特性的虚拟装配理论与方法；研究装配精度与性能的检测方法、柔性工装设计方法以及复杂机械系统的数字化协同装配方法。

6. 制造系统运行优化

将复杂性理论、自适应与自修复理论以及数据采集与过程监控技术应用于制造系统运行优化，研究制造系统的多目标、低能耗、多环节协同优化、制造系统的可适应性和自修复机制。通过对离散制造系统整体运作规划与可适应性运作控制，实现制造系统的高效、低耗、稳定与协同优化运行。

（二）研究现状与发展趋势

下面将围绕数字化设计-加工-测量一体化，高效精密切削磨削加工，超高精度、高性能平面、曲面制造,特殊功能结构的特种加工,复杂机械系统装配性能保障,以及制造系统运行优化等6个优先资助方向分别介绍。

1. 数字化设计-加工-测量一体化

数字化设计-加工-测量一体化的闭环制造模式是加工具有高几何精度、高物理性能要求的复杂零件的重要手段,国内外在相关技术领域进行了大量的理论和应用研究,主要集中在多轴数控加工、多轴数控装备与数控系统、设计-加工-测量一体化三个方面,相互关系和具体内容如图3-36所示。

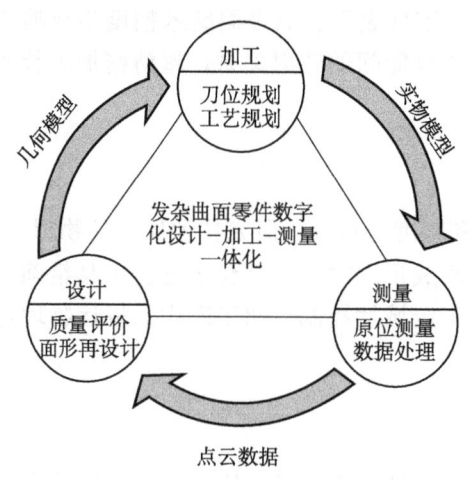

图3-36 复杂曲面零件数字化设计-加工-测量一体化制造综合图

多轴数控加工的研究主要包括三个方面:加工物理过程仿真和产品质量预测、工艺系统动态响应与稳定性分析以及高效数控加工工艺规划。目前的加工过程仿真系统主要面向切削条件相对恒定的工况,缺乏针对多轴数控变工况下加工过程仿真的有效手段。随着各种难加工材料的出现,对难加工材料加工过程物理仿真的需求日益迫切,同时如何根据工艺系统的动态特性和加工过程中的物理因素规划高效加工工艺已成为复杂曲面数字化制造的研究重点。

制造装备动态特性的研究主要包含两个方面:数控装备状态辨识、动态行为仿真和基于动态特性的装备可靠性评估。德国、加拿大和美国针对机床本体结构和运动部件的动力学特性,以机床及部件动力学特性驱动的机床设计建模方法开展了研究,并用于指导五轴机床的设计制造。德国从装备动态性能与服役可靠性之间的映射关系出发,研究了基于动态性能监测的数控装备服役可靠性评估及预测技术。

数控系统方面的研究主要包括三个方面:多轴数控精细插补、装备与工艺的交互作用和加工过程闭环控制。日本和德国提出的纳米插补与纳米平滑等方法有效提高了加工效率和质量;国际生产工程学会(CIRP)在2008~2010年连续以"装备-工艺交互作用"为主题组织国际会议,研究加工过程中"装备-工艺"的动态交互作用机制、建模和仿真,以及基于加工动态特性的工艺优化方法;日本、德国和奥地利等将加工状态的识别引入数控系统,通过加工过程闭环控制实现稳定切削力和抑制振动等,以提高装备对复杂工况的适应性。

考虑到五轴加工中时变的切削条件和诸多不确定性因素,单次加工往往难以满足产品在几何精度和物理性能方面的高要求,集设计-加工-测量于一体的闭环加工模式是解决这一难题的重要手段,是数字化制造的前沿方向。德国和英国推出的测量仪器,可以在恶劣环境中实现高精度原位测量,利用五轴数控的可达性能够高效测量复杂曲面工件,为高效原位测量提供了技术手段。美国通过测量数据到工艺规划的反馈形成闭环加工,克服了薄壁叶片加工的变形问题;在欧盟优先发展的航空项目中,将测量和数控加工相结合研究了航空发动机叶片的自适应修复技术;我国学者提出了天线罩电厚度测量与物理性能驱动的面形再设计方法。

目前国际上数控装备与数控加工技术的研究热点表现在以下几个方面:①复杂曲面多轴复合加工技术;②多轴数控精细插补技术;③加工过程闭环控制技术;④五轴铣削成形过程多物理场仿真技术;⑤高性能复杂曲面原位测量-补偿加工技术。

该方向的技术发展路线如图 3-37 所示。

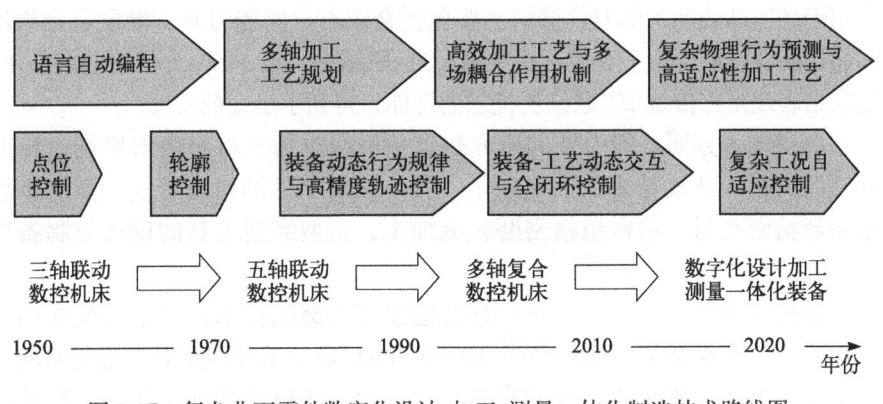

图 3-37 复杂曲面零件数字化设计-加工-测量一体化制造技术路线图

2. 高效精密切削磨削加工

切削磨削加工是制造技术领域最为传统但又十分重要的基础工艺。随着所加工对象本身性能的不断提高以及对加工精度和效率要求的不断提升,切削磨削加工围绕高效与精密的目标不断寻求着新的突破。当前,国内外的研究热点主要围绕切削磨削加工新原理与新方法、切削磨削过程的数字化描述与动态仿真、切削磨削工具的数字化设计与制造三大方面,相互关系如图 3-38 所示。

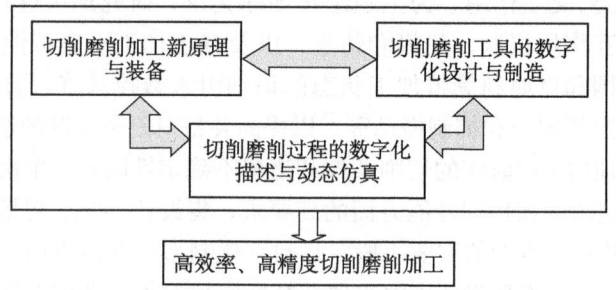

图 3-38 高效精密切削磨削加工主要研究内容关系图

在高效精密切削方面,近年来最主要的热点和代表性成果当属高速高效切削加工。高速切削、干切削、硬切削等为代表的切削工艺已经显示出卓越的优点,成为制造技术提高加工效率和质量、降低成本的主要途径。高速切削研究的热点理论问题为工件材料在高速切削过程中的变形理论,包括本构方程、锯齿状切屑的形成、切削过程的计算机模拟仿真等。

高速加工刀具设计的核心问题是材质、形状及其组合效果。高速切削刀具材料及结构设计理论、高速切削摩擦学、刀具磨损机理、刀具寿命以及刀具几何参数、切削用量、冷却润滑条件等的影响已成为金属切削刀具研究的热点理论问题。目前用于高速高效加工的刀具材料主要包括金刚石、陶瓷刀具、硬质合金涂层刀具和超细晶粒硬质合金刀具等。在主轴/刀柄联结中,以 HSK 为代表的新型主轴/刀柄联结表现出比传统 BT 联结更优越的性能,得到了迅速的发展。

在磨削加工方面,国内外的研究热点集中在难加工材料高效磨削、新型结构和功能材料的高效精密低损伤磨削、微小结构零件的精密磨削、多能量场复合精密超精密磨削、精密超精密磨粒流加工、新型磨削工具的设计与制备以及磨削过程建模与仿真等方面。

高效精密磨削的研究热点之一是高速超高速磨削技术,其中高效深切磨削(HEDG)、快速点磨削(quick-point grinding)是集 CNC 技术、超硬磨料、超高速磨削三大先进技术于一身的高效率、高柔性先进磨削加工工艺。高效精密磨削的另一重点是组合磨削工艺,即在同一台机器上组合内外圆磨削、平面磨削和仿形磨削等各种磨削工艺,甚至可与车削等其他生产工艺结合(如德国多特蒙德技术大学切削工艺研究所研发的车削-磨削-珩磨工艺组合)。在精密超精密磨粒加工技术方面,近年来的典型成果体现在超细金刚石砂轮在线电解修整磨削、确定量微磨削、镜面磨削、超声磨削、精密超精密砂带磨削、磁流变抛光以及磨粒流加工等方面。在磨削基础研究方面,更多开始关注采用新的仿真和实验手段揭示加工过程中各种参数的影响以及内在规律,从过去的定性描述向定量描述逐步发展。在磨粒加工工具研究方面,近几年的研究热点是超硬磨料钎焊技术,这种技术的发展为更广泛地应用超硬磨料砂轮以及提升高效磨削的潜力奠定了基础。

未来切削磨削加工技术的发展趋势表现在6个方面:①高速高效加工正在向超高速方向发展;②面向难加工材料大量使用及其品种性能多样化带来的难题;③应用磨粒加工技术突破超精密加工极限的探索;④切削和磨粒加工工具的数字化设计及其新型制备方法;⑤刀具和磨具磨损自动化检测以及切削磨削过程智能监控的新原理、新装置和新系统;⑥切削磨削过程的数字化建模仿真及加工试验设计的新原理、新技术、新方法。

该方向未来5~10年的发展路线如图3-39所示。

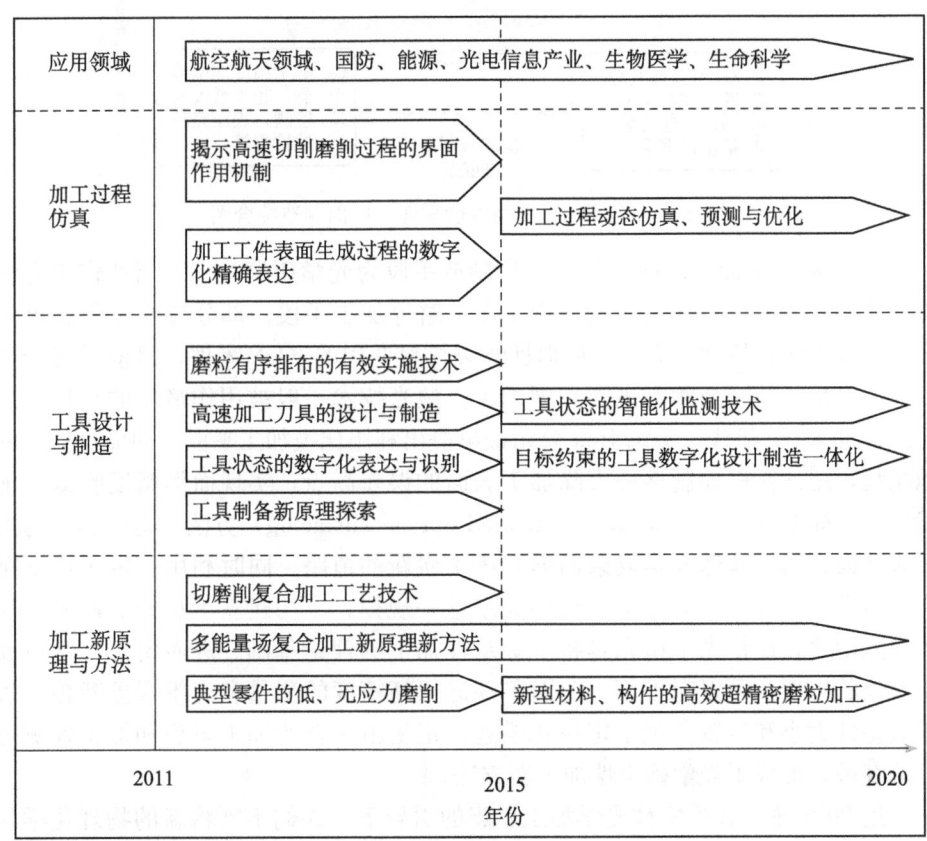

图 3-39 高效精密切削磨削技术发展路线图

3. 超高精度、高性能平面、曲面制造

超高精度、高性能平面、曲面零件在高分辨率对地观测、微电子、惯性约束核聚变等领域有着广泛的应用,其典型代表有空间光学零件、强光光学零件、

微电子芯片光刻用晶圆等,纳米量级面形精度、超光滑表面、高表面完整性等为其主要制造要求。此外,尺度的极端化、形状的复杂化、材料的多样化和生产的批量化等也对制造技术提出了新的挑战。超高精度、高性能平面、曲面制造已成为当前超精密加工技术发展前沿,也是精密工程领域的热点研究方向,有关研究内容及相互关系如图 3-40 所示。

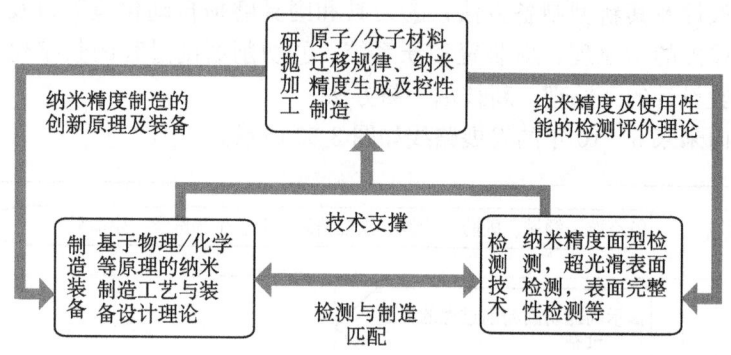

图 3-40　超高精度、高性能平面、曲面制造综合图

超高精度平面、曲面零件的主要制造手段为光学研抛技术,当然作为完整的工艺路线,前道工序还大量使用了车、磨等加工手段。部分特殊零件也可用车、磨等方法直接加工完成。如惯性约束核聚变用的 KDP 零件,目前最好的加工方法仍是超精密金刚石飞刀切削加工。抛光技术一般被用作最后的精加工工序。20 世纪 70 年代,美国 Itek 公司最早提出利用比被加工平面、曲面小得多的抛光盘,用计算机控制逐一去除加工表面的误差高点,实现面形精度收敛的加工思想,即 CCOS(computer controlled optical surfacing)方法。这一思想为加工非球面、离轴非球面等复杂面形开辟了崭新的道路。同时利用一定条件下抛光压力及速度和材料去除量呈线性关系这一规律,成功建立了小磨头抛光的材料去除函数,使得光学抛光具备了确定性加工的理论基础。进而由于光学波面干涉仪的出现,可以对平面、曲面零件进行高精度的测量和三维误差建模,表面误差的大小和位置实现了定量化描述。正是由于新的加工思想和加工检测理论的突破,形成了光学确定性加工新方法。

近 20 年来,在确定性光学加工思想的引导下,人们不断将新的物理化学材料去除方法应用到光学加工中,形成了化学抛光、化学机械抛光、磁流变抛光、离子束抛光和应力盘抛光等新的光学抛光技术。不同于传统硬质抛光盘,新的抛光工具大多具有柔性,可通过电、磁、力、酸碱度等对其作用机制进行有效的控制,因此也被统一称为可控柔体抛光技术。材料去除机理,材料纳米量级高效去除的可控性,平面、曲面纳米精度和亚纳米超光滑表面演变生成规律,力、热、磁及化学能作用下的表面完整性等科学问题的深入研究,奠定了纳米精度高性能平面、曲面制造的理论基础。

应该指出超精密加工精度的每一次提高都离不开测量技术的进步。20 世纪 80 年代，最新激光技术、微电子技术、计算机技术的综合利用，使干涉条纹信息的定量提取成为可能，波面相位检测技术应运而生。波面干涉仪将面形检测精度提高到纳米量级，原子力显微镜将粗糙度检测水平提高到原子分子尺度量级。此外，动态波面干涉仪、点衍射干涉仪的出现，还在不断提高测量精度和可信度。

面对高技术发展的重大需求牵引，未来 10 年国际上超高精度、高性能平面曲面制造发展趋势表现如下：①零件特征的极端化。纳米精度、超光滑表面、复杂面形、特殊材料、极端尺度成为高性能平面、曲面零件的重要特征。②加工手段的多样化。新的物理、化学、电化学等方法被不断应用到制造过程中，以实现高精度、高效率、低损伤等制造要求。③加工过程的确定化。普遍采用物理、化学、力学方法对制造过程进行建模，具备纳米量级材料的精确高效可控去除能力，可实现高度确定、可控加工。④生产的批量化。大口径光学零件出现了近批量生产的特征。加工结果的可预测预报、加工工艺的可固化和加工质量的一致性成为重要发展目标。

4. 特殊功能结构的特种加工

特殊功能结构是为了满足高温、高压、重载等特殊使用环境而设计的一类结构，在航空航天、运输、能源、核、微电子等领域高端产品中越来越多地被采用。由于特殊功能结构涉及复杂、薄壁、大型或微细结构，并多采用高温合金、钛合金、陶瓷等难加工材料，给制造技术带来很大挑战。特种加工是利用电能、化学能、声能等机械能以外的能量形式进行加工，不受材料硬度及强度的限制，因此国内外普遍将特种加工技术作为这类结构的有效加工手段，开展的研究工作包括加工机制，过程监控方法和装备关键技术三个方面，具体研究内容及相互关系如图 3-41 所示。

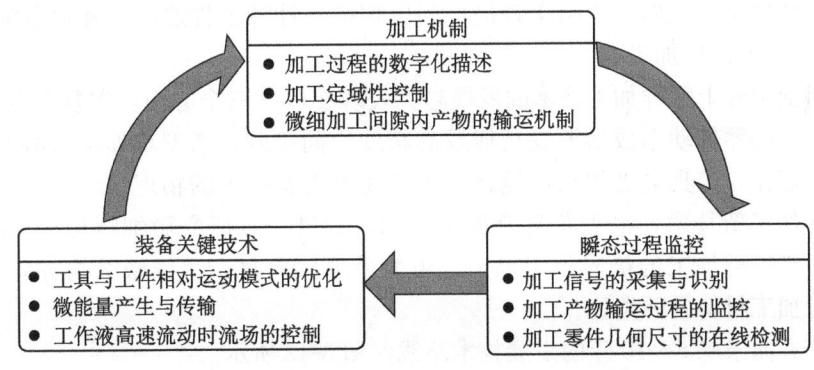

图 3-41　特殊功能结构的特种加工综合图

在大型复杂整体结构加工方面,加工精度和加工效率是研究人员首要关注的指标,它们的进一步提高很大程度上取决于对加工方法物理化学过程的深入理解。各国研究人员在此方面投入了很大的精力,取得了一系列的研究进展。英国、日本、荷兰等国学者对复杂形面点电解加工进行了理论分析,建立了多物理场数学模型模拟复杂型面的电解成形过程并预测加工间隙中的参数分布。日本学者采用新测试技术对放电瞬态过程进行了深入研究,对电火花加工中放电过程有了深层次的认识,为进一步提高加工精度和加工效率奠定了基础。研究表明提高加工产物的排放速度可以显著提高电火花加工效率,采用高压内冲液方式可以使得加工产物快速排放,使得加工速度成倍提高。英国学者实现了电火花-电化学复合加工,尽管表面粗糙度较差,但加工效率却非常高。另外,新材料的不断产生,给制造技术带来了新的挑战。例如,具有重量轻、熔点高、高温性能好的钛铝化合物等金属间化合物在航空航天领域具有诱人的应用前景,被认为是未来航空发动机压气机叶盘的首选材料,电解加工有望成为加工此类材料的有效方法,英国在此方向开展了初步科学探索,研究了加工方式、各物理化学参数以及工艺对加工质量的影响。

在电化学制造过程中,材料的转移(去除或沉积)是以离子尺度进行的,金属离子的尺寸为十分之一纳米甚至更小,因此电化学加工技术在微细制造领域、纳米制造领域有着很大的发展潜力。世界各国研究人员纷纷开展基于电化学原理的微、纳米制造的研究。目前,微细电化学加工研究主要集中在以下方面:①控制杂散腐蚀,进一步提高定域性,追求极限加工能力;②由简单形状向复杂三维微结构方向发展;③拓展加工材料,扩大应用领域。近些年来,微细电火花加工技术也发展迅速,国内外学者从加工机理、加工策略、电极制备、脉冲电源及其控制系统等多方面进行了探索。日本学者采用电容耦合传输微能的技术,消除加工回路的寄生电容,可以获得更小的放电能量,实现了0.43微米的放电微坑。另外,各国学者还致力于研究探索采用新的物理、化学能量场进行微细加工。例如,美国学者提出利用扫描探针和工件之间的隧道电流实现了20纳米的微坑加工。

目前国际上特种加工技术的发展趋势表现在以下三个方面:①复杂电场/流场作用下的零件动态成形演变规律及高精度协同控制,新型难加工材料的电化学成形规律,工具电极的精确设计;②高速电火花加工的物理过程,探索高速电火花加工新技术,电火花复合加工技术;③进一步研究微细特种加工机制,挖掘微细特种加工的极限加工能力;由简单形状向复杂三维微结构方向发展;拓展可加工材料的种类。

该方向未来5~10年的发展技术路线如图3-42所示。

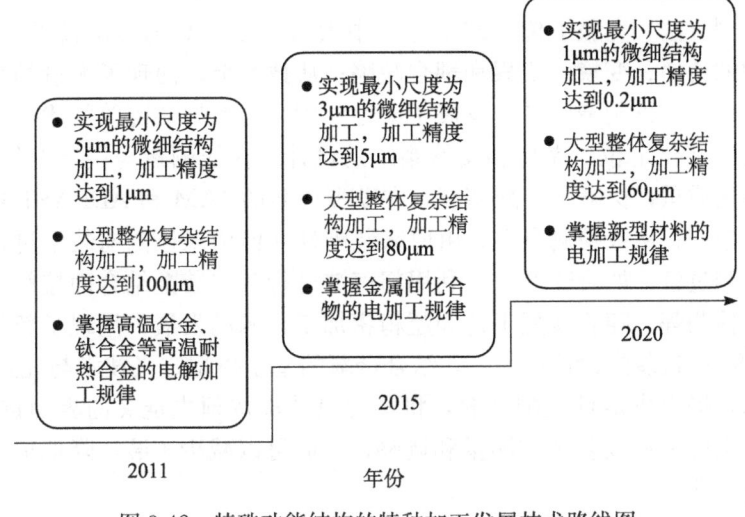

图 3-42　特殊功能结构的特种加工发展技术路线图

5. 复杂机械系统装配性能保障

随着现代机械系统结构的大型化和复杂化以及服役环境的恶劣化与极限化趋势越来越显著，人们对于整机工作性能的可靠性与可持续性要求也愈加严格。而超精密加工等技术的发展使得零部件设计与制造精度的一致性得到显著提高，因此，机械系统整机装配性能的保障由最初的设计制造环节逐渐向装配环节转移，相关研究得到了世界各国的广泛关注。

在宏观精度研究方面，ASME 和国际标准化组织（ISO）相继颁布了尺寸、公差的规范标准体系，在此基础上计算机辅助公差设计得到迅猛发展。但作为精度设计的基础，公差与配合没有考虑定量的载荷效应对公差设计的影响，缺乏精度与性能（几何量与物理量）间关系的定量分析。近年来，国内外学者已开始涉足相关的研究，如剖析了传动系形状误差以及装配精度对系统动力学特性的影响，探索了平面与空间机构的制造和装配精度引起的运动轨迹和动态性能的变化规律等。在微观精度研究方面，研究者集中分析了零部件的表面粗糙度、波纹度与微观形貌特性对连接偶件配合性质的影响，以及结合面的摩擦学、热力学、动力学等性能。同时，连接载荷过程（力的大小、分布、速率、顺序）对装配连接性能的直接影响引起了业内和研究者的广泛关注，美国、加拿大、日本及国内等相关研究机构开始了面向各种复杂工况的连接工艺优化研究，构建了试验与有限元分析相结合的连接模型，形成了一些保障性能的连接工艺相关标准，并已在大型飞机、汽车以及高档数控机床装配连接中得到应用。

近年来，装配过程的质量检测与控制取得了长足的发展。从理论上，提出了多偏差源、多工序的装配偏差溯源理论，形成了"数据驱动质量"的几何装配精度控制方法，克服了传统装配方法中大量工装夹具的装配偏差在"空间、时域"中的传递、变换、积累和耦合缺陷；从技术上，涌现了大量的数字化装配技术，如在飞机制造领域，发展了柔性装配、无型架装配等技术，通过解决零部件的数字化定位、夹持和支撑系统的设计、在线测量与误差补偿等问题，提高了装配质量，保障了装配精度，在欧洲著名的 JAM 和 ADFAST 项目中均有成功的应用；从被检测量上，由原来装配件几何信息检测向装配过程物理量与性能检测过渡，如研究者开始利用超声波进行某些装配结合面接触压力与接触面积的检测等。随着装配工艺和超精密加工技术的发展，呈现了新的装配理念，如 787 客机装配设计过程中，结合全新的基于模型定义技术与先进的 CNC 加工技术，提出决定性装配理念，将零件设计成按预先定义的界面进行装配，而不需要定位工具或复杂的测量和调整，从而可以减少工装，降低成本，缩短生产准备周期。

图 3-43 总结了复杂机械系统装配性能保障技术从 1960 年至 2020 年的主要发展历程、现状和展望，其发展趋势主要表现在以下两方面：①面向整机定量性能要求，在宏观精度与微观精度两个层面上都要实现定量设计；②综合考虑设计、加工、性能在线测量及柔性工装精密控制的多环节数字化协调方法，保障复杂机械系统装配性能。

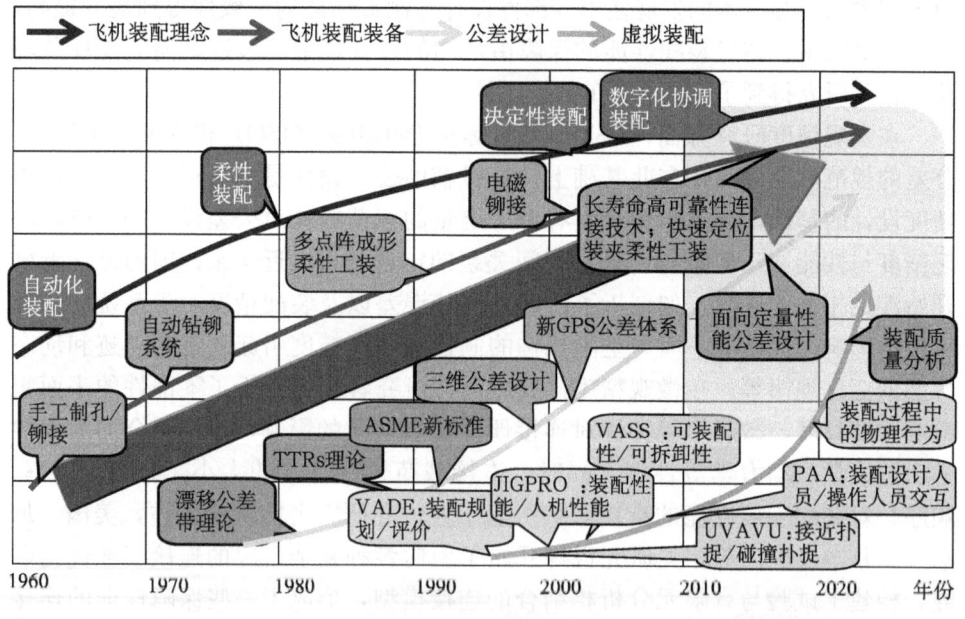

图 3-43 装配性能保障技术发展路线

6. 制造系统运行优化

制造系统按生产模式可分为连续型、离散型和混合型三种。其中，离散制造系统应用范围广，控制难度大，是目前制造领域研究的重点。制造系统运行优化是一个综合性的研究方向，包括对制造系统进行建模、仿真、决策和优化等，目前国内外许多一流大学和研究机构对其予以高度重视。当前国际上离散制造系统运行优化方面的发展趋势表现在以下三个方面：①从单目标调度优化向多目标整体协同优化方向发展；②从静态调度优化向动态可适应制造、自修复制造方向发展；③从单纯的优化调度软件系统向预测-监控-优化-仿真一体化平台发展。

（三）研究前沿与重要科学问题

精密与高效是制造技术追求的永恒主题。高精度、数字化制造的进一步发展将以制造过程的知识、信息和数据的数字化表达为基础，以数字化建模、仿真、预测与优化为特征，当前的研究前沿与热点主要体现在以下 5 个方面。

1. 复杂曲面零件设计-加工-测量一体化数字化制造

复杂曲面零件多轴数控加工的工艺规划与几何-物理仿真；高性能复杂曲面零件几何与物理性能的原位测量与多维异构海量数据处理；高性能复杂曲面的质量评价和溯源；多源约束复杂曲面的面形再设计。

2. 高效精密切削磨削加工

难加工材料的高速高效切削磨削加工技术；新型功能材料的高效超精密磨粒加工技术；高速高效切削磨削加工技术和低/无应力制造技术。

3. 纳米精度、近零损伤平面和曲面的形成机制与表征方法

超光滑表面形成机制、加工过程中的界面物理化学效应、原子/分子迁移机制以及原子级微量去除的微观力学行为、物理和机械等多能场复合作用获得超光滑无损伤表面的新原理和新工艺、加工误差和表面亚表面损伤的高精度检测与表征、零件纳米性能的误差映射建模与控制，以及装备系统的误差传递规律、动态精度设计理论、应力平衡装配方法等装备设计基础理论。

4. 特殊功能结构的特种加工

多物理/化学场作用下材料的动态去除过程、新型材料的材料去除规律、多

场作用下的工具电极精确设计、复杂电场/流场作用下的零件动态成形演变规律及高精度协同控制、微细电加工机理、基于新原理的微细电加工方法及复合微细电加工技术。

5. 基于宏/微观尺度关联的机械系统装配精度精量化设计

机械系统宏观与微观装配精度的定量表征方法；系统装配公差影响或诱发工作性能的真实物理力学行为及其本构关系模型；装配过程中机械系统宏观精度与连接偶件间微观精度在时间与空间域的形成、保持与衰退规律；不同工作载荷下机械系统宏/微观装配精度的解算原理与面向精度可保持的精量化设计方法。

该领域研究的主要目标是为国家重要领域所需关键零件和整机的高精度、高效率制造工艺与技术手段的突破提供理论基础。围绕上述研究前沿，该领域的共性科学问题可以归纳为以下两点。

（1）制造工艺系统参数与产品质量的映射规律

揭示制造过程中复杂物理因素对制造装备、工艺系统和工艺过程的作用机制以及对零件宏/微观性能的影响规律，为制造过程中复杂物理现象的定量预测、加工过程控制，以及加工参数优化的集成提供理论基础。具体内容包括：制造过程中复合场的数字化描述与定量表征；工艺系统和工艺过程参数对零件宏/微观性能的影响规律；制造过程中复杂物理行为的定量预测、调控与对工艺过程参数的响应规律；加工工艺优化与加工过程控制的新方法。

（2）制造过程中物质流、能量流、信息流传递耦合规律的数字化表达

揭示制造系统中的多源、异构信息获取、传递、控制以及信息传递与计算过程中的增值与损失机制，为复杂产品制造过程的质量控制和离散制造系统的多目标、多环节的协同优化提供技术源泉。具体内容包括：制造过程中多场复合作用下物质流-能量流的一体化动态建模与仿真；产品质量及加工过程状态参数的原位测量、数据获取与异构数据集成分析；制造系统中的物质流、能量流、信息流的传递规律，交互作用机制及其数字化表达与定量调控；分布式环境下的产品制造工艺，制造资源优化设计与配置原理。

（四）2011～2020年优先资助方向

以国家战略需求及国际学科前沿为牵引，兼顾应用基础研究和基础研究的比重，建议未来5～10年优先资助方向为以下几方面。

1. 复杂曲面零件设计-加工-测量一体化数字化制造新原理

研究复杂曲面零件几何形貌和物理性能的原位测量技术，几何误差评定、

分离和诊断方法，以及基于数学物理方程反演的多源约束面形再设计理论，实现补偿加工时材料去除量的精确估计。研究复杂曲面多轴数控加工的包络成形原理与刀位规划方法，多轴数控装备复杂响应与工艺过程的动态交互机制，强激励下多轴加工工艺系统动态响应与稳定性分析，多轴数控加工成形过程几何-物理集成仿真与产品质量预测方法，实现基于仿真的工艺系统和工艺过程参数优化。研究超精密插补算法，多轴多通道独立轨迹跟踪控制及同步控制方法，加工状态辨识与过程闭环控制方法，建立集设计-加工-测量于一体的复杂曲面数字化制造新原理和新装备。

2. 高效精密切削磨削加工新原理及其关键技术

研究高效洁净切磨削加工理论与技术、高速微细切磨削加工理论与装备、高速高效复合加工方法。研究多轴数控加工中的高维切削动力学、高速数控加工过程耦合建模与仿真、磨粒加工过程动态建模与仿真。研究高性能切削刀具设计制造理论、磨削工具制备新原理、高性能磨粒加工工具的数字化设计与制造。研究高速多轴切削磨削装备的数字化设计理论和关键零部件制造技术、高速多轴切削磨削设备的动态行为建模与仿真、多轴复合高效切削磨削加工装备。研究低/无应力抗疲劳制造与低/无应力抗疲劳加工工艺技术。

3. 纳米精度表面、亚表面演变机制、创成方法及控性制造

研究超光滑表面的形成机制，揭示加工过程中热、力作用和化学反应等机制以及材料变形断裂传递基本规律，探索材料加工表面完整性和误差演变的影响规律，发展超高精度、高性能表面的创成理论与制造新工艺方法。研究超精密装备设计理论和基础零部件制造技术，揭示零部件特征与装备系统精度的相互制约机制，探索超高精度和高性能表面形成影响因素和规律。研究复杂曲面和微结构表面的测量理论与方法，探索其性能与几何误差、亚表层损伤之间的映射关系，建立超高精度表面精度测量与性能评价理论体系。

4. 难加工材料大型整体结构件精密电加工及非硅材料微细结构特种加工

在复杂整体结构电化学加工方面，研究多物理/化学场作用下难加工材料的电加工成型规律及材料转移过程的数字化表述，复杂电场/流场作用的零件动态成形演变规律及高精度协同控制，工具电极结构和形状的精确设计，加工模式、工具路径的确定方法和制造装备中的核心技术。在高速电火花加工基础研究方面，研究高速放电加工物理过程，建立高速放电加工的物理过程模型，探索高速放电加工新方法，形成高速放电加工的技术体系。在非硅材料复杂微细结构

电加工方面,揭示微细电加工机理,充分挖掘微细电加工的极限加工能力;由简单形状向复杂三维微结构方向发展,拓展可加工材料的种类;研究微细工具的原位制造、电加工产物的快速输运、基于新原理的微细电加工方法及微细复合电加工新技术。

5. 机械系统装配精度精量化设计方法及数字化协调装配

从机械系统整机性能需求出发,通过揭示机械系统宏/微观装配精度对装配性能的影响规律,获得装配精度设计新方法即复杂机械系统宏/微观装配精度的形成与衰退机制;不同载荷作用下宏/微观几何尺寸精度的变化规律;机械系统"尺寸-精度-性能"之间的映射关系;面向定量性能的复杂机械系统宏/微观装配精度的精量化设计理论与方法;装配过程几何与物理行为实时仿真理论与分析方法;装配精度、性能的在线检测和柔性装配装备,发展面向装配过程中装配精度可保持的数字化协调控制方法。

6. 离散制造系统的复杂性机制及其综合协同优化

研究离散制造系统的复杂耦合关系及其非线性动态特性,从本质上揭示离散制造系统的运行复杂性机制,从整体上对其运行优化问题进行建模与算法设计,实现制造系统的整体协同优化,构建集预测-监控-仿真与优化于一体的软硬一体化综合优化平台。

十、机械的制造与运行参数测量科学

(一)研究范围及内容

机械制造与运行参数测量的任务是解决机械学科所面临的测量问题。根据科研或工程的需求,对具体的测量问题提出解决方案,经过更深层次的归纳总结和提炼,得出更为基础、更具普适性的共性测量方法,在技术或工程上得到提高推广。该领域重点研究机械加工过程监控、最终加工产品检验和系统运行参数检测中所涉及的精密计量与测试技术。

按照测量技术的应用场合,可以分为加工和运行过程中的在线测量和对加工后产品的测量。前者旨在为加工制造水平的提升或机械系统安全运行提供测试方面的技术支撑;后者探索和研究新的测试理论与方法,解决计量测试领域的一些共性问题,同时也针对具体问题研究新的测量系统与误差理论,为重大工程项目中制造装配测试和可靠运行难题的解决提供技术基础。

主要研究内容有如下几点。

1. 新型传感器原理与仪器

传感器技术是现代科学研究和工业技术的"耳目",是现代测试计量技术的基础和前提。研究内容涵盖关键传感器、传感器应用技术、特定条件下传感器封装和集成工艺。特别是随着未来对机械加工精度要求的提高,如何对加工过程进行可靠的、高精度实时监测,是传感器研究所面临的一个重要问题。以《国家中长期科学和技术发展规划纲要(2006—2020)》中的"高档数控机床与基础制造装备"为背景,只有解决加工过程中的信息传感问题,我国机械制造水平和系统运行监测水平才能得以提升。未来5~10年,重点研究机械制造与运行参数测量相关的传感器技术,如精密/高档机床高速切削刀具力传感器、轴系振动监测高频MEMS加速度计、微型温度压力集成传感器、微构件轮廓测量与表面表征的集成三维力或位移传感器等多种新型传感器。

2. 系统运行参数检测与表征

系统运行参数包括机械加工制造过程和机械设备运行过程中的参数,前者的有效检测是控制制造过程,确保制造精度和质量的必备手段;后者的有效检测为监控重大机械设备系统状态,保证其安全高效运行提供关键数据。未来5~10年,为了研究"高档数控机床与基础制造装备",需要解决加工过程中的实时测量问题。如在高精度非球面镜加工中,如何实时测量机床的参数和工件的状况,如何考虑二者的相互作用并反馈控制加工等,都直接影响了最终产品的精度。这方面的研究主要包括:对机床运动误差和零件加工误差的在线、在位测量;误差分离与建模;误差表述方法和误差补偿方法;等等。同时也研究重大机械装备系统运行的动态测量技术。

3. 计量与测试新原理、新方法

研究新科学原理在计量测试领域中的应用以及计量测试领域内存在的共性问题,主要涵盖微尺度、跨尺度和超大尺度的测量问题。一方面,随着微细加工等制造技术的发展,对高精度、大范围、多参数的测量需求日益增加。如何解决微观结构、宏观形貌和材料特性的相互影响是这方面测量要解决的关键问题。另一方面,以大飞机制造为代表的大型制造业也在快速发展,迫切需要考虑与之相对应的大尺寸空间测量技术,解决量程范围、测量精度和测量效率之间的矛盾。基于此,该方向主要研究基于新物理效应的微尺度测量新原理以及基于新传感技术的测量新方法,解决跨尺度精密测量中微观结构的宏观排布以及微观结构的多参数测量与解耦问题;探索超大尺度范围的基本几何量(如长度、角度)计量测试新原理与新方法,解决溯源或精度衔接问题。

4. 制造参数高精度测量与误差理论

针对典型测量问题，研究合理的测量系统与误差理论，特别是融静态测量误差与动态测量误差于一体、随机误差与系统误差于一体、测量数据与测量方法或测量仪器于一体，以及多种不同误差分布于一体的误差分析与数据处理新理论，为重大工程项目中制造装配测试和可靠运行提供技术基础。以国家重大专项及重大型号工程项目为应用背景，研究微尺度范围内精密元件的测量问题（如激光聚变靶球内外轮廓等几何参数测量），研究跨尺度范围内（如用于机械减阻的非光滑表面，仿生功能元件，衍射光学元件等）的高精度测量与表征，研究解决超大尺寸条件下、复杂空间内、现场环境中几何尺寸参数的测量问题（如大型装备制造、大飞机制造，高分辨力对地观测系统等）。

该领域主要研究内容之间的关系如图 3-44 所示。

（二）研究现状与发展趋势

1. 新型传感器原理与仪器

随着自然科学的不断发展和社会的不断进步，对机械制造与运行参数测量的新型传感器技术领域提出了高精度、微型化、集成化等新要求。高速或精密机床机械加工中使用的切削力传感器；用于机械装备故障诊断或运行的高频响加速度传感器；机械装备液压传动系统嵌入式集成温度、压力微型传感器；以及用于精密或超精密加工零件的轮廓测量三维力或位移传感器等是近年来国内外在机械制造和运行参数领域的研究热点和趋势。

微型传感器一个最大的特点是体积小，对系统动平衡的影响可以忽略，因此这类传感器在系统运行测量中有很大的优势。如可用于对高速或精密机床高速切削力进行测试、分析和监控。但目前这类力传感器还不能够适应生产现场的复杂和苛刻环境条件，仅适用于切削实验研究。如何实现对高速精密机床切削力的有效监控，并使切削力传感器能稳定可靠工作，是这类传感器研究需要解决的关键问题。微型传感器也可用于测量加速度，但在机械设备加工与运行状态以及故障诊断方面高频加速度计处于研究阶段。高频响、高灵敏度的大频率范围振动加速度计的设计与机械设备运行的实用化封装是研究的关键技术，以解决传统的光纤式、涡流式、压电式以及光电式振动传感器封装结构过大和机械设备安装困难的问题。

微型传感器的另一个特点是集成度高，这使其能有效用于在线检测。在线检测需要在设备上的多个测点安装传感器，与单一功能传感器系统相比，MEMS 集成传感器集成并融合了多种测量参数，不仅可利用其互补性、冗余性

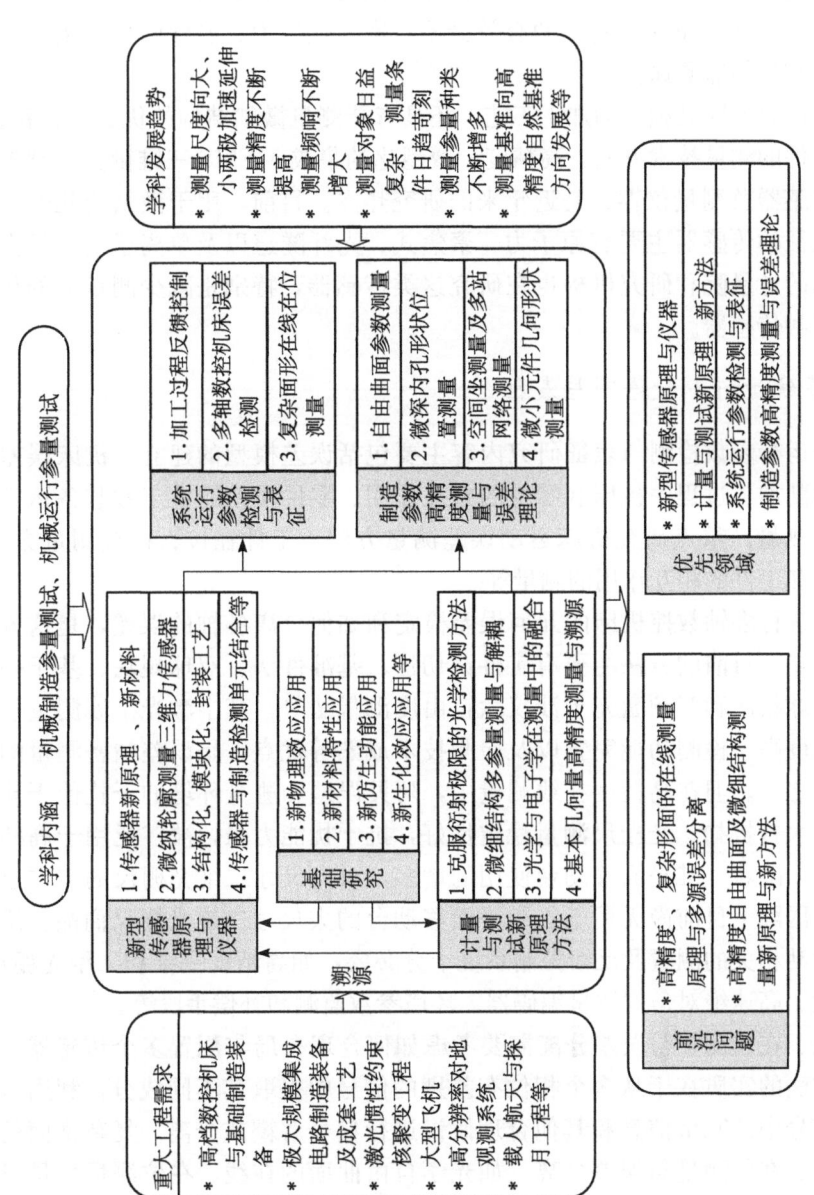

图3-44 机械的制造与运行参数测量领域主要研究内容之间的关系

来提高测量精度和可靠性，延长系统的使用寿命，而且花费的成本和时间也有所减少。微型温度、压力集成传感器广泛应用于汽车状态监测、环境监测、化学分析和生物保护等领域。在大型机械加工制造中，实时监测控制系统、液压传递系统是保证机械加工精度的有效措施，嵌入式压力、温度微型化集成传感器技术是有效的监测途径。

微型传感器因其独特的加工工艺，还具有能测量微细结构的优势。在精密、超精密零件的测量技术方面，高精度、微型化的集成 MEMS 三维微力传感器或微位移传感器及测量仪器，是近年来的研究热点。目前，用于微结构几何量的测量和表征的传感器主要有原子力、聚焦式、光纤隧道以及单离子纳米显微镜等。各国的计量院和研究机构也在研究这类传感器，特别是减少测量力的传感器和非接触传感器。

2. 系统运行参数检测与表征

系统运行参数检测与表征研究内容主要包括误差模型的建立、机床误差的检定、切削加工过程中机床和零件的相互作用、零件误差的检定和装备运行参数的动态测量。重点研究机床运动误差测量方法，工件在位、在线测量方法，以及机床和工件的相互作用的测量等。

如何进行多轴数控机床的几何误差检定和如何分离各轴的误差，是这方面研究的重点。目前的方法主要有工件试切法、基准件法、双球规法、基于一维球列法、球板法和双频激光干涉仪六自由度测量法等，其中激光干涉测量仪具有检测精度高、检测功能完善以及检测技术成熟等优点，是误差精密测量的最重要量仪之一。但在高精度在线测量中，阿贝误差和测量环境的干扰使干涉仪测量精度大打折扣。光栅尺测量稳定性好，抗干扰能力强，被广泛用于高档数控机床中。随着二维平面移动台使用的增多，对大尺寸二维光栅尺的需求也不断增加，国际上目前尚无用于二维平面移动台的大尺寸二维光栅尺商品。研究与机床运动相关的测量及反馈控制系统十分必要，如高精度一维和二维光栅尺、高灵敏度、高速绝对角度测量编码器、环境参数监测和补偿手段等。

在线、在位测量与误差分离需要考虑如何合理布局与配置多个传感器。误差分离方法的实质在于从多个相位有差别的信号中提取其不同成分，利用多个传感器信号中的冗余信息和其他合理假设进行信号解耦或分离。复杂型面的高精度在线、在位测量与误差分离（如光学自由曲面的在线、在位测量）是目前研究的热点和难点。

复杂型面零件的加工涉及多轴测控技术和对工件的实时测量。由于机械传动机构中存在非线性环节，如何使用高精度位置传感器，通过闭环伺服控制系统，对机床进给轮廓进行高精度跟踪是加工中的一个关键问题。

总之，在超精密加工的监测方面，迄今为止尚未有一种规范性、系统性、通用性和完整性的机床精度建模理论和严格统一的数学公差表述方法和模型。超高精度、复杂型面在线测量与误差分离技术与相应的误差补偿技术尚不成熟。凸面、离轴非球面、高陡度非球面和自由曲面测量等目前是国内外研究热点，尚无成熟方便的在线、在位测量技术。

3. 计量与测试新原理新方法

新物理效应的发现，新材料和新器件的发明，都将为计量与测试新方法的研究奠定技术基础。

在微小尺度的测量方面，亟待解决的重要问题包括如何对内、外结构尺寸进行精密测量，如何进行多特性参量测量并进行各种特性参量间的解耦等。在众多微细结构的测量方法中，由于光波的振幅、位相、频率、偏振、光谱、散射等均可作为测量信息的载体，光学测量在多参量测量方面极具优势。近年来，在三维微结构测量中，共焦显微成像技术和超声显微成像技术开始备受关注。目前，微细结构测试的研究重点集中在以下几点：①分辨能力的改善。克服衍射极限，提高横向分辨力。②层析能力的改善。提高层析分辨力，并实现透明和非透明样品内外结构及缺陷的检测与定位。③多参量的测量与解耦。通过对微观尺度的多参数测量，实现材料、结构、应力等参数的分离。

在跨尺度测量方面，需解决宏观形貌和微观结构的同时测量问题。宏观结构对微观测量的影响主要表现在遮挡方面；而微观结构对宏观测量的影响主要表现在使宏观结构的性能发生改变（如出现光学衍射现象、摩擦系数改变等）。对这类问题目前是使用不同的测量方法分别进行测量，导致二者的相互作用考虑不周。针对具体问题将多个测量方法结合起来使用（如散射测量与图像处理相结合），通过相对复杂但低成本的计算建模、回归分析等模型处理手段来达到高分辨和高效率测量，是解决这类问题的主要途径之一。

在超大尺度测量方面，计量与测试新方法面临的主要问题是解决测量范围、测量精度和测量效率之间的矛盾，克服各种环境因素对测量的干扰。长度测量的关键问题是研究超大量程、适应现场条件的高效率新型激光测长方法，最具代表性成果有激光绝对距离测量方法（ADM）和非合作目标的激光干涉绝对测量方法。随着飞秒激光器的出现，利用激光频率梳进行高精度测距的方法也相继出现，它不仅可以用于上百米甚至数十千米的远距离测量，而且测量精度已接近激光干涉测量的水平，并具有现场溯源的优势。空间方向角度测量的难题是量程范围和测量效率。最新方法是包括基于高精度数字成像的空间角度测量方法和多激光扫描空间角度测量方法，可高效率实现 $1''$ 左右的测角精度。空间坐标尺寸测量主要建立在精密角度（方位）测量和长度测量的基础上，已有方法包括激光跟踪仪、电子经纬仪、关节臂测量机、室内定位测量系统等。

总之，计量测试新原理与新方法既包括因新物理现象出现而产生的测量新原理，又包括因新传感器出现而带来的新测量方法；既包括单一测量方法的使用，又包括多种测量方法有机结合而具有新特征的新方法。我国在基于新物理现象来研究新测量原理的方面与国外存在较大差距，更多的研究主要集中在多种测量技术的融合，即测量方法的研究方面。

4. 制造参数高精度测量与误差理论

该领域的研究主要结合具有国家重大工程和国防需求开展研究工作，如核聚变靶丸内外轮廓及壳厚测量、高精度自由曲面测量、微深内孔形状及位置测量等。靶丸测试方面，美国LLNL实验室和通用原子公司研制了AFM测量靶丸表面轮廓测量系统和相应的白光干涉测量系统，实现了靶丸表面完整形貌的测量，有效地获取了全范围模数-功率谱特征参数信息。中国工程物理研究院和哈尔滨工业大学联合在Dimension3000系列AFM的基础上，构建了靶丸外表面几何形貌测试装。目前靶丸内表面轮廓及壁厚的精确测试仍是国际性的测量难题。

另一个应用是研究用于发动机微深内孔形状及位置的测量方法，解决测量范围、可测深度与测量精度之间的矛盾，以利于飞机、火箭等发动机推力和效率的提高等。目前对微深内孔的测量多采用小型光学三坐标测量机配合Z向干涉显微镜、共焦显微镜等来完成，此类测量仪器的精度较高，但Z向范围比较小，只有约100微米。目前直径小至80微米的微孔的精密测量也是测量难题。

超大空间内的几何量测量有其特殊性，表现在量程上，需要覆盖100米以上测量范围；精度上，相对精度高，要求达到10ppm（1ppm＝10^{-6}）或更高；环境适应方面，要求满足"不可控"的苛刻现场条件；效率上，应当具备自动化特性和应用潜力。环境干扰、遮挡、误差分离、测量效率等，都是现场测量中主要考虑的重要因素。

在上述各种测量系统中，相应误差理论的研究也非常重要。现代测量技术不断向高精度和自动化的方向发展，动态测量已经成为现代测量技术的发展主流和重要标志，即使对于缓变参数的测量问题，同样存在着测量系统动态特性的影响。有关动态测量系统的分析理论与设计方法的研究，也越来越多地受到人们的关注与重视。但我国在对机械与制造领域的测量误差理论特别是动态测量误差基础理论方面的研究还没有系统开展。

（三）研究前沿与重要科学问题

1. 研究前沿

机械制造与运行参数测量涉及的面很广，其目标是解决机械学科面临的共性测量问题,包括了加工过程中的在线测量(传感器与测量方法)和对加工产品的精密测量(新测量原理与多种测量方法的融合)。

(1) 新型传感器原理与仪器

新型传感器既包括了用于机械加工和运行的传感器,也包括了用于机械加工后高精密零件检测的传感器。需针对不同应用场合研究不同类型的传感器,重点研究新原理和新方法在传感器上的应用,如针对机械制造领域的高可靠性、高精度的切削力、微轮廓位移和高频振动传感器,以实现机械制造和运行参数实时、高效测量技术。新型传感器研究需解决的共性问题包括集成化、微型化、轻量化、低成本、高灵敏度、高可靠性及抗干扰能力等。

(2) 系统运行参数检测与表征

研究超精密加工过程中机床运动在线测量、加工对象实时在位测量、刀具/工件相互作用测量方法与技术。在复杂曲面零件加工制造过程中,各种各样误差源的作用造成成品加工误差。研究加工对象的在线测试与加工监控方法,如超高精度、复杂型面在线测量与误差分离,凸面、离轴非球面、高陡度非球面、自由曲面等的在线测量等。

(3) 计量与测试新原理、新方法

研究适应极限尺寸测量需求的计量测试新方法备受关注,重点解决的问题是测量范围、测量精度和测量效率之间的矛盾问题。研究前沿包括:克服衍射极限,改善空间分辨能力;解决微结构测量时材料特性、几何结构及物质成分等多参量测量与误差串扰问题;解决宏观结构与微观结构测量时的相互影响问题;利用新的科学与工程研究成果,研究高精度超大尺度的几何量测量方法与溯源问题等。

(4) 制造参数高精度测量与误差理论

研究针对国家重大工程中关键测量对象的测量方法,通过多方位测量和静态、动态误差理论,进行误差分离和补偿,提高测量精度。研究前沿包括对各种尺度下自由曲面的高精度测量,跨尺度的测量以及系统多参数的测量方法等。

2. 重要科学问题

(1) 高精度、复杂形面的在线测量原理与多源误差分离

在线测量是提高加工精度的基础。这方面的重要科学问题包括:

1) 在线检测用新型传感器:大型非球面镜等复杂型面在线/在位测量可避免二次装夹带来的误差,如何在机床高速运行状态下测量其几何参数(如加工零件的轮廓和表面特征)和物理参数(如刀具切削力、主轴振动),需要研究在线检测的新型传感器,包括高速切削刀具力传感器、轴系振动检测高频 MEMS 加速度计、零件轮廓测量与表面表征的集成三维力传感器等。

2) 机床及工件在线误差检测方法:由于复杂型面在线测量时工件的尺寸、

形位误差往往和工件或测量传感器的牵连运动误差叠加在一起，需要研究如何在实际加工工况下进行误差分离或误差重构的方法，研究如何对加工过程进行在线测量，如何实现机床参数精确动态测量、加工对象参数在线在位测量以及误差分离与补偿。

（2）高精度自由曲面及微细结构测量新原理新方法

在我国重大工程和国防建设中，需要对一些关键精密特种零部件（如激光核聚变靶球、微细结构器件、大飞机机翼等）进行高精度测量。这类元件及类似元件测量面临的共性技术问题主要是要解决测量范围、测量精度、测量效率之间的矛盾。重要科学问题包括：

1）多站式测量系统：在对超大自由曲面测量方面，需考虑如何提高量程范围、相对精度、环境适应性和测量效率等主要技术指标，多站式测量是拓展量程、提高效率、控制精度和克服环境干扰的有效手段，需研究站点分工、站点定位、布站方案对整体自由曲面测量精度的影响机制，研究利用新的光学原理提高长度量和角度量测量精度的方法与技术。

2）微细结构及跨尺度的几何量精密测量：对微小自由曲面和微细结构的测量，既需要保证测量范围和宏观测量精度，又需要精确地获取微观信息。需研究将光学探测和电子探测相结合的测量新原理新方法。如利用光学领域中的新原理、新发现，提高光学显微成像的横向分辨力；使用电子束探测结合快速扫描方式，有效提高测量范围等。

3）材料特性与微观结构的解耦问题：在微观形貌测量中，由于材料特性差异、异物干扰、应力变化等均会对测量结果产生影响，一个关键问题是如何解决多参数误差串扰和实现信息准确获取。需研究多参数测量方法，并从混叠的信息中提取微观形貌。

（四）2011～2020年优先资助方向

以国家战略需求及国际学科前沿为牵引，兼顾应用基础研究和基础研究的比重，建议在新型传感器原理与仪器、制造系统运行参数检测与表征、计量与测试新原理新方法、制造参数高精度测试与误差理论等方面优先资助以下内容。

1. 新型传感器原理与仪器

传感器作为测量系统的"眼睛"，对测量起至关重要的作用。特别是加工过程监测用传感器对传感器原理和结构设计都有更高的要求。建议重点研究如下问题：

1）可用于机械制造与测量中的微型传感器新原理、新材料；

2）微型检测结构化模块化检测系统、封装工艺和制作设备；

3）传感器与机械制造检测单元的集成；
4）用于微/纳加工件表面和轮廓表征的接触式集成三维力传感器。

2. 制造系统运行参数检测与表征

为实现加工过程反馈控制，提高加工精度需对制造系统运行参数进行动态测量和误差分离。建议重点研究如下问题：
1）超高精度、复杂型面在线、在位测量与误差分离；
2）多轴数控机床运动误差检定方法；
3）复杂型面零件加工的先进测控技术；
4）针对特定装备运行系统的动态测量与反馈控制技术。

3. 计量与测试新原理新方法

为从根本上提高测量精度，重点研究新物理效应在测量中的应用、新型传感器和现有测量方法的有机组合，研究提高测量系统精度的误差分离技术。建议重点研究如下问题：
1）光学与电子学在测量方面的融合技术；
2）克服衍射极限的光学显微测量方法；
3）微细结构多性能参量测量与解耦；
4）微细结构的在线、无损检测与表征；
5）超大空间长度和角度等基本几何量的高精度测量与溯源；
6）空间坐标定位测量新方法。

4. 制造参数高精度测试与误差理论

结合工程应用，针对特定测量对象，重点研究如下问题：
1）微小尺寸元件内、外轮廓的高精度测量；
2）微深内孔形状及位置测量；
3）超高精度自由曲面参数测量；
4）面向超大空间的网络多站式坐标测量；
5）动态测量误差的建模与误差溯源。

十一、微/纳制造科学与技术

（一）研究范围及内容

微/纳制造主要研究特征尺寸在微米、纳米范围的功能结构、器件与系统设计制造中的科学问题,已成为衡量一个国家制造水平的标志,代表了制造科学发展的最前沿,主要包括微制造和纳米制造。按制造过程,微/纳制造科学与技术的研究范围主要包括:微/纳设计与器件原理、微加工、纳米加工、微/纳复合加工、微/纳操作、装配与封装、微/纳测试与表征、微/纳制造装备新原理7个方面,其研究内容的关系如图3-45所示。

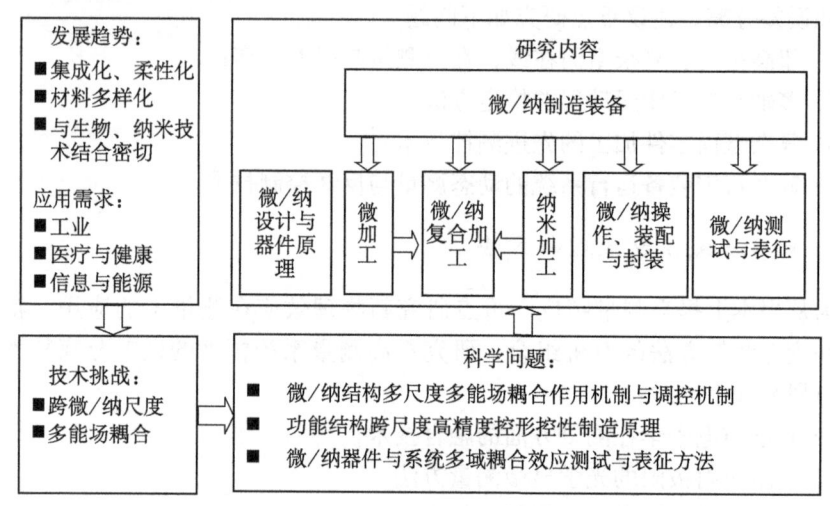

图3-45 微/纳制造科学与技术领域主要研究内容之间的关系

1. 微/纳设计与器件原理

微/纳设计是以微米、纳米结构为研究对象,设计出具有特定功能的结构、器件或系统。随着结构尺寸从微米尺度减小到纳米尺度,结构的尺度效应凸显出来,如纳米的尺度效应、表面/界面效应以及量子效应等,已成为影响器件性能的主要因素;而机械、电磁、热、流体等多场耦合的工作模式,导致微/纳器件的工作载荷更为复杂。微/纳设计与最新发展的基础科学前沿紧密结合,并逐渐形成了自己的理论体系和研究方法,主要研究内容包括:

微/纳传动与致动,微/纳传感与控制,微/纳机械系统构成的新原理、新方法和微/纳结构力学,微/纳制造过程,服役行为,失效预测和产品回收的全寿命周期的建模、计算和仿真等,以及微/纳构件、器件或系统的性能与影响因素的相关性和变化规律。

2. 微加工

MEMS的多样性促使其加工技术由单一的硅微加工技术向金属、玻璃、陶瓷、聚合物、化合物半导体等非硅加工技术发展,集成化成为MEMS的重要特征和发展趋势。针对汽车、新能源、光电子等信息产业以及医疗与健康、环境与安全等领域对高性能 MEMS 器件与系统的需求,主要研究内容包括:

基于多场原理的 MEMS 微加工基础理论,MEMS 集成技术,MEMS 硅微加工和非硅材料微加工等新原理与新方法等。

3. 纳米加工

纳米加工是指加工出纳米尺度的、具有特定功能的结构、装置和系统的制造过程,主要研究内容包括:

特征尺寸在 0.1~100 纳米的加工技术,包括"自上而下的"(top-down)和"自下而上"(bottom-up)的加工方法。"自上而下"是降低物质结构维度,即采用物理和化学方法对宏观物质进行超细化,"由下而上"是利用自组装将原子或分子组装成为系统。

4. 微/纳复合加工

微/纳复合加工是把不同尺度的结构、器件和系统加工集成于一体的加工技术。随着微加工技术的不断完善和纳米加工技术与纳米材料科学与技术的发展,出现了纳米加工与微加工结合的"自上而下"的微/纳复合加工、纳米材料与微加工结合的微/纳复合加工,并成为实现高性能、多功能、高集成度新型微/纳器件和系统不可缺少的关键技术。

5. 微/纳操作、装配与封装

微/纳米操作、封装与装配是指通过施加外部能场实现对微/纳米尺度结构与器件的推/拉、拾取/释放、定位、定向等操纵,以及装配与封装等作业,研究微/纳米结构与器件操作、装配与封装的相关理论和方法。其主要应用在微/纳米结构与器件的操作、封装与装配,细胞、基因、蛋白质等生物粒子的操纵,微/纳米材料、结构性能测试和表征等方面。主要研究内容包括:

微/纳结构作用机理与多场调控机制等基础理论;微/纳系统高密度集成与三维封装;高速、高精度、并行装配和基于尺度效应的装配,无机/有机多层界面互连机理,跨尺度封装等新原理与新方法。

6. 微/纳测试与表征

微/纳测试与表征是在微/纳尺度及亚纳米精度下揭示尺度效应、表面/界面效应以及微/纳结构与器件功能的测量理论与方法。它是微/纳结构与器件制造的前提和基础,也是实现微/纳制造过程定性或定量评判、高精度操纵与调控以及微/纳器件质量水平控制的重要支撑手段。主要研究内容包括:

微/纳机械构件材料特性,结构几何量,物理(电、力、磁、光、声学等)参量测量方法,微/纳器件与系统的多域耦合效应,参量测量与表征的理论与方法等。

7. 微/纳制造装备新原理

微/纳制造装备是制造微/纳结构与系统的重要手段,以实现对微/纳结构与器件的加工、操作、装备与封装以及测试等。主要研究内容包括:

用于微/纳加工、微/纳操作、微/纳封装与装配、微/纳测试等微/纳制造过程的装备新原理。

(二)研究现状与发展趋势

1. 微/纳设计与器件原理

(1) 微/纳设计理论与方法

微/纳设计理论与方法是微/纳制造学科的基础,随着微/纳技术在越来越多的学科领域进行应用,微/纳设计理论与方法也得到了不断的扩充和完善,具体反映在如下三个方面:

一是随着越来越多的新器件、新系统的不断产生,在设计时,不仅要考虑器件的机械力学特性,还必须要设计器件的电学特性、热学特性、光学特性、生物学特性等。基于结构力学、流体力学和热力学的理论体系已不能完全满足微/纳器件的设计需要,器件中的光子、声子、电子、分子的行为特征也成为设计的主要内容。多域耦合建模与仿真的相关理论与方法将成为微/纳设计的一个重要研究方向。

二是随着特征尺寸从微米尺度减小到纳米尺度,结构的纳米尺度效应、表面/界面效应以及量子效应凸显出来并成为影响器件性能的主要因素,这使得在微尺度广泛使用的基于牛顿力学和连续体假说的传统设计理论在纳尺度受到了严峻挑战,如当器件的尺寸减小到纳米尺度,无论研究对象是固体、气体或者液体,连续体的假设都不再适用。跨微/纳尺度的理论和方法已成为当前该领域研究的一个重点和热点。

三是金属材料、聚合物材料和玻璃等非硅材料在微/纳制造中的应用不断增多。这些非硅材料在微/纳尺度下的结构或机构设计问题,以及与物理、化学、生命科学、电子工程等学科的交叉与界面问题成为当前微/纳设计理论与方法的重要方向。

(2) 微/纳器件与系统

随着微/纳制造与其他工程学科日益交融,发展出了基于各种新原理和新方法的微/纳器件与系统。微/纳制造与生命科学的结合出现了生物芯片操作平台，已被广泛应用于基因表达、功能基因组、蛋白质组、临床疾病诊断、药物筛选等众多前沿领域。微/纳制造与光电子的融合，使基于阵列波导光栅（集成光路）的集成光电子技术已成为支撑和引领下一代光通信技术发展的方向。

2. 微加工

MEMS 微加工技术是由微电子技术发展起来的批量微加工技术，主要包括硅微加工技术和 LIGA 技术。

（1）硅微加工技术

硅微加工技术包括硅表面微加工技术和体硅微加工技术。

表面微加工技术采用常规的微电子工艺，包括薄膜沉积、光刻、刻蚀、氧化、离子注入等，并结合牺牲层工艺进行可动微结构的加工。体硅微加工技术采用湿法或干法刻蚀工艺对硅基片进行微加工，并与键合工艺结合，加工各种微传感器和微执行器。非硅材料微加工技术扩展了 MEMS 的材料范围，将制备出含有金属、塑料、陶瓷或硅微结构，并与集成电路一体化的微传感器和执行器，扩展 MEMS 的应用领域，降低 MEMS 的制造成本。

（2）LIGA 技术

LIGA 技术的加工厚度可达 2 毫米，深宽比可达 50~100。

由于同步辐射 X 射线光刻工艺成本较高，近年来的研究热点是准 LIGA 技术，包括基于紫外厚胶光刻的 UV-LIGA 技术、基于硅深刻蚀的 DEM 技术和基于激光加工的 Laser-LIGA 技术等。

3. 纳米加工

目前被认同的批量化纳米制造技术主要集中在：①纳米压印技术；②特种 LIGA 技术；③纳米自组装技术等。

（1）纳米压印

纳米压印工艺避免了光刻工艺步骤中半波长效应的限制，具备实现微/纳尺度图型的复制能力，且成本低廉，其工艺与卷到卷工艺兼容，为柔性电子的大规模制造提供了技术支持。近年来，纳米压印的结构特征尺度趋向 10 纳米及以下，结构形状趋向大深宽比。微尺度复型制造从"二维半"走向"全三维"；成型材料也从有机化合物发展为金属和无机化合物；形状转移误差要求越来越高。复杂的任意图形的转移是该方向今后需突破的关键技术，将在主流半导体、纳机电系统等纳米制造中得到广泛应用。

（2）特种 LIGA 加工

为了满足批量生产超精密光学部件如纳米光栅和无反射纳米结构用的金属

模具的要求,要对 LIGA 加工极限进行研究。由于金属模具要求的最小尺寸和表面粗糙度几乎在同一数量级,所以金属模具的表面粗糙度的极限问题显现出来。SR(同步辐射)光刻可得到纳米尺寸精度和表面粗糙度的图形。特种 LIGA 加工技术的主要研究内容包括 100 纳米尺寸精度的 SR(同步辐射)光刻用掩模板加工技术、100 纳米尺寸精度的高深宽比(10 以上)光刻技术、纳米电铸技术和纳米模压技术。

(3) 自组装

自组装技术是指分子及纳米颗粒等结构单元在无外部干涉情况下,通过非共价键作用自发地缔造成热力学稳定、结构稳定、组织规则聚集体的过程。目前更多的是关注自组装体的结构和功能,而应用于实际还存在一系列挑战性问题,如自组装前驱体的精确合成、尺寸效应、动力学机理及对其的表征和控制,以及扩大分子、键及相互作用的理念和程序性、定位性等。

4. 微/纳复合加工

随着微加工技术的不断完善和纳米加工技术与纳米材料科学与技术的发展,出现了纳米加工与微加工结合的自上而下的微/纳复合加工、纳米材料与微加工结合的微/纳复合加工。

(1) 自上而下的微/纳复合加工

自上而下的微/纳复合加工是以自上而下的方法,利用纳米光刻等纳米加工技术结合表面工艺、体硅工艺等微加工技术,实现包含纳米级结构的微/纳器件。目前,纳米光刻与表面微加工结合已制作出纳米悬臂梁/纳米桥等 NEMS 谐振器、纳米管道、光子晶体器件等。纳米光刻与体硅加工结合已制作 X 射线透射光栅、物质波光栅等悬空纳米级结构。纳米厚度结构与微加工结合制作出纳米级厚度、微米宽度的悬臂梁谐振传感器、AFM 探针、探针式高密度存储器等。利用电子束光刻或离子束刻蚀结合表面或体微加工,并通过引入应力已制作出纳米螺旋弹簧、纳米 3D 花朵等三维微/纳结构。

(2) 纳米材料与微加工结合的微/纳复合加工

利用碳纳米管等纳米材料的优异特性结合微加工技术制作纳米传感器、纳米光电子器件、纳电子器件等微/纳器件成为纳米研究的一个热点。在硅片上撒布碳纳米管、淀积金属,电镜下寻找碳管、电子束曝光、图形化金属,再通过牺牲层腐蚀,制作出以碳纳米管为轴的纳米电机。在先制作好的微梁/桥/膜等微结构上,通过直接生长碳纳米管等纳米材料,可制作微/纳传感器等微/纳器件。在制备有电极的微结构上,通过电泳组装碳纳米管/纳米线等纳米材料,可制作出微/纳器件。

5. 微/纳操作、装配与封装

（1）基于单场或多场的微/纳米操作方法

微/纳米操纵按其物理原理可分为机械力式、流体力式、声辐射力式、光辐射力式以及介电力式等几种主要方式。

1）基于机械力式微/纳米操作，主要采用机械式夹持器或 SPM 探针实现对微/纳结构与器件、细胞等微/纳尺度的对象进行操作。

2）基于流体力式微/纳米粒子操作采用压力差、电场力、电磁力和毛细管表面张力等驱动方式可实现对流体的驱动进而可以对生物粒子进行输运、分离以及定位。

3）基于声辐射力式微/纳米粒子操作，通过声漏波形成的声辐射力来实现对粒子的操作，超声波操纵目前还仅能做一些简单的一维或二维操纵。

4）基于光辐射力式微/纳米粒子操作，利用聚焦的激光束产生的光辐射力对直径在几十纳米到几十微米的微粒进行高精度操纵。

5）基于介电力式微/纳米粒子操作，介电泳作为一种重要的操作微/纳米生物粒子的工具，已成功地应用于生物粒子的分离、输运、捕捉及分类等各种操作。

以上每种操纵方法都存在各自的优缺点和相应的技术瓶颈，局限于各自的使用范围。介电泳操作技术实施简单、可满足大量并行的主动式非接触操作需求，以及与芯片实验室其他功能的可集成性，如何提高电极柔性、可重构性和重用性，降低电极制作成本，成为解决介电泳技术应用中的关键技术问题。

（2）微/纳装配与封装

封装成本是目前微/纳器件实用化的一个重要制约因素，为了降低成本提高批量，国外在 20 世纪 90 年代就开始了微/纳系统的圆片级封装（WLP）技术，初期的圆片级封装只是对微/纳器件进行盖帽达到保护微/纳结构的目的，随着技术发展，出现了具有表面贴装功能的圆片级封装技术，圆片级封装表面贴装元件（SMD）的技术难点主要在于穿硅通孔（TSV）制作及金属化，一些关键技术得到了突破，如高深宽比（HAR）的通孔金属填充技术。另外在圆片级封装的基础上进行多圆片或芯片的垂直堆叠集成封装（VSI），将 CMOS、MEMS 等不同功能的圆片垂直堆叠集成封装，用较短的垂直互连取代很长的二维互连，从而减低了系统寄生效应和功耗，并达到体积最小化和优良电性能的高密度互连目的。目前 VSI 技术也是国外的一个发展方向和研究热点。

（3）跨尺度集成封装

跨尺度集成是微/纳制造中的关键问题之一，其中利用不同加工方法制作的、不同功能、不同尺度的多芯片的集成封装最具代表性。例如：①芯片照相机（wafer level camera），其是把微光学镜头芯片、微光圈芯片、CMOS 光电检测阵列芯片等，通过多层圆片叠层封装把不同尺度、功能的器件集成于一体。顶层的微器件芯片上组装纳米材料/结构，中间层的利用 SOI 薄硅片的芯片上穿通孔引线，再结合倒装键合的高密度 3D 封装集成，将是跨尺度集成的发展方向。②跨尺度封装集成将是实现光、机、电、生物、化学等复杂微/纳系统的重要技术。跨尺度封装集成通过宏观尺度的能量聚集、到微米尺度的承载体，再到纳米尺度材料/结构的附着黏合，每一个过程体现一个科学原理，也对应一项支撑技术，这些都需要解决制造过程中跨尺度协调的原理与技术。

6. 微/纳测试与表征

特征尺寸是影响微/纳系统性能最关键的参数，例如，5 纳米栅级的场效应管（FET）器件为实现 50 毫伏的开启电压，其特征尺寸需要控制在 0.2 纳米；碳纳米管（CNT）直径从 2 纳米增大到 4 纳米时，其能带隙下降超过 100%。近年来将光学显微与机器视觉及图像处理技术相结合，针对不同应用而开发的自动光学检测系统，可以实现微米和亚微米尺度的自动检测。电子显微镜及相关部件的发展非常迅速，陆续研发出新一代的慢扫描电荷耦合器件、球差校正器、单色器、能量过滤成像系统等，同时采用原子序数衬度像与原位电子能量损失谱分析等新方法，可以获得"亚埃的空间分辨率"和"亚电子伏特的能量分辨"。近年来发展了一系列新型的扫描探针显微镜（SPM），如原子力显微镜（AFM）、激光力显微镜（LFM）、磁力显微镜（MFM）、扫描离子电导显微镜（SICM）、光子扫描隧道显微镜（PSTM）和近场光学显微镜（NFOM）等。这些新型的 SPM 都利用了反馈回路控制探针在距离样品表面 1 纳米处或远离样品表面扫描的工作方式，用来获得 STM 不能获得的有关表面的各种信息，是对 STM 功能的不断补充和扩展。

随着高深宽比的微/纳深沟槽结构的广泛采用，其测量问题得到了高度重视，通过对传统 SEM 的两幅或多幅图像进行重构，可以获得结构的三维信息，通过改进 AFM 的探针结构，可以对深沟槽尺寸甚至侧壁形貌进行测量。

表面力学量及结构机械性能的测量是微/纳制造中的重要问题之一，如结构弹性模量和表面应力应变等。近年来，Veeco 和 Dow Chemical 公司一起，开发了一种基于 AFM 的真正的纳米压入仪，采用了特殊结构的 AFM 悬臂梁和经过标定的 AFM 探针尺寸和形状，可以在比以往尺度小很多的结构上定量获得弹性模量等力学参数，而且适用于包括聚合物、碳薄膜、金属、半导体器件等不同的材料。

由于微/纳结构的极微小尺寸和超高频振动响应（数万赫兹到数兆赫兹）以及复杂的工作环境，决定了微/纳结构动态特性测试的困难性和复杂性。加州大学伯克利分校传感器与执行器中心研制的系统集频闪干涉测量与频闪视觉测量为一体,可同时实现平面垂向运动和平面内运动测量,测量精度分别达1纳米和5纳米,最高测量频率达1兆赫兹,利用该系统进行了大量MEMS动力学方面的测试研究。

微/纳测试与表征技术正朝着从二维到三维、从表面到内部、从静态到动态、从单参量到多参量耦合、从封装前到封装后的方向发展。因此,针对微尺度下的多域耦合参量测量、微/纳跨尺度精密测量以及纳尺度下的亚纳米精度测量关键问题,探索新的测量原理、测试方法和表征技术,发展微/纳制造实时在线测试方法和微/纳器件质量快速检测系统已成为了微/纳测试与表征的主要发展趋势。

7. 微/纳制造装备

微/纳制造技术的一大特点是多尺度集成,包括纳米－微米－介观－宏观尺度下的材料、结构和器件的集成。因此,对于微/纳制造设备而言,面临的挑战包括:①如何控制三维范围内不同系统的装配,保证满足各项标准要求的不同功能器件间的信息互联和共享;②如何在保证微/纳尺度性能和特征的前提下实现纳米器件的高速大批量生产;③如何保证产品的一致性和可靠性,并且有效检测、修复以及预防材料缺陷和污染。微/纳制造装备包括微/纳生长、操作、封装、测试等过程装备。

(1) 微/纳加工装备

主要研究微/纳颗粒、薄膜和结构的批量生长理论和方法。由于制造对象与过程涉及纳/微/宏观,是一种典型的跨尺度制造,涉及宏观结构的微/纳精度制造、微/纳结构成形和跨尺度集成,其中表面/界面效应占主导作用。宏观物体在微观状态下其分子/原子的表现行为和特性是研究的重点,微观状态下不同物质间的诱导行为对微/纳器件的制造提出了挑战。目前的研究热点包括原子层沉积(ALD)设备、金属有机物化学气相沉积(MOCVD)设备、实现CNT可控定向生长的CVD设备等。

(2) 微/纳操作装备

主要研究如何对微/纳器件和结构进行拉、压、提取、搬运、放置、组装等自动化操作,获得微/纳制造所需的功能结构。微/纳操作系统主要由微/纳操作器、工作台、观测器以及控制器等组成,要求具有高分辨率的观测能力、高精度的定位对准能力以及沟通微观与宏观的联络能力。根据实际操作对象的性质及特点,可采用机械、电子和光学等操作方式。

(3) 微/纳封装与装配装备

微/纳器件由于其应用的广泛性、特殊性和复杂性,封装形式与IC封装有着很大的区别。目前研究热点包括常温及低温多层键合方法及设备；基于新原理的低温键合设备；集成打孔、填孔、研磨、减薄、抛光等功能的 TSV 工艺设备；大尺寸超薄圆片夹持与键合设备；微/纳器件圆片级封装设备；等等。

(4) 微/纳测试新型装备

主要研究在线或离线测量方法，大尺寸全场/局部纳米级/亚纳米几何尺寸、翘曲/不平度等量的测量方法和设备，简化测试结构，充分结合机械、电学、光学等多领域测量方式，解决微/纳器件制造中和制造后所面临的性能测试的关键技术问题，以用于材料选择、工艺评判与优化、可靠性快速评估等。

（三）研究前沿与重要科学问题

随着微/纳制造基础科学问题研究的不断深化，涉及的尺度从宏观向介观、微观、纳观扩展，参数由常规向超常或极端发展，以及从宏观和微观两个方向向微米和纳米尺度领域过渡及相互耦合，结构维度由 2D 向 3D 发展，制造对象与过程涉及纳/微/宏跨尺度，尺度与界面/表面效应占主导作用。微/纳制造涉及光、机、电、磁、生物等多学科交叉，需要对多介质场、多场耦合进行综合研究。由于微/纳器件向更小尺度、更高功效方向发展以及材料的多样性，材料的可加工性和测量与表征成为重要的关键问题。因此，未来 5~10 年应当研究的重大科学问题和重点技术攻关如下。

1. 微/纳结构多尺度多能场耦合作用机制与调控机制

随着特征尺寸从微米尺度减小到纳米尺度，结构的纳米尺度效应、表面/界面效应以及量子效应凸显出来并成为影响器件性能的主要因素，纳米级去除加工、生长法的化学反应、导致纳米空间约束成型中的液体流变特性变化等都与固/液/气的作用界面直接相关，表面/界面效应不仅影响器件的制造过程，也已成为作用在器件上的主要载荷；随着结构尺度的减小，尺度效应、表面效应对纳米结构的力学特性、热学特性、电学特性等都将产生重要的影响，研究分析多能量场耦合作用下的纳米结构下的响应规律，从而阐明多能量场对微/纳结构成形机理以及多场耦合参量对器件性能的影响机制，建立微/纳系统多尺度多能量域耦合的设计理论与方法，提出面向微/纳器件与系统纳米精度制造新原理和新方法。

2. 功能结构跨尺度高精度控形、控性制造原理

针对跨尺度制造过程中所采用工艺、材料、相态等的多样性和跨尺度行为以及物质演变与产品形成规律的复杂性，开展基于功能结构的微/纳器件的设计

与制造的研究，如集成光电子器件中波导和发光功能结构的精确控形、控性制造；集成光电子器件封装中高性能光学耦合界面的制造；柔性异质电子三维架构、跨尺度制造与可靠性增强机制等关键科学问题，提出柔性电子制造、集成光电子器件制造、高密度集成封装等跨尺度制造与集成的新原理和新方法。

3. 微/纳器件与系统多域耦合效应测试与表征方法

微/纳机械机构、器件以及系统中的多尺度、多场、多参数测量理论与技术已成为基于多功能效应微/纳器件和系统研发的关键，准确揭示基于新效应、新原理、新结构的微/纳器件与系统在多场（力、电、光、声、磁、热等）作用下的耦合效应，对推动新型微/纳器件与系统实用化进程至关重要。

（四）2011～2020年优先资助方向

结合《国家中长期科学与技术发展规划纲要（2006—2020）》，针对微/纳制造科学的国际发展趋势和对我国经济社会发展有重大影响的汽车、能源、信息等战略性产业以及医疗与健康、环境与安全等领域的重大需求，凝练重大基础科学问题和关键技术，在微/纳设计、加工、操作与封装、测试与表征以及新型装备等方面产生一批重大创新成果，形成新的制造原理及制造工艺的原型技术，完善我国微/纳制造创新体系，为微/纳制造科学的可持续发展提供科学支撑，并引领微/纳制造科学的未来发展方向。具体的发展规划如下。

1. 微/纳设计与器件原理

针对微/纳设计与器件原理的发展趋势，结合MEMS、柔性电子、光电子制造的需求，重点研究内容如下：

1）微/纳机构、结构及动力学：研究微/纳机构、结构的组成原理与综合、微/纳机械系统动力学、微/纳机械系统运动控制、微/纳机械流体动力学等基础理论与方法。

2）微/纳机械界面效应：研究微/纳机械界面力效应、微/纳机械摩擦学与表面技术、纳米量级界面流体状态与纳米机械的综合效应等。

3）微/纳设计理论与方法：研究多能域/场跨微/纳尺度中物理模型的建模，不同尺度模型耦合和高效计算问题，多学科协同设计方法和设计工具，基于生物、光、化学等作用原理的微/纳结构、器件与系统的设计方法等。

2. 微加工原理与方法

针对汽车、能源、信息等产业以及医疗与健康、环境与安全等领域对高性能微/纳器件与系统的需求，以及集成化、高性能等特点，重点研究内容如下：

1) MEMS 集成制造原理与方法：微结构与 IC、硅与非硅混合集成加工及三维集成加工等新原理与新方法。

2) MEMS 非硅制造原理与方法：金属、玻璃、陶瓷、化合物半导体材料及其他非硅材料微加工、非硅多层复杂微/纳结构加工及多种加工技术结合的微/纳复合加工等新原理与新方法。

3) 微/纳仿生与生物兼容加工原理与方法：微/纳仿生制造、微结构与生物界面作用机制、MEMS 生物兼容制造等原理与方法。

4) 大规模微/纳器件制造及系统集成：研究实现大量功能材料及器件的集成原理与方法。包括在基片上生长有序结构；大规模平行集成纳米线、纳米颗粒和功能化团簇；相互链接各个组分；抗缺陷设计等；在高精密控制条件下同时平行合成出大量的纳米器件；对原子和分子进行控制，并对其进行组装、利用和修饰，以合成出多功能、多用途的纳米器件和系统。

3. 纳米结构的成形机制、新原理与新方法

1) 纳米结构成形过程中的动态尺度效应，液固耦合材料类固化机制，微结构材料塑性成形中表面层的流变性能，微/纳尺度空间中的约束流变行为与成形机制。

2) 纳米结构制造的多场诱导原理与方法，物理化学场对成形特性的影响；定向、定域制造的外场能量诱导机制；纳米结构生长、加工、改性等纳米加工新方法与新工艺；纳米尺度制造过程中结构与器件的性能演变规律。

3) 纳米仿生技术是基于生物体在微/纳米尺度展现出的精致结构和独一无二的控制性，对原子和分子的控制和自组装，以制备出多功能和高适应性的纳米材料、结构和系统。

4. 微/纳复合加工

1) "自上而下"的微/纳复合加工方法，利用纳米光刻等纳米加工技术结合表面工艺、体硅工艺等微加工技术，实现包含纳米级结构的微/纳器件方法。

2) 纳米材料与微加工结合"自下而上"的纳微复合加工方法 利用碳纳米管等纳米材料的优异特性结合微加工技术制作纳米传感器、纳米光电子器件、纳电子器件等微/纳器件。

3) 从纳米到毫米的多尺度结合制造技术，即多层次微/纳制造技术。包括：①原子级制造，包含精确定位、维度度量以及制造技术。②分子级操作和组装。通过光学、物理或化学方法来鉴别、阐明、操作和组装微/纳米器件相关的基本

测试、控制和标准化的问题。③纳米到毫米跨尺度制造技术，发展横跨纳米到毫米多尺度范围内的定位、操作、组装和制造技术。

5. 微/纳操作、装配与封装

针对在微/纳尺度下进行操作与装配存在的尺度与维度效应、界面与表面效应和效率等问题，以及微/纳器件与系统的集成化和封装材料的多样化的发展趋势，主要研究内容包括：

1）微/纳观环境下微/纳结构作用机制、界面行为与多场调控机制等基础理论；

2）基于单场或多场的微/纳米操作原理与方法，微/纳器件的分拣和测量、对准、转移、互连/焊接/键合/封装等原理和方法；

3）微/纳系统集成与封装（无源/有源器件集成、三维封装、常温和低温键合、异质材料键合、圆片级封装等）和新型长真空保持度封装等新原理与新方法；

4）无机/有机多层界面互连机理与跨尺度封装原理与方法；

5）微/纳系统快速可靠性评估及健康监控理论和方法。

6. 微/纳测试与表征

1）微/纳测试与表征基础理论，重点研究微/纳结构中的特征几何参量、动态特性、表面力学参数和微/纳制造工艺特征参数等测试与表征新原理和新方法。

2）微/纳制造在线检测装备和微/纳结构与器件无损测试，重点研究大范围高精度的微/纳三维空间坐标测量技术及装备、微/纳器件制造在线测试与表征方法与装备以及高深宽比微/纳结构无损检测方法与系统。

3）多域耦合微/纳系统的可靠性测量与评价体系，重点研究微/纳结构及器件微区特性、微/纳器件系统封装与集成可靠性及其失效机理和失效模式。

7. 微/纳制造装备新原理

1）微/纳米制造装备的微扰动与响应畸变，研究微/纳米级精度操纵系统的微扰动、响应时滞与畸变，装备精度的形成与误差均化，高精度对准、定位结构的新原理等。

2）微/纳米制造装备的多场精确控制原理，研究物理场耦合下物质和能量传输的微观作用机制，纳级物理量控制与制造环境精度的灵敏度分析。

3）微/纳制造装备 微/纳加工、微/纳操作、微/纳封装与装配、微/纳测试等微/纳制造过程中的装备新原理与装备。

◇ 参 考 文 献 ◇

陈予恕,曹登庆,黄文虎.2007.近代机械非线性动力学与优化设计技术的若干问题.机械工程学报,43(11):17~26

陈予恕,曹登庆,吴志强.2007.非线性动力学理论及其在机械系统中应用的若干进展.宇航学报,4(7):794~804

戴建生,丁希仑,王德伦.2005.空间变胞机构的拓扑结构变换和矩阵演算.机械工程学报,41(8):30~35

丁衡高.2006.微/纳技术进展、趋势与建议.纳米技术与精密工程,(4):249~255

高金吉.1993.高速涡轮机械振动故障机制及诊断方法的研究[博士学位论文].北京:清华大学

郭东明,刘战强,蔡光起等.2005.中国先进加工制造工艺与装备技术中的关键科学问题.数字制造科学,3(4):1~36

国家自然科学基金委员会.2006.机械与制造科学.北京:科学出版社

国家自然科学基金委员会工程与材料科学部.2006.学科发展战略研究报告(2006~2010年):机械与制造科学.北京:科学出版社

关桥.2009.现代航空制造工程中的先进焊接/连接技术.2009先进焊接与连接学术会议暨第一届焊接高层论坛,哈尔滨

何正嘉,陈雪峰,李兵等.2006.小波有限元及其工程应用.北京:科学出版社

胡兴军,子荫.2004.国内外汽车传感器的发展,中国仪器仪表,5:1~4

胡正寰,张康生,王宝雨等.2004.楔横轧零件成形技术与模拟仿真.北京:冶金工业出版社

黄天佑,刘小刚,康进武等.2007.我国大型铸钢件生产的现状与关键技术.铸造,56(9):899~904

黄卫东,林鑫,陈静等.2007.激光立体成形.西安:西北工业大学出版社

黄真,赵永生,赵铁石.2006.高等空间机构学.北京:高等教育出版社

金丹,陈旭.2006.多轴随机载荷下的疲劳寿命估算方法.力学进展,36(1):65~74

雷源忠.2009.我国机械工程研究进展与展望.机械工程学报,45(5):1~11

林忠钦,李淑慧,于忠奇等.2009.汽车板精益成形技术.北京:机械工业出版社

林尚扬,杜兵.2006.焊接行业现状与自主创新战略.焊接,(6):15~21

刘克松,江雷.2009.仿生结构及其功能材料研究进展.科学通报,54(18):2667~2681

路甬祥.2006.中国制造科技的现状与发展.中国科学基金,20(5):257~261

美国未来学研究所,美国机械工程师协会.2008.机械工程未来20年发展预测.中国机械工程学会译.预印本

钱学森.2001.创建系统学.太原:山西科学技术出版社

屈梁生.2007.机械故障的全息诊断原理.北京:科学出版社

日本机械学会.2008.日本机械学会技术路线图.中国机械工程学会译.预印本

纳米技术手册编辑委员会.2005.纳米技术手册.王鸣阳等译.北京:科学出版社

田丽梅,任露泉,韩志武等.2005.仿生非光滑表面脱附与减阻技术在工程上的应用.农业机械学报,36:138~142

涂善东等.2006.材料服役中表面的失效行为及防治.见:徐滨士,刘世参.中国材料工程大典（16卷）.北京:化学工业出版社

涂善东,轩福贞,王卫泽.2009.高温蠕变与断裂评价的若干关键问题.金属学报,45（7）:781~785

王成焘等.2008.人体生物摩擦学.北京:科学出版社

王桂芳.2002.现代数控机床的测量系统——光栅尺的测量原理和选择标准.现代制造,19:66~68

王国彪,黎明,丁玉成等.2010.重大研究计划"纳米制造基础研究综述".中国科学基金,2:70~77

王华明,张述泉,汤海波等.2008.大型钛合金结构激光快速成形技术研究进展.航空精密制造技术.44（6）:28~30

温家宝.2008.让中国的大飞机翱翔蓝天.国防科技工业,1（5）:6~9

温诗铸.1998.纳米摩擦学.北京:清华大学出版社

温诗铸,黎明.2002.机械学发展战略研究.北京:清华大学出版社

闻邦椿.2007.产品全功能与全性能的综合设计.北京:机械工业出版社

闻邦椿,李以农,张义民等.2005.振动利用工程.北京:科学出版社

闻邦椿,张国忠,柳洪义.2006.面向产品广义质量的综合设计理论与方法.北京:科学出版社

闻邦椿,李以农,徐培民.2007.工程非线性振动.北京:科学出版社

谢友柏,张嗣伟.2009.摩擦学科学及工程应用现状与发展战略研究——摩擦学在工业节能、降耗、减排中的地位与作用的调查.北京:高等教育出版社

徐滨士.2009.维修工程的新方向——再制造工程在中国的发展.中国设备工程,（3）:17~19;（4）:29~32

徐建平,夏国平.2008.我国装备制造业的国际比较及对策研究.中国机械工程,19（20）:2510~2518

徐鉴,裴利军.2006.时滞系统动力学近期研究进展与展望.力学进展,36（1）:17~30

颜永年,刘海霞,李生杰等.2007.生物制造工程的发展和趋势.中国科学基金,（2）:65~69

杨合,孙志超,詹梅等.2008.局部加载控制不均匀变形与精确塑性成形研究进展.塑性工程学报,15（2）:6~14

杨尔庄.2006.现代运动、传动技术展望.机电产品市场,（10）:26~32

杨廷力.2004.机器人机构拓扑学.北京:机械工业出版社

俞茂宏.2004.强度理论百年大总结.力学进展,34（4）:529~560

袁慎芳.2007.结构健康监控.北京:国防工业出版社

苑世剑,刘钢,何祝斌等.2008.内高压成形机制与关键技术.数字制造技术,6（4）:1~34

翟婉明.2007.车辆-轨道耦合动力学（第三版）.北京:科学出版社

张策,黄永强,王子良等.1997.弹性连杆机构的分析与设计.北京:机械工业出版社

张德远,蔡军,李翔等.2010.仿生制造的生物成形方法.机械工程学报,46（5）:88~92

张华胜,薛澜.2002.技术创新管理新范式:集成创新.中国软科学,（12）:6~22

张景绘,李宁,李新民等.2005.一体化振动控制.北京:科学出版社

张伟，胡海岩. 2009. 非线性动力学理论与应用的新进展. 北京：科学出版社

张义民，王顺，刘巧伶等. 2003. 具有相关失效模式的多自由度非线性随机结构振动系统的可靠性分析. 中国科学（E辑），33（9）：804~812

赵学森，孙涛，高党忠等. 2005. 靶丸表面轮廓形貌AFM精密测量及特性评价. 强激光与粒子束，17：1847~1851

中国机械工程学会. 2008. "2008机械工程之未来全球高峰会议"总结：2028年机械工程展望

中国科学技术协会. 2007. 机械工程学科发展报告（2006—2007）. 北京：中国科学技术出版社

中国科学技术协会. 2009. 机械工程学科发展报告（2008—2009）（机械制造）. 北京：中国科学技术出版社

中国科学院技术科学部. 2006. 我国铸造技术的现状与发展对策. 中国科学院院刊，（5）：395~398

中华人民共和国国务院. 2006. 国家中长期科学和技术发展规划纲要（2006—2020年）

中华人民共和国国务院. 2006. 国务院关于加快振兴装备制造业的若干意见（国发［2006］8号文）

钟秉林，黄仁. 2006. 机械故障诊断学. 北京：机械工业出版社

钟掘，陈先霖. 1999. 复杂机电系统耦合与解耦设计——现代机电系统设计理论的讨论. 中国机械工程，10（9）：1051~1054

钟掘，王艾伦. 2003. 复杂机电系统的全局耦合建模方法及仿真研究. 机械工程学报，39（4）：1~5

钟掘. 2007. 复杂机电系统耦合设计理论与方法. 北京：机械工业出版社

周仲荣，朱旻昊. 2004. 复合微动磨损. 上海：上海交通大学出版社

周仲荣，雷源忠，张嗣伟. 2005. 摩擦学发展前沿. 北京：科学出版社

朱位秋. 2003. 非线性随机动力学与控制Hamilton理论体系框架. 北京：科学出版社

左铁钏. 2007. 21世纪的先进制造——激光技术与工程. 北京：科学出版社

钟掘. 2004. 极端制造——制造创新的前沿与基础. 中国科学基金，（6）：330~332

Bariani P, De Chiffre L, Hansen H N, et al. 2005. Investigation on the traceability of three dimensional scanning electron microscope measurements based on the stereo-pair technique. Precision Engineering, 29: 219

Bazant Z P, Le J L, Bazant M Z. 2009. Scaling of strength and lifetime probability distributions of quasibrittle structures based on atomistic fracture mechanics. Proceedings of the National Academy of Sciences (USA), 106 (28): 11484~11489

Brecher C, Esser M, Witt S. 2009. Interaction of manufacturing process and machine tool. CIRP Annals-Manufacturing Technology, 58 (2): 588~607

Brinksmeier E, Aurich J C, et al. 2006. Advances in modeling and simulation of grinding processes. CIRP Annals - Manufacturing Technology, 55 (2): 667~696

Bruyere J, Dantan J Y, Bigot R, et al. 2007. Statistical tolerance analysis of bevel gear by tooth contact analysis and monte carlo simulation. Mechanism and Machine Theory, 42 (10): 1326~1351

Burke P J. 2003. Nanodielectrophoresis: Electronic Nanotweezers. Nalwa. Encyclopedia of Nanoscience and Nanotechnology. American Scientific Publishers

Chen H, Ban T, Ishida M, et al. 2008. Experimental investigation of influential factors on adhesion between wheel and rail under wet conditions. Wear, 265 (9~10): 1504~1511

Chen M, Briscoe W, Armes S P, et al. 2009. Lubrication at physiological pressures by polyzwitterionic brushes. Science, 323: 1698~1701

Chen S C, Culpepper M L. 2006. Design of a six-axis micro-scale nanopositioner- uHexFlex. Precision Engineering, (30): 314~324

Chen Y S, Leung Y T. 1998. Bifurcation and chaos in engineering. London: Springer-Verlag

Culpepper M L, Kim S. 2004. A Framework and Design Synthesis Tool Used to Generate, Evaluate and Optimize Compliant Mechanism Concepts for Research and Education Activities. Proceedings of DETC 2004 Sep

Daniel P Cherney, Donalda Winesett. 2008. Comparison of discrete and continuous motion in scanning probe microscopy monitored via confocal raman microspectroscopy. Appl. Spectrosc., 62: 617~623

Dasic P, Frandk F, Assenova E, et al. 2003. International standardization and organizations in the field of Tribology. Industrial Lubrication and Tribology, 55: 287~291

Ding X, Dai J S. 2008. Characteristic equation-based dynamics analysis of vibratory bowl feeders with three spatial compliant legs. IEEE Transactions on Automation Science and Engineering, 5 (1): 164~175

Dong W, Sun L, Du Z. 2007. Design of a precision compliant parallel positioner driven by dual piezoelectric actuators. Journal of Sensors and Actuator A: Physical, 135 (1): 250~256

Dong X Z, Zhao Z S, Duan X M. 2007. Micronanofabrication of assembled three-dimensional microstructures by designable multiple beams multiphoton processing. Applied Physics Letters, 91: 124103

Erdemir A, Eryilmaz O L, Fenske G. 2000. Synthesis of diamond-like carbon films with superlow friction and wear properties. Journal of Vacuum Science & Technology, A (18): 1987~1992

Etsion I. 2005. State of the art in laser surface texturing. Journal of Tribology, 127: 248~253

Flores P, Claro J C P. 2008. A systematic and general approach to kinematic position errors due to manufacturing and assemble tolerances. 2007 Proceedings of the ASME, 5 (Part A): 43~49

Fujisawa T, Inaba K, Yamamoto M, et al. 2008. Multiphysics simulation of electrochemical machining process for three-dimensional compressor blade. Journal of Fluids Engineering, Transactions of ASME, 130 (8): 0816021-0816028

Gao F, Li W, Zhao X, et al. 2002. New kinematic structures for 2-, 3-, 4-, and 5 DOF parallel manipulator designs. Mechanism and Machine Theory, 37: 1395~1411

Gao F, Liu X J, Gruver W A. 1998. Performance evaluation of two-degree-of-freedom planar parallel robots. Mechanism and Machine Theory, 33 (6): 661~668

Gao W, Kimura A. 2007. A three-axis displacement sensor with nanometric resolution. Annals of the CIRP, 56 (1): 529~532

Garcia E. Smart Structures and Actuators: Past, Present, and Future. SPIE Conference on Smart Structures and Materials 2002, Proceedings of SPIE Vol. 4698 (2002): 1~11

Germishuizen W A, Walti C, Wirtz R, et al. 2003. Selective dielectrophoretic manipulation of surface-immobilized DNA molecules. Nanotechnology, 14 (8): 896~902

Grigorescu A E, van der Krogt M C, Hagen C W, et al. 2007. 10 nm lines and spaces written in HSQ using electron beam lithography. Microelectronics Engineering, 84: 822~824

Gutiérrez-Solana F, Cicero S. 2009. FITNET FFS procedure: A unified European procedure for structural integrity assessment. Engineering Failure Analysis, 16 (2): 559~577

Hopkins J B, Culpepper M L. 2007. Synthesis of Multi-degree of Freedom Flexure System Concepts via Freedom and Constraint Topologies (FACT) . Precision Engineering

Howard Jones. 2007. Solidification Processing Proceedings of the 5th Decennial International Conferenceon Solidification Processing, Sheffield : University of Sheffield, UK

Huang T, Li M, Li Z X, et al. 2004. Optimal kinematic design of 2-DOF parallel manipulators with well-shaped workspace bounded by a specified conditioning index. IEEE Transactions on Robotics and Automation, 20 (3): 538~542

Hubbard N B, Culpepper M L, Howell L L. 2006. Actuators for Micropositioners and Nanopositioners. Transactions of the ASME, (59): 324~334

Huo DH, Cheng K. 2008. A dynamics-driven approach to the design of precision machine tools for micro-manufacturing and its implementation perspectives. Proc. IMechE Part B: J. Engineering Manufacture. 222 (1): 1~13

Huo D H, Cheng K, Wardle F. 2010 A holistic integrated dynamic design and modelling approach applied to the development of ultraprecision micro-milling machines. International Journal of Machine Tools & Manufacture, 50: 335~343

Hussain K, Wilkinson D S, Embury J D. 2009. Effect of surface finish on high temperature fatigue of a nickel based super alloy. International Journal of Fatigue, 31 (4): 743~750

Israelachvili J N. 1992. Intermolecular and Surface Forces. 2nd edn. San Diego: Academic Press

Jeswiet J, Geige M, et al. 2008. Metal forming progress since 2000. CIRP Journal of Manufacturing Science and Technology, 1: 2~17

Jin-Han Jeon, Sung-Won Yeom, et al. 2008. Fabrication and actuation of ionic polymer metal composites patterned by combining electroplating with electroless plating. Composites, (39, A): 588~596

John H, Chris M, Mike W, et al. 2004. Determinate assembly of tooling allows concurrent design of airbus wings and major assembly fixtures. Proceedings of SAE, 01: 2832

Karnopp D C, Margolis D L, Rosenberg R C. 2006. System Dynamics: Modeling and Simulation of Mechatronic Systems (4 edition) . New York: Wiley and Sons

Kawamura K, Sarukura N, Hirano M, et al. 2001. Periodic nanostructure array in crossed holographic gratings on silica glass by two interfered infrared-femtosecond laser pulses. Applied Physics Letters, 79: 1228~1230

Kawata H, Yasuda M, Hirai Y. 2007. Fabrication of Si mold with smooth side wall by new plasma etching process. Microelectronic Engineering, 84: 1140~1143

Kersting P, Zabel A. 2009. Optimizing NC-tool paths for simultaneous five-axis milling based on multi-population multi-objective evolutionary algorithms. Advances in Engineering Software, 40 (6): 452~463

Komaragiri U, Agnew S R, Gangloff R P, et al. 2008. The role of macroscopic hardening and individual length-scales on crack tip stress elevation from phenomenological strain gradient plasticity. Journal of the Mechanics and Physics of Solids, 56 (12): 3527~3540

Kopp R. 2008. Innovations in metal forming in the world. Proceedings of the 9th International Conference on Technology of Plasticity, September 7~11, Gyeongju, Korea: 5~21

Krama J A. 2005. Nanometre resolution metrology with the Molecular Measuring Machine. Measurement Science and Technology, 16: 2121

Kunieda M, Hayasaka A, Yang X D, et al. 2007. Study on nano EDM using capacity coupled pulse generator. CIRP Annals-Manufacturing Technology, 56 (1): 213~216

Kyung Il Lee, Hidekuni Takao, Kazuaki Sawada, et al. 2006. CMOS compatible bulk micromachined silicon piezoresistive accelerometer with low off-axis sensitivity. Microelectron. J., 37: 22~30

Lee C C, Hervé J M. 2006. Translational parallel manipulators with doubly planar limbs. Mechanism and Machine Theory, 41 (4): 433~455

Li H F, Chi Fai Cheung, Ling Bao Kong, et al. 2007. A study of measurement technology for ultra-precision freeform surface. Key Eng. Mater., 339: 417~421

Li M, Cai Z Y, Sui Z, et al. 2008. Principle and applications of multi-point matched-die forming for sheet metal. Proceedings of the Institution of Mechanical Engineers, Part B, Journal of Engineering Manufacture, 222 (5): 581~589

Li S Y. 2010. Research on controllable compliant tools (CCT) theory and technology. Proc. of the 5th SPIE International Symposium on Advanced Optical Manufacturing and Testing Technologies, 2: 0160

Li X, Cao X, Zhou H, et al. 2006. A low damage RIE process for the fabrication of compound semiconductor based transistors with sub-100 nm tungsten gates. Microelectronic Engineering, 83: 1159~1162

Li Zhongxian, Xu Longhe. 2005. Performance tests and hysteresis model of MRF-04K damper. Journal of Structural Engineering-ASCE, (131, 8): 1303~1306

Magnani G, Rocco P. 2010. Mechatronic analysis of a complex transmission chain for performance optimization in a machine tool. Mechatronics, 20 (1): 85~101

Malshe A P, Virwani K, Rajurkar KP, et al. 2005. Investigation of nanoscale electro machining (nano-EM) in dielectric oil. CIRP Annals-Manufacturing Technology, 54 (1): 175~178

Mancini S, Tumino G, Gaudenzi P. 2006. Structural health monitoring for future space vehicles. Journal of Intelligent Material Systems and Structures, 17: 577~585

Marco Iansiti. 1997. Technology Integration: Making Critical Choices in a Dynamic World. Boston: Harvard Business School Press

Marquez J E R, Coit D W. 2007. Optimization of system reliability in the presence of common cause failures. Reliability Engineering & System Safety, 92 (10): 1421~1434

Mears L, Roth J, Djurdjanovic D, et al. 2009. Quality and inspection of machining operations: CMM integration to the machine tool. Transactions of ASME, Journal of Manufacturing Science and Engineering, 131 (5): 051006

Meng J, Liu G F, Li Z X. 2007. A geometric theory for analysis and synthesis of sub-6 DoF parallel manipulators. IEEE Transactions on Robotics, 23 (4): 625~649

Merlet J P. 2006. Jacobian, manipulability, condition number, and accuracy of parallel robots. Trans. ASME, Journal of Mechanical Design, 128: 199~206

Mihai Dupac, Dan B. Marghitu. 2006. Nonlinear dynamics of a flexible mechanism with impact. Journal of Sound and Vibration, 289: 570~592

Mironov V, Reis N, Derby B. 2006. Review: bioprinting: a beginning. Tissue Engineering, 12: 631~634

Mironovl V, Trusk T, Kasyanov V, et al. 2009. Biofabrication: a 21st century manufacturing paradigm. Biofabrication, 1 (2): 022001

Mishraa R S, Ma Z Y. 2005. Friction _ stir _ welding _ and _ processing. Materials Science and Engineering, R 50: 1~78

Mitsuo Niinomi. 2003. Recent research and development in titanium alloys for biomedical applications and healthcare goods. Science and Technology of Advanced Materials, (4): 445~454

Mo Y, Turner K T, Szlufarska I. 2009. Friction Law at the Nanoscale. Nature, 457: 1116~1119

Morgan S, Colon S, Emerson J A, et al. 2003. Biomanufacturing: a state of the technology review. Sandia Report: Sand, 2003~3302

Motahari S A, Multilinear G M. 2007. One dimensional shape memory material model for use in structural engineering applications. Engineering Structures, (29, 6): 904~913

Nakamachi E, Tam N N, Norimoto H. 2007. Multi-scale finite element analysis of sheet metals by using SEM-EBSD measured crystallographic RVE models. International Journal of Plasticity, 23: 450~489

Nassar S A, Alkelani A A. 2006. Clamp load loss due to elastic interaction and gasket creep relaxation in bolted joints. Transactions of ASME, Journal of Pressure Vessel Technology, 128 (3): 394~401

National Materials Advisory Board (NMAB). 2008. Integrated Computational Materials Engineering: A Transformational Discipline for Improved Competitiveness and National Security. Washington, D. C: The National Academies Press

Nellist P D, Chisholm M F, Dellby N, et al. 2004. Direct sub-Angstrom imaging of a crystal lattice. Science, 305: 1741

Ouyang P. Hybrid intelligent machine: Design, Modeling and Control. Ph. D. Thesis. University of Saskatchewan, Canada, 2005

Ozbay E. 2006. Plasmonics: merging photonics and electronics at nanoscale dimensions. Science, 311: 189

O'Connor P D T. 2000. Reliability-past, present, and future. IEEE Trans on Reliability, 36: 1~6

Pasquale M. 2003. Mechanical sensors and actuators. Sensors and Actuators, (A106): 142~148

Pereira S F, van de Nes A S. 2004. Superresolution by means of polarization, phase and amplitude pupil masks. Opt. Commun., 234: 119~124

Pethig R. 1996. Dielectrophoresis: using inhomogeneous AC electrical fields to separate and manipulate cells. Critial Reviews in Biotechnology, 16 (4): 331~348

Pierrot F, Nabat V, Company O, et al. 2009. Optimal design of a 4-DOF parallel manipulator: from academia to Industry. IEEE Transactions on Robotics, 25 (2): 213~224

Rembe C, Muller R S. 2002. Measurement system for full three-dimensional motion characterization of MEMS. Journal of Microelectromechanical Systems, 11 (5): 479

Ren L, Wang S, Tian X, et al. 2007. Non-smooth morphologies of typical plant leaf surfaces and their anti-adhesion effects. Journal of Bionics Engineering, 4 (1): 33~40

Ren L. 2009. Progress in the bionic study on anti-adhesion and resistance reduction of terrain machines. Science in China Series E, 52 (2): 273~284

Santschi C, Jenke M, Hoffmann P, et al. 2006. Interdigitated 50 nm Ti electrode arrays fabricated using XeF2 enhanced focused ion beam etching. Nanotechnology, 17: 2722~2729

Schmitt C C, Elings J R, Serry M. 2007. Nanoindenting, scratching, and wear testing with the atomic force microscope. Veeco Application Notes

Shen S, Narayanaswamy A, Chen G. 2009. Surface phonon polaritons mediated energy transfer between Nanoscale Gaps. Nano Letters, 9: 2909~2913

Shih A J. 2008. Biomedical manufacturing: a new frontier of manufacturing research. Journal of Manufacturing Science and Engineering, 130 (2): 021009-1-8

Sih G C, Tang X S. 2005. Scaling of volume energy density function reflecting damage by singularities at macro-, meso- and microscopic level. Theoretical and Applied Fracture Mechanics, 43 (2): 211~231

Singer I L, Pollock H M. 1992. Fundamentals of Friction: Macroscopic and Microscopic Processes. NATO ASI Series, Dordrecht: Kluwer Academic Publishers

Sokol D W, Clauer A H. 2004. Applications of laser peening to titanium alloys. Presented at the ASME/JSME 2004 Pressure Vessels and Piping Division Conference, San Diego, CA, July 25~29

Solehuddin Shuib, Ridzwan M I Z, A Halim Kadarman. 2007. Methodology of compliant mechanisms and its current developments in applications: a review. American Journal of Applied Sciences, 4 (3): 160~167

Stephens R B, Olson D, Huang H, et al. 2003. Complete surface mapping of ICF shells, General Atomics Report (GA-A24452)

Teti R, Jawahir I S, Jemielniak K, et al. 2006. Chip Form Monitoring through Advanced Processing of Cutting Force Sensor Signals. CIRP Annals-Manufacturing Technology, 55: 75~80

Thanh Tung Nguyen, Nam Seo Goo et al. 2008. Design, fabrication, and experimental characterization of a flap valve IPMC micro pump with a flexibly supported diaphragm. Sensors and Actuators, (141, A): 640~648

Tian Y S, Chen C Z, Li S T. et al. 2005. Research progress on laser surface modification of titanium alloys. Applied Surface Science, 242 (1~2): 177~184

Tian Y, Pesika N, Zeng H, et al. 2006. Adhesion and Friction in gecko toe attachment and detachment. Proc. of the National Academy of the United States of America (PNAS), 103: 19320~19325

Tibrewala A, Phataralaoha A. 2008. Simulation, fabrication and characterization of a 3D piezoresistive force sensor. Sens. Actuators, A 147: 430~435

Tonouchi M. 2007. Cutting-edge terahertz technology. Nature Photonics, 1: 97~105

Toru I, Toshimi K, Junichi K, et al. 2009. A creep life assessment method for boiler pipes using small punch creep test. International Journal of Pressure Vessels and Piping, 86 (9): 637~642

Trask R S, Bond I P. 2006. Biomimetic self-healing of advanced composite structures using hollow glass fibres. Smart Materials & Structure, 15: 704~710

Tu S T, Segle P, Gong J M. 2004. Creep damage and fracture of weldments at high temperature, Int. J. Pres Ves and Piping, 81 (2): 199~209

Valentine J Li J, Zentgraf T, et al. 2008. An optical cloak made of dielectrics. Nature, 445: 376

Viktor Berbyuk, Jayesh Sodhani. 2007. Towards modeling and design of magneto-strictive electric generators. Computers and Structures, In Press, Corrected Proof, Available online 9 March

Vollertsen F, Schulze Niehoff H, Hu Z. 2006. State of the art in micro forming. Int J Mach Tool Manu, 46 (11): 1172~1179

Vorobyev A Y, Guo C L. 2008. Femtosecond laser blackening of platinum. Journal of Applied Physics, 104: 053516

Wang C J, Shan D B, Guo B, et al. 2007. Key problems in microforming processes of microparts. Journal of Material Science and Technology, 23 (2): 283~288

Wang H, Zhang X M. 2008. Input coupling analysis and optimal design of a 3-DOF compliant micro-positioning stage. Mechanism and Machine Theory, 43 (4): 400~410

White S R, Sottos N R, Geubelle P H, et al. 2001. Autonomic healing of polymer composites. Nature, 409: 794~797

Whiteskles G M, Grzybowski B. 2006. Self-assembly at all scales. Science, 295: 2418~2421

Wu C, Liu X J, Wang L, et al. 2010. Optimal design of spherical 5R parallel manipulators considering the motion/force transmissibility. ASME Journal of Mechanical Design, 132 (3): 031002

Xie G, Luo J, Liu S, et al. 2010. "Freezing" of nanoconfined fluids under an electric field. Langmuir, 26: 1445~1448

Xu X, Luo J, Lu X, et al. 2008. Effect of nanoparticle impact on material removal. Tribology Transactions, 51: 718~722

Xue H, Sato Y, Shoji, T. 2009. Quantitative estimation of the growth of environmentally assisted cracks at flaws in light water reactor components. ASME Trans. J. Pressure Vessel Technol., 131 (1): doi: 10.1115/1.3027458

Xue Q, Zhang J. 2009. Tribochemistry of lubricating materials. Progress in Chemistry, 21: 2445~2457

Yang H, Wang M. 2008. 3D coupled thermo-mechanical FE modeling of blank size effects on the uniformity of strain and temperature distributions during hot rolling of titanium alloy large rings, Comput. Mater. Sci., 44 (2): 611~621

Yang H, Yan J, Zhan M, et al. 2009. 3D numerical study on wrinkling characteristics in NC bending of aluminum alloy thin-walled tubes with large diameters under multi-die constraints. Comput. Mater. Sci., 45 (4): 1052~1067

Yu J, Qian L, Yu B, et al. 2009. Nanofretting behaviors of monocrystalline silicon (100) against diamond tips in atmosphere and vacuum. Wear, 267: 322~329

Zhang X M, Hou W F. 2010. Dynamic analysis of the precision compliant mechanisms considering thermal effect. Precision Engineering, 34 (3): 592~606

Zhao Q, Yang Wanga. 2007. Multi-objective evolutionary optimization design of vehicle magnetorheological fluid damper. International Conference on Smart Materials and Nanotechnology in Engineering. Proc. of SPIE, 6423: 642332

Zheng L F, Brody J P, Burke P J. 2004. Electronic manipulation of DNA, proteins, and nanoparticles for potential circuit assembly. Biosensors and Bioelectronics, 20 (3): 609~619

Zhong Z W, Venkatesh V C. 2009. Recent developments in grinding of advanced materials. International Journal of Advanced Manufacturing Technology, 41 (5~6): 468~480

Zhou Y G, Zeng W D, Yu H Q. 2005. An investigation of a new near-beta forging process for titanium alloys and its application in aviation components. Materials Science and Engineering A, 393 (1~2): 204~212

第四章

建筑环境与土木工程学科

第一节 总 论

一、建筑环境与土木工程学科的战略地位

建筑、环境与土木工程学科的研究对象包括与人类生活和生产活动相关的各类建筑物、构筑物、工程基础设施和相关人居环境。在国家自然科学基金资助范围内，该学科划分为建筑学、环境工程、交通工程、结构工程、岩土工程和防灾减灾工程六个研究领域。

在我国工程科学的总体格局中，建筑、环境与土木工程学科居于不可或缺的战略地位。在过去 30 年间，我国基本建设投资占国民生产总值的比例一直高达 20%～25%。2009 年，我国城市化水平已经达到 46.6%，正处在快速迈向现代化的关键历史时期。迅速扩展着的现代化城市，令人目不暇接的高层建筑、大跨桥梁，各类现代化的土木工程基础设施系统，既反映着我国社会的进步水平，也承载着现代社会可持续发展的希望。与此同时，必须十分清醒地意识到，在社会、经济迅速发展的同时，我国城市发展的瓶颈问题日益凸显，环境污染形势依然严峻，自然灾害对于工程结构与工程系统的破坏触目惊心。

建筑、环境与土木工程研究的基本任务在于通过基础科学研究与应用技术的拓展，发展现代城市设计的基本理论，形成现代建筑设计的创新体系；揭示以城市为中心的环境演化规律，发展环境污染控制的新原理和新技术，为环境质量改善提供科学技术基础；阐明工程结构与工程系统在各类自然灾害与人为灾害下的破坏机制，为建造节约能源、节约资源、安全可靠的现代高性能结构提供科学基础。

2011～2020 年建筑、环境与土木工程学科的基本发展目标可以概括为：在现代城市可持续发展、环境复合污染控制、高性能结构工程与工程防灾减灾等方向上,对带有共性、前瞻性的基础科学问题展开系列研究,取得一批具有原创性的、可以自立于国际学术舞台的创新成果,为我国建筑、环境与土木工程学科研究跻身国际学术研究前列奠定基础,为我国工程科学的发展和我国社会主义现代化事业的发展做出贡献。

二、建筑环境与土木工程学科的总体发展趋势

我国宏大的工程建设与史无前例的城市化发展,给建筑、环境与土木工程学科的发展带来了前所未有的机遇和挑战,也呼唤着我国在这一研究领域中的创新与超越。在未来10年内,该学科总体发展趋势主要表现在以下诸方面。

(一) 可持续发展的基本理念将促进建筑学和城市规划学科的变革

21世纪对建筑学学科的冲击最大莫过于"可持续发展"理念的出现。全球性的能源危机、环境恶化及资源短缺,要求人类社会反思和调整自身的行为模式,以保持社会、经济和环境的可持续发展。而建立在资源无限、环境容量无限以及能源无限观念基础之上的现代建筑体系和建筑环境控制技术,在给人类社会提供了舒适安逸的生活空间的同时,也无意识地加入了污染和破坏自然生态环境、掠夺性消耗人类资源的行列。我国建筑能耗已经占到国民经济总能耗的25%、温室气体排放占35%以上。研究建立可持续发展背景下的建筑学和城市规划理论体系,已成为当务之急。应该研究在建筑设计和城市规划与设计中如何运用设计手段,在不断提高建筑生活环境质量标准的同时,减少对能源和其他自然资源的使用,减少污染物的排放。解决这个问题,需要调整建筑学学科的指导思想和行为模式。首先需要解决的是哲学观和历史观问题,应该将可持续发展的思想渗透和贯穿于学科研究每一环节之中,并真正用来指导城市规划和建筑设计创作。其次需要研究解决替代技术及其适应性问题,为建筑与城市生态化设计提供技术支撑。同时,需要研究技术与规划和设计的结合问题,它既需要技术研究人员充分考虑技术成果在设计中应用的可行性,也需要设计研究者在设计理论和方法中具备消化吸收技术成果的能力。任何城市、任何建筑走向生态、绿色与可持续发展,最终是要通过设计手段来实现的。

(二) 多介质环境的复合污染过程与控制成为环境工程研究的重点

环境污染和生态破坏的治理是全世界面临的严峻问题。在环境工程科学领域,将更加注重在区域尺度上深入认识和系统解决环境问题,重点研究区域尺

度环境演化的过程机制及其调控方法，发展以城市污染控制和环境质量改善为核心的理论和方法体系。将复合污染问题作为区域生态环境问题研究的重要方向，阐明复杂环境体系中污染物及其不同介质间的非均相作用过程及界面转移转化规律，探索多介质环境的复合污染形成、效应、演化及控制的机制和方法，构建复合污染研究与治理的理论和技术体系。深入研究有毒有害污染物的生态与健康风险，并针对城市环境问题在分子、组织、细胞和个体水平上探索生物受体对污染的响应，在种群水平和区域尺度上阐明污染对生态系统的影响，发展污染环境的风险控制的科学基础。综合研究环境中多介质的交互污染过程与调控方法，深入认识水、土、气、生物系统中污染物的交换、运移、反应及多界面行为，阐明不同区域或流域的多介质污染特征及其变化规律，建立多介质环境交互污染控制的原理和技术系统。同时，污染环境修复研究将备受关注，将继续开展以生物技术、生态调控等手段为重点的修复方法探索，建立基于不同环境背景和污染特征的修复原理和技术体系。

（三）交通系统从被动型向主动控制型的转变构成交通工程研究前沿

在我国快速城镇化与机动化的社会发展背景下，条块分割、被动适应的城市交通系统已经完全不能适应现代城市发展要求，建立一个主动引导型的城市综合交通系统已成为解决城市问题的必然趋势。这一发展趋势表现在：① 城市规划与交通规划的互动及一体化。从宏观到微观地多尺度层面研究城市的物质空间规划对交通系统的作用机制以及综合交通系统引导下的物质空间规划，日益注重研究城市规划与交通规划的反馈性耦合。② 交通规划思想由被动适应型向主动式交通供需平衡转变。传统的交通供给优化思想以被动适应交通需求的增长为前提，城市形态、交通模式、供给布局等环节之间的宏观匹配和互动作用不够紧密。以系统的观点建立城市交通主动式供需平衡与耦合理论将为缓解城市交通问题提供科学的理论指导，对于城镇化进程高速发展的中国显得尤为重要。③ 公共交通规划理论由单一型常规公交优化向多元化公交系统优化转变。常规公交优化向多元化公交系统优化转变，快速发展的城镇化与机动化，使城市道路交通需求与日俱增，优先发展公共交通是缓解交通压力的根本途径，公交客流需求将呈现多层次、多等级的特征，城市轨道交通、快速公交与常规公交将共同组成多元化公交网络系统。多元化公交系统之下，公交客流生成与网络客流分布特征将发生重大变化，多元化公交系统衔接、协调规划理论方法需要新的突破。④ 现代网络交通流控制研究正向主动型、多目标协调优化发展。智能交通系统的建设使网络交通流出现了本质性变化，交通系统的高度信息化将突破传统的研究方法，为网络交通流及交通行为基础模型和理论研究提供前所未有的数据条件和实验研究条件。同时，随着对交通安全、节能减排等的日趋重视，多目标最佳的网络交通流协调优化控制基础理论正成为发展趋势。网络交通流及其控制基础理论和技术将出现一场革命。

（四）高性能结构体系及其现代设计理论正在孕育与发展

土木工程对我国经济和社会的发展起着重要的支撑作用。随着知识的积累、技术的进步、人类活动范围的拓展以及使用需求的提高，要求工程结构必须具备更高的综合性能，以抵御自然灾害作用下工程结构的灾难性破坏，减缓乃至消除长期自然环境侵蚀下工程结构的性能退化，保证工程结构的预期服役性能。从结构性能的角度出发，以高安全性能、高施工性能、高使用性能和高耐久性能等为特征的高性能结构（high performance structures）的发展，正在成为现代结构工程发展的重要标志。而以大规模、非线性、多场耦合问题为特征和发展趋势的现代工程计算理论，则为发展高性能结构工程提供了有效的技术支撑手段。20 世纪 90 年代，土木工程领域的前沿科学家明确提出了结构全寿命周期设计（integrated life cycle design of structures）的理念。进入 21 世纪，结构全寿命设计的理念受到国内外学者的广泛关注，形成了未来结构设计理论的发展方向和基本趋势，已成为国内外最活跃、最前沿的研究领域之一。在结构全寿命周期中全面综合地考虑安全性、适用性与耐久性三者的相互交叉、相互制约的关系，发展基于结构整体可靠度的全寿命设计理论，成为工程结构全寿命设计的重要内涵。研究高性能结构体系的全寿命设计理论及方法，正在成为土木工程领域具有十分重要意义的发展方向。

（五）城市化与可持续发展的需求促进着岩土工程学科的跨越

我国迅猛的城市化进程对地下基础设施建设和服役性能提出了更高要求，促进了城市地下工程和隧道工程的发展。然而，当前城市地下工程建设超常规发展使得建设难度剧增，面临的技术挑战和施工风险也越来越大。如何保证城市地下工程的施工安全、减小对周围环境的影响及保证服役性能是迫切需要解决的问题。随着当前全球气候变化与环境恶化的加剧，世界各国都意识到保护环境已成为极其重要的战略性课题，由岩土工程、环境工程及地下水工程交叉而成的环境岩土工程学科的兴起对于解决该问题具有重要意义。与传统岩土工程相比，环境岩土工程更强调大气和水以及生物和化学的作用。与此同时，20世纪几次破坏性大地震以及 2008 年我国汶川大地震的发生，近几年我国大量高速铁路和地铁的兴建，都迫切要求进一步深入认识岩土材料的动力学行为及土工构筑物地震破坏规律,保障重大工程的建设与运营安全,减少动力灾害损失。因此,环境岩土工程、城市地下工程与隧道工程、土动力学与岩土地震工程等三个主要研究领域已成为我国今后若干年城市化与可持续发展的重大技术需求,岩土工程学科正面临着前所未有的跨越与发展。

(六) 多种灾害的综合防御正在形成新的研究方向

大规模土木工程基础设施是现代社会的基本物质基础,各类自然灾害(包括环境侵蚀)仍然严重地威胁着基础设施的服役安全。揭示灾害对构成土木工程基础设施主体的工程结构的作用机制及其时空效应,深入研究工程结构和工程系统在各种灾害作用下的损伤破坏机制、损伤模式,发展基于性能的工程结构与工程系统的抗灾性态设计与智能控制技术等,仍然是世界性的热点研究课题。近十年来,研究各类灾害的耦合效应及其关联度,发展工程结构与工程系统基于可靠度理论的多重灾害抗灾设计理论的观点逐步受到人们的广泛关注,区域性防灾和多种灾害防御的研究将开拓新的学科发展空间。从多灾害角度,基于概率危险性分析,采用统一的概率可靠性指标和失效标准建立多重灾害极端事件极限状态,研究提高工程结构抵御不同灾害极端事件的能力,探索多灾害共同作用或相互作用下重大工程的反应与破坏特点,逐步建立重大工程的多重灾害预警和监测技术是多重灾害综合防御的发展趋势。重视对于地震、风灾等灾害作用机制的研究,在非线性破坏机制研究方面从基本构件向材料本构关系、结构性能两端延伸,完善与健全减灾面向工程应用的分析理论和设计方法,发展工程结构抗倒塌研究和设计理论,以工程实际问题为出发点开发实用、高效的新型智能减灾装置,重视区域性灾害危险性分析与大型工程网络系统安全性、可靠性研究的结合,进一步发挥先进复合材料、智能材料、先进传感技术、现代信息技术将在综合防灾研究中的重要作用,是上述发展趋势的必由之路。与此同时,生命线工程系统的安全性监测、灾害预警技术与应急处置技术将得到高度重视和迅速发展,复合生命线工程系统的灾害模拟与灾场控制研究将引起更广范围内的关注,与城市综合防灾相关的防灾信息系统与灾害风险管理、灾害易损性分析与损失预测、遥感技术与防灾综合决策理论将得到进一步的发展。

三、建筑环境与土木工程学科未来5~10年发展战略

综观该学科在过去30年的主要研究进展和当前研究现状,可以预测在今后10年甚至相当长的一段时期内,该学科研究前沿将集中在以下诸方面:

1) 可持续发展的地域人居环境和建筑设计理论，城乡建筑环境控制与节能技术原理，现代城市公共空间规划与功能布局优化，地域建筑学与历史建筑和文化遗产保护。

2) 城市水质安全保障与风险控制，城市污水处理与资源化，城市大气复合污染控制，固体废物的减量化、无害化、资源化的过程机制与技术原理。

3) 城市形态、土地利用、交通模式的宏观匹配模型，基于活动的居民出行行为分析，面向对象的网络交通流理论，全息信息环境下网络交通流动态优化调控理论，网络交通流在线分析、预测与预报基础理论，城市交通系统的综合优化理论。

4) 高性能、多功能、高耐久的新型结构材料研究，工程材料的本构关系与结构随机非线性分析，工程结构的损伤、破坏机制与性能控制原理，高性能结构体系，重大工程的健康监测与智能结构系统，工程结构整体可靠度设计理论与全寿命设计理论。

5) 土体的性能，固-液-气多相介质与复杂环境的相互作用，复杂环境下土工构筑物和基础工程的失效机制与性态设计。

6) 考虑工程效应和社会影响、基于物理的灾害危险性分析，结构灾害作用与环境作用模型，复杂工程结构在多种灾害作用下的灾变行为、传播机制与风险控制，生命线工程系统的抗灾设计与性能控制理论，工程系统的安全性监测、灾害预警技术与应急处置技术。

在上述研究前沿，学科发展的总体布局与优先领域包括以下几个。

（一）重大交叉研究领域

1. 环境变迁中的城市科学

相关学部：地学部、数理学部、管理学部。

关键科学问题包括：环境变迁与灾害风险；环境变迁与可持续发展的地域人居环境设计理论；环境变迁与历史建筑及文化遗产保护；重大工程与环境变迁的联系与互动。

重点研究方向包括以下几点。

（1）环境变迁与灾害风险

研究工程灾害的中、长尺度危险性及其分析方法；建立重大工程的灾害危险性与设防标准；研究大规模工程系统的灾害风险及其分析方法；揭示重大工程对环境变迁的作用。

（2）环境变迁与可持续发展的地域人居环境设计理论

研究城市与建筑环境质量下降的规律，揭示建筑能耗的长时变迁演化规律，发展城乡建筑防风灾、涝灾规划设计和建筑设计理论。

(3) 环境变迁与历史建筑及文化遗产保护

研究历史建筑的损毁机制，发展历史建筑的防护技术；揭示建筑文化遗产加速消亡原因，给出建筑文化遗产的保护策略。

2. 多介质复合污染机制与调控原理

相关学部：化学部、数理学部、生命学部。

关键科学问题包括：城市水体复合过程、控制及修复原理；污水处理新技术原理与再生利用的风险控制；饮用水质的多介质转化规律与过程调控机制；区域大气二次污染物形成机制与调控途径。

重点研究方向包括以下几点。

(1) 城市水体复合过程与控制修复原理

深入研究城市水环境下水循环的基本规律，阐明污染物的源汇关系及复合污染的形成机制，揭示城市水体的复合污染特征与变化规律，建立城市水体及水循环利用过程中水质转化的调控方法与技术原理，发展受污染城市水体修复的技术原理，构建与保障水体水质相协调的城市水循环模式。

(2) 城市区域大气复合污染形成机制与调控原理

揭示城市区域大气复合污染的形成机制，研究一次污染物源解析及阻控技术原理和大气细粒子形成机制与环境效应及调控技术原理，研究复合污染效应评价与预测预警技术原理，发展大气特殊污染物控制新技术与方法。

3. 现代交通系统优化与调控理论

相关学部：数理学部、管理学部、信息学部。

科学问题包括：城市交通需求形成机制与演化规律；复杂条件下混合网络交通流形成机制与演化规律；主动引导式城市交通系统的供需平衡机制与系统耦合理论；全息信息环境下网络交通流调控理论。

重点研究方向包括以下几点。

(1) 城市交通需求形成机制与演化规律

城镇化水平与交通发展水平的耦合机制，城市物质空间规划对城市交通规划的需求机制，城市交通需求的形成机制、演化规律与合理性评价，城市形态-人口分布-土地利用-交通出行模式的匹配模型，城市土地开发强度及其功能划分与分布诱发交通拥堵的演化规律，交通对城市形态演变、土地利用布局及强度等的引导反馈模型，基于低碳城市的物质空间规划与现代交通系统的耦合规划设计理论和方法，城市物质空间与交通系统的耦合模型。

(2) 复杂条件下混合网络交通流形成机制与演化规律

研究多模式道路交通网络结构拓扑关系,发展信息环境下混合网络交通流选择行为理论;探索网络交通流在时间跨度和空间分布上的演化规律、动态/静态交通调控措施与网络交通流的相互作用机制,多元化交通系统和交通模式之间的转换机制,发展基于多源信息的动态 OD 估计与预测理论;研究网络交通拥挤的发生、扩散与消散规律,异常态网络交通流的演化机制。

(3) 主动引导式城市交通系统的供需平衡机制与系统耦合理论

研究基于个体出行行为特征的交通需求分析模型,揭示交通需求与交通供给的作用机制与互动关系,发展交通方式结构优化与交通资源配置优化的新一代模型。提出多模式城市综合公共交通系统、新一代高效能城市地面公交系统的规划与设计方法,建立基于公交主导型的城市综合交通系统规划理论体系。

(4) 全息信息环境下网络交通流动态优化调控理论

变结构网络交通流及其优化管理与控制基础理论,信息化条件下多重网络调控措施的组合作用机制及系统最优化的网络调控理论;基于实验科学的新一代网络交通流仿真理论。

4. 高性能结构工程的全寿命设计

相关学部:数理学部、信息学部、管理学部。

关键科学问题包括:工程结构与工程系统的全寿命风险分析;工程结构的损伤、灾变机制与性能控制原理;工程结构与工程系统的整体可靠性设计与全寿命风险控制。

重点研究方向包括以下几点。

(1) 工程结构与工程系统的全寿命风险分析

发展中长尺度灾害(地震、风暴等)危险性分析方法,建立工程结构与工程系统的灾害作用物理模型,研究工程结构环境作用模型,揭示环境与荷载耦合作用下工程结构性能演变机制。

(2) 工程结构的损伤、灾变机制与性能控制原理

采用多尺度随机力学方法研究工程结构的非线性行为与失效机制,发展基于微结构演化的材料-结构多尺度寿命预测理论和方法;发展工程结构受力全过程精细化分析理论与方法,建立工程结构生命周期全过程的结构性能评定理论与设计方法;确定工程结构性能设计基准,建立定量化的结构性能评估理论和方法。

(3) 工程结构与工程系统的全寿命可靠性设计与风险控制设计

研究结构整体可靠度理论与计算方法,发展基于结构非线性受力全过程的结构整体可靠度评价理论与计算方法,逐步形成工程结构基于可靠度的结构性

态优化与设计理论；研究整体结构全寿命、全过程风险控制理论与基于可靠度与全过程风险控制的性态优化与设计方法，实现工程结构精细化设计；开展风险通信、多种与多重灾害控制研究。

（二）战略研究重点

1. 可持续发展的人居环境与绿色建筑

可持续原则下的城镇空间发展演化机制、空间结构和形态组织模式及城市设计基础理论框架；低碳城市、绿色社区和零碳家庭的城镇建筑设计新方法；绿色城市和建筑设计准则体系和相关规程的构建；多目标、性能化、指标优化的数字化绿色城市建筑设计；基于多元、多样和适宜性的绿色设计理论和方法的探索和创新，包括高技术、中间技术、低技术、软技术及在建筑中的组合应用，以及相关的评估检测方法、技术政策和行业技术标准等。

2. 城乡建筑节能设计原理与技术体系

高品质建筑声、光、热环境设计理论和方法；人与建筑空间物理环境的关系；主、被动结合建筑热环境调节组合优化；建筑热湿环境热力学分析新方法；营造建筑热湿环境的末端调控方式优化；我国典型气候带建筑室内热湿环境营造机制；乡村建筑节能和人居环境改善技术基础理论和评价体系；工业建筑污染物控制通风理论及应用方法等。

3. 城市交通系统的低碳保障技术与基础理论

研究城市交通系统居民出行方式结构与城市交通系统能源消耗总量、土地资源消耗总量、交通污染物排放总量、交通流噪声强度的相关关系分析模型；研究道路交通流运行状态特征指标与车辆能源消耗、污染物排放、交通流噪声强度的定量化分析模型，建立城市交通系统低碳评估的方法体系，提出面向低碳目标的城市交通系统规划设计方法与交通管理技术。

4. 大型复杂结构的健康监测与安全评定

研究先进信号分析与信号融合方法，发展健康监测与无损检测相结合的损伤识别方法，研究分散子结构的有限元模型修正方法、随机有限元模型修正方法、多尺度有限元模型修正方法和非参数模型修正方法；研究基于健康监测的大型复杂结构失效模式搜索、结构状态评估、大型复杂结构构件与子结构及整体结构全寿命安全评定与时变可靠度预测方法。

5. 多场环境下岩土工程灾变及控制

岩土体宏观静动力特性的微观机制；固体废弃物生化相变效应及多场相互作用；热-水-力（THM）三场耦合问题；城市软土地下工程的多场相互作用；场地与地下结构动力相互作用；岩土体多相演变和多场相互作用的试验模拟。

6. 工程结构与工程系统的多重灾害防御

基于概率的多重灾害危险性预测理论与方法；基于统一可靠性标准的多重灾害作用强度和性能要求；灾害极端事件之间的关联度和概率组合方法；多重灾害的耦合效应、时空效应及其作用机制；多重灾害共同和关联作用下的结构效应；多重灾害共同和关联作用下的实验技术和实验验证；多重灾害的预警和监测技术；基于性能的工程结构多重灾害设计理论与方法；城市综合防灾中的关键技术；工程系统多重灾害的空间作用效应及其防御。

四、未来5～10年建筑环境与土木工程学科发展的保障措施

（一）人才队伍建设

人才队伍建设包括以下几方面：
1) 重视学科文化建设，加强学术道德培养，完善科学合理的评价机制，避免浮躁、浮夸学风。
2) 加强培养学科或学术带头人。基于我国的现实需求和国际的发展趋势，该学科未来20年的发展定位应该是争取成为世界研究潮流的引领者。为此，培养一批中青年的学科带头人及学术骨干，是实现这一目标的重要保障。
3) 加强中青年学者之间的交流与合作，努力提高解决国家重大问题的能力；同时注意老、中、青结合，充分调动全体研究者的积极性和研究热情。学科带头人和有影响的教授应积极为中、青年学者创造条件，促使其早出成果、多出成果。

（二）学科发展对策

我国与西方发达国家的发展阶段不同，工程结构学科所肩负的历史责任也不同。因此在跟踪欧美最新研究成果的同时，要密切结合我国现状，为解决实际工程需求开展原创性研究，引领在相关学科问题上的研究方向，避免盲目跟

随或简单重复。应通过对科学问题的基础理论的创新研究,解决重大工程建设中涌现的带有普遍意义的技术问题。主要包括:

1) 强化基础研究,注重工程应用。基础理论研究体现了国家科技创新的核心竞争力,同时可为应用研究打下扎实的基础;强化基础理论研究,就要结合我国大规模土木结构工程实践的特点,从大量应用研究中凝练出具有共性和普遍性的研究课题,持之以恒地加以探索,为创新性研究打下基础。

2) 发展创新群体,探索创新模式。长期资助创新研究突出、学术组织严密、开放式的创新研究群体,积极探索建立长期的、具有突出创新特色的研究基地。

3) 重视学科交叉,凝练重点学科。积极推动该学科与相关学科、学部的学术交流与协作,在学科交叉领域拓展研究空间,服务于学科发展。同时,对传统学科研究领域,要重视对于基本科学问题的凝练、挖掘与深层次创新,形成具有时代特色的重点学术研究领域。

4) 扩大国际交流,力争有所作为。加大对该学科各重点研究领域重大或重点项目承担者在国内或国外组织召开高水平国际会议的资助力度,加大对组团出国参加相关重大系列国际会议的资助力度,进一步推动我国学者进入高水平的国际舞台并扮演重要角色。通过广泛开展实质性的国际合作与交流,保持与国际同行的密切联系,参与组织和引领世界相关研究的发展潮流。

5) 注重示范推广,服务国家建设。结合我国重大工程建设与城市发展的工程实际问题与技术需求,积极完善和推广应用该学科创新研究成果,提升我国城市和重大工程建设的科技水平,促进建筑、环境和土木工程建设事业的健康发展。

第二节 建筑环境与土木工程学科的主要领域、基础科学问题及优先资助方向

一、建筑学与城乡人居环境

(一) 研究范围与内容

建筑学(architecture)是研究满足人的不同行为需求的建筑空间与建筑环

境设计理论和方法的学科，是"旨在总结人类建筑活动的经验，以指导建筑创作，创造某种体形环境"的学科，兼有技术科学、社会科学和艺术学属性。按我国目前学科划分，建筑学的学科范畴包括建筑历史与理论、建筑设计及其理论、城市规划与设计、景观学和建筑技术科学（building technology）等二级学科。按照国家自然科学基金资助研究领域的划分，其中建筑技术科学又分为建筑热环境、建筑光环境和建筑声环境三个学科方向。

城市规划和建筑设计主要研究规划与设计的一般规律，包括平面布局、空间组合、交通以及城市与建筑美学等。建筑历史研究建筑学发展的历史过程及其演变规律，研究人类建筑历史上遗留下来有代表性的优秀建筑实例，总结前人的成功经验，为建筑设计汲取营养。建筑理论探讨建筑与经济、社会、政治、文化等因素的相互关系，探讨建筑实践所应遵循的指导思想以及建筑技术与艺术融合的基本规律。建筑构造研究建筑物的构成、各组成部分的组合原理和构造方法，根据建筑物的使用功能、技术经济和艺术造型要求提供合理的构造方案，指导建筑细部设计和施工。景观学由景观规划设计学（landscape architecture）扩展而来，其研究的内容已超出视觉景观和园林景观的范畴，它以建筑学、城市规划、风景园林、环境科学、生态学、林学、地学、社会学、艺术学以及生命科学为基础，围绕有关土地的自然与文化资源保护和室外空间环境建设，通过科学理性与艺术感性思维的综合，研究解决人类各种建设活动中面临的问题，寻求适宜的解决方案和途径，监理规划设计的实施，并对大地景观进行维护和管理。建筑技术科学研究适合于城市规划和建筑设计过程之中的物理环境设计理论和方法，研究如何在城市总体规划、功能小区布局、建筑相互关系、单体建筑形式、平面与空间的组织、材料与构造的运用等设计环节中，创造适宜的城市与建筑物理环境。采暖通风与空调工程学科研究通过设备系统调控建筑物理环境的设计理论和方法，是相对独立于城市规划、建筑设计过程的知识体系，它的主体是建筑采暖、建筑通风和建筑空调，即通过建筑设备系统，人工调控建筑空间的热环境和空气品质、城市与建筑空间的人工照明、建筑室内外的电声控制等。由于这些技术本身的复杂性和独立性，形成了专门的技术体系。

在全球环境变迁和可持续发展的社会发展背景下，全球发达国家的城市发展已经基本转向低碳绿色和适度紧凑的发展模式，中国政府发布的《国家中长期科学和技术发展规划纲要（2006—2020年)》和《21世纪行动议程》等也将可持续性作为最重要的社会发展理念。从城市化发展的基本态势看，中国能否走出一条不完全等同于西方的新型城市化道路（科学发展、和谐、资源利用)，城市建设所面对的建筑环境的发展与保护如何统筹兼顾，基于科学技术进步而导致的规划设计理念和方法更新等这些科学问题能否顺利完满解决，将直接影响到中国乃至世界的未来。

建筑学学科通过把握国际城镇发展和城镇建筑环境整体优化的先进经验及其内在规律，在科学发展观指导下，基于低碳绿色、节能环保、和谐社会的基本理念，对中国城市化进程、城镇建设及其所支撑的建筑业发展提供基础科学理论和方法的支撑。由于中国在当今世界的地位和面临的可持续发展的挑战，中国的问题就是世界的问题，中国城镇建筑学所迫切需要解决的科学问题就是国际学科前沿的科学问题。

（二）研究现状与发展趋势

建筑学科在近20年的发展中，既出现了越来越明显的专业分工倾向，又呈现出跨学科综合研究的趋势。城市规划领域中偏于宏观城市区域发展战略、社会政策和管理制度等的研究领域逐渐从现代城镇建筑学范畴中独立出来。全球性环境与资源问题的出现使得建筑学界开始反思现代建筑活动中的能源与资源消费模式，探索在保持和提高人居环境质量前提下节约资源和保护环境的途径，并由此引发了对现代建筑哲学与美学、现代建筑设计思想的重新评估和对现代建筑构造与材料技术、建筑环境控制设备和技术进行变革。节能建筑、生态建筑、绿色建筑、可持续建筑等概念相继出现，虽然它们形成的视角、背景和出发点各不相同，不同专业背景对它们的理解有所差异，但是它们本质是相同的：以最小的资源、能源消耗创造健康适宜的建筑与城市环境，并对外部环境的影响达到最小。建设生态城市，建筑走向绿色，几乎成为全体人民的共识。近年来，在国家自然科学基金及其他国家科技计划支持下，建筑学学科在基础理论和实践研究方面取得了丰硕的成果。

1. 城镇化进程和城镇发展趋势

人类社会已经进入"城市世纪"。据联合国人口司公布的数据，1950年世界城市人口所占比重为30%，1977年为38%，1990年为43%，2000年为46%，到2008年，世界城镇化水平已经在历史上第一次超过了50%。如何应对快速城镇化、贫困、资源与环境等方面的挑战将在很大程度上决定着世界的未来。

20世纪90年代以来的中国城市化进程史无前例。改革开放以来，城市数量至2009年末接近700个，城镇人口占总人口比重接近50%。据有关研究预测，到2020年，我国总人口将达到14亿，城镇化将会持续以年均1个百分点的速率增长。为此，年均需要在城市新增就业岗位830万个，生活用水14亿立方米，特别是将要在城镇地区新增城市居民住房3亿~4亿平方米，建筑耗能64亿千瓦时，土地开发资金2700亿~3600亿元，建设用地1800平方千米，根据发达国家经验，随着我国的城市发展，人们生活水平的提高，建筑能源消耗将达到33%左右。

发达国家的城市化进程研究主要关注大城市的郊区化现象，旧城中心区"空心化"和"异质性"问题，以及在全球经济一体化和信息化发展的背景下，欧美、亚洲国家和地区等正在探讨的新城乡统筹和区域城镇体系布局模式等。与此同时，同期的世界上一些第三世界国家的城市化却呈现出明显的人口向中心城市集聚的趋势，因此，都市连绵区（megalopolis）在发展中国家的出现和发展以及向巨型区域（mega region）的发展亟待开展研究。法国地理学者戈德曼（Gottmann）曾指出，全球已形成6个世界级的都市连绵区，我国的长江三角洲列于其中。

与此同时，世界城镇化正处在结构转型的关键时期，发达国家绿色城市化（green urbanism）和新的城乡统筹模式探求成为新的趋势。中国也在适应时代需要，大力推进基于可持续性理念的新型城市化战略。中国建筑学科在此领域重点需要关注自身城镇和城镇化的健康发展，特别是要探寻城乡统筹的新型城市化道路，应对中国作为一个农业大国和世界上人口最多、地域条件最复杂多元的客观挑战。

2. 城镇建筑绿色设计理论与方法的发展

可持续发展的人类共识显著推动了城镇建筑学的发展。20世纪70年代以来，在全球环境变迁的背景下，常规能源供给的有限性和环保压力日益增加。世界上许多国家掀起了开发利用可再生能源（如太阳能、风能、地热等）的热潮。在国际建筑界基于可持续性的被动式和低能耗（PLE）的绿色建筑设计和城市设计得到广泛关注。

城镇建筑绿色设计的核心是：围绕可持续性的城镇建筑环境营造目标，遵循和贯彻环境热舒适性科学原理，通过设计手段，实现低碳和节能减排的事前安排，并为基于全寿命原则的建筑长程环境友好提供可能。但城镇建筑绿色设计理论在不同的地域和气候带虽然有部分通用的共性特征，却并没有完全一致的技术方法标准。因此，总结分析来说，世界各国都在因地制宜、积极开展城镇绿色建筑设计的理论研究，体现了城镇建筑学在全球环境变迁中的全新学科拓展。

同时，相关的设计规范、技术标准和节能建筑体系的研究、规范制定和市场推广工作也需要通过研究来积极推进。例如，从2009年5月起，英国规定新建住宅必须将2007年4月颁布的《可持续住宅规范》作为评估标准；美国很多城市则对公共建筑强制执行LEED标准，相关的机构组织逐步完善。中国最近则提出了节能、节水、节材、节地和环境保护"四节-环保"的城镇健康发展方向，围绕此所做的绿色规划设计将是包括中国在内的许多国家城镇建设发展的必由之路。

3. 基于信息数字技术的建筑规划设计方法的发展

20世纪90年代以来，数字技术在建筑学领域中的运用已经从早期的辅助建筑设计发展渗透到城市规划、城市设计和建筑设计虚拟、城市和建筑历史研究等各个方面。数字技术显著提高人们对城市空间的理解能力和科学判断水平，加深并拓展空间研究的深度和广度。

当下正在成为研究热点的技术包括：

1）元胞自动机（cellular automata，CA）模型。这是一种时间、空间、状态都离散，空间相互作用和时间因果关系皆局部的网格动力学模型，其特点是复杂的系统可以由一些很简单的局部规则来产生。CA是时空一体化模型，具有规则划分的离散空间结构，目前主要应用在城市发展和土地利用演化的模拟方面。

2）基于多智能体（multi-agent system，MAS）建模的方法。多智能体是复杂适应系统理论、人工生命以及分布式人工智能技术的融合，是进行复杂系统分析与模拟的重要手段。多智能体研究城市社会系统中各种微观智能体之间及其与之空间系统中周围环境的相互作用，以及由此而形成的土地利用变化，其中提出一般性规则和建构模型是多智能体模拟城市土地利用变化研究的关键。

3）分形理论。分形理论的原理就是从自相似性出发去认识描述事物，并由此产生了一个全新的概念——用分形的某个特征量去描述事物自相似性和复杂度。分形理论应用于交通网、城市边界、城市平面形态和城镇体系的等级规模结构和空间结构研究中。

4）地理信息系统（geographic information system，GIS）。基于数据库的功能，GIS为城镇形态演变、复杂地形地貌分析、大尺度城市空间评价以及城镇规划管理提供了强大的技术支持。整合相关理论模型的应用是下一步GIS在规划设计中的应用方向。

建筑设计数字技术的发展方向大致是从计算机技术应用出发，最终回归到建筑设计行为。以弗·盖里（Gehry）为代表的设计者强调施工和建造过程的数字化，设计者利用CAD/CAM模式将手工艺和标准化工业生产相结合，创造出可批量制造的、数据相关但各不相同的、精巧而精确的建筑产品。而伯克尔（Berkel）、凯诗（Cache）和林（Lynn）等的建筑设计则不仅强调施工和建造过程的数字化，而且设计过程也数字化了，甚至直接编制程序进行设计，也即从计算机辅助设计转向计算机生成设计（computer generated design）。

城市设计领域数字技术应用的发展主要表现在：更加科学理性地把握当代

城市空间形态演化的规律，同时在探寻某种客观的评价标准等方面取得一定的进展。

通过数字技术，人们可以发展新型城市和建筑空间，依托科技进步逐渐更新现有城市空间和活动组织方式。通过最新数字技术所创造的个性化的新颖空间形态，使视觉审美进入到一个广阔的想象空间，并形成"技术-想象力-生产力"链条。从世界范围看，这一领域目前已经成为建筑学科最具成长性的学术前沿领域。

4. 全球化背景下城市和建筑遗产保护

规划设计并不总是创造新的城镇建筑环境，历史城镇和建筑也是见证人类文明演进的物质载体，它们不仅代表着一个时代的审美价值和社会文明状态，而且还是"活着的资源"。很多情况下，建筑的结构耐久性和物质寿命比其功能寿命长，因此广义的遗产保护应当包括"既有建筑"的功能提升和再利用（adaptive-reuse）。"改造再利用"不仅有效保护了历史遗产，而且同样可以取得良好的、包括经济效益在内的综合效益。20 世纪 80 年代末以来，建筑保护改造与新建建筑已经具有可比的竞争性（人们不再单一考虑经济因素）。最重要的是，城市建筑遗产保护同样是实现人类社会可持续发展的重要内容。

该领域的主要发展趋势：

1) 在城市和建筑遗产保护中如何在维系"原真性"的同时体现低碳经济社会对节能减排的要求已经成为当今包括欧盟国家在内的许多国家在这一领域关注的中心议题。

2) 基于不同材料与结构体系以及相关制度文化背景，开始探讨如何建立符合自身城市与建筑遗产特点的保护理论和对策，保护模式日趋多元化。

3) 遗产对象和范围逐渐扩大到包括遗产廊道、大遗址、文化遗产区以及更加面广量大的既有建筑，日益关注大尺度城市遗产空间形态演变与城市土地利用的相关性及其互动规律等方面的研究，探讨城乡一体化条件下的传统乡村遗产的保护对策，亦即更加广义的既有历史城镇和建筑的保护再利用。

4) 遗产保护的技术方法逐步基于数字技术支撑平台日益科学化和规范化。

5. 建筑学学科内涵深化及与土木工程学科的交叉和拓展

建筑学所遵循的设计方针和基本原则始终随着社会和时代的发展而完善，从最早的"坚固、实用、美观"到今天的"建筑-人-环境"，建筑学考虑的客体无论在广度上还是在深度上都有很大发展。

建筑技术创新也迈入一个跨学科合作研究与实践并举的新阶段：当前世界上一些重大的地区标志性建筑或地位特殊的建筑设计普遍运用了旁系学科的技

术和研究成果,如北京的奥运场馆、上海世博会场馆建筑等,虽然造型尚有争议,但其与结构技术相结合的科技含量有目共睹。洛杉矶迪斯尼音乐厅、毕尔巴鄂古根海姆博物馆设计甚至运用了波音飞机公司的电脑软件才创造出独一无二的建筑造型,北京的锋尚生态住宅、MOMA 和南京的朗诗国际街区则综合了环境工程技术。

在城市规模尺度上,城镇建筑学与交通工程的交叉日益紧密。土地使用和交通系统的相互关系促使规划研究内容和重点相应转移,规划技术方法发生变化。目前关于交通与土地利用的研究已经进入"数量革命"后的多元化发展阶段。交通系统在不同尺度城市空间发展演变进程中发挥着重要作用,基于可持续发展理念,动态耦合作用下的用地集约发展问题成为研究热点,如公共交通导向城市用地开发(TOD)、大型交通基础设施布局对城市空间演变的影响等。

跨学科的建筑学研究要求更加整体地看待科学技术的发展和物质成就,必须考虑人的因素和可持续发展的前提,建筑技术发展同样要面对社会伦理的挑战,处理好这种人文和技术一体两面的互动或张力关系已经成为城镇建筑学发展中一个关键的科学问题。

(三)研究前沿与重要科学问题

中国的城镇化问题是影响 21 世纪人类发展进程的两大关键因素之一。建设和谐社会、节约型社会,建设社会主义新农村,都与现代化进程中城市规模的扩大、新城镇的出现、城乡建筑规模的不断增加密切关联。在城镇化进程中,会遇到各种各样的问题,其中研究前沿和重要的科学问题有以下几个方面。

1. 新型城市化和城镇发展模式

新型城市化旨在客观总结国际城市化进程的经验和教训,基于中国特定的地域特征、资源条件、社会体制、文化背景和环境承载力,走出一条可持续的环境友好城镇发展道路。由于中国现实的国际地位和日益公认的有效发展模式,使得中国的城市化对于其他正在经历或者即将经历与中国类似进程的发展中国家也具有重要的示范作用,因而需要研究具有特定地域针对性的城市化和城镇发展理论和方法,建构基于可持续性的城市形态优化理论并特别对紧凑型城市发展模式提出研究。通过量化分析途径,提出城镇形态结构描述和边界扩张的量值,构建有效而完整的城乡规划体系,促进城镇健康发展。提出基于城市土地利用绩效、城市空间结构演化分析评估和城市形态演变规律把握的城市规划设计理论和方法。

2. 绿色城市和建筑设计理论和方法

中国新型城市化路径在城镇建筑环境创新层面上的主要科学问题体现为：如何在设计理论和方法上贯彻低碳节能和环境友好的思想，融合特定的生物气候条件、地域特征和文化传统，应用适宜和可操作的生态技术，做出有效的绿色城市设计和建筑设计。因此需要研究：基于可持续性的城镇空间发展演化机制、空间结构和形态组织模式提出城市设计的基础理论框架；探索适应低碳城市、绿色社区和零碳家庭的城镇建筑设计新方法（PLE）；绿色城市和建筑设计准则体系和相关规程的构建；基于性能的多目标优化的数字化绿色城市建筑设计；基于多元、多样和适宜性的绿色设计理论和方法的探索和创新，包括高技术、中间技术、低技术、软技术以及在建筑中的组合应用，还有相关的评估检测方法、技术政策和行业技术标准等。

3. 城市和建筑遗产保护和既有建筑再利用

城镇建设和发展不总是创造新的，有选择地保护城市和建筑历史精粹和文化遗存，并使其与新环境的营造交相辉映是城市有序演进中必不可少的组成部分。因此，中国新型城市化路径在城镇建筑环境文化延续层面上的主要科学问题体现为城市和建筑遗产的保护，以及更加广义的既有建筑改造再利用。其保护对象和目标的科学界定、基于材料退化机制的保护改造原理建构、保护技术方法的跨学科集成又是中国该领域中当前最主要的关键科学问题，也是国际城市和建筑遗产保护领域中公认的前沿主题。研究的主要问题包括：基于地域性材料与结构体系以及相关制度文化背景的城市与建筑遗产保护理论和方法；城市和建筑遗产保护理论和跨学科研究方法的开拓和建构；遗产廊道、大遗址、文化遗产区等新型遗产保护类型的技术方法研究；基于信息技术和数据库技术平台的遗产保护技术方法的展拓；建筑遗产材料退化机制研究，适宜的改造修复技术研究，既有建筑的耐久性和使用寿命预测，既有建筑功能提升和更新改造技术，传统工艺的继承和发展等同样成为该领域的重要科学问题。

4. 建筑与城市的科学化设计及新技术应用

数字信息技术融入规划设计过程并逐渐成为通用和普适性的技术支撑平台是近20年来城镇建筑学拓展的最显著标志之一。以往规划设计方案评判受社会政治因素和主观决策因素影响较大，而今天通过在现实空间中的完全和实时虚拟、历史和未来城市设计场景的虚拟再现和城市设计管理数据库等，人们可以在产生丰富想象和直观感受的同时，有可能建立某种客观的共识性评判标准，而这一标准的研制是基于建筑学应用的数字技术领域的前沿主攻方向。涉及的重要科学问题有：城乡识别、城镇要素动态监测、城市环境信息集取分析的数字技术、城市规划和设计技术操作过程的数字化建构；多目标自动设计技术、基于性能的自动优化设计技术；多智能体系统中的设计信息管理系统；远程设计协作与交流的互联网及计算机硬件设备技术；计算机参数化和生成建筑设计（CGD）。

应当关注建筑设计、城市规划以及景观设计的定量化问题。许多规划和设计方案只有理念，没有计算分析比较，完成的建筑设计方案给不出它的环境性能及能耗等技术指标，更谈不上通过性能优化进行方案的调整和提升。许多城市总体规划完成后，其追求的生态环境质量停留在"视觉"状态。更有很多人把建筑设计和建筑表现等同看待，把表现手段的科学化误认为城市规划和建筑设计的科学化，不惜花费巨大的财力购买极其昂贵的数字化设备，用科学的仪器来表现其不科学的设计。城市规划、建筑理论和建筑设计领域的许多课题研究，采用的研究方法单一，较少运用技术科学甚至社会科学的原理。许多研究者不愿意甚至不会采用定量化的分析比较方法，没有调查、没有数据，研究成果多数是带有很强主观意志的定性结论，甚至是概念性、理念性的结果，缺乏基本的逻辑性和普适性，必然造成大量的论文成果被束之高阁。

5. 新地域主义与地域性建筑理论

建筑与城市的基本特征之一是地域性或民族性，它是不同地区文化与历史背景、自然环境条件和社会经济发展水平的差异性的反映。地区建筑学的理论和方法在人类重视人居环境可持续发展的今天，在发展中国家，特别是在欠发达地区被赋予了新的含义。"现代建筑的地区化，乡土建筑的现代化，殊途同归，共同推进世界和地区的进步与丰富多彩。"（《北京宪章》）

建筑与城市的地域性在形态上的表现"是地域内部的可认同性和外部世界的可识别性"以及与地域气候的适应性和地形地貌的协调性。研究我国不同地区不同民族传统建筑文化的内涵，探讨地域建筑现代化发展和演变的一般规律和特殊表现，是今后相当长时期内的研究重点。现代建筑体系是在发达国家自然、文化、历史和技术进步历程中逐渐演变和完善的，包含了丰富的建筑空间设计、形态设计以及构造设计的理论和方法，但却没有给出这个建筑体系如何与其他国家和地区传统建筑体系有机结合的方法。我国是一个幅员辽阔的大国，气候条件、地理环境、自然资源、城乡发展与经济发展、生活水平与社会习俗等都有着巨大的差异，许多研究人员对农业生产方式下居住建筑演变模式的无知，对贫困条件下农民对居住环境改善需求的漠视，是造成对中国许多地区的优秀传统民居建筑只会"保护"而不能发展的关键所在。目前正在进行社会主义新农村建设，某些地区的建设管理部门和建筑设计人员在未做任何调查和研究的情况下，一拍脑袋就提出许许多多的推荐方案供农民建房选择，其结果可想而知。如何在建筑创作中考虑因地制宜，巧妙运用传统技术、被动式技术和高新技术策略，应是地区建筑学研究的重点领域。

6. 城市发展与再城市化问题

全球化、信息化和生态化对传统城市冲击的结果是再城市化问题。全球化带来空间上的创新、生活上的方便，并首先体现在城市中，与城市化和再城市化相对应。中心城市强劲的经济能力和充沛的教育及技术人才，使城市的发展在全球化背景下产生强大的经济集聚和辐射效应。信息、能源、资金、资源、知识和人才的集中及其流动为城市空间创造了更新和变革的机会。作为全球化的主要媒介，城市提供适当的环境让全球化发挥巨大的经济、政治和文化影响力，从而加快经济发展和社会进步。再城市化是城市生活品质飞跃提高的过程，表现在物质和精神两个方面，研究的领域包括健康的城市环境、对自然的保护、高效便捷的交通、信息技术的普及、资源的循环利用、特色文化的继承等。

（四）2011～2020 年优先资助方向

在中国社会经济技术文化全面快速发展、城市化程度急剧加快这一重要的历史变革时期，面对市场经济大潮，我们应该肩负起应有的社会责任。建筑历史与理论、建筑设计及其理论、城市规划与设计以及建筑技术科学、建筑环境与设备工程学科这些学科在求得其自身发展时，应该共同为我国城乡人居环境的可持续发展做出贡献，课题的选择与展开不应偏离这一永恒的主题。

"十一五"期间，学者们重视和关注的许多问题，如环境与资源问题在建筑哲学和建筑美学中的反映，现代建筑体系在中国的发展演变规律，传统建筑文化、技术与现代建筑技术的融合，各类建筑的生态设计理论和方法，传统建筑中的生态设计经验，建筑物全寿命周期评价方法及应用，行业设计国家标准和规范的科学基础，行业基础科学数据的积累方法及数据库的建立，乡土建筑的生态演变、再生和发展，乡村适宜性建筑节能技术，不同地区人、气候与建筑的相互关系等，依然应该是未来建筑学科优先支持的方向。

1. 现代城镇空间形态转型理论

大规模工业化与高速城市化和经济发展进程，加剧了资源保障能力、环境承载能力与城市发展和建设的矛盾，急需新的城乡规划技术的支持。同时，科学发展观、新型工业化与城市化、资源节约型与环境友好型社会等目标以及国家宏观调控的政策，均要求城乡规划发挥对各项建设活动的科学引导作用，实现城乡集约统筹发展。优先研究的课题包括：面向中国新型城市化和新的城乡统筹模式的城镇空间的健康发展和运行理论；基于低碳城市土地利用方式、空间布局模型、物质空间形态特征、交通组织模式以及能源利用模式的规划设计理论和方法；大尺度城市空间形态演变与城市土地利用的相关性及其互动规律；城镇居住空间研究与住区环境的可持续发展；基于城市公平的弱势群体空间保障体系研究；公共交通导向用地发展的城市多重尺度空间环境的规划设计理论。

2. 历史城市、历史街区及历史建筑的保护研究

我国经济快速发展的主要标志之一是建筑业的突飞猛进，副产品是建筑文化遗产的破坏遗失。当建筑学界和建筑管理层尚未普遍意识到自身民族建筑文化价值时，毁坏已经发生。不同地域和历史时期的城市、街区和建筑是人类多元文明史的综合反映。应当运用建筑遗产保护理论，研究城乡建筑遗产保护与再生的社会实践，从风俗性和地域性的角度，深入探索我国地域性建筑文化的渊源、演变和在全球化背景下的发展走向，研究保护与更新的策略、方法和相关技术条件；应从理论和方法上研究如何保存历史文明进程的物证，包括城市与建筑，以及保存与这些物证密切相关的无形历史信息，包括建筑仪式、营造工艺和空间制度等；研究方法上应借鉴并综合运用文化人类学、民俗学、统计学、环境学、信息技术、评价技术、建筑技术以及典型案例剖析和示范工程建设等。

3. 地域性低能耗建筑体系研究

在全球可持续发展的链条上，我国属于人口众多、人均能源占有量少、生态环境脆弱、经济发展相对落后的国家，这无疑是一个薄弱环节。但南北之间、沿海与内陆之间的气候条件、地理环境、太阳能自然能源分布、经济技术水平以及社会习俗的巨大差异，又为研究建立以节能和生态为主线的新型建筑体系提供了多种可能。因地制宜，巧妙运用传统技术、被动式技术和高新技术策略，可以创造出适应各自地区的生态建筑模式。青藏高原、云贵高原气候条件特殊，气温的年变化、日变化差值大而年平均、日平均值同于温带，太阳辐射资源极其丰富，通过建筑设计手段，可以实现采暖与空调运行零能耗。结合当地建筑传统，从基本建筑模式、构造形式、空间形态等方面，研究适合于城乡经济水平的新型节能建筑体系，并建立相应设计标准和规范，从而带动地区节能建筑行业的整体进步。

4. 乡村建筑的生态化更新与发展研究

我国现有乡村建筑面积约300亿平方米，建筑环境质量普遍较差。我国大部分地区的乡村建筑仍然以传统乡土民居为主，历经世代演变传承，其间隐含

着适应自然、利用自然的思想和经验；但存在着质量差和防灾能力低下等缺陷。人们开始寻找新的建筑形式，包括模仿"城市建筑"。形体简单、施工粗糙、品质低下、能耗很高的简易砖混房屋已随处可见。如果忽视这一现实，将会出现乡村地区能源资源消耗成倍增长，生活污染物和废弃物的排放量急剧增大，并将重复城市人居环境所走过的先高能耗和污染、再治理的老路。

建设节约型社会，建设社会主义新农村，建筑学学科研究的重点是寻找在现代化背景下不同地域的乡村建筑模式，以解决在不断提高乡村人居环境质量的同时，减少能源消耗和资源消耗，减少建筑物使用过程中的污染物排放，保证乡村自然生态环境的良性发展的问题。不考虑乡村地区社会经济背景，不考虑乡村生产生活方式，不考虑地区传统建筑文化，简单地将现行的城市规划和建筑设计模式推行于乡村，势必造成地域建筑文化的消失，伴随的是自然生态系统走向恶化。应研究不同地区新的乡村建筑模式，包括继承传统建筑适应自然与气候的经验，摒弃不适应现代生活方式的空间组织方法，提高完善传统建筑的构造体系，融入现代自然能源利用技术；应研究乡村住区规划、乡村建筑设计的范式；应通过较大规模的综合示范工程建设，改变观念，带动乡村住区和建筑环境走向生态、绿色和可持续发展。

5. 建筑热湿环境热力学分析新方法研究

从要求的室内状态点出发，找到评价热湿状态点品位的热力学参数，实现对各类不同性质的自然界源汇的科学评价；从实现室内状态与各个可能作为源汇的自然能源间的热湿传递过程入手，全面分析围护结构和机械系统联合组成的热湿传递网络；从功转换为传热传质能力和驱动力的过程入手，建立可解决建筑环境营造过程中多过程、多源汇、热湿交换的复杂系统分析方法；实现对建筑围护结构和主动式系统方式的统一评价和优化。核心点是建立基于建筑热湿环境特点的建筑环境分析新方法，为充分利用各种可能的自然能源，实现在满足环境营造参数情况下消耗最少的常规能源提供理论支撑。

6. 乡村景观生态资源环境保护与绿地系统规划

1) 从乡村自身景观环境出发，研究乡村景观环境生态的演化规律，建立乡村景观生态资源与环境识别与评价的理论方法。

2) 从乡村与区域、与城市的环境生态联系出发，研究乡村景观在区域、城乡生态网络体系中的作用，建立区域-乡村-城镇生态网络空间构建与时间演化理论，为区域-乡村-城镇一体化生态网络格局识别、构建、规划提供理论依据。

3) 从乡村景观绿地综合使用出发，研究乡村绿地的综合功能作用及其相关规划设计理论，包括与城镇、区域衔接的户外游憩功能规划生态化理论与方法。

户外游憩行为是区域景观体系中生态性最强的行为特征，也是区域-城市一体化景观格局中对区域景观体系最合理的利用模式之一。

4）从各个相关专业规划的协调出发，研究乡村层面各有关规划与乡村景观、绿地、生态规划之间的协调衔接机制。

5）建立以乡村景观保护为核心展开的绿色生态国土分类体系与景观生态化规划导则。

7. 数字技术在建筑设计中的应用研究

计算机技术的发展使得可以在建筑设计方案阶段进行全面的性能模拟和"虚拟现实"，预先实现建筑室内外空间视觉效果、各种使用功能效果（例如，剧场进场、出场、疏散过程，火灾或其他灾害下的疏散过程）、各种物理环境（例如，声学效果、光学效果、热状态、空气流动状态、空调效果等），从而在建造前及时预防可能出现的各种问题，减少错误和浪费，提高设计建造质量。这是当今建筑设计技术研究的主要发展方向之一。我们还应该研究如何使数字化技术与城市规划和建筑设计理论与方法相融合；研究如何在规划和设计的每一环节快速和低成本使用信息技术；研究建立数字化城市的基础数据库；研究信息化城市管理与数字城市设计的理论；研究推动历史文化遗产的数字化建设等。

二、环境工程

（一）研究范围与内容

未来5~10年，我国环境工程学科的主要研究范围包括：饮用水质的安全保障；城市污水处理、资源化及风险控制；城市水体复合污染控制及水质改善；城市区域大气复合污染防治；城市固体废物减量化、无害化与资源化。在上述研究范围内，突出环境工程的学科特点，强调研究工作和资助方向的基础性、前瞻性和战略性，注重与该学科相关研究方向、与其他学科相关研究领域、与国际科学技术发展前沿密切结合，努力形成重点突出、特色鲜明、基础性研究与实践性创新有机结合的学科布局。

针对饮用水质的安全保障问题，重点研究水中污染物的多种介质、多界面相互作用机制和去除原理，低剂量有毒有害物的风险控制原理与新技术，饮用水质多级安全保障原理与方法，创新饮用水质科学与技术基础。针对污水处理与安全回用问题，将以污染物削减为主线，重点研究城市污水处理节能降耗新技术原理，探索污水再生与回用的方法，创新污水资源化新模式，构建市污水处理、资源化及安全保障的理论和技术体系。针对城市水体复合污染问题，深入研究水体水质的变化过程，认识城市水体复合污染的形成机制及其生态环境效应，揭示复合污染物的非均相反应过程及其调控途径，探明复合污染控制与水体修复的技术原理，提出城市水环境质量改善的方法和途径。针对城市大气复合污染问题，深入研究形成细粒子和臭氧等二次污染物前体物的源控制技术基础，探索细粒子与灰霾天气的形成机制、相互关系和影响因素，揭示宏观尺度大气细粒子转化机制与环境效应，阐明区域城市群大气 O_3 的形成过程与主控因素，发展大气 VOCs（挥发性有机化合物）的来源识别解析技术，建立中国区域尺度上大气 VOCs 的源成分谱，创新包括流动源、固定源和无组织源污染控制的关键技术，形成解决城市区域大气复合污染问题的科学方案。针对城市固体废物处理与资源化问题，重点研究固体废物性质的表征方法，阐明危险废物组成与稳定化处理的关系、生物质废弃物组成与可转化性的关系、污水厂污泥可脱水性与其化学组成的关系；探索固体废物转化过程基础，揭示难降解生物质转化过程的热力学与动力学机制；发展固体废物污染途径隔离的原理与方法，认识危险废物中关键污染物在极端反应环境中的转移转化机制及其控制方法；研究固体废物资源化利用过程的环境安全控制途径，建立无风险或低风险废物资源化新模式。

（二）研究现状、发展规律与趋势

近年来，国外对环境污染的研究更加注重在区域尺度上深入探讨各要素间的交互作用规律和复合污染效应，环境污染所导致的生态与人体健康风险成为研究热点。我国环境污染具有问题的特殊性和解决问题的迫切性：大量污染现象在短时期内集中涌现，原有污染物与新出现的污染物同时并存，污染风险随时可能爆发。因此，多介质环境条件下的污染过程与风险效应、控制与修复原理成为研究重点，表现在以下几个方面。

1. 更加注重在区域尺度上深入认识和系统解决生态环境问题

从区域尺度研究生态环境演化的过程机制及其调控方法，一直是国内外该领域科学和技术发展的重要方向。由于区域生态环境问题的复杂性和综合性，国际上对社会经济发展所带来的区域环境问题的基础研究十分重视，并陆续开展了一系列重要的科学研究计划，探索从整体上揭示区域性污染的形成机制与控制对策。针对流域性的水环境安全问题，美国国家环境保护局与国家科学基金会在 20 世纪 90 年代就联合启动了水流域项目和"大湖国家项目"，从流域层次上识别水污染及修复的理论和实践问题。针对大气污染与风险控制，国际上已实施了一些重要的研究计划，如欧洲对流层氧化剂研究（TOR）和美国南部氧化剂研究计划（SOS），旨在深入理解城市和区域大气氧化剂的产生和去除过程，量化污染物的区域输送，定量评估空气质量与健康和环境影响之间的联系。针对场地与土壤污染及修复，美国等发达国家相继启动了诸如以污染生态系统修复机制为研究目标的超级基金计划等，以及以认识污染物健康危害为目标的环境基因组计划。与此同时，世界各国都高度关注人类活动对海洋生态系统的影响。围绕这一主题，UNEP 在 1992 年启动了"保护海洋环境，免受陆基活动影响行动计划"，2003 年 IGBP 和 SCOPE 联合发起了"海洋生物地球化学与生态系统综合研究计划"。在这些计划的实施过程中，人们认识到海洋生态学与海洋环境科学之间的密切联系。同时，对研究的区域规模和时间尺度也有了较多的要求，其中近海海域成为重点研究区域。国内也十分重视从区域角度研究生态环境问题的解决途径。在"六五"、"七五"期间，就开展了"京津唐地区环境综合治理技术"、"京津渤地区污染规律和环境质量研究"和"京津唐地区城市生态系统特征与污染综合防治研究"等项目，已经对京津唐地区 20 世纪 80 年代的自然、社会、经济状况进行了调研，对区域生态系统结构、过程特征、土地利用、污染状况，以及人类活动对区域生态环境的胁迫作用等进行了一些研究，积累了大量的基础资料和数据，对区域生态环境的研究起了重要的作用。近年来，科技部、国家自然科学基金委员会以及一些国际合作组织在北京首都及周边等地区开展了水、气、土污染形成机制与调控原理的研究、城市水环境质量改善研究、流域饮用水安全保障技术研究等。对渤海近海海岸带的退化过程、生物群落演化、河口生态修复等开展了初步的调查和探索性工作。同时，对渤海近海的污染状况、生物资源退化等也进行了初步的研究。

2. 复合污染是区域生态环境问题研究的重要方向

20 世纪 60～90 年代，世界各国普遍关心的问题是一些重点污染物和重要污染现象，如由于氮、磷污染所导致的水体问题，由于硫化物和氮氧化物排放所导致的大气质量下降和土壤酸化问题，由于农药化肥施用所导致的土壤污染和食品安全问题，由于某种或某类化学物质污染所导致的生态环境受损问题等。到了 90 年代中期，对环境科学的基础研究和技术发展，已由单一和常规剂量的污染物转向低剂量复合污染物研究，从单一的污染介质转向环境多介质和多界面过程的探讨，从简单的污染过程转向涉及多种污染物共存和交互作用、多种介质和界面相互影响的复杂作用过程。人们发现，污染物进入环境并处于共存状态以后，可以进行交互作用并产生复合污染效应。美国学者 Hayes 等将 3000 只蝌蚪暴露于含有 10 种农药的农田中，每种农药的暴露计量都不足以导致蝌蚪发育异常，然而野外现场试验证实，复合污染具有显著导致蝌蚪发育异常作用。这些研究表明，经典的环境调查和环境风险评估理论和方法都需要做出实质性的变革。我国也已针对不同的环境问题开展了有关复合污染的研究，发现在官厅水库、海河、松花江等水体中有几十甚至百余种污染物共存；太湖梅梁湾水源地由于数十种有机物复合存在，形成了水源地的致癌风险区；京津地区的污灌土壤中含有重金属、多环芳烃等多种污染物，并具有潜在的致癌风险；探索了大气光化学烟雾的形成过程，发现氮、硫、有机物等污染物在光作用下的复合反应及传输过程是产生区域性大气复合污染的重要因素；在渤海湾，壬基酚（NP）及其前体物质壬基酚聚氧乙烯醚（NPEOs）和有机锡等多种内分泌干扰物质同时存在。2002年国际上召开了复合污染国际学术研讨会，指出复合污染研究是今后很长一段时间内环境科学研究所面临的挑战。

3. 有毒有害污染物的生态与健康风险研究成为热点和重点

发达国家在经历过重金属污染、好氧有机物污染及其控制、湖泊富营养化研究阶段后，环境科学领域所关注的重点已经转移到以PTS为对象的生态毒理、健康危害、环境风险理论和先进控制技术的研究。在生态毒理学研究方面，目前正在快速发展的是基于生物标记物方法建立的生态风险早期预警体系，基因和蛋白组学等后基因时代的方法被广泛用来研究有毒污染物分子毒理机制与表征。不仅在分子、组织、细胞和个体水平上探索生物受体对污染的响应，而且在种群水平、区域尺度上开展了污染对生态系统的影响的研究。在危害评估方面，基于有机化合物结构和基本物理化学性质预测生物毒性的方法得到很大进展，发现多氯联苯、二噁英和呋喃类污染物平面结构/效应关系模型大大简化了化学品安全性评价的实验程序。为了预测持久性有毒污染物的生态影响而建立的生态风险评价理论和方法体系正在不断完善。由于过去忽略了低剂量长期暴露作用，导致健康风险评价方法体系存在重大缺陷，有必要重新审视和调整现有化学品安全评价和管理体系。有关海洋污染的毒理学研究也取得重要进展，在低剂量长期暴露下目前在全球许多海域都发现了生物个体的畸变现象、物种多样性的丧失和生物量的降低，并且这些现象被认为与环境污染有密切的关系。最近在地中海发现，由于内分泌干扰物质的污染，旗鱼种群发生了20%的雌雄同体现象。Peterson等在系统总结了阿拉斯加石油泄漏重大事件10多年后的生态风险后指出，过去基于急性毒性数据的危害评估远远低估了长期污染的生态风险，强调生态风险需要在生态系统水平预测长周期、低剂量暴露带来的生态后果。我国已开展过一系列POPs的研究工作，并且有所发现和创新。例如，POPs的一个重要汇是河流、湖泊和近海，有关研究工作发现沉积物中的POPs在环境条件发生变化时重新释放进入水体，并长期影响水生生态系统。研究发现，由于环境内分泌干扰物质（EDCs）的污染，渤海湾31%以上的雄梭鱼出现雌雄同体现象，而辽东湾梭鱼的雌雄同体率则高达59%。然而，科学家们仍然认为，现有的有关污染物的环境化学与生态毒理学理论也存在着很大的局限性，其理论体系正在酝酿着重大创新变革。

4. 城市水体复合污染控制取得新进展

美国在 20 世纪 60 年代开始重视面源污染，于 70 年代末提出了农村和城市雨水资源管理和雨水径流污染控制的最佳管理措施（best management practices，BMPs），并逐渐完善对城市雨水径流污染的全面控制。BMPs 是自源头起控制城市面源污染的一整套思想与方法的代表。经过 10 多年的应用和发展，由于城市"空间限制"和提倡"与自然景观的融合"，目前已发展为第二代 BMPs，更强调与植物和水体等自然条件结合的生态设计和非工程性的管理方法，BMPs 的各种措施更加科学和完善。在城市面源污染控制方面，目前得到广泛应用的最佳管理措施主要有城市的科学规划、雨污分流、合理制定水价、岸边缓冲带、暴雨滞留池和沉淀塘、人工湿地、植被过滤带、透水性路面等。上述措施中，前三项为非工程措施，后五项为工程措施。BMPs 已在美国、新西兰、德国等发达国家和南非的城市化地区成功应用。美国不仅提出全国性的雨水管理措施，许多州也提出了适合本州的雨水管理设计指南，如纽约州提出有效的雨水管理模式 SMP（stormwater management practice），涉及雨水设计的可持续性、安全可靠性、易于维修、市民的参与程度和环境效益等方面。新西兰和德国也不断完善对城市雨水水质水量的控制管制措施，将 BMPs 广泛应用于城市排水发展计划。

苏格兰环保局从 20 世纪 90 年代中叶开始，推荐使用城市可持续排水理论（sustainable drainage systems or sustainable urban drainage systems，SUDS）并积极支持和管理相关研发工作。所谓 SUDS 是指一系列的管理措施和控制结构，其目的是以可持续发展的方式来排放地表径流，被称之为"生态型城市地表排水系统"。SUDS 的关键理念是应用处理链控制降雨径流污染，系列的处理设施出水污染物净化效果都在后续的设施中得以提高。在英国，SUDS 已经被广泛接受，包括英国的顾问、发展商、英格兰和苏格兰的环境署以及威尔士的环保局，都在积极提倡此理念。SUDS 与区域有效管理相结合，共同预防洪水泛滥和径流污染，主要包括五类控制方法：预防措施、过滤带和洼地、渗透地面和过滤水沟、促渗装置、池塘系统。可持续城市排水系统中包含各种污染防治措施技术、源头径流削减技术和一系列的收纳存储地表径流量的物理结构设计方法。污染防治措施包括许多简单易行的方法，如污染防治教育、正确的废物收集处理措施和油回收罐等。源头控制技术包含可渗透性路面和雨水回用系统，物理性构筑物包括植草沟、塘和湿地。这些构筑物应尽可能靠近"降雨区"从而对径流产生一定的稀释作用，可持续排水系统还提供了雨水排放之前的自然作用的一系列净化措施,包括沉淀、过滤、吸附、生物降解。可持续排水系统适用面很宽,从硬路面系统到软景观系统,均有很多设计方案可以选择。在已经成熟的发达国家,可持续排水系统可以起到增加美观舒适度并提高生物多样性的作用。例如,塘可以根据当地地形地貌特征,设计成为既具有景观娱乐功能,又能够提供有价值的野生生物节点和长廊。

低环境影响开发(low impact development,LID)的理念最初是新西兰科学家提出来的,它在美国获得了长足的发展,与最佳管理措施有机结合,形成系统,并在很多城市进行了推广。其低环境影响开发的着眼点是城市开发必须要减少对环境的冲击。低环境影响开发技术首先从城市水文入手,其核心是构建都市的自然排水系统,如雨水花园、生态植草沟、可渗透路面、生态屋顶、绿色街道、雨水再生系统,合理利用景观空间来对面源污染进行处理和对暴雨径流进行控制。和传统的最佳管理措施技术不同的是,LID 技术是通过分散、小规模的源头控制来达到对暴雨所产生的径流和污染进行控制,使开发地区尽量地接近于自然的水文循环。低环境影响开发技术的实施可使暴雨径流减少 30%～99%,延迟暴雨径流峰值 5～20 分钟,有效去除雨水径流中的污染物,节省雨水回用成本,美化环境,减轻市政排水管网系统的压力。自然排水系统将雨水留住,对地下水进行补充。

5. 受损生态系统的修复研究备受关注

近 10 余年来,国外在恢复生态学的理论和技术方面都开展了大量的研究工作,但研究对象主要是陆地生态系统如森林、草原、湿地等。日本近年来实施了以生物多样性和生态系统恢复为研究目标的大型研究计划,开展大气-陆地-海洋复合生态系统研究。在受损水域生态系统恢复研究方面,具有代表性的是日本濑户内海在 20 世纪 60～70 年代曾因污染严重而造成众多传统经济鱼类绝迹,但经过近 20 年的生态修复,包括治污、海底改造、增殖放流、营造海底藻类群落、设置人工渔礁、建立资源保护区等,目前该海区已经成为日本重要的鱼仓,成为受损水域生态系统成功恢复的典范。而一些欧美国家则尝试对森林、河川、近海与湿地的生态系统进行综合研究,基于对生物、生境、景观、生态系统服务功能等的评价,运用生物技术、生态调控等手段对生态系统进行恢复和重建。近海生态系统对干扰的响应多从水文、营养物、微地貌等的变化对生物区系和生物地球化学功能的影响展开研究。

虽然国内外该领域的相关研究已取得了较大进展,但是在复合污染机制、效应和控制的基础研究方面仍然相当薄弱,有关区域性复合污染问题的研究只是刚刚开始,对一些重大的科学问题尚缺乏探索和认识。因此,针对中国特有的区域性环境复合污染问题开展系统的基础科学研究是我国环境科学发展的重要方向。

(三) 研究前沿与重要科学问题

20世纪90年代中期以后,发达国家在环境保护方面的关注重点已经转移到低剂量的有毒有害污染物、病源微生物和高品质的环境功能保育等方面。而我国所面临的环境问题则是西方发达国家不曾经历的：大量常规污染物与微量有毒污染物并存并形成典型的复合污染。为认识和解决这类复杂的环境问题,相关的研究工作更加注重从源、过程、效应、控制与修复的全过程进行系统探索,所涉及的主要科学与技术问题包括以下几点。

1. 饮用水质的多介质转化机制与过程调控原理

针对低剂量溶解性有机物和特殊有毒有害物质的污染过程与水质风险控制问题,重点认识和解决：①非均相体系中物质间的交互作用过程。多种物质及多相共存是饮用水源水的基本特性,在饮用水处理过程中这些共存物质将发生复杂的物理和化学反应,决定了净水工艺效果和处理后水质。因此,阐明不同物质间的交互作用及转化规律,是优化净水工艺、提高净水效果的科学基础。②水处理过程中物质结构与形态的转化规律。在饮用水处理过程中伴随着物质结构和形态的转化,导致水质的化学与生物学特性发生改变,进而产生或削减水质的健康风险。因此,以水中共存物质的结构与形态转化规律为依据优化净水工艺,是保障饮用水质安全的重要途径。③饮用水质的多级安全屏障理论。饮用水质安全涉及水源、处理、输配和末端等各个环节,只有对全过程进行优化和调控才能实现安全供水。因而,应深入研究各环节的水质变化规律,明确各环节之间的有机联系和协同作用机制,构建饮用水质安全风险过程控制的理论和技术体系。

2. 污水处理新技术原理与再生利用的风险控制

针对污水高效节能处理的科学技术需求及污水再生利用的水质安全问题,重点认识和解决：①城市污水生物处理过程中的微生物代谢调控机制。根据城市污水处理工艺中活性污泥微生物的特性及城市污水的水质特性,阐明污水处理过程中微生物代谢的调控机制,一方面强化活性污泥微生物对污染物的去除效果,另一方面减少微生物代谢产物的形成,保障出水水质。②城市污水资源化的新原理和新途径。针对城市污水资源化的不同目标及其对水质的要求,建立城市污水处理厂二级出水的多层次深度处理技术,探索多种技术耦合的规律,为城市污水资源化过程节能降耗提供理论依据和技术支持。③城市污水资源化利用过程中的风险控制。城市污水二级出水中含有一些难生物降解的低剂量有毒有害物质和微生物代谢产物,并在后续消毒处理中也易产生有毒有害副产物。因此,应深入研究污水回用的水质风险及主控要素,开发污水安全利用的新方法和新途径,创新污水资源化新模式。

3. 城市水体复合过程与控制修复原理

针对城市水体多种污染物共存及其多介质、多过程复合污染问题,应重点认识和解决:①城市水体复合污染的形成机制。研究特定城市水体中共存污染物特征,探明其时间、空间分布规律;研究不同性质的共存物质之间可能发生的物理、化学与生物反应,阐明物质的结构、形态变化特征;研究复合污染物非均相体系中的转移和转化过程,探明污染物的多介质和多界面环境行为。②城市水体复合污染的生态与环境效应。发展城市水环境复合污染的评价和预测方法,建立基于复合污染生态与健康风险的评价指标体系;阐明大量常规污染物与微量有毒污染物联合作用下城市水体生态系统的响应与变化规律,探明复合污染类型、作用方式和暴露途径对生态环境的影响。③复合污染控制与水体修复的技术原理。研究城市水体的复合污染控制途径,解析复合污染的源汇过程;研究复合污染的控制原理,建立复合污染的过程调控方法;研究水体复合污染修复途径,发展以风险削减为目标的水体水质改善的新原理和新技术。

4. 区域大气二次污染物形成机制与调控原理

针对一次污染物与大气氧化剂、二次细粒子相互作用的复杂大气环境污染问题,重点认识和解决:①大气一次和二次污染物来源与转化过程及复合污染形成机制。研究相关一次污染物与大气氧化剂、细粒子等二次污染物相互作用与机制,探明复合污染物的源与汇;在系统分析VOCs各组分与NO_x在环境中相互作用的基础上,研究区域城市大气O_3形成的主控因素;研究细粒子与灰霾天气形成的微观机制,阐明灰霾与大气氧化性的相关性。②大气复合污染的源及过程控制原理。大气复合污染的主要特征,是大气氧化剂、细粒子等二次污染物与重要前体物SO_2、NO_x和VOCs共存并产生协同效应。因此,应系统研究二次污染物及其前体物的控制途径与技术原理。③复合污染效应评价、预测及预警。识别城市区域大气环境复合污染的风险特征,研究形成高浓度复合污染的关键污染物种的监测方法,建立科学评价体系,形成大气复合重污染过程的预测预警技术系统。

5. 固体废物高效安全转化的多相过程

该多相过程包括:①易腐有机废弃物多途径生物转化技术。易腐有机废物作为生物培养基质得到充分利用是其通过不同途径实现资源利用的基础问题，其中的关键科学问题是提高废物的生物可利用性，以及对不同转化途径进行优化集成实现对废物的梯度资源利用。②复合污染型危险废物转化技术。复合污染型危险废物含有以二噁英为代表的POPs和多种重金属，传统的高温焚烧和稳定化方法难以同时控制两类污染物。引入创新的热化学处理环节：熔融玻璃化、煅烧、等离子处理和自增殖反应，是其主要的发展方向。发展此类前沿技术的主要科学问题是高温环境下危险废物无机晶相转化与重金属元素迁移性的相关关系。

（四）2011~2020年优先资助方向

根据国际环境科学与技术研究的前沿热点与热点，面向我国解决环境问题的重要科学与技术需求，未来10年环境工程学科应重点资助以下研究方向。

1. 饮用水质安全保障的新原理与新技术

（1）水中共存物质的相互作用机制及水质净化的新工艺原理

研究无机悬浮物与溶解性物质的相互作用机制和去除原理，重点阐明水中广泛存在的无机悬浮物与溶解性无机、有机物之间的多介质多界面行为，发展通过基于界面过程的污染物高效去除新原理和新工艺；研究天然有机物与其他共存物质的相互作用机制和去除原理，重点探明以腐殖质为代表的天然有机物与其他有机、无机物之间的物理、化学及生物学作用规律，建立基于溶液化学原理的污染物净化新方法；研究氮、磷等与其他共存物的相互作用机制和去除原理，重点认识营养化原水中各种物质之间的相互作用，开发基于生物/物化方法协同作用的水质净化新工艺。

（2）水中低剂量有毒有害物质的风险控制及安全去除方法

研究低剂量有毒有害物质的识别与风险评价方法，重点阐明其赋存形态、界面行为和转化规律，评价其在饮用水中的残留强度、暴露过程和健康效应；研究低剂量有毒有害物的高效去除方法，发展强化常规和深度处理技术，进一步在高效混凝、高级氧化、新型吸附及其组合技术与工艺等方面取得新突破；研究特殊有毒有害污染物的控制方法，重点针对EDCs、PPCPs等特殊有毒有害物质，探索其在水源水及水处理过程中的转化规律，建立各工艺环节协同的控制与净化方法。

（3）饮用水质安全的全过程协同保障原理与新技术

研究基于水源-处理-输配全过程协同的水质安全保障原理，发展预处理、常规处理、深度处理、消毒处理等新技术与新工艺，建立原水一次污染物和水处理过程中二次污染物的高效控制技术原理,构建水质逐级风险控制的理论和技术体系。

2. 城市污水处理、资源化及安全保障的新技术原理

(1) 城市污水处理高效节能新技术原理

针对典型城市生活污水质特性及排放要求,研发新型高效节能的城市污水处理技术,提高城市污水处理的排放水质;强化有效降解特殊污染物微生物的选育,进行基因工程菌的构建和安全应用,最大限度地去除城市污水中的各种污染物,减轻后续回用处理工艺的压力;探索城市污水处理工艺的新技术原理,研发符合特定水质特征的生化-物化集成技术,建立相应的数学模型及优化技术,实现对污水处理工艺的在线监测和人工调控,提高城市污水处理效果,并实现处理过程的节能降耗。

(2) 城市污水多目标资源化理论和新工艺

针对城市污水资源化的不同目标,探索集成物化处理和生态处理的集成技术和控制原理;研发基于光、电、声、波协同作用的新型物化深度处理技术,弥补单一物化技术的缺陷,提高污染物的降解效率;研制新型水污染控制功能材料,提高功能材料对污染物的选择性和处理效率;针对城市污水资源化的多目标所需水质特点,建立达到不同处理标准的深度处理工艺,并探索多种技术耦合的规律。

(3) 城市污水能源化的新方法、新技术和新原理

研究城市污水及污泥的能源转化效率与最佳途径,研发基于微生物产能技术的新型城市污水能源化方法,探索其实际应用的科学原理,降低城市污水处理过程中的能量消耗;研究城市污水处理厂剩余污泥消化和微生物转化机制,开发剩余污泥能源化的新方法和新技术,探索实现城市污水资源化和能源化的内在规律。

(4) 城市污水资源化过程中的安全风险控制

系统研究城市污水中各种污染物在物化和生物处理过程中的毒性变化规律,定性和定量分析回用水的急性生态毒性和慢性生态毒性,建立针对城市污水资源化过程中各典型单元工艺的安全性评价的科学方法;建立以生物标记物和细胞、生物分子毒性为基础的多指标毒性甄别技术,建立实用的活体模型动物和毒性确认技术,发展用于工艺过程控制的毒性鉴定和在线毒性监测方法,形成评价水处理技术安全性、排水对纳污水体生态风险的评价方法和指标体系。

(5) 城市污水中新型污染物的高效去除机制

研究典型城市污水中新型特殊污染物(EDCs、PPCPs和SMP等)的来源、类别、赋存形态和浓度,重点研究其在典型城市污水生物处理工艺中的迁移转

化规律与归趋,明晰该类污染物在城市污水生物处理工艺中与活性污泥微生物的相互作用机制,探明典型有毒有害物质在污水处理过程中的反应特性和控制原理,研发新型集成物化和生化技术的城市污水处理工艺,强化新型污染物的去除。

3. 城市水体复合污染控制及水质改善的技术基础

(1) 城市水体的复合污染的源解析理论与方法

对城市水体复合污染源的全面了解及对其变化规律的有效预测,涉及多方面的科学和技术问题。为此,需要从综合解析水环境复合污染的来源,建立复合污染的源评价和预测模型,阐明不同污水排放因子和补给水质对城市水体复合污染的源效应等方面,发展以实施治理工程为主要需求的城市水体复合污染的源解析理论与方法。

(2) 城市水体的复合污染特征与变化规律

围绕典型城市水体黑臭、毒性效应、水华严重、功能退化等复合污染现象,深入研究城市水体复合污染的基本特征与变化规律。重点阐明不同城市水环境类型、污染物排放来源、污染物种类等对水体复合污染特征及其演化的影响,预测不同发展水平和控制策略下城市水体复合污染的演变规律,为复合污染控制提供科学依据。

(3) 城市水体复合污染的非均相过程与效应

深入研究复合污染物在水环境中的多介质多界面转移转化过程,阐明复合污染物在不同介质间的分配、转移、赋存等过程;研究复合污染物在非均相体系及反应过程的生态毒理效应,为实现水环境的风险控制提供科学依据。

(4) 城市水体复合污染的控制途径与技术原理

按照源-过程-汇-效应控制的基本思路,研究复合污染的源控制要素,发展污染源控制的新原理和新方法;研究城市水体复合污染的汇控制途径,建立基于或利用汇污染特征的单元和组合调控技术和方法;研究复合污染的风险控制原理,形成以风险削减为核心的城市水体复合污染源控制的理论与技术体系。

(5) 受污染城市水体修复的技术基础

根据受污染水体的污染物来源、污染物种类及时空分布特征、污染水平及复合污染效应、水文水利条件等基本环境要素,研究污染水体修复的生物新技术,发展水体修复的生态学方法;研究生物、植物和物理化学修复的组合技术,探索不同修复途径及其协同作用的过程机制,发展受污染城市水体修复的理论和技术。

4. 城市区域大气复合污染防治的理论与方法

(1) 城市区域大气复合污染的形成机制

研究有关一次污染物与大气氧化剂、细粒子等二次污染物的相互作用，探明复合污染的形成机制及主要影响因素。在系统分析环境中 VOCs 各组分与 NO_x 相互作用的基础上，研究区域城市大气 O_3 形成机制与主控因素。

(2) 一次污染物源解析及阻控技术原理

VOCs 是形成大气复合污染的重要前体物，通过监测分析大气环境和典型污染源 VOCs 的主要组分，建立中国区域尺度上大气 VOCs 的源成分谱，开展大气 VOCs 的来源识别解析技术基础研究。针对形成复合污染的重要前体污染物开展阻控与协同控制技术研究，发展固定源、流动源和无组织排放控制技术；研究同时脱硫脱硝的工程技术原理，探索 VOCs 分子的活化、转化、净化机制，发展一次污染物控制的工程理论与新技术系统。

(3) 大气细粒子形成机制与环境效应及调控技术原理

研究大气细粒子的形成转化机制与大气氧化性关系，探明细粒子与灰霾天气形成的微观机制和重要的环境效应。在开展对大气细粒子与其他一次和二次污染物相互作用机制与形成大气细粒子的主控因素研究基础上，研究确定影响环境效应的关键细粒子物种，发展大气复合污染的污染源有效协同控制技术原理，建立大气细粒子控制的科学方法。

(4) 复合污染效应评价与预测预警技术基础

在探明区域大气环境复合污染生态毒理效应的基础上，对区域内环境风险特征进行识别，研究形成高浓度复合污染的关键污染物种的监测方法，制定区域复合污染评价技术体系，建立评价的科学方法。分析重污染过程与气象场的相互关系及各类污染物的相互作用与变化，发展重污染过程预测预警技术。

(5) 大气特殊污染物控制新技术与方法

针对室内空气、垃圾填埋场、污水处理厂等排放的异味和特殊污染物，以及有关工艺污染源排放的二噁英等有毒有害污染物，开展污染控制过程、效应与技术方法研究，形成大气特殊污染物控制新工程技术原理。

5. 城市固体废物减量化、无害化与资源化的技术原理

(1) 固体废物的资源化利用和无害化过程原理

1) 危险废物组成与稳定化处理过程工艺选择。依托化学稳定和材料固化这两类基本的危险废物稳定化处理过程的工艺特征，分析可能影响其稳定化效果的对象物质及化学性质，支持稳定化处理工艺的发展。

2) 易腐有机固体废物组成与其可转化性。研究不同易腐有机固体废物的生

物质组成及其空间分布结构、宏量与微量无机营养物的组成、其他无机离子的强度，交互分析其化学性质对各种属微生物代谢活动的影响机制，研究其生物基质可利用特征及强化技术。

3) 污水处理厂污泥化学组成与其可脱水性。综合应用物理、化学、生物学的组成分类手段，特别是荧光染色等先进分析方法，解析污泥絮体的组成与结构特征；同时，依托各种污泥结构与组成转化方法及污泥脱水性评价方法，探寻污泥絮体结构和组成特征与其可脱水性的相关性，为定向发展高效污泥脱水预处理技术提供基础。

(2) 固体废物转化过程技术

1) 难降解生物质转化过程的微生态特征及过程动力学。依托易腐有机固体废物组成与生物可转化性的关系，发展以微观尺度观察其中的难降解生物质转化过程的方法，建立难降解生物质转化过程的生物、化学、物理条件复合模式，探索调控微生物相提高其降解率的方法，发展过程动力学模型。

2) 针对实际废弃物的创新生物转化技术。依托有机物产甲烷、制氢、生物质燃料电池、微生物合成聚合生物质的科学原理与知识积累，理论分析特定种类易腐固体废物生物基质化利用的转化途径，研究有资源化价值的生物转化途径的优势微生物菌群、代谢优化条件和产物分离方法。

3) 还原环境下的有机物热化学转化技术。以有机类废弃物脱卤、裂解产物组成控制为目标，研究既有和创新的还原环境下的有机物热化学转化过程，识别转化过程的反应机制，创新催化剂及应用方式，集成反应环境条件控制方法和转化反应器的构造与控制原理。

(3) 固体废物污染途径隔离的原理与技术

1) 危险废物中关键污染物质在极端反应环境中的转化技术。针对危险废物中PTS和重金属等关键污染物质，研究其在超临界、等离子、超高温等极端化学反应环境下的转化动力学、转化平衡（产物分布）规律；发展不同极端反应环境用于危险废物无害处置与资源利用的技术过程。

2) 危险废物中化学态易转化重金属稳定化处理技术。研究化学态易转化重金属在典型稳定化处理过程中的转化特征，分析其在稳定产物中的化学结合态，评价其化学形态的稳定程度，以及可导致其化学形态变化的因素，建立化学态易转化重金属的迁移控制技术。

3) 危险废物填埋场的污染物长期迁移特征及其控制技术。研究危险废物稳定化处理产物中污染物的地质化学基本性质，分析其在不同环境条件下的迁移特征，建立危险废物稳定化处理产物中污染物释放模型，发展危险废物填埋场长期污染风险的评价与控制技术。

(4) 固体废物资源化利用过程的环境效应控制技术

1) 生活垃圾与污泥基有机肥料重金属的生物可利用性控制技术。分析此类稳定生物质中毒害性物质的迁移转化规律，评价其衍生有机物组成及产物利用环境条件，对其所含重金属等污染物的化学形态、迁移性和生物可利用性的影响，研究控制污染物环境转移及生物利用的途径与技术。

2) 工业固体废物建材利用与环境交互作用下的污染过程控制技术。识别工业固体废物建材利用产品中重金属等污染物的化合形态，发展废物建材利用产品重金属长期稳定性的评价模式与方法，建立废物建材利用产品中重金属等污染物环境安全应用的控制技术。

三、交通工程

(一) 研究范围与内容

现代交通工程是一个涉及领域非常宽广的学科，与土木工程、信息工程、车辆工程、环境工程、城市规划、控制科学与工程、管理科学与工程等学科联系密切。本节所涉及的研究范围限定在"建筑、环境与土木工程学科"内，主要研究与城市规划、土木结构工程、环境工程等学科联系密切并与这些学科相互交叉的交通工程研究内容，重点研究现代城市交通系统规划设计的基础理论、复杂条件下网络交通流的调控理论。

1933年，国际现代建筑学会制定的《雅典宪章》指出"城市活动可以划分为居住、工作、游憩和交通四大活动"，提出在对居住、工作、游憩进行空间布局和规划设计的同时，建立一个联系三者的交通网，经济、便捷地满足这些地区间的生产与生活活动所产生的交通需求（即实现人和物的空间移动）。

全球城镇化进程，特别是以中国为代表的发展中国家的城镇化进程和机动化发展对交通工程学科提出了空前的挑战。一方面，城镇化进程不断加快，大量农村人口向城市集中，需要提供更完善的城市布局、空间结构、土地利用等实体空间来迎接城镇化挑战；另一方面，机动化的交通需求剧增，大部分城市正处于由慢行交通为主的传统交通结构向机动化交通结构转变、由单一的道路交通网络向复杂的多模式交通网络转变的时期，需要更合理的交通设施布局和网络交通流调控方法来迎接机动化的挑战。以上两个挑战的叠加使得我国大多数城市面临着严峻的城市交通问题，表现为城市交通拥堵、交通事故、环境污染、资源能源匮乏等现象日益突出，城市交通发展与城市总体发展的矛盾十分尖锐，网络交通流分布与交通网络布局的矛盾十分尖锐，并严重影响了城市功能的发挥与提升。基于城市可持续发展的理念，面对城市交通系统的上述新特点、新问题,作为改善城市交通问题的主要手段,现有的交通规划设计理论、网络交通流调控理论等亟待充实和发展。

我国近 30 年的城市交通系统规划、设计与调控一直处于被动适应状态。因城市规划与城市交通规划的脱节,交通网络布局与交通流时空分布脱节,城市发展过程中产生了大量不合理的交通需求和不稳定的交通流,不得不通过大规模的交通设施建设去被动适应交通需求增长。这种被动式的城市交通发展模式使我国用近 30 年的时间投入巨资建设起来的庞大的城市交通系统效率与品质极其低下,无法适应我国城镇化与机动化持续快速发展的要求。

交通工程领域未来 10 年的发展战略以服务于构建高效、安全、节约、环保的交通系统为目标,梳理现代交通系统规划设计、复杂网络交通流调控的基础研究思路,把握我国复杂国情下城市交通系统的演化规律,提出主动引导式交通供需平衡模式,建立适合我国国情的主动引导式城市交通系统规划、设计与调控的基础理论框架,以期通过引导交通供需结构优化来提高交通供给的有效性和交通需求的合理性,实现相对持久的交通供需平衡,为突破城市交通对我国城镇化与城市发展的制约,提升城市功能,改善人居环境,促进社会和谐发展提供基础理论。

(二) 研究现状与发展趋势

1. 研究现状

(1) 城市规划与交通规划的互动研究

国内外围绕交通对城市形态、土地利用等影响进行过大量研究,出现了以"劳瑞模型"为代表的一系列定量分析的理论与模型。地理学上从交通可达性探讨其对土地利用的影响也成为研究热点。规划实践中如步行邻里街区、公交导向的用地开发、精明增长等均是着眼于交通需求与城市土地利用之间的关系来探索城镇化健康发展的道路以及与之相应的理论支撑体系的构建。

在城市物质空间对交通的影响方面,自 Mitchell 等 (1954) 提出城市交通是土地利用的函数以来,人们从对狭义的土地利用与交通关系的研究扩展为对广义的城市形态、空间结构与交通出行特征、交通需求、交通模式的探讨。

在城市物质空间与交通的协调方面,许多学者从可持续的角度研究了两者协调发展的观点,土地利用与交通一体化模型为两者的协调提供了量化依据,并从结合总体空间(交通区)数据的集聚类模型发展到将个体行为作为要素的非集聚类模型。

城市规划与交通规划关系的研究已经进入"数量革命"后的多元化发展阶段,但尚存在一些不足:①缺乏多尺度要素研究。现有研究主要针对城市规划的某一要素（如土地利用）与城市交通的单个方面（如道路建设）来展开，并没有挖掘两者的多尺度要素内涵。②缺乏互动反馈性研究。目前研究仅停留在研究城市规划与交通规划的单向作用机制方面，缺乏对反向作用机制的研究，互动性不完善。③缺乏影响评价及协调对策研究。现有研究主要讨论城市规划与交通规划是否存在作用，影响程度及因果解析，却没有对其产生的积极或消极作用进行评价以及提出相应的协调对策。

（2）城市交通需求与供给关系研究

城市交通规划是通过科学的方法预测交通需求的发展趋势及交通需求发展对交通供给的要求，确定交通供给的建设任务、建设规模，以达到交通需求与交通供给之间的平衡。因此，城市交通供需平衡研究可为城市交通规划提供理论支持。

交通需求预测是交通规划中的核心内容，近50年来，国际上普遍采用"四阶段"交通需求预测模型。但由于城市个体出行行为特征随着社会信息化等影响所表现出的差异越来越大，国际学术界已开始探讨开发更加细腻、更具动态分析能力、更适应分析评价不同交通政策效果的新理论、新方法和新模型，以满足交通规划领域面临的新挑战。不少学者通过建立基于出行活动的组合分析模型研究出行目的、分布及方式划分等环节间的作用关系，为交通需求预测提供了新的思路。随着社会的高度信息化，城市居民出行生成、方式选择和路径选择间的关系将变得密不可分，城市交通需求的分析与预测理论需要朝着"一体化"或复合模型方向发展。

在交通供需关系方面，国际上主要从宏观和微观两个层次开展研究。宏观层次通过确定城市土地使用、交通网络结构和交通政策等的重大发展方向来引导城市交通需求和交通供给的分布，强调交通引导城市发展的TOD模式至今仍是研究的热点。微观层次主要通过网络交通流均衡理论研究交通需求与交通供给在城市空间相互作用的关系，如Wardrop、Beckmann等提出的交通网络用户均衡理论和系统最优理论，并由此衍生出交通分配的模拟算法和解析模型。之后，Logit模型、组合网络模型、随机均衡分配模型、动态分配等模型及相关算法被广泛研究和建立。目前，大部分研究成果主要限于机动化交通出行和网络流均衡方面，无法完全满足我国城市交通发展提出的课题与挑战。同时，由于缺乏交通需求与交通供给之间的系统耦合机制研究，缺乏对交通供需均衡和非均衡辩证关系的认识，使得我国道路交通规划需要更加完善的理论与方法支撑。

（3）城市公共交通系统规划设计理论研究

优先发展城市公共交通（含常规公交、快速公交、轨道交通等）是符合中国实际的城市发展和交通发展的正确战略思想，直接影响到城市布局与交通模式的结构性调整。目前城市公共交通系统规划设计相关研究主要集中于公交线网优化理论、公交客流预测与分配模型、公交运营调度方法及公交优先技术等方面。

以"逐条布设,优化成网"为代表的方法改变了以往公交网络布设仅靠经验化的不足,随着公交网络结构复杂度的增加,"以枢纽为核心,分层分级"的公交网络优化方法进一步改善了传统的公交网络结构。国内外学者针对公交网络的特点,分析了更广泛意义下公交用户的出行行为,建立了基于有效超级路径的 Logit 分配模型,从而推动了公交客流分配技术的发展。国内外学者对城市公交优先通行技术进行了持之以恒的研究,以期提升公交系统的通行效率。

但我国城市公共交通发展现状尤其是公共交通系统的吸引力和承载力与"57%城镇化水平下大城市公交出行率 50%"国家战略需求之间仍存在巨大差异,在传统"中心城区聚焦型"布线模式前提下形成的公交优先理论难以适应高强度、多样化的公交出行需求。公共交通系统供给与需求之间存在的严重失衡并未从根本上得到改变,常规公交、轨道交通以及快速公交等不同层次的公交网络在服务区域和功能层次上并未得到协调和整合,新一代城市公共交通系统规划设计理论有待建立。

(4) 网络交通流调控理论研究

网络交通流及其状态是交通需求与供给相互作用的交通流动中微观形态,交通流调控则是基于复杂网络交通流的解析,通过交通流的系统管理与控制等措施,优化调整其供需关系以实现交通状态的最佳化(通畅、安全、节能减排)。目前国内外学者主要基于系统复杂性和复杂网络基本原理以及统计物理学等,依托海量数据,分别从网络拓扑结构及网络交通流复杂性等方面对网络交通流开展研究。包括:交通系统及其网络时空演化复杂性研究;复杂网络动力学特征以及网络交通流的传播行为与演化机制研究;基于数据挖掘、模式识别和时空特征分析的网络交通流及状态分析等。国内以 2006 年立项启动的国家重点基础研究发展计划("973"计划)项目"大城市交通拥堵瓶颈的基础科学问题研究"为代表,分别就道路交通流的非线性动力学特性、路网交通拥堵的形成机制与传播特性、城市交通系统的时空复杂性与结构瓶颈演化等基础理论问题展开了研究,在国内外物理学刊物上发表了相当多的成果。

为了克服交通系统复杂性、随机性和综合交叉等困难,国外某些著名研究机构开发了大型交通实验系统,如加利福尼亚大学的交通监控与评价实验平台(ATRP)、日本京都大学的虚拟现实交通实验系统。关于复杂网络交通分析的基础理论研究也不断深化,从传统的机制解析方法向集成交通网络模拟和系统优化分析转型。在过去若干年机制研究的基础上,国际上出现了交通网络集成化分析系统。交通系统的高度信息化为突破传统的交通流及交通行为基础模型和理论提供了前所未有的数据条件和实验研究条件。

综上所述，国内外众多学者对网络交通流及其调控相关理论与应用问题的深入探讨为城市交通网络优化与管理理论的建立及发展做出了贡献。但是此类研究尚存在如下三方面局限性：①理论与实际存在脱节的现象，导致科学问题的凝练不到位，研究成果的有效性及科学性检验不充分；②研究的问题往往是相互独立或有限组合的，无法应对大规模、复杂交通系统的问题，也不易将设施网和交通网进行耦合优化，难以从网络层最佳地主动调控供需关系以实现交通流状态的最佳化；③缺乏面向动态网络交通流的实时分析，尚未将交通网络优化设计、交通形态的变化规律解析进行整合。

2. 发展规律

目前，城市交通发展越来越呈现出综合态势。从交通设施的角度看，各类设施的规模逐渐扩大，相互之间的关联性逐步增强，网络拓扑结构日趋复杂，越来越依赖于整体效益的发挥。从交通运行的角度看，居民的出行距离逐步增加，出行方式趋于多样化，越来越多的出行需要以多方式组合的形式完成。从交通管理的角度看，网络交通流时空特征更加复杂，交通信息化的要求不断提高，高效管理越来越依托于新技术和新方法。在这样的变化过程中，城市综合交通规划更加注重与城市规划的交互作用，更加注重各系统间的整合发展，研究思路逐步从被动适应转向主动引导，研究内容逐步从交通设施规划拓展为注重供需平衡，进而发展为"将理性交通需求以合理出行方式在有效交通供给上实现时空分布均衡化"的综合性规划，强调以规划为龙头的城市交通系统规划设计与优化调控的一体化。

3. 发展趋势

遵循上述发展规律，城市交通系统规划设计和网络交通流调控的基础理论研究表现出以下发展趋势。

(1) 城市规划与交通规划的互动及一体化

分别从市域、市区、分区、节点多个层面，从宏观到微观的尺度开展城市的物质空间规划对交通系统的作用机制以及综合交通系统引导下的物质空间规划研究；丰富城市交通与城市规划的内涵，拓展综合性、系统性的互动关系研究；注重开展两者反馈性的耦合研究，强化两者影响作用评价及协调对策研究；利用多学科领域的交叉优势，构建数字信息平台。

(2) 交通规划思想由被动适应型向主动引导式交通供需平衡转变

传统的交通供给优化思想以被动适应交通需求的增长为前提，缺少对城市交通需求与供给之间耦合作用机制的深刻认识以及定量化方法研究，城市形态、交通模式、供给布局等环节之间的宏观匹配和互动作用不够紧密。以系统的观点建立城市交通主动引导式供需平衡与耦合理论将为缓解城市交通问题提供科学的理论指导，对于快速城镇化中的中国显得尤为重要。

（3）公交规划理论由低承载力常规公交优化向高承载力多模式公交系统整合转变

快速城镇化进程中，城市交通需求与日俱增，公交客流需求呈现高强度特征，公交系统承载力提升成为提高公交吸引力的基石，围绕承载力提升的新一代公交系统规划与设计的理论方法将成为研究热点。同时，城市轨道交通、快速公交与常规公交将共同组成多模式公交网络系统，公交客流需求也将呈现出多层次、多等级的特征，多模式公交系统衔接、协调与整合规划理论需要新的突破。

（4）交通运营、管理与控制研究正向主动型、智能化、集成化方向发展

随着以美国交通运输部目前正在推行的车路集成计划Ⅶ、日本的智能路智能车计划（Smart Way，Smart Car）、欧洲的CALM计划为代表的各国智能交通技术的实施，网络交通流将出现本质性变化。交通系统的高度信息化带来传统研究方法的突破，为网络交通流及交通行为基础模型和理论研究提供前所未有的数据条件和实验研究条件。

（5）网络交通流调控研究正向多目标协调优化方向发展

随着对交通安全、节能减排等的不断重视，同时考虑交通延误、交通安全和节能减排等多目标最佳的网络交通流优化调控基础理论正成为发展趋势。网络交通流及其调控基础理论和技术将出现一场革命，交叉学科的进一步渗透，将出现基于简单一致和逻辑规则及实验科学的网络交通流基础理论体系与应用技术。

（6）交通工程设计及管理更加注重安全与环境

交通环境及安全越来越引起世界各国的重视。而交通工程设计及管理与环境及安全具有复杂的互动关系。美国、欧盟、日本等交通发达的国家和地区在规划中明确提出发展环境导向的交通管理。同时，把道路交通安全作为未来发展的重点。

（三）研究前沿与重要科学问题

1. 研究前沿

我国不断演变的城市形态、高强度的城市开发、复杂的城市交通构成、中国特色的混合交通流特征，使得城市交通系统成为一个跨领域的复杂开放系统，既具有复杂性、开放性、动态性、随机性和非线性特征，也具有可控性和自组织特征，既产生了很多的现实交通问题，也蕴涵着大量的基础科学问题。城市交通拥堵、交通安全、交通能源消耗与环境污染等问题是在城市交通系统内部

要素相互作用和外部要素影响制约下交通供需失衡和网络交通流失控的综合反映，而《国家中长期科学和技术发展规划纲要（2006—2020年）》明确提出的"发展一个体系，解决三大热点问题"（即发展现代综合交通体系，解决交通能耗与污染、交通安全、大城市交通拥堵三大热点问题）的交通科技发展战略任务则是对交通科技需求包括基础研究方向的着力引导。

为了实现交通供需平衡和网络交通流优化调控，欧美发达国家在近200年的城镇化过程中，经历了从"交通需求增长—交通供给增加"到"交通需求进一步增长—智能化交通管理与控制"这两个相对独立的发展阶段。人口众多、资源紧缺，工业化、城镇化与信息化同步发展，城市功能高度聚集和城市规模快速扩张同步进行的中国复杂国情，以及落实《国家中长期科学和技术发展规划纲要（2006—2020年）》的需要，既要求我们对欧美发达国家和地区所走过的城市与城市交通发展道路进行反思，对传统的被动适应型交通供需平衡模式和单目标网络交通流调控模式进行变革，也为我国建立主动引导式交通供需平衡模式和多目标网络交通流协调控制模式，进而构建高效、安全、节约、环保与可持续的城市交通系统提供了时机和条件。

总之，面对新形势下城市交通系统内部要素相互作用和外部要素影响制约的复杂态势，城市交通规划设计与优化调控理论仍然处于发展之中。目前，这一领域的研究前沿主要集中在以下方面：

1）城市物质空间发展与现代交通系统的耦合发展机制；
2）交通需求与交通供给的互动作用机制；
3）基于居民活动-出行链的交通供需平衡分析方法；
4）城市交通系统中非均衡问题的研究方法及度量方法；
5）现代城市综合交通系统规划设计的新理论与新方法；
6）多模式公交网络体系下的公共交通优先发展理论；
7）城市可持续交通规划理论与方法；
8）针对我国城市交通流特性的网络交通流理论；
9）交通需求生成与交通网络状态及其演化规律的动态关联性；
10）网络交通流在线分析、预测与预报理论；
11）全息信息环境下网络交通流动态优化调控理论与方法；
12）安全和环境导向性的交通规划设计与管理方法。

2. 重要科学问题

1）快速城镇化与机动化背景下城市交通需求形成机制与演化规律；
2）复杂条件下混合网络交通流形成机制与演化规律；
3）主动引导式城市交通系统的供需平衡机制与系统耦合理论。

(四) 2011~2020年优先资助方向

1. 战略研究重点

面向国家重大需求——城镇化、机动化的快速发展,围绕国家中长期发展目标——建设节能、环保、高效的现代化城市,瞄准国际研究前沿——交通供需平衡与交通智能化,2011~2020年交通工程学科领域的战略研究旨在指导建立一套完整的主动引导式城市交通系统规划、设计与调控的理论体系,促进我国城市交通系统的规划、设计与调控从以前的被动适应式向将来的主动引导式转变,以达到构建高效、安全、节约、环保型城市交通系统的目标,为突破城市交通对我国城镇化与城市发展的制约,提升城市功能,改善人居环境,促进社会和谐发展提供基础理论。

2011~2020年交通工程学科领域的战略研究重点是:
1) 城市规划与城市交通规划的互动机制;
2) 主动引导式城市交通系统供需平衡与耦合理论;
3) 复杂条件下混合网络交通流形成机制与演化规律;
4) 现代城市综合交通系统的规划与设计新方法;
5) 新一代城市公共交通系统的规划与设计方法;
6) 新一代网络交通流调控理论。

2. 优先资助方向

(1) 城市规划与城市交通规划的互动机制与耦合研究

城市社会活动是城市交通需求的源头,城市形态与土地利用开发决定了城市交通需求的总量及空间分布,城市规划与城市交通规划的一体化是从源头控制城市交通需求总量的关键。

重点研究:城镇化水平与交通发展水平的耦合机制,城市物质空间规划对城市交通规划的需求机制,城市交通需求的形成机制、演化规律与合理性评价,城市形态-人口分布-土地利用-交通出行模式的匹配模型,城市土地开发强度及其功能划分与分布诱发交通拥堵的演化规律,交通对城市形态演变、土地利用布局及强度等的引导反馈模型,基于低碳城市的物质空间规划与现代交通系统的耦合规划设计理论和方法,城市物质空间与交通系统的耦合模型。

(2) 主动引导式的城市交通系统供需平衡理论与耦合机制研究

摒弃被动适应式的城市交通系统供需平衡方法,建立主动引导式的供需平衡理论,提高交通需求的合理性与交通供给的有效性,以实现城市交通系统的整体功能提升。

重点研究：基于个体出行行为特征的交通需求分析模型，交通需求与交通供给的作用机制与互动关系（交通需求分布与道路网络结构的耦合模型、交通需求分布与公共交通网络结构的耦合模型、交通需求分布与大型公共交通枢纽布局的耦合模型、多模式公交网络客流空间分布与网络布局的耦合模型），交通资源配置与交通方式结构的优化模型，城市交通系统中的供需非均衡关系（交通供需均衡和非均衡的统一性模型、交通供需非均衡程度的测定方法、基于非均衡的交通需求预测新方法）。

（3）现代城市综合交通系统的规划与设计新方法

基于城市规划与交通规划的互动机制和主动引导式交通供需平衡理论，以提高交通系统总体效率为目标，兼顾交通系统的安全、节约、环保要求，建立起现代城市交通系统规划设计的新理论与方法体系。

重点研究：城市道路网络规划设计新方法（城市道路网络等级配置优化方法、道路交叉口功能规划方法、城市交通空间设计方法、混合交通条件下的道路通行能力分析方法），城市停车系统规划新方法（路内外停车设施布局规划方法、换乘停车设施选址布局方法、停车设施交通组织设计方法），城市交通枢纽规划设计新方法（枢纽功能布局与空间组织模式、多方式换乘设施布局方法），人性化的道路交通工程设计方法。

（4）新一代城市公共交通系统的规划与设计方法

立足《国家中长期科学和技术发展规划纲要（2006—2020年）》中提出的"57％城镇化水平下大城市公交出行率50％"的战略需求，以提升公交吸引力与承载力为双重目标，建立新一代城市公共交通系统，大幅度提升城市公交服务水平，减轻快速城镇化与机动化背景下的道路交通压力。

重点研究：多模式城市公共交通系统规划与设计方法，新一代城市地面公交系统的规划与设计方法（公交导向的城市交通系统规划设计与管理模式、公交网络与道路网络协同规划方法、城市公交系统线网规划与场站设计及车辆调度综合协同方法），城市公共交通优先通行技术（城市公交优先通行网络规划与设计方法、交叉口公交优先与信号控制协同技术、公交优先通道通行保障技术与抗扰动设计技术），多模式条件下城市综合公交的换乘系统规划与设计方法。

（5）复杂条件下混合网络交通流形成机制与演化规律

快速的城镇化、机动化和信息化，带来了网络交通设施及其类型、网络运行环境和出行者交通行为的巨大变化，新型调控措施（信息服务、诱导）的应用也将对交通网络的交通状态产生重要的影响，对网络交通流形成与演化规律的研究，是交通网络优化与管理新理论的基石。

重点研究：多模式（非机动车、小汽车、公交）道路交通网络结构拓扑关系，信息环境下混合网络交通流选择行为理论，基于多源信息的动态OD估计与预测理论，网络交通流在时间跨度和空间分布上的演化规律，动态/静态交通调控措施与网络交通流的相互作用机制，多元化交通系统和交通模式之间的转换机制，网络交通拥挤的发生、扩散与消散规律，异常态网络交通流的演化机制。

(6) 网络交通流及其优化管理与控制基础理论

ITS 的发展和信息技术的进步对网络交通系统产生了前所未有的深刻影响，也为交通管理控制提供了更先进的手段。基于对网络状态及其演化规律的把握，综合考虑多目标，实现主动、智能、集成化的调控是现代交通管理与控制理论的基本特征。

重点研究：变结构（功能结构、拓扑结构、时空结构）网络交通流及其优化管理与控制基础理论（变结构控制是指通过软件或软措施改变网络的拓扑结构而使系统达到某种特定状态或改善系统的总体性能），基于效率、安全与节能减排等多目标的网络交通流优化管理与控制基础理论，信息化条件下多重网络调控措施的组合作用机制及系统最优化的网络调控理论。

(7) 基于实验科学的新一代网络交通流仿真理论

随着 ITS 各个领域科学技术的发展，先进的信息采集、传输和发布技术为实时动态的信息采集处理提供了保障。将现实世界数据同多分辨率仿真模型融合，形成测度现实世界的"虚拟实验室"，以期准确刻画网络交通的动态复杂特征，更科学地对综合交通运输系统状态进行机制解析。

重点研究：面向多模式交通运行机制解析的不同分辨率模拟模型的混合仿真互联策略，适应于动态融合信息接入的仿真模型，动态数据支撑下的仿真模型本地化校正和验证，仿真模型支持下的交通检测信息传播算法，仿真模型支持下的路网状态估计，新一代综合交通仿真分析系统的基础理论体系。

(8) 安全和环境导向性的交通规划设计与管理方法

从安全角度出发，基于道路及辅助设施与交通安全的互动机制对交通工程设计方案进行安全评价，预防和减少道路交通事故的发生。从环境角度出发，结合道路网以及周边的用地特性，优化交通结构，实现交通与生态环境的良性发展。

重点研究：基于视觉特性的车速控制方法，基于人-车-路系统的道路交通系统安全性评价理论与方法，基于驾驶特征的交通标志设置方法，特殊天气下道路交通运行环境评估与预测方法，交通环境安全性的评估与预警方法，各种交通工具、交通结构、交通组织方式对生态的影响模型，不同能耗载运工具的优化组合应用，不同能源政策指导下的交通能耗优化与控制模型，环境导向的交通规划设计与管理控制方法。

四、结构工程

（一）研究范围与内容

结构工程随着社会生产的发展和人类活动的需要而发展，其基本内涵包括结构分析、结构实验、结构设计、结构施工、结构检测与维护等诸方面。结构工程渗透到建筑、桥梁、地下工程、水利工程、海洋工程等各个领域，并且对这些领域的发展有举足轻重的作用。随着社会的发展和技术的进步，工程结构也日益变得复杂化和大型化，新型材料和信息技术的发展，则为结构工程的进一步创新发展提供了必要的条件和基础。

工程结构必须满足安全、适用、耐久的要求。20世纪80年代以来，在结构工程领域内的研究者们逐步深入地认识到：对于结构受力全过程、寿命全过程行为的研究与控制是结构工程研究的重点与核心；在这一研究中，结构理论、结构试验与结构计算构成了三足鼎立的发展局面；同时，结构工程正在经历着从单体结构的分析与设计到对整个工程系统的关注与研究的历史性变革。可以预期，以高安全性能、高施工性能、高使用性能和高耐久性能等为特征的高性能结构（high performance structures）将成为结构工程发展的重要趋势，并将在建筑、桥梁、隧道、公路、铁路、港口等建设领域产生积极的推动作用。

高性能结构的主要研究范围包括：高性能结构工程的全寿命设计理论；与现代信息及控制技术相结合的结构试验技术；现代工程计算方法；新型结构体系研发及新技术、新材料的应用研究。

在高性能结构工程的全寿命设计理论领域，重点研究结构的整体可靠度与风险控制、工程结构性能设计的理论与方法、工程结构耐久性与全寿命设计理论和工程材料本构关系基础理论。在现代信息及控制技术相结合的结构试验技术领域，重点研究材料及复合材料在复杂受力状态及加载履历下的本构关系、构件在复杂边界条件和复杂加载履历下的静动力行为、地震模拟试验系统的实时控制理论和方法、复杂边界及动力子结构试验的基本理论及实现。在现代工程计算方法领域，重点发展面向过程的数值模拟方法、复杂工程结构在强地震动场和强风场等动力作用下的损伤破坏演化过程模拟、多场多尺度耦合系统的分析和优化设计理论与算法、结构工程 CAE 软件设计理论与方法及其软件体系结构。在新型结构体系研发领域，重点研究包括高性能混凝土、高性能钢材和复合材料等在内的可持续土木工程材料的制备方法与性能特征、发展各类智能驱动材料和感知材料及高性能传感网络、创新发展各类新型结构体系、大型复杂结构的健康监测、损伤积累与安全评定、解决现代预应力技术中的各类基础关键问题。

该领域的研究定位是：以新型高性能结构体系作为研究对象，发展结构工程的基础理论和实用技术，为解决我国城市化过程中大型复杂工程结构及人居工程中的关键问题提供科学依据与技术支撑；将结构工程的全寿命设计理论与方法作为重点，研究全生命周期综合决策的理论与方法，发展满足多阶段性能需求的高性能结构体系；依托现代工程材料和信息技术的最新成果，进一步突破工程结构智能化与信息化的关键问题；在试验技术和计算方法上取得新突破，为结构工程的发展提供支撑。

（二）研究现状与发展趋势

工程建设当中的主要问题集中在结构的安全性、耐久性和使用寿命，以及危及材料资源与地球能源的环境问题。因此，高性能结构工程研究在当前阶段需要重点突破的是全寿命设计理论及方法。高性能结构应在全寿命周期内的各个阶段（规划、设计、建造、运营和拆除）在各方面的性能（安全、适用、耐久、经济、美观、生态等）达到最优或优化。当前，在高性能结构工程的理论体系、试验方法、计算技术等领域的发展现状和发展趋势有如下几个方面。

1. 高性能结构的理论体系和设计方法

（1）结构整体可靠度与风险控制

20 世纪 50 年代，结构可靠度理论开始获得广泛注意并得到迅速发展，至 70 年代末，经典静力可靠度的一次二阶矩理论基本成型。以 1979 年 Ditlevsen 提出系统可靠度窄界限的开创性工作为起点，国内外学者对结构体系可靠度进行了深入研究，但也发现失效模式组合爆炸和相关性问题的困难难以逾越。上述工作属于分解化结构可靠度理论的范畴，而整体化方法从 80 年代以来获得了重要进展。随机结构分析方法、响应面方法、现代随机模拟技术和可靠度的矩方法即可认为属于这一类方法。

对结构动力可靠度问题的深入研究几乎是与经典静力可靠度理论发展同步进行的，到 80 年代主要发展了扩散过程理论方法和基于跨越过程理论的方法。但前者对多自由度体系尚基本无法求解，而后者在获取期望穿域率及对跨越过程的假定上存在本质性的缺陷。近年来，概率密度演化理论的发展为结构静、动力可靠度分析提供了新的工具，在此基础上，明确地阐述了基于非线性发展全过程的结构整体可靠度的基本思想。

21 世纪初以来，风险分析得到了国际学术界的重视。瑞士学者 Faber 较为系统地阐述了风险分析常用的方法和在土木与环境工程中的应用。国内外近年来进行了工程结构的风险管理研究和应用,但主要限于在施工阶段实施,对工程结构全过程的风险分析与控制则还尚未开始。

结构可靠度理论的历史与逻辑的发展过程既取决于科学乃至社会和经济总体背景的发展水平,又具有结构工程学科和结构可靠度领域的内在动力的驱动。这些驱动,使得结构可靠度理论从早期的可靠性数学发展到可靠度科学,实现了向可靠度工程的迈进,并开始了基于全过程的风险控制的探索。

过去10年来,结构可靠性与风险控制领域出现了一些新的动向,这些新动向表现的趋势是:从工程结构的受力全过程可靠度向工程结构的全寿命可靠度控制迈进;从单纯工程角度考虑设计准则到综合考虑经济、环境和社会效应的综合决策。

(2) 基于性能的设计思想受到高度重视

基于性能的抗震设计,也称为基于功能(性态)的抗震设计,在20世纪90年代初期由美国科学家和工程师提出之后,很快被国内外众多学者接受。美国应用技术理事会(ATC)、联邦紧急事务管理局(FEMA)、加利福尼亚结构工程师学会(SEAOC)等机构都围绕基于性态的抗震设计理论开展了一系列的研究。

基于性能抗震设计思想的提出,改变了以往抗震规范仅以生命安全为原则的单一设计方法,业主可以根据需要提出更高的结构预期抗震性态水准,设计灵活,并能在结构抗震性能和震后修复费用之间寻找到最佳的平衡点。目前,这一领域的研究还主要是针对高层和高耸结构,性态水准的选择也多以反映此类结构的力学指标为主,并不适用于空间体型复杂的建筑结构,因此,在土木工程结构领域还需开展具有针对性的研究,解决性能水准确定等主要理论问题,使基于性能的结构安全评估理论方法趋向实用。

目前总体发展趋势表现为以下几个明显特征:性能化设计控制目标单一化,开始向多元化探索;应用性能化结构设计理论的结构体系从高层建筑结构向其他建筑结构拓展;对结构性能的定量化进行全面设定、评估和控制成为高性能结构设计的主动选择。

(3) 结构的耐久性与全寿命设计

传统的工程结构设计方法可以称为一种基于现状的设计(design for the moment),主要设计依据是结构建完时的性能,主要经济指标是结构的初始建设费用。该传统设计方法是以结构安全性和适用性作为主要设计性能指标的。20世纪70年代以后,逐步提出了结构耐久性设计(durability design)的理念,经过几十年的发展,对耐久性问题的研究取得了许多有用的成果,然而这些成果主要从材料、构件和构造等方面考虑混凝土结构的耐久性问题;在设计理论上尚未能考虑结构抗力的时变性,缺乏耐久性的失效准则和设计方法,致使设计理论相比传统方法并未有实质性的突破。随着可持续发展的要求,20世纪90年代，基于结构全寿命周期的设计理念被明确提出，耐久性与安全性、适用性一起构成结构可靠度的重要内涵，必须在结构全寿命周期中全面综合地考虑三者的相互交叉制约的影响因素。进入 21 世纪，结构全寿命设计的新理念受到国内外学者的广泛关注，但目前的研究工作主要集中于寿命周期成本和全寿命周期管理方面，结构全寿命设计理论的定量研究尚待深入。

随着社会经济持续快速的发展，全球都将面临资源短缺的危机，在工程建设领域实施全寿命周期设计，就是要统筹考虑结构设计、施工、运营和管理各个环节以寻求恰当的方法和措施，使结构的全寿命性能（安全、适用、耐久、经济、美观、生态等）达到最优或优化。

结构全寿命周期设计包含了寿命期内结构性能（安全性、适用性、耐久性等性能）研究、寿命期内结构经济分析以及结构使用寿命研究等内容，结构全寿命设计代表了未来结构设计理论发展的方向和趋势，引起了各国的广泛重视，已成为国内外最活跃、最前沿的研究领域之一，是国内外学者普遍关注的焦点和研究热点。

（4）工程材料本构理论形成持续的研究热点

结构材料的本构理论的发展呈现出从静力本构到动力本构，从单场本构到多场本构，从单灾害作用到多灾害耦合作用，从时空单尺度到时空多尺度及跨尺度关联分析，从宏观唯象论到细观、微观、甚至纳观机制研究，从传统材料到机敏或者智能材料的趋势。

混凝土是工程材料本构关系研究的重点，其本构模型一般均借鉴一些成熟的力学理论和方法，将其移植或借鉴到结构材料中并提出相应的本构模型，然后依据结构材料准静态实验数据进行总结和回归分析。混凝土等结构材料的本构模型包括线性及非线性弹性力学模型、塑性力学模型、内时理论模型、损伤力学和断裂力学模型等。近年来，基于对混凝土材料构成的随机性和受力行为非线性的考察，从随机损伤及其演化的角度，形成了以细观随机损伤模型和弹塑性随机损伤本构关系为基础的混凝土随机损伤力学，揭示了混凝土损伤演化的非线性源于细观层次断裂应变分布的随机性，从细观层次的物理分析中寻找到宏观损伤演化规律的内在机制与建模途径，通过概率密度演化建立了细观物理分析和宏观唯象分析之间的联系，建立了混凝土随机损伤本构理论基本框架。在动力本构方面，有修正准静态本构模型以及基于黏弹性理论、黏塑性理论、损伤理论、塑性与损伤相耦合理论，以及断裂理论而建立的各种本构模型。

2. 试验技术构成发展高性能结构的重要支撑条件

在结构材料试验层次，对金属材料本构关系的研究相对成熟，而对于混凝土材料及其组合材料本构关系的研究是主要的热点。这方面过去半个世纪最重要的进展体现在几何空间和时间两个方面,即多轴加载和快速加载的试验。

在结构构件层次,传统试验是模拟某种相对简单的加载条件,最新的发展则是尽量真实地模拟相对复杂的加载条件,如早期的结构柱压弯剪加载装置、美国 NEES 项目下开发的多个大型试验系统、近期国内多家单位正在开发的空间多自由度加载装置、日本建筑研究所开发的立体节点多维加载试验系统等。

在结构体系层次,针对实际结构的现场试验应当是最理想的试验方法。20 世纪后期发展起来的健康监测和地震强震观测是这一领域的主要方向,对待拆除结构进行现场试验是研究结构体系非线性性能非常直接有效的方法。受美国 NEES 计划和日本 E-Defense 振动台的影响,结构体系试验技术研究引起各国学者的广泛兴趣,欧盟、新西兰等也相继提出了自己的 NEES 计划。

现代振动台试验和拟动力试验是研究结构体系在地震作用下性能的重要试验方法。在此基础上发展起来的实时子结构试验、振动台子结构试验以及网络协同试验是目前研究的热点。振动台试验受规模与能力的限制,带来了尺寸效应、重力失真、模型构件力学性能改变等很多困难,使这种方法能够在一定程度上定性模拟结构的灾变过程,但难以科学定量模拟。另外,诸如隔震支座、阻尼器、TMD 等元件或设备也很难进行科学的缩尺模拟。研究者对振动台试验系统的基础问题进行了大量的研究,取得了很多进展,但一直未能从根本上解决。

20 世纪 90 年代以来,基于互联网的通信技术可以提供大量数据传输和共享的功能,为异地试验室的设备之间进行控制和反馈提供接近实时的通信手段。不同的试验室通过网络连接在一起,可以开展更为复杂的系统试验,提高试验室资源的利用率。从大的趋势看,网络化的结构试验符合科学和知识的网络化发展趋势,但其实现需要更广泛的参与。

当前,结构试验的研究与应用已取得了大量的成果,但还难以满足大型复杂结构试验的要求。例如,在复杂应力下的材料及复合材料的本构关系,以及在复杂荷载的耦合效应下的本构关系尚不成熟。此外,在混合试验的实时加载控制与边界条件模拟方法、实时混合试验的数值方法、大型结构的实时子结构试验及网络协同试验等方面,虽然目前各国研究者均有一定进展,但在很多基础关键问题以及实用化等方面还有很多工作需要开展。

3. 现代计算技术的发展推动着高性能结构工程的进步

目前科学与工程计算研究的重点是大规模、非线性、多尺度以及多场耦合问题。有限元方法仍然是科学与工程计算中的主流方法,但网格生成及网格依赖性也成为有限元发展需要克服的问题。误差估计、自适应有限元方法、各向异性/方向性网格生成等均可归结为有限元网格依赖性问题的研究。同时对于计算结果可靠性的研究,也推动了确认与验证(validation and verification)的发展。面向过程的模拟也是值得关注的挑战性课题。复杂混合结构、复杂地质体、基于图像的工程材料细观结构自动化建模仍然需要发展。无网格方法作为有限元等传统数值方法的重要补充近年来获得了很大进展。

结构工程中的众多现象和问题本质上都具有多重尺度特征,它们涉及从电子到原子直至连续介质尺度上不同物理机制的耦合与关联。合理表征和正确处理多尺度问题中的耦合与关联是解决结构工程中多尺度问题的关键,也成为正确获取复杂系统演化规律的重要途径。多尺度问题已经迅速成为各门学科研究的热点和前沿。针对大型结构变形、损伤和破坏过程的时空多尺度模拟与分析方法的研究还少见,缺乏系统的论述与足够的关注。

高性能计算要处理的对象是大型计算问题,其研究主要集中在并行算法的可扩展性、计算的精确性与稳定性。目前,并行计算机系统已经达到千万亿次/秒浮点量级的计算能力。网格计算、多核技术、CPU-GPU 耦合体系的出现使并行能力得到进一步提高。辛算法、精细积分方法等新的分析方法,遗传、粒子群等智能算法和响应面、径向基函数、Kriging、支持向量基等替代函数方法的发展为结构工程大规模计算注入了新的活力。

结构优化设计是结构设计理论的重要发展,由于土木工程结构优化问题具有分析复杂、设计变量与约束条件庞大、优化目标多样、荷载与结构具有不确定性等困难,提出了很多研究难题,目前在结构工程领域还缺乏系统的研究及应用。值得注意的是,基于优化的传力路径、耗能元件及结构保险丝等的结构分灾优化设计近年来引起了广泛重视。

CAE 软件是事关国家竞争力和国家安全的战略技术。目前我国计算结构工程的应用与研究工作几乎全部依赖国外 CAE 软件。目前我们面临的窘境是:一方面研究工作直接为国外软件发展提供技术支撑;另一方面因缺乏自主软件支持,研究成果难以自成体系,极大制约了进一步发展。计算结构工程的发展将在计算规模和问题复杂性方面面临重大挑战,必须强调发展自主的结构工程 CAE 软件。

4. 工程结构领域几项有代表性的研究及发展热点

不同的工程结构在不同环境或使用要求下对其性能有不同的要求,所以高性能结构也应具有不同的性能特点和表现形式。如可提升大型结构体系安全性和舒适性的智能控制技术、提高结构跨越能力的复合材料桥梁体系等均是高性能结构体系的代表。

实现高性能结构体系也有多种途径,如新材料的应用、计算理论方法的完善、新构件新元件新体系的发展等。高性能结构的概念不仅可应用于技术指标或建造技术要求很高的大跨、超高、深水结构,在量大面广的住宅建筑、交通工程中也能发挥重要作用。

(1) 高性能结构材料与智能材料

高性能结构材料的应用是实现高性能结构的重要途径。除力学性能和经济性之外，当前的发展方向是要求工程材料必须具备资源节约、环境友好的特征，以符合可持续发展的需要。近年来出现了众多新型结构材料，各自在某些方面具有显著的性能优势，但只有通过基于工程结构性能的研究，合理利用这些材料，才能将"材料的高性能"转变成"结构的高性能"。基于结构需求进行新型结构材料的合理应用将成为未来一段时间结构工程发展的重要方向之一。

以高耐久性为重要标志的高性能混凝土已得到广泛认可和应用。近10余年的研究表明，在组分中引入纳米材料、短切纤维或有机聚合物是获得高性能混凝土的重要途径，如正在发展的纳米混凝土、高延性纤维混凝土、高阻尼混凝土等。具有自感知、自修复和自适应特征的智能混凝土也得到了大力发展，如自感知混凝土、智能感知骨料、自集能混凝土等。

以耐火钢、耐候钢、高强钢、高性能铝合金等为代表的高性能金属材料是近年来材料发展的重要成果，为工程结构应用提供了丰富的选择。但是与之相衔接的结构性能的基础研究还较缺乏，如高强钢构件的稳定性、耐火钢在荷载和高温共同作用下的结构设计方法、铝合金结构的连接节点等。高性能金属材料的结构性能及机制研究是进一步研究的重点。

FRP是近年来发展很快的一种工程材料。FRP首先在混凝土结构加固领域得到了成功应用，并正在向新型结构体系或新型组合构件方向进行拓展。目前，FRP结构在长期性能、变形性能、阻尼特性、振动特性、抗冲击性能等方面还有许多问题有待进一步研究。

智能材料是当代材料科学与信息科学相结合的产物。在土木工程领域，电/磁流变液体、压电材料、电/磁致伸缩材料及形状记忆材料等驱动材料得到了较多的研究和应用；形状记忆合金在古建筑的加固以及隔震支座限位器等方面已经得到应用；智能型压电摩擦阻尼器和磁致摩擦阻尼器也已从理论研究阶段逐步走向了示范工程。

土木工程建设消耗大量资源，使用可回收、可再生材料是符合人类发展长远利益的趋势。有关再生混凝土、改性竹材、速生木材等环境友好型材料的研究已获得了较大进展。针对再生材料结构的性能研究以及开发新型再生材料结构体系是未来研究的一个重要方向。

(2) 新型组合结构体系

随着结构工程的发展，单一材料所组成的结构很难同时满足受力性能、施工性、适用性、耐久性、经济性等方面的综合要求，组合结构也正是在这一背景下越来越受到重视。欧美等地均已投入人力物力对组合结构开展了系列研究，如美日联合完成的组合及混合结构抗震性能研究项目、日本土木工程学会钢结构委员会正在发展的钢结构与组合结构标准规范、欧洲在大量研究基础上推出并正在不断改进的欧洲规范 4 等。我国学者通过大量系统研究，在钢-混凝土组合梁、钢管混凝土、型钢混凝土等方面均取得了大量系统的试验结果和设计理论及方法。在结构体系层次，结合国内已经建成或正在建设的大量超高层建筑和大跨桥梁，有关单位对混合结构体系、组合框架结构、组合结构斜拉桥、钢管混凝土拱桥等开展了试验研究和数值模拟。在研究组合结构基本静动力性能的基础上，出于抵抗灾害、提高结构综合性能的目的，组合结构抗火及抗震的研究正在成为新的热点。结合工程发展的实际需要，组合结构的发展趋势应是在构件层次研究成果的基础上，通过对新材料的开发利用，综合考虑经济性，突出抗灾能力和耐久性能，研发新的高性能结构体系及其配套建造技术，同时拓展组合结构的应用范围。

（3）结构健康监测、损伤积累与安全评定

土木工程结构监测最早可以追溯到 1932 年世界上第一台强震仪的诞生。自此之后，世界各国十分重视现场监测的研究，目前全世界已经布设了 2 万多台强震观测仪；20 世纪 80 年代，美国、日本和欧洲开展了大型土木工程结构风荷载与风效应的现场监测，取得了宝贵的数据。80 年代末期，由于智能材料、信息技术和微电子技术的发展，推动了先进传感技术与传感网络的研究，并提出了结构健康监测的概念。自此之后，结构健康监测才得到迅猛发展，美国、日本、欧洲和中国设立了多个大型科研计划和国际合作计划，推动健康监测技术的研究、发展与应用，同时成立了多个国际学术组织，每年举办多个以此为主题的系列大型国际学术会议。近年来，结构健康监测积累的大量数据推动了结构全寿命荷载与作用及其效应的建模方法与模型、结构全寿命累积损伤与性能退化规律、结构整体安全评定与可靠度预测的研究，使结构健康监测开始向结构全寿命设计理论延伸，并成为研究结构全寿命设计理论的重要手段和基础。在我国，欧进萍在研究重大工程累积损伤与安全评定的基础上，率先开展了智能传感技术与传感网络研究，并于 2002 年开始结构健康监测系统的实际工程应用。目前我国在结构健康监测应用方面已经走在世界前列，充分利用监测的数据开展结构累积损伤与安全评定及全寿命设计方法的研究，将使我国在该领域保持领先地位，发挥引领作用。

（4）现代预应力技术

我国预应力混凝土理论在 20 世纪 90 年代取得了一批显著成果。在预应力结构体系方面，研究了多层、高层大跨预应力框架结构体系、大面积大柱网双向预应力框架结构体系、高层建筑预应力转换层结构体系、多层大开间住宅结构体系、预应力巨型框架结构体系、预应力组合结构体系等。在预应力结构计算理论研究方面,基本澄清和解决了超静定预应力结构的计算、部分预应力结构的计算和裂缝闭合等基础理论难题。在灾害作用下设计方法的研究方面,对当时工程中主要的预应力结构体系的抗震能力提出了较为明确的结论和设计建议,并编制了抗震设计规程,开展了部分预应力混凝土结构的抗爆炸设计与试验研究,得出了明确的结论。当前,预应力学科的发展规律和趋势为:预应力设计理念不断更新,预应力的应用范围不断扩展,预应力高性能材料不断出现,预应力与复杂结构的深度结合,预应力由单一功能向多功能拓展,更加关注预应力结构的长期性能,智能预应力的研究崭露头角。

(三)研究前沿与重要科学问题

1. 高性能结构工程的全寿命设计理论

(1) 工程材料本构关系基础理论研究

研究土木工程材料的动力本构理论及率敏感性的细观物理机制,包括土木工程材料在中速加载和高速加载时的动力本构关系的研究,混凝土动力细观随机损伤模型以及损伤本构关系,混凝土材料的尺寸效应的机制研究。多灾害下的土木工程材料本构关系研究,包括高温或者火灾情况下混凝土内三相介质运动的三场耦合的本构模型,高温、高湿和高压环境下考虑材料分解、相变、水分的运移和热传播与运动等影响的力-热-流耦合的混凝土材料的本构模型,建立多灾害组合作用下材料的本构模型。建立高性能复合材料和智能材料的细观力学和损伤本构关系。

(2) 工程结构性能设计的理论与方法

研究结构行为全过程精细化分析理论与方法;研究结构性能目标体系设定的理论与方法;研究结构性能定量化评估体系的理论与方法;研究结构性能控制的理论与方法。

(3) 工程结构耐久性与全寿命设计理论

研究前沿包括结构寿命期内目标体系的建立、结构性能指标的确定、结构寿命期内的经济分析、结构使用寿命的研究以及设计及管理方法的优化等。重要科学问题包括:基于微结构演化的结构材料多尺度寿命预测理论和方法;基于早龄期混凝土性能指标及其属性演化特性的混凝土耐久性能变化规律;环境与荷载耦合作用下考虑损伤的工程结构性能演变机制;根据等效劣化原理,建立工程结构耐久性的运行环境谱和试验相似谱。

(4) 结构整体可靠度与风险控制研究

工程结构的非线性行为与破坏或失效机制是工程结构可靠度分析的内核,在这里多尺度随机力学大有可为;研究结构整体可靠度理论与计算方法,发展基于结构非线性全过程的结构整体可靠度理论；研究基于可靠度与全过程风险控制的性态优化与设计方法；研究风险通信和多种与多重灾害控制理论与方法。

2. 与现代信息及控制技术相结合的结构试验技术

（1）结构材料和构件本构关系试验

进一步研究材料及复合材料在复杂受力状态及加载履历下的本构关系，特别是各种效应耦合的影响，包括构件在复杂边界条件的性能，复杂加载履历及多维静荷载和动荷载的耦合效应对构件性能的影响。

（2）地震模拟试验系统的实时控制

为准确模拟结构地震反应，需采用比例尺尽量大的结构模型，同时结构在强烈地震下往往进入非线性。结构地震模拟试验的这两个特点对现有的试验技术提出了挑战。试验系统的精确控制是重大工程地震模拟试验的瓶颈问题，而解决这一瓶颈问题的钥匙是实时非线性控制方法。

（3）子结构试验方法

解决结构地震模拟试验比例尺过小的有效途径是采用子结构试验方法提高试件的比例尺，子结构试验可以是采用作动器-反力墙加载的拟动力子结构试验，也可采用振动台和作动器-反力墙组合加载方式的振动台子结构试验，还可以利用互联网进行子结构试验。子结构试验的主要挑战是边界条件的模拟，以及网络传输速度和其所带来的一系列控制问题。

3. 现代工程计算方法

（1）结构多尺度计算方法

结构变形、损伤和破坏的多尺度分析模型与算法；结构多尺度模拟模型和算法的验证及软件平台；不同物理层次数学模型的耦合或连接机制；不同模型"握手"区域的无缝连接；处理时间多尺度的高效算法等。

（2）复杂工程结构在强地震动场和强风场等动力作用下的损伤破坏演化过程模拟

包括材料、构件和结构的非线性动力效应；工程结构与环境介质的动力耦合效应；结构的空间动力作用效应；结构损伤演化规律与破坏倒塌机制；施工中不完整结构受环境、突发、灾害性载荷的安全度分析；多场、多尺度耦合系统的分析和优化设计理论与算法；非线性结构耦合系统的大规模数值计算和数值模拟方法；结构工程计算中若干新算法。

（3）结构一体化及优化计算方法

智能材料结构系统与多物理场耦合系统的优化设计以及控制-优化的一体化设计；材料与结构的多功能一体化设计；基于可靠度的稳健性优化设计；基于

性能的结构抗灾与分灾优化设计；复杂结构的智能优化算法及基于梯度算法或准则法与智能算法的优化混合算法。

(4) 结构工程 CAE 软件设计理论与方法及其软件体系结构

计算结构工程的高性能计算理论和方法，如网格和云计算理论和方法，面向多核、CPU-GPU 结构的新型计算环境的高性能计算模型和算法等。

4. 新型结构体系研发及新技术、新材料的应用研究

(1) 可持续土木工程材料

基于纳米材料、纤维材料和高分子聚合物的高延性、高耐久性、高阻尼、良好抗疲劳和耐磨混凝土材料是目前土木工程材料领域的研究前沿课题；高性能混凝土制备工艺的原理、微观机制、性能表征及其建模方法、线性与非线性力学行为与模型等是本方向的重要科学问题。具体包括：高强度、高性能钢材及其连接的本构模型、力学指标和滞回模型，高强高性能钢材和连接的疲劳性能与晶体结构，高强高性能钢构件的缺陷和残余应力及抗火性能，高强度、高性能钢材关键构件及节点的基本力学性能，高强度和高性能钢结构体系，各类 FRP 纤维复合材料的性能劣变规律与机制及寿命预测，高性能纤维与纳米材料、导电材料、压电材料、磁致伸缩材料、形状记忆效应材料等的功能性材料的制备方法与性能特征，FRP 纤维复合材料型材与制品的制备工艺等。

(2) 土木工程智能材料

智能驱动材料与驱动阻尼元件包括：智能驱动材料的驱动机制及力电本构关系，智能驱动材料长期性能变化规律、表征与机制，智能驱动系统优化设计方法与力学本构模型，纳米阻尼材料的制备工艺、性能表征、耗能机制与建模；智能感知材料与高性能传感网络包括：智能感知材料的感知机制与影响因素，智能感知元件集成方法，智能传感元件与基体融合的力学原理，无线传感器微型能量收集系统的原理，高性能无线传感器及其设计方法；智能混凝土材料包括：碳纤维和纳米混凝土（或砂浆）压阻性能的压阻机制、变化规律与力电模型，压电智能混凝土的压电效应机制，应力波和激励波在损伤混凝土结构的传播规律、模型与模拟，压电智能混凝土被动声发射与主动损伤监测集成的损伤探测方法等。

(3) 新型结构体系研发及新技术、新材料的应用研究

在超高与大跨钢-混凝土组合结构体系的研究方面，应加强新材料在结构中的开发利用，但更要注重传统材料的挖潜和综合利用，研究开发新型组合结构体系，研究其基本受力性能；研究组合结构在长期荷载、疲劳荷载以及高温条件下的受力性能；对新材料结构形式的适用性及构造措施等制约其应用的关键问题开展研究，发展集维护、结构、保温等性能于一体的新型建筑材料并在结构中开展应用研究，研究新型结构材料在大跨、超高、极端寒冷或高温等条件

下结构中的应用；发展完善与新结构体系、新材料相适应的设计理论与设计方法；新型结构构件及体系的防灾减灾研究；预制装配式结构的创新与发展。

（4）大型复杂结构的健康监测、损伤积累与安全评定

智能感知材料与感知基本原理，其中基于纳米技术和生物启发的智能感知材料的研究是当前该领域研究的前沿课题，包括智能感知材料的制备、材料的表征、材料的感知特性及其基本原理和微观机制；先进传感技术、传感网络与自适应健康监测系统，其中传感技术与传感器的基本原理、复杂受力与环境耦合作用下的传感特性、信号采集及分析与处理、传感器与监测系统的寿命评估与预测是本方向的主要科学问题；大型复杂结构健康诊断理论，其中基于先进信号分析与处理、非线性动力学、概率统计分析、分散子结构、整体信号与局部信号融合、动力信号与静力信号融合、健康监测与无损检测相结合的损伤识别方法，以及分散子结构的有限元模型修正方法、随机有限元模型修正方法、多尺度有限元模型修正方法、非参数模型修正方法、全局优化算法是本方向研究的前沿课题；基于健康监测技术的结构荷载、效应及性能建模与预测，其中基于海量监测数据的结构荷载与效应及结构性能的建模、模型及模型参数、模型更新是该方向的重要科学问题，也是研究的热点课题；基于健康监测技术的结构全寿命安全评定与可靠度预测，其中基于健康监测的大型复杂结构失效模式搜索、结构状态评估、大型复杂结构构件与子结构及整体结构全寿命安全评定与时变可靠度预测是本方向的核心科学问题与研究前沿。

（5）现代预应力技术

包括：预应力工程结构长期性能研究与控制；预应力高性能结构体系及设计与施工关键科学问题；预应力结构的抗灾研究；既有工程结构性能提升的预应力科学问题与技术基础研究；基于智能预应力技术的结构性态控制研究。

（四）2011~2020年优先资助方向

根据上述有关研究现状、发展趋势的总结以及对当前研究前沿与重要科学问题的分析，并结合"建筑、环境与土木工程学科战略发展研讨会"的成果，建议在2011年至2020年间设置"复杂多变环境下高性能结构工程全寿命理论与方法"的重大研究计划或重大项目。

以下为结构工程学科领域的研究重点及优先资助课题。

1. 高性能结构工程的全寿命设计理论

（1）结构整体可靠度与风险控制研究

包括随机动力激励与环境荷载的物理建模，主要建立考虑地震动、强风、

海浪、浮冰等动力激励的物理建模；结构整体可靠度分析理论与计算方法，确定性态指标和界限要求，深入研究结构整体可靠度的基本概念、基本思想、分析理论与计算方法，发展基于工程结构非线性全过程的结构整体可靠度分析理论和基于工程结构全寿命过程的结构整体可靠度理论；发展工程结构全过程风险分析与控制理论，如工程结构灾害风险发生机制、统计特征分析及规律研究，工程结构不确定性特性的风险分析理论及方法，工程结构破坏后果的分析，工程结构风险事故接受准则、风险决策控制及技术方法等。

（2）工程结构性能设计的理论与方法

包括结构行为全过程分析的精细化研究，如综合采用精确化本构模型、精细化建模方法和高效结构分析方法对结构在多荷载场作用下的时变行为全过程精细化分析，结构宏观和微观等多尺度响应，结构瞬态和长期响应特征等；设定结构性能多指标综合目标体系，建立面向工程结构的多元化性能目标体系的理论和方法；发展结构性能定量化评估体系，建立定量化的结构性能评估理论和方法，将荷载作用从单一的地震作用拓展到多荷载耦合作用；结构性能控制思想的系统化及应用。

（3）工程结构耐久性与全寿命设计理论

包括工程结构全寿命设计目标体系研究；结构全寿命性能研究，如全寿命期内荷载的不确定性及随机性分析，结构性能的劣化机制、劣化模型以及失效模式的研究，结构维护维修加固方案，结构全寿命优化设计方法等；结构全寿命经济分析研究，如基于全寿命经济性的结构设计理论与方法，结构全寿命设计中多目标的经济优化模型；结构使用寿命研究，如结构使用寿命失效准则，结构使用寿命预测模型；结构全寿命运营与管理分析研究，如结构全寿命安全保障系统研究，结构全寿命运营管理系统研究，基于造价的维护维修及加固决策系统研究。

（4）工程材料本构关系基础理论研究

结构材料的动力本构理论以及多尺度机制研究，包括混凝土等结构材料的动力本构理论，不同应变率水准下结构材料动力本构的微观和细观多尺度机制，材料动力本构尺寸效应以及机制，土木工程材料随机动力本构模型与非线性研究；多种灾害作用下结构材料的本构模型，如高温或者火灾下描述混凝土内气、液和固三相介质运动的水力-热-机械力学三场耦合的本构模型，高温、高湿和高压环境下考虑材料分解、相变、水分的运移和热传播与运动等影响的力-热-流耦合的混凝土材料的本构模型及其数值计算模型，多灾害组合作用下材料本构模型；复合材料长期性能监测评估与智能材料本构理论，如复合材料在多种环境因素下的耐久性及防护措施，复合材料和智能材料在多灾害环境下的本构关系以及损伤发展规律和机制，形状记忆合金和压电陶瓷等智能材料的多场耦合本构理论研究。

2. 与现代信息及控制技术相结合的结构试验方法研究

(1) 结构材料和材料本构关系的试验研究

准确模拟各种复杂应力状态及边界条件的方法,以及在复杂应力状态、荷载履历以及加载速率下的本构关系;多种因素耦合作用的试验方法,及其多种因素耦合作用下材料和结构的非线性性能;结构材料的动力本构试验方法研究。

(2) 地震模拟试验系统的实时控制方法

研究不同类型试件进入不同非线性程度直至倒塌对于振动台台面加速度再现精度的影响;考虑试验设备和试验子结构非线性,包括振动台在内的地震模拟试验系统的高精度控制和测试方法;考虑作动器与结构间的强烈相互作用及结构非线性,研究作动器与结构系统的力控制方法。

(3) 子结构试验方法

包括复杂边界条件的模拟和控制方法;适合进行大型复杂非线性系统实时子结构试验的逐步积分方法;自适应子结构试验方法,在线识别试件以修正数值子结构的力学模型;局域网内的快速混合试验系统,大型复杂结构远程协同试验的网络支持技术和试验系统。

3. 现代工程计算方法研究

(1) 研究结构工程仿真分析和优化设计的高性能计算方法

复杂工程结构的自动化建模方法,建立结构工程网格中心和相关社区,结构工程网格与云计算方法,多场、多尺度耦合的结构系统非线性分析方法,现代结构工程分析和优化设计中新算法的并行化等,结构多尺度与多物理场模拟的分析模型与算法;基于性能的结构抗灾与分灾优化设计的理论方法与应用。

(2) 发展结构工程网格中心及相关支撑技术

面向结构工程的重大需求,建立结构工程网格中心及相关社区,实现对多场、多尺度耦合的结构系统的快速非线性分析和优化设计,充分发挥资源和技术的综合优势,有效提高设备和软件的利用率,促进学科的融合与交叉。

(3) 发展自主知识产权的 CAE 软件系统

研究结构工程分析的自主版权 CAE 软件系统,构建具备开放性与集成化的工程与科学计算平台,发展我国计算结构工程研究领域的公共计算平台。

4. 新型结构体系研发及新技术、新材料的应用研究

(1) 可持续高性能土木工程材料

发展高性能混凝土的制备和全寿命性能的系统理论,包括高性能混凝土的

配合比设计理论与制备工艺，高性能混凝土性能改善机制、模型及性能劣化规律；高强高性能钢构件和节点的基本力学性能和抗震、抗火性能及体系设计理论；复杂受力状态下 FRP 材料及其制品的力学性能与模型，功能型 FRP 材料的制备与性能，玄武岩 FRP 纤维复合材料制品的制备与性能。

（2）智能材料与智能土木工程结构

在智能混凝土领域，发展碳纤维水泥复合材料和纳米水泥复合材料及其压阻机制、建模与模型；压电水泥复合材料及其压电特性的机制、驱动与感知特性；自集能混凝土及其能量转化理论、自集能混凝土制品与结构；透光混凝土及其透光原理、效率与能量转化模型；自愈合混凝土及其力学、耐久性；电热纳米复合材料及自升温混凝土结构的热动力学原理、模型与系统设计原理。在智能材料与结构系统领域，重点研究以磁流变液、压电陶瓷、磁致伸缩材料和形状记忆材料为核心的智能驱动材料及其本构模型；智能驱动系统的设计、制备与性能；新型感知材料及其相应传感系统的制备与性能；感知与驱动材料微观结构与相应感知及其驱动机制；基于形状记忆材料的结构损伤控制、振动控制与流场控制的自适应土木工程结构及其控制原理。

（3）结构新体系研发及其关键基础问题研究

研究钢-混凝土组合结构体系的关键基础问题，包括：高性能组合结构体系研发，组合结构体系在复杂受力条件下的性能研究，适应新材料的组合结构设计方法研究；新工程材料结构及体系的研究重点包括：新型 FRP 构件和结构体系的创新性研究，环境因素及长期效应对新材料结构的力学性能影响的研究及设计方法，再生混凝土、速生木材、竹结构等环境友好型可再生材料在结构中的应用研究；高防灾减灾性能结构体系研究包括：高抗震性能结构体系研发，高性能结构体系抗火研究，结构抗连续倒塌机制及设计方法研究，结构抗爆与抗冲击性能评估及对策，轻柔及高耸结构的振动舒适度及其对策研究；加强预制装配及提高结构综合性能的加固技术研究。

（4）大型复杂结构的健康监测、损伤积累与安全评定

先进传感技术、新型传感器网络与自适应集成健康监测系统研究包括：光、电及纳米感知材料及其基本原理和性能，模拟生物神经网络系统的分布式传感器网络，耐久性监测方法与传感网络，结构局部损伤监测方法及其原理等；大型复杂结构健康诊断理论包括：多场耦合作用下结构模态参数的高精度识别方法，基于先进信号处理方法的结构损伤识别方法，大型复杂结构的分散模型修正方法，不确定性模型修正方法等；基于健康监测的大型复杂结构安全评定与可靠度预测包括：多因素环境作用场与荷载建模，结构多场耦合效应建模与模型，结构抗力建模与模型，大型复杂结构失效准则及基于健康监测的失效模式搜索等。

(5) 现代预应力技术

重点发展节能环保型高性能预应力结构体系，研究预应力工程结构长期性能、抗灾性能、既有工程结构性能提升的预应力科学问题与技术基础、基于智能预应力技术的结构性态控制方法。

五、岩土工程

(一) 研究范围与内容

岩土工程学科围绕国家城市化进程中重大工程建设技术及可持续发展的需求，探索岩土体在复杂环境下的工程特性与灾变行为，发展重大工程灾变评价与控制技术，实现基础设施的安全服役。在建筑、环境与土木工程领域，岩土工程学科的主要研究范围包括土力学、工程地质学、环境岩土工程与岩土地震工程。

作为岩土工程理论基础的土力学，发端于18世纪工业革命时期的欧洲。1925年Terzaghi出版了第一本《土力学》，标志着土力学学科的形成。1925～1960年被称为古典土力学阶段，这一阶段土力学基本上是在太沙基理论的范围内活动。60年代至今称为现代土力学阶段，此阶段临界状态土力学创立，土体本构关系研究兴起，土工测试技术得到了长足发展。60年代末至70年代初，人们将土力学、岩体力学、工程地质学三者结合为一体，并应用于土木工程实践，形成了岩土工程学科，国际土力学与基础工程协会也相应更名为国际土力学与岩土工程协会（ISSMGE）。

20世纪下半叶，随着全球气候变化与环境恶化的加剧，世界各国都意识到保护地球环境已成为极其重要的战略性课题，环境岩土工程学科的兴起对于解决该问题具有重要意义。城市化对地下基础设施建设和服役性能提出了更高要求，促进了城市地下工程和隧道工程的发展。与此同时，20世纪几次破坏性大地震以及2008年我国汶川大地震的发生，迫切要求进一步认识岩土材料的动力学行为及土工构筑物地震破坏规律。环境岩土工程、城市地下工程与隧道工程、土动力学与岩土地震工程等三个主要研究领域是我国今后若干年城市化进程中重大工程建设和可持续发展的重大技术需求。

针对上述情况，结合国内外岩土工程研究和发展的整体趋势，岩土工程学科发展目标及研究定位为：充分发挥多学科交叉优势，围绕共性科学问题，深入研究岩土体在复杂环境下的工程特性和灾变行为，在岩土多相介质多场相互作用机制及模拟技术方面取得突破，形成岩土工程的前沿理论和创新技术，为解决当前和今后城市化进程、全球气候变化和地震等带来的岩土工程问题提供科学基础和技术支撑，使该领域研究水平整体上步入国际先进行列。

（二）研究现状、发展规律与趋势

1. 环境岩土工程为可持续发展提供重要科学依据

20世纪80年代以来，我国工业发展、能源利用及土木工程建设给我们赖以生存的环境带来了巨大负荷。目前，我国年产生活垃圾总量达1.5亿吨，城市污水污泥达上千万吨，给环境造成极大压力。为解决人类生存的岩土圈环境负荷问题，环境岩土工程（geoenvironmental engineering）应运而生，它是利用岩土工程理论和技术来改善和解决人类活动和自然环境渐变对岩土圈环境造成的负荷问题，由岩土工程、环境工程及地下水工程交叉而成的学科。与传统岩土工程相比，环境岩土工程更强调大气和水以及生物和化学的作用。

（1）固体废弃物工程处置及资源化利用

固体废弃物包括生活垃圾、疏浚土、城市污水污泥、粉煤灰和煤矸石等。安全填埋仍是我国处理固体废弃物的主要方法。固体废弃物填埋场的主要环境岩土工程问题包括：①填埋堆体失稳；②填埋堆体的变形和沉降；③填埋气的灾害与资源化利用；④填埋场的污染控制及治理。上述问题的核心是固体废弃物生化相变效应对工程特性影响及多场（应力场、渗流场、变形场、温度场、化学浓度场等）相互作用。目前，国内外对填埋场多场作用下固、液、气相互作用的机制研究已取得一定的进展。填埋场内土工合成新材料的研究与应用也获得了较大进展。与此同时，疏浚底泥、废弃土等低污染废弃物的资源化利用问题也越来越受到关注。

（2）岩土体环境污染控制和修复

目前，全国受污染的耕地约有1.5亿亩[①]，污染类型多样而且负荷加大。污染物运移规律、防污屏障以及岩土污染修复技术是主要研究内容。在防污方面，温度场、应力场和渗流场耦合作用下的污染物运移规律及防污屏障的长期性能是实现岩土环境污染控制的关键问题。在修复技术方面，主要利用土颗粒-渗流场-化学浓度场相互作用规律，实现岩土体污染修复，相关岩土工程技术包括地基处理措施、土壤冲洗法、土壤淋洗法、固化/稳定化方法和动电修复法等。

（3）全球气候变化与环境岩土工程

2007年，政府间气候变化专业委员会（IPCC）发布的评估报告认为，预计到21世纪末全球地表平均温度可能升高1.1～6.4℃。全球变暖将直接影响多年冻土的冻胀和融沉等，进而影响工程如青藏铁路等的安全。土骨架、冰晶体、

---

① 1亩＝666.6平方米

未冻水与空气在温度、土水势、压力与变形等外界因素作用下的相互运动、迁移、扩散和相变是冻土多相介质沉降和稳定变化的关键问题。气候变暖引起的海平面上升将对我国海岸地区产生诸多灾害性影响,如建筑物地基承载力下降等。目前仅处于对海平面上升引起的环境岩土工程问题的发现与认识阶段。极端天气增强增多,导致我国滑坡和泥石流等地质灾害频发。陆表岩土体与大气间水分交换、传递过程及其引起岩土体物理力学性质的衰变是关键科学问题。近年来许多学者对降雨入渗条件下边坡的稳定性分析进行了研究。降雨与边坡稳定、泥石流的关系及相关灾害预警预报技术将成为今后环境岩土工程领域的研究重点。

(4) 节能减排与环境岩土工程

浅层地温能的利用就是借助地源热泵,利用地下水或地下热交换管环路中的循环介质,在循环过程中首先与岩土体中交换热量而后给建筑物供热或制冷,达到节能的目的。城市隧道与地下工程的埋置深度刚好处于相对恒定的低温层中,国内外借助隧道与地下工程开发地温能的相关技术应运而生,具有很好的发展前景。当前以地铁建设为龙头的城市地下空间开发正蓬勃兴起,该项节能技术在我国有着巨大的发展潜力和广泛的应用前景。

2. 城市地下工程服役安全及环境影响是城市化的重要课题

城市地下空间的开发与利用已成为21世纪我国城市基础建设的重要组成部分。至今全国已有27个城市在建或者已批建设轨道交通,另有20多个城市正在筹建。然而,当前城市地下工程建设超常规发展使得建设难度剧增,特别是在沿江沿海软土地区,由于其地质环境极脆弱敏感,再加之建筑物密集,面临的技术挑战和施工风险也越来越大。此外,城市地下工程活动改变了自身的服役环境,影响地下工程耐久性及服役安全性。如何保证地下工程的施工安全、减小对周围环境的影响及保证服役安全是迫切需要解决的问题。

(1) 天然软黏土力学特性的宏细观研究

当前研究集中在对软黏土卸荷条件下的变形和强度特性分析上。高应力释放、高渗透坡降、复杂应力变化是城市地下工程开挖和掘进作用下土体的重要受力特征。开挖掘进导致周围地基初始应力状态改变,使得处于地下结构不同部位的土体单元应力路径各不相同,从而使得土体性质发生明显变化。在理论研究上发展更精细、能更好模拟岩土体各向异性及结构性的本构模型。离散元理论适用于研究粒状集合体的破裂及颗粒流动问题,为从细观角度揭示复杂应力变化下岩土体力学特性及获得土体本构模型提供了新途径。

(2) 城市软土地下工程中的土体稳定性与安全控制

在超深基坑及盾构隧道开挖掘进失稳破坏研究方面,目前在理论分析、数值模拟和模型实验等方面取得了大量新进展。为考虑土体的渐进破坏,一些学者尝试从细观、单元体和土工单体等多个尺度上通过模拟土体的渐进破坏过程来揭示开挖掘进破坏机制。另外，近年来地下工程开挖导致渗流及考虑渗流影响的开挖面稳定逐渐成为研究热点。今后的研究趋势在于既考虑土体结构性、非均质各向异性，又考虑土体性质劣化的多尺度流固耦合分析。

（3）城市软土地下工程与周围环境的相互作用

城市环境中受地下工程开挖影响的结构主要有三类：一类是建筑物，当前的研究较多集中在对建筑物桩基的影响分析上；第二类是隧道/涵洞，这类大型管状结构在土体变位影响下的变形模式较为复杂，分析中须考虑三维效应；第三类是管线结构，这类结构断面相对较小，对土体的作用可以忽略不计。小应变范围内的岩土力学性态对控制城市地下工程对周边结构的影响尤为重要。现场监控信息与反分析方法结合，可以成功预测城市地下工程引起的土体变位。离心机试验逐渐被用于城市地下工程施工造成的环境影响研究。今后研究方向集中在城市地下工程与周围环境相互影响的理论分析、试验研究、数值模拟以及变形控制标准上。

（4）火灾高温下隧道结构的安全性

交通隧道越来越多被使用的同时，隧道火灾也频繁发生。大量火灾实例表明，大火除了对隧道内人员、设备造成巨大伤害外，还对隧道结构产生了不同程度的损伤，严重降低了隧道结构的安全性。火灾可能导致处于高水压、软弱地层等情况下的隧道防水失效，使得隧道发生渗漏、涌水，对隧道造成毁灭性破坏。目前，国内外在隧道结构和围岩在火灾高温下的力学行为、破坏机制方面的研究还较少。

3. 土动力学与岩土地震工程成为我国防灾减灾研究热点

我国是多地震国家，近几年又大量兴建高速铁路和地铁，这就需要对地震和交通等动力荷载作用下土体的基本特性、土体与结构动力相互作用以及土工构筑物的抗震措施开展充分研究，减少灾害损失。

（1）局部场地条件对强地震动影响

地震动是指由震源释放出来的地震波在岩土介质中传播所引起的地面运动。以往历次大地震中均显示，不同场地条件上的建筑物震害差异十分明显。场地条件不仅影响地震动幅值，还影响其频谱特性。我国不同区域场地条件对地震动影响不同，东部沿海是深厚软土，而西部高原区是浅埋岩层，研究重点应放在不同介质条件对地震动的影响；山区和盆地地区，研究局部盆地（谷地）效应显然更为重要。

（2）岩土材料的动力特性与本构模型

岩土介质是典型的弹塑性材料，在循环荷载作用下会产生液化或软化。引入流体力学观点来研究砂土液化是一种较新的研究思路。结构性影响岩土体的动力特性，土的各向异性也对土体动力本构行为产生重要影响。对复杂应力路径下的动力本构研究还不足，可描述土体细观结构变化的模型还较少。在本构模型中，简单合理地反映土体结构性与各向异性是今后研究的趋势，非饱和土体的动力特性研究也需要进一步加强。

(3) 土体-结构动力相互作用及地下结构抗震

在动力和地震荷载作用下，振动会在结构与岩土介质之间传播从而产生波动效应。浅基础的动力响应、土体与单桩（群桩）的动力分析、地下结构的抗震分析等都涉及土与结构的动力相互作用，其中介质材料非线性力学行为的描述、边界的处理问题、土与结构界面接触问题等需要进一步研究。随着我国地下空间开发、高速铁路等大跨、长跨结构兴建，考虑地震波传播的行波效应及地震作用的多点输入等问题成为必要。模型试验一直是开展土结动力作用和地下结构抗震研究的重要手段。"十一五"期间，国内在振动台模型试验方面已进行了大量工作，也初步开展了一些离心振动台模型试验，但总体而言在反映岩土体的破坏特性及对结构地震破坏的作用机制、复杂场地的影响效应等方面成果仍很不充分。

(4) 高速列车运行引起的环境振动及沉降

20世纪80年代，国外就已展开高速列车引起的环境振动研究。我国铁路干线正在提速，多条高速铁路也已开工建设，对环境振动及交通循环荷载引起的附加沉降问题的研究显得十分迫切，需进一步加强以下几方面研究：轨道和地基的建模解析解；轨道和地基的数值模拟；循环荷载下地基土的动力特性试验；附加沉降计算方法和轨道平顺性；等等。

（三）研究前沿与重要科学问题

当前，岩土工程研究重点已逐渐从传统问题转向全球气候变化与可持续发展、城市化过程中地下深大空间开发利用和高烈度地震及重载高速交通带来的岩土工程问题。岩土工程与其他相关学科如地下水工程、环境工程的学科交叉不断向纵深发展，其共性科学问题越来越突出地表现为"多相岩土介质多场相互作用下的灾变及控制"，从而要求岩土工程研究手段，包括试验和数值模拟开始从单一尺度向多尺度方向发展。归纳起来，该学科重要科学问题主要有以下几方面。

1. 岩土体宏观静动力特性的微观机制

无论是场地地震液化灾变，还是城市地下工程开挖和掘进稳定性，都是涵盖了从土颗粒、单元体到土工单体的多尺度问题。静动应力场、地下水渗流场和位移场在不同尺度上的耦合作用是导致场地或城市地下工程渐进累积破坏的主因。只有从细观尺度上揭示各种荷载下土体微观结构演变和力学性能劣化机制，才能从宏观上获得场地地震液化、开挖掘进过程中失稳等破坏模式及形成规律。

2. 固体废弃物生化相变效应及多场相互作用

固体废弃物填埋场中，在应力场、渗流场、温度场和生物化学动力场等多场相互作用下，填埋体发生相变，涉及有机质的降解、固相质量减少、骨架体积压缩，并产生气体、液体、热量等复杂过程，该相变过程不可逆，将显著影响填埋场稳定、变形、水气运移、污染物扩散等问题。

3. 热-水-力三场耦合问题

寒区冻土、天然气水合物等的物理力学特性主要取决于温度场、渗流场和应力场的三场耦合作用，易发生传统物理相变现象，影响其强度和稳定性。隧道与地下工程中地温能的开发利用研究中，通过隧道与地下工程的各种构件与岩土体进行热交换的传热的计算理论和计算模型也与热-水-力三场耦合效应密切相关。而火灾高温下隧道结构的安全性研究更强烈地依赖于高温下热力耦合特性及破坏机制。岩土介质的热-水-力三场耦合问题是当前环境岩土工程领域的研究重点和难点。

4. 城市软土地下工程的多场相互作用

城市地下工程施工作业过程中，土体应力场、地下水渗流场和地下结构变形场间存在复杂的耦合作用，具有空间上局部高梯度、时间上短期高变化率的特点。土体是一种强非线性非连续介质，在三场渐近累积变化作用下，土体微观结构和力学性质都会发生很大变化，导致地下结构和土体发生过大变形，极易在短时间发生流沙、管涌甚至失稳破坏。

5. 场地与地下结构动力相互作用

在动力或地震荷载作用下，波动能量将在结构与场地岩土介质之间进行交换，形成场地与结构的动力相互作用问题。对于大型地下结构，场地与结构的动力相互作用会对结构的地震响应造成很大影响，甚至导致结构的地震失效破坏。场地与结构的动力相互作用研究的难点在于如何合理、有效地考虑土体的材料非线性特性、土体-结构接触面的几何非线性特性及无限地基的能量辐射效应影响等。

6. 岩土体多相演变和多场相互作用的试验模拟

由于岩土工程研究面向多相岩土介质多场相互作用，传统单一尺度试验，如室内单元体试验技术或者现场原位测试难以实现对多场耦合作用的正确模拟。当前土工测试技术的重大进展使得岩土体多场相互作用研究试验模拟成为可能，例如，大型物理模型试验装备、土工离心机模型试验技术为岩土体应力场、渗流场、温度场、生物化学动力场的再现提供了有效手段。

（四）2011～2020年优先资助方向

下一个10年，我国的城市化进程将进一步发展，重大工程安全与节能减排成为我国可持续发展的重大需求。岩土工程学科根据自身发展规律，紧密结合国家重大需求，提出环境岩土工程、城市地下工程与隧道工程以及土动力学与岩土地震工程为其重点研究领域，主要优先资助方向包括以下几点。

1. 复杂条件下岩土体材料静动力特性的宏细观研究

包括：复杂应力条件下土体微结构特性试验研究及细观数值模拟；考虑复杂应力路径及主应力轴旋转影响的土单元体试验；考虑结构性、非均质、各向异性及复杂应力路径影响的土体本构模型；复杂应力条件下软弱土应变局部化分叉理论；土性弱化机制及宏细观多尺度试验与数值模拟；复杂应力路径下土体动力特性的试验研究及本构模型；长期循环荷载作用下的土体累积塑性变形模型；复杂应力条件下饱和土体液化（软化）及液化后强度与变形；多场（热、力、水及生化场等）耦合环境下岩土体的物理力学性能；非饱和土的动力特性。

2. 固体废弃物的生化相变效应、多场相互作用与安全处置及资源化利用研究

（1）生化相变效应与多场相互作用

包括：垃圾填埋场内部应力场、渗流场、温度场和生物化学动力场的有效监测；填埋场内导排系统的长期性能；填埋场防渗、排水等的新型材料及构造形式；疏浚土及垃圾飞灰等的资源化利用。

（2）岩土体污染物扩散规律、地下防污屏障长期工作性能及污染土处理研究

包括：多场耦合作用下污染物扩散机制及试验模拟；土工合成材料、复合衬垫系统的长期性能及劣化机制；土体污染修复的关键控制因素及与多方法联合使用；土体污染的新型监测方法等。

3. 应对全球气候变化及节能减排中的岩土工程问题研究

(1) 气候变化造成的岩土工程灾害研究

包括：寒区冻土多相介质在热-水-力（THM）三场耦合作用下的迁移、扩散和相变机制，以及冻土路基的强度与稳定；海平面上升对沿海地区地下基础设施服役性能的影响；强对流天气降雨入渗条件下松散堆填体、边坡的稳定性及泥石流成灾机制与预警。

(2) 节能减排中的环境岩土工程问题研究

包括：工程材料与岩土介质的工程热物理性质及其热-力耦合特性；考虑地下水热对流/渗流影响的地下热交换管传热模型及求解；热交换管和地温能热交换场对隧道与地下工程结构长期性能的影响；低能耗、低排放的岩土工程技术与创新。

4. 城市地下工程稳定性、服役性能评价及灾变控制技术

(1) 复杂环境下岩体耦合场非线性力学行为与衬砌相互作用研究

包括：节理岩体结构的三维精细化描述与随机模拟方法；节理岩体宏细观变尺度力学行为与渗流耦合本构关系；隧道围岩渐近破坏的数值分析新理论及衬砌结构荷载；含水条件下高地应力软岩体蠕变损伤特性与隧道结构变形控制及长期稳定性。

(2) 复杂环境下城市软土地下工程的土体稳定性、变形与安全控制

包括：高渗透性土体中基坑开挖和盾构隧道掘进面稳定的离心机试验模拟；渗流导致的土体力学性质劣化及对开挖掘进面稳定的影响；城市地下工程开挖掘进面流固耦合渐近破坏；软弱土中超深基坑开挖和盾构隧道掘进稳定性与安全调控；深基坑开挖及盾构隧道掘进引起的土体变形计算方法与试验模拟；高水压下地下工程施工导致的渗流及对临近设施的影响。

(3) 火灾高温下隧道结构-围岩复合体系热力耦合特性及破坏机制研究

包括：火灾高温下隧道围岩热工性能、传热特性、温度场分布规律；火灾高温下受损隧道结构和围岩的力学特性；隧道结构-围岩复合体系火灾全过程的力学行为描述方法、破坏失效模式与机制及其分析计算理论。

5. 土动力学与地震工程热点研究课题

(1) 局部场地条件对强地震动影响及震害

强地震动时空特征与输入机制，包括地震动破坏势理论、特征参数等；场地条件对地震动的影响，包括近地表土层特性、地表和土层下卧基岩地形以及盆地边缘效应等的影响；复杂场地（非自由场地、边坡等）地震响应与灾变；

地震次生地质灾害（崩塌、滑坡、泥石流等）发生机制与影响因素。

（2）土体-结构的动力相互作用及典型岩土结构的抗震分析

包括：土体液化及大变形对地下结构地震响应的影响；土-结构动力相互作用的非线性效应；土-结构动力相互作用的接触面本构关系；土-结构相互作用的模型试验；典型岩土结构物的减震措施。

（3）地下空间结构抗震减灾问题

包括：多因素（空间变化、随机性、多波耦合、土结刚度差异等）影响下土体-地下结构体系强地震动力灾变全过程试验模拟和数值仿真；典型地下结构（地铁隧道）的抗震设计理论；先进的抗液化（物理力学、生化）加固处理技术。

（4）高速轨道交通引起的环境振动及沉降

包括：高速轨道交通振动的传播特征，列车对临近建筑物的影响的控制标准及隔振措施；轨道交通循环荷载作用下地基土动力特性；轨道交通荷载引起的附加沉降预测与控制。

6. 岩土工程多尺度试验和数值模拟技术

包括：大型振动台和土工离心机模型试验；细观尺度测试技术；多尺度数值模拟。

六、防灾工程

（一）研究范围与内容

防灾减灾工程学科是一门综合性很强的新兴学科，在工程学科中占有重要的地位。与防灾减灾工程有关的灾害种类有地震、强风、火灾、爆炸、地质灾害等。根据2004年12月国家自然科学基金委员会组织的学科发展战略研讨会上各方面专家的论证，将地质灾害划分到岩土工程学科。本专题的研究范围包括工程结构抗震与减震、工程结构抗风、工程结构抗火、工程结构抗爆防爆以及工程结构抵御多重极端灾害方面的新理论、新方法、新材料和新技术。

从研究问题的共性归纳，防灾工程学研究的关键科学问题包括：灾害危险性分析与作用机制、工程结构的抗灾力学分析、工程结构的抗灾性能设计、生命线工程的系统可靠性与抗灾优化设计、工程结构的灾害模拟与控制、多重灾害的综合防御等。

在我国建设小康社会的伟大历史进程中，城市化是社会进步的主要标志之一。今后20年，我国将增加城镇人口3.4亿，这是一项人类历史上从未有过的重大而艰巨的任务。城市规模的迅速扩大导致人口与财富的高度集中，也导致城市安全问题与灾害危害性的日趋加重。我国是世界上自然灾害最严重的国家之一，每年因灾害造成的直接经济损失占国民生产总值的3％～5％。我国70％以上的大城市，半数以上的人口，75％以上的工农业产值位于灾害频发区。自然灾害严重地威胁着国民经济和社会的可持续发展。据统计，2003～2008年，我国频发的自然灾害所造成的直接经济损失年均高达2000亿元以上，其总量及占GDP的百分比也呈现出逐年增加的趋势。从1991年至2000年间全球范围内发生的灾害与前一个10年相比并无显著异常，然而因灾害造成的损失却比前一个10年增加了三倍，比20世纪60年代的10年增加了近十倍。灾害所造成的人员伤亡、经济损失和社会震荡也愈来愈严重。例如，1995年日本神户地震的直接经济损失达1500亿美元之多，死亡5438人；2001年美国"9.11"事件，不仅造成了3000多人死亡，而且对美国的经济和社会造成了严重的创伤。历史的经验教训也表明，由于我国是人口大国，各类灾害造成人员伤亡和对城市威胁的风险程度往往要高于其他国家。例如，世界上造成人员死亡最多的两次大地震就是我国历史上的华山大地震和近代的唐山大地震；20世纪最后10年世界上一次死亡人数多于300人的两次火灾均发生在中国（1994年克拉玛依特大火灾死亡323人、2000年河南洛阳东都商厦火灾死亡309人），热带气旋每年平均在我国登陆10次，其中，1994年9417台风和2004年"云娜"台风造成的直接经济损失都在200亿元左右。2008年5月12日的汶川8级大地震，已确认69 227人遇难，失踪17 923人，直接经济损失高达8451亿元。我国有22个省会城市和2/3的百万以上人口的大城市位于地震高危险区，这深刻说明了在我国城市化进程中防灾减灾的重要性和迫切性。

防灾工程学科的发展目标是：通过持续的理论研究和工程实践，形成具有中国特色的防灾减灾理论体系，解决我国土木工程实践中的防灾减灾科学技术问题，使我国的土木工程防灾减灾科学技术水平与我国的土木工程大规模建设热潮相适应，并逐步与国际潮流融合；通过参与国际交流与合作，让国际同行了解我国的土木工程防灾减灾科学技术水平与工程应用成果，并使我国的土木工程防灾减灾科学技术在国际上占有一席之地；通过新理论的指导和高新技术在重大土木工程建设中的应用，提升整个建设行业的高科技含量，为我国建设领域参与国际竞争提供理论基础和技术支撑。

（二）研究现状与发展趋势

1. 工程结构抗震与减震

以工程结构为对象，结合国际上的最新发展态势，工程结构抗震与减震重点研究工程结构抗震基本性能与现代设计理论,致力于揭示结构开裂、破坏、倒塌的物理机制,发展能够科学反映这些机制的数值模拟手段,研究结构抗震性能设计理论和结构减震措施,并通过典型结构的实验、分析与研究,创造新的结构体系及其抗震减震设计理论和工程措施。

经过众多学者的多年努力,工程结构抗震非线性计算理论在整体结构分析模型、单元分析模型、构件恢复力模型、数值计算方法等方面取得了诸多重要成果。目前,已能够从材料本构层次开始,进行整体结构的动力非线性分析。

结构与地基的动力相互作用的数值分析已经从频域向时域发展,从线性分析向非线性分析发展;现场实验和强震观测已成为检验理论的重要手段;模型试验、数值分析和现场实验的紧密结合将为这一领域的研究提供更广阔的发展空间。

结构试验方面,把振动台和快速拟动力结合的混合试验方法近年来也受到了较多的关注。互联网技术的快速发展为结构抗震试验技术的提高与推广提供了新的机遇,远程结构协同实验已成为国内外学者的重要研究内容之一。

目前,基于性能的抗震设计理念已经受到了人们的广泛关注,世界各国的学者纷纷投入到这一研究热潮中。目前在基于性能的设计方面已有了各种设计标准和指南,国内在一些重大工程中对这些标准和指南的应用也已在国际上产生了重要影响。建筑结构在地震下的抗倒塌能力是建筑抗震设计的一个最重要、也是最核心的性能目标。美国、日本等多地震国家都投入大量力量进行结构地震倒塌研究。

现在的性能设计只考虑保证结构在遭受一次地震时达到预定的性能目标,却不考虑结构构件在损伤后可更换的问题,所以很有必要开展基于结构抗震性能的结构构件可更换性研究工作。由于土木工程结构的复杂性,目前在土木工程领域的应用还很少,所以有必要展开这方面的研究。

经过近 40 年的探索和研究,工程结构减震研究领域取得了突飞猛进的发展,20 世纪 50~60 年代,工程结构减震概念和基本思想相继提出。20 世纪 70~90 年代,工程结构减震技术研究蓬勃发展。这一阶段的研究工作主要以基础性研究为主,各国学者采用理论与试验的方法验证了减震技术的有效性,其中包括减震装置的研发、控制理论研究、工程减震设计与分析方法、典型工程应用等。进入 21 世纪,工程结构减震技术已日趋成熟,形成了完整的理论体系。这一阶段的研究工作主要集中于减震理论的集成与规范化,此阶段减震技术在实际工程中的应用日益增多。

我国工程抗震的发展从 20 世纪 50~60 年代开始,具有标志性的成果是几次大地震震害经验的总结、三水准两阶段抗震设计规范的制定,以及对大型复杂结构抗震的系列研究。目前,我国已结合国情发展了多种新的抗震防灾技术并应用于重大工程。当前工程结构减震技术的基础性理论研究工作已趋近成熟,但随着工程结构形式的日新月异，减震技术的发展也必将呈现出多样化。

工程结构抗震与减震研究的核心是工程结构抗震设计理论。反应谱理论的提出是地震工程领域的一个重要里程碑，20 世纪 70 年代，Newmark，Park 和 Paulay 等提出了抗震结构延性设计的概念。目前世界各国的抗震设计理论都是在反应谱和延性设计的基础上形成的。20 世纪 90 年代中期，美国、日本学者先后提出了基于性能的抗震设计方法（performance based seismic design，PBSD）。目前，基于性能的抗震设计理念已经受到了人们的广泛关注，世界各国的学者纷纷投入了这一研究热潮。近十年来几次破坏性大地震发生后，工程结构的抗倒塌研究和设计已逐步引起了研究人员的高度关注。工程减震研究领域未来的发展趋势将主要集中在以工程实际问题为出发点，开发实用、高效的新型智能减震装置；完善与健全减震实用化设计理论和分析方法等方面。

2. 结构风工程

结构风工程（structural wind engineering）是风工程的一个分支，特指科学研究边界层自然风对土木结构所造成的风效应的一门工程学科。结构风工程学科的研究范围主要包括大型建筑、大跨桥梁和特殊结构等三类土木结构，良态气候风场、飓风气候风场和雷暴气候风场等三种自然风场和理论研究、风洞试验、现场实测和数值模拟等四种研究方法。结构风工程应用范围着重针对：风效应敏感的建筑、桥梁和结构等土木结构的风荷载和风致响应。实现三类自然风场的作用从统计推断到理论预测、风效应敏感结构的灾变过程从简单效应分析到多效应耦合模拟、风致灾变的行为控制从单一被动控制到全过程主动控制的重点跨越和理论升华是该学科的基本发展趋势。

在风气候预测方面，工程结构抗风研究主要是将灾害性风气候分类成几种不同的形式，并分别采用最优方法分类进行分析。在近地风特性方面，由国际著名风工程专家 A. G. Davenport 教授于 20 世纪 60 年代提出的方法以及以此为基础的各国规范仍然是有效的。在空气动力作用方面，主要进展在于发现了来流湍流的空气动力效应并建立了线性准定常计算方法和相关气动参数的实验识别方法。在理论研究方法方面，计算流体动力学已经在均匀流动和钝体绕流等风工程应用方面显示出了巨大的发展潜力。在物理实验技术方面，边界层风洞一直是风工程的主要工具，风洞试验的精度有了很大的提高。

工程结构抗风在理论研究方面，首先，要从平稳到非平稳、均匀到非均匀、线性到非线性、高斯到非高斯；其次，要从定常到准定常再到非定常最后到瞬间态；然后，要从单因数分析转变到多因数耦合效应分析；最后，要不断修订和完善各种风荷载或抗风设计规范。在风洞试验方面，首先，研发从简单良态气候风场模拟到复杂飓风气候风场和雷暴气候风场模拟所需要的仪器和设备；

其次，要研发适合于多介质模拟试验的设备、相似理论和方法；然后，进一步研究雷诺数效应问题；最后，要研究风效应敏感结构的全过程气动控制措施和机制以及阻尼器控制。在现场实测方面，首先，继续坚持长期的系统性的良态气候风场近地风特性的现场实测工作；然后，加强对飓风和雷暴等灾害性风场的现场实测和统计；其次，结合结构健康监测系统，积极开展结构风致响应的现场实测；最后，开展各种风效应敏感结构的 Bench Mark 现场实测、模型试验和数值模拟修正。在数值模拟方面，首先，全方位比较有限差分法、有限体积法、有限元法和涡方法等数值模拟方法的适用性；其次，全面研究雷诺平均模型（RANS）、大涡模拟模型（LES）、直接数值模拟（DNS）和分离涡模型（DES）等湍流模拟模型；然后，沿着弱耦合、强耦合和分区强、弱耦合轨迹发展；再次，将对气象物理场的数值模拟与风流场的数值模拟相结合；最后，明确数值模拟方法的两大终极目标，即唯一性方法和替代性方法。

3. 工程结构抗火

工程结构抗火的主要研究范围包括：结构火灾作用，结构在火灾下的升温机制；结构材料在高温下与高温后的材料特性，结构在火灾下的结构反应及破坏倒塌机制，火灾后的结构损伤鉴定与可靠性评定。

工程结构抗火研究主要集中在火灾作用、结构升温计算、高温下各种常用结构材料的性能、火灾下结构反应、火灾后的结构性能几个方面。研究对象以建筑结构为主，主要包括钢结构、钢筋混凝土结构、钢-混凝土组合结构和木结构。目前对一般建筑结构的火灾作用特性、结构构件升温及一般结构构件在火灾下的结构反应和构件抗火承载力计算方法研究已经比较充分，2000 年后国内外已开始针对隧道结构和桥梁结构的火灾作用特性、构件升温及其在火灾下的结构性能开展了少量研究。

工程结构抗火研究是从灾害作用-火灾作用的特性研究开始，然后研究火灾作用对结构的影响-结构构件在火灾下升温，与其他灾害作用下的工程结构抗灾研究有所区别的是：火灾作用下，结构材料的力学特性会发生显著的变化，因此，结构材料在高温下和高温后的特性研究是工程结构抗火研究的一个重要基础领域。进行工程结构抗火研究一般都是从工程结构的火灾作用研究和结构材料在高温下的材料特性研究开始入手，然后基于工程结构分析理论和结构计算方法，最终建立工程结构抗火设计理论与评估方法。

工程结构抗火从侧重研究钢筋混凝土结构、钢结构、钢-混凝土组合结构和木结构等传统结构材料的结构抗火性能，到研究铝合金结构、不锈钢结构、高强钢索、碳纤维等新型材料的结构抗火性能；从侧重研究火灾下的结构性能，到研究包括降温过程的火灾下全过程结构反应和火灾后的结构性能；从侧重研究新建结构的抗火性能，到研究包括改造加固结构的抗火性能；从侧重研究建筑结构抗火性能，到研究包括建筑结构、桥梁结构和地下与隧道结构等的各种类型工程结构的抗火性能。

工程结构抗火研究的发展目标是：研究火灾作用的规律，确定各类工程结构的设计火灾作用模型及参数取值；建立各类工程结构在火灾下的结构温度计算理论和工程应用方法；建立各类工程结构材料在高温下和高温后的材料特性模型，研究各类工程结构在火灾下的结构行为和破坏机制，建立各类工程结构的抗火设计理论和设计方法；对经历火灾作用的工程结构，建立结构损伤鉴定理论和可靠性评定方法。

4. 工程结构抗爆与防爆

工程结构抗爆与防爆研究旨在针对世界范围内频繁发生的恐怖袭击汽车炸弹爆炸和生活和生产中不慎或疏忽而引发的意外爆炸等突发性爆炸事故，研究工程结构在各种突发性强烈爆炸冲击条件下的动态响应特征与破坏倒塌机制，制定有关防范各类意外爆炸的一系列科学管理措施，提出各类工程结构被动和主动防护设计的基本概念、设计思路、设计方法以及相应的构造措施等，有效地防护工程结构免遭突发性爆炸事故的破坏，减轻工程结构遭受突发性爆炸事故的灾害，保障人民生命与财产的安全，维护社会的和谐与稳定，是当前国际的前沿性研究领域。

近10年，为减轻工程结构的爆炸灾害，国内外学者在工程结构抗爆与防爆研究方面开展了大量的研究工作，较为系统地研究了梁、柱、板、拱、墙和壳等结构构件在爆炸荷载作用下的动态响应行为和抗爆加固方法，取得了较为成熟的研究成果。研究了砖石建筑、钢筋混凝土建筑、钢结构建筑及多高层建筑等地面建（构）筑物在爆炸荷载作用下的破坏效应及抗爆设计的准则和方法，以及建筑结构在爆炸荷载作用后连续倒塌的机制及实用分析方法，取得了试探性和阶段性的进展。研究了爆炸冲击波在岩石和土层中的传播规律，以及地铁车站、隧道、停车场等地下结构在爆炸荷载作用下的动态响应行为和损伤破坏机制。较为系统地研究了工程结构外部远距离爆炸环境下爆炸波在空气中和地面上的传播规律和爆炸荷载模型，取得了较为实用的研究成果，提出了一系列新的抗爆减爆装置和方法。初步研究了建（构）筑物门窗玻璃在爆炸荷载作用下的动态响应规律及破坏效应，并提出了门窗玻璃及玻璃幕墙抗爆设计的初步方法。

工程结构抗爆防爆的当前热点逐渐转向研究结构构件的损伤破坏机制、损伤模式以及损伤评价方法等，还要考虑爆炸荷载及结构构件属性的不确定性，进而建立基于统计学的爆炸荷载作用下工程结构构件的动力响应分析和损伤程度评价方法。研究热点是爆炸荷载作用下地下结构考虑饱和砂土液化、土-结构动力相互作用的非线性动力响应与破坏；工程结构内部及外部接触爆炸环境下爆炸波在工程结构内部的传播规律和作用于工程结构上的爆炸荷载模型，以及大型城市复杂环境中爆炸波的传播规律及其影响范围，提出工程结构构件抗爆减爆实用措施及其设计施工方法；爆炸荷载作用下门窗玻璃碎片的尺寸分布、速度分布、荷载模型及其灾害效应和预防措施，并开发新型防护门窗。

5. 生命线工程综合防灾

生命线工程是指维系现代城市与区域经济、社会功能的基础性工程设施与系统，其典型对象包括区域电力与交通系统、城市供水、供气系统、通信系统以及现代大规模工业系统等。生命线工程防灾研究涉及重大土木工程结构抗灾、工程系统可靠性与耐久性、工程结构与系统安全性监测与控制等一系列关键科学技术问题，是现代土木工程研究的基本推动力量。

生命线工程的基本概念起源于 20 世纪 70 年代早期。目前，国际上生命线工程防灾方面的研究集中在埋地管线、大型复杂生命线网络抗震连通可靠度和功能可靠度分析方法、复合生命线工程系统的灾害模拟与地震灾场仿真、生命线工程系统灾害快速评估和健康监测以及城市综合防灾方面。上述的研究，除了在埋地管线及生命线特种结构方面的研究相对较多以外，其他方面的研究尚处于不成熟或者刚刚起步阶段。

自从 1967 年 Newmark 开始生命线工程在埋地管线方面的研究以来，研究不断向着精细化、符合工程实际的方向前进。在系统层次进行了大型复杂工程网络的连通可靠度分析，并向着功能评价方向发展，进行了供水系统的抗震功能可靠度分析。进一步，在多系统地震耦合作用方面，国内采用时-场域相结合的离散事件仿真方法来研究，国际上则主要从系统相互作用的角度展开。生命线工程系统灾害快速评估和监测已经引起了国内外的重视，相关的研究已经逐步展开。城市综合防灾方面的工作涉及城市灾害及次生灾害危险性评估、灾害和损失快速估计、灾后应急反应决策等方面。3S 和网络技术等高新技术的应用研究将成为城市综合防灾的重要发展方向。

生命线工程基础研究的基本发展趋势将表现在：区域性灾害危险性分析与大型工程网络系统安全性、可靠性研究的结合；重视对于地震、风灾等灾害作用机制的研究；在非线性破坏机制研究方面从基本构件向材料本构关系、结构性能两端延伸；在地下生命线工程研究中，现代试验技术的发展及试验技术与数值模拟技术的结合将成为发展的基本特征；先进复合材料、智能材料、先进传感技术、现代信息技术将在生命线工程研究中进一步发挥重要作用；生命线工程的安全性监测、灾害预警技术与应急处置技术将得到高度重视和迅速发展；复合生命线工程系统的灾害模拟与灾场控制研究将引起更广范围内的关注；与城市综合防灾相关的防灾信息系统与灾害风险管理、灾害易损性分析与损失预测、遥感技术与防灾综合决策理论将得到进一步的发展。

生命线工程综合防灾研究的发展目标是：正确反映生命线工程系统灾害破坏机制、灾害演化进程与系统抗灾可靠性，合理设计待建生命线工程系统，有效管理、维护与优化既有生命线工程系统，保障与促进区域与城市经济和社会生活的稳定运行。

6. 工程结构多重灾害综合防御

进入21世纪以来，城市重大工程结构在多灾害极端事件作用下的安全成为国际社会关注的重大问题。各国政府和学者开始关注工程结构多重灾害问题，美国多学科地震中心（MCEER）启动了一个10年研究计划，把其战略研究目标扩展到工程结构的多灾害防御上。总体来说，工程结构的多重灾害防御研究才刚刚起步，虽然提出了许多问题，但都还处在研究或概念阶段。

地震、火灾、台风、爆炸等极端事件作用与常规荷载作用存在很大差别，极端荷载发生的概率小，但导致的后果和造成的损失巨大。在进行结构多重灾害综合作用下的设计时，首先遇到的问题就是多重灾害危险性预测，多重灾害作用的设计强度以及在不同等级多重灾害作用下结构的性能要求。定义和研究多重灾害极端事件极限状态，发展基于概率和统一可靠度标准的工程结构多灾害防御设计理论是多灾害工程结构设计首先需要解决的关键问题。多灾害极端事件之间的关联度和组合方法；多重灾害共同作用和关联作用下重大工程的反应、破坏特点是多重灾害的难点问题；不同灾害作用下工程结构的反应、破坏特点既差别，寻求工程结构合理多灾害设计方法、措施也是工程结构多灾害防御的重要发展方向。

目前，各国学者对单一灾害（如地震、风、爆炸、冲击和火灾等）单独作用下工程结构的性能都进行了大量研究，取得了许多研究成果，但这些研究主要是从单一灾害来考虑。如何从多灾害角度，基于概率危险性分析，采用统一可靠度指标和失效标准建立多灾害极端事件极限状态，研究提高工程结构抵御不同灾害极端事件的能力，探索多灾害共同作用或相互作用下重大工程的反应、破坏特点以及重大工程多重灾害预警和监测技术，是工程结构多重灾害综合防御发展的趋势。

（三）研究前沿与重要科学问题

1. 工程结构抗震与减震

主要研究工程结构抗震与减震方面的新理论、新方法、新材料和新技术。

以工程结构为对象，重点研究结构地震破坏机制、结构抗震设计理论和结构振动控制。在这三个方面的研究中，研究前沿与重要科学问题如下所述。

在结构地震破坏机制研究方面，主要科学问题包括非线性动力分析及其应用中的关键问题、结构与地基相互作用机制研究，以及结构抗震试验新技术与新方法。在结构抗震设计理论研究方面，主要科学问题包括抗倒塌设计理论研究、重大工程抗震设计理论研究、基于性能的抗震设计理论研究，以及结构破坏控制（可更换构件）设计理论研究。在结构减震控制方面，主要的科学问题包括减震装置理论模型及设计原理、考虑全寿命阶段的减震结构设计方法、强震下减震结构破坏机制研究等。

2. 结构风工程

主要研究边界层风场特性和结构风效应实测、风洞试验理论和方法研究、空气动力学和气动弹性力学机制研究、大尺度结构风效应及抗风设计。研究前沿主要有全球气候变化引起的狂风暴雨作用、极端条件下结构极限高度和跨度预测、大型复杂结构风致灾变物理和数值模拟、结构风致灾变安全控制和城市风灾评估等。

3. 工程结构抗火

主要研究：开敞空间、大空间及狭长空间火灾作用特性及计算模型；以结构受火升温计算为目的的结构防火保护措施隔热性能的评价理论与参数测试方法，及结构防火保护措施（特别是膨胀型防火涂料）隔热性能参数随温度和时间（即老化）的变化规律；混凝土的爆裂机制、新型结构材料（如铝合金、不锈钢、高强钢、高强钢索、高强混凝土、碳纤维、隔振与减振结构材料等）在高温下的力学特性及钢结构连接（包括焊接和高强螺栓连接）和混凝土在火灾后的特性；火灾下考虑结构整体约束的构件性能、火灾下关键构件失效引发结构连续性倒塌的机制与判别准则，及降温过程中工程结构的结构性能；高温后材料力学性能随机性对结构安全性的定量影响规律，及火灾后结构实际受力状态和剩余可靠度评估方法。

4. 工程结构抗爆防爆

主要研究：复杂城市环境中爆炸冲击波的传播规律及其作用于工程结构上的爆炸荷载模型；爆炸荷载作用下工程结构常用材料的动态性能和适用模型，以及工程结构构件的动态响应分析、损伤破坏评估和失效模式预测的数值模型与理论方法；爆炸荷载作用下工程结构的非线性响应、损伤破坏与连续倒塌的数值模拟模型以及理论与试验方法；工程结构对爆炸荷载的被动与主动防护的概念设计及构造措施以及抗连续倒塌的新体系及其设计理论与方法。

5. 生命线工程综合防灾

主要研究：灾害（地震、风暴、冰雪灾害等）作用机制与危险性；工程结构非线性破坏机制与灾害反应分析理论；埋地管线与结构的地震破坏机制与抗震可靠性；工程结构与工程系统中的不确定性因素与抗灾可靠性分析；大型复杂工程网络的破坏机制与基于可靠性的设计理论；工程结构与工程系统的健康监测与耐久性评价；生命线工程系统的灾变预警与灾害快速评估；复合生命线工程系统的灾害模拟与系统优化。

6. 工程结构多重灾害综合防御

主要研究：地震、强/台风暴、洪水冲刷和火灾等极端事件作用下工程结构的破坏特点和过程；建立多重灾害作用下结构易损性、破坏风险评价方法；发展多重灾害共同作用的实验技术；研究多重灾害共同作用和关联作用下重大工程的破坏特点；基于概率可靠性标准，发展科学提高工程结构防御多灾害能力的方法与技术；逐步建立地震、强/台风暴、洪水冲刷和火灾等极端事件作用下的结构多重灾害设计理论。

(四) 2011～2020 年优先资助方向

1. 工程结构抗震与减震

（1）非线性动力分析及其应用中的关键问题

主要研究：地震动作用下复杂结构的破坏机制的试验研究与计算机仿真；研究结构构件及子结构的恢复力模型；重要结构构件及关键节点破坏过程的精细模拟及失效机制；发展高效简便的结构非线性分析理论和方法，为工程应用提供理论指导和实用简化方法。

（2）结构与地基相互作用机制研究

主要研究：地基土与结构动力相互作用的机制及对输入地震动的影响；砂土液化和地基震陷对相互作用体系的影响及其精细模拟方法；相互作用对结构动力反应的影响及其分析方法；相互作用对结构主动控制和被动控制的影响；动力相互作用体系的物理模拟和数值模拟方法。

（3）结构抗震试验新技术与新方法

主要研究：新型抗震试验技术；深入研究结构开裂、破坏、倒塌的物理机制；通过典型结构的实验、分析与研究，为建立大型、复杂结构的抗震设计理论提供依据；开展基于网络的协同试验技术。

(4) 基于性能的抗震设计理论研究

进行有利于结构抗震安全的新型结构体系研究；结构的抗震设防标准，抗震性能评价；工程结构 Pushover 分析方法及非线性时程反应分析方法研究；工程结构抗震性能设计理论研究与工程应用等。

(5) 重大工程抗震设计理论研究

研究重大工程结构地震破坏机制、倒塌过程及在城市空间的分布规律；研究建筑工程抗破坏、抗倒塌的工程对策及抗震防灾设计理论；利用新材料、新技术，开发有利于结构抗震安全的新型结构体系，研究相应的分析方法和设计理论。

(6) 结构抗倒塌设计理论研究

研究重要结构构件及关键节点破坏过程的精细模拟及失效机制；模拟建筑结构开裂、破坏和倒塌过程的动画和图形显示技术等；地震下建筑结构抗地震倒塌试验研究；建筑结构抗倒塌技术措施研究。

(7) 结构破坏控制（可更换构件）设计理论研究

研究结构中可更换构件的优化位置，定义结构构件必须更换的损伤指标限值，研究新构件应该具备的和损伤后的结构相协调的强度和刚度；对原结构和更换构件后的新结构进行理论分析和试验研究，验证更换方法和技术的可行性和有效性。

(8) 减、隔震装置理论模型与分析方法

研究多维减震装置及其理论模型；研究考虑空间特性的减震装置力学模型，以及基于空间损伤机制的减震装置失效模式；研究被动减震装置实现可调性、多功能等特点的设计原理；研究智能材料减震的基本理论和基本力学模型，以及智能减震设计、分析理论。

(9) 工程结构减震设计理论

研究减震结构损伤机制与破坏机制；减震结构概念设计理论研究；减震装置损伤累积与失效模式；结构破坏时构件与减震装置间相互作用；大型复杂结构减震设计方法；大型复杂结构减震试验技术研究；减震结构实用设计理论及其在《规范》中的应用；工程结构减震全寿命设计理论。

(10) 结构地震反应观测系统及其数据的分析利用

通过抗震与减震结构的地震反应观测，对现有的分析理论和设计方法提供最有效的验证；分析和利用结构地震反应观测数据，为深入揭示结构的地震破坏机制、发展新的设计理论和方法提供最直接的依据。

2. 结构风工程

(1) 全球气候变化对结构风工程的影响

探索全球气候变化引起的风灾和暴雨的发生频率和强度的变化趋势，以及局部性特殊气候和季风特性的变化规律；追踪各种可能导致土木结构灾害的狂风暴雨作用，其中包括强风、台风、龙卷风、雷暴风、暴风雨和暴风雪等；研究由于全球气候变化所引起的特异气流和雨雪环境的物理模拟和数值模拟方法。

（2）风灾及其多重灾害中的结构风工程

研究：大型复杂结构风致灾变全过程模拟及集成平台；风效用敏感结构的风荷载及其响应理论研究和现场实测；大气边界层风场和结构风效应的数值模拟及数值风洞；风-雨-结构等多介质相互作用效应理论分析与风洞试验；强风作用下重大工程结构风荷载及其效应的控制和优化。

（3）结构风工程协同研究和全民教育

开展土木结构风荷载和风效应安全控制的空气动力学和机械措施及作用机制研究；探索结构风工程协同研究，其中包括风灾风险和概率分析、城市风灾易损性分析和危险性区域划分、风灾损失评估和风灾防御标准等；推进灾害性风气候和结构风工程的全民教育，增强防御风致灾害的全民意识。

3. 工程结构抗火

（1）重大工程结构火灾灾变行为与抗火理论研究

重点研究大型复杂结构的火灾温度场空间分布规律与时间发展规律，建立火灾作用模型；研究火焰辐射对结构构件升温的影响，建立结构构件升温计算方法；研究火灾下大型复杂结构的温度内力效应及内力分布规律，建立结构破坏和倒塌判别准则及基于结构整体受火性能的实用抗火设计方法。

（2）结构抗火可靠度设计理论及灾后可靠度评估理论研究

重点研究高温下与高温后结构材料的随机本构模型；研究结构的随机火灾行为，建立结构抗火可靠度分析理论；研究高温后材料力学性能随机性对结构安全性的定量影响规律，建立火灾后结构剩余可靠度的评估方法。

（3）新型材料结构抗火性能的基础研究

重点研究新型结构材料在高温下的材料特性，建立这些材料的高温材性模型；研究新型材料结构基本受力构件在火灾下的破坏特性和承载性能，建立新型材料结构抗火设计的基本方法。

4. 工程结构抗爆防爆

（1）作用于工程结构上的爆炸荷载的确定

研究复杂城市环境中爆炸冲击波的传播规律、影响范围及作用于工程结构上的爆炸荷载模型；工程结构近距离外部爆炸（含接触爆炸）情况下作用于工程结构构件上爆炸荷载的分布规律和简化荷载模型；工程结构内部爆炸情况下爆炸波的传播机制及作用于建筑结构和关键构件上的爆炸荷载的分布规律和简化荷载模型；爆炸飞片的尺寸分布、速度分布、荷载模型及其灾害效应。

(2) 工程结构构件在爆炸荷载作用下的响应与破坏分析

研究爆炸荷载作用下工程结构常用材料的动态性能及适用模型；爆炸荷载作用下工程结构构件的动态响应与损伤破坏的精细化模拟模型及实用分析方法；工程结构构件在爆炸荷载作用下的损伤程度评估与失效模式预测的理论和方法；爆炸荷载与地面震动、爆炸飞片及其他灾害荷载（如火灾）等耦合作用下工程结构构件的响应与破坏的模拟模型与分析方法。

(3) 工程结构在爆炸荷载作用下的响应、破坏与连续倒塌分析

研究爆炸荷载作用下工程结构的响应与破坏的精细化模拟模型与动力非线性分析方法；工程结构在爆炸荷载作用下的动态响应、损伤破坏与连续倒塌的精确数值模拟技术与比例模型试验方法；爆炸荷载作用下地下结构考虑饱和砂土液化、土-结构动力相互作用的响应与破坏的分析模型与方法；爆炸荷载与地面震动、爆炸飞片及其他灾害荷载（如火灾）等耦合作用下工程结构的响应与破坏的分析理论与方法。

(4) 工程结构的抗爆、防爆与减灾理论与方法

研究工程结构构件的抗爆设计方法与抗爆加固技术；工程结构的抗连续倒塌新体系及其设计理论与方法；工程结构的被动与主动防护设计的基本概念与构造措施；重要工程结构的抗爆与减灾控制方法与技术。

5. 生命线工程综合防灾

(1) 中长尺度灾害（地震、风暴等）危险性研究

通过强震、强风观测与数值模拟研究，建立大尺度地震动随机场与区域台风预测和模拟的理论框架。

(2) 复杂生命线工程结构抗灾可靠性分析理论

研究灾害动力作用物理随机过程模型；研究埋地管线抗震可靠度计算方法以及浅埋生命线地下结构的地震破坏机制，发展埋地管线与浅埋生命线地下结构的地震破坏机制与抗灾设计理论与抗震设计方法；建立生命线工程结构灾害破坏机制及整体可靠性分析理论。

(3) 大型生命线工程网络抗灾可靠性分析与优化设计理论

发展大型生命线网络抗灾连通可靠性和功能可靠性分析方法，研究工程网络组合优化和设计关键技术，建立生命线工程系统抗灾设防标准，探索抗灾风险设计与管理方法等。

(4) 大型生命线工程系统安全性监测与灾变预警理论研究

发展工程系统维修与安全性监测理论，建立工程系统灾害预警与紧急自动处置技术。

(5) 城市综合防灾中的关键技术问题研究

发展在GIS技术支持下的多资源、多实体复合生命线系统的仿真与模拟控制理论，发展城市灾害易损性分析与损失快速评估方法，研究防灾规划及灾后应急决策理论，推动地理信息系统、全球定位系统和遥感等高新技术的应用。

6. 工程结构多重灾害综合防御

研究基于概率的多灾害危险性预测理论与方法；基于统一可靠性标准的多重灾害作用强度和性能要求；灾害极端事件之间的关联度和概率组合方法；多重灾害共同和关联作用下结构效应，破坏、倒塌全过程计算理论和数值模拟方法；提高工程结构防御多灾害能力的方法与措施；多重灾害共同和关联作用下实验技术和实验验证；多重灾害的预警和监测技术；基于性能的工程结构多重灾害设计理论与方法。

◇ 参 考 文 献 ◇

白以龙，汪海英，夏梦芬等.2006.固体的统计细观力学-连接多个耦合的时空尺度.力学进展，36（2）：286～305

贝纳沃罗.2000.世界城市史.薛钟灵等译.北京：科学出版社

陈云敏，陈仁朋，詹良通等.2008.岩土工程的多尺度试验.第25届全国土工测试学术研讨会论文集

陈肇元.2003.土建结构工程的安全性与耐久性.北京：中国建筑工业出版社

董卫，王建国.1999.可持续发展的城市和建筑.南京：东南大学出版社

杜修力.2009.工程波动理论与方法.北京：科学出版社

国家自然科学基金委员会工程与材料科学部.2006.学科发展战略研究报告：建筑、环境与土木工程（建筑、环境与交通工程卷）.北京：科学出版社

国家自然科学基金委员会工程与材料科学部.2006.学科发展战略研究报告：建筑、环境与土木工程（土木工程卷）.北京：科学出版社

联合国人居中心.2008.和谐城市——世界城市状况报告.吴志强等译.北京：中国建筑工业出版社

刘滨谊.1990.风景景观工程体系化.北京：中国建筑工业出版社

刘加平，谭良斌，何泉.2009.建筑创作中的节能设计.北京：中国建筑工业出版社

刘西拉，袁驷，宋二祥.2005.关于我国工程建设技术发展的战略思考.土木工程学报，38（12）：1～7

刘锡清.2005.我国海岸带主要灾害地质因素及其影响.海洋地质动态，21（5）：23～42

聂建国，樊健生.2006.广义组合结构及其发展展望.建筑结构学报，27（6）：1～8

欧进萍，关新春.1999.土木工程智能结构体系的研究与发展.地震工程与工程振动，19（2）：21～28

欧进萍.2004.结构智能控制.北京：科学出版社

彭一刚.1992.中国传统村镇聚落景观分析.北京：中国建筑工业出版社

清华大学建筑节能研究中心．2007，2008，2009．中国建筑节能年度发展研究报告．北京：中国建筑工业出版社

曲久辉．2007．饮用水安全保障技术原理．北京：科学出版社

吴良镛．2001．人居环境科学导论．北京：中国建筑工业出版社

曾坚．1995．当代世界先锋建筑的设计观念．天津：天津大学出版社

张在明．2001．对于发展环境岩土工程的初步探讨．土木工程学报，34（2）：1～6

郑时龄．2001．建筑批评学．北京：中国建筑工业出版社

中华人民共和国国务院．2006．国家中长期科学和技术发展规划纲要（2006—2020 年）．http://www.gov.cn/jrzg/2006-02/09/content_183787.htm．

钟万勰，陆仲绩．2007．CAE：事关国家竞争力和国家安全的战略技术．中国科学院院刊，22（2）：115～119

Andrade J E, Tu X. 2009. Multiscale framework for behavior prediction in granular media. Mechanics of Materials, 41（6）: 652～669

Bakis C E, Bank C L, Brown V L, et al. 2002. Fiber-Reinforced polymer composites for construction-state-of-the-art Review. Journal of Composites for Construction, ASCE, 6（2）: 73～87

Faber M H, Stewart M G. 2003. Risk assessment for civil engineering facilities: critical overview and discussion. Reliability Engineering and System Safety, 80: 173～184

Huang M S, Zhang C R, Li Z. 2009. A simplified analysis method for the influence of tunneling on grouped piles. Tunnelling and Underground Space Technology, 24（4）: 410～422

IPCC. 2007. Climate Change 2007: Impacts, Adaptation and Vulnerability. Cambridge: Cambridge University Press

Li J, Chen J B. 2009. Stochastic Dynamics of Structures. London: John Wiley & Sons

Ministry of the Environment of Japan. 2008. Annual report on the environment and the sound material-cycle society in Japan 2007. Tokyo: Ministry of the Environment of Japan

Novotny V, Chesters G. 1981. Handbook of Nonpoint Pollution: Sources and Management. New York: Van Nostrand Reinhold Company

Preene M, Powrie W. 2009. Ground energy systems: from analysis to geotechnical design. Geotechnique, 59（3）: 261～271

Sarja A. 2002. Integrated Life Cycle Design of Structures. London and New York: Spon Press

Schueler T. 1987. Controlling Urban Runoff: A Practical Manual for Planning and Designing Urban BMPs. Washington D C: Metropolitan Washington Council of Governments

Schwarzenbach R P, Escher B I, Fenner K, et al. 2006. The challenge of micropollutants in aquatic systems. Science, 313: 1072～1077

Shannon M A, Bohn P W, Elimelech M, et al. 2008. Science and technology for water purification in the coming decades. Nature, 452: 301～310

Steiner F R. 2000. The living landscape: an ecological approach to landscape planning. New York: McGraw-Hill

Thompson G F, Steiner F R. 1997. Ecological design and planning. London: John Wiley & Sons

World Health Organization. 2002. The World Health Report 2002. http://www.who.int/whr/2002/en/

Zhou Y G, Chen Y M, Shamoto Y. 2010. Verification of the soil-type specific correlation between liquefaction resistance and shear-wave velocity of sand by dynamic centrifuge test. Journal of Geotechnical and Geoenvironmental Engineering, ASCE, 136 (1): 165~177

第五章

水利科学与海洋工程学科

第一节 总 论

一、水利科学与海洋工程学科的战略地位

(一) 水利科学与海洋工程学科的内涵

水利科学与海洋工程学科是水利科学和水利工程、岩土工程和水力及水电工程、海岸工程和海洋工程三类研究领域的简称。水利科学与海洋工程是一门既传统又现代的学科,是主要研究水的保护和利用、水面及水下工程结构物的设计制造及其安全运行的技术科学。

水利一词最早见于战国末期问世的《吕氏春秋》中的《孝行览·慎人》篇,但它所讲的"取水利"系指捕鱼之利。约公元前104~前91年,西汉史学家司马迁写成《史记》,其中的《河渠书》记述了从禹治水到汉武帝黄河瓠子堵口这一历史时期内一系列治河防洪、开渠通航和引水灌溉的史实,感叹"甚哉水之为利害也",并指出"自是之后,用事者争言水利"。从此,水利一词就具有防洪、灌溉、航运等除害兴利的含义。随着社会经济技术不断发展,现代水利的内涵也在不断充实扩大。1933年,中国水利学会第三届年会的决议中就曾明确指出:"水利范围应包括防洪、排水、灌溉、水力、水道、给水、污渠、港工八种工程在内。"其中的"水力"指水能利用,"污渠"指城镇排水。进入20世纪后半叶,水利中又增加了水土保持、水资源保护、环境生态水利和水利渔业等新内容,水利的含义更加广泛。

海洋工程这一术语是20世纪60年代开始提出的,其内容也是30多年以来随着海洋石油、天然气等矿产的开采,逐步发展充实起来的。海洋工程始于为海岸带开发服务的海岸工程。长期以来,随着航海事业的发展和生产建设需要的增长，海岸工程得到了很大的发展，其内容主要包括海岸防护工程、围海工程、海港工程、河口治理工程、海上疏浚工程、沿海渔业工程、环境保护工程等。但海岸工程这个术语到20世纪50年代才首次出现，随着海洋工程水文学、海岸动力学和海岸动力地貌学以及其他有关学科的形成和发展，海岸工程学也逐步形成一门系统的技术学科。从20世纪后半期开始，世界人口和经济迅速膨胀，对蛋白质、能源的需求量也急剧增加，随着大陆架海域的石油与天然气的开采，以及海洋资源开发和空间利用规模不断扩大，与之相适应的近海工程成为近30年来发展最迅速的工程之一。其主要标志是出现了钻探与开采石油（气）的海上平台，作业范围已由水深10米以内的近岸水域扩展到了水深300米的大陆架水域。海底采矿由近岸浅海向较深的海域发展。大陆架水域的近海工程（或称离岸工程）和深海水域的深海工程均已远远超出海岸工程的范围，所应用的基础科学和工程技术也超出了传统海岸工程学的范畴，从而形成了新型的海洋工程。

水利科学与海洋工程学科包括水利科学和水利工程、岩土工程和水电工程、海岸工程和海洋工程三个研究领域，其资助范围包括：水文学与水资源工程、水土科学与农业水利工程、水环境与水生态工程、河流海岸动力学与泥沙工程；岩土力学与岩土工程、水力学与水利工程（包括水力机械及系统）、水工结构与材料；海岸工程和近海工程（包括水运工程）、船舶工程与海洋工程。其中船舶与海洋工程领域中的轮机工程受理与海洋环境密切相关和具有本领域特色的科学研究；水环境工程领域受理以开放性水体和土壤为主要研究对象的申请；岩土力学与岩土工程领域受理该领域内具有共性科学问题的申请和具有本学科特色的申请。

（二）水利科学与海洋工程的学科划分

根据水利科学与海洋工程学科的研究范围，水利科学与海洋工程学科的研究领域划分如下：

1）水文水资源科学与工程。水文学一方面揭示地球上水的形成、循环和时空分布规律，水的化学和物理性质，以及水与地球环境的相互关系，包括对人类活动的响应；另一方面将上述水循环的知识应用于水利、农业、林业、国土整治、城市、交通、生态环境保护等经济社会各部门，提供全方位的技术服务与支撑。水资源学是对水资源进行评价、合理配置、综合开发和合理利用与保护，为社会和经济的可持续发展提供保证，处理好水资源与社会经济发展、环境和生态系统之间的关系，以及对水资源实行科学管理和保护经验进行系统总结而形成的知识体系。

2）农业水土科学与农业水利工程。农业水利是以农业增产为目的的水利工程措施，涵盖与农业有关的各种水利问题。针对我国水资源紧缺、洪涝灾害频繁、水污染严重、水土环境恶化等制约我国农业乃至整个国民经济可持续发展的瓶颈，农业水利学科主要研究农业水资源持续高效利用的理论与技术、现代排水理论与技术、农业水环境和农业水生态、灌溉和排水中的重大工程技术问题，为现代农业的可持续发展提供理论基础和技术支持。

3）水环境水生态系统研究与水环境工程与生态水利。水环境工程与生态水利是研究水资源开发利用与流域（区域）生态环境质量演变相互作用以及和谐发展的一门交叉性的应用基础学科。生态水利的研究涉及水利工程、水生态、水环境三个学科间交叉的多方面具体内容，广义上看分别涵盖在工程科学、生命科学、环境科学的研究领域范围内；同时，广泛结合湿地学、湖沼学、海洋学、沉积学和环境工程等其他科学的研究手段，是一个多学科交叉与相互融合的复合型学科体系。

4）河流海岸动力学与水沙工程。河流泥沙研究则将挟沙水流自然现象和生产应用中的各种泥沙运动作为研究对象，包括了泥沙运动力学、河床演变与整治、工程泥沙、航道与港口治理、水土流失与治理等多方面的内容，涉及水文学、水力学、地理学以及环境与生态学、沉积学等多个学科。在细观尺度上，研究泥沙颗粒在流体作用下起动、翻滚、跳跃、悬浮、输移和沉降等过程；在宏观尺度上，则研究泥沙运动所导致的地貌发育和环境演变；在更大的时空尺度上，还研究泥沙运动导致的固体物质从山区搬向平原和海洋、形成冲积平原和三角洲，以及在海洋环境中沉积等过程。作为河流泥沙学科研究的应用方面，目前主要面向水利工程中的泥沙问题，今后对生态、环境等方面的影响将不断加大。

5）水力学与水信息学及水信息工程与工程水力学。水力学是研究水的平衡和运动规律及其应用的一门科学。水信息学将现代信息技术与传统水利工程相结合，包含了数值模型与软件系统、数据信息系统、人工智能与决策支持系统等多方面的内容。工程水力学具体包括水工水力学、施工水力学、电站水力学、通航水力学、溃坝水力学和明渠水流控制等。

6）水力机械及其系统。水力机械是指以水（液体）为工作介质和能量载体的机械设备，其工作过程是液体的能量和机械的机械能相互转换的过程。一般水力机械可分为水轮机、水泵、可逆式水泵水轮机、液力传动装置和水力推进器。水力机械学科以水和机械之间的能量转换关系为基础，以水力机械的水力特性、动力特性以及结构特性为主要研究对象，以确保各类水力机械的高效率和安全稳定运行为主要任务。研究各种因素对水力机械能量特性、空化特性和运行稳定性的影响，如水力机械过流部件的形状、流道内三维黏性流动的复杂性及漩涡动力学因素、空化现象、流固耦合效应等因素对水力机械性能的影响。

7）岩土力学与岩土工程。岩土力学与岩土工程是力学、地学与工程和环境学科交叉形成的，由土力学、岩石力学、工程地质以及相应的工程技术所组成的学科分支。岩土力学是以连续介质力学为基础，运用连续和非连续介质的基本概念、模型和方法，研究岩土体的应力、强度、变形、破坏及流体-热-化学传输等物理力学特性的应用力学学科分支。岩土工程是以岩土力学为基础，运用工程技术手段和方法，合理地利用和改造岩土体的工程性质，并解决工程岩土体变形、强度和稳定性问题的工程技术学科分支。岩土力学与岩土工程的主要学科分支包括岩土体本构关系与数值模拟、岩土体试验及现场观测与分析、软基与岩土体加固和处理、岩土体渗流及环境效应、岩土体应力变形与灾害等。

8）水工结构和材料及施工。水工结构和材料及施工学科是指以各类水利水电工程建筑（包括江河治理、防洪、农田水利、水力发电、内河航运、跨流域调水用途等水工建筑）为研究对象，以数学、物理、化学、固体力学（含材料力学、结构力学、弹性力学、弹塑性力学、结构动力学、土力学、岩石力学）、流体力学（含水力学、河流动力学）、建筑材料学、水文水资源、水利施工与管理学为基础，紧密结合现代科学计算技术、数值模型和先进测试、试验技术手段，研究各类水利水电工程的设计、施工理论和方法与新材料的一门综合性学科。

9）海岸工程。广义上包含海岸工程、近海工程和水运工程。海岸工程是开发利用海岸带资源、保护海岸带环境的一门综合技术学科，是研究海岸建筑物、海岸沉积物与海岸水动力环境的相互作用机制及其对海岸生态的影响，使海岸有益于人类活动的科学和艺术。海岸建筑物主要包括围海工程、海港工程、河口治理工程、海岸防护工程、海岸与近海能源工程、环境保护工程、用于水产养殖的海上农牧场和水下渔礁等渔业工程，以及在近岸水域修建的海上平台、人工岛等。近海工程研究对海岸带以远、浅海范围内进行海洋资源开发和空间利用所采取的各种工程设施和技术措施。近海工程主要包括人工岛、海上平台、水下潜体、海底管道、海底电缆、海上系泊船只用的系泊设施等。水运工程是以开发利用水运资源，保证船舶安全航行和作业为目的，研究各类通航建筑物和港口水工建筑物的规划、设计、施工和管理，从而为水上运输服务的综合技术学科。通航建筑物主要包括航道、船闸和升船机等，港口水工建筑物主要包括码头、防波堤、护岸、船台、滑道和船坞等。

10）海洋工程。海洋工程是为海洋资源开发提供技术和装备的总称。海洋工程学是开发和利用海洋资源的综合技术科学，是一门具有强烈工程背景和明确产业服务对象的工程技术科学，主要针对海洋资源开发、利用、保护的装备研发和使用中的重大基础理论和关键工程技术开展研究，包括：海洋运输船舶工程；海洋矿物、石油、天然气的勘探、开采、储运等工程；海水资源利用、渔捞、救助、海洋养殖、海洋能利用等工程；潜水器、海底采矿、海底管道、海底电（光）缆等工程。

11) 水能科学。水能科学是关于水能资源合理规划开发、综合高效利用、优化运行管理以及水-机-电-磁安全高效转换的综合性交叉学科,涉及水文学、水电能源科学、水利工程、系统科学、系统工程、数学、经济学、运筹学、控制科学与工程、信息科学等多个学科领域,主要研究内容包括流域及跨流域水能资源规划与开发、水能资源综合利用、复杂条件下水电能源系统优化运行、水能资源与其他能源的联合补偿运行、基于安全和风险约束的水火电系统协调理论、市场竞争条件下水电能源均衡博弈理论与方法、巨型水力发电机组设计制造理论、复杂水机电耦合系统状态分析及其故障诊断与调控策略、新型水能蓄能与综合储能技术等。

12) 海上新能源工程。海洋能是一种蕴藏在海洋中的可再生能源,主要包括波浪能、潮汐能、海流能、温差能、盐差能和海上风能、海洋表面的太阳能以及海洋生物质能等。其中,波浪能、海流能、潮汐能属于流体机械能,温差能属于热能,盐差能属于化学势能。海洋能源工程是一门新兴学科,是以海洋可再生能源合理开发、高效利用和蓄能再利用为目标的交叉学科,涉及海洋工程、流体力学、水动力学、工程力学、机械工程、动力工程、电气工程、电力工程、控制工程、结构工程以及环境科学等多学科领域,其主要研究对象为各种海洋能源开发利用的理论和技术。

(三) 水利科学与海洋工程学科的国家需求

1. 水资源有效利用和保护是人类社会赖以生存和经济发展的基础

随着社会经济的发展,包括防洪安全、供水安全、生态安全、水污染防治在内的水资源安全问题日益成为关系我国可持续发展和国家安全的基础性与战略性问题。《国家中长期科学和技术发展规划纲要(2006—2020年)》把发展能源、水资源以及环境保护技术放在优先位置。

我国自然资源的硬约束不断增强,人均耕地、水资源量明显低于世界平均水平;粮食、棉花等主要农产品的需求呈刚性增长,农业增产、农民增收和农产品竞争力增强的压力将长期存在。随着我国社会和经济发展的转型,将使得耕地减少、粮食消耗量增加,对粮食生产提出了更高的要求。由于灌溉排水的实施,灌溉面积上的粮食产量受旱涝灾害影响较小,产量相对稳定。深入开展灌溉排水理论和技术的研究,确保灌溉面积上的粮食产量,对维护我国粮食安全具有重要作用。

随着全球环境与资源危机的日益加剧,生态安全问题已成为世界各国关注的热点问题。我国生态环境问题逐步上升发展成为生态安全问题,已成为影响国家安全的一个重要方面,生态安全将是制约国家发展的瓶颈之一。水生态安全是生态安全的重要组成部分,世界上许多国家都将水安全问题列入国家安全战略并给予高度重视。21世纪中国水资源形势尤为严峻,已经成为我国社会经济可持续发展的重要制约因素。水资源是一种可持续利用的资源,无节制地开发水资源,超出了水资源的承载能力,那将影响到水资源的可持续利用,甚至威胁到人类社会的健康发展。将水利水电工程相关的生态与环境问题全面纳入我国现代水利行业科技创新体系,为解决当前水利事业发展的"生态瓶颈"问题而努力,因而这也将成为完善我国现代水利行业科技创新体系的重要支撑。

我国河流众多,挟带大量泥沙,特别是北方河流,由于水土流失严重,大量的泥沙被挟带到河流中,形成多沙河流,其中尤以黄河闻名于世界。泥沙造成河道和水库的累积淤积,不仅给水利水电工程建设带来了许多问题,也给河道防洪、沿岸工农业发展和人民生活带来了严重的影响;因此泥沙问题的研究具有重要意义。随着大江大河治理的推动,泥沙学科在我国蓬勃发展,取得了巨大成就,既建立了泥沙学科的理论体系,还应用泥沙运动基本理论解决我国重大水利水电工程和河道、海岸治理工程的关键技术问题。

水力学在水资源开发利用和水灾害防治中具有重要作用。近10余年来,一大批大型水利工程陆续兴建,这些工程与水电工程一样,均包含着大量的水力学难题。不仅如此,水力学还与城市防洪、河道整治、航运工程、调水工程、取水工程等存在密不可分的关系。2008年的汶川地震进一步警示我们,除原有的水力学研究对象外,还必须加强灾害防治,特别是山地灾害防治中的水力学研究。在兴水利、除水害的过程中,水力学占有重要的地位。目前,水问题的研究已经从河流走向流域,水利信息化是一种必然趋势。但是,没有水信息学的理论与方法支撑,水利信息化将只是简单的硬件建设,缺乏驱动这些硬件使其发挥最好功能的灵魂。水信息学在解决各种水问题中正在发挥越来越大的作用。

2. 水利水电工程建设与高效运行是国家能源战略和公共安全的重要保障

《国家节能减排综合性工作方案》(2007)指出,要加快节能减排技术研发,在国家重点基础研究发展计划、国家科技支撑计划和国家高技术发展计划等科技专项计划中,安排一批节能减排重大技术项目,攻克一批节能减排关键和共性技术。《中国节能技术政策大纲》(2006)指出,要发展、推广高效率的泵类设备。通过完善泵的三元流场、二相流分析计算方法,改进加工工艺,使泵的能效达到83%~87%;开发使用与变频器结合的可进行流量调节的恒流量、变扬程特性水泵,替代水阀进行流量调节,并扩大系列型谱范围,增加品种。水电资源属于可再生资源,积极开发和利用水电资源对于改善国家能源结构、促进经济和环境的可持续发展具有重要意义。据《中国水电工程顾问集团水电中长期发展规划》目标:2006~2020年常规水电装机新增2.14亿千瓦,达到3.28亿千瓦;2006~2020年抽水蓄能电站装机容量新增4420万千瓦,达到5002.1万千瓦。同时,国家正在开展西藏自治区东部水电外送方案研究,以及金沙江、澜沧江、怒江"三江"上游和雅鲁藏布江水能资源的勘查和开发利用规划,做好水电开发的战略接替准备工作。

岩土力学与岩土工程以其科学问题的基础性、应用领域的广泛性、多学科的交叉性、学科体系的拓展性,已经成为相关工程学科发展的基础性学科。该学科的发展水平和研究深度,事关众多工程建设的安全、质量和效益,事关国民经济、社会发展及生态环境等国计民生。

我国重大水利水电建设工程在规模、难度等多方面都将超过现有的世界水平。由于这些工程规模巨大,且这些重大工程均处于我国高山峡谷和高地震区,地质条件十分复杂,施工环境差,面临诸多重大、关键科技难题,应在大坝寿命、大坝与自然环境的协调、溃坝的风险分析、地震动力破坏、超高速水流的破坏、深埋大型地下洞室群的稳定与开挖、新的水工材料以及施工水流控制、施工方案组织设计与优化、新的施工技术和实际施工过程的控制分析等很多方面都必须有所突破。而且水工结构多是高度个性化的工程,受千变万化的当地条件制约,涉及的学科面非常广泛,施工技术日新月异,工程设计与施工中不能忽视经验和推断的作用,很多方面尚无定论,有一大批有关的基础和应用基础理论课题等待研究。

3. 加速海洋资源开发利用、加强资源环境保护是我国的重大战略

中国是海洋大国,又是发展中国家,面临着巨大的发展任务和大量的资源需求,加速海洋资源开发利用,加强资源环境保护,维护国家能源安全是21世纪的重大战略。

21世纪中叶,我国要实现达到中等发达国家水平的目标,必将面临严峻的人口、资源和环境问题。南海等沿海海域拥有丰富的石油、矿产和生物等资源,这些宝贵的海岸带资源是中国21世纪经济和社会发展的重要支柱。保护海岸、海洋的资源与环境,发展我国蓝色国土,加强海岸和海洋工程设施的建设是解决我国持续发展的一条重要出路。中国不仅要成为海洋大国而且要成为海洋强国,海洋工程学科是实现国家发展战略的主要学科基础和技术支撑。

我国十分重视海洋工程技术的发展和海洋资源的开发。2009年6月10日,中国科学院公布了《中国至2050年海洋科技发展路线图》。作为22个战略性科技问题之一,中国海洋能力拓展计划确定三阶段目标:2020年前,逐步拓展到

全部领海和经济专属区；2030年前后，逐步拓展到西太平洋和印度洋；2050年前后，拓展到全球公海。中国在海洋安全领域的研究核心是发展健全的海洋环境及水下信息获取与传输能力，海洋灾害性气候预警与突发事件监测能力，先进的海洋平台系统与安全运载能力，保障中国领域、海洋经济专属区的防卫能力和海洋战略运输通道的安全进出能力。2050年前后，中国海洋科技水平进入世界前三位，建立近海动力环境生态一体化监测系统、全球海洋监测体系和数值预报系统，形成规模化深海资源开发装备体系，以持续有效地支撑中国的海洋强国地位。

海洋工程学科在实现国民经济的可持续发展，促进海洋资源开发、维护国家能源安全等方面都具有重要的战略地位。

4. 支撑船舶基础理论和关键技术研究，保证船舶工业核心竞争力和国防安全

船舶工业是人类社会进入工业化时代的综合性先导产业之一，作为高度系统集成型的加工装配产业，船舶工业需大量使用和消耗众多其他产业部门提供的原材料和产成品，对钢铁、机械、电子、化工等上游产业能够产生巨大的带动作用。在国民经济的116个产业部门中，船舶工业对其中的97个产业有直接推动和促进作用，产业关联度达84%，可谓综合工业之冠，对国民经济建设具有巨大的促进作用。同时，船舶是维护我国海域安全的重大国防装备，建设一支强大的、面向深远海的海军，离不开先进海洋工程技术的基础性支持作用和技术先导作用，新型海军装备研发是我国海洋工程学科不可推卸的任务。

海洋工程开发装备以及与海洋开发相关的新型船舶是船舶工业的重要高端产品之一，海洋工程科学研究的成果最终将通过船舶工业转化为具体的大型装备和生产力。发展海洋工程科学不仅可推动船舶工业的快速增长，还将进一步带动相关产业链的整体发展，从而全面提升我国经济的核心竞争力，直接带动国内需求与就业的增长。

改革开放以来，我国船舶工业励精图治，创新与引进相结合，经过30年的发展已稳居世界前列，我国是名副其实的造船大国，但距世界造船强国尚有不小的差距。当前，我国船舶工业正面临重大历史机遇和考验：①国际经济形势变化对船舶工业产生重大影响；②船型结构面临重大调整；③发达国家的船舶工业正在外移。

加强基础理论研究，攻克关键技术，增强自主创新能力和核心竞争力是我国成为世界造船强国的必经之路，是提升我国海军装备研发能力的有效途径。

二、水利科学与海洋工程学科的总体发展趋势

(一) 水利科学与海洋工程学科的发展规律

1. 认识自然规律,促进学科发展

我国河流众多,其中流域面积100平方千米以上的河流达5万多条,流域面积1000平方千米以上的有1500多条。这些河流具有两个突出特点:一是水资源时空分布极不均匀;二是挟带大量泥沙,特别是北方河流,其中尤以黄河闻名于世界。在我国漫长的历史发展过程中,认识自然、改造自然的实践,如大禹治水、都江堰工程等,治理大江大河、兴建农田水利、开发海岸海洋,取得了巨大成就,推动了水利工程以及相关学科的发展。同时,我国拥有相对独立的人才培养体系,培养了一大批水利科学与海洋工程学科的杰出人才,形成了中国特有的水利学科体系。

2. 重大工程牵引,推动理论与实践相结合

我国水资源时空分布极不均匀,防洪和供水问题突出,促使我国水利工程的兴起,如举世闻名的长江三峡工程、黄河小浪底工程和南水北调工程等。同时我国蕴藏丰富的水能资源,水电开发程度远远不够,大型和超大型水电工程的建设方兴未艾。我国的海岸带开发治理以及海洋资源的开发刚刚兴起,许多重大工程列入规划。社会经济的高速发展,重大水利和海洋工程的牵引是学科发展的主要动力,综合应用各学科的先进知识理论和技术,重视理论的指导作用,推动了理论与实践的紧密结合,同时也促进了学科的交叉融合。鉴于重大工程在工程建设、安全运行、社会经济文化、生态环境响应等多方面的影响,学科研究方法趋向于多因素的整合分析,以及大时空尺度的系统研究。

3. 理论对工程实践具有很强的指导作用

水利科学与海洋工程学科中的工程问题非常复杂,个性很强,看上去错综复杂,实践性和应用背景很强,有时实践先于理论,急需科学理论的指导。同时,在工程实践中又会提出新的问题,从而促进科学理论的进一步发展。

水力机械及其系统广泛应用于国民经济的各个领域,在国民经济和社会发展中起到巨大的作用,在其设计中利用了比较先进的科学理论和计算方法,使得其效率不断提高,但是水力机械在创造巨大经济效益的同时,也是主要耗能设备,约占全国总耗能的23%,因此提高水力机械的系统效率,任务十分艰巨,

又为我们提出了高难度的理论课题。

尽管岩土力学与工程学科发展迅速,但由于岩土体及其赋存环境的复杂性,并限于目前的研究手段和发展水平,各类工程领域的岩土工程灾害时有发生,如大型滑坡、大体积塌方、大面积沉降、大范围渗透破坏、突水、突泥及突气等,造成重大人员伤亡和经济损失。这种灾害事故难以遏制的关键问题在于人们对这些灾害的发生机制缺乏深入研究,尚无有效指导这些灾害预测和防治的系统理论和方法。这就需要岩土力学与工程的理论指导和技术支持,特别需要揭示灾害发生的岩土地质特征与赋存环境、诱发条件、孕育演化的动力学过程、致灾机制,建立岩土工程灾害孕育演化过程的时空预测和动态调控理论,正确评估灾害风险并进行合理控制。

海洋工程技术的进步离不开海洋工程学科的理论指导。纵观世界船舶与海洋结构物的发展史,创新型式的诞生几乎都与相关理论的突破有关。例如,气垫原理推出了气垫船,地效原理促使了地效翼船的问世,兴波原理推动了球首、多体消波船型的发展,边界层理论促进了潜艇的水滴型设计,耐波性理论引出了小水线面船和穿浪船,深水动力学的发展促进了张力腿平台和立柱式平台的应用等。毫无疑问,海洋工程技术的每一步更新与发展,都包含着在船舶与海洋工程力学等理论研究领域中认识与把握船舶海洋结构物所遭受的随机、复杂、险恶的环境载荷,改进技术性能,保证安全可靠等方面的科学与技术的进步。海洋工程学科是船舶与海洋工程技术创新的重要源泉,而船舶与海洋工程领域的工程需求又是海洋工程学科发展的基石,两者紧密结合,与时俱进。

4. 学科交叉融合,新的学科增长点不断出现

多学科交叉、综合性极强是水利科学与海洋工程学科的显著特点,在学科发展过程中,新的学科增长点不断出现,学科研究领域逐步扩展,并与相关学科交叉融合。随着人类社会对生态环境关注的日益加强,针对开放性水体的水环境水生态工程日益发展;随着国家交通、能源、矿山等行业的蓬勃发展以及人类活动和气候变化导致地质灾害的频繁发生,作为共性领域的岩土工程研究范围不断扩大;随着国家海洋战略的实施,海上新能源工程中涉及波浪、地基、结构、水电高效转换与联合调度等领域的研究日益发展。多学科交叉逐渐由机械对接走向有机融合,水利科学与海洋工程学科不断发展壮大。水利工程、海洋工程与遥感、GIS学科交叉融合,也取得了丰硕成果并有力促进了各自学科的发展。

(二)水利科学与海洋工程学科的研究特点

1. 研究对象时空分布的极大变异性

水利科学是以水为研究对象,研究水在陆上的特征并对其控制与调配;海

洋工程则是以海水为研究对象,研究水在海上的特征,并以利用海洋资源为目的。二者均与水密切相关,因而也与气候、生态等自然因素相关。

由于气候的影响,各水利流域的水资源总量在时间和空间的分配上严重不均。我国位于亚洲季风区,降水受热带和副热带季风、中高纬西风带和青藏高原地形等因子的共同影响,不仅表现为南多北少、东多西少的复杂空间分布格局,而且具有夏季集中、年际和年代际变化显著等独特的时间变异特征。降水在时空上的强烈不均匀性形成了我国水资源南丰北枯、季节和年际分配不均的自然特征。另外,我国幅员辽阔,人口众多,人均水资源量仅为世界平均水平的1/4,而且人口、土地与水资源的空间分布极不匹配,北方地区以1/5的天然水资源支撑近1/2的人口与2/3的耕地,由此形成了我国"南北调配"的水资源开发利用总体战略。随着我国社会经济的快速发展,包括防洪安全、供水安全、生态安全、水污染防治在内的水资源安全日益成为关系我国可持续发展和国家安全的基础性与战略性问题。

2. 水循环的跨尺度性带来水问题的多尺度特征

大气水循环在大气空间中分配,特别是研究全球气候变化对水资源的影响时,研究的物理尺度需要在天体尺度上,在流域水问题研究中,研究的物理尺度需要在公里的尺度上,而研究水在河流中的规律时,其物理尺度又需要在米的尺度上;而在水力特性的精细研究中,宏观研究的物理尺度是指紊流的时均流尺度上,细观研究的物理尺度指紊流的脉动尺度,微观则指小于毫米级的、往往需要显微镜才能观察到的更小的尺度。传统的水力学研究对小尺度漩涡涉及很少,主要限于时均流层面。为了更好地解决实际工程中的紊流问题,需要深入研究各种条件下的脉动流特性,这些特性往往与空化空蚀、冲刷破坏、流激振动等问题密切相关。随着研究的不断深入,一些传统的水力学认识将得到进一步的澄清甚至纠正。

在研究地震对水利工程的影响时,既需要研究地震在几公里到几百公里物理尺度上的传播规律,又需要研究几百米物理尺度上对水利工程的激励作用规律,也需要研究几米物理尺度上建筑物在地震激励下的响应特性,甚至需要研究几十厘米物理尺度上及细观层次上材料本身的性能变化规律。这样跨尺度地研究水工建筑物的特性,已经成为目前水利科学和海洋工程学科研究的必然趋势。

3. 影响因素的多样性和复杂性

水利科学与海洋工程研究还具有影响因素的多样而复杂的特点。

流域降水的多少短期受大气变化的影响,长期受气温变化的影响。流域的水循环特性受局部气候蒸发的影响，工业、农业、生态环境用水的影响，人类活动的影响，污水排放的影响，水处理的影响等。河流泥沙的运动规律和含沙量，不仅受河流条件本身的影响，还受流域内水土保持、地表地质条件的影响，也受建筑物本身的形式和特点的影响，同时它也会影响建筑物的正常使用与水力机械的水力条件和使用寿命。水力学的精细模拟受边界条件的影响比较大，而要精细模拟这种复杂的边界条件，也是一项难度很大的工作。

水利工程受自然条件的限制，其建造的条件越来越复杂。地质条件复杂，可能会遇到各种各样的断层等地质构造，以及复杂的陡峭高边坡等，对建筑物的安全构成威胁；气候条件复杂，可能会遇到各种极端的气候条件，年温差、月温差、日温差非常大，对建筑材料的要求非常高。

海洋环境复杂多变，海洋工程和海岸工程常要承受台风（飓风）、波浪、潮汐、海流、冰凌等的强烈作用，在浅海水域还要受复杂地形，以及岸滩演变、泥沙运移的影响。温度、地震、辐射、电磁、腐蚀、生物附着等海洋环境因素也对某些海洋工程有影响。因此，进行建筑物和结构物的外力分析时考虑各种动力因素的随机特性以及自由面、空泡、气化、边界层等高度复杂的非线性现象，在结构计算中考虑动态问题，在基础设计中考虑周期性的荷载作用和土壤的不定性，在材料选择上考虑经济耐用等，都是十分必要的。海洋工程耗资巨大，事故后果严重，对其安全程度严格论证和检验是必不可少的。

4. 水利和海洋工程的超个性和建造的艰巨性

水利和海洋工程的最大特点是超强的个性化，几乎找不到设计条件和结构物尺寸相同的水利和海洋工程，尤其是大型的水利和海洋工程。

由于水利工程多建在高山峡谷中，地形、地质条件各异，当地可利用的建筑材料不同，所处的地域条件和气候条件不同，并且流域规划中按照效益最大化原则设计时，各个枢纽的形式和建筑物的类型与尺寸迥然不同。从主要建筑物的类型、尺寸，到次要或辅助建筑物的类型、尺寸，再到细部的构造类型、尺寸等，都有比较大的差异，因此带来设计选型独特性。在水利工程施工建造中，除自然环境条件外，尚有水的作用，要解决导流问题和施工进度与洪水"赛跑"问题等。

海洋工程设施建设环境恶劣，而海洋工程又必须在如此恶劣的环境中安全可靠、正常运行，必须经受各种确定与非确定性恶劣环境检验。海洋工程设备面临着复杂多变的运行环境，海洋中风、浪、流、内波随着地域、时域激烈地变化，经常使海洋工程设备承受环境动力过载，深海空间的高背压、海面采油平台面对的飓风、海水强烈的腐蚀作用都对船舶与海洋结构物的安全性提出了挑战。海洋平台、船舶等浮式海洋结构物遭受到流体的作用，是强非线性流体问题，其求解至今在国际上仍是非常困难的问题。随着船舶的大型化和高速化，其流动的雷诺数达到 10^9 甚至更高，使得边界层的湍流更为复杂，至今对其流动模式和机制尚不了解和缺乏有效的理论和方法。而随着海洋开发走向深海，又带来高压乃至超高压的问题，使研究变得更为复杂和困难。对深水海洋平台来说，除了将遭受到更为恶劣的风浪流等海洋环境条件外，其长达几千米的立管系统将出现涡激振动（VIV）和疲劳寿命等问题，这种细长柔性结构的流固耦合问题，至今还未出现较为满意的解决办法。此外，深海中由于地形等影响，会产生盐跃层和温度跃层，从而出现内波这种独特的现象，它对潜水艇和深海结构物的安全和运行产生很大的影响。

所有这些都充分表明水利工程和海洋工程研究的复杂性。

5. 多学科交叉性和综合性

水利科学与海洋工程学科是一个多学科交叉、综合性极强的学科，与之相关的学科领域包括力学、机械、海洋、地质、材料、土木、水利、控制、信息与电子等。其发展受多个学科发展的促进和制约，同时对于其他学科的发展起到促进作用。海洋工程中的许多问题均是气、液、固三相耦合的问题，其中自由面、空泡、气化、边界层等高度复杂的问题比比皆是，因而对于数学、力学、材料、动力等学科中的最经典和最前沿问题均有所涉及。

（三）水利科学与海洋工程学科的科学前沿

1. 气候变化对水循环过程规律的影响

气候变化下的水循环演变和由此引起的水资源及水旱灾害等问题是一个在全球、区域和流域等不同空间尺度上相互嵌套的复杂问题，同时也是涉及大气、水文、水资源、经济和管理等的学科交叉问题。气候是流域生态和水文过程的驱动力，流域生态和水文过程影响着气候的时空变异性，生态与水文过程之间也存在着复杂的相互作用。气候变化下的流域水循环研究，必将促进大气科学、水文科学、生态科学的交叉与融合，并以多学科交叉与融合推动相关研究的不断深入。

水文学长期以来主要关注流域水量平衡和降雨-径流关系的描述。气候变化特别是气温升高将对蒸发过程产生显著影响，陆面与大气之间的水分和能量耦合循环机制成为理解气候变化对水文水资源影响的切入点与研究热点。相关研究将深化对水循环机制的认识，推动水文学的发展。气候变化下极端气候事件的增加引起洪涝和干旱的频率与强度增加，使基于水文统计方法的传统工程水文学面临难以预测未来洪水和干旱规模的困境。通过提高气候变化下洪水和干旱演变规律的认识和预测能力,提高我国在洪涝和干旱灾害方面应对气候变化的适应能力,推动传统工程水文学方法的创新。气候变化对流域水资源时空变异性和需水的影响将增加水资源系统的脆弱性,通过提高气候变化下流域水资源禀赋与需求情势的预测预报能力,进行水资源系统的脆弱性评价,提高我国在水资源可持续利用方面适应气候变化的能力,推动水资源管理相关理论与技术的发展。

科学问题:全球气候变化下流域水循环的时空变异性和响应机制;气候变化对我国典型流域水资源脆弱性和可持续性的影响与适应对策;气候变化对我国典型流域水旱灾害的影响和调控机制。

2. 重大水电工程对河流系统演变的影响机制与调控

河流是陆地水循环中最活跃的部分,也是人类最容易直接利用的基础资源。河流水系是自然界亿万年长期演变形成的,且与流域所在地区的气候条件、地质环境和生态等自然系统各组成部分之间形成了动态的相对平衡的复杂关系。而人类直到工业革命之后,才开始大规模地开发利用河流。在我国,大规模水利建设和水电开发始于20世纪50年代,到目前为止,也不过区区60年的历史而已。但就在这半个多世纪的时间内,人们对河流生态环境产生的影响相对于河流水系的自然演变进程而言是一个巨变,必将引起许多复杂和难以预测的后果效应。目前在我国各大流域,水利工程建设产生的许多问题及不利影响亦然有所显现,如河道断流、河川冲淤及江湖关系改变、河口退缩与咸水入侵、湖泊湿地萎缩、水环境恶化、河岸植被退化、水生植被群落改变、无脊椎动物消失、鱼类和水鸟数量减少和物种多样性降低等。这些都与水利水电建成运行产生的径流过程改变、水沙条件及地质环境变化有很大的关系,需要科学认识和正确对待。

按照人水和谐的可持续发展理念,以及维持河流健康的水利发展要求,如何正确认识水电工程对河流系统演变的影响机制、环境与生态效应,以及如何掌握水库群在维持河流系统健康方面的生态调控理论方法,将成为水利水电工程、河流泥沙、水生态、水环境、水文水资源、河流地貌专业基础研究的前沿领域。

科学问题:库区水位变化与库区地质环境效应;水沙过程变化与河流生态效应;入海泥沙通量变化与河口海岸演变;维持河流健康的调控机制;生态友好的大型水库综合调度理论与方法;大型库区温室气体的形成机制及循环规律。

3. 超大型水利水电工程及复杂环境下岩土工程灾变的基础科学问题

我国已成为世界水利水电工程建设的中心,许多世界水平的巨型水利水电工程出现在我国,这些工程建设规模巨大、地震烈度高、地质条件复杂、建设难度和高效安全运行要求已全面超过目前世界最高水平,对超大型水利水电枢纽工程的设计、施工与运行管理都提出了严峻的挑战。近年来,我国的重大水利水电工程在实际建设过程中也出现了一些新的问题,如300米级高拱坝的温控抗裂、复杂地质条件下大跨度地下洞室的稳定、高坝高质量施工实时控制、200米以上高坝长期运行的安全评价等,对超大型水利水电工程领域的科学研究提出了很多新的课题,需要加强前瞻性的基础研究。

各类岩土工程灾变的基础理论与关键技术应当阐明岩土工程灾害的性质和时空分布特征、产生灾害的地质环境条件与岩土体特性、灾害演化过程与致灾机制;探查和表征岩土体地质特征、岩土工程灾害演化与分布特征;研发岩土工程灾害时空预测预报和减灾方法等。因此,在基础理论方面,需要开展宏细观、多层次、多尺度的岩土本构关系和强度准则研究,揭示岩土介质的变形机制、强度和稳定性演化规律;需要研究复杂环境下岩土体失稳分叉机制及其非线性动力学系统、多孔裂隙介质多相流传输与THM耦合系统特性等。在岩土-结构物系统特性方面,需要研究岩土体与结构系统的相互作用机制、大型地下空间结构与围岩的动力学特性与灾变机制、高危散粒料坝的水力破坏机制与判别准则等;海床土体在波浪、强风暴等复杂荷载作用下的力学特性以及与海洋平台、海底管线等的相互作用问题;强风雨场中结构与地基相互作用机制、随机反复荷载作用下岩土疲劳劣化规律、塔基与结构物系统动力灾变特征等。在灾害与环境关系方面,需要研究地震、海啸以及强降水等极端气候条件引发的滑坡、泥石流、土壤侵蚀等地质灾害问题。在灾害风险管理方面,需要研究岩土工程灾害风险管理模式、岩土工程中灾害发生的统计分布特征和规律、岩土工程风险评估模型以及工程建设的风险接受准则、风险预警、风险规避与风险管理标准等。在防灾减灾的关键技术方面,需要研究岩土参数原位测试新技术、深部岩体结构探测与识别新技术、岩体赋存环境要素的精细测试技术;大范围、跨尺度的山体稳定性及地质灾害预测预报技术、工程岩体稳定性分析的专家决策支持系统等;全天候岩土工程(应力、变形、渗流)及工程施工过程(填筑、开挖、锚固)实时监测-反馈技术、三维激光扫描的岩土实体成像和建模技术、现代地球空间信息技术(3S、InSAR等)在灾害监测与灾害预警中的应用等。

科学问题包括:300米级高坝枢纽设计与施工关键科学问题;超大型地下厂房设计与施工关键科学问题;跨流域长距离调水工程设计与施工关键科学问题;重大水工程安全的关键科学问题;新型水工建筑材料科学与技术;岩土体力学性质及赋存环境对地质灾害的控制作用;岩土力学行为的工程作用效应与多场多相耦合机制;重大岩土工程灾变的孕育演化和灾变过程的动力学机制;重大岩土工程灾变孕育演化过程的时空预测和动态调控。

4. 开发与整治海岸国土资源的基础科学问题

河口海岸地区有着独特的地理资源优势，沿海地区航运发达、港口优良，土地资源丰沃，为繁荣当地经济、文化提供了优良的条件。我国沿海地区的面积占全国的17%，人口占全国的42%，而GDP占全国的73%。在沿海地区经济社会发展中，现有的海岸国土资源已经得到了利用。我国先后把北部湾经济区发展、珠江三角洲地区发展、海峡西岸经济区发展、长江三角洲地区经济发展、江苏沿海地区发展、天津滨海新区开发、辽宁沿海经济带开发等列为国家战略。随着新一轮开发、开放政策的实施，一方面，需要对已经利用的海岸国土资源进行整治，以期向好的、健康的方向发展；另一方面，需要进一步创造海岸国土资源，利用深水岸线建设深水港等。可见，在地区经济社会发展的同时，人类不断向大自然索要土地资源，人类对于海岸国土资源的整治与开发活动从来没有停止过。加之全球气候变化引起海平面上升等，自然条件变化与人类在海岸带和近海的开发活动正在使海岸和近海的自然环境条件发生着深刻变化。河口海岸地区是流域之汇、海洋之源，既受到流域人类活动的干预，更直接受到海洋动力条件的作用，河口海岸的水动力条件、泥沙运动与开发整治工程设施的相互作用等具有影响因素多、现象复杂、机制错综等特点。在经济发展的同时，如何与自然环境和谐相处，进而支持经济社会的可持续发展已得到社会各界的广泛关注和参与。如何通过大规模滩涂围垦开发整治国土资源，如何建设深水港口发展航运事业，如何防治海岸侵蚀、风暴潮等海岸灾害，以及如何实现海岸带可持续发展等具体关键问题，是世界上临海国家在开发与整治海岸国土资源活动中优先考虑的研究工作。

科学问题：沿海空间资源开发利用的原理和技术；自然条件与人类活动等变化环境下海岸灾害孕育机制与防治；沿海动力因素作用下不同形态海岸演变过程及其动力地貌响应；填海造陆工程的生态环境效应及整治技术；近海动力因素与结构物相互作用机制及结构全寿命性能与风险分析。

5. 深海资源开发的基础理论和关键技术

海洋能源、深海矿产、海洋空间等海洋资源吸引着全世界研究者的目光，其开发利用已成为各国政治战略的重点。我国拥有300万平方千米海疆，油气资源十分丰富，但海洋尤其是深海资源开发的技术和装备水平还很落后，海洋资源开发和利用受到很大制约。

海洋工程始于为海岸带开发服务的海岸工程，随着开采大陆架海域的石油与天然气，以及海洋资源开发和空间利用规模不断扩大，海洋工程成为近30年来发展最迅速的工程领域之一。海洋工程作业范围已由水深10米以内的近岸水域扩展到了水深 300 米的大陆架水域,海底采矿和油气资源开采已由近岸浅海向较深的海域发展,可在水深 6000 多米的大洋进行钻探,在水深 4000 米的洋底采集锰结核。为适应深海作业,海洋工程的结构型式也发生了很大的变化,海洋平台从固定式向浮式结构物方向发展。同时,深海作业使海洋工程装备面临的环境越来越复杂,海洋中风、浪、流、内波随着地域、时域激烈地变化,深海空间的高背压、海水强烈的腐蚀作用等都对海洋结构物的安全性提出了挑战。

国家能源战略和国民经济发展对深海资源开发的强烈需求、我国深海资源开发技术的现状和面临的国际挑战,使得深海资源开发中的基础理论和关键技术成为船舶与海洋工程学科研究者必须面对的前沿问题。

科学问题:深海装备科学与技术方面的深海浮式结构物环境载荷与动力响应、深海细长柔性结构动力响应与疲劳、深海空间站与潜水器前沿技术、深海装备的海上安装技术、深海结构物多学科设计优化理论与技术、海洋结构物安全性与风险分析、新概念海洋浮体、绿色动力系统、深海装备的模型试验与现场测试方法、水下探测与通信等。

(四)人才队伍与资助现状

1. 国家自然科学基金

国家自然科学基金委员会按照"支持基础研究、坚持自由探索、发挥导向作用"的战略定位,长期以来为我国的自然科学研究做出了卓越的贡献,许多国家自然科学奖的成果均得到过国家自然科学基金的资助。

国家自然科学基金资助的重大项目、重点项目和人才项目对推动水利科学与海洋工程学科的基础研究发挥了积极作用,取得了一系列的重要成果。国家自然科学基金委员会设立的国家杰出青年科学基金和优秀创新团队项目,多年来稳定了一批基础研究队伍,培养了一批水利科学和海洋工程领域的杰出人才和领军人物。但是水利科学和海洋工程方面的国家杰出青年科学基金和优秀创新团队项目数量远远不够,需要进一步加大水利科学和海洋工程领域的人才基金的资助力度,加快培养水利科学和海洋工程领域的领军人物和创新团队的步伐。

然而,国家自然科学基金在水利科学与海洋工程方面设立的重大项目非常少,特别是近 10 年来没有设立重大项目,对集中资源解决重大科学问题非常不利,尤其是以水利科学与海洋工程学科为主设立的重大研究计划更是空白,这对于利用交叉学科的力量解决我国水利科学与海洋工程学科的重大科学问题是极为不利的。水利科学与海洋工程方面的国家自然科学基金重大项目和重大研究计划应予以加强。

2. "973"计划

科技部的"973"计划是瞄准国家需求、解决重大基础性技术问题的重大研究计划,自从设立以来也为我国的科学技术进步做出了卓越的贡献,许多国家科技进步奖的成果均出自"973"计划的支持。历年来与水利科学与海洋工程学科相关的"973"计划立项资助项目均分布在资源环境和综合交叉领域,基本涉及水利科学与海洋工程学科主要研究领域,研究的科学问题主要集中在河流演变、流域水循环与水文水资源研究、环境生态效应及其调控,以及工程与地质灾害等方面。缺少针对重大水利水电工程、海岸与海洋工程等工程科学领域的关键基础科学问题的项目。建议设立关于重大水利和海洋工程中的重大技术问题研究方面的"973"计划,集中解决关键技术问题,提高我国在重大水利和海洋工程方面的总体技术水平。

3. 国家重大科技专项以及其他科技计划

国家重大科技专项-水体污染的控制与治理在"十一五"期间重点实施的内容和目标分别是:选择不同类典型流域,开展流域水生态功能区划,研究流域水污染控制、湖泊富营养化防治和水环境生态修复关键技术,突破饮用水源保护和饮用水深度处理及输送技术,开发安全饮用水保障集成技术和水质水量优化调配技术,建立适合国情的水体污染监测、控制与水环境质量改善技术体系。

在国家层面的资助体系还包括科技部高技术发展研究计划("863"计划)、国家科技支撑计划、公益型行业项目等,均对水利科学与海洋工程学科的发展起到了重要的推动作用。

4. 成果分析与存在问题

我国在以往的工程实践和研究中积累了大量的理论成果和丰富的实际经验,许多技术已经处于世界领先水平,但总体而言,我国水利科学与海洋工程学科的基础研究仍有待提高。我国在这方面的基础理论方法和重大关键技术的原始创新能力不足,在国际上有影响的研究成果较少。因此,我们必须在基础研究和重大关键技术的原始创新方面有所突破,使得该学科整体达到世界领先水平。

国家重大科技项目在水利科学与海洋工程学科的总体投入尚显不足,建议加强国家层面的指导作用,加强各学科之间的交叉融合和组织协调,集中优势资源,增大资助力度,集中解决水利科学和海洋工程中的关键技术问题。

三、水利科学与海洋工程学科未来 5~10 年发展战略

（一）学科发展布局

水利科学与海洋工程学科以水和与其相关的天然或人工介质为对象，研究相应的科学和技术问题，包括水科学与水利工程、岩土工程与水电工程、海岸工程与海洋工程等领域，并涉及大气科学、地球科学、资源环境科学与工程、生态科学与工程、农业科学与工程、能源科学与工程、社会科学等其他相关领域。

水利科学与海洋工程学科是一门古老而又年轻的学科，具有很强的实践性和综合性。水利科学与海洋工程学科伴随着人类认识、利用、改造自然以及与自然和谐相处的实践活动不断发展，研究尺度大，涉及范围广，影响因素多，历经从解决简单问题到解决复杂问题、从解决单一问题到解决综合问题、从解决局部问题到解决全域大系统问题的发展过程，研究实践与环境生态和人类社会环境可持续发展紧密相关。随着科学技术的不断发展，水利科学与海洋工程学科的研究呈现出由宏观向细观乃至微观发展的趋势，面临的问题极为复杂，亟须加强基础理论的研究，并应用其他相关自然科学分支的最新成果，以提高水利科学与海洋工程的理论水平及实际应用水平。

根据水利科学与海洋工程学科的定义，将其研究范围划分为 4 个方面，分别为：①水科学与水利工程，包括 E0901 水文水资源，E0902 农业水利，E0903 水环境与生态水利，E0904 河流海岸动力学与泥沙，E0905 水力学与水信息学；②岩土工程与水电工程，包括 E0906 水力机械及其系统，E0907 岩土力学与岩土工程，E0908 水工结构和材料及施工；③海岸工程与海洋工程，包括 E0909 海岸工程，E0910 海洋工程；④水能科学与海上新能源工程，包括水能规划，水能利用，水能转换装置与系统，水电能源安全、高效、经济运行的理论与方法，涉及水利科学、海洋科学、系统科学与工程、控制科学、信息科学、环境科学、经济学等交叉学科。

（二）学科优先领域

1. 海洋工程基础理论与前沿技术

海洋工程学科是一门具有强烈工程背景和明确产业服务对象的工程技术科学，其学术研究既有别于一般自然科学的"基础研究"，又不同于单纯的应用开

发和工程技术。尤其是深海资源开发工程，因其处于更为复杂恶劣的海洋环境条件，科学研究需要使用多学科交叉和集成的研究方法。与之相关的研究领域包括海洋科学、工程力学、地质科学、材料科学、控制论与信息科学，涉及机械工程、土木工程、水利工程和交通运输工程等。深海资源开发研究的核心任务是针对海洋开发装备的研发和使用中的重大基础理论及关键工程技术开展研究，揭示海洋工程中的客观现象和规律，丰富现有的认识，促进海洋工程学科的发展，使海洋工程的基础理论与关键技术在国家海洋开发的重大工程建设中起到重要作用。

船舶与海洋工程制造产业、海洋油气资源开发、海洋空间利用的工程实际给我国海洋工程学科的研究人员提出了一系列的重大科学技术问题。在深海装备科学与技术方面的重大科学技术问题有深海浮式结构物环境载荷与动力响应、深海细长柔性结构动力响应与疲劳、深海空间站与潜水器前沿技术、深海装备的海上安装技术、深海装备的模型试验与现场测试方法、水下探测与通信等；在新型船舶科学与前沿技术方面有船舶航行性能综合优化科学与技术、船舶与海洋结构物安全性与风险分析、新概念船舶与海洋浮体、船舶与海洋浮体的非线性动力学问题、绿色船舶的轮机系统等。这些科学问题要求在我国大力发展海洋工程学科系统的基础理论研究，从根本上促进我国海洋资源开发事业的发展。

海洋运输、海洋能源、深海矿产、海洋空间等海洋资源吸引着全世界研究者的目光，作为为海洋资源开发利用的装备和运行提供基础理论的海洋工程学科是21世纪我国重点发展的学科之一。根据当前海洋工程学科国际发展趋势和我国海洋资源开发战略及海洋工程发展重点，研究重点应以南海深海油气开发作为需求及应用区域，开展相关的基础科学和前沿关键技术研究。关于深海结构物与新型船舶的动力学基础研究的重点包括水动力学理论、结构与机械系统的动力响应特性、过程模拟与仿真、安全性分析、系统优化控制等科学问题。通过研究深海浮式结构物系统环境载荷与动力响应、深海空间站与潜水器前沿技术、深海装备的模型试验、现场测试及海上安装技术、海洋结构物安全性与风险分析、海洋工程结构物多学科设计优化理论及方法、先进动力系统的优化设计理论、水下探测与通信等，将为保障我国南海的深海能源开发和利用和实现造船强国的国家目标发挥重要作用。结合南海深海油气开发所凝练的关键科学问题有：深海浮式结构物系统环境载荷，海洋结构物的强非线性动力学问题，浮式海洋结构物锚泊定位和动力定位问题，结构安全性综合分析方法与风险分析，海洋工程先进实验方法，水下勘探与作业技术。

2. 水资源高效利用中的关键技术及其基础理论

为了高效利用水资源，我国已成为世界水利水电工程建设的中心，许多世界水平的巨型水利水电工程出现在我国，这些工程建设规模巨大、地震烈度高、地质条件复杂，建设难度和高效安全运行要求已全面超过目前世界最高水平，对超大型水利水电枢纽工程的设计、施工与运行管理都提出了严峻的挑战。近年来，我国的重大水利水电工程在实际建设和运行过程中也出现了一些新的问题，如300米级高拱坝的温控抗裂、高坝高质量施工实时控制、200米以上高坝长期运行的安全评价等，对超大型水利水电工程领域的科学研究提出了很多新的要求，需要加强前瞻性的基础研究。

多个梯级水电站群的合理运行是水资源高效与安全利用中的一个关键技术，一直被国内外学者视为水电能源科学与复杂性科学交叉的前沿问题之一，其关键问题是：针对新时空背景下水资源系统和水电能源系统的复杂性，如何对这两个系统的动力学特性进行描述和优化，从而指导水电站群在复杂系统中合理运行。

规模空前的高坝大库强烈地改变了天然河流的自然特性和变化规律，对河流的演变规律带来深远的影响；大坝堵塞了河流水生物种的游路；大坝上游库区水流流速减缓，造成泥沙淤积影响库尾城市的防洪安全和航运障碍，并且降低水体自净能力造成水质恶化；大坝下游河道持续冲刷，致使岸堤的坍塌；在河口区由于泥沙通量减少造成岸线侵蚀及生态变化。

围绕上述科学问题应开展以下五个主要方面的研究：

1) 超大型水利水电工程的基础科学和关键技术：300米级高坝（拱坝、面板堆石坝）枢纽设计与施工关键科学问题，超大型地下厂房设计与施工关键科学问题，跨流域长距离调水工程设计与施工关键科学问题，新型水工建筑材料（碾压混凝土、堆石混凝土等）科学与技术，重大水工程安全的关键科学问题，溃坝风险评估与控制等。

2) 复杂环境下岩土工程灾变的基础理论与关键技术：岩土体地质特征与力学特性，岩土多场多相耦合机制与模拟，复杂工程岩体稳定与变形控制，环境岩土力学理论与工程应用，散粒料坝与软弱地基变形控制。

3) 复杂水电能高效转换动力学机制及其安全调控的理论与方法：流域及跨流域巨型水库群联合补偿调度及基于安全和风险约束的水火电系统动力学过程，水电能源多维广义耦合复杂系统随机动力学演化机制，电力市场环境下水电能源及其互联电力系统安全、高效、经济运行，水力机械非稳态、非定常流动规律及空化、空蚀与磨蚀机制，大型水电站水-机-电耦合系统动态响应与稳定性控制，复杂水电能源系统状态分析和故障诊断的先进理论与方法。

4) 重大水利工程对河流系统演变的影响：水沙过程变化与生态效应、山区河流演变与航道整治、流域泥沙过程机制与模拟、复杂水流数值模拟新方法、特高坝工程水力学、水库淤积与坝下游河道演变、梯级枢纽联合调度与泥沙传递过程。

5) 河口海岸演变规律与工程影响：重大水利工程影响下河口物理与化学效应、河口生态系统对变化条件的响应过程与机制、河口环境与生态安全评价及调控理论与对策、河口海岸空间资源开发潜力及环境效应、围填工程及河口海岸开发利用与功能演化、离岸深水港波浪-建筑物-地基相互作用、河口海岸孕灾机制及风险评价理论、河口海岸长期演变水沙动力学机制、近海工程结构全寿命性能与风险分析、河口海岸可持续发展模式。

（三）学科交叉的重点方向：变化环境下水资源高效利用

水资源高效利用是保持国民经济可持续发展和维持环境生态系统健康的关键要素。我国的农业用水量约占水资源总量的70%，重点研究农业节水和高效用水基础理论和关键技术；兼顾研究饮用水与工业用水、水力发电用水、航道水运用水、环境生态用水的利用效率；充分强调与大气科学、地球科学等领域的交叉和集成开展水文过程研究，与农业科学、城市与工业规划、能源科学、环境科学等领域的交叉和集成开展水资源综合利用研究，这些将是水资源高效利用研究的基本策略。

近百年来全球正经历着以变暖为主要特征的气候变化，50年来我国经济社会发生了巨大的变化并正处在高速发展之中。气候变化影响陆面水文过程及水资源时空格局，导致极端气候事件的增多，引起洪旱灾害的频率与强度增加。全球变暖引起大气水汽含量、降水和环流分布的变化，改变了大范围的水循环，大部分地区暴雨的发生频率和强度有所增加，一些地区的土壤含水量和径流量发生改变。这些变化直接影响到我国的水文过程与水资源格局，给一些水资源原本脆弱的地区带来新的压力，使我国的水资源安全面临更大挑战。人类活动影响下垫面和水文过程的时空变异性。强烈的人类活动影响流域自然条件，破坏水文资料的一致性，导致水文现象的分析结果发生异化，影响洪旱灾害预测和水资源开发利用。现代水利工程建设作为人类活动形式之一，也将会大范围和长时间对环境的演变和流域水生态系统的演替趋势和过程产生深远的影响，与更长远的人类社会经济可持续发展密切相关。

农业是国民经济的基础，水利是农业的命脉。农业用水量占全国总用水量的70%左右，在西北部分地区甚至高达到90%，发展节水农业是一种必然选择。

全国节水的重点在农业,农业节水的关键是开展降低农田水分蒸发蒸腾消耗量研究。保护水资源是水资源高效利用的另一个途径,面源污染物已成为世界范围内地表水与地下水污染的主要来源,而农业面源污染来源与途径是国际研究热点。土壤肥料主要通过土壤水分起作用,研究灌溉过程中水肥耦合规律对提高土壤肥料利用率和减少农业面源污染具有十分重要的意义。为了应对日趋严重的缺水形势,在其他行业研究水资源高效利用和建立节水型社会意义重大。

因此,变化环境下的流域水文响应与水资源高效利用,以及对流域水生态与水环境系统的影响成为优先领域。主要研究方向包括:

1) 变化环境下的流域水文响应与水资源利用和管理对策:流域水文过程的时空演变机制及其模拟,变化环境下的极端洪旱灾害及其不确定性,变化环境下水资源管理与调控,复杂水资源系统综合利用与优化调度理论和方法,变化环境下工程水文设计新理论和新方法。

2) 农业水循环机制与污染控制:复杂灌排系统水循环规律与农业面源污染调控,作物耗用水规律与节水高效灌溉技术,农田系统中水分、养分、盐分循环机制与区域水盐演化规律,极端天气对灌溉排水的影响及对策,中尺度农业水土环境要素的监测方法和技术。

3) 水资源利用对河流系统的影响及其调控:流域面源污染物输移转化与水环境特性,水污染与水环境生态修复技术与方法,河流重归自然化的生态工程原理与方法,流域生态系统健康及其评价方法,流域水电开发的生态与环境影响及其减缓对策。

(四) 开展国际合作与交流的需求分析和优先领域

1. 国际合作与交流的需求分析

我国水利科学与海洋工程学科与我国水利和海洋事业发展风雨同舟,为国民经济发展做出了巨大贡献,在多个工程建设领域均处于国际领先或世界先进水平。然而,在基础理论研究、创新技术开发、交叉学科发展等诸多方面我国与国际先进水平相比有较大差距,需要大力开展国际合作与交流活动。

1) 基础理论:我国水文水资源科学基础理论研究与国际先进水平相比有较大差距,实现基础理论研究突破所需的科学数据和理论储备较少;作物需水规律,高效用水调控,用水效率尺度效应等节水灌溉理论,灌溉排水条件下土壤溶质运移转化理论,农业面源污染预测和灌排调控理论,节水、高效、环保等多目标农业用水优化配置理论,广适性物理模型和数学模型等与国际有较大差距;我国对生态水利相关领域的研究多停留在定性分析水平,急性监测、宏观描述的工作较多,缺少微观机制的长时间深入探讨,在河流生态系统健康研究方面基本处于起步阶段，生态需水、生态耗水和生态用水等概念缺乏成熟的理论和计算方法，生态水力学和生态水工学等研究非常薄弱；在岩土力学本构理论与数值分析等方面缺乏原创性的研究成果。

2）创新技术开发：新型节水灌溉和排水技术、精量灌溉设备和器具、水环境监测控制设备、水力学分析软件与软件集成系统、水利机械试验平台和模拟技术、高坝施工质量与安全控制、长距离调水工程协调施工、岩土工程与水利工程施工新技术新材料方面与国外有较大差距。特别是在海岸工程和海洋工程领域，我国与发达国家在创新技术方面有巨大的差距。例如，发达国家是船舶新理论、新方法、新技术的发源地，掌握控制着大部分高附加值船舶技术；在海洋资源开发方面，尤其在深海资源开发上，以及海岸带综合利用方面如临港产业开发、港口建设、海岸带资源利用、海岸带环境保护等领域需要学习国际先进技术，提升我国技术开发自主创新能力。

3）交叉学科发展：在遥测遥感、生态环境、信息技术与工程科学的交叉领域需要大力开展国际学术交流与科研合作活动，提升我国研究水平，促进我国国民经济和自然社会环境的健康、稳定和可持续发展。

4）人才培养国际化：加强国际合作与交流活动，在上述领域加强人才培养力度，通过交叉培养、进修访问、研究合作等模式，努力造就一批有国际影响、在国际学术舞台有发言权的杰出人才，推动中国科研走向世界。

2. 国际合作与交流的优先领域

1）变化环境下水循环演变规律与生态响应。
2）重大水利水电工程建设与运行的基础科学问题。
3）深海资源开发工程的科学问题与关键技术。

四、未来5～10年水利科学与海洋工程学科发展的保障措施

（一）优先设立重大研究计划

稳定和不断增长的科研投入是保障水利科学与海洋工程学科基础研究和应用基础研究的必要前提。水利科学与海洋工程学科是涵盖范围广泛的交叉性科学，国家自然科学基金在注重自由探索（面上项目）的同时，需要瞄准学科发展前沿，结合国家重大战略需求，突出重点，加强对交叉学科的支持，建议针对本次规划的内容，设立重大研究计划或重大基金项目，增大资助力度，开展高水平的科学前沿研究，争取在学科前沿基础性问题上取得国际领先的创新性研究成果。

建议以"强人类活动下江河的水沙演变及调水调沙理论"为题设立重大研究计划，进行强人类活动条件下流域系统水沙演变机制、土壤-植被-大气相互作用机制、生态响应机制及调控措施等方面的研究工作。由于我国流域系统的复杂性和多样性，该项研究具有原创性，研究成果可以达到世界领先水平。

（二）依托重大工程，开展相关基础研究和实验基地建设

水利科学与海洋工程学科是实践性很强的工程科学，服务国家重大工程。研究工作应依托重大工程，强化基础数据积累，开展相关基础研究和实验基地建设。同时需要加强国家需求的引领作用，加大资金投入，由中央政府、地方政府、企业以及与热心于公益事业的个人和团体联合出资，打破地域化、目标单一化的限制，设立联合基金和专项研究基金，以解决实际工程的基础理论和关键技术问题。

（三）建设野外观测基地，加强基础数据积累

在我国，有关水利科学与工程方面的研究工作系统深入，形成了国际上独特的水利工程一级学科，同时拥有大量的野外观测基地。希望在国家自然科学基金委的支持下，继续建设和维护野外观测基地，打破部门之间的壁垒，加强基础数据积累和整理分析工作，建立国家统一的数据资料库，提高科学研究的效率和水平。

（四）加大人才基金的资助强度和力度

基础研究成果的取得在很大程度上取决于研究人员的兴趣，只有长期全身心地投入到某个基础问题的研究中，才能取得高水平的研究成果，这是基础研究的普遍规律。国家自然科学基金委员会设立的国家杰出青年基金和优秀创新团队项目，多年来为稳定一批基础研究队伍、培养领军人物起到了很好的推动作用。但是，关于水利科学和海洋工程领域方面的杰出青年基金和优秀创新团队项目数量远远不够，建议加大水利科学和海洋工程领域的人才基金的资助力度，加强青年科技工作者的培养；加强杰出人才培养，保持领军人物的优势发挥；培育和支持研究团队建设，保证学科整体实力。

（五）发起国际重大科技合作计划，提升学科国际影响力

学术交流与合作研究活动是促进学科发展的有效方法。建议在加强国际合作、强化国际学术交流、参与和主导国际科技合作计划、支持学者参加国际学术组织与创建一流学术刊物、加大知识产权保护力度等方面开展工作，尽快提升水利科学与海洋工程学科的核心竞争力和国际影响力。

强化国际学术交流。鼓励和加强与国际一流研究院所和重要学术团体的合作；选派有潜力的中青年科学家到国际一流院所进行学术交流；鼓励与国外学术上有成就的研究人员联合申报包括国家自然科学基金项目等；鼓励与国外研究机构联合申报国际机构和外国政府有关的科学研究基金项目；鼓励科研院所、高等院校与海外研究开发机构建立联合实验室或研究开发中心；鼓励我国有关学术机构和学者承办本领域高层国际学术会议。

参与和主导国际科技合作计划。加强我国同外国政府间国际合作的基本政策的协调，有选择地与外国政府签订单项或一揽子相关科学领域的研究合作协议；积极地、有选择地参加参与国际性双边或多边相关科学领域研究计划项目；根据国家需要，在政府主导和支持下，适时发起具有中国特色的重大国际科学计划，吸引国外科技力量参与学科建设。

支持学者参加国际学术组织，创建一流学术刊物。加强与国际、地区性科技组织如联合国教科文组织、国际科学联合会及其各有关专业科学组织、欧洲联盟等的合作与交流，鼓励学者积极参加国际合作交流，踊跃争取国际期刊主编、国际学术组织的主席和委员、大会主席等席位，扩大国际影响。

第二节　水利科学与海洋工程学科主要领域、基础科学问题及优先资助方向

一、变化环境下流域水循环演变机制与水资源调控

（一）研究范围及内容

我国各主要流域的气候与水文等自然特征千差万别，流域水循环过程与气

候和下垫面等不同要素的时空联系十分复杂,加之社会经济发展不均衡,各流域都面临不同的十分严重的水问题,如洪水灾害仍是长江流域的心腹之患,海河流域有河皆干、地下水枯竭等。随着我国社会经济的快速发展,包括防洪安全、供水安全、水污染防治在内的水资源安全问题日益成为关系我国可持续发展和国家安全的基础性与战略性问题。

最近的科学研究表明,近百年全球气候正经历一次以变暖为主要特征的变化。政府间气候变化专门委员会(IPCC)2007年第四次评估报告指出:地球表面的平均温度在过去100年增加了0.74℃,过去50年的增长速率约为过去100年的2倍。全球变暖引起大气水汽含量、降水和环流分布的变化,改变了大范围的水循环,大部分地区暴雨的发生频率和强度有所增加,一些地区的土壤含水量和径流量发生改变。在这一背景下,气候变化已对我国降水格局产生严重影响:近50年东亚夏季风和进入中国的暖湿水汽输送减弱,中国华北的降水有明显减少趋势,而南方和西北的降水有所增加,"南涝北旱"呈加剧态势;同时,一些极端事件,如高温、强降水事件也有增加趋势(气候变化国家评估报告编写委员会,2007)。这些变化直接影响到我国的水循环过程与水资源格局,给一些水资源原本脆弱的地区带来新的压力,使我国的水资源安全面临更大挑战。

《国家中长期科学和技术发展规划纲要(2006—2020年)》在能源、水资源、环境和公共安全四个重点领域确定了六个涉水的优先主题,在"全球变化与区域响应"这一面向国家重大战略需求的基础研究中,把"大尺度水文循环对全球变化的响应以及全球变化对区域水资源的影响"作为重点研究内容之一。《中国应对气候变化国家方案》认为气候变化"对中国水资源开发和保护领域适应气候变化提出了新的挑战",是中国应对气候变化面临的七大挑战之一,并认为水资源是我国适应气候变化的四大重点领域之一。总之,开展气候变化对我国典型流域水循环和水资源安全的影响及对策研究,是国家现实而迫切的重大战略需求。

十二五期间,该领域研究的总体目标是为加强我国在水资源安全方面对环境变化的适应能力提供基础科学支撑。揭示气候变化和人类活动影响下流域水循环的时空变异和响应机制,创新水文学基础理论;揭示气候变化和人类活动影响下流域水资源时空分布及洪旱特性的演变规律,创新流域水循环、水资源与水旱灾害系统模拟方法;分析气候变化和人类活动对重大水利工程、流域防洪减灾和水资源的影响,形成基于风险管理的流域水资源系统应对环境变化的适应性管理对策和模式,响应水资源安全的国家重大需求。

为实现上述总体研究目标,该领域拟开展以下四个主要方面的研究:

1) 流域水循环对气候变化和人类活动的响应机制。根据流域的长序列历史气象和水文资料,并结合水分与能量观测和实验资料,从流域蒸散发演变机制、产汇流过程的演变机制、流域生态水文过程对气候变化的响应机制、流域生态水文模拟方法及气候与人类活动对流域水循环影响识别等方面开展研究,以揭示流域水循环对气候变化和人类活动的响应机制。

2)气候变化下流域水资源和需水演变规律。气候变化不仅影响到流域水资源的总量及时空分布,同时还影响到社会经济各部门及自然生态对水资源的需求,研究气候变化对未来水资源的影响,应从水资源的可用量和需求量两个方面开展工作。在深入认识气候变化对水资源与需水影响机制的基础上,根据过去的观测资料和未来气候变化预测情景,利用分布式流域水文模型,研究流域水资源及需水的时空演变规律。

3)极端气候对流域洪水和干旱的影响及调控方案。极端气候造成的流域特大水旱灾害是致灾因子、孕灾环境和承灾体综合作用的结果,对社会稳定和经济发展有重大影响。气候变化所带来的洪涝和干旱频率增加和强度加大,增强了水旱灾害系统中的致灾因子,为灾害评估带来了更大的不确定性,给经济社会正常运行带来了更大的风险,需要研究气候变化下孕灾环境和承灾体的调控对策。另外,大型水利工程在流域水资源开发利用和防灾减灾中有着特殊的重要作用,在流域水旱灾害系统发生变化的条件下需要研究其适应对策。

4)变化环境下流域水资源脆弱性的影响及可持续性调控对策。在气候变化和人类不合理的水土资源开发活动影响下,流域水资源系统的脆弱性凸显,并将随着经济社会发展而呈现出增强趋势,影响到流域的整体安全及和谐发展。从流域水资源系统构成及演变驱动机制入手,对流域水资源系统的脆弱性进行识别;在此基础上,对流域水资源系统脆弱性的演变历程及发展趋势进行评价,着重分析气候变化的影响。结合流域水资源系统脆弱性的特征,提出变化环境下水资源可持续性的调控方法。

(二)研究现状、发展规律与趋势

近年来,国内外科学界在气候变化观测事实与未来预估、水循环对全球变化的响应、气候变化对水资源的影响及其适应和应对策略等方面开展了大量研究,取得了诸多进展。

IPCC 在 2007 年 2 月公布的第四次评估报告中指出:地球表面的平均温度在过去 100 年(1906~2005)增加了 0.74℃,过去 50 年的增长速率约为过去 100 年的 2 倍;人类活动引起的大气中温室气体、气溶胶含量增加是导致气候变化的主要原因;气候变化造成全球降水趋势发生变化,同时增加了区域性暴雨和干旱的发生频率。近 10 年来,在全球气候变化对水文水资源的影响方面开展了大量研究和评估，其途径基本上采用未来气候变化情景驱动的水文水资源模型，模拟河川径流和水资源的未来变化。在全球变暖的背景下，极端降水事件出现的概率增大，特别是在中纬和高纬地区，降雨的均值和强度均有增加，这将导致山洪和城市洪水的风险增加。在全球低纬和中纬大陆的内部区域，干旱发生的概率增加，相关的研究表明，尽管湿润化和干燥化趋势在局部区域均有发生，但总的来说全球将向干旱化方向发展。

研究表明，20世纪中国气候变化趋势与全球变暖的总趋势基本一致，气候变化已经对中国产生了一定的影响，造成了沿海海平面上升、西北冰川面积减少、春季物候期提前等。在过去的100年内，中国大陆地区的地表平均气温已经明显升高，年平均气温增加0.5~0.8℃，比全球或北半球的变暖趋势略高，其中冬季增温最明显，夏季变化很小。在气候变暖背景下，近50年来中国主要极端气候事件的频率和强度出现了明显变化。对中国主要江河径流量的观测结果表明，近50年来六大主要江河的实测径流量呈下降趋势，特别是北方河流下降幅度显著。20世纪80年代以来，华北地区持续偏旱，地下水水位下降比较明显，地下水资源锐减。与此同时，我国洪涝灾害也频繁发生，特别是进入90年代以来，多次发生大洪水。自20世纪气候变暖以来，我国山地冰川普遍退缩，西部山区冰川面积减少21%，冰川融水的减少使得河川径流的补给和季节调节能力大大降低。随着城镇化、工业化进程的不断加快以及居民能源消耗水平的不断提高，中国在应对气候变化方面面临严峻的挑战。

目前，针对气候变化下的水循环响应，国内外的研究较多围绕在气候变化下的蒸散发方面，而对气候变化下水循环演变规律的研究还有待加强；关于气候变化下的水资源研究，多集中在水资源供给方面，而对经济社会需水影响方面的研究还比较缺乏。人类活动对流域水循环的影响研究主要集中在人类活动引起的下垫面变化对径流量的影响研究，没有充分研究对整个水循环的影响。而人类活动对水资源的影响研究主要集中在土地利用/覆被变化对水资源的影响，其机制研究仍处于起步阶段。

综合分析国内外相关研究现状、进展和趋势，可以得出以下结论：

1) 全球气候变化已是不争的事实，气候变化对流域水循环过程和水资源安全的影响已引起全世界的广泛关注，是当前水文水资源科学研究领域的前沿热点问题。随着大气科学的发展，全球气候模式对未来气候变化的预测能力也越来越高，水文水资源科学与大气科学相结合，为气候变化下的流域水循环和水资源研究提供了重要机遇。

2) 气候变化和人类活动影响下的流域水循环响应十分复杂，具有非线性和区域变异性，包含了陆地与大气之间的耦合与反馈。传统流域水文研究大多将气候或气象条件作为输入，侧重研究流域水循环的演变机制，气候变化为流域水循环提出了诸多新问题,如"蒸发悖论"、陆地与大气之间的水分-能量耦合平衡、流域水文过程与生态过程之间相互作用等,这些都是未来水文学研究的焦点和难点。

3)气候变化和人类活动的直接影响带来流域水循环的变化,从而引起流域水资源总量及时空分布的变化。预测环境变化对流域水资源的影响成为研究热点,但目前预测流域水资源演变所采用的流域水文模型都严重依赖于根据历史资料的参数拟合,而且还不能给出预测的不确定性程度。在明晰流域水循环对环境变化响应机制的前提下,建立更具有水循环物理机制的流域水文模型及评价预报不确定性的方法,是未来的研究趋势和难点。

4)气候变化和不合理的人类活动不仅影响流域水资源的总量和时空分布,同时还影响农业、工业、城市生活等社会经济各部门以及植被、水环境、水生态等自然系统对水资源的需求,进一步加剧水资源的供需矛盾。传统的水资源研究中对需水的预测主要基于未来社会经济的发展和节水潜力的预测,存在的主要问题是农业需水、生态需水等的机制研究不深入,对社会经济需水预测的不确定性缺乏评价。基于大气-植被-水循环相互作用机制的农业和生态需水预测以及社会经济需水预测的不确定性评价是变化环境下需水研究的关键。

5)气候变化将导致强暴雨、长期干旱、高温和热浪等极端气候事件发生频率增加,从而改变流域原来的洪涝和干旱特性,对防洪安全及粮食安全等构成威胁。世界各国尤其是发达国家已经开始就气候变化对流域防灾减灾的影响进行研究,并提出应对变化的对策措施。国内在这方面的研究尚十分缺乏,没有系统的研究成果。气候变化和人类活动影响下流域洪水和干旱的演变特征、致灾机制和调控与应对措施研究,是涉及我国水安全的重要课题。

6)水资源系统是自然-社会耦合的复杂系统,环境变化对该系统任何一个环节的影响都可能改变系统的脆弱性,进而危害水资源利用的可持续性。传统的流域水资源管理着重于水资源的供给,通常采用优化配置管理模式,对气候变化带来的新问题认识不足,较少涉及气候变化下的水资源系统脆弱性评价,缺乏相应的应对措施。环境变化下流域水资源系统的脆弱性及可持续利用对策研究是未来我国水资源研究领域面临的紧迫课题。

(三)研究前沿与重要科学问题

变化环境主要指气候变化和人类活动导致的下垫面变化和水资源开发利用导致的流域环境的变化。气候是流域生态和水文过程的驱动力,流域生态和水文过程影响着气候的时空变异性,生态与水文过程之间也存在着复杂的相互作用。水文学长期以来主要关注流域水量平衡和降雨-径流关系的描述。气候变化特别是气温升高将对蒸发过程产生显著影响，陆面与大气之间的水分和能量耦合循环机制成为理解气候变化对水文水资源影响的关键科学问题和研究前沿。气候变化下极端气候事件的增加引起洪涝和干旱的频率与强度增加，使基于水文统计方法的传统工程水文学面临难以预测未来洪水和干旱规模的困境。另外，由于我国日益强烈的人类活动影响，造成流域下垫面及河流系统巨大演变，从而改变了流域水循环的原有规律。随着人口的增加，不合理的水资源开发使流域水资源的脆弱性越趋显著，成为我国社会经济的可持续发展的瓶颈问题。在气候变化和人类活动影响的共同作用下，流域水循环演变机制和流域水资源调控理论研究面临新的挑战。

变化环境下的水循环演变和由此引起的水资源及水旱灾害等问题是一个在全球、区域和流域等不同空间尺度上相互嵌套的复杂问题，同时也是涉及大气、水文、水资源、经济和管理等的学科交叉问题。变化环境下的流域水循环研究，必将促进大气科学、水文科学、生态科学的交叉与融合，并以多学科交叉与融合推动相关研究的不断深入。水文学长期以来主要关注流域水量平衡和降雨-径流关系的描述。气候变化特别是气温升高将对蒸发过程产生显著影响，陆面与大气之间的水分和能量耦合循环机制成为理解气候变化对水文水资源影响的切入点与研究热点。相关研究将深化对水循环机制的认识，推动水文学的发展。通过提高气候变化下洪水和干旱演变规律的认识和预测能力，提高我国在洪涝和干旱灾害方面应对气候变化的适应能力，推动传统工程水文学方法的创新。环境变化对流域水资源时空变异性和需水的影响将增加水资源系统的脆弱性，通过提高环境变化下流域水资源禀赋与需求情势的预测预报能力，进行水资源系统的脆弱性评价，提高我国在水资源可持续利用方面适应环境变化的能力，推动水资源管理相关理论与技术的发展。

该领域急需解决的关键科学问题包括以下几个方面。

1. 变化环境下流域水循环的时空变异性和响应机制

研究表明，近半个世纪以来人类活动对陆地水循环影响越来越显著。人类活动不仅可通过改变气候对流域水循环的时空分布产生影响，还可通过改变下垫面特征影响流域的水文响应。就流域水循环而言，气候变化改变了陆地与大气之间的水分与能量等传输过程，并影响到陆地生态过程。全球气候变化在不同流域的具体表现不尽相同，在相同的气候变化趋势下不同流域的水循环响应也不尽一致。气候变化是全球性的，难以调控，而下垫面变化在一定程度上是可调控的。由于水循环受气候和下垫面变化的共同影响，从历史观测资料难以直接阐释流域水循环对气候变化的响应机制，必须对水文学方法进行创新。

流域水循环对气候变化的响应机制包括蒸散发的演变、陆地与大气之间的水分和能量的耦合演变、产汇流过程演变、流域生态过程与水文过程的相互作用等。近 50 年来在全球变暖的背景下大多数地区的蒸发皿观测值却呈下降趋势（即"蒸发悖论"），需要进一步明晰流域实际蒸散发的演变机制。陆地水循环除了受气温影响外，还受降水、太阳辐射、风速等因素的影响，水循环与能量循环通过蒸散发过程相耦合，陆地和大气通过水与能量通量相耦合，因此需要研究气候变化下的水分与能量的耦合演变机制。流域产汇流机制由于环境变化对降水时空分布和土壤水分的影响而发生变化，需要进一步明晰。环境变化不仅影响到流域的水文过程，同时还影响到植被生态过程，而流域的植被生态过程与水文过程之间存在复杂的相互作用，生态水文响应是流域水文循环对气候变化和人类活动响应的重要方面。识别气候与人类活动影响对流域水循环的不同影响机制，有利于明晰流域水循环对环境变化的响应机制。全球气候变化在不同流域的具体表现是研究流域水循环响应的前提，只有从流域水循环对环境变化的响应机制出发，才能揭示变化环境下流域水循环的时空变异性。

2. 环境变化对流域水资源脆弱性和可持续性的影响与适应对策

季风气候形成了我国水资源南北分布严重不均和汛期水量高度集中的特点，即使在同一流域内，水资源的空间和季节分布同样具有高度变异性；适应气候条件和水文情势的特点，我国典型流域建立了水资源开发利用工程体系和非工程体系，构成了相互衔接的水资源系统，为经济社会发展发挥了重要作用。气候变化和日益强烈的人类活动必然对区域水资源系统产生影响，包括未来水资源总量及时空分布、社会经济需水和流域水资源工程体系与非工程体系等，这些影响将使水资源系统的脆弱性发生深刻变化，从而影响我国水资源的可持续性。上述问题都是未来水资源管理面临的新课题。

环境变化对我国典型流域水资源脆弱性和可持续性的影响与适应对策研究包含以下方面：变化环境下我国典型流域水资源的时空演变规律，及其对我国南北水资源总体分布格局的影响；变化环境下我国流域水资源需求的变化趋势；变化环境对我国流域水资源系统脆弱性的影响及未来我国水资源可持续利用的瓶颈；适应环境变化的我国水资源可持续利用对策。

3. 环境变化对流域水旱灾害的影响和调控机制

气候变化和人类活动对流域下垫面的影响必然改变流域的径流与洪水特性，未来气候变化下特大暴雨、持续干旱、高温和热浪等极端气候事件的发生频率与强度都将增加，但现有的流域防洪与抗旱标准、水利工程设计规范和运行规程都是基于过去的气候和水文情势统计规律而制定的。因此，一方面，根据现行规范设计建设的流域防洪与抗旱工程体系的实际抗灾能力将受到影响；另一方面，根据现行规程进行的防洪与抗旱调度也将难以达到预期效果，同时，极端气候还会危及重大水利工程自身的运行安全。

在环境变化条件下，需要重新认识我国流域的洪水和干旱特性，研究洪水和干旱在流域尺度上的致灾过程和成灾机制；分析未来环境变化下流域特大洪水过程对关键水利工程和城市的防洪影响，并在此基础上针对流域的防洪、除涝和抗旱分析工程措施和非工程措施相结合的调控机制并提出调控方法。

（四）2011~2020年优先资助方向

围绕关键科学问题和主要研究内容，拟从不同方向分别展开研究。各研究方向间既有一定的独立性，又紧密联系，以达到总体研究目标。根据这一原则，2011~2020年拟优先资助方向包括：

1) 流域水循环对环境变化的响应机制，包括的主要内容有：环境变化对流域水文过程的影响；流域生态水文对环境变化的响应机制；阐释气候变化下的"蒸发悖论"并建立流域蒸散发模型；识别气候变化与人类活动对流域水循环的影响。

2) 环境变化下流域的水资源演变规律，包括的主要内容有：流域水文模拟方法及其不确定性；流域水资源评价方法；环境变化下典型流域水资源时空演变规律。

3) 环境变化对流域水资源需求的影响，包括的主要内容有：气候变化对农业灌溉需水的影响机制；环境变化下流域社会经济需水预测的不确定性；环境变化对流域生态需水的影响机制与预测；环境变化下我国社会经济需水管理的对策。

4) 极端气候对流域洪水和干旱的影响及调控方案，包括的主要内容有：流域极端暴雨和洪水的变化趋势；环境变化下流域洪水灾害的演变趋势和调控措施；环境变化下流域干旱灾害的演变趋势和调控措施；环境变化对流域大型水利工程（群）运行调度的影响及对策。

5) 环境变化对流域水资源系统脆弱性的影响及可持续利用对策，包括的主要内容有：流域水资源系统脆弱性及其评价的基本理论与技术；流域水资源系统脆弱性历史演变特征及驱动机制；流域水资源系统脆弱性未来发展趋势预测；环境变化下流域水资源系统可持续性的综合调控对策。

二、重大水电工程对河流系统演变的影响机制与调控

重大水电工程是涉及水利、电力、农业、航运和公共安全等行业的重要基

础设施,是国家经济、社会发展的基石之一,更是人类改造自然、服务社会的重要手段和途径。该研究领域围绕重大水电工程建成运行对库区周边地质环境及河流系统影响问题,以三峡工程为例,采用现代观测、实验和模拟技术手段,通过多学科交叉研究,正确认识和掌握重大水电工程引起的河流系统演变规律及其生态响应机制,提出科学合理的调控方法,为保障重大水电工程可持续利用和促进河流健康提供理论依据。

(一) 研究范围及内容

以重大水电工程运行引起库区地质环境及河流系统演变的关键基础科学问题研究为核心,以跨学科的创新理论和源头创新方法为手段,以三峡工程今后运行为例,按照新时期可持续发展和人水和谐理念要求,该研究领域将实现如下研究目标:

1) 在理论前沿领域研究方面,形成以重大水电工程对库区地质环境及河流系统演变影响机制为体系的创新理论与方法,进一步提升我国在重大水电工程对河流环境影响基础研究方面的国际地位和学术影响力。

2) 在重大水电工程生态环境调控方法与技术创新上取得突破,为水利和环境保护等行业的科技发展提供基础源泉,以促进传统工程水利向现代生态水利的跨越式发展。

该研究领域将在以下的几个研究范围及内容上期望获得突破:

1) 掌握库区水位消落带的水土环境变化及流失规律、水环境生态演变机制及响应关系、地下水环境运移规律及复杂动水条件诱发山体滑坡和岸坡坍塌机制,提出水库滑坡预测、综合性加固和生态防护新方法。

2) 掌握重大水电工程建成运行后,库区水沙输移过程变化规律、下游水沙变异机制与响应机制,及其对河流系统演变的影响机制。

3) 掌握重大水电工程建成运行后,长江口入海泥沙通量变化规律,及其对长江三角洲的冲淤变化及河口海岸演变的影响特征和过程机制。

4) 掌握重大水电工程建成运行后,库区河流形态及下游河流生态环境系统响应机制和演变规律。

5) 掌握重大水电工程在维持河流系统健康方面的水沙调控机制,提出面向生态友好的水库综合优化调度理论和模型方法。

6) 掌握水库库区温室气体的形成机制及循环规律,揭示库区水-气界面、水-沉积物界面、水-陆生态系统之间碳氮温室气体交互机制,阐明库区淹没植被土壤以及富营养化对温室效应的影响机制。

(二）研究现状、发展规律与趋势

1. 研究现状

水利水电工程是保障国家经济发展和社会公共安全的重要基础设施。自 20 世纪 50 年代以来，我国为满足防洪安全、电力发展、农业灌溉、生活及生产供水、航运等需要，开始掀起了大规模的水利工程建设。截至目前，我国已建成的各类型水库总数超过 8.5 万座，其中的大型水电工程数以百计。不仅为我国经济发展提供了坚实基础，也为人们生活生产提供了极大方便。

以水利水电工程建设为契机，国内相关科研单位和大专院校在国家支持下开展了大量而卓有成效的基础理论研究和技术攻关。这其中针对三峡工程的科研是最为系统和全面的，支持力度也是最大的，国家重点科技攻关、国家自然科学基金、国家科技支撑计划等都给予了大力资助。三峡工程科研成果所形成的关键技术方法体系，代表着同期我国，乃至世界水利等学科领域科技发展的最高水平，且极大地促进装备制造等其他技术的发展壮大，先进的技术需要上升到理论才能更好地推动水利学科的进步。可以这样说，围绕三峡工程取得的技术成果和三峡运行后出现的新问题开展的基础科研，是我国水利与环境保护等学科领域理论发展的一个重要机遇。

毋庸讳言，任何水电工程兴建必然会干扰原有河流与周边自然环境及社会经济之间的业已形成的平衡关系，带来各种影响，需要客观认识和科学对待。据估计，在全世界范围内入海河流中有 2/3 的河流上都修筑有大坝，大坝改变了河流自然的水文过程，引起了水生态系统结构和过程及相应生态环境的变化。早在 20 世纪 70 年代，人们就开始研究水库下游径流过程变化带来的影响。当时在美国引起人们对大坝关注的原因主要有三点：①美国大坝建设的高潮在 20 世纪 60 年代，河流需要一定的时间调整，影响体现得较为明显是在 20 世纪 80 年代；②社会价值的转变，使得人们越来越注重河流生态环境；③河流生态恶化危及动植物物种，引起研究和观测者的广泛关注。在美国密西西比河上，修建了大量水坝及整治工程，改变了鱼类和野生动物的栖息地及其数量，栖息地的减少和破坏直接导致鱼类和鸟类的数量下降。由于大坝的调节，减小径流，使得枯水期径流不足，带来河口环境的恶化，如海岸侵蚀、湿地丧失等，每年丧失土地约 4047 公顷。在哥伦比亚流域 20 世纪 30～70 年代期间建成了 19 座大坝及 60 座小型水力发电工程，这些工程的修建，破坏和改变了鲑鱼的栖息地，导致其产量下降。在澳大利亚，水流调节也已经成为河流和泛区生态系统恶化的一个重要原因，包括大量的湿地丧失，河岸森林减少，无水河道和湿地的植被入侵，水生植被群落结构的改变，无脊椎动物、鱼类和水鸟数量和物种多样性的降低，一些无脊椎动物的灭绝。

因此在随后几十年内，国外学者围绕着大坝修建引起的生态效应问题开展了大量的研究，如对科罗拉多大坝、阿斯旺高坝等大坝下游生态环境问题的研究，一度成为河流生态研究的热点。Carothers 等通过对科罗拉多大坝的生态影响研究指出，每年流量变化的程度、泥沙冲淤和水温循环变化等是决定河流生物群落生境的重要特点，大坝修建后，水流流量、水温、输沙特性的变化是产生下游生态变化的重要原因。Graf 研究指出大坝改变了下游河道水温、化学特性、流量范围，拦截了泥沙，并使下游河床发生冲刷，鱼类的迁徙受阻等，从而对河流野生鱼类、贝类、鸟类及其他水生动植物产生不利的影响，并指出恢复河流生态主要是恢复河流物理过程和形态的完整性。一些生态学家还根据坝下游河流生物或群落的响应特点，对大坝的生态效应进行了研究。Johanson 等指出水库调节后，植物的种子传播受大坝的阻隔、植被带破碎、物种组成也发生了改变，河岸植物群落有着更低的丰富度和密度，相对于自由水流，其覆盖度也相应降低。Craig 等对鱼类生物多样性的研究指出，大坝改变了河流季节性的流量、减少了总的水量，同时使下游水温、溶解氧含量、泥沙及营养物含量发生了变化，这些对鱼类多样性产生了不利的影响。Levine 等对河岸植被的研究指出大坝和调水工程改变了河流的表面流速、洪水周期、泥沙和营养物的输移，水流变化阻碍了本土植物的扩充，这些损害了河岸植被的发育。Kingsford 等对澳大利亚的调水工程和大坝对河流湿地的影响进行了研究，指出水流的调节使得河道水量减少、季节性流动丧失、洪泛区和河流湿地被洪水淹没的频率降低，这些导致了下游生态系统的恶化。Bunn 总结的澳大利亚河流在水流调节后水生生物多样性降低的四个主要过程包括：栖息地的变化和丧失，生命历史过程和繁殖的破坏，河流纵向和横向连续性的丧失，外来物种的入侵。这些过程改变了自然的物种分布和水生生物、水生生物种群结构及生物间相互作用的动力。Bravard 以法国东南部冲积平原河流为背景，以河漫滩植被、无脊椎动物、地下水生态系统、鱼类等为研究对象，分析了河床冲刷下切导致栖息地异质性降低对生态系统的影响。

当前我国还处于大坝建设的高峰期，鉴于国内外的经验教训，如何正确协调水电资源开发与河流生态环境保护之间的关系，成为各大流域综合治理的主要任务。现在大家已经意识到，工程规模越大，效益越好，但所带来的一些负面效应也较明显，其中大型水电工程对库区地质环境及上下游河流生态系统造成的影响，是目前政府与公众及科技工作者关注的重点。但在 20 世纪，国内虽然在一定程度上意识到该问题的重要性，但重视程度不够，投入的科研力量也有限，特别是开展重大基础科研项目不够，研究对大型水电工程与河流生态环境之间的相互作用机制没有建立系统的理论知识体系，这也导致在工程设计和建设过程中，缺乏理论认识和方法指导，对水库大坝的负面效应考虑得不够充分。

以三峡工程已开展的基础科研为例，当初在工程论证和可行性研究阶段（1991年前），政府与公众迫切希望三峡工程能在防洪、发电和航运上发挥巨大的社会与经济效益。因此当时的科研工作主要是围绕三峡工程能否立项，回答了三峡工程建设中提出的一些重大技术问题，为三峡工程可行性论证及编制三峡工程可行性研究报告提供了可靠依据。在当时薄弱的科研基础条件下，取得了许多突破性科研成果。这些成果不仅奠定了水利等学科领域的理论基础，也为后来许多水利工程建设提供了典范。在三峡工程初设和建设阶段（1991~2007年），科研工作较多地关注于工程建设本身，主要是围绕工程设计和施工中存在的关键技术问题，开展了广泛和全面的科研工作，为三峡工程建设顺利进行提供了有力的技术支持和保障。这期间，取得了许多世界级的技术创新和方法突破，同时也促进了水利等学科领域的理论发展和不断完善。但客观地讲，在三峡工程论证、可行性研究和工程建设阶段，虽然也开展了一些有关三峡工程对生态环境影响的基础研究。但从现在来看，这些工作深度是不够的，研究成果也没有形成系统的理论知识体系，与当前社会发展需求尚有较大的差距。

2. 发展趋势

社会发展需求始终是基础研究和科技发展的原动力。当前我国已步入新的历史发展阶段，可持续发展理念和生态环境保护意识逐渐深入人心。对于重大水电工程，除了期望它们发挥防洪安全保障功能和促进社会经济发展以外，人们越来越关注于它们的生态环境效应。为此，在三峡工程初步设计确定的大坝主体工程即将建成、开始步入运行管理之际，为保障三峡水库今后的水资源可持续综合利用，以及进一步拓展三峡工程综合效益的需要，国务院提出了三峡工程后续工作任务，包括解决库区移民安稳致富、库区生态环境保护、库区地质灾害治理、水库综合效益发挥（包括生态效益）和下游河流湖泊系统及生态环境综合治理等。这些任务不是简单地处理三峡工程初步设计建设项目的遗留问题，而是在国家发展的新时期，三峡工程运行管理阶段所面临的新任务。其他的已建和在建的大型水电工程也存在着同样的任务和问题。

根据21世纪国家发展和社会需求，以及科学认识自身发展的需要，对于大型水电工程的基础科研而言，当前需要围绕工程运行管理中面临的新任务、新要求和新目标，采用现代科技手段和模型方法，进一步深入研究以三峡工程为代表的重大水电工程环境效应和影响机制，解决大型水电工程可持续利用和生态环境保护中存在的关键科学问题，进一步发挥其有利影响、减缓减轻其不利影响。这不仅有助于趋利避害及发挥水库更大效益，而且能够为新时期维持河流健康和生态文明建设的科学发展思路提供理论支撑。同时，对进一步丰富和完善水利水电工程、河流泥沙、水生态、水环境、水文水资源、河流地貌等专业的理论和方法体系，也是十分必要的。

当前在重大水电工程对河流系统及生态环境影响研究领域，有以下几个方面的发展趋势：

一是需要加强大型水库水位变化条件下引起的库区地质环境效应基础研究。以往的研究更多地关注于水位变化对大坝自身安全、库岸稳定、水库诱发地震等方面，对水位变化引起库区地质环境效应的影响机制缺乏系统和深入的理论基础研究。以三峡工程为例，目前迫切需要掌握水库蓄水后库区地质环境的调整和演变规律，为库区地质灾害预报、防治和生态环境保护提供理论和方法。同时，随着库区的形成及水位季节性变化，应加强库区（尤其是回水变动区）水环境生态效应基础研究，由于水动力条件的变化，水环境生态演变规律缺乏系统性、机制性研究，需要开展库区（尤其是回水变动区）水环境生态演变机制研究，为水环境生态保护提供理论基础。

二是需要加强大型水库建成运行后水沙过程变化带来的河流生态响应机制研究。这首先要掌握水库清水下泄导致下游河床冲淤变化规律，以及由此引起的河流系统演变，包括河流地貌变化、江湖关系演变规律，还需重点阐明水沙过程变化与河流生态之间的作用机制、响应机制。过去一般只注重控制河势，维持河道稳定，增加排洪输沙能力等，从社会需求和经济建设角度考虑较多，而较少关注清水下泄、河道治理对河流生态环境的影响。因此在过去研究中主要关注于库区泥沙运移规律、冲淤平衡关系、下游河道冲刷和崩岸治理等工程问题，对水库水沙过程变化引起的河流生态效应问题研究较少，目前迫切需要重点加强，以便真正地将生态文明落到实处，在今后的河道治理中，不仅要注意上下游的统一协调，也要注意水利工程等对水生生物的迁徙和生存环境的影响，实现与生态环境相协调的河道治理。

三是需要加强水电工程建成运行引起的入海泥沙通量变化对河口海岸演变、河口生态环境等方面的理论研究，为河口综合治理提供科学依据。以长江为例，进入 21 世纪以来，受上游水库建设等影响，上游河道来沙较 20 世纪 90 年代减少 50% 左右。三峡水库蓄水后，库区泥沙淤积，加上中下游河道人工采砂影响，长江口入海泥沙通量大幅减少，导致河口局部洲滩呈后退趋势，且淡咸水交界面变化，这对河口生态及海岸稳定不利。

四是需要加强河流健康与水沙输移之间的环境机制。水电工程会改变河流的既有水沙平衡，改变河流的水文学和水力学条件，引起河床的冲淤变化，必然影响水生生物的栖息环境变化。生态环境中的泥沙问题越来越受到重视，泥沙学科与环境学和生态学的融合已成为必然趋势。

五是需要加强面向生态环境需求的水库综合调度理论和生态调控方法研究。以往在水库功能和调度方面，更多地强调大型水电工程在防洪、发电、供水和航运等方面的工程效益，而对水库在维持河流健康方面的生态效应缺乏理论认识，在水库调度运行方面也没有充分考虑库区及下游河道的生态环境的需求。

综上所述，当前可持续发展和环境保护需求为水利工程建设提出了新的挑战，迫切需要开展重大水电工程对河流系统演变的影响机制与调控方法研究。其目的一方面是使人类能够对水电工程所导致的生态环境和社会经济后果做出预测，以便及时采取相应防护措施；另一方面是合理确定出河流可开发的最大限度，使人类对河流系统演变的影响能够被控制在一定的范围内，保障河流系统的整体健康。

（三）研究前沿与重要科学问题

河流是陆地水循环中最活跃的部分，也是最容易被人类直接利用的基础资源。河流水系是自然界亿万年长期演变形成的，且与流域所在地区的气候条件、地质环境和生态等自然系统各组成部分之间形成了动态平衡的复杂体系。直到工业革命之后，人类才开始大规模地开发利用河流。我国大规模水利建设和水电开发始于20世纪50年代，迄今也不过区区60年的历史而已。但就在这半个多世纪的时间内，水电开发对河流生态环境产生的影响，相对于河流水系的自然演变进程而言是一个巨变，必将引起许多复杂效应和难以全面预测的后果。

目前在我国各大流域，水利工程建设产生的许多问题及不利影响亦然有所显现，如河道断流、河川冲淤及江湖关系改变、河口退缩与咸水入侵、湖泊湿地萎缩、水环境恶化、河岸植被退化、水生植被群落改变、无脊椎动物消失、鱼类和水鸟数量减少和物种多样性降低等。这些都与水利水电建成运行导致的径流过程改变、水沙条件及地质环境变化有很大的关系，需要科学认识和正确对待。尤其是像三峡工程这样的重大水电工程建成运行后，所产生的环境与生态效应明显，更应谨慎地寻求科学对策，以消除或减缓不利影响。

根据前面阐述的相关学科研究发展趋势，考虑到重大水电工程在国民经济发展中的重要性及其对河流环境影响的复杂性，认为重大水电工程对河流系统演变的影响机制与调控是当前需要优先发展的研究领域。回顾过去的20世纪，重大水电工程规划与建设过程中存在的许多关键科学技术问题一直是水利等学科领域基础研究的重点。但在现阶段，按照人水和谐的可持续发展理念，以及维持河流健康的水利发展要求，如何正确认识水电工程对河流系统演变的影响机制、环境与生态效应，以及如何掌握水库群在维持河流系统健康方面的生态调控理论方法，将成为水利水电工程、河流泥沙、水生态、水环境、水文水资源、河流地貌专业基础研究的前沿领域。

在重大水电工程对河流系统演变的影响机制与调控研究这个多学科交叉研究的前沿领域，目前存在的关键科学问题包括以下几点。

(1) 库区水位变化与库区地质环境效应

建坝后库区水位大幅涨落是大型水电工程的主要特征，且与建坝前的自然河道洪枯变化有较大的变化，甚至相逆。以三峡工程为例，一方面水库蓄水后，库区水位大幅抬升。另一方面由于防洪需要，坝前水位汛前将降至防洪限制水位 145 米，汛后将上升至正常蓄水位 175 米，形成夏季出露、冬季淹没，最大水位涨落幅度达 30 米，且形成大面积、高落差的消落区。由于水库多目标调度的原因，水位大幅抬升和涨落变化将对库区周边地质环境产生较大影响，尤其是在水库消落区，它是水、陆及其生态系统的交错过渡与衔接区域，受水、陆规律性移动的影响，具有人为形成的特殊而不稳定的易滑动区域和独特的环境条件。水位波动对库岸稳定的制约机制是未来对水库调度需考虑的关键因素之一。

(2) 水沙过程变化与库区及河流生态效应

河流的水流泥沙过程具有多种属性，对于河流地貌系统、生态系统的稳定均起着至关重要的作用。首先，水流是塑造河床的直接动力，径流水平、变幅、各流量级持续时间等要素决定了水沙两相流的造床动力特征，泥沙则是改变河床形态的物质基础，沙量的多少、颗粒的粗细影响着河床变形的方向，不同的水沙组合特征决定了河床的平面形态、断面特征。其次，河流地貌过程直接决定了栖息地分布和多样性，而且径流过程的多种属性（总径流量、变化幅度、变化周期、各流量级的频率分布、洪水出现时机、持续时间、流量过程变化率等）对于栖息地形态保持、泥沙与养料输移、稀释污染、维持河床基质组成、淹没滩地及缓流区起着不同的作用，流量事件（涨水、落水、洪峰、春汛等）也是一些生态事件的触发因子（如一些鱼类的洄游、产卵），这些对于生态多样性和完整性的维持起着重要作用。无论是河床系统还是河流生态系统，都能够适应一定的外界条件而形成平衡，并且具有随外界条件进行反馈调节的特点。一旦水沙过程被干扰超过一定的限度，就会打破原有的平衡，或者改变系统内部的原有的变化规律，形成所谓的水沙过程变异，将给河流系统及其生态带来不可修复的负面效应。尤其是大型水电工程，对河流径流干扰过大，水沙过程变异明显，所引起的河流生态效应的负面影响较大。库区的形成极大地改变了水动力条件，削弱了水体自净能力，在污水排放量不变的情况下，加重了库区（尤其是回水变动区）的水环境污染程度，加上对流量事件（涨水、落水、洪峰、春汛等）均化作用，干扰了库区原有河道的生态系统，从而给库区生态系统带来负面效应。因此，水沙过程变化与河流生态效应问题的核心是揭示水沙过程变化、河湖蓄泄关系变化及其河湖湿地演变之间的互为反馈和相互制约的长期复杂耦合过程,确定维护河流系统良性循环的水沙过程变化的极值。

(3) 入海泥沙通量变化与河口海岸演变

长江口是一个丰水多沙的河口,水下三角洲开阔平坦,口外既无礁岛遮蔽,水下也无深沟陡坎,为典型的开敞型强动力大河口。近半个世纪以来,由于长江上游剧烈的人类活动导致大量泥沙流失。但是,下游大通水文站的入海泥沙通量却是连年减少。三峡工程建成运行,使得在未来相当长的时间里,长江来沙都将保持在一个较低的水平。入海泥沙的减少将引起河口海岸地区的冲淤演变、岸线变化、滨海湿地丧失和滩涂资源减少等重大问题。因此研究长江口入海泥沙通量变化与长江三角洲冲淤演变、河口海岸演变相互影响,对丰富河口动力地貌与动力沉积理论、完善河流动力学理论以及对世界其他大河河口冲淤演变的研究都具有一定的现实指导意义。

(4) 维持河流健康的调控机制

对河流健康的定义,不同的专家有不同的见解,且目前还缺乏理论基础,但维持河流健康改变了流域综合管理和河流治理理念。从河流系统对水文、泥沙和水环境等过程变化的响应及其适应性来看,健康河流应该是水文、泥沙和水环境等过程调节在其适应性范围内的河流。健康河流对水文、泥沙和水环境等过程有两个层次的要求,一方面,对于水文、泥沙和水环境等过程必须具备一定的调节能力,尤其是自然不利的事件(如特大洪水、连续枯水、水质污染),以减少其可能带来的不利影响;另一方面,水文、泥沙和水环境等过程的调节又不能超出系统的适应范围,防止因过度的水文、泥沙和水环境等过程调节而导致河流健康损害。由于河流系统功能的各个方面并非是完全独立的,而是彼此之间相互影响和制约的,某一项功能的突出可能以另一项功能的削弱为代价。例如,为满足发电、灌溉等服务功能的要求需要增加蓄水量,这必然减少下游河道流量,由于稀释用水量的减少,将使得相应的水环境容量减小;又如,为满足水能利用的要求,需要加大水电开发的强度,而过度的开发又会导致河流生态功能的下降直至崩溃,如水库对洄游鱼类的阻隔和喜急流鱼类生存环境的伤失。长期以来由于对水沙调控的影响程度认识不足,使得河流治理中出现了一些意想不到的结果。如适当的径流调节有利于下游河道的防洪、航运,但若河床演变剧烈,导致河势发生较大变化,使两岸土地丧失、原有防洪工程失效、航运恶化。究其原因是对水沙调控缺乏必要的理论指导,而一旦找出了各种人类行为综合作用下的临界水沙阈值体系,就可以合理确定河流开发利用限度,合理进行水库调度运行,使人类对河流水沙过程的干扰控制在一定范围。

(5) 生态友好的大型水库综合调度理论与方法

目前国内水库调度主要是围绕防洪、发电、灌溉、供水、航运等利用效益所进行的。现行水库调度方式的主要缺陷是注重发挥水库的社会经济功能,力求经济效益的最大化，但忽视对于水库下游及库区的生态系统需求。例如，由于过于注重水库发电等的经济效益，下泄流量无法满足最低生态需水量的要求，使自然的水文过程发生巨变，甚至导致河水断流、干涸等，对沿岸的植被、哺乳动物和鱼类造成毁灭性的破坏。从生态友好角度，水库运行调度不仅要避免出现水沙过程变异对下游河道生态环境产生不可恢复的破坏，还要避免库区出现富营养化等环境恶化现象。这需要面向生态需求的水库调度新理论和新方法的支撑。

(6) 大型库区温室气体的形成机制及循环规律

长期以来，水电被认为是一种不排放温室气体的能源生产方式。但现在对此认识存在争议，尤其随着众多大型水利工程的建成，大型水库温室气体排放问题及其对生态环境的影响开始引起关注。目前大型水库库区温室效应研究前沿主要集中在观测体系建立、碳氮循环内在机制、过程模型构建以及遥感信息的引入等方面，从而揭示水库库区温室气体形成机制及循环规律，阐明其温室效应的综合影响范围及时空变化机制。目前的研究，一是采用包括遥感在内的各种手段来测定水库的 CH_4 和 CO_2 排放量，二是研究水库温室气体产生机制及排放规律，三是建立相应数学模型来模拟水库温室气体排放及其对周边气候的影响效应。

(7) 长江中下游河道治理与黄金水道建设技术

以三峡及上游建库后长江中下游水沙变化情势分析为基础，长江上游、中游、下游存在的河道和航道问题，选择河道与航道紧密结合且迫切需要治理的重点河段，围绕河道治理和航道建设技术研究，从基础性支撑分析、关键性技术、战略管理等三个层面，研究新的水沙条件对河道和航道的影响、重点河段河道治理和航道资源开发关键技术、联合治理对策及经济社会效益、综合协调机制等科学问题。

(四) 2011~2020年优先资助方向

1. 水位变化与库区地质环境效应

包括：水库蓄水后的区域地质环境调整规律；库区地下水运移规律及其环境影响机制；大落差水位条件诱发山体滑坡和岸坡坍塌机制及预报方法；暴雨与水位涨落叠加对库岸边坡稳定影响；水位涨落速率对库岸稳定关系影响；水库消落区水土环境变化及流失规律；水库消落区生态演变特征规律；水库消落区人工湿地的生态环境效应；岸坡地质环境效应评估系统分析方法、水位变动带地灾防治与生态保护综合治理方法。

2. 水沙过程变化与库区及河流生态效应

包括：大型水电工程对水沙输移的影响；三峡工程建成运行后的水沙过程变异规律；水库清水下泄导致下游河床冲淤变化规律；水沙输移与河流生境的作用机制；建坝后水沙过程变异的河道响应；坝下游河道岸坡稳定对水位波动的动力响应；原状土的泥沙冲刷机制；坝下游河流系统对水沙过程变化的响应规律；水库变动回水区推移质与悬移质相互转化及冲淤规律；水库淤积对库区河流形态的影响；水库冲淤与库区人工湿地演变关系；水沙输移变化对通江湖泊地貌及水环境影响；水沙过程变异对关键水生生物种群动态及维持的影响；与生态环境相协调的河道综合治理方法。

3. 入海泥沙通量变化与河口海岸演变

包括：三峡工程建成运行后长江水沙产输规律；径流过程变化对入海泥沙通量影响；河口退延及演变规律；海岸输沙及演变特性；波流作用下泥沙运动及河床演变；咸淡水交界面分层交互规律；浑浊带变化及对河口的影响；泥沙通量减少对河口湿地环境及水生生物的影响；流域水沙变异对河口海岸过程的影响；河口海岸生态时空演化与泥沙行为交互作用；河口咸潮上溯控制及调控技术。

4. 维持河流健康的调控机制

包括：河流健康的理论体系；不同尺度河流健康评价转换关系；河流健康评估方法和指标体系；维持河流健康的水环境主导因子（水沙、水温和水质等）；健康河流系统的适应性；维持河流系统功能健康的临界水沙条件；建坝后库区水环境变化规律；建坝后下游河道水环境变化规律；坝下游河流系统演变对河流健康的影响机制；河流底栖及浮游生物栖息环境要素；建坝后径流过程及水环境变化对鱼类栖息繁殖影响；河流健康监测指标体系及方法；河流再自然化的生态工程原理与方法。

5. 生态友好的三峡水库综合优化调度模型

包括：水库生态调度的理论基础研究；基于生态的水沙联合调度研究；坝下游河道生态需水量研究；水库调度模式与库区水沙输移关系；面向下游河道生态需水的水库调度方法；面向库区水环境要求的水库调度方法；考虑生态需求的水库多目标综合调度模型与优化模型。

6. 大型库区温室气体的形成机制及循环规律

包括：大型水库温室气体产生机制及排放规律；库区水体-陆地生态系统碳

氮交互机制研究；库区淹没植被体及土壤有机碳分解及扩散物理机制及其动态变化研究；水库温室气体通量观测体系研究；水库水-气界面以及水-沉积物界面碳氮循环过程模型构建研究；水库沉积物碳氮温室气体元素的聚集及交换过程研究；水库浮游植物温室气体排放监测研究；水库温室气体排放遥感监测方法研究。

7. 长江中下游河道治理与黄金水道建设技术

包括：新的水沙条件对河道和航道的影响、河道治理和航道资源开发技术；枢纽泄洪与电站调峰对两坝间通航的影响及对策研究；新材料、新工艺在河道与航道治理中的应用研究；长江中游典型河段河道治理技术；长江中游典型河段航道畅通工程技术；长江口深水航道上延关键技术研究；长江中下游河道与航道资源开发综合协调机制研究。

三、重大水利水电工程建设的基础科学和关键技术

（一）研究范围及内容

该优先领域拟将水工结构、水工材料和水利水电工程施工综合起来对超大型水利水电工程建设的基础科学和关键技术展开研究。

由于我国巨型水电枢纽工程的建设，在 300 米级高坝设计与施工、深埋超大型地下厂房洞室群的稳定与开挖、水工结构地震动力破坏、新的水工材料、新的施工技术、水力机械多相耦合、梯级水库群安全与高效运行等很多方面都必须有所突破。所以，必须加强基础和应用基础研究，重视与技术开发的融合，紧密结合水电工程建设与运行的实际，促进与材料、信息技术、生态学的学科交叉，发展新的学科生长点，在新的社会、经济、技术条件下，为我国水利水电工程安全建设与高效运行提供理论基础和技术支持。

（二）研究现状、发展规律与趋势

目前，发达国家的水利水电开发程度已经达到了很高的水平，如日本、瑞士、法国、西班牙、意大利、美国、加拿大等国家的水电开发程度均已超过 70％，其中法国和瑞士更高达 95％ 以上。因此，这些国家大规模的水利水电建设已很少，研究重点已转向大坝寿命预测、水利水电工程与环境的协调、溃坝风险评估等领域。目前世界已建成的各类型最高坝有：高 300 米的努列克心墙土石坝（苏联，1980），高 285 米的大狄克逊混凝土重力坝（瑞士，1962），高 271.5 米的英古里混凝土双曲拱坝（苏联，1982），高 245 米的萨扬-舒申斯克混

凝土重力拱坝（苏联，1987），高233米的面板堆石坝（中国，2008），高214米的马尼克五级混凝土支墩坝（加拿大，1968），高192米的龙滩（一期）碾压混凝土重力坝（中国，2008），高132米的沙牌碾压混凝土拱坝（中国，2002）。

我国的水资源分布极为不均，同时又是水能资源蕴藏量最为丰富的国家，水利水电建设在国民经济建设中具有举足轻重的地位。进入21世纪以来，我国的水利水电建设迅猛发展，将要兴建众多的巨型水电站和高坝工程。这些重大的水利水电建设工程在规模（如举世瞩目的三峡工程）、难度等多方面都将超过现有的世界水平，例如：①锦屏一级拱坝、双江口心墙堆石坝、古水面板堆石坝坝高将超过300米，龙滩碾压混凝土坝超过200米，都将是该种坝型的最高大坝；②泄洪规模巨大，如溪洛渡工程，设计洪水约每秒6万立方米，水头达270米，泄洪功率达120 000兆瓦，居世界首位，能量集中，消能难度大；③大量坝址位于强烈地震区，地震烈度高，如小湾、溪洛渡拱坝的设计地震峰值加速度分别达到0.308克和0.321克，大岗山拱坝的设计地震峰值加速度更达到，强震条件下高坝的抗震安全研究迫在眉睫；④地下厂房装机巨大，如溪洛渡水电站地下厂房装机达1386万千瓦，龙滩水电站地下厂房装机630万千瓦，大跨度的地下厂房洞室群在高地应力条件下的围岩稳定、支护设计、开挖施工等方面都存在很多的困难；⑤坝基地质条件复杂，地基处理难度越来越大；⑥跨流域调水的长度超过1000千米，年调水量达到数百亿立方米；⑦大规模的抽水蓄能电站的建设也带来新的挑战。

从国际水工结构学科的发展来看，受到社会、经济发展水平的影响，发达国家的水利水电开发已经达到很高的水平，对于水工结构方面的专门研究已很少。但国际上岩土力学、混凝土力学、流体力学以及有关数值方法不断发展，水工结构学科的力学基础有了很大的进步，为更深入地了解大坝工作形态和破坏机制提供了研究手段。另外，水工新材料（包括各种新型混凝土和其他的特种材料）的研究与现代高新技术的日益广泛应用也为水工学科的发展提供了新的动力。总之，水工结构学科作为一个传统学科，正在经历一个新的变化，我们必须抓住变化趋势，培养新的学科增长点，力争学科发展的制高点，为我国的大规模水利水电建设提供技术支持，确保我国的水工结构工程学科进入世界领先水平。水工结构学科当前的研究热点主要集中在以材料本构、数值方法为核心的分析方法，以性能设计为发展方向的设计理论，大体积混凝土温控防裂，新坝型，以及以高新技术应用为特征的新型勘测、试验、监测新技术。

水工材料的研发与应用是水工结构学科发展的一个核心推动力，随着一系列巨型水利水电工程的建设，对水工材料性能的要求和经济性的要求也不断提高。因此，要着重开展新型混凝土的研究，提高混凝土的高耐久性、低热特性、高抗裂性、高防渗性能、高防冲刷性能、高抗侵蚀性能等。同时，开展新材料的仿真模拟试验,发展水工混凝土的检测、评估、修复新技术,开发新型的止水、表面防护材料,推广土工合成材料的应用。目前水工材料的研究工作着重于解决应用问题方面(如改善材料性能等)以及材料机制研究方面(如新材料发现的一般机制研究、应用问题的机制等),通过研究探索不断为水工材料的设计提出更为合理的理论方法和技术。

在大江大河上修建水利水电工程,施工条件复杂、工程量大、施工强度高、建设周期长,高标准、高强度的连续施工给施工方案调整与实时控制提出了更高的要求。在大型水利水电工程实际施工中,如何有效地分析与控制施工质量?如何动态调整复杂约束条件下的施工方案?如何实时调整与控制施工进度?这些都是高标准的水利水电工程建设所面临的关键科学问题。要从传统经验类比的控制分析方式向实时计算与优化调整的动态控制方式转变,需要富有创造性地研究大型水利水电工程施工仿真优化与实时控制分析理论方法。

(三)研究前沿与重要科学问题

1949年以来特别是改革开放以来,我国已兴建了一大批水电枢纽工程,为我国国民经济建设发挥了巨大作用。2008年的汶川大地震中,强震区的水电站,特别是以紫坪铺、沙牌、碧口、宝珠寺等百米级高坝为标志的重要水电工程经受了严峻的考验,我国20世纪的水工设计理论、建设技术和运行方式得到了充分的肯定。根据我国水利水电建设事业发展的需要,到21世纪中叶,一大批高坝、超大型水电站、超大规模跨流域调水工程都将陆续开工建设。我国已成为世界水利水电工程建设的中心,许多世界水平的巨型水利水电工程出现在我国,这些工程建设规模巨大、耐地震烈度高、地质条件复杂,建设难度和高效安全运行要求已全面超过目前世界最高水平,对超大型水利水电枢纽工程的设计、施工与运行管理都提出了严峻的挑战。近年来,我国的重大水利水电工程在实际建设过程中也出现了一些新的问题,如300米级高拱坝的温控抗裂、复杂地质条件下大跨度地下洞室的稳定、高坝高质量施工实时控制、200米以上高坝长期运行的安全评价等,对超大型水利水电工程领域的科学研究提出了很多新的课题,需要加强前瞻性的基础研究。

因此,从水利水电工程建设发展布局来看,其未来5~10年的优先发展领域为:超大型水利水电工程的基础科学和关键技术。

其重点研究方向主要包括:
1) 300米级高坝枢纽设计与施工关键科学问题;
2) 超大型地下厂房设计与施工关键科学问题;
3) 跨流域长距离调水工程设计与施工关键科学问题;

4) 重大水工程安全的关键科学问题；

5) 新型水工建筑材料科学与技术；

围绕超大型水利水电工程建设与运行，采用理论分析、模型试验、现场实测、数值模拟和可视化仿真等研究手段，发挥水利水电工程科学、数理科学、计算机科学和信息科学等多学科交叉创新的优势，系统、深入、重点地研究上述科学问题和关键技术，实现对大型水利水电工程设计、施工和运行从经验类比到理论预测、定量分析的重点跨越和理论升华，提升我国超大型水利水电工程建设技术研究的原始创新能力，为保障我国超大型水利水电工程的高质量建设与高标准安全运行提供科学支撑。

（四）2011～2020年优先资助方向

1. 300米级高坝枢纽设计与施工关键科学问题

（1）高混凝土坝的结构设计关键问题

高混凝土坝-地基系统的应力、变形、稳定分析理论与方法，重点需要研究混凝土和地基岩体的本构关系；混凝土的断裂、损伤和破坏力学模型；高混凝土坝的施工、运行全过程仿真分析及高混凝土坝的温度应力与温度控制措施；高拱坝的体型优化理论与方法；高坝地基系统的失效分析与安全度研究；混凝土坝随机力学模型与可靠度理论等。

（2）高土石坝的设计关键问题

开展复杂应力条件下筑坝料特性与本构模型；堆石体的流变变形、劣化与强度降低规律研究；堆石体与面板的接触本构关系与计算方法；高土石坝的渗流稳定分析；高土石坝应力变形分析方法；高土石坝流变特性与长期强度分析；高土石坝综合评价方法和评价标准等问题研究。

（3）超高边坡与高坝坝肩的设计关键问题

考虑结构和基础相互作用的大体积坝基和边坡变形稳定的评价和控制（加固）理论研究。高拱坝整体稳定性评价体系研究，基于变形稳定的高边坡稳定评价研究，以及相应的控制标准研究；高拱坝和高边坡整体系统加固体系优化布置理论和设计方法研究；发展从监测位移速率场中推求抢险加固方案的新一代监测理论。坝踵、坝趾、坡脚处高梯度应力区下岩体变形、强度力学特性研究，坝基卸荷岩体力学特性及控制特性研究；锚固、抗剪洞真实受力状态研究；锚固措施耐久性研究；固结灌浆加固效果及灌浆帷幕防渗效果研究。

（4）施工水流控制分析的关键问题

大江大河上修建水利水电工程，施工条件复杂，技术难度大，整个施工过程中的水流控制突出反映了水利水电工程施工的特点，对整个工程建设的顺利进行有着决定性的影响。受地形地质、主体施工方案布置、施工进度、度汛、通航、蓄水等众多因素影响，施工水流控制过程是一个复杂的随机动态过程。对于300米级超大型水利水电工程施工导截流，存在诸多关键科学技术问题亟待研究解决，主要包括：

1）超标洪水风险率模型。如何正确估计在施工阶段或大坝寿命期限内超标洪水的发生概率或风险率，建立客观反映实际的超标洪水风险率模型，是选择施工导流设计流量和大坝溢洪道设计洪水的主要依据和前提。

2）减轻截流难度的基础理论和技术。截流的成败直接关系到水利水电工程建设的进度和造价，无论在技术上还是在施工组织上都具有艰巨性和复杂性，目前的截流技术仍以经验判断为主，缺乏相关机制研究，因此，应重点研究防止堤头坍塌措施、多戗立堵、人工块体的抗冲能力及减少抛投材料流失的工程技术等减轻截流难度的基础理论方法。

3）施工导流系统综合风险分析。将各种不确定性因素耦合起来，研究建立考虑水文水力不确定性以及施工进度不确定性的施工导流系统综合风险分析模型，准确计算施工导流系统的综合风险。

4）施工导流动态仿真与实时控制理论方法。综合考虑主体建筑物、导流建筑物与水流控制三者之间的复杂约束关系，研究建立复杂条件下施工导流系统的时空关系模型和施工导流过程的仿真通用模型，研究复杂施工导流过程分析、数值仿真方法、三维动态可视化仿真分析方法、多方案优化和实时控制技术，为施工导流多方案比选和导流风险分析提供新的手段。

（5）高坝施工实时控制分析关键问题

高混凝土坝或高土石坝施工方量多达几百万甚至上千万立方米，施工项目多，施工历时3～5年或更长，施工条件复杂，施工难度大，给大坝施工多方案比选优化和施工质量、进度控制带来了极大的困难，需要解决一系列相关的工程科学问题，主要包括：

1）高坝施工动态仿真与实时控制数学模型，综合考虑诸多约束条件，研究建立高坝施工动态仿真与实时控制的随机动态数学逻辑模型。

2）高坝施工进度仿真与优化理论方法，研究面向对象的复杂约束条件下高坝施工全过程动态仿真方法，针对不同约束条件和控制准则的组合，构造施工动态仿真预案及评判体系，研究高坝施工多目标多方案优化理论与方法。

3）高混凝土坝施工过程与温度应力耦合仿真计算分析理论方法，基于复杂条件下温度场和应力场的动态仿真计算方法，研究基于动态施工组织方案的反馈优化算法和快速温控仿真决策理论，研究大坝温控方案自动诊断与评价方法，实现对现场施工信息的及时反馈分析，为现场温度控制、及时调整各种温控方案提供技术支持。

4) 网络环境下的高坝施工动态实时控制分析技术，研究高坝施工方案实时调整与控制技术，基于动态仿真的施工进度动态实时控制及预警机制，优化施工方案，实现对后续施工方案的及时调整与优化，为高坝施工实时控制提供有效的技术手段。

2. 超大型地下厂房设计与施工关键科学问题

(1) 超大型地下洞室群的设计关键问题

十二五期间待开发的水力发电工程大都具有超大规模、超高埋深、极高地应力、内外高渗压、地质构造和工程布置极端复杂等特点，是严重突破设计规范条件的地下洞室群工程。目前的设计体系和采用的开挖支护方法在这类地下洞室工程中已经显现出难以应对的征兆。研究极端不利和超规范条件下的超大型（密集）地下洞室群破坏机制、稳定性判别标准，以及存在大量不确定因素情况下的洞室群设计体系、新型施工模式和动态管理机制是必要的。主要包括：洞群围岩在极端复杂多相多场力作用下的变形破坏机制，破损区时空四维演化模型，地下洞室多尺度结构演变与成灾机制，洞周松动圈向承载圈转化的形成机制和检测方法，超大型地下洞室群新型施工监测技术及快速高仿真反馈分析系统研究，洞群的稳定性综合诊断方法与控制等。

(2) 超大型地下厂房洞室群施工实时控制分析关键问题

大型水利水电工程地下厂房洞室群布置纵横交错，开挖量大，施工强度高，施工通道少，工序之间相互配合与相互干扰错综复杂。因此，在安排各个洞室施工先后顺序和施工进度时，需要综合考虑工程总工期、围岩稳定、通风散烟、施工强度以及交通运输等因素的影响，主要包括以下几方面的关键问题研究：

1) 大型地下厂房洞室群施工仿真与实时控制数学建模，综合考虑开挖方式、地质条件和施工支护等约束条件，研究建立大型地下厂房洞室群施工仿真与控制数学模型，能够准确描述地下厂房洞室群的施工特征、开挖方式、施工支护以及施工工序之间的复杂逻辑关系。

2) 大型地下厂房洞室群施工动态仿真与施工方案优化理论方法，集循环网络仿真技术、系统仿真技术、网络计划分析与优化技术、可视化技术于一体，研究施工顺序与机械设备配套的大型地下厂房洞室群施工动态仿真理论方法，进行地下厂房洞室群施工多方案比选、施工支洞优化布置、洞室开挖顺序和施工进度安排。

3) 大型地下厂房洞室群施工质量与进度实时控制技术，紧密结合工程实际分析大型地下厂房洞室群施工过程力学问题与施工进度的协调关系，研究大型地下厂房洞室群施工进度不确定性分析方法、施工方案调整与施工质量进度实时控制分析技术。

3. 跨流域长距离调水工程设计与施工关键科学问题

随着人口的增长和经济的发展,水资源问题已经成为制约人类 21 世纪生存与可持续发展的重要因素。水资源分布时空不均与人类社会需水量的持续增长使得长距离调水成为必然。为缓解地区缺水压力,促进经济协调发展,我国已相继建成了如东深供水、引大入秦、引滦入津、引黄济青、引青济秦、引黄入晋、引黄入卫等多个调水工程,目前还有许多大中型调水工程正处于在建或待建中,如南水北调工程、云南滇中调水工程等。这些工程规模大、建设周期长、施工强度高、施工场地分散,给工程设计与建设管理带来了很大的困难,跨流域长距离调水工程设计和施工中存在许多具有挑战性、亟待研究解决的关键科学技术问题。

(1) 超大规模跨流域调水工程结构的设计关键问题

包括:超大型输水桥渡的结构静动力分析;大型渡槽温度边界条件及荷载作用机制;高承载大跨度渡槽结构新型式及优化设计;地震作用下超大型高水头倒虹吸的结构安全性研究;渗流作用下采空区的稳定性研究;渗流作用下膨胀土边坡的稳定性;超大规模输水桥渡桩基础的冲刷及其对结构稳定性的影响。

(2) 跨流域长距离调水工程施工协调关键问题

1) 跨流域长距离调水工程施工分解协调理论。跨流域长距离调水工程施工系统是由许多耦联的子系统组成的复杂大系统,具有多目标、高维数、不确定性强、变量种类多、约束条件复杂等难点,针对跨流域长距离调水工程线路长、施工项目众多的特点,研究其逻辑关系构成、多级分解递推模式和耦合协调模式,对全线工程项目进行有效的统筹分析,实现整个施工系统的总体优化。

2) 超长隧洞 TBM 施工关键技术。发展深埋地质结构探测和综合勘察理论与方法;研究复杂地质环境下隧道的设计原理和支护技术、多源信息综合集成的地质超前预报技术体系、基于 TBM 施工的围岩分类体系、TBM 施工的风险管理模型,为深埋超长隧道工程施工与运行环境的安全提供理论方法与技术支持。

3) 跨流域长距离调水工程施工进度实时控制技术。研究跨流域长距离调水工程施工场地布置方案的评价优选技术、施工进度的三维动态可视化分析技术和网络环境下的跨流域长距离调水工程施工进度实时控制技术,紧密结合实际工程开展应用研究,为分析解决跨流域长距离调水工程建设中的施工组织设计和施工控制问题提供技术手段。

4. 重大水工程安全的关键科学问题

(1) 重大水工结构的抗震分析与安全评价理论

包括:水库促发地震的机制与预测;坝址强震观测资料整理与分析;地震

波传播机制与峡谷地震自由场空间分布；复杂土层场地的地震动场理论研究；地震荷载的输入模型；混凝土材料的率相关特性；大坝全级配混凝土的动态抗力特性试验与数值模拟方法及其动态本构关系和破坏机制研究；混凝土大坝的动力损伤开裂分析；土石材料动力本构关系；土石材料的液化机制与判别准则；高土石坝的动力分析模型与计算方法；强地震作用下大型地下厂房洞室群地震动力响应数值模拟分析方法、抗震可靠度设计理论；重大水工结构-地基-水体-淤砂系统的动力相互作用分析模型；辐射阻尼物理模拟试验方法；物理与数字试验耦合的实时试验技术；重大水工结构的抗震减震措施研究；重大水工结构抗震设防目标及合理确定相应地震设防水准的理论和方法；水工建筑物抗震风险分析方法；不同设防目标相应的定量描述高拱坝抗震安全的评价指标体系。

(2) 水工结构的耐久性、寿命诊断与退役理论

我国筑坝历史悠久，现有水库大坝8.7万余座，是当今拥有水库大坝数量最多的国家。但是，我国水库大坝大多建于20世纪50～70年代，由于多种原因，普遍存在防洪标准低、工程质量差等安全隐患，加上管理维护不善、工程老化等不利因素的影响，造成大量病险水库大坝。据2006年全国水库大坝安全普查，病险水库有3.7万座，约占水库总数的40%，且分布广、威胁大，病险种类多、险情重。病险水库大坝不仅难以正常发挥工程效益，而且严重影响下游人民的生命财产、基础设施和生态环境的安全，一旦溃坝将给下游带来毁灭性的灾难。开展重大水工结构的寿命诊断与退役理论具有重大意义，主要研究应包括：

1) 水工结构的隐患病险调研与破坏机制和规律：国内外水工结构的隐患病险调研；水工结构的病变演化规律与破坏过程机制；水工结构的病变识别与模拟的理论和方法。

2) 重大水工结构的耐久性研究：水工材料在复杂环境条件下的耐久性；材料劣化对重大水工结构安全影响的分析与评估方法。

3) 病险水工结构服役风险分析方法与服役寿命的诊断方法：水工结构病险分析方法；重大水工结构的健康诊断方法和灾变预警系统研究；重大水工结构灾变应急反应及配套措施研究；重大水工结构的损伤研究与寿命评估分析；基于可靠度与损伤理论的水工结构寿命预测模型；重大水工结构的服役寿命评估风险分析方法。

4) 水工结构的退役理论、方法和技术：水工结构的失事模式、概率研究及后果评价体系研究；水利水电工程的退役原则；大坝拆除技术；水利水电工程退役的法律法规研究。

5) 重大水工结构的补强加固措施：新型补强加固材料的研发、补强加固技术的研发。

(3) 水工建筑物灾害评估及修复技术

从 20 世纪 70 年代末开始，发达国家即已开始注重对旧建筑的老化与病害治理的规划与对策研究，修补材料与工艺的开发，病害评估理论的创立与发展。水利工程的安全关系着国家经济安全和社会稳定，目前，我国大部分堤防仍然隐患较多，崩岸险情时有发生；一些建于 20 世纪五六十年代的闸坝工程也面临着老化病害的威胁。我国水利科技发展规划也将水利工程老化与病害防治作为重点研究与发展方向之一。通过对国内著名院校的 20 多座实验室进行调查发现，目前国内尚无针对上述水利工程老化病险诊断与防治领域内具有全局性技术难题的研究中心。因此，借鉴国外的先进经验，提高解决我国水利工程老化病险诊断与防治的全局性技术难题的能力和水平已迫在眉睫，也具有十分重要的现实意义。

在隐患标准化试验技术方面，由于水工建筑物结构形式复杂、缺陷种类多样，测量参数大都为间接指标，并受诸多因素影响。开展水工建筑物典型隐患分类分级，在实验室重现各类各级隐患，达到指导隐患检测、验证检测方法、评价修补加固材料的目的。为确保国家与人民群众生命财产安全，急需采用高科技改造与提升这一传统学科方向，加大资金和力量进行水利工程的除险加固。该方向着重开展以下方面的研究：水工结构安全基本理论；水利工程防灾减灾的工程和非工程措施；加固修复理论、技术、设备、材料、方法和标准；除险加固质量控制和评价标准。

(4) 重大水工结构全生命期信息集成技术与安全评价理论

水利水电工程的建设和运行是一个极其复杂的过程，其工程质量关系到整个工程的安全运行。如何有效、动态地进行施工、运行过程质量监控？如何高效地集成与分析大坝建设过程中的施工信息与安全监测信息？如何实现远程、移动、实时、便捷的工程建设控制与运行管理？这些都是水利水电工程能否实现高质量建设与运行的关键技术问题。针对这些问题，有必要研究重大水工结构全生命期信息集成技术与安全评价理论，为提高工程质量发挥重要作用。

5. 新型水工建筑材料科学与技术

大规模水利水电建设带动了水工材料的迅速发展，由于水工结构具有与水接触、体积大、方量大等特性，对于材料的耐久性、抗裂性以及经济性要求高。水工材料作为水工结构物的基本单元，已成为推动大坝建设工艺发展及变革的决定性因素和核心推动力。我国目前大批 300 米级高坝的建设，正需要一系列新型水工建筑材料科学与技术的研究，来开发和应用满足这些高坝建设对大体积混凝土抗裂、碾压混凝土层间结合、过水混凝土抗高水头高冲刷性能、防渗等方面的特殊要求，水工新材料要进一步向着环保、高性能、长寿命的方向发展。因此,需要重点开展现有水工材料新的力学特性和新的水工材料的力学特性的研究,提高混凝土的高耐久性、低热特性、高抗裂性、微膨胀性、高防渗性能、高防冲刷性能、高抗侵蚀性能等,同时需要开发新型的止水、表面防护、土工合成材料等特殊水工材料,开展新材料的仿真试验,发展水工混凝土的检测、评估、修复新技术,为保障我国大型水利水电工程的高质量建设提供科学支撑。

(1) 高性能水工新材料的研究

国内外水工材料的发展总体上沿着"功能化"和"高性能化"的方向发展,目前水工材料的研究工作着重于两个方面:解决应用问题方面(如改善材料性能等)以及材料机制研究方面(如新材料发现的一般机制研究、应用问题的机制等),通过研究和探索不断为工程材料的设计提出应用更为合理的设计理念。

1) 水泥基复合与改性新材料。主要研究水泥/混凝土各种新型外加剂与掺和料,超细粉体材料及其研磨技术,聚合物改性材料及其工艺技术,各类纤维增强材料,特种水泥基材料,水泥基灌浆、锚固、修补新材料,水泥基材料的复合与改性机制等。

2) 金属结构腐蚀与防护新材料、新技术。主要研究金属结构(包括钢筋混凝土结构中的钢筋)腐蚀机制、腐蚀度无损检测与评估技术,电化学防护与处治新材料、新技术,表面防护涂层新材料与新工艺等。

3) 高性能超耐久水工新材料。主要研制安全耐久、经济适用的高性能水工新材料,包括水工高性能超耐久混凝土、水工建筑物高性能及长效修补(尤其是水下修补与加固)材料及其工艺、耐老化、耐寒、耐微生物腐蚀高分子材料等。

4) 水生态环境友好新材料。主要研究生态及具有水生态自动修复功能的水工新材料,包括水工材料与结构对水生态环境影响的调查分析与数据库建设,水生态修复功能材料,无污染可降解水工新材料、纳米复合材料,生态型环境友好材料与结构综合措施等。

5) 工业废渣和水环境废渣再生与综合利用。主要研究各种工业废渣、水环境废渣及其他废弃污染物的再生循环利用和安全处置新技术,废渣资源安全利用的战略问题研究及相关法规和技术规程制定。

6) 筑坝与补强加固的新材料。水工混凝土基本性能与机制研究,水工混凝土的高性能化技术,新型水工混凝土与新坝型;水工程加固材料与技术,新型止水与表面防护材料,生态型环境友好材料的开发,基于现代材料技术的新型人工合成水工材料的开发。

(2) 水工材料耐久性及其病害防治对策

水利工程安全与病害防治问题已成为我国迫切需要解决的战略性问题和瓶颈问题,水利工程老化病害影响了我国社会可持续发展。水利工程病害探测和除险加固技术是多年来国内外专家不断努力探求解决的重大技术难题。

水工建筑物的工程材料主要采用钢铁金属结构和钢筋混凝土结构，如何合理选用材料，使选用的材料对使用环境有良好的适应性、耐久性，保证结构的正常安全使用，就必须研究不同材料在不同自然环境下的腐蚀规律和特性，以及耐老化性能。材料老化病害的影响因素很多，作用复杂，且我国地域广大，水系复杂，自然环境条件、水体污染程度不同，其老化病害现象复杂，差别很大，而且不同材料在不同自然环境中的特性相差也很大。了解与掌握不同自然环境的腐蚀性，不同材料在不同自然环境中的耐蚀性与规律，以及自然环境因素变化对材料使用性能带来的综合影响等，可以为工程结构在自然环境中的合理选材、正确选择防护措施、环境腐蚀性的评价与分类、材料和构件的防护设计、制订防护标准和污染控制标准、研究材料腐蚀模拟加速试验方法以及进行材料腐蚀寿命预测提供科学依据。

传统的以结构强度设计为主的观念开始向以耐久性设计为主转变，把新建工程的耐久性问题解决在设计与施工阶段的理念已日益深入人心。然而，要从根本上解决已建和新建工程的耐久性问题，还存在许多理论与实践方面的研究工作需要深入进行，主要包括：水工材料与结构的老化成因；水工材料耐久性基础理论；纤维增强材料与技术；复合结构材料耐久性及其病害防治工程技术；物理、化学、电化学、微生物等腐蚀条件下水工材料的耐久性能；材料组分及其配伍、材料分子设计对其耐久性影响的规律；水工材料耐久性评估体系和病害防治对策及其新技术等；复合结构新材料研究及其防护修补材料工程技术；新型防渗加固材料的研究和施工工艺技术开发与应用。

（3）生态型环境友好材料与废渣综合利用

人与自然和谐相处已成为当前水利部治水新思路，拓宽水工程材料的使用功能、减少其对环境的负荷是国家建设和水资源可持续利用的需求。为尽量消除水工程对于生态系统的负面影响，需要研究生态型环境友好材料与废渣综合利用，以减少对水环境的污染并为植物生长和动物栖息创造条件，这是一个涉及材料、结构、岩土、水环境、生物等多学科交叉的新兴学科方向。

该方向研究包括：水工材料与结构对水环境生态影响的调查分析与数据库建设，废渣及其他污染物再生利用和安全处置新技术，相关技术规程制定，生态水工建设新材料研究，水生态修复功能材料研究，无污染可降解水工新材料研究，生态型环境友好材料与结构综合措施研究等。结合行业特点和已有工作基础，在近5年时间内该方向将重点开展生态混凝土、环境友好涂料研究和在废渣再生利用方面形成成套技术并拓展成果应用领域：

1）生态混凝土研究。生态保护系统的合理结构形式；生物基层合理配方及强度特性；基层材料的抗冲蚀和渗透性能；试点地区植被品种的适应性；降低生物基层碱度的有效措施；特殊生物给排水系统的设计和布置形式；生物基层施工技术和相应的控制指标。

2) 环境友好涂料研究及微生物对结构物的影响研究。延长水利水电工程金属结构和混凝土结构使用寿命的防护方式很多，但都离不开涂料的使用。水利水电工程防腐蚀长期以来所用的涂料防护效果不很理想，其中很多涂料是含对环境有害的溶剂型涂料，在使用过程中对大气和水质环境有很大的破坏。因此，需要研究不含任何挥发性有机物、对环境友好、有优异的理化性能、涂层连续致密、无接缝、无针孔、美观实用的新型环境友好涂料。

微生物无处不在，有些是无害的，有些却是有害的，危害工业结构的微生物通常归纳为八类：参与有机碳化物转化的好氧异养菌、真菌；参与氨转化的氨细菌、硝化细菌和反硝化细菌；参与铁、硫元素转化的铁细菌、硫化菌和硫酸盐还原菌。由中国科学院微生物研究所对大黑汀水库危害水坝环境微生物进行的调查表明微生物参与了水坝局部混凝土的腐蚀过程。微生物对混凝土等结构物的腐蚀以前没有引起人们的重视，国内也几乎没有这方面的研究，所以研究微生物对混凝土结构物的影响具有前瞻性。

3) 废渣再生利用。废渣再生利用符合我国国民经济可持续发展的要求，将固体废弃物直接用于建筑材料，甚至直接用于拌制混凝土，变废为宝，不仅可节省水泥、降低投资成本，而且对环境保护、造福子孙后代都有重要意义。充分利用工业和生活废渣制作水泥或部分取代混凝土中的水泥，通过简便的技术方法，可将品质差的工业废渣制备成工程再生利用材料；将一般的工业废渣制备成高耐久、抗腐蚀的工程建筑材料；开发与之相应的各种工艺措施，创造以废治废的环境保护技术；利用工业和生活废渣，通过试验研究，无害化处理后配制生物种植材料，美化生活环境。

(4) 水工结构材料腐蚀与防护

材料腐蚀与防护是一门与国民经济和国防建设有密切关系的应用学科，从其学科特点而论，它是化学、电化学、物理学、力学、冶金学和微生物学等多门相关学科相互渗透交叉的边缘科学，在技术上，随着光学、电子光学和表面科学技术、计算机技术等相关技术的不断发展，又推动了腐蚀科学和防护技术的发展。

1) 防护系统工程学。近年来，随着国民经济发展，为了保障自然环境条件下大型水利工程设施的长期安全运行，必须对它们提供整套的综合防护措施，防患于未然，杜绝发生严重的病害老化和恶性破坏事故，为此发展起来近代设计、维护工程和科学管理的一门新学科——防护系统工程学。这门学科以腐蚀科学与防护技术为基础，与管理科学、冶金、物理、机械工程、数学等学科相结合，为大型工程设施总体结构的合理设计、正确选材、精心施工、因事制宜地采取综合防护技术、病害无损检测、连续自动的病害监控和适时的维修保养以及优化的财政/经营管理等提供整套技术。

2）腐蚀防护与环境保护相互作用。腐蚀产物、防护材料的添加剂，以及某些牺牲阳极溶解产物等进入水和土壤，会影响人类的生态环境，研究满足现代社会、经济可持续发展的要求的防护技术是趋势之一。

3）腐蚀防护的计算机辅助设计和自动监控。凭借腐蚀防护规范提供的设计标准/评价判据和专家经验基础上建立的专家系统，利用计算力学/计算机技术研究建立的腐蚀防护的计算机辅助设计。例如，阴极保护的计算机辅助设计已经用于海洋平台、海底长输管线等大型工程结构腐蚀防护的优化设计，改变了过去凭借经验设计，结果造成某些部位过保护或欠保护的弊端，优化整个结构的阴极保护设计，并利用计算机远程监控技术对保护系统进行自动调节和控制。

（5）高新技术在水工材料中的应用

智能混凝土的自诊断、自修补方面：智能混凝土是在传统混凝土原有组分基础上复合智能型组分，如把传感器、驱动器和微处理器等置入混凝土中，使混凝土成为既能承载又具有自感知和记忆、自适应、自修复等特定功能的多功能材料。目前，可用于智能混凝土中的驱动器材料主要有形状记忆合金（SMA）和电流变体（ER），用作智能混凝土中传感器材料的主要是光纤。目前，需要研究具有两种或两种以上功能的智能混凝土材料。自修复混凝土就是模仿生物组织对受创部位能自动分泌某种物质，从而使受创部位愈合的机制，在混凝土中掺入某些特殊组分，如内含黏结剂的空心胶囊、空心玻璃纤维或液芯光纤，使混凝土材料在受到损伤时部分空心胶囊、空心玻璃纤维或液芯光纤破裂，黏结剂流到损伤处，使混凝土裂缝重新愈合。用自修复手段提高复合材料的结构整体性能和安全可靠性，是20世纪90年代以来各国研究的热点之一。尽管国内外已发展了一些复合材料结构损伤修补方法，但在线、实时修复还是个难题，还有许多问题有待解决。目前我国对于自修复复合材料的研究也很薄弱，尚处于起步阶段。因此有必要大力加快这方面的研究工作，建立成熟的研究方法。

针对我国水利工程安全与病害的特点，重点开展以下方面的研究：水泥基智能自诊断材料，水工混凝土与钢筋混凝土结构病害自修补技术；新型防渗加固材料的研究和施工工艺技术开发与应用；混凝土建筑物的缺陷修补技术开发与应用；岩基防渗与加固灌浆处理技术开发与应用。

四、复杂环境下岩土工程灾变的基础理论与关键技术

（一）研究范围及内容

岩土力学与岩土工程学科以正确认知、描述、评价和预测岩土体的力学性

质和行为，确保复杂环境下工程岩土体的变形、强度和稳定性满足工程需求为主要任务。土力学不仅研究天然土，还要研究改良土、非饱和土；不仅研究土体本身，而且研究各种复杂的土体与结构物组成的系统。岩石力学不仅研究岩石、节理裂隙等结构面及其赋存环境，还要研究锚固岩体以及岩体与结构物组成的系统。随着我国基础设施建设的快速发展，各类工程建设如水利水电工程、高速公路与高速铁路工程、城市地铁与轨道交通、大型结构与地下空间开发、海洋海岸与港口工程、环境岩土工程等，存在许多复杂的岩土工程问题急需解决。岩土力学与岩土工程学科在工程勘察、设计、施工及运行全过程中都具有举足轻重的基础地位。

在我国各类工程建设中，大型滑坡、大体积塌方、大面积沉降、大范围渗透破坏、突水突泥、持续大变形、岩爆、地震液化等岩土工程灾害频发，造成重大人员伤亡和经济损失。岩土工程灾害事故难以遏制的关键问题在于人们对岩土体的工程性质、岩土体与赋存环境的相互作用机制、灾害孕育演化机制等缺乏深入研究，尚无有效指导岩土工程灾害预测和防治的系统理论和方法。因此，必须加强基础及应用基础研究，并注重多学科交叉融合与多手段综合集成研究。该优先发展领域是我国水利水电、交通、矿山开采等重大工程迫切需要解决的关键问题，也是具有基础性、前瞻性和系统性的前沿研究领域。该研究旨在揭示复杂环境下岩土工程灾害的诱发条件、孕育演化和成灾机制，建立岩土工程灾害孕育演化过程的时空预测和动态调控理论，为工程优化设计、安全施工、高效运行提供理论和技术支撑。

该优先发展领域的"复杂环境"主要指强烈构造活动的内动力地质环境，强降雨作用及其他多变荷载作用的外动力环境，深埋的高地应力、高渗透压及相对高温的赋存环境，强烈爆破开挖、锚固支护等工程施工环境，库水位骤变及地震等其他复杂多变的运行环境等。

（二）研究现状、发展规律与趋势

我国土木建筑、水利水电、交通工程等各类工程建设里普遍具有工程规模巨大、地质环境恶劣、工程作用强烈的特点。就岩土工程而言，在空间分布上呈现出向西部山区、向地下深部、向海岸海洋发展的趋势；在几何上表现出长大、深埋、高陡等特征；岩土体赋存于高压、高温及骤变环境，并承受动力、多变、多维荷载作用。由于上述特点，工程对岩土体的变形、强度和稳定性提出了更高要求。

我国西部地区地形地貌复杂，构造活动强烈，地震烈度高，岩土工程难度大。西部水电能源开发面临大量高陡边坡稳定、高坝岩基稳定、超大地下洞室及长大隧洞围岩稳定、库区滑坡、崩塌防治等关键技术难题。例如,锦屏一级水电站河谷岸坡陡峭,自然边坡高度超过 1000 米,人工边坡高度超过 500 米,开挖方量达到 550 万立方米,河谷地应力高,卸荷强烈,左岸边坡发育深部卸荷裂缝,边坡结构及变形破坏模式复杂,是我国乃至世界上规模最大、条件最差的水电高陡边坡。类似的水电高陡边坡,如小湾、向家坝、白鹤滩、乌东德等,都需要研究边坡变形破坏机制、稳定性演化规律及工程控制措施。西方发达国家水电能源开发已基本完成,尽管其理论研究相对领先,但水电高边坡工程研究的热点在中国。

随着深部工程的发展,大量与深埋环境相关的岩爆、围岩持续大变形、突水突泥等工程灾害频发。例如,锦屏二级水电站,穿越锦屏山的四条引水隧洞平均长度 16.66 千米,开挖洞径 13 米,衬砌后洞径 11.8 米,埋深 1500~2000 米,最大埋深约为 2525 米;埋深为 1843 米的长探洞内实测最大地应力值已达 42.11 兆帕,预测引水洞线附近最大地应力将达 54 兆帕。西部地区断裂构造发育,特别是岩溶地区易于形成集中渗流。隧洞开挖可能出现高压涌水甚至爆发突水及碎屑流灾害。就深部重大工程灾害研究现状而言,我国在基本理论、研究方法和手段、预测预报能力、工程处理技术等方面均都落后于西方发达国家。

我国高速铁路客运专线发展迅猛,通过区域软土分布广泛。例如,长江三角洲地区为冲积、湖积相及滨海相淤泥质黏土;黄淮地区主要为冲积、洪积相淤泥质粉质黏土、粉土;东南沿海地区主要为滨海相、泻湖相淤泥、淤泥土。不同区域软土成因不同,其物理力学性质差异性大。在软土地基上修筑客运专线,由于软土地基强度低、变形大且持续时间长,不仅要保证其稳定性,还要对其变形、工后沉降进行严格控制,需要进行相应的地基处理。软土路基的沉降及稳定控制是客运专线路基建造的关键技术之一。发达国家在高速铁路研究方面起步早,软基处理的理论和技术比较成熟,而我国则刚开始研究。

环境垃圾灾害是 21 世纪的最大公害之一,全世界每年生产 5 亿吨城市垃圾,中国城市垃圾占到 1.5 亿吨以上,并以每年 10% 的速度增长。堆放和填埋是我国固体废物处置的主要方式,城市卫生填埋场的建设是我国环境保护的重要举措。卫生填埋场设计与管理技术以及其他固体废弃物如工业废物、放射性废物等的封装与处理处置技术是环境岩土工程的重要研究内容,污染物阻隔技术是当代环境岩土工程最主要的成果之一,而固体废弃物的工程性质的研究方兴未艾。污染土壤和地下水修复是维持人类社会可持续发展的重要途径之一,发达国家已经投入大量人力、物力对受污染环境进行修复。目前我国土壤和地下水污染严重,主要污染源包括废旧垃圾填埋堆放场、污水排放、农业面源、工业污水以及油污染源等,污染物在土壤和地下水中的运移规律、有效的污染防控措施等是重要的国际研究热点,需要进行深入系统的研究。

从发展趋势看，岩土力学与岩土工程的研究对象从相对单一、范围较小的岩土体，向大范围、多尺度的山体与地质体方向发展，以期从局部出发，在整体上更好地把握岩土体的力学特性和工程性质；由研究单场或单相环境向多场多相环境发展；由研究单一动力驱动模型向内外动力耦合作用模型发展；由单纯研究工程岩体稳定性向地质灾害的预测与防治方向发展；由研究工程岩体开挖失稳防治到工程诱发的地质灾害防治与人地关系协调方向发展。针对岩土体与结构组成的复杂系统，并考虑系统各部分之间的相互作用和相互影响，岩土力学与岩土工程研究采用综合研究方法，注重理论研究与试验研究相结合、工程地质评价与力学分析研究相结合、定性描述与定量分析相结合、确定性分析与不确定性分析相结合，整体与局部以及宏观与微观相结合，数值模拟与试验验证相结合，计算分析与监测反馈相结合。岩土力学与岩土工程研究遵循"定性描述、地质概化、理论建模、试验验证、数值模拟、工程反馈"以及循环往复、逐步深化的研究路线。只有这样，才能从宏观和微观的不同层次和不同尺度上认识岩土体地质特征，揭示岩土体力学特性，把握岩土体变形和稳定性状态，更合理地进行灾害预测预报。

（三）研究前沿与重要科学问题

各类岩土工程灾变的基础理论与关键技术应当阐明岩土工程灾害的性质和时空分布特征、产生灾害的地质环境条件与岩土体特性、灾害演化过程与致灾机制；探查和表征岩土体地质特征、岩土工程灾害演化与分布特征；研发岩土工程灾害时空预测预报和减灾方法等。

因此，在基础理论方面，需要开展宏细观、多层次、多尺度的岩土本构关系和强度准则研究，揭示岩土介质的变形机制、强度和稳定性演化规律；需要研究复杂环境下岩土体失稳分叉机制及其非线性动力学系统、多孔裂隙介质多相流传输与 THM 耦合系统特性等。在岩土-结构物系统特性方面，需要研究岩土体与结构系统的相互作用机制、大型地下空间结构与围岩的动力学特性与灾变机制、高危散粒料坝的水力破坏机制与判别准则等；海床土体在波浪、强风暴等复杂荷载作用下的力学特性以及与海洋平台、海底管线等的相互作用问题；强风雨场中结构与地基相互作用机制、随机反复荷载作用下岩土疲劳劣化规律、塔基与结构物系统动力灾变特征等。在灾害与环境关系方面，需要研究地震、海啸以及强降水等极端气候条件引发的滑坡、泥石流、土壤侵蚀等地质灾害问题。在灾害风险管理方面，需要研究岩土工程灾害风险管理模式、岩土工程中灾害发生的统计分布特征和规律、岩土工程风险评估模型以及工程建设的风险接受准则、风险预警、风险规避与风险管理标准等。

在防灾减灾的关键技术方面,需要研究岩土参数原位测试新技术、深部岩体结构探测与识别新技术、岩体赋存环境要素的精细测试技术;大范围、跨尺度的山体稳定性及地质灾害预测预报技术、工程岩体稳定性分析的专家决策支持系统等;全天候岩土工程(应力、变形、渗流)及工程施工过程(填筑、开挖、锚固)实时监测-反馈技术、三维激光扫描的岩土实体成像和建模技术、现代地球空间信息技术(3S、InSAR等)在灾害监测与灾害预警中的应用等。

针对复杂环境下滑坡、塌方、差异沉降、渗透破坏、泥石流、大变形、岩爆等岩土工程灾害,研究的主要科学问题如下。

1. 岩土体力学性质及赋存环境对地质灾害的控制作用

岩土体的基本力学性质、岩土结构特征及其地应力、地下水、地温等赋存环境是岩土工程灾害形成的基本条件。无论是地面岩土工程、地下岩土工程、海洋岩土工程,还是环境岩土工程问题,工程所涉及的岩土体,其结构特征及赋存环境具有高度的隐蔽性和不确定性。特别是我国西部强烈构造活动和复杂地形地貌的地区,岩土体的时空变异性更加显著。岩土体地质特征的探测与识别、赋存环境中地应力场、地下水渗流场及地温场的测试和分析对于研究岩土工程灾害成因十分重要,但现有的土力学理论、岩体结构理论、地应力理论、地下水渗流理论及多场耦合理论还不能完全回答岩土体结构和赋存环境的形成机制、演化规律及其对灾害的控制作用。

2. 岩土力学行为的工程作用效应与多场多相耦合机制

岩土体力学行为的演化规律决定着重大岩土工程灾害形成的内在机制。然而岩土体力学行为受工程作用形式、强度、速率等因素影响。工程作用可分为直接工程作用和间接工程作用。常见的直接工程作用有施工开挖、加固支护、防渗排水等;间接工程作用如大坝填筑引起岩土体应力水平提高、水库蓄水引起岩土体渗透压力增大、库水骤降导致异常渗透压力等。工程作用改变岩土体的边界条件、受力状态以及赋存环境,导致岩土体发生变形或破坏。在工程作用过程中,岩土体的渗透特性、力学特性都将发生变化,而这种变化反过来又将进一步改变岩土体的赋存环境、岩体应力和变形状态。

岩土体与赋存环境、固相基质与空隙中的液相和气相流体之间存在复杂的物质、能量和动量交换,表现出复杂的多场多相耦合作用特征。岩土多场多相耦合是指三相系统中应力场、渗流场、温度场、化学场等之间的相互作用和相互影响。岩土体多场多相多尺度耦合研究以岩土体及其赋存环境为研究对象,以室内外实验和试验、数值模拟为主要研究手段,以岩土体的应力和变形、地下水和其他流体在岩土体介质中的运动、地温及化学效应之间的相互作用为主要科学问题,从微观与宏观力学出发,揭示多场多相耦合条件下岩土体变形破坏、流体运动、岩土体稳定性的状态和演化规律。

3. 重大岩土工程灾变的孕育演化和灾变过程的动力学机制

重大岩土工程灾害的孕育演化和成灾机制是建立灾害准确预测预报和动态调控理论的关键。任何岩土工程灾害都有发生、发展和成灾过程,在此过程中,受一种或多种驱动力耦合作用岩土强度发生劣化,岩土结构发生破坏,应力场、渗流场、温度场甚至化学场发生蜕变。岩土工程灾害从孕育到灾变,系统特性存在分叉现象。例如,滑坡一般经历初始蠕变、等速蠕变到加速蠕变三个阶段,并伴随着原有裂隙扩展、新裂隙萌生、滑带土变形局部化、滑裂面贯通的孕育过程、滑体启动、滑体加速以及解体等复杂动力学过程。又如,在深部工程中,随着工程埋深的增加、地质条件的复杂化和开挖规模的增大,高地应力、强卸荷作用下深部工程灾害表现出岩爆弹射能量大、变形量值高、塌方范围广、突水突泥强烈等特征。对具有这些新特征的深部重大工程灾害的孕育演化和致灾机制、高应力强卸荷作用与爆破动力扰动的耦合作用效应及其判别方法和分析理论等,都需要进行系统深入的研究。

4. 重大岩土工程灾变孕育演化过程的时空预测和动态调控

各类重大岩土工程灾害的频繁发生,表明了这些灾害还远未实现准确及时的预测预报和可靠调控。与岩土工程灾害孕育演化机制相适应的时空预测理论、基于多源信息的岩土体及支护结构的安全监测预警标准,以及基于动态信息更新和适应灾害孕育演化机制的多方法、多手段综合集成的灾害时空预测-监测预警-动态反馈-调控措施优化的调控理论等,都需要深入研究。

围绕上述主要科学问题,深入系统地开展理论分析、模型试验、监测反馈、数值模拟和可视化仿真等研究,构建岩土工程灾害预测与防治的理论体系,促进地质工程、岩土工程、工程技术等相关学科的交叉与融合,提升我国在岩土工程灾害研究领域的创新能力和国际地位,以满足我国岩土工程的科学设计、安全施工与高效运行的需求。

(四) 2011~2020年优先资助方向

1. 岩土体地质特征与力学特性

岩土体不同于一般材料,具有其鲜明的地质特征、力学特性和工程性质。岩土体在地质特征上,是经过地质作用改造过的,具有一定结构特征的,赋存于物理地质环境中的地质体。土体是土颗粒、空隙以及充填与空隙中流体组成的三相体；岩体在地质历史时期曾经受过复杂的内外动力地质作用，岩体中发育了各种地质构造形迹，这是岩土体的物质性特征。土体的孔隙性、岩体中结构面及其组合关系表现出岩土体的结构性特征。岩土体总是与一定的物理地质环境相联系。岩土体是地质建造和地质改造的产物，地应力场、地下水渗流场和地温场是岩土体主要的赋存环境，这是岩土体的赋存性特征。地质特征、力学特性及工程性质是研究岩土体的三个视角。岩土体的地质特征揭示了岩土体的成因、组成、赋存环境和演化历史等；岩土体的工程性质体现了工程的客观要求及岩土体对工程的适应能力；岩土体的力学特性揭示了岩土体变形和破坏的机制和规律。

岩土体的结构特征对岩体应力传播、变形机制、破坏模式和流体运动等起控制作用。岩土体的赋存环境及其相互作用对岩土物理力学性质具有重要影响。岩土体地质特征与力学特性涉及岩土体的成因机制、岩土体结构特征与分类、岩土体的变形性质与强度特性、地应力场分布规律、岩土体渗透特性等内容。

(1) 复杂环境土体变形机制与破坏规律

主要研究天然与人工土体的渐进破坏成因、规律、模式及评价方法，高压、高湿、高温、强震及暴雨作用下的变形破坏机制，波浪荷载、交通荷载、冻融循环作用下的土体长期强度与时效变形；研究新的土体本构模型及其宏细观机制、土体动力破损机制与本构模型、结构性土流变特性和土体劣化与强度变化规律。

(2) 非饱和土力学及特殊土工程性质

主要研究黄土、膨胀土、湿陷土、冻土等特殊土地基变形与稳定问题，气候（湿度、降雨量等）变化引起的岩土体稳定问题，黄土高边坡失稳机制与安全设计理论研究，黄土结构性及其力学效应，非饱和黄土的水-气运动规律，非饱和土多相（固、液、气）传输及多场（应力、应变、温度、渗流）相互作用机制以及干旱与半干旱环境条件下黄土工程的长期稳定性等问题。

(3) 复杂岩体地质特征与力学行为

主要研究岩体结构面及岩体结构特征的探测、表征与模拟方法、工程岩体地应力场分布规律、岩体赋存环境及其对岩体物理力学特性的影响、内外动力联合作用下岩体的变形机制与失稳模式、高山峡谷区复杂结构岩体的形成机制与演化规律、工程岩体渗透特性与演化规律、岩体爆破开挖损伤机制、锚固节理岩体的变形与强度特性等问题。

2. 岩土多场多相耦合机制与模拟

岩土工程灾害孕育演化过程蕴含着复杂的岩土多场多相耦合作用。其中，主要包括力学过程、流体流动过程、热流过程等，如岩土的应力、应变、损伤、强度和破坏对岩土水力传导特性、物质（如污染物）传输路径和扩散性质的影响；岩土颗粒接触和相对摩擦引起的机械功到热能的转化；流体压力对岩土的应力、孔隙、变形和刚度的影响；流体压力、速度、饱和度和脱水/吸水循环对固/气体溶解、矿物沉结、污染物传输阻碍的影响；介质的热应力和热胀冷缩产生的应变对裂隙节理的张开、闭合、损伤及抗剪强度的影响；温度对固（流）体-化学反应过程速度和稳定性的影响；化学反应对结构面的强度、变形参数和损伤程度的影响等。另外，岩土体从本质上讲是一个复杂的多尺度材料，从单颗粒看其尺度可以从微米级变化到米级，明显有别于其他材料，其宏观上的力学响应与其微观力学特性密切相关。主要研究内容如下。

(1) 岩土体多场多相耦合机制

采用室内试验、现场大型地下试验以及数值模拟方法研究应力场（M）、渗流场（H）、温度场（T）及化学场（C）的两场之间的耦合关系，如 M-H、M-T、M-C、H-T、H-C 等。研究土体、岩石及结构面在多场多相耦合条件下的力学特性及本构关系、岩土的土水特性、渗透特性、热力学特性、非饱和土体的多相流运动及多场耦合机制、岩土损伤演化对多场耦合过程的影响；研究耦合条件下岩土体力学特性的尺度效应及其宏细观机制等。

(2) 岩土体多场多相多尺度耦合数值模拟方法

主要在不同尺度下研究岩土及其赋存环境之间的物质及能量交换机制、基于质量、能量和动量守恒的岩土多场多相耦合数学模型（力学平衡方程、渗流方程、气体运动方程、热能传输方程、孔隙裂隙演化方程）、基于全耦合（3+X广义耦合）的有限元与离散元计算格式、高效稳定的多场多相多尺度耦合数值模拟算法等，并研制相应的数值模拟平台。

(3) 工程岩土体多场多相耦合效应

主要研究深埋地下长大隧道、地下洞室、核废料地质处置、二氧化碳封存、深海能源开发等工程中多场多相耦合对岩土体变形破坏的影响；研究暴雨诱发滑坡或库水骤变激发滑坡的多场多相多尺度耦合机制、演化动力学过程；研究高应力强卸荷条件下岩土体变形破坏的多场耦合机制；研究水库诱发地震的多场多相耦合机制及其地震动特征；基于多场多相耦合的工程岩土体变形和稳定性动态调控方法等。

3. 复杂工程岩体稳定与变形控制

高坝岩基、高陡边坡、地下洞室围岩的变形和稳定是水利水电工程关键技术问题。在工程岩体的利用和改造过程中，爆破开挖改变岩体的几何形状、边界条件和载荷条件，从而改变岩体赋存环境和物理力学特性；喷锚支护、固结灌浆和回填置换等工程措施通过改变岩体的结构特征、变形特性和渗透特性，对岩体的稳定和变形进行控制。复杂工程岩体的稳定性分析理论和支护优化设计理论、岩体爆破开挖损伤机制、锚固岩体的力学特性及其对变形的控制作用等是研究的重要科学问题。

(1) 高坝岩基稳定性分析评价

主要研究高混凝土坝岩基宏观力学参数与演化规律、高混凝土坝岩基抗滑模式及稳定分析方法、高坝岩基应力变形特性的数值分析方法、高坝岩基深层抗滑稳定设计原则和安全判据、高混凝土坝整体稳定性的实时监控与预警方法、高坝岩基防渗排水及变形加固机制、高坝结构与坝基复杂渗控结构的渗流模拟及渗控措施优化设计、高坝系统风险分析与调控方法等。

(2) 边坡稳定性与变形控制

主要研究高陡边坡稳定性自然演化规律、高边坡初始地应力场特征与反演分析、高地应力强卸荷条件下边坡岩体参数演化特征及取值方法、强降雨作用下高边坡岩体渗流特性与数值分析方法、高边坡应力变形数值分析方法、强震条件下高边坡变形破坏机制与失稳模式、复杂条件高边坡潜在滑裂面的搜索方法、边坡稳定性三维整体极限平衡分析方法、边坡岩体锚杆、锚索加固机制与优化设计、复杂条件高边坡安全监测系统与反馈分析、高边坡工程可靠度分析与风险控制、高边坡变形和稳定性预测预警与调控方法等。

(3) 地下洞室围岩稳定与支护

主要研究地下洞室初始地应力场特征与反演分析、地下洞室岩体开挖应力演化特性、高应力强卸荷条件下地下洞室围岩变形破坏机制、深埋地下洞室及隧洞分区破裂化特征与成因机制、地下工程围岩大变形孕育机制与演化过程、地下洞室锚固支护受力特性和变形演化规律、锚固支护的计算方法和支护合理性的评价方法、地下洞室整体稳定和局部稳定特性、地下水及岩体渗流对洞室围岩应力变形和稳定性的影响、地下洞室及隧洞施工开挖过程的突水突泥地质灾害发生机制、地下工程不良地质体的超前探测与地质预报、地下工程灾害孕育演化与动态调控、地下洞室群安全评价体系等。

(4) 岩体爆破效应及工程安全

主要研究岩体开挖爆破震动传播及衰减规律、爆破震动安全判据、爆破震动控制技术、复杂岩体开挖卸荷松动机制、开挖瞬态卸荷诱发震动机制与规律、复杂条件下的高坝岩基、高边坡及地下洞室围岩开挖爆破优化技术、爆破震动监测与反馈分析、围堰爆破拆除技术以及筑坝级配料开采技术等。

4. 环境岩土力学理论与工程应用

环境岩土工程是应用岩土工程的理论与技术，改善和解决人类活动导致的岩土圈环境问题，降低人类活动对自然环境的危害，进行环境保护的新兴学科。

环境岩土工程是岩土工程与环境工程的交叉学科，涉及岩土力学、环境工程、化学工程、生物学、土壤学、水文学、地质学以及社会科学等多种学科，以地质环境的保护和改善、人与自然的协调以及各类工程的安全和持久运行为研究目标，综合运用各学科的理论、技术和方法，分析、评价和预测人类活动与岩土环境之间的相互作用、相互影响，治理和保护岩土环境，保证工程活动与自然环境的协调发展。环境岩土力学理论与工程应用的主要研究领域包括：污染物运移理论、固体废弃物工程特性与垃圾填埋场工程、固体废物处理处置与资源化技术、土壤与地下水修复技术等，地下水开采引起的地面沉降变形也可纳入环境岩土力学问题。

(1) 污染物运移理论

主要研究大尺度地下水运动模拟技术、污染状况监测技术、各类污染物在包气带和地下水系统中的迁移规律，以及土壤与地下水污染场地风险分析和安全评价理论与方法。由于污染物的多样性特别是日益严重的非水相流体有机污染物，以及涉及物理、化学和生物等作用的污染过程的复杂性，土壤中多相渗流和多过程耦合理论模型与模拟技术是主要的科学问题。

(2) 固体废弃物工程特性与垃圾填埋场工程

城市垃圾卫生填埋场是我国主要的固体废物处置技术，而固体废弃物物理、力学、水力特性的研究是工程合理设计和安全运行的前提和基础。重要科学问题包括：固体废弃物变形、强度和本构关系等方面的研究以及垃圾填埋体边坡稳定、沉降、与垃圾填埋体内结构物的相互作用问题；垃圾体中渗滤液和填埋场气体的运动规律和控制技术；城市卫生填埋场阻隔垫层和表面覆盖层的力学与水力特性；填埋场污染监测与控制技术；填埋场基础的变形与稳定；土工合成材料工程性质与应用等。

(3) 固体废物处理处置与资源化技术

我国固体废物的处理原则是无害化、减量化和资源化，与此相关的研究领域包括：核废料地质处置技术中渗流、温度、应力、变形等多场耦合问题；建筑垃圾的重复利用；城市污水处理厂污泥、工业固体废物、疏浚淤泥的无害化和资源化；尾矿脱水、输送、资源化等处理技术；固体废物储存场地的安全运行和生态修复。

(4) 土壤与地下水修复技术

为了保护土壤和地下水环境，提高修复效率和降低修复费用，污染控制与修复理论、技术等方面的研究和创新十分迫切。土壤/地下水原位修复技术得到了迅速的发展，原位修复技术具有高效、快捷、对周围环境干扰小等特点，已经大量应用于土壤和地下水污染修复，然而其理论研究远远落后于工程实践。原位修复机制、理论模型和数值模拟的深入研究对修复系统的优化设计和高效运行具有重要意义。目前亟待研究的污染控制与原位修复技术包括地下水水力控制与抽出处理、土壤气相抽提与地下水曝气、气压劈裂等技术，其核心科学问题为多孔介质水-气多相渗流以及与化学、污染物运动等多物理场耦合机制和理论的研究。

5. 散粒料坝与软弱地基变形控制

(1) 散粒料坝变形控制

我国西南地区修建的 300 米级以上高堆石坝工程，应当采用理论分析、模型试验、现场实测和数值模拟等研究手段，发挥工程与材料科学、数理科学和信息科学等多学科交叉创新的优势，研究高堆石坝在深厚覆盖层、高地震、高渗压等复杂环境条件下的应力变形特性，形成一套包括试验参数选取、本构模型和数值分析方法的评价系统，实现对 300 米级以上高堆石坝工程从简单工况到复杂工况的全过程模拟，提升我国超高堆石坝建设的创新能力，为 300 米级以上高堆石坝设计提供理论和技术支持，促进我国堆石坝建设水平的不断提高。

1) 散粒料坝材料力学参数的试验方法与预测。针对室内试验存在的不确定性因素，研究高堆石坝筑坝材料在高围压、高应力水平以及高渗压条件下的大型三轴试验设备的研制方法，建立能够考虑堆石体材料的尺寸效应、加载速率、湿化效应、流变效应的试验方法，结合散体材料的多尺度理论、随机不连续接触算法，建立能满足 300 米级以上高堆石坝工程应力变形分析需要的筑坝材料力学特性数值试验方法与理论预测模型，揭示高围压、高应力水平以及高渗压条件下的筑坝材料力学参数的特性、形成机制与分布规律，预测高堆石坝竣工和运行期的坝体材料力学参数。

2) 散粒料坝静动力本构模型及数值分析方法。基于宏观、细观及其相结合的多尺度理论和方法，采用物理模型、数值模型及其相结合的试验手段，研究散粒料的复杂物理或接触非线性的力学行为与数学描述，尤其要研究堆石体颗粒材料的尖端破裂、尺寸效应、加载速率等的多重非线性力学效应，建立模拟高围压、高应力水平以及高渗压条件下的 300 米级以上高堆石坝工程应力变形分析静力非线性效应的宏细观建模理论与方法。

采用散粒料的高围压、高应力水平以及高渗压条件下大型动三轴试验，研究强地震动作用下和高应力条件下堆石体的变形机制和规律，建立合理反映复杂加载条件下堆石坝料动力特性的本构模型；研究强地震动场作用下坝体、坝基及库水的动力耦合效应以及堆石体/心墙与孔隙水的流-固动力耦合效应，建立堆石体材料与周边环境介质动力耦合作用的连续与非连续、接触与非接触、线性与非线性建模理论与方法，提出超强震条件下高堆石坝的强非线性全尺度分析理论，并开发相应的数值计算方法，实现对高堆石坝动力响应全过程的数值模拟。

3) 高土石坝气-液-固多场耦合模型及分析方法。采用宏细观相结合的方法，物理试验与数值模拟相结合的试验手段，研究 300 米级高土石坝工程心墙料的气-液-固多场耦合机制和数学描述，尤其要研究心墙土水特性及其演化规律，建立适用于高心墙堆石坝的多场耦合分析模型和分析方法，并开发相应的数值计算方法。研究高心墙坝水力劈裂发生条件、发生机制以及动力液化情况下的气-液-固耦合的能量耗散机制。

4) 散粒料坝变形控制技术。依据坝坡稳定要求优化散粒料坝体形，为满足变形控制要求进行材料选用、材料级配、材料分区及堆石体最优含水量优化，并确定分层碾压厚度、碾压遍数、填筑顺序等施工参数。为确保填筑碾压质量，宜采用现代地球空间信息技术（GPS）对碾压过程实施全天候的实时监控，并反演压实度。研究堆石料干密度、渗透系数的现场快速测试方法和技术。建立散粒料坝变形监测系统，根据监测资料并结合渗流监测数据，反馈堆石料力学与渗透参数及其演化规律。

(2) 大型工程软弱地基变形控制

诸如高速公路、高速铁路、填海造地建设的大型机场、大面积填方工程等都涉及软弱地基变形控制问题。特别是目前快速发展的高速铁路工程，路基作为轨道的基础，是保证列车高速、安全、舒适、平顺运行的前提条件。在软土地基上修筑高速铁路，由于软土地基强度低、变形大且持续时间长，不仅要保证其稳定性，还要对其变形、工后沉降进行严格控制，对地基采取相应的处理措施。软土路基的沉降及稳定控制是高速铁路工程的关键技术之一。

1) 大型工程软弱地基变形机制与评价方法。主要研究不同地层结构软弱地基的时效变形特性、循环动力荷载对地基变形的影响、降雨及地下水渗流对地基变形的影响、车辆-轨道-路基及其与环境因素的多场耦合效应、复杂软弱地基的物理力学参数测试与评价、复杂应力路径下结构性土体的本构理论、软弱地基动力特性与本构理论、软弱地基变形数值模拟理论和方法、软弱地基长期变形预测理论和方法等。

2) 大型工程软弱地基工后沉降与沉降控制标准。主要研究工后沉降发生机制及其主要影响因素、基于"沉降控制"的路基设计理论和方法、控制工后沉降量的路堤填料和密实度等施工标准、地基结构体系的耐久性分析及风险评估、偶然事件产生的冲击荷载对地基结构系统整体稳定性的影响、地基变形监测-反馈分析与预警、地基结构系统变形校正与修复等。

3) 大型工程软弱地基工后沉降控制的加固方法。主要研究软弱土地基的各种加固处理方法。根据大型工程的工后沉降控制要求，研发系列的软弱土地基加固方法，开发新设备和新工艺，开展各种地基加固新方法的试验和理论研究，探讨地基加固的机制,形成新的地基加固的设计计算理论。通过室内试验和现场监测,评价地基加固方法的沉降控制效果。

五、高强度开发条件下海岸演变机制与生态保护

(一)研究范围及内容

河口海岸地区有着独特的地理资源优势,沿海地区航运发达、港口优良,土地资源丰沃,为繁荣当地经济、文化提供了优良的条件。河口海岸地区的有利条件,促使了人类开发利用海岸带资源的进程,主要体现在为了增加国土资源的大规模滩涂围垦、为了利用岸线资源建设沿岸和离岸深水港、为经济利益建设沿海化工园区、为开发旅游和地产资源建设人工岛等。

我国沿海地区的面积占全国的17%,人口占全国的42%,而GDP占全国的73%。在沿海地区经济社会发展中,现有的海岸国土资源已经得到了利用。我国先后把北部湾经济区发展、珠江三角洲地区发展、海峡西岸经济区发展、长江三角洲地区经济发展、江苏沿海地区发展、天津滨海新区开发、辽宁沿海经济带开发等列为国家战略。随着新一轮开发、开放政策的实施,一方面需要对已经利用的海岸国土资源进行整治,以期向好的、健康的方向发展;另一方面,需要进一步创造海岸国土资源,利用深水岸线建设深水港等。

2007年,全国实施监测的入海排污口573个,其中,工业和市政排污口占70.3%,排污河和其他排污口占29.7%。大量工业和生活污水排放入海,对排污口邻近海域环境影响依然严重。2007年实施监测的排污口邻近海域面积940平方千米,海水质量为四类和劣四类的海域面积占监测排污口邻近海域总面积的56%,约53%的排污口邻近海域生态环境质量处于差和极差状态。因此,在人类高强度开发利用海岸带资源的同时,需要加强生态环境的保护。

《国家中长期科学和技术发展规划纲要(2006—2020年)》在基础研究中多处强调了人类活动对地球系统的影响机制以及资源、环境和灾害效应等问题。其中,在科学前言部分要求研究地球系统过程与资源、环境和灾害效应;在面向国家重大战略需求的基础研究部分要求研究人类活动对地球系统的影响机制。

海岸工程是开发利用海岸带资源、保护海岸带环境的一门综合技术学科,其优先发展领域为"高强度开发条件下海岸演变机制与生态保护",研究范围主要包括海岸建筑物、海岸沉积物与海岸水动力环境的相互作用机制及其对海岸生态的影响,其中,海岸建筑物主要包括围海工程、海港工程、河口治理工程、海岸防护工程、海岸与近海能源工程、环境保护工程、用于水产养殖的海上农牧场和水下渔礁等渔业工程,以及在近岸水域修建的海上平台、人工岛等。研

究范围广泛，学科交叉性强，涉及流体力学、泥沙运动力学、结构力学、岩土力学、材料力学、物理化学、地球科学、地理科学、海洋科学、环境科学、生态学等。

十二五期间，该领域研究的总体目标是为我国在高强度开发利用海岸带资源活动的决策和实施提供基础科学支撑。具体包括：揭示海岸水沙运动机制，创新河口海岸水沙动力学基础理论；分析自然条件及高强度开发条件对海岸演变的影响，创新海岸演变中长期预测模拟技术；研究海岸灾害的孕育机制，提高海岸防灾减灾能力；分析人类开发活动对海岸生态环境影响，提出海岸生态保护措施；研究新型海岸工程设计方法，构建工程监测与评估体系。

为实现上述总体研究目标，该领域拟开展以下几方面的研究。

1. 河口海岸水沙运动机制

对大河口广泛分布的细颗粒泥沙进行絮凝特性实验研究，探索泥沙絮凝对泥沙运动的影响机制；研究波浪、潮流、河口环流、风等多因子动力作用下河口水沙运动特征，揭示泥沙起动、输运等动力机制。

2. 高强度开发条件下海岸中长期演变过程

研究海陆泥沙通量，分析海岸泥沙来源；基于河口湾沉积特征及岩相分析，判断河口湾动力控制因素，研究颗粒物"源-汇"效应和海洋环境演变；研究高强度开发条件下海岸中长期演变模拟技术，实现高时效、高精度模拟。

3. 海岸灾害孕育机制及对策措施

研究海岸风暴潮、台风浪、盐水入侵等灾害的形成机制及其风险理论，诊断和评价海堤等海工建筑物实际防御灾害的能力；研究海岸洪水、盐水入侵等预报技术，探索海岸侵蚀机制及防治措施；研究海岸灾害预警及灾害评估业务化系统技术，提高防灾减灾能力。

4. 高强度开发条件下人类活动对海岸生态环境的影响机制及保护措施

揭示高强度开发条件下河口海岸水沙、污染物输运规律以及生态过程；研究海岸带生态环境评价指标体系；研究近海赤潮发生机制，提出海岸带生态环境预测方法。

5. 新型海岸工程设计方法及工程安全评估技术

研究海岸结构和地基基础静动力学作用，以及复杂地形下波浪等与海工建筑物的相互作用，提出海岸工程建筑物结构动力设计和新型海岸工程结构物设计方法；研究海岸工程安全评估技术，提出工程安全评估体系。

（二）研究现状、发展规律与趋势

我国关于海岸泥沙运动的研究历史较长、涉及面也较广，取得了许多成果，形成了研究力量雄厚的科研人才队伍。自20世纪50年代中期开始，我国相继开展了长江口、钱塘江口、黄河三角洲、珠江三角洲、废黄河口等岸段的海岸发育演化、滩涂资源综合调查研究。80年代中期至90年代末，对于包括黄河三角洲在内的海岸冲淤趋势预测进行了大量的研究，对岸滩蚀退加强了实地监测，获得了一大批重要的观测资料和研究成果，建立了岸滩演变统计预测模型，研究分析了我国海岸岸滩演变规律。总体而言，以往主要针对局部地区开展了海岸的短时期演变研究，缺乏对整体的长时期演变规律的研究，特别是以近岸泥沙运动基本理论为基础、与动力条件相结合进行系统的机制性的研究。另外，海岸演变研究中还存在着许多问题。首先，一些海岸形态是在某次特殊的气象条件下形成的，由历史资料所得到的特征海洋动力要素无法还原这些海岸演变过程。其次，海岸带是一个复杂的系统，虽然目前的一些研究正在尽可能多地考虑海岸演变的影响因素，但是把海、陆、空三者作为一个有机整体耦合研究其长期演变过程还很少。再次，一些近岸的海洋现象，如边缘波及沿岸流等，其本身的研究还存在很多问题。如何考虑这些物理现象对海岸演变的影响是海岸工作者需要继续努力的方向。

海岸灾害及防灾减灾关键技术研究主要集中在沿海风暴潮、台风浪预警预报及灾害评估系统、河口三角洲咸灾成因与对策、海岸工程新结构新技术等方面。风暴潮数值预报始于1954年，经过近几十年的发展，由于国外先进的计算机技术、适于风暴潮数值预报的数值天气预报技术、系统的监测网络与先进观测技术的开发和应用，使得他们在风暴潮的数值预报方面处于领先地位，国内在数值预报模型和方法方面达到了国外的水平，但在风暴潮防灾减灾领域，无论是科学研究还是实际应用，尚缺乏有广泛认知度的软件。通过"九五"以来的建设，国内在分潮自动优化天文潮预报、天文潮与风暴潮耦合数值预报、台风预报实时校正、河口区增水实时校正等关键技术方面进行了深入研究，建立了东中国海、南中国海风暴潮预报模型。基于GIS、预警预报及决策支持系统技术，研制开发了海岸天文潮及风暴潮数值预报系统，为国家防总及沿海水利部门的汛期水情会商提供了技术支持。台风浪在大洋和近岸机制复杂，我国的海浪研究始于20世纪60年代，而台风浪研究始于20世纪70年代。20世纪90年代以来，通过国家"八五"、"十五"科技攻关，国内研发了台风浪业务化预报模式，并逐步向高分辨率的预报模式发展。目前，国外（如美国NOAA、加拿大环境部、加拿大渔业海洋部等）采用大洋和区域性模型多级嵌套的方法，研究海岸水域飓风浪特性和飓风机制。国外有关河口三角洲灾害问题的研究可追溯到20世纪50年代，迄今为止，研究内容已经涵盖河口盐淡水的混合类型、划分标准、动力环境及其混合机制和陆海相互作用的响应关系等多方面。国内的研究始于20世纪60年代，到20世纪80年代才开始有较为系统的研究，主要集中在我国三大河流——长江、珠江和黄河。相关的研究内容与国外类似，主要体现在河口盐淡水混合、河口环流、盐水模型的应用等方面，研发的有关数学模型成功地应用于国家重大攻关项目三峡工程、长江口深水航道工程对河口盐水入侵的影响。

河口海岸地区的发展极大地依赖于其资源环境条件，同时也更为显著地受到人类活动的深刻影响，承受着巨大的资源环境压力。陆海之间的物质交换对于河口海岸演变、水环境等具有重大的影响，因此受到了国内外学者的重视。目前，研究工作着重于分析河口入海泥沙通量变化对于河口及其近海生态环境可持续发展的影响，特别是入海河流上的大型水利工程等人类活动对近海环境的重大影响。近年来，入海泥沙锐减，引致河口海岸侵蚀；入海径流减少，咸潮入侵加重，影响供水安全；入海污染物剧增，近岸水体污染严重；入海沙量不足，滩涂围垦强度增大，河口湿地大量减少，生态系统退化，生物多样性减少。海岸带是世界上最复杂和最不稳定的生态系统，目前虽然对生态系统退化总体原因已有所认识，但是对海岸带生态系统各部分之间，以及其与海洋生态系统和陆地生态系统之间的关系和相互作用机制了解仍不够深入。对海岸带生态系统健康状况的功能性指标缺乏研究，从而导致在恢复重建技术方法的应用上的盲目性和不确定性。海岸带生态系统修复和试验示范研究还停留在一些小的、局部的区域范围内，或集中某一单一的生物群落或植被类型，缺乏海岸带整体系统水平出发的区域尺度综合研究与示范。海岸带恢复目标主要集中在生态学过程的恢复，没有与海岸带管理法律、法规以及海岸带社会经济发展和居民的福利等有机结合，生态修复往往难以达到最初的目标。由于人类对海岸带生态系统复杂性认识的局限性，目前对海岸带生态恢复的研究还主要集中在单个的生态因子上，对海岸带生态系统的综合性恢复技术仍处在探索研究阶段。

近年来，波浪与海岸工程建筑物相互作用研究得到了长足发展，主要表现在波浪与新型海岸结构形式作用的研究和传统研究理论方法的创新两方面。目前，在波浪与传统海岸与港口工程结构相互作用方面的研究处于国际领先水平，但整体与国际先进水平相比还存在一些差距。例如，海岸工程和技术自主知识产权的基础研究相对落后，波浪与海岸工程结构相互作用的计算方法和商业软件大多用国外商业软件来完成。国内外波浪与海岸建筑物相互作用研究领域发展趋势主要集中在如下几个方面：①海岸工程结构的动力设计理论和方法研究。

主要包括近破波冲击力时域模型研究、近破波冲击力作用下结构动力响应分析模型和方法,以及海岸工程结构的动力设计理论等。②波浪与新型海岸工程结构物的研究。主要包括新型防波堤结构、新型环保海岸工程结构、新型海上牧场结构物等。③近岸低频波浪与结构物作用研究。

近年来,我国开展了新型海岸与港口工程结构的研究开发工作,如适用于软土地基的筒形基础结构、大直径圆筒结构、随机抛填人造中空混凝土块体防波堤结构、可减小波浪反射和波压力的开孔沉箱结构,以及具有较好受力特性和稳定性的半圆体防波堤结构等。但是,在多功能、新型海岸与港口工程结构的开发研究方面,我国还远远落后于世界发达国家。在长江口地区、渤海湾天津沿海地区、珠江口地区等,软土地基广泛存在。近年来接连发生的软土地基上大型海洋结构物稳定性破坏事例表明,我国在软土地基上建设的大型海洋结构的工作机制、破坏模式,以及设计理论和方法方面,还存在诸多问题,需要开展大型海岸工程结构设计理论研究,其中包括波浪、水流环境条件的准确预报、波浪等往复动荷载作用下软土地基的循环承载机制及破坏过程、波流作用下地基的冲刷等。

我国在深水航道治理、离岸深水筑港、围海吹填造陆、加固软土地基的理论和技术方面处于国际领先地位。今后需进一步发展粉砂淤泥质海岸建港理论,优化港口平面布置,研究港池及航道减淤等关键技术;研究近岸海洋水文因素联合作用的计算参数或设计标准的选取问题,以及深水条件下建筑物的安全系数或分项系数的确定问题等,保持大水深建筑物具有与现有建筑物相同的抵御超常波浪的能力;研究离岸深水港建设的设计、施工、材料、耐久性及健康诊断等一系列关键技术问题,提高港口工程质量和结构物的耐久性,降低港口工程全寿命周期成本,整体提升深水港建设的关键技术水平,推动离岸深水港建设,形成具有世界领先水平的成套技术。

总体而言,我国在开发海岸带资源的活动中,在海岸演变总体规律的认识上取得了较大的进步,近年来在大规模滩涂围垦、淤泥质海岸港口航道建设、粉砂质海岸建港,以及大铲湾、洋山港等深水港建设中积累了丰富的经验。但是,在高强度开发活动条件下,需要研究多种动力作用下海岸中长期演变机制,提高系统性和预见性。同时,由于开发海岸带资源的强度越来越大,河口海岸生态环境问题形势严峻,必须在今后的开发活动中加强污染物迁移转化规律、近海赤潮预测等关键技术研究,在开发的同时采取积极的保护措施,将人类高强度开发活动的环境影响降到最小。

(三)研究前沿与重要科学问题

河口海岸地区是流域之汇、海洋之源,既受到流域人类活动的干预,更直接受到海洋动力条件的作用，河口海岸的水动力条件、泥沙运动与开发整治工程设施的相互作用等具有影响因素多、现象复杂、机制错综等特点。伴随着经济社会发展的需要，人类对海岸带资源实施了高强度开发，同时可能对生态环境带来一定的影响。如何与自然环境和谐相处，进而支持经济社会的可持续发展已得到社会各界的广泛关注和参与。在人类高强度开发条件下，如何防治海岸侵蚀、风暴潮等海岸灾害，如何保持河口海岸良好的生态环境，从而实现海岸带可持续发展等具体关键问题，是世界上临海国家在高强度开发海岸带资源条件下需优先考虑的研究工作。

该领域急需解决的关键科学问题包括以下几点。

1. 河口海岸水沙运动机制

我国海岸线漫长，海区水沙条件各异，在潮汐、波浪等动力因素作用下，浅水地形的非线性作用显著；各岸段泥沙粒径分布范围不同，动力特性各异；在风暴等极端气候条件下，水沙运动更为激烈和复杂。在高强度开发条件下，围堤、丁坝等海岸工程建筑物将承受相关水域水动力的作用，同时工程本身对海岸动力场、泥沙运动，以及海岸物质输运等产生一定的影响。因此，海岸水动力学与泥沙运动力学的基础性研究，特别是深入分析水-沙-工程之间的关系和规律，是高强度开发条件下海岸演变机制与生态保护的重要基础支撑。

2. 高强度开发条件下海岸中长期演变过程

海陆之间频繁的物质交换为高强度开发海岸资源提供了必要的条件，泥沙来源决定着可开发国土资源的多寡，海陆泥沙通量研究，对于高强度开发条件下海岸演变具有基础性支撑作用。

人类对于海岸带资源的高强度开发造成河口海岸水、沙关系的再调整，涉及的海岸动力因素包括波浪、潮流、风、近岸环流等，演化过程的时间跨度从季节到年、甚至数十年。摸清海岸演变机制，对于高强度开发活动方案的决策和实施至关重要，另外，海岸演变过程中的水-沙关系对于入海污染物和营养盐等物质的输运、吸附等也具有重要重要。因此，需要综合考虑多因子动力作用，以高效、真实反映现实为目标，研究海岸中长期演变模拟技术。

3. 海岸灾害孕育机制及对策措施

在高强度开发海岸带资源过程中，提高海岸防灾减灾能力，减少海岸灾害关系到沿海经济发达地区的稳定和可持续发展，对保障我国国民经济社会发展以及科技自身发展等具有重大的作用。

为了提高海岸防灾减灾能力，需要研究海岸灾害的形成机制及其风险理论，诊断和评价海堤等海工建筑物实际防御灾害的能力；河口区洪水、海平面上升、风暴潮、海啸、地面沉降等综合因素容易引发海岸洪水灾害，需要研究海岸洪水灾害预报技术；研究盐水入侵发生机制及预报技术；研究海岸灾害预警及灾害评估业务化系统技术，提高灾害预报和防灾指挥调度水平。

4. 高强度开发条件下人类活动对海岸生态环境影响机制及保护措施

在人类高强度开发条件下，海岸带生态环境面临严重的挑战，因此，需要研究海岸带生态环境评价预测技术，具体包括：海岸带脆弱性评价、海域水环境容量与纳污能力评价，河口海岸污染物迁移转化的物理、化学及生物过程，海岸带环境质量评价体系、河口与滨海湿地生态系统演化机制、近海赤潮的机制及其预测技术等。

5. 新型海岸工程设计方法及工程安全评估技术

波浪是海工建筑物所承受的最主要的动力荷载，是进行海岸工程设计时需考虑的关键因素之一。高强度开发海岸资源中涉及的海岸工程众多，主要包括围海工程、海港工程、河口治理工程、海上疏浚工程和海岸防护工程等，其大都构筑在沿岸浅水水域。由于复杂的水下地形和径流入海的影响，海流、海浪和潮汐均都变形显著，形成了破波、涌潮、沿岸流和沿岸漂沙，特别是发生风暴潮的时候，海况更是万分险恶，使海岸工程受到严重的冲击，甚至造成破坏，对海岸演变具有显著的影响。因此，需要研究复杂地形下波浪与海岸建筑物的相互作用，并运用到海岸工程建筑物结构动力设计和新型海岸工程结构物设计中。

我国海岸覆盖区域范围广，海岸特性各异，在高强度开发海岸资源过程中建设的围堤、丁坝等海岸工程建筑物与地基之间的相互作用具有地区的复杂性。在长江口、渤海湾、珠江口等大河河口地区，软土地基广泛分布，是海岸及近海工程建设面临的重大技术难题。浮式防波堤、透空式防波堤等建筑物在波浪力的作用下，其荷载作用是动态变化的，海岸结构与地基基础间的动力学问题也是研究的热点和难点。

（四）2011~2020 年优先资助方向

围绕关键科学问题和主要研究内容，拟从不同方向分别展开研究，各方向间既有一定的独立性，彼此间又紧密联系，以达到总体研究目标。按此原则，2011~2020 年优先资助方向包括：

1) 河口海岸水沙运动机制，包括的主要内容有：大河口细颗粒泥沙基本特性；泥沙絮凝对泥沙运动的影响机制；细颗粒泥沙运移过程；多因子动力作用下河口水沙运动机制等。

2）高强度开发条件下海岸中长期演变过程，包括的主要内容有：海陆泥沙通量；泥沙颗粒物"源-汇"效应和海洋环境演变；海岸中长期演变模拟技术。

3）海岸灾害孕育机制及对策措施，包括的主要内容有：风暴潮、海啸等海岸灾害形成机制及其风险理论；台风作用下高精度高分辨率浪、流、潮耦合数学模型；海岸洪水、盐水入侵等预报技术；海堤防御能力的诊断和评价技术；沿海风暴潮风险区划与灾度评价；海岸灾害预警及灾害评估业务化系统技术；海岸侵蚀机制及防治措施等。

4）高强度开发条件下人类活动对海岸生态环境影响机制及保护措施，包括的主要内容有：河口海岸污染物输运规律以及生态过程；海岸带生态环境评价指标体系；近海赤潮发生机制及预测方法等。

5）新型海岸工程设计方法及工程安全评估技术，包括的主要内容有：海岸结构和地基基础静动力学作用；复杂地形下波浪等与海工建筑物的相互作用；灾害性环境条件多维联合概率分析及海洋工程结构设防标准研究；复杂海洋环境动力因素诱发的近海工程结构损伤破坏机制及灾变过程研究；近海工程结构的损伤诊断、健康检测与安全评估技术研究；现役近海结构物寿命分析及延寿技术研究；海洋平台结构的振动分析及抑振措施研究；海洋平台结构维修加固技术研究；近海工程结构风险分析、评估与管理。

六、深海资源开发工程的科学问题及关键技术

（一）研究范围及内容

海洋工程学科具有强烈的工程背景和明确的产业服务对象，其核心任务是针对海洋开发装备研发和使用中的重大基础应用理论及关键工程技术开展研究，解决其中的关键科学问题，它具有多学科交叉特点，与之相关的学科领域包括力学、海洋科学、地质科学、材料科学、控制科学、信息科学以及机械工程、土木工程、水利工程和交通运输工程等。

深海资源开发工程是海洋工程学科当前最前沿的领域之一。海洋油气资源开发、海洋空间利用的工程需求给该领域的研究人员提出了一系列的重大科学技术问题，主要包括深海浮式结构物环境载荷与动力响应、深海细长柔性结构动力响应与疲劳、海洋结构物性能综合优化科学与技术、海洋结构物安全性与风险分析、新概念海洋浮体、海洋浮体的非线性动力学问题、深海空间站与潜水器前沿技术、深海装备的海上安装技术、深海装备的模型试验与现场测试方

法、绿色轮机系统、水下探测与通信等。这些科学问题要求在我国大力发展海洋工程学科的系统理论和方法，正确引导我国从事海洋工程的科技工作者进行与海洋工程有关的学术研究，促进我国海洋资源开发事业的发展。

（二）研究现状、发展规律与趋势

《国家自然科学基金委员会申请代码（08年公布版）》为"船舶与海洋工程学科"等专门设置了二级申请代码"E0910海洋工程"，并将一级申请代码"E09水利学科"变更为"E09水利科学与海洋工程学科"。表明海洋工程已经为科学界、政府部门和社会所认可，开始走向成熟。如何根据海洋工程学科的发展趋势，结合国情，统筹规划，突出重点，优化资源配置，正确选择和有效实施优先发展领域，是推动我国海洋工程学科取得迅速和重大发展的一条有效途径。"十二五"将是我国海洋工程学科发展的重要时期，选择和实施海洋工程优先发展领域，对于集中力量开展海洋工程学科的前沿研究和社会经济发展中的重大问题研究，推动我国海洋工程学科的发展和布局，具有十分重要的意义。

人类对于海上油气的开发是从近海浅水区域开始，以后逐步走向远海深水区域。1887年，在美国墨西哥湾离海岸不远的几米深的海水里，建造了世界上第一座海洋平台，这是海洋石油勘探开发的起步点，也是世界海洋工程产业的起步点。20世纪40年代之前，海洋石油勘探开发处于初始阶段，主要建造木结构海洋平台和人工岛，作业水深小于10米。50～60年代，海洋石油勘探开发迅速发展，出现了浮式海洋平台，作业海域范围不断扩大，水深不断增加。至60年代末，作业水深已超过200米，开始向大陆架深水区延伸。70～80年代，随着海洋平台和钻井技术的发展，作业水深超过500米，成功开发了欧洲北海和美国墨西哥湾大陆架深水区油气资源。90年代以后，海洋油气勘探开发取得巨大进步，作业水深不断刷新，深水作业范围已扩展到西非、南美、中国、东南亚、澳大利亚等世界各大洲海域。

目前，海洋油气开发活动由近海向深海发展已成必然趋势，海洋油气钻井平台的工作水深已超过3000米，生产平台的工作水深也已超过2000米。在美国墨西哥湾、巴西沿海、西非海域发现了大量深海油气田。为解决深海油气开发所面临的诸多科学技术问题，几十年来，海洋工程界持续进行研究开发和技术创新，卓有成效地创新研制出许多适用于深海开发的新型海上石油生产处理装置，如半潜式平台（Semi）、张力腿平台（TLP）、立柱式平台（Spar）、浮式生产储油轮（FPSO）等。

我国海洋工程技术起步较晚，随着海洋石油工业的发展，已经有了长足的进步，无论是在设计、研制还是在建造等方面，均具备了一定的能力和水平。

目前，我国已经基本具备自行设计建造工作水深较浅的坐底式、自升式、半潜式等近海海洋平台以及 FPSO 的能力。我国南海被称为"第二个波斯湾"，石油地质储量在 230 亿～300 亿吨，潜力巨大，是我国中长期能源发展计划的重点。然而，深水海洋工程技术被国外垄断。要在水深、浪高、流急、台风多发的南海深水海域资源竞争中取得优势地位，我国在深海工程科学技术、深海装备设计制造、深海施工、勘探生产等各环节均与国外有较大差距，亟待开展自主创新、形成深水工程技术能力。

在水下技术与装备特别是潜水器方面，各国在发展无人潜水器的同时，十分注重载人潜水器的研制。目前全球载人潜水器超过 160 艘，无人潜水器超过 1000 艘。我国在无人潜水器方面，某些项目已经达到国际水平。虽然在载人潜水器技术方面发展较慢，但综合国内从事潜水器开发的各院校、研究院和研究所的力量，已具有开发深海载人潜水器的技术能力。

解决海洋空间利用的工程技术问题也是近年来海洋工程界研究的热点。以超大型浮式海洋结构的研究为例，日本于 1999 年 8 月 4 日在神奈川县横须贺港海面上建成一个海上浮动机场，其上有一条 1000 米长，最大宽度达 120 米的飞机起降跑道，具有很大的军事价值。我国在超大型浮体结构的研究工作方面在国家自然科学基金的资助下，已对箱型超大型浮体和海上移动基地（MOB）进行了水动力特性的理论分析和试验研究，取得了初步的成果。

在船舶工程领域，国外先进造船国家致力于：大力发展船舶性能和结构数据库，以此作为船型开发和优化设计的基础；船舶结构的直接设计计算法迅速发展并广泛获得应用；计算流体力学（CFD）进展迅速，许多理论方法已用于船舶和海洋工程的设计；开发和应用减振降噪技术，提高船舶的舒适度和结构安全性等。

在船舶与海洋工程基础理论和共性技术研究领域，船舶与海洋结构物水动力性能预报与优化技术、结构设计与结构安全性关键技术、CFD 技术实用化、船舶新型推进技术、船舶技术数据库是当今备受关注的重点发展方向。这些共性技术问题的研究，是船舶与海洋工程技术创新的重要源泉。纵观世界船舶与海洋结构物形式的发展史，几乎无一创新形式的诞生或先进形式的形成不与共性技术的突破相关。例如，气垫原理推出了气垫船，水翼技术产生了水翼艇，地效原理促使了地效翼船的问世，兴波原理推动了球首、多体消波船型的发展，边界层理论促进了类水面船型的潜艇向水滴型过渡，耐波性技术的应用引出了小水线面船和穿浪船，无舱盖结构技术和耐波性技术推出了无舱盖集装箱船，深水动力学的发展促进了张力腿平台和单柱式平台的应用等。

当今最革命性的发展动态之一，是应用 CFD 方法进行船舶与海洋结构物水动力性能预报和评估的数值水池研究浪潮正在迅速兴起，并逐渐成为衡量一个国家船舶与海洋工程科技水平的重要标志之一。荷兰、德国、意大利、法国等世界船舶与海洋工程先进国家竞相成立了各种研究小组，组织人力、财力开展船舶与海洋工程计算流体动力学研究，并在短短的时间内取得了惊人的进展，各种基于计算流体动力学的三维数值计算方法和软件，如美国的CFDSHIP-IOWA，瑞典的SHIPFLOW，日本的TUMMAC、NICE，德国的COMET、SHALLO、NEPTUN，荷兰的RAPID、PARNASSOS，芬兰的FINFLO等，这些专业的CFD软件在船舶与海洋工程设计建造部门得到越来越广泛的使用，大大提高了船舶与海洋工程设计的速度、质量和效率。

以综合性能优化为目标的新船型和新型海洋结构物设计，要求系统、协调地应用各相关学科领域的研究成果。基于已有的实验资料以及理论与数值计算工具等研究成果，建立船舶性能设计及研究系统，是目前国外的发展趋势。例如，由美国政府出资约800万美元，大学、研究所、船厂及超级计算中心联合开发的"先进海洋运载工具设计及运行模拟系统"（ENDEAVOR系统），是完全为新船型开发而设计，其中包括若干船舶性能预报及海洋环境模拟软件、商用CFD软件、模型及实船数据库、海洋环境数据库等。

与国外先进水平相比，我国在船舶与海洋结构物性能和结构先进共性技术方面仍明显落后于先进造船国家。例如，国外大力发展的性能优良的吊舱式推进装置，国内至今仍处在研究阶段；国外在船舶设计中应用比较广泛的计算流体力学技术，国内仍然处在起步阶段；国外先进造船国家的船型性能数据库的规模已达到7000余艘船之多，可是国内船型性能数据库仅含数百艘船的资料。

海洋是我国战略性资源基地，海洋开发和利用是我国实现可持续发展战略的必然选择。随着海洋资源勘探开发的迅猛发展，海洋工程领域正成为全球科学研究与生产开发的热点之一。由于海洋环境和地质条件恶劣，所以海洋工程设施技术复杂、投资巨大、风险极高，需要在降低投资及提高海上结构物的安全性和作业效能等方面不断进行开发研究和技术创新。

（三）研究前沿与重要科学问题

科学问题：深度带来的大压力、环境不可见、尺度效应问题；水面和水下航行体高速航行问题；气水双重介质中物体运动预报、控制和出入水问题；海洋环境参数获取；水中目标的通信、定位、导航问题；新型装备的设计、优化、系统集成及全寿命期安全管理问题。

关键技术：深海装备科学与技术方面的深海浮式结构物环境载荷与动力响应、深海细长柔性结构动力响应与疲劳、深海空间站与潜水器前沿技术、深海装备的海上安装技术、深海结构物多学科设计优化理论与技术、海洋结构物安全性与风险分析、新概念海洋浮体、绿色动力系统、深海装备的模型试验与现场测试方法、水下探测与通信等。

(四) 2011～2020年优先资助方向

1. 深海浮式结构物系统环境载荷与动力响应

研究意义：深海浮式结构物系统包括浮体-系泊系统-立管系统-锚泊系统，是迄今为止海上最复杂庞大的结构系统。该系统作业于包括海水、海床和海面环境等在内的完整海洋环境，它具有无可比拟的空间尺度，如巨大的浮体结构、数千米的系缆长度和数平方千米的锚泊海床面积。其研究涉及诸多学科前沿问题亟待解决，是优先发展方向之一。

研究现状有如下几点：

1) 极端海洋环境及其与结构物相互作用研究。随着海洋运输和海洋开发的深入发展，极限海洋环境的问题提到研究者的面前。目前该方面的研究主要集中在：极端海洋环境的数理描述；强非线性水波的相互作用和干扰；强非线性水波、风、非均匀流与海洋工程结构物的相互作用；复杂海洋水声环境效应规律。研究工作刚刚起步，尚有诸多复杂现象等待探索。

2) 非线性水动力学、结构物非线性动力响应机制及数值方法研究。理论研究的精细化、工程应用的实际要求，使非线性动力载荷与响应研究成为海洋工程研究者最为关心问题的之一。目前该方面的研究主要集中在：海洋浮体非线性动力载荷计算；海洋浮体非线性动力响应的机制与预报方法；超大型海洋浮体的非线性水弹性力学分析及晃荡载荷分析等，研究已取得初步进展。

3) 高速水下航行体复杂流体动力学机制研究。高速航行体在水下航行及穿越水面时将产生许多特殊的流动现象，研究者已开展了相关工作，但对其复杂流体动力学机制尚没有完全认识清楚。目前该方面的研究主要集中在：超空泡水下航行体的水动力学机制；航行体出入水过程复杂多相流场及空泡溃灭机制。

4) 基于CFD的数值模拟理论与方法研究。计算机能力的提升和相关计算理论、方法的不断发展使得计算水动力学已成为开展船舶与海洋工程结构物水动力性能研究的重要手段，基于CFD的船舶与海洋工程数值水池是当今重点研究方向，新的成果在不断出现。目前该方面的研究主要集中在：波-流-结构物相互作用问题的数值模拟；深海水动力学问题的数值模拟；船舶与海洋工程数值水池仿真研究；全尺度船舶与海洋结构物复杂流动问题的大规模并行数值计算仿真。

主要科学问题举例如下：

1) 水波动力学。重点研究：三维非线性水波理论与实验；强非线性水波的相互作用和干扰;强非线性水波与非均匀海流、非均匀介质相互作用;海洋内波理论和实验。

2)非线性水动力学。重点研究:深水极端非线性海洋环境以及浅水非线性海洋环境研究;船舶与海洋浮体整体非线性响应的机制与预报方法;船舶局部强非线性流动和响应预报理论;船舶与海洋浮体非线性响应试验技术。

3)计算水动力学。重点研究:深海水动力学问题的数值模拟;空化、气液相互作用及水声问题的数值模拟;全尺度海洋结构物复杂流动问题的大规模并行数值计算仿真;海洋结构物水动力性能优化的数值技术开发;仿生鱼、水翼、翼身融合体、潜水器的水动力学性能的数值预报;海洋结构物水动力学问题数值计算的非确定性分析。

4)海洋工程结构物水动力性能。重点研究:半潜式平台水动力、立柱式平台(SPAR)、张力腿平台(TLP)以及新概念深海平台的水动力性能;深海平台与定位系统的耦合水动力分析;深海平台海上运输与安装过程水动力分析;深海平台极限环境载荷、低频响应、高频振动、波浪爬升与砰击、涡激运动及控制等特殊水动力性能;内波与深海平台系统的水动力作用;FPSO与单点系泊系统的耦合水动力分析;FPSO甲板上浪与砰击等特殊水动力性能;浅水FPSO系统水动力性能;新型FLNG系统水动力性能;新型FDPSO系统水动力性能;FPSO/FLNG柔性连接输油系统的水动力性能;单点系泊FPSO水平面运动与稳定性分析;深海平台混合模型实验方法;深水系泊系统、立管系统的等效模拟方法;海洋平台涡激运动、甲板上浪与砰击、波浪爬升等模型实验方法。

5)弹性结构的水弹性响应。重点研究:单体弹性浮式结构物的动力响应;多体弹性浮式结构物的动力响应;海洋立管的涡激振动响应。

6)实验水动力学。重点研究:复杂、灾害性深海环境模拟理论与方法;海洋工程模型试验理论与技术;大型海上装备现场测试技术。

2. 深海空间站与潜水器前沿技术

研究意义:深海资源探测已越来越引起研究者的重视,各发达国家纷纷投资进行该方面的重点研究,我国在该方面的研究也已经起步。为保持与世界先进水平同步,应重点开展深海空间站顶层设计与总体优化技术研究、深海空间站超大潜深结构技术研究、潜水器的总体设计和集成技术研究、复杂线型水下航行体的水动力性能预报和优化技术研究以及大深度载人潜水器无动力下潜/上浮技术等研究。

研究现状:各类潜水器是探测海洋资源与环境、开展海洋科学研究的必不可少的手段。经过研究者的努力,已有不少形式的潜水器在实际水下工程和海洋探索中发挥作用,目前国际上潜水器的发展趋势可以归纳为向更大的深度、复合的功能、更好的作业性能、更高的可靠性和经济性方向发展。当前该方面的研究主要集中在：潜水器总体和集成技术与方法；深海空间站顶层设计与总体优化技术研究；深海空间站水动力性能优化与综合预报技术；深水布放回收技术及其关键过程机制研究。

主要科学问题举例如下：

1) 深海空间站。重点研究：深海空间站顶层设计与总体优化技术；深海空间站超大潜深结构技术研究；深海空间站水动力性能优化与综合预报技术；深海空间站潜器搭载与收放技术；深海空间站站载系统研究等。

2) 潜水器总体和集成技术。重点研究：潜水器的总体设计和集成技术；复杂线型水下航行体的水动力性能预报和优化技术；大深度载人潜水器无动力下潜/上浮技术；载人潜水器系统的安全可靠性技术；大深度载人钛合金球壳的设计及制造技术；低密度耐高压的浮力材料及其加工技术；高能量密度的深海动力技术；针对作业目标的稳定悬停定位技术；以人为中心的信息与自动化系统技术；高速水声通信技术和高分辨率测深侧扫声呐技术；大深度载人潜水器的作业工具包技术；基于视觉的定位及识别技术；深水布放回收技术及其关键过程机制；海洋环境潜水器动力学和操纵控制；复杂深海环境下载人潜水器运动与作业综合仿真研究等。

3) 移动式水下观测网。重点研究：移动水声通信网络性能分析与设计；基于移动水声通信的分布式协调控制方法；移动式水下观测网运动规划方法；组网 AUV 设计方法等。

4) 深海潜水器环境感知与导航定位。重点研究适合于水下探测的水声传感器应用技术，包括声学层析、声学成像、旁视声呐、合成孔径声呐、计算机成像等技术的应用研究，使得对水下目标的探测上到一个更高的台阶。以水下环境感知为基础，还需要研究潜水器水下悬停及导航定位技术。

5) 深海潜水器布防回收与作业技术。重点研究水面母船、深空站或潜艇外挂搭载潜水器对母艇航行性能影响及控制技术，研究确定潜水器布放回收过程与母艇相互干扰水动力，建立潜水器布放回收过程运动仿真模型，建立潜水器布放回收力学环境的实验室模拟技术，确定水下平台搭载的潜水器布放回收控制技术等。

3. 深海装备的模型试验、现场测试及海上安装技术

研究意义：深海装备长期处在非常恶劣的海洋环境条件下作业，因此对其运动性能、结构性能以及可靠性提出了非常高的要求，而且深海区域往往远离大陆，深海装备的运输、安装以及作业也是非常突出的问题。深海装备设计往往要通过理论方法和模型试验的反复验证，这样才能最大限度地提高深海装备

的总体性能、可靠性和安全性。自主研发深海装备模型试验与现场测试方法，形成较为完善、软硬件相得益彰的深水试验能力和手段，可为我国深海装备的研究、设计、建造与应用提供技术支撑。

研究现状：目前该方面的研究主要集中在：复杂、灾害性深海环境模拟理论与方法；海洋结构物模型试验理论与技术；大型海上装备现场测试技术；实船测试技术等方面。

主要科学问题举例如下：

1）风浪流等海洋动力环境的实验室模拟技术。重点研究：奇异波与碎波等强非线性波浪模拟理论与方法；任意主方向短峰波、双峰谱短峰波、奇异波叠加短峰波等特殊三维不规则波模拟理论与方法；分层流模拟、海洋内波造波理论与方法及相关测量技术；均匀稳定深水流、典型垂向流速剖面深水流、高速表层流等海洋深水流模拟理论与方法；大范围非定常风场模拟理论与方法等。

2）深海装备的运动性能以及非线性力学模型试验技术。重点研究：深海装备的模型试验尺度效应与相似律；深海平台的混合试验方法、理论和技术；深水系泊系统、立管系统的水深截断模拟理论与技术；平台涡激运动及深海柔性构件涡激振动实验技术；水下运载器操纵与控制模型试验技术；深海立管结构疲劳试验技术等。

3）超大型船、超大型浮体水弹性模型试验技术。重点研究：甲板上浪、波浪爬升、砰击、晃荡等非线性力学模型试验技术；超大型海洋结构物水弹性模型实验方法。

4）复杂结构的结构力学性能试验技术。重点研究海洋结构物的结构强度、极限强度、疲劳强度的模型试验方法及分析方法等。

5）其他模型试验技术。如动力定位模型试验技术、多船靠泊模型试验技术、系泊系统模型试验技术、系泊系统锚链（缆）张力实船测试技术、海上拖航技术等。

6）大型海上装备试验技术。如系泊系统布锚定位技术、深海装备就位安装技术等。

4. 海洋结构物安全性与风险分析

研究意义：随着全社会对人员生命和海洋环境保护的重视，对船舶和其他海洋结构物的安全性越来越重视，逐步发展了基于风险分析的设计准则和规范，使用过程中也提出了很多风险预防和控制措施，大大地促进了海洋工程领域安全性和风险分析学科的发展。我国在船舶与海洋结构物安全性与风险分析方面与国外相比还存在相当差距，需要进一步支持的重点研究内容包括：碰撞、触礁、燃烧、爆炸等事故过程对海洋结构物的损伤机制，海洋结构物重大灾难性事故发生的概率分析，重大事故发生后海洋结构物的环境载荷和剩余极限强度分析，受损船舶和海洋结构物的水动力性能计算及生命力分析，海洋结构物正常使用工况条件下的危险区域的识别，海洋结构物在极端环境条件下的风险控制技术，海洋结构物重大事故情况下的环境污染评估和修复技术。

研究现状：应开发和利用海洋的需要，新的海洋工程结构形式不断出现，由此提出了强度与可靠性研究的新课题，目前该方面的研究主要集中在：船舶与海洋结构物极限承载能力；海洋结构物全寿命周期分析设计方法；新型复合材料结构强度与设计；基于可靠性和风险评估技术的结构分析方法。

主要科学问题举例如下：

1) 海洋结构物整体强度与极限承载能力。重点研究：海洋结构物总强度分析方法；海洋结构物极限承载能力研究。

2) 海洋结构物疲劳强度和全寿命分析。重点研究：海洋结构物局部强度的应力分析设计方法；海洋结构物疲劳分析；海洋结构物全寿命周期分析设计方法。

3) 结构物非线性动力响应。重点研究：海洋结构物整体非线性响应的机制与预报方法；海洋结构物局部强非线性流动和响应预报理论；海洋结构物非线性响应试验技术；船舶与海洋结构物振动控制与降噪技术；船舶与海洋结构物的抗冲击设计技术。

4) 基于可靠性和风险评估技术的结构分析方法。重点研究：船舶与海洋结构物事故损伤评估理论；船舶与海洋结构物风险评估理论；基于目标型新造船标准（GBS）的船舶规范体系。

5) 结构物海底基础强度与可靠性。重点研究：深海结构物海底基础强度特性；极端灾害环境下深海结构物锚固基础动力特性；深海结构物海底锚固基础可靠性。

5. 海洋结构物多学科优化设计

研究意义：传统的海洋结构物设计是一个从概念设计、方案设计、技术设计到施工设计的逐步深入的串行的设计方法，割裂了组成系统的各个学科之间的相互影响，在设计各阶段对各学科的考虑非常不均衡。在确定方案时常根据设计的需要以追求单个性能指标最优为主，而其他的性能指标作为约束条件，这种方式不能有效综合集成各学科进行协同优化，因此无法获得各种性能综合平衡的设计。多学科设计优化是一种并行设计的方法，能够充分考虑各学科相互耦合的协同作用，将各个学科本身的分析和优化与整个系统的分析和优化结合起来。其基本问题包括：海洋结构物性能多学科优化设计建模理论和方法、海洋结构物复杂系统解耦与优化系统重构、海洋结构物性能多学科优化方法、海洋结构物性能多学科优化设计的近似技术和变复杂度模型、海洋结构物性能多学科优化设计平台建立等。

研究现状：多学科优化设计、并行设计与制造、虚拟设计、虚拟企业和设计制造一体化等现代先进设计与制造的理论和方法，使海洋结构物的性能不断得到优化，设计制造水平不断得以提高。目前该方面的研究主要集中在：海洋结构物并行开发过程建模及优化；海洋结构物多学科优化设计理论与方法；海洋结构物 CAE/CAD/CAM 的无缝集成和虚拟实现；海洋结构物数字化设计与制造中的应用基础研究等。

主要科学问题举例如下：

1）多学科设计优化技术。重点研究：超大规模优化模型（meta-model）代理模型方法，包括响应面法、Kriging 法、径向基函数法和人工神经网络法等；多学科多目标结构协同优化理论与方法；多目标优化决策中数据挖掘（data mining）与 Pareto 解的可视化；考虑多场耦合（流体-结构、结构-声、结构-热-电磁等）的海洋结构物形状优化与拓扑优化方法；海洋结构物形状/拓扑/控制一体化多学科优化设计方法；多学科优化的快速敏度分析技术、并行设计优化理论和技术等。

2）基于 3D 概念模型的海洋结构物开发及优化技术研究。重点研究：基于多目标优化的海洋结构物总体方案（主要要素）优化技术，开发快速生成海量的可行海洋结构物方案并通过总体技术经济性评估确定最优方案的方法；结合 3D 模型研究在主要要素确定后生成初始海洋结构物模型的方法并基于此模型快速完成总体性能精确计算分析的方法；海洋结构物 3D 概念模型与 CFD 系统集成优化方法，开发海洋结构物 3D 曲面模型直接应用于计算海洋结构物水动力性能分析系统的接口工具等。

3）海洋工程数字化制造中的应用基础研究。重点研究：海洋工程制造因素的量化分析；海洋工程数字化制造的信息支持技术；海洋工程制造海量信息数据库技术；信息资源分析和数据挖掘技术；信息平台运行策略和管理技术；计算机支持系统的基础结构、标准化技术和支撑环境技术等。

6. 先进轮机系统的性能优化理论与方法

研究意义：轮机系统处在工况多变、环境苛刻、低速重载等作业条件下，且新能源使用对轮机系统又提出了新的要求。其重点研究内容有：轮机系统的性能优化方法、新能源轮机系统的结构设计理论和方法、轮机系统减振理论与方法、轮机系统节能减排理论与方法、水下特种动力系统设计理论与方法、船舶动力装置的先进控制理论和控制规律及策略、动力装置减振降噪总体设计技术等。

研究现状：轮机工程研究的任务是探求出在既定的约束条件下整个动力系统达到给定目标的最佳配置和主要机械设备的最佳总体布置，以使系统的综合性能最优化。当前的发展趋势是大型化、高参数密度、集成化、模块化、数字化和智能化、远程控制,以及可靠性高、维修(护)方便、环保和安全。该方面的研究主要集中在:动力装置系统集成及智能优化匹配理论;动力机械振动与噪声控制技术;动力装置节能减排理论与方法;动力装置状态监测与故障诊断理论与技术;水下特种动力系统设计理论与方法。

主要科学问题举例如下:

1) 先进轮机系统设计方法。针对新型船舶的需求,重点研究:轮机系统的性能优化方法;新能源轮机系统的结构设计;面向绿色船舶的合理设计理论;轮机系统集成及优化匹配理论等。

2) 轮机系统运用工程的基础理论研究。针对轮机系统处在工况多变、环境苛刻、低速重载等作业条件,重点研究轮机系统的可靠、安全、高效、低耗的运行机制,解决新型船舶的节能减排问题。包括:轮机系统减振理论与方法;轮机系统节能减排理论与方法;船舶污水污油处理技术;轮机系统智能监测与故障诊断技术;轮机系统现代管理技术;船舶动力装置的智能化理论;舰船的综合保障理论等。

3) 新能源海洋结构物动力机制。重点研究:不依赖空气的水下特种动力系统设计理论与方法,包括热气机、燃料电池、锂电池、闭式循环柴油机、闭式循环蒸汽机等水下动力系统的设计理论与方法;燃气轮机新型循环技术,包括化学回热技术、蒸汽喷注技术;柴油机高效洁净燃烧新技术;船用气体发动机技术;高功率水下发动机技术;发动机低噪声设计技术、发动机排气噪声与排放一体化控制技术、船用 SCR 技术。

4) 动力装置自动化技术。重点研究海洋结构物动力装置的先进控制理论、控制规律、控制策略,以及海洋结构物动力装置控制系统建模与仿真技术、半物理仿真技术、满足"三化"要求的海洋结构物动力装置自动控制系统设计技术、控制系统集成技术与系统功能与接口适配性技术、IPMS 与船-岸一体化的网络与通信、智能节点技术等。

5) 动力装置减振降噪技术。重点研究:动力装置减振降噪总体设计技术;动力装置振动综合控制技术;主动、被动、混合隔振技术;吸振、阻振结构设计技术;动力装置振动控制系统动力学特性分析技术;动力装置新型振动控制技术;动力装置非线性振动控制技术研究。

7. 水下探测与通信

研究意义:水下观察网络化综合探测是水声技术未来主要发展方向之一,水下网络综合声呐探测新体制的研究已迫在眉睫。水声通信技术是海洋监测、海洋信息远程获取的基础技术之一,因此,应结合不同海洋信道特点重点开展高速、高可靠水声通信技术，包括编译码、信道均衡、纠错及通信协议等研究，特别重点考虑水下组网技术的研究。

研究现状：水声探测和通信技术是海洋监测、海洋信息远程获取的基础技术之一，将研究海域从近浅海转移到深远海是当前的热点。目前该方面的研究主要集中在：海洋环境信息获取及其水声效应研究；先进水声换能技术与阵列空时处理；水下观察与网络化综合探测；高速水声通信及组网技术；高分辨水声成像技术。

主要科学问题举例如下：

1）海洋水声环境信息获取理论和方法。重点研究：海洋中尺度现象和水声传播的同步观测方法；复杂海底环境参数的快速精确获取方法；典型大陆架海域的水声信道特征建模与测量；深远海水声信号的超远程传播建模及评估；水下复杂目标的全向散射建模理论与验证；跨海洋界面的波场物理学探索研究；水声海洋环境效应的实验室水池模拟测试方法等。

2）先进水声换能技术与阵列空时处理技术。重点研究：先进水听器阵列设计与优化；稳健高增益波束优化设计与宽带波束形成；高分辨高精度多目标方位估计；混响背景中的信号检测；水中目标特征提取、分类与识别；自适应信号处理与盲信号处理；多传感器信号综合处理；匹配场被动声定位等。

3）水下观察与网络化综合探测。重点研究新型声呐测技术和网络化综合水下声信息系统。

4）高速水声通信及组网技术。重点开展高速、高可靠水声通信技术，包括编译码、信道均衡、纠错及通信协议等研究，特别重点考虑水下组网技术的研究。

5）海洋环境信息获取技术。重点研究海洋信息获取的新原理、新方法和新技术研究。

6）高分辨水声成像技术。

7）海洋环境噪声测量技术。

8）海底地貌测量技术。

9）海底底质分类技术。

七、复杂水电能源系统高效安全运行的基础理论和关键技术

（一）研究范围及内容

水电能源的综合开发与利用是国际学术前沿和我国可持续发展的重要战略方向，关系到政治、经济、社会以及生态环境可持续发展等诸多方面，能源短

缺与供需矛盾，以及水电能源和洁净新能源可持续发展问题已经成为影响世界政治经济格局、主导国家关系、影响国家能源安全、制约国家国民经济发展的重要问题，同时也一直是全世界关注的焦点问题。

尽管国内外对水电能高效转换过程的动力学机制等科学问题开展了一系列研究，但随着我国水电能源重要性的增强，巨型水电站群的建设，巨型水力发电机组的投运，互联大电网格局的逐步形成，如果缺乏对复杂水电能源系统水-机-电-磁耦合动力学行为机制的深刻理解和认识，没有合适技术与对策，将严重影响水电能源及其互联电力系统的安全，最终可能成为制约国家经济发展的瓶颈。

（二）研究现状、发展规律与趋势

为了满足我国经济高速发展对能源的迫切需求及建设资源节约型和环境友好型社会、促进国民经济的可持续发展的需要，在目前和今后相当长的一段时间内，发展清洁与可再生能源将仍然是改善我国能源资源结构、促进经济发展的主要国策。面对未来能源与水资源形势的挑战，必须重视可持续战略性能源的开发与利用，并高度重视水电能源的安全高效运行，为我国能在复杂的国际环境中持续、稳定、健康发展奠定坚实基础。

（三）研究前沿与重要科学问题

1. 国际学术前沿

水电能源及其互联电力系统高效、安全运行的复杂性科学问题一直被国内外学者视为水电能源科学与复杂性科学交叉发展的前沿问题之一。在这一交叉研究领域中，一个极富挑战性的问题是如何针对新时空背景场下现代水电能源及其互联电力系统所构成的复杂系统，对其动力学特性进行系统研究，从而使水电能源系统在复杂环境中最优运作。与这一目标相联系的关键科学问题之一在于探索和建立一种全新的、基于复杂性科学和现代水电能源科学理论、运用现代信息科学方法与技术手段的优化理论与方法，以解决目前流域梯级复杂水电能源系统高效、安全运行中的控制与管理等关键科学问题。

然而，巨型水电站群及其互联动力系统的复杂性研究及其关键科学问题的认识和理解仍存问题，尤其是大型水利枢纽发电过程控制的能量转换、传输和利用过程的时空演化规律、梯级水电站不确定复杂耦合系统能量交换、信息交换的动力学性态和机制尚不明晰，其中巨型水电站群综合效益的演化规律和巨型机组安全、稳定、高效运行还有许多亟待研究的理论和急需解决的关键科学与技术问题。此外，巨型机组非稳态、非定常流动的基础理论，大型水利机械空化、空蚀与磨蚀机制描述的理论与方法急需发展，而用电需求的不确定性对水电能源系统产生不利影响的动力学响应机制、巨型机组控制策略与机组耦合系统故障演化模式间的复杂映射关系等学科交叉领域的研究严重滞后，亦迫切需要对水电能源系统动力学行为进行深入研究，揭示水电机组耦合系统故障的产生机制、演化过程及发展模式，为复杂水电能源系统高效、安全运行提供科学依据。

目前，关于复杂性科学在水电能源及其电力市场中的应用研究层出不穷，复杂性科学理论的发展使人们对自然界中的许多复杂现象有了新的认识。许多研究表明，由于流域梯级水电能源及其互联电力系统是一个多因素、多层次、多目标、多约束、多功能、多阶段的复杂性系统，建立在牛顿力学范式基础上的经典的预测、控制和优化理论与方法已经不能圆满地解释或解决水电能源及其互联电力系统构成的大规模复杂非线性动力系统所面临的复杂现象和科学问题。因此，结合我国水利工程特有的工程应用背景，开展复杂水电能高效转换动力学机制与安全调控的理论与方法的研究具有重要的理论创新意义和工程应用价值。

2. 关键科学问题

复杂条件下流域梯级水电能源高效、安全运行是在水文气象循环、发电控制、运行方式、调度模式、电网安全、电能需求以及用电行为等约束集合条件下的大型、动态、离散、非凸的非线性多目标优化广义耦合问题，较传统水电能源运行管理复杂得多。此外，流域梯级水电能源及其互联电网构成的复杂系统交织着各种物质流与信息流的映射关系，这些作用关系相互耦合极为复杂，使人们描述其动力学行为的精确性和有效性的能力下降。并且，随着流域梯级水电能源系统与外部市场环境不断进行物资、能量和信息的交换，系统要素间的相互作用关系会变得越来越复杂而具有高度非线性和不确定性。人们对系统演化复杂本质的认识的局限性以及无法将这些复杂性系统描述在解析方法刻画的演化模型中导致了经典数学和控制理论已不能精确地描述复杂环境下梯级水电能源系统的这种复杂演化。所以，水电能源系统中各种耦合问题日趋复杂并呈现由低维向高维的演化过程，使得系统的内在结构也呈现出多样性和复杂性。迄今人们对它的了解还不够，常规的研究方法很难对其演化机制和发展规律做出清晰的认识与预测，而发展合适的理论描述是一个相当困难的问题。因此，探索新的理论与方法，揭示复杂条件下流域梯级水电能源及其互联电力系统的复杂运行规律及现象，尤其是研究其动力学行为机制的描述与表达，为实现以水资源合理开发利用和有效配置、发电系统安全经济运行为目标的流域梯级水电站现代化管理提供科学的决策依据，是一项十分艰巨的工作。

(四) 2011～2020 年优先资助方向

面向国家重大需求,紧密围绕流域梯级水电能源系统在水文循环、发电控制、水电能源运行方式、用水边际效益、市场竞价博弈、电能需求及其与用户效应的匹配程度等随机性因素的多重约束条件下水电能源系统综合效益响应问题,以流域可变时空尺度水电能源系统复杂性分析为主线,以流域梯级巨型水电站群及其水、机、电能量转换系统高效安全运行的系统复杂动态行分析为研究对象,基于系统复杂性分析理论与经济学原理,提出和发展了流域及跨流域和多流域水库群的补偿调节模型。主要科学问题包括以下几点。

1. 流域及跨流域巨型水库群联合补偿调度及基于安全和风险约束的水火电系统动力学过程

流域及跨流域水电能源系统空间背景场和边界条件的变化,使得巨型水电站群水能联合补偿调度呈现更为复杂的特性,其时空演化的模型的精确描述是一项十分困难的工作。针对联合补偿调度中的蓄满率和风险率问题,以天然水循环、发电过程控制的能量转换和流域梯级利用过程的时空演化为核心,研究不确定流域梯级复杂耦合系统中能量交换、信息交换的动力学性态和规律,揭示流域梯级水电能源复杂系统的动力学效应的响应方式、响应途径、作用过程、动力机制和变化趋势。

基于安全和风险约束的水火电系统协调理论的研究目前仍受到很大的限制,理论和技术实现方法面临着十分尖锐的挑战,尤其是电力市场竞争条件下的水火电系统的联合优化运行策略至今几乎没有令人满意的解决方法,有待进一步研究和发展。探索水火电系统联合优化中多个互相制约的目标和多种约束之间耦合与协同关系,提出安全和风险率约束的效益模型,研究基于安全和风险约束的水火电系统的多目标随机风险调度与评估理论,建立基于安全和风险约束的可靠性分析的多目标优化中非劣解调度策略及其高效算法。

2. 水电能源多维广义耦合复杂系统随机动力学演化机制

流域梯级多维广义耦合水电能源系统是一个开放的复杂巨系统,其安全、高效、经济运行不是孤立的,而是处在一定的自然环境、经济环境、社会环境之中,系统演化过程对参数极端敏感,具有高度非线性、时变、随机、不确定和强耦合等特性。同时,由于水资源系统受水文循环、用水边际效益、水力发电控制、水电能源运行方式、市场竞价博弈、电能需求及其与用户效应匹配程度等随机性条件的约束,系统呈现高度广义耦合特性。通过复杂模型高维问题的低维化重构，研究水电能源多维广义耦合系统动力学行为机制的描述与表达，揭示系统的混沌现象及微观演化机制，获得单变量与多变量耦合的相空间重构和水电能源多维广义耦合系统混沌时序预测的理论与方法。

分析补偿调节的综合出力与联合发电电量的均衡机制，运用流域梯级水库的调蓄能力参与调峰，在保证梯级联合发电电量的同时，增加风力发电负荷率，提高水能风能补偿调节综合出力，既保证系统发电电量，又满足电网安全需求。

3. 电力市场环境下水电能源及其互联电力系统安全、高效、经济运行

以流域气象、水文、水情、用水调度、发电调度、互联电网至用户之间的关联耦合特征作为大规模复杂非线性动力系统分析的建模基础，分析水文循环、流域梯级边际效应、梯级水电联合调度、水价市场、电力市场，以及供需水和发电至用户之间的随机、不确定性带来的竞争中的冲突，探讨市场竞价模式下的均衡策略，进而提出市场环境下提高流域梯级水资源系统效益最大化的协同机制，建立流域梯级广义耦合水电能源系统在市场竞争中基于混沌演化的博弈最优调控的理论与方法。

4. 水力机械非稳态、非定常流动规律及空化、空蚀与磨蚀机制

研究水力机械全流道三维非定常湍流的数值模拟的理论和方法，分析模型和真机的流道湍流特性，计算全流道非定常湍流的瞬时流场、叶片边界层分离以及叶道涡、叶片脱流涡、叶片后卡门涡等的形成和运动规律，间隙湍流对主流的干扰和影响等，获取水力机械全流道中的流场、压力脉动分布以及流动变化对转动部件的水动作用力。开展水力机械内部非定常涡流的形成和运动规律以及水力机械内部非定常流动机制及其控制理论研究。

研究泵汽蚀发生的物理和化学机制、泵汽蚀发生的流动动力学条件、汽蚀与其他非稳态运行特性之间的关联关系、汽蚀与磨损和部件损坏的关系等；水力机械空化与磨蚀的机制与预测；水力机械空蚀与磨蚀的相互作用；水力机械三维空化湍流模型研究；水力机械空化状态下的流动特性和性能；水力机械空化和磨蚀的预测研究；水力机械空化条件下的性能预测分析。

流体-结构相互作用是诱发结构振动的原因，而结构的振动又会反馈给流动，二者形成耦合作用。因此，应在流固耦合的框架下，在 LES 或 DNS 的层面上开展对三维原变量形式的 Navier-Stokes 方程数值模拟的研究，深入揭示流体-结构相互作用或流激振动的机制，形成新学科增长点，解决工业和工程中面临的流-固耦合问题。水力机械流-固耦合分析方面急需解决的科学问题可概括为：①在 LES 或 DNS 层面上的三维湍流激振问题研究；②涡动力学、涡脱流及

其振动反馈机制研究；③非定常流场中的流弹性失稳问题研究；④结构在两相流中的振动研究。主要采用不可压缩的 Navier-Stokes（N-S）方程描述耦合域中的流体运动，按 Cowper 方法建立描述结构振动的微分方程，并将流体流动的 N-S 方程与结构振动的 Cowper 形方程通过运动边界耦合，建立描述耦合系统运动的数学模型。分析机组振动与流动状态及其涡结构变迁的内在关系，以及在复杂流动状态下机组出力摆动与运行稳定性之间的内在联系和定量关系。

5. 大型水力发电机组非线性动力学响应及其模型辨识和参数优化

以发电过程控制的能量转换、传输和利用过程的时空演化为核心，研究大型水力枢纽不确定复杂耦合系统能量交换、信息交换的动力学性态和规律；通过揭示主要用电行为扰动因子与电能传输过程、水能利用及其边际效应的耦合机制，获取大型水力发电系统联合优化控制效应的响应方式、响应途径、作用过程、动力机制和变化趋势；将微分几何非线性控制理论应用于水轮机调节系统控制策略研究中，依据水轮机调节系统复杂动力学模型，解析水轮机时变非线性特性并提出具有适应性的控制策略。

研究各种复杂工况下水电机组系统辨识与仿真建模的先进理论与方法，探索人工智能理论在水电机组系统建模、辨识中应用的科学问题。利用具有自适应性、非线性逼近能力强的特征网络来表征复杂条件下水电机组耦合系统的动态行为，结合先进智能优化方法建立并完善水电机组整体及各模块的仿真模型。通过对大型水力发电机组耦合系统复杂性分析，探索其动力学模型及微观演化机制，研究基于演进模糊模型及先进智能算法的水电机组复杂系统辨识策略。

6. 大型水电站水-机-电耦合系统动态响应与稳定性控制

以影响发电系统安全的流域梯级及其复杂水机电能量转换系统高效运行的安全动态行为为对象，研究梯级水电站及其互联电力系统安全经济运行的理论与方法，建立安全经济运行域边界的精确描述方法和体系及其软件分析平台，实现梯级水电能源系统安全运行动态行为的精确描述。

考虑非线性轴承刚度、非线性碰摩力及非线性油膜力等多重因素及其耦合影响，建立轴系转子系统碰摩故障动力学模型，利用数值方法模拟分析系统随非线性因素变化而出现的复杂非线性动力学现象，研究转子运动中出现的分岔与混沌等动力特性。研究复杂条件下机组耦合故障的非线性动力特性，分析机组周期运动的稳定性及非周期运动的失稳规律，解析水力发电机组转子动力学的非线性混沌演化行为。

水力发电机组动力学问题具有多自由度、强耦合和强非线性特点，针对机组转子扭振与弯扭的相互影响，建立考虑陀螺力矩影响的转子弯扭耦合振动数学模型，研究单质量不平衡转子的弯扭耦合振动特性，解析陀螺转子在弯扭耦合条件下复杂的动力学行为。研究转子运动的各种形态以及在不同参数下的非线性动力响应，揭示机组稳态响应及其稳定性随系统参数变化的演化规律以及引起的分岔与混沌现象。

7. 复杂水电能源系统状态分析和故障诊断的先进理论与方法

加强水力机械系统动力特性机制研究，加强水电站复杂尾水系统中的明满交替水流水力瞬变特性研究，加强水力-机械系统的动特性研究，进一步完善水力过渡过程计算理论、计算模型及物理模型试验研究。特别是开展：①流-机-结构-电网系统耦联系统振动研究；②输水系统的不稳定流数值仿真和水力-机械系统的动特性研究；③系统动态参数与振动荷载的动态识别技术；④故障诊断的智能化理论与新技术；⑤状态监测与故障诊断的新理论与新技术研究；⑥水力机械安全经济运行域边界精确描述的理论与方法；⑦水力机械故障征兆辨识的理论与分析。

水力发电机组在运行过程中，由于机组结构的复杂性和不确定性及机组运行状态的时变性，致使机组发生复杂的、渐变的、不规则的综合故障。以实现电力系统可持续发展的现代管理模式为目标，分析水电机组的水-机-电-磁复杂非线性动力耦合系统，研究机组故障模式识别理论与方法。获取机组诊断精度不变前提下，减少故障特征维数、降低计算工作量和减少系统不确定性理论方法，实现水电机组自动故障的精密诊断。

八、海上新能源工程

(一) 研究范围及内容

海洋能源通常指海洋中所蕴藏的可再生自然能源，主要包括波浪能、潮汐能、海流能（潮流能）、海水温差能和海水盐差能等海洋能。广义的海洋能源还包括海洋上空的风能、海洋表面的太阳能以及海洋生物质能等。海上新能源工程所研究的海洋能源是指海洋能和海上风能，不包括海洋表面的太阳能和海洋中的生物质能。

海洋能利用是指海洋能装置在海洋能驱动下做功，得到所需的动力或电力。海洋能利用的技术问题涵盖波浪能、潮汐能、海流能、温差能利用过程中的所有科学问题，包括能量吸收、转换（获取动力）、发电、电力变换等问题。基本研究问题有资源分布、功率特性、能量俘获、转换过程、储存与利用等。

海洋能利用的技术问题涵盖波浪能、潮汐能、海流能、温差能利用过程中的所有科学问题,包括能量吸收、转换(获取动力)、发电、电力变换等问题。基本研究问题有资源分布、功率特性、能量俘获、转换过程、储存与利用等。

随着对海洋能开发利用的深入,逐步孕育并形成了一门新的技术学科体系——海洋能工程。海洋能工程是以海洋可再生能源合理开发、高效利用和蓄能再利用为目标的学科,涉及海洋工程、流体力学、工程力学、机械工程、电力工程、控制工程以及环境科学等多学科领域,其主要研究对象为各种海洋能源开发利用的理论和技术。海洋能工程学科以正确认识海洋能源形成机制、描述其复杂动力学行为、评价各种海洋能资源分布、考核复杂环境下能量转换基础设施的强度和稳定性、预测海洋能源发电出力、研究高效的能量转换装置及其复杂非线性发电行为为主要任务。研究内涵包括海洋能学科发展战略研究、资源评估数学模型的建立、海洋能发电系统基础结构及辅助装置研究、海洋能高效转换机制研究、海洋能利用的经济评估、海洋能利用对环境影响的数学模型研究等。

(二)研究现状、发展规律与趋势

相对于传统能源,海上新能源普遍具有污染少、储量大的特点,对于解决当今世界严重的资源枯竭和环境污染问题具有重要意义。同时,由于海上新能源分布均匀,对于解决由能源引发的国际争端也有着重要意义。海洋能源工程是一门新兴学科,研究科学问题的重要性、应用领域的关键性、多学科的交叉性,及国家需求的紧迫性,使其研究的重要性日渐凸显,研究和利用日益受到重视。

目前,海上风能和潮汐能已进入实用阶段;波浪能和海洋温差能处于试验研究与应用示范阶段;海流和海水盐浓度差能处于探索阶段。英国、美国、日本、荷兰、挪威、加拿大、意大利、中国、丹麦、瑞典等国的研究位居国际前列,均有不同的原型系统处于商业应用与示范阶段。我国的海洋能研究起步较晚,尤其是研究经费投入不足和研究力量分散,制约了海洋能研究的发展及其规模化应用。

海上风能相比于陆上风能具有高风速、低风切变、低湍流、高产出的优势。国际上研究重点已转向高效、安全、大容量、低成本和分布式大规模应用;潮汐能在技术上已经成熟,面临的问题是成本较高以及大坝造成的各种环境危害,因此,技术发展方向集中在各种低成本建造技术、大规模应用、优化运行和降低环境危害等方面的研究;波浪能和海流能技术目前还处于发散状态,存在各种技术的不同发展方向,但发展趋势是不断地向高效率、高可靠性、低造价方向发展,以形成低成本的成熟技术;温差能发电技术目前还处于实海况小试样机阶段，美、日两国实现了温差能发电的净输出，大部分国家还处于耗能功率大于发电功率状态。因此，提高转换效率、降低能耗仍是现阶段温差能发电研究的关键。

海洋能源工程以各种海洋能源开发利用的理论和技术为研究对象，以海洋能源的合理开发、高效利用和蓄能再利用为研究目标，开展科学研究，服务于诸多工程技术领域，对改善我国能源结构，维护能源安全，支持国家经济高速发展，实现经济社会环境的可持续发展具有重要作用。海洋能工程的形成历史、赋存环境、结构特征、力学特性和工程性质的复杂性、与其他学科的交叉性及其面向工程应用领域的特殊性，决定了海洋能工程学科的发展规律和研究特点：从力学、水动力学、空气动力学、物理学、化学分析、海洋工程、机械和控制理论出发，针对不同形式能源转化为电能的过程建立数学模型，进行理论研究和模型试验，研究其能量高效转换机制、规律和系统结构。再进行系统集成、优化分析和工程设计研究，然后是相应的海上技术示范与工程实现。海洋能工程及其学科由于研究对象的特殊性、赋存环境的复杂性以及工程应用的广泛性，其自身具有多样性、系统性、综合性、交叉性以及协调性等特点。

（三）研究前沿与重要科学问题

海洋能工程是与能源、海洋、环境、国防以及国土开发等紧密相关的重要领域，在发展布局中，要突出重点，加大对海上风能、波浪能、潮汐能及海流能的支持力度。海上能源工程面临大风、巨浪、强流及其相互耦合作用下的海洋恶劣环境，复杂地形下波浪折射、绕射、反射及变形影响的三维流场，随机波浪、变化范围很大的不稳定能流，发电系统稳定运行的各种动静载荷以及不同基础结构间的相互运动作用的影响等。主要科学问题包括以下几点。

1. 随机波条件下的波浪能装置动力特性及高效能量转换机制

波浪能是一种密度低、不稳定、储量大、分布广、利用难的能源，具有能量强、速度慢以及周期变化等特征。现有的有关波浪发电技术的不足在于：采能的效率低，被转换的二次能不稳定，以及对海域环境的适应性差。建立复杂地形、波浪及波能装置之间相互作用的三维水动力学分析模型，获得多种形式的波浪与波能装置相互作用的解析解，揭示波浪能能量高效转换机制，提出海洋动力系统的状态空间模型及其实现方法，是当前急需解决的关键科学问题和技术难点。

2. 环境友好的潮汐能发电机组优化设计及生态学响应机制

潮汐能发电的实质是利用水坝两侧的水位差，通过水轮发电机发电，但在实践中仍根据实际情况的差异，发展出多种技术。这些技术可以从两方面加以描述，一是与水库相关的运行模式，二是水轮机的相关技术。建坝改变潮差和潮流，影响了海水温度和水质交换；改变潮间带的大小和区域，影响生物生长环境及种群的生存。为了避免或减小潜在的生态问题，必须对每个待开发的坝址进行环境研究。目前潮汐发电整体开发规模的单机容量还很小，大中型潮汐水轮发电机组尚待研究，水工建筑结构形式和施工方法还有待提高，水库高效运行模式还需进一步探索。

3. 恶劣海况下的海流能稳定发电技术及电站（群）动态响应

海流能具有大功率低流速特性，因而海流能装置的叶片、结构及地基等要求高强度性和稳定性。提高海流能发电性能是集复杂环境下的水动力学、机械和控制等学科的综合技术。海流能利用研究刚刚迈出实验室，进入实海况下的应用示范研究阶段，要使海流能技术向商业产业化发展，在提高水轮机性能、完善设计方法、扩大单机容量以及拓展电力并网技术、电站群体化技术、急流和强风浪下水轮机、载体及锚泊系统运行可靠性与安全性等方面还有许多关键技术问题有待研究。

4. 极端天气下的海上风力发电系统运动机制及其控制策略

风力发电系统复杂，运行条件恶劣，如台风引起的极限风力以及大浪对海上风机的生存造成的威胁，以及气动载荷、风、浪、流联合载荷组合作用下风机的安全性分析；海洋环境如盐度、雷电对风机寿命、可靠性的影响，以及大型风机的海上安装等问题，发展复杂条件下的风力发电机组运动机制及其控制策略就显得尤为重要。风力发电系统控制技术主要研究风力机的输出特性和发电设备的性能以及两者之间的匹配关系，并在此基础上提出相应的控制策略，确保风力发电系统能够在变化的风速中始终保持最高的风能利用系数。随着风力机的装机量大增，现有的风力发电运行与控制技术还不能满足要求，需要进一步深入研究。

（四）2011～2020年优先资助方向

海洋能利用的基础内涵包括海洋能的资源评估、高效转换、可靠性、稳定性、电力变换、并网、并流、控制、优化运行、环境冲击等。近期的主要研究方向包括以下几方面。

1. 资源评估数学模型

海洋能利用项目成功与否在很大程度上取决于研究者对海洋能站址的海况

和能流特点的了解。因此，正确评估海洋能资源是海洋能利用技术发展的重要支撑条件，具有非常重要的意义。结合3S技术并利用沿海各地气象观测站的数据，进行数理统计规律的研究，找出各地形特点的相关性，建立有限观测站，实现沿海地区海洋能和海上风能总量评估并确定海上风场选址位置。结合我国东南沿海近海风电场的气象和地形特点，借鉴陆地风电场的监控方法研究切实可行的海上风电场出力预报方法，从而为大规模海上风电接入电网运行奠定理论和技术基础。海洋能资源评估需要从海洋能能流密度的物理定义出发，建立物理参数与能流密度的数学关系，然后给出资源评估的数学模型。主要研究方向有：

1) 随机波浪下的能流密度计算；
2) 现有技术基础上的海洋能可利用资源评估；
3) 海洋能分布的相关性和相互作用的规律；
4) 空间信息科学背景下海洋能和海上风能资源评价、监测与预报。

2. 海洋能高效转换机制

高效转换机制目前仍然是海洋能利用技术的前沿问题。海洋能利用存在着诸多不确定因素，对转换效率有很大影响，针对性地开展研究，掌握海洋能高效转换机制，对海洋能利用技术十分重要。主要研究风电场内部系统收集风能的动力学行为，解析海洋能最大利用率机制，揭示海洋能参数变化规律。主要研究方向有：

1) 海洋能和风能的能量密度、功率密度及其能流及功率波动；
2) 海洋能能量转换的非线性动力学响应；
3) 非线性随机波浪与波浪装置的耦合运动特性；
4) 随机波下波浪能装置的高效转换；
5) 波浪扰动下海流能装置的高效转换；
6) 潮汐能电站的优化运行；
7) 往复、不稳定机械能到电能的高效转换；
8) 低温差系统的高效传热原理与工质；
9) 盐差能转换膜研究。

3. 海洋能利用的可靠性

海洋能装置工作在恶劣的海洋环境，存在着高腐蚀、海生物附着、台风（大浪）破坏等多种不利因素。针对近海能源工程的环境特点，研究风-浪耦合作用下风电机组力学特性，近海风场与海浪、潮汐等的耦合作用理论和数值方法，研究恶劣天气条件下和强腐蚀环境下近海区域海洋能源装置的可靠性问题。

主要研究方向有：
1) 海洋能装置在大浪中的载荷研究；
2) 防海生物附着和抗海水腐蚀涂料研究；
3) 海洋能装置的自动保护；
4) 极端天气下复杂加载条件下海洋能基础结构的变形规律与破坏模式；
5) 复杂地质下海上能源基础与结构工程优化设计；
6) 恶劣环境下海上能源发电系统抗干扰与安全运行机制。

4. 海洋能利用的稳定性

海洋能装置工作于不稳定能流下，故存在着发电的不稳定性，在面对小用户时不稳定发电可能造成用户系统的破坏；在大规模利用时可能造成电网的不稳定。解决海洋能利用的稳定性，对海洋能利用技术的应用十分重要。主要研究方向有：
1) 海洋能装置的稳定发电技术基础研究；
2) 复杂环境下的海洋能装置结构稳定性分析；
3) 海洋能发电系统高效自适应控制机组设计理论与方法；
4) 不同载荷下海上风电机组动力特性及控制策略；
5) 海洋能和海上风能发电系统的并网机制；
6) 海洋能与海上风电耦合补偿及联合优化运行。

5. 海洋能利用技术的环境影响效应

研究并给出海洋能利用对包括地理、气候、海洋生物等在内的生态环境构成的冲击，以及对电站开发当地的社区生活、经济发展等方面造成的各种影响的数学模型，进而实现海洋能利用的客观评估。主要研究方向有：
1) 潮汐能大坝对库区水质、泥沙淤积和潮间带生态等方面环境影响的水动力学研究；
2) 环境友好的潮汐能发电机组优化设计及生态学响应机制。

6. 海洋能装置建造和下水过程力学问题研究

海洋能装置一般具有较大的体积，其建造和下水存在着严重的工程问题，加大了海洋能装置的造价，阻碍了海洋能利用进程。需要开展海洋能装置建造和下水过程的力学问题研究。主要研究内容有：
1) 海洋能建造、下水过程结构运动和载荷；
2) 海洋能装置多维动力学运动机制及动力特性；
3) 海洋能装置的结构及其基础工程。

参考文献

蔡涛，王海．2008．我国沿海港口30年来发展浅析．中国港口，(11)：8～10

曹文洪，陈东．1998．阿斯旺大坝的泥沙效应及启示．泥沙研究，(4)：79～85

陈厚群．1997．当前我国水工抗震中的主要问题和发展动态．振动工程学报，10 (3)：253～257

陈吉余．2007．中国河口海岸研究与实践．中国工程科学，(9)：97

陈吉余，陈沈良．2007．中国河口研究五十年：回顾与展望．海洋与湖沼，38 (6)：481～486

陈加著，王龙又．1995．波力发电方案的工程性探讨．海洋工程，13 (1)：75～84

陈进，黄薇．2005．三峡工程后的长江中下游防洪策略变化．水利发展研究，5 (1)：41～43

陈进，黄薇．2005．梯级水库对长江水沙过程影响初探．长江流域资源与环境，14 (6)：786～790

陈进，黄薇．2005．通江湖泊对长江中下游防洪的作用．中国水利水电科学研究研院院报，3 (1)：11～15

陈进，黄薇，张卉．2006．长江上游水电开发对生态环境影响初探．水利发展研究，(8)：10～13

陈进，黄薇．2008．长江的生态流量问题．科技导报，26 (17)：31～35

陈进，黄薇．2008．长江水库群联合调度可能性分析．长江科学院院报，25 (1)：1～5

陈进，黄薇．2008．水库温室气体排放问题初探．长江科学院院报，25 (6)：1～5

陈进，黄薇．2008．水资源与长江的生态环境．北京：中国水利水电出版社

陈进，黄薇．2009．长江环境流量问题及管理对策．人民长江，40 (8)：17～20

陈丽晖，曾尊固．2000．国际河流流域整体开发和管理的实施．世界地理研究，9 (3)：21～28

陈越，陈领，杜生明．2004．NSFC重大项目"大型水利工程对重要生物资源长期生态学效应"的立项思考．中国基础科学基金之窗，3：42～46

陈云敏，施建勇，唐晓武．2007．中国环境岩土工程的进展．见：中国土木工程学会第十届土力学及岩土工程学术会议论文集．重庆：重庆大学出版社，114～130

陈志恺．2007．全球气候变暖对水资源的影响．中国水利，(8)：1～3

陈祖煜等．2005．岩质边坡稳定分析——原理·方法·程序．北京：中国水利水电出版社

褚同金．2005．海洋能资源开发利用．北京：化学工业出版社

崔琳，王海峰，熊焰等．2009．波浪能发电系统转换效率实验室测试技术研究．海洋技术，28 (2)：115～118

丁一汇，李巧萍，柳艳菊等．空气污染与气候变化．气象，2007，35 (3)：1～14

董哲仁．2003．生态水工学的理论框架．水利学报，(I)：1～6

董哲仁．2003．河流形态多样性与生物群落多样性．水利学报，(11)：1～6

董哲仁．2004．河流治理生态工程学的发展沿革与趋势．水利水电技术，35 (1)：39～41

窦希萍，罗肇森．2007．潮汐河口治理研究．中国水利，(1)：39～42

冯士筰．1980．风暴潮导论．北京：科学出版社

冯夏庭．智能岩石力学导论．北京：科学出版社

葛修润，任建喜，薄毅彬等．2004．岩土损伤力学宏细观试验研究．北京：科学出版社

耿福明,薛联青,陆桂华.2006.基于复合生态系统的流域梯级开发累积环境影响识别.水资源与水工程学报,17(1):30~32

郭成涛.1994.潮汐能利用的新概念.海洋学报,16(1):142~148

郭成涛.1996.东南沿海地区风能、潮汐能、山区水能的统筹开发及联合运行的探讨潮汐能利用的新概念.海洋技术,15(3):43~55

郭伟,李书恒,朱大奎.2008.地理信息系统在海岸海洋地貌研究中的应用.海洋学报,30(4):63~70

国家海洋局.2000.中国海洋灾害与减灾.中国减灾,10(4):27~32

国家自然科学基金委员会工程与材料科学部.2007.水利科学与海洋工程(2006—2010年).北京:科学出版社

郝振纯,王加虎,李丽等.2006.气候变化对黄河源区水资源的影响.冰川冻土,28(1):1~7

何用,李义天,吴道喜等.2006.水沙过程与河流健康.水利学报,37(11):1354~1359

贺瑞敏,王国庆,张建云.2008.气候变化对大型水利工程的影响.中国水利,(2):52~54,46

胡和平,田富强.2007.物理性流域水文模型研究新进展.水利学报,38(5):511~517

黄德林,黄道明.2005.长江流域水资源开发的生态效应及对策.水利水电快报,26(18):1~5

黄宏伟,陈桂香.2003.风险管理在降低地铁造价中的作用.现代隧道技术,40(5):1~6

黄真理.2001.阿斯旺高坝的生态环境问题.长江流域资源与环境,10(1):82~88

黄真理.2004.国内外大型水电工程生态环境监测与保护.长江流域资源与环境,13(2):103~108

纪娟,胡以怀,贾靖.2007.海水盐差发电技术的研究进展.能源技术,28(6):336~342

贾金生,陈洪斌.2007.中国大坝技术发展水平与工程实例.北京:中国水利水电出版社

贾仰文,王浩,倪广恒等.2005.分布式流域水文模型原理及实践.北京:中国水利水电出版社

姜伟.2008.海洋石油钻井工程力学研究与实践.北京:石油工业出版社

金镠,黄咏烨.2005.河口整治技术在长江口深水航道治理工程中的若干新进展.中国港湾建设,(6):11~16

康尔泗,程国栋,蓝永超等.1999.西北干旱区内陆河流域出山径流变化趋势对气候变化响应模型.中国科学D辑,29(S1):40~46

李长安,陈进,陈中原等.2009.长江流域水环境问题研究之思考——基于流域演化"山-河-湖-海互动理论"的认识.长江科学院院报,26(5):11~17

李桂香.1997.全球潮汐能的开发和利用.海洋信息,(6):25~26

李桂香.1997.全球海洋波浪能的开发和利用.海洋信息,(9):26

李国英.2002.黄河调水调沙.人民黄河,24(11):1~5

李红柳,李小宁,侯晓珉等.2003.海岸带生态恢复技术研究现状及存在问题.城市环境与城市生态,16(6):36~37

李孟国.2006.海岸河口泥沙数学模型研究进展.海洋工程,24(1):139~154

李孟国,曹祖德.2009.粉沙质海岸泥沙问题研究进展.泥沙研究,(2):72~80
李宁等.2001.西部大开发中的岩土力学问题.岩土工程学报,23(3):268~272
李宜良,于保华.2006.美国海域使用管理及对我国的启示.海洋开发与管理,23(4):14~17
林皋.2006.混凝土大坝抗震安全评价的发展趋向.防灾减灾工程学报,26(1):1~12
林秋奇,韩博平.2001.水库生态系统特征研究及其在水库水质管理中的应用.生态学报,21(6):1034~1040
刘昌明,陈志恺.2001.中国水资源现状评价和供需发展趋势分析.北京:中国水利水电出版社
刘昌明,何希吾.1996.中国21世纪水问题方略.北京:科学出版社
刘昌明,夏军,郭生练等.2004.黄河流域分布式水文模型初步研究与进展.水科学进展,15(4):495~500
刘春蓁.1997.气候变化对我国水文水资源的可能影响.水科学进展,8(3):16~21
刘汉龙.1999.土动力学与岩土地震工程研究进展.河海大学学报,27(1):6~15
刘金梅,王士强,王光谦.2002.冲积河流长距离冲刷不平衡输沙过程初步研究.水利学报,33(2):47~53
刘兰,韩洪蕾.2007.海岸带管理相关对策研究.海洋开发与管理,24(6):51~55
刘振东.2008.加拿大海洋管理理论和实践的启示与借鉴.海洋开发与管理,25(3):73~75
陆永军,刘建民.2002.长江中游典型浅滩演变与整治研究.中国工程科学,4(7):40~45
陆永军,李浩麟.2004.强潮河口上游建库引水后的再造床过程.水利学报,35(2):21~28
吕新刚,乔方利.2008.海洋潮流能资源估算方法研究进展.海洋科学进展,26(1):98~108
栾茂田.1999.关于岩土工程研究中若干基本力学问题的思考.大连理工大学学报,39(2):309~317
罗小勇,陈蕾,李斐.2004.金沙江干流梯级开发环境影响分析.水利水电快报,25(14):7~10
马鉴恩.1996.潮流电站的锚泊系统设计.海洋工程,14(2):78~81
穆海振,徐家良,杨永辉.2008.数值模拟在上海海上风能资源评估中的应用.高原气象,27(S1):196~202
倪晋仁.2002.面向生态的水资源合理配置与调控.见:香山科学会议.科学前沿与未来(第六集).北京:中国环境科学出版社
倪晋仁,金玲.2002.黄河下游河流最小生态环境需水量初步研究.水利学报,33(10):1~7
聂武,孙丽萍,李治彬等.2007.海洋工程钢结构设计.哈尔滨:哈尔滨工程大学出版社
潘家铮,何璟.2000.中国大坝50年.北京:中国水利水电出版社
裴哲义,姚志宗,郭生练等.2004.中国水库调度近年来的成就与展望.水电自动化与大坝检测,28(1):1~3,15
彭世彰,胡玲,张利昕.2004.国内外灌溉预报研究现状与动态分析.灌溉排水学报,23(4):6~10
气候变化国家评估报告编写委员会.2007.气候变化国家评估报告.北京:科学出版社
钱宁,张仁,周志德.1989.河床演变学.北京:科学出版社

钱七虎.2007.钱七虎院士论文选集.北京:科学出版社

秦大河,陈宜瑜,李学勇等.2005.中国气候与环境演变.北京:科学出版社

邱大洪.2000.海岸和近海工程学科中的科学技术问题.大连理工大学学报,40(6):631~637

任国玉,郭军.2006.中国水面蒸发量的变化.自然资源学报,21(01):31~44

任立良,张炜.2001.中国北方地区人类活动对地表水资源的影响研究.河海大学学报:自然科学版,29(4):13~18

芮孝芳.1996.关于降雨产流机制的几个问题的探讨.水利学报,27(9):22~26

邵东国,刘武艺,张湘隆.2007.灌区水资源高效利用调控理论与技术研究进展.农业工程学报,23(5):251~257

沈健,沈焕庭,潘定安等.1995.长江河口最大浑浊带水沙输运机制分析.地理学报,50(5):411~420

沈珠江.2000.理论土力学.北京:中国水利水电出版社

盛松伟,游亚戈,马玉久.2006.一种波浪能实验装置水动力学分析与优化设计.海洋工程,24(3):107~112

水利部国际合作与科技司.2006.当代水利科技前沿.北京:中国水利水电出版社

水利部.1998.全国水利发展总体规划纲要(1998—2010)

孙辉.2007.国际声学工程与技术学术会议论文集.哈尔滨:哈尔滨工程大学出版社

孙丽萍,聂武.2000.海洋工程概论.哈尔滨:哈尔滨工程大学出版社

孙文心,江文胜,李磊.2004.近海环境流体动力学数值模型.北京:科学出版社

孙业山,游亚戈,马玉久等.2007.波浪能海水淡化的应用研究.可再生能源,25(2):76~78

孙昭华,李义天,黄颖.2006.水沙变异条件下的河流系统调整及其研究进展.水科学进展,17(6):887~892

唐友刚.2008.海洋工程结构动力学.天津:天津大学出版社

田超,吴有生.2008.船舶水弹性力学理论的研究进展.中国造船,49(4):1~11

王传崑,卢苇.2009.海洋能资源分析方法及储量评估.北京:海洋出版社

王传崑.1989.我国潮汐能开发利用的成就及其有关问题.海洋开发与管理,(2):14~19

王德茂.2001.波浪能风能的联合发电装置.能源技术,22(4):165~166

王光谦,张红武,夏军强.2005.游荡型河流演变与模拟.北京:科学出版社

王海霞.2008.英国港口投资经营管理的模式、特点及其启示.中国港口,2:45~47

王浩.2003.西部大开发战略下的西北水资源开发、利用和保护.中国水利学会2003学术年会特邀报告

王浩,贾仰文,王建华.2005.人类活动影响下的黄河流域水资源演化规律初探.自然资源学报,20(3):157~162

王科浚.2007.海洋运动体控制原理.哈尔滨:哈尔滨工程大学出版社

王丽娟,周国斌,郑娇娥等.2009.潮汐能发电站水轮机调速设备若干问题的探讨.水力发电,35(1):34~37

王懦述.2002.三峡工程的环境影响及其对策.长江流域资源与环境,11(4):317~322

王润.2008.波浪能.世界科学,(8):32~34

王思敬.2009.论岩石的地质本质性及其岩石力学演绎.岩石力学与工程学报,28(3):

433~450

王迅，李赫，谷琳．2008．海水温差能发电的经济和环保效益．海洋科学，32（11）：84~87

王元战．2006．港口与海岸工程结构全寿命周期概率设计．水道港口，27（5）：322~328

王兆礼，陈晓宏，黄国如．2007．近40年来珠江流域平均气温时空演变特征．热带地理，27（4）：157~162

吴必军，邓赞高，游亚戈．2007．基于波浪能的蓄能稳压独立发电系统仿真．电力系统自动化，31（5）：50~56

吴必军，游亚戈，马玉久等．2007．波浪能独立稳定发电自动控制系统．电力系统自动化，31（24）：75~79

吴文，蒋文浩．1988．我国海水温差能资源蕴藏量和可开发量估算．海洋工程，6（1）：79~88

吴中如．2003．水工建筑物安全监控理论及其应用．北京：高等教育出版社

吴中如，顾冲时．2005．重大水工混凝土结构病害检测与健康诊断．北京：高等教育出版社

谢定义．1997．21世纪土力学的思考．岩土工程学报，19（4）：111~114

谢和平．1998．岩石、混凝土损伤力学．北京：中国矿业大学出版社

徐琪．1995．三峡工程对生态环境影响的研究进展与展望．中国科学院院刊，2：158~162

徐杨，常福宣，陈进等．2008．水库生态调度研究综述．长江科学院院报，25（6）：33~37

许继军，陈进，黄思平．2009．鄱阳湖水资源潜力与利用途径探讨．水利学报，40（4）：474~480

薛东辉．2005．海岸带综合管理与ISO14001标准的互补性评估．海洋开发与管理，(1)：18~21

薛禹群，吴吉春．1997．地下水数值模拟在我国——回顾与展望．水文地质工程地质，（4）：21~24

严恺，梁其荀．2002．海岸工程．北京：海洋出版社

杨大文，李翀，倪广恒等．2004．分布式水文模型在黄河流域的应用．地理学报，59（1）：143~154

杨建民，肖飞龙，盛振邦．2008．海洋工程水动力学试验研究．上海：上海交通大学出版社

杨林，韩彦平，陈书全．2007．海洋资源可持续开发利用对策研究．海洋开发与管理，24（3）：27~30

杨敏．2009．船舶制造基础．北京：国防工业出版社

杨庆霄．1998．国际沿海经济区和海岸带管理模式．海洋开发与管理，15（4）：25~28

杨永祥．2009．船舶与海洋平台结构．北京：国防工业出版社

姚丽娜．2003．我国海岸带综合管理与可持续发展．哈尔滨商业大学学报（社会科学版），19（3）：8~101

姚寿广，肖民．2006．船舶动力装置．北京：国防工业出版社

叶守泽，夏军．2002．水文科学研究的世纪回眸与展望．水科学进展，2002，1（13）：93~104

伊格尔森．2007．生态水文学．杨大文，丛振涛译．北京：中国水利水电出版社

殷宗泽．1999．土力学学科发展的现状与展望．河海大学学报，27（1）：1~5

应有，李伟，刘宏伟等．2008．海流能发电装置叶片性能及气蚀研究．风机技术（4）：8~11

于吉涛，陈子燊．2009．砂质海岸侵蚀研究进展．热带地理，29（2）：112~118

余文畴.1999.长江防洪中的河道整治问题.人民长江,(2):43~45

禹雪中,杨志峰,廖文根.2005.水利工程生态与环境调度初步研究.水利水电技术,36(11):20~22

袁宏任,翁立达,吴国平等.2003.长江水资源保护宏观思路与主要对策.水利水电技术,(1):44~47

曾恒一,李清平,吴应湘.2006.开发深海资源的海底空间站技术.中国造船,(增刊):1~8

张超然,尹庭伟.2004.科学研究在三峡工程建设中的应用.科技进步与对策,21(2):8~10

张楚汉.2002.水利水电工程科学前沿.北京:清华大学出版社

张大海,李伟,林勇刚等.2009.基于液压传动的海流能蓄能稳压发电系统仿真.电力系统自动化,33(7):70~74

张建民,谢定义.1994.饱和砂土动本构理论研究进展.力学进展,24(2):187~201

张灵杰,金建君.2002.我国海岸带资源价值评估的理论与方法.海洋地质动态,18(2):1~5

张秋明.2008.历数美国未来10年海洋优先研究领域.国土资源情报,(11):45~46

张志明.2009.我国沿海深水港口建设技术进展和面临的重大技术问题.水运工程,(1):195~202

张宗祜,施德鸿,沈照理等.1997.人类活动影响下华北平原地下水环境的演化与发展.地球学报-中国地质科学院院报,18(4):337~344

赵冲久.2008.我国水运工程科学研究的现状.水道港口,29(4):229~232

赵建世,王忠静,翁文斌.2002.水资源复杂适应配置系统的理论与模型.地理学报,57(6):639~648

赵杰,邵龙潭.2006.有限元稳定分析法在确定土体结构极限承载力中的应用.水利学报,37(6):668~673

赵连恩,谢永和.2009.高性能船舶原理与设计.北京:国防工业出版社

赵誉华.1991.浙江省潮汐能资源开发研究回顾.能源工程,11(3):34~38

郑颖人,沈珠江,龚晓南.2002.岩土塑性力学原理.北京:中国建筑工业出版社

中国科学技术促进发展研究中心.1992.长江三峡工程的科学技术研究.中国科技论坛,4

中华人民共和国国家发展计划委员会基础产业发展司.2000.中国新能源与可再生能源1999白皮书.北京:中国计划出版社

钟登华,练继亮,吴康新等.2008.高混凝土坝施工仿真与实时控制.北京:中国水利水电出版社

周创兵,陈益峰,姜清辉等.2008.复杂岩体多场广义耦合分析导论.北京:中国水利水电出版社

周建,龚晓南.2000.循环荷载作用下饱和软黏土应变软化研究.土木工程学报,33(5):75~78

周凌云.2001.世界能源危机与我国的能源安全.中国能源,(1):12~13

朱德祥,冷文浩,李百齐等.2007.CAE在船舶性能研究领域的应用.中国造船,48(2):1~8

Arnell N W. 2004. Climate change and global water resources. Global Environmental Change, 14 (1):31~52

Baily B, Nowell D. 1996. Techniques for monitoring coastal change: a review and casestudy. Ocean & Coastal Management, 32 (2): 85~95

Bain M B, Harig A L, Loucks D P, et al. 2000. Aquatic ecosystem protection and restoration: advances in methods for assessment and evaluation. Environmental Science & Policy, 3 (supp. 1): 89~98

Bakhtyar R, Barry D A, Li L, et al. 2009. Modeling sediment transport in the swash zone: a review. Ocean Engineering, 36 (9~10): 767~783

Battjes J A. 2006. Developments in coastal engineering research. Coastal Engineering, 53 (2~3): 121~132

Beniston M. 2002. Climatic change: implications for the hydrological cycle and for water management. Advances in Global Change Research, 10, Kluwer Academic Pub: 501

Bhupendra Soni. 2002. Towards integrated water resources management for sustainable development. Hydrological Sciences Journal, 47 (8): 112

Biliana C S, Stefano B. 2005. Linking marine protected areas to integrated coastal and ocean management: a review of theory and practice. Ocean and Coastal Management, 48 (11~12): 847~868

Bonan Gardon B. 2002. Ecological Climatology: Concepts and Applications. Cambrige University Press

Booij N, Holthuijsen L H, Ris R C. 1996. The SWAN wave model for shallow water. Proceedings of 24th International Conference on Coastal Engineering, ASCE, Orlando, 1: 668~676

Bowen R E, Cory R. 2003. Socio-economic indicators and integrated coastal management. Ocean and Coastal Management, 46 (3~4): 299~312

Briganti R, Dodd N. 2009. Shoreline motion in nonlinear shallow water coastal models. Coastal Engineering, 56 (5~6): 495~505

Brzeski V, Newkirk G. 1997. Integrated coastal food production systems — a review of current literature. Ocean & Coastal Management, 34 (1): 55~71

Cairns J J, McCormick P V, Neiderlehner B R. 1993. A proposed framework for developing indicators of ecosystem health. Hydrobiologia, 263: 1~44

Cao W Z, Wong M H. 2007. Current status of coastal zone issues and management in China: a review. Environment International, 33 (7): 985~992

Carriaga C C, Mays L W. 1995. Optimal control approach for sedimentation control in alluvial rivers. Journal of Water Resources Planning and Management, ASCE, 121 (6): 408~417

CD-ROM. 2007. 7th World Congresses of Structural and Multidisciplinary Optimization. COEX Seoul, May 21~25 May, Korea

CD-ROM. 2009. 8th World Congresses of Structural and Multidisciplinary Optimization. Lisbon, June 1~5, Portugal

ChauK. 2006. A review on integration of artificial intelligence into water quality modelling. Marine Pollution Bulletin, 52 (7): 726~733

Chau K. 2006. A review on the integration of artificial intelligence into coastal modeling. Journal of Environmental Management, 80 (1): 47~57

ChristaPoh, A nnekatrin Loffler, Ursula Hennings. 2004. A sediment trap flux study for tracemetals under seasonal aspects in the tratified Baltic Sea (Got land Basin; 57j19. 20VN; 2003. 00V E). Marine Chemistry, 84 (3~4): 143~160

Colwell R R, Pariser E R, Sinsikey A J. 1984. Biotechnology in the Marine Science. New York: John Wiley&Sons Inc

Cong Z, Yang D, Gao B, et al. 2009. Hydrological trend analysis in the Yellow River basin using a distributed hydrological model. Water Resour. Res., 45, W00A13, doi: 10. 1029/2008WR006852

Cruz E C. 2003. A combined simulation and visualization system for coastal structure-wave interaction. Towards a Vision for Information Technology in Civil Engineering, 615~628

Defeo O, McLachlan A, Schoeman D S, et al. 2009. Threats to sandy beach ecosystems: a review. Estuarine, Coastal and Shelf Science, 81 (1): 1~12

De Vriend H J, Capobianco M, Chesher T, et al. Approaches to long-term modelling of coastal morphology: a review. Coastal Engineering, 21 (1~3): 225~269

Dong G H, Ma X Z, Perlin M, et al. 2009. Experimental study of long wave generation on sloping bottoms. Coastal Engineering, 56: 82~89

Dong G H, Ma Y X, Perlin M, et al. 2008. Experimental study of wave-wave nonlinear interactions using the wavelet-based bicoherence. Coastal Engineering, 55: 741~752

Elfrink B, Baldock T. 2002. Hydrodynamics and sediment transport in the swash zone: a review and perspectives. Coastal Engineering, 45 (3~4): 149~167

Freitag C, Ohle N, Strotmann T, et al. 2007. Concept of a sustainable development of the Elbe estuary. River, Coastal and Estuarine Morphodynamics. Taylor &Francis

French J R, Burningham H. 2009. Coastal geomorphology: trends and challenges. Progress in Physical Geography, 33 (1): 117~129

Geoff W. 2004. The theory and practice of coastal area planning: Linking strategic planning to local communities. Coastal Management, 32 (1): 95~100

Georg H, Angus J, Simon R, et al. 2000. New geotextile developments with mechanically-bonded nonwoven sand containers as soft coastal structures. Proceedings of the 27th International Conference on Coastal Engineering, ICCE 2000, 276: 2342~2355

Gleick P H. 2000. The changing water paradigm: a look at twenty-first century water pesources development. Water International, 25 (1): 127~138

Goda Y. 2000. Random Seas and Design of Maritime Structures, World Scientific Publishing Co. Pte. Ltd. , Singapore

Hamm L, Madsen P A, Peregrine D H. 1993. Wave transformation in the nearshore zone: A review. Coastal Engineering, 21 (1~3): 5~39

Harrison J P, Hudson J A. 2000. Engineering Rock Mechanics. Part 2: Illustrative Workable Examples. Oxford: Pergamon

Haruo U. 1995. The present status and future of ocean thermal energy conversion. Solar Energy, 16: 217~231

Helmut Baumert, Georges Chapalain, Hassan Smaoui, et al. 2000. Modeling and numerical simulation of turbulence, waves and suspended sediments for preope rational use in coastal seas. Coastal Engineering, 41 (3): 63~93

Hoekstra P, Hoitink T, Buschman F, et al. From river basin to barrier reef: Pathways of coastal sediments. Coastal Sediments'07. Proceedings of the Sixth International Symposium on Coastal Engineering and Science of Caostal Sediment Processes, 1647~1659

Islam M S, Tanaka M. 2004. Impacts of pollution on coastal and marine ecosystems including coastal and marine fisheries and approach for management: a review and synthesis. Marine Pollution Bulletin, 48 (7~8): 624~649

Jason I G, Mark A G. 2001. A simple model for heave-induced dynamic tension in catenary moorings. Applied Ocean Research, 23: 159~174

Jones O P, Petersen O S, Kofoed-Hansen H. 2007. Modelling of complex coastal environments: Some considerations for best practise. Coastal Engineering, 54 (10): 717~733

Kamphuis J W. 2006. Coastal engineering-quo vadis? Coastal Engineering, 53 (2~3): 133~140

Kim T M, Takayama T. 2003. Computational improvement for expected sliding distance of a Caisson -type breakwater by introduction of a doubly-truncated normal distribution. Coastal Engineering Journal, 45 (3): 387~419

Krogstad H E, Barstow S F. 1999. Satellite wave measurements for coastal engineering applications. Coastal Engineering, 37 (3~4): 283~307

Kron W. 2008. Coasts-the riskiest places on earth. Proceedings of the 31st International Conference Coastal Engineering 2008, 1: 3~21

Lakhan V C. 2004. Perspectives on special issue papers on coastal morphodynamic modeling. Coastal Engineering, 51 (8~9): 657~660

Ligon F K, Dietrich W E, Trush W J. 1995. Downstream ecological effects of dams. Bioscience, 45 (3): 183~192

Liu D F, Dong S, Wang S Q. 2000. System analysis of disaster prevention design criteria for coastal and estuarine cities. China Ocean Engineering, 14 (1): 69~78

Lorenz C M, Gilbert A J, Cofino W P. 2001. Indicators for transboundary river management. Environmental Management, 28 (1): 115~129

Ludwig W, Probst J L. 1998. River sediment discharge to the oceans : Present-day controls and global budgets. American Journal of Science, 298 (4): 265~295

Lu Yongjun, Wang Zhao yin. 2009. 3D numerical simulation for water flows and sediment deposition in dam areas of the three gorges project. Journal of Hydraulic Engineering, ASCE, 135 (9): 755~769

Maille P, Mendelsohn R. 1993. Valuing ecotourism in Madagascar . J. Environ. Mgmt. , 38: 213~218

Martha. L. Fontalvo-Herazo, Marion Glaser, Adagenor Lobato-Ribeiro. 2007. A method for the participatory design of an indicator system as a tool for local coastal management. Ocean and Coastal Management, 50 (10): 779~795

McGlashan D J. 2002. Coastal management and economic development in developed nations: The forth estuary forum. Coastal Management, 30 (3): 221~236

Milly P C D, Dunne K A, Vecchia A V. 2005. Global pattern of trends in streamflow and water availability in a changing climate. Nature, 438: 347~350

Milly P C D, Wetherald R T, Dunne K A, et al. 2002. Increasing risk of great floods in a changing climate. Nature, 415 (6871): 514~517

Mneller M, Baker N L. 2002. A low speed reciprocating permanent magnet generator for direct drive wave energy converters. International Conference on Power Electronics, Machines and Drives, 468~473

National Research Council U. S. Committee on Opportunities in the Hydro. 1991. Opportunities in the Hydrologic Sciences, National Academy Press, Washington D. C.

Nobuhisa K. 2003. Numerical modeling as a design tool for coastal structures. Advances in Coastal Structure Design, 80~96

Pacheco A, Carrasco A R, Vila-Concejo A, et al. 2007. A coastal management program for channels located in back barrier systems. Ocean and Coastal Management, 50 (1~2),: 119~143

Panchang V G, Xu B, Demirbilek Z. 1999. Wave Prediction Models For Coastal Engineering Application. Developments in Offshore Engineering

Paoli C, Vassallo P, Fabiano M. 2008. An emergy approach for the assessment of sustainability of small marinas. Ecological Engineering, 33 (2): 167~178

Paul H. 2008. An economic analysis of drawing lines in the sea. Ocean and Coastal Management, 51 (5): 405~409

Peernetta J C, Milliman J D. 1995. Land-Ocean Interactions in the Coastal Zone : Implementation Plan . Goteborg: Graphic Systems AB

Pernetta J, Elder D. 1993. Cross-sectoral, Integrated Coastal Area Planning (CICAP) Guidelines and Principle for Coastal Area Development . Gland, Switzerland: IUCN

Petts G E. 1984. Impounded Rivers: Perspective for Ecological Management. John Wiley&Sons. Chichester, England

Polomé P, Marzetti S, van der Veen A. 2005. Economic and social demands for coastal protection. Coastal Engineering, 52 (10~11): 819~840

Proceedings of the 19th International Offshore and Polar Engineering Conference. 2009. Osaka, June 21~26, Japan

Proceedings of the 17th International Ship and Offshore Structures Congress. 2009. Seoul, August 16~21, Korea

Proceedings of the 25th International Towing Tank Conference. 2008. Fukuoka, September 14~20, Japan

Proceedings of the 9th Practical Design of Ships and Other Floating Structures. 2004. Lubeck-Travemuende, September 12~17, Germany

Ranasinghe R, Turner I L. 2006. Shoreline response to submerged structures: A review. Coastal Engineering, 53 (1): 65~79

Reeve D E, Fleming C A. 1997. A statistical-dynamical method for predicting long term coastal evolution. Coastal Engineering, 30 (3~4): 259~280

Rodriguez I, Montoya I, Sánchez M J, Carreño F. 2009. Geographic information systems applied to integrated coastal zone management. Geomorphology, 107 (1~2): 100~105

Rosbjerg D, Nour-Eddine Boutayeb, GustardA, et al. 1997. Sustainability of Water Resources Under Increasing Uncertainty. IAHS Publication 240, IAHS Press

Sharma H D, Reddy K R. 2004. Geoenvironmental Engineering. USA: John Wiley & Sons, Inc

Shields F D, Simon A, Steffen L J. 2000. Reservoir effects on downstream river channel migration. Environmental Conservation, 27 (1): 54~66

Shiklomanov I A, Rodda J C. 2004. World Water Resources at The Beginning of the Twenty-First Century (International Hydrology Series). Cambridge Univ Pr (Txp)

Shima K, Seiichi M, Hideto H. 2004. Wave-induced flow failure of anisotropic ground bearing coastal structure and its countermeasure method. Proceedings of the International Offshore and Polar Engineering Conference, 737~744

Sivapalan M, Takeuchi K, Franks S W et al. 2003. IAHS decade of prediction in ungauged basins (PUB), 2003~2012: Shaping an exiting future for the hydrological sciences. Hydrological Sciences Journal, 48 (6): 857~879

Slocombe D S. 1998. Defining goals and criteria for ecosystem-based management. Environmental Management, 22 (4): 483~493

Sparks R E. 1995. Need for ecosystem management of large rivers and their floodplains. Bioscience, 45 (3): 168~182

Sumer B M, Whitehouse R J S, TørumA. 2001. Scour around coastal structures: a summary of recent research. Coastal Engineering, 44 (2): 153~190

Tomita T, Imamura F, Arikawa T, et al. 2006. Damage caused by the 2004 Indian Ocean Tsunami on the Southwestern coast of Sri Lanka. Coastal Engineering Journal, 48 (2): 99~116

Treadwell D D. 2003. Geotechnical considerations for coastal structure design. Advances in Coastal Structure Design, 66~79

Trenhaile A S. 2009. Modeling the erosion of cohesive clay coasts. Coastal Engineering, 56 (1): 59~72

UN EP. 1993. Guidelines for Country Study on Biological Diversity. Oxford: Oxford University Press

Wang G Q, Fu X D, Wang X K. 2005. Kinetic modeling of constitutive relations for particle motion in low to moderately concentrated flows. International Journal of Sediment Research, 20 (4): 305~318

Wang G Q, Wu B S, Wang Z Y. 2005. Sedimentation problems and management strategies of Sanmenxia Reservoir, Yellow River. China Water Resources Research, 41(9), Art: No. W09417

Wang G Q, Xia J Q, Wu B S. 2004. Two-dimensional composite mathematical alluvial model for the braided reach in the Yellow River. Water International, 29 (4): 455~466

Wang G Q, Zhou H G, Liu L, et al. 1997. Stability analysis of cofferdam slump and its application in the closure operation of The Three Gorges Project. International Journal of Sediment Research, 12 (3): 148~154

Wang Y, Zhu D K. 2006. Characteristics and exploitation of coastal wetland of China. Resources and Environment in the Yangtze Basin, 15 (5): 553～559

Warner J C, Sherwood C R, Geyer W R. 2003. Sensitivity of estuarine turbidity maximum to settling velocity, tidal mixing, and sediment supply. Proceedings in Marine Science 8, Estuarine and Coasstal Fine Sediments Dynamics, INTERCOH, 355～376

Wei G, Kirby J T. 1995. Time-dependent numerical code for extend Boussinesq equations. Journal of Waterway, Port, Coastal and Ocean Engineering, 121: 251～263

White G F. 1998. The environmental effects of the high dam at Aswan. Environment, 30 (7): 4～11, 34～40

Williams E, Firn J R. 2003. The value of scotland's ecosystem services and natural capital . European Environment, 13 (2): 67～78

Wolanski E, Newton A, Rabalais N, et al. 2008. Coastal Zone Management. Encyclopedia of Ecology, Elsevier, Oxford, 630～637

Woodward R T, Wui Y S. 2001. The economic value of wetland services: A Meta-analysis . Ecological Economics, 37: 257～270

Yang D, Sun F, Liu Z, et al. 2006. Interpreting the complementary relationship in non-humid environments based on the Budyko and Penman hypotheses. Geophys. Res. Lett. , 33, L18402, doi: 10.1029/2006GL027657